RÉPUBLIQUE FRANÇAISE

MINISTÈRE DE L'AGRICULTURE

ADMINISTRATION DES EAUX ET FORÊTS

EXPOSITION UNIVERSELLE INTERNATIONALE DE 1900

À PARIS

CONGRÈS INTERNATIONAL

DE SYLVICULTURE

TENU À PARIS DU 4 AU 7 JUIN 1900

SOUS LA PRÉSIDENCE

DE M. DAUBRÉE

CONSEILLER D'ÉTAT, DIRECTEUR DES EAUX ET FORÊTS

COMPTE RENDU DÉTAILLÉ

PARIS

IMPRIMERIE NATIONALE

MDCGCC

CONGRÈS INTERNATIONAL

DE SYLVICULTURE

TENU À PARIS DU 4 AU 7 JUIN 1900

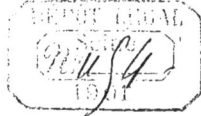

RÉPUBLIQUE FRANÇAISE

MINISTÈRE DE L'AGRICULTURE

ADMINISTRATION DES EAUX ET FORÊTS

EXPOSITION UNIVERSELLE INTERNATIONALE DE 1900

À PARIS

CONGRÈS INTERNATIONAL

DE SYLVICULTURE

TENU À PARIS DU 4 AU 7 JUIN 1900

SOUS LA PRÉSIDENCE

DE M. DAUBRÉE

CONSEILLER D'ÉTAT, DIRECTEUR DES EAUX ET FORÊTS

COMPTE RENDU DÉTAILLÉ

PARIS

IMPRIMERIE NATIONALE

MDCCCC

CONGRÈS INTERNATIONAL
DE SYLVICULTURE

TENU À PARIS DU 4 AU 7 JUIN 1900

SOUS LA PRÉSIDENCE

DE M. DAUBRÉE,

CONSEILLER D'ÉTAT, DIRECTEUR DES EAUX ET FORÊTS.

><>

COMITÉ D'HONNEUR ET DE PATRONAGE.

France.

MM. Dupuy (Jean), sénateur, Ministre de l'agriculture, *président.*
DE Mahy, ancien Ministre de l'agriculture, député.
Méline, ancien Ministre de l'agriculture, député.
Gomot, ancien Ministre de l'agriculture, sénateur.
Faye, ancien Ministre de l'agriculture, sénateur.
Develle, ancien Ministre de l'agriculture.
Viger, ancien Ministre de l'agriculture, député.
Caze, ancien sous-secrétaire d'État au Ministère de l'agriculture, député.
Girerd, ancien sous-secrétaire d'État au Ministère de l'agriculture, trésorier-payeur général.
Gabé, directeur honoraire de l'Administration des Forêts.

Allemagne.
Prusse.

MM. le docteur Danckelmann, directeur de l'école d'Eberswalde.
DE Alten, conseiller impérial forestier, à Wiesbaden.

Bavière.

M. le docteur Ebermayer, professeur à l'Université de Munich.

Saxe.

M. le docteur Neumester, directeur de l'École de Tharandt.

SYLVICULTURE.

Wurtemberg.

M. le docteur Tuisko von Lorey, professeur à l'Université de Tubingue.

Angleterre.

MM. Schlich, professeur à l'école de Coopers-Hill.
Fisher, professeur adjoint à l'école de Coopers-Hill.

Autriche-Hongrie.
Autriche.

MM. le conseiller d'État Dimitz, directeur général des Forêts d'Autriche (Vienne).
Friederich, directeur de la station des recherches de Mariabrunn, près Vienne.

Hongrie.

MM. de Solz (Jules), directeur général des Forêts de Hongrie.
le docteur de Bedő, ancien directeur général des Forêts de Hongrie, député.

Bosnie-Herzégovine.

M. Petraschek, conseiller d'État, directeur des Eaux et Forêts.

Belgique.

MM. de Bruyn, ancien Ministre de l'agriculture et des travaux publics.
Dubois, directeur général des Eaux et Forêts.
le comte Visart (A.), président de la Société centrale forestière de Belgique.

Canada.

M. Johnson (Georges), directeur des statistiques au Département de l'agriculture, à Ottawa.

Danemark.

M. Muller, directeur des Forêts et chambellan du Roi. veneur de la Cour.

Espagne.

M. le baron del Castillo de Chirel, directeur général de l'Agriculture, à Madrid.

MM. Rafael Puig y Valls, ingénieur en chef des Forêts.
Carlos de Mazarredo, ingénieur de 1ʳᵉ classe des Forêts.

États-Unis.

MM. Jame Wilson, président de l'*Américan Forestry Association*, à Washington.
Fernow, chef de la division des Forêts au Département de l'agriculture.
Sargent, professeur à Jamaïca-Plain (Massachusetts).

Grèce.

M. Samios, directeur général des Forêts, à Athènes.

Hollande.

MM. van Schermbeck, houtveiter des domaines de l'État, à Ginneken-Breda (Pays-Bas).
Sickesz, sénateur, président de la « Nederlandsche-Heide Maatschappij », au château de Closse, à Lochen (Pays-Bas).

Italie.

M. le docteur Piccioli, directeur de l'institut forestier, à Vallombrosa.

Japon.

M. Shirasawa, inspecteur des Forêts au Ministère de l'agriculture et du commerce.

Luxembourg.

M. Koltz, ancien inspecteur en chef des Eaux et Forêts du Luxembourg (Luxembourg).

Portugal.

M. Pedro Roberto da Cunha a Silva, inspecteur général des Forêts.

Roumanie.

M. Patrulius, inspecteur général, chef du Service forestier.

Russie.

M. de Nikitine, directeur général des Forêts d'État.

1.

MM. Kern, directeur de l'Institut forestier à Saint-Pétersbourg.

Philipoff, président du groupe forestier dans la Section russe à l'Exposition de 1900.

Serbie.

M. Savitch, chef de section au Ministère de l'agriculture et du commerce.

Suisse.

MM. Coaz, inspecteur fédéral en chef des Forêts, à Berne.

de Morlot, inspecteur fédéral en chef des Travaux publics.

Roulet, inspecteur général des Forêts, président de la Société forestière suisse, à Neufchâtel.

COMMISSION D'ORGANISATION.

BUREAU.

Président.

M. Daubrée, conseiller d'État, directeur des Eaux et Forêts, rue de Varenne, 78, à Paris.

Vice-présidents.

MM. Calvet, sénateur, président de la Société forestière française des « Amis des arbres », à Paris.

Viellard, député, président de la Société forestière de Franche-Comté et Belfort, à Paris.

Secrétaire général.

M. Charlemagne (E.-N.), Conservateur des Eaux et Forêts, en retraite, rue Faraday, 15 (les Ternes), à Paris.

Secrétaire.

M. Leddet (P.-M.), inspecteur adjoint des Eaux et Forêts, à Paris.

Trésorier.

M. Thézard, ingénieur-chimiste, rue Cauchois, 10, à Paris.

MEMBRES.

MM.

le prince D'ARENBERG, député, à Paris.

AUDIFFRED, député, à Paris.

BERT, administrateur des Eaux et Forêts, à Paris.

BONNEMÈRE, à Paris.

BOPPE, directeur honoraire de l'École nationale des Eaux et Forêts, à Nancy.

BOUCARD, inspecteur général des Eaux et Forêts, en retraite, à Paris.

BOUQUET DE LA GRYE, conservateur des Eaux et Forêts, en retraite, à Paris.

BOUVET, conseiller général du Jura, à Salins (Jura).

BROILLIARD, conservateur des Eaux et Forêts, en retraite, à Paris.

BRUAND, inspecteur des Eaux et Forêts, à Versailles.

BUISSON, ingénieur-chimiste, à Paris.

CACHEUX, ingénieur, président de la Société française d'hygiène, à Paris.

CAQUET, ancien inspecteur adjoint des Forêts, à Paris.

CAZE, député, vice-président de la Société nationale d'encouragement à l'agriculture, à Paris.

CHARPENTIER, essayeur des monnaies de France, à Paris.

CLAVÉ, ancien inspecteur de la forêt de Chantilly, à Paris.

DELONCLE, ancien député, président de la Société des sylviculteurs de France et des colonies, à Paris.

DORÉ, architecte, à Paris.

DROMART, industriel, à Paris.

DUFOURNET, à Paris.

DUPONT, secrétaire général de l'Association des chimistes, à Paris.

DUVAL (Albert), propriétaire, à Paris.

ESCANDE, chimiste, à Paris.

FÉTET, administrateur des Eaux et Forêts, à Paris.

GÉRARDIN, ancien inspecteur adjoint des Forêts, à Paris.

Le baron DE GUERNE, secrétaire général de la Société d'acclimatation, à Paris.

GUFFROY, ingénieur agronome, à Paris.

GUICHET, inspecteur des Eaux et Forêts, à Paris.

GUYOT, directeur de l'École nationale des Eaux et Forêts, à Nancy.

JOULIE, membre du Comité des Stations agronomiques, à Paris.

JULLIEN, directeur du journal Le Bois, à Paris.

KUSS, inspecteur des Eaux et Forêts, à Paris.

LAMEY, Conservateur des Eaux et Forêts, en retraite, à Paris.

LARGUIER, directeur du journal L'Écho forestier, à Paris.

LEFÉBURE, vice-président de la section de sylviculture de la Société des « Agriculteurs de France », à Paris.

Mélard, inspecteur des Eaux et Forêts, à Paris.

Michalon, à Paris.

le docteur Mitivié, président de la section de sylviculture de la Société des « Agriculteurs de France », à Paris.

Pérard, ingénieur, à Paris.

Regelsperger, à Paris.

Suilliot, industriel, vice-président de la Chambre de commerce de Paris, à Paris.

Teisserenc de Bort, sénateur, membre du Conseil d'administration de la Société d'encouragement à l'agriculture, à Paris.

Vibert, économiste, à Paris.

Lévêque de Vilmorin, membre du Conseil de la Société des « Agriculteurs de France », à Paris.

DÉLÉGUÉS.

France.

Ministère de la guerre.

M. le capitaine Genby, à l'État-major particulier du génie.

Allemagne.

M. de Alten, conseiller impérial forestier à Wiesbaden.

Autriche.

M. Dimitz, conseiller aulique au Ministère de l'agriculture, à Vienne.

Bavière.

MM. le baron de Raesfeldt, conseiller supérieur des Forêts, à Munich, président de la division forestière de la Haute-Autriche.

le docteur Weber, professeur à l'Université de Munich.

Belgique.

MM. Dubois, directeur général des Eaux et Forêts, à Bruxelles.

Crahay, inspecteur des Eaux et Forêts, à Bruxelles.

Binamé, conducteur principal des Ponts et Chaussées, à Lanklaer.

Bosnie-Herzégovine.

M. Petraschek, conseiller d'État, directeur des Eaux et Forêts, à Vienne.

Danemark.

MM. Muller, directeur des Forêts, chambellan du Roi et veneur de la Cour, à Copenhague.

Wulf, chef du Département des forêts au Ministère de l'agriculture, à Copenhague.

Espagne.

MM. le baron del Castillo de Chirel, directeur général de l'agriculture, à Madrid.

Rafael Puig y Valls, ingénieur en chef des Forêts, à Barcelone.

Carlos de Mazarredo, ingénieur de 1re classe des Forêts, à Madrid.

États-Unis.

MM. Fernow (Prof. B. E.), chef de la division des Forêts, au Ministère de l'agriculture.

Taylor (William A.), au Ministère de l'agriculture.

le docteur Tarleton H. Bean, director Department of Forestry and Fisheries; U. S. commission.

Wiener Weimberger, expert Department of Forestry, U. S. commission.

Grèce.

M. Samios, directeur général des Forêts, à Athènes.

Hongrie.

MM. Kiss de Nemesker, secrétaire d'État au Ministère de l'agriculture, à Buda-Pesth.

de Bedö, ancien directeur des Forêts à Buda-Pesth.

Tavy (Gustave), conseiller en chef des Forêts, à Buda-Pesth.

Gérard de Pottere, garde général des Forêts, à Buda-Pesth.

Japon.

M. Shirasawa, inspecteur des Forêts, au Ministère de l'agriculture et du commerce.

Mexique.

M. Niederlein (Gustave), ancien inspecteur national des Forêts.

Roumanie.

M. Antonesco Remusch, ingénieur forestier.

Suède et Norvège.

MM. Marcus Bing Dahll, inspecteur des Forêts.
Uno Walmo, officier des Forêts à Jönköping.

Suisse.

M. Coaz, inspecteur fédéral en chef des Forêts, à Berne.

MEMBRES.

MM.

de Alten, conseiller impérial forestier, à Wiesbaden (Allemagne).
Antoni (F.), inspecteur adjoint des Eaux et Forêts, à Paris.
le prince d'Arenberg, député, à Paris.
Arnould (L.-A.), inspecteur adjoint des Eaux et Forêts, à Paris.
Audiffred, député, à Paris.
Badout (Henri), ingénieur forestier, à Montreux (Suisse).
Badré (J.-Ph.-A.), garde général des Eaux et Forêts, à Joinville (Haute-Marne).
Barbey (William), à Valleynes (Vaud Suisse).
Barbier de La Serre (G.-A.), inspecteur des forêts en retraite, à Paris.
Barthélemy (E.), conservateur des Eaux et Forêts, à Grenoble.
Bauby (Ph.), garde général des Eaux et Forêts, à Toulouse.
Beaufils (G.-J.-F.), inspecteur adjoint des Eaux et Forêts, à Amiens.
Becquerel, propriétaire, à La Jacqueminière (Loiret).
le docteur de Bedö, ancien directeur général des Forêts de Hongrie, député.
Bénardeau (F.), conservateur des Eaux et Forêts, à Moulins.
Berge (René), rue Pierre-Charron, 12, à Paris.
Berger (G.), ingénieur, à la Hulpe (Belgique).
Bernard (C.-J.-M.), garde général des Eaux et Forêts, à Annecy.
Bert, administrateur des Eaux et Forêts, à Paris.
Bertrand (L.-P.), inspecteur adjoint des Eaux et Forêts, à Saint-Germain-en-Laye.
Billecard, conservateur des Eaux et Forêts, à Gap.
Binamé, conducteur principal des Ponts et chaussées, à Lanklaer (Belgique).
Biolley (Henri), à Count (Suisse).

BLANCHARD (J.), inspecteur des Eaux et Forêts, à Gex.

BLONDEAU (Lucien), garde général des Eaux et Forêts, délégué de la Société centrale forestière de Belgique.

BONNEMÈRE, rue Chaptal, 26, à Paris.

BOPPE, directeur honoraire de l'École nationale des Eaux et Forêts, à Nancy.

BOREL (W.), expert forestier, à Genève (Suisse).

BOUCARD, inspecteur général des Eaux et Forêts, en retraite, à Paris.

BOULANGER, inspecteur adjoint des Eaux et Forêts, à Gondrecourt (Haute-Marne).

DE LA BOULLAYE, inspecteur adjoint des Eaux et Forêts, à Troyes ; pour la Société horticole, viticole et forestière de l'Aube.

BOUQUET DE LA GRYE, conservateur des Eaux et Forêts, en retraite, à Paris.

BOUVET, conseiller général du Jura, à Salins (Jura).

Baron DE BRANDIS (Eberhard), Herzogl. Braunschweig Hofjagdjunker, und Forstassessor, à Hassefelde, Brunswick.

BRETON (Ph.-A.), inspecteur adjoint des Eaux et Forêts, à Valence.

BRICON (E.), horticulteur-pépiniériste, à Ussy (Calvados).

BROILLIARD, conservateur des Eaux et Forêts, en retraite, à Paris.

BRUAND, inspecteur des Eaux et Forêts, à Versailles.

BRUGMANN (G.), consul général de Suède et Norvège, à Bruxelles.

DE BRUYN, ancien Ministre de l'agriculture et des travaux publics de Belgique.

BUISSON, ingénieur chimiste, à Paris.

DE LA BUNODIÈRE (M.-L.), inspecteur des Eaux et Forêts, à Lyons-la-Forêt (Eure).

CACHEUX, ingénieur, président de la Société française d'hygiène, à Paris.

CADELL (Georges), député, conservateur des forêts des Indes, en retraite.

CALVET, sénateur, président de la Société forestière française des Amis des arbres, à Paris.

CANNON (D.), propriétaire sylviculteur, à Salbris (Loir-et-Cher).

CAQUET, inspecteur adjoint des Eaux et Forêts, à Paris.

CARDOT (E.), inspecteur des Eaux et Forêts, à Paris.

CARRIÈRE (P.-N.-L.), conservateur des Eaux et Forêts, à Aix (Bouches-du-Rhône).

le baron DEL CASTILLO DE CHIREL, directeur général de l'agriculture, à Madrid.

CAZE, ancien sous-secrétaire d'État au Ministère de l'agriculture, député, à Paris.

CHAMBEAU (H.), inspecteur adjoint des Eaux et Forêts, à Chaumont.

CHARLEMAGNE (E.-N.), conservateur des Eaux et Forêts, en retraite, rue Faraday, 15 (les Ternes), à Paris.

CHARPENTIER, essayeur des monnaies de France, à Paris.

CLAVÉ, ancien inspecteur de la forêt de Chantilly, à Paris.

COAZ, inspecteur fédéral en chef des Forêts, à Berne (Suisse).

CODORNIU (R.), ingénieur forestier, à Murcia (Espagne).

COTTIGNIES (M.), inspecteur des Eaux et Forêts, à Villers-Cotterets.

COUTTOLENC, inspecteur adjoint des Eaux et Forêts, à Compiègne.

CRAHAY, inspecteur des Eaux et Forêts, à Bruxelles (Belgique).

CROIZETTE-DESNOYERS (L.), inspecteur des Eaux et Forêts, à Orléans.

CROUVIZIER (A.), conservateur des Eaux et Forêts, à Chaumont.

CUNHA A SYLVA (Pedro Roberto DA), inspecteur général des Forêts de Portugal.

DAHLL (Marcus Bing), inspecteur des Forêts de Norvège.

DALTROFF, industriel, à Paris.

le docteur DANCKELMANN, directeur de l'école d'Eberswalde (Allemagne).

DAUBRÉE, conseiller d'État, directeur des Eaux et Forêts, à Paris.

DAVIDESCO (Florian), ingénieur forestier, à Gara Segarcea (Roumanie).

DEBREUIL (Charles), membre du Conseil d'administration de la Société d'acclimatation de France, quai Pasteur, 5o, à Melun (Seine-et-Marne).

DELASSASSEIGNE, inspecteur des Eaux et Forêts, à Bordeaux.

DELAYGUE (F.-A.), inspecteur des Eaux et Forêts, à Lorris (Loiret).

DELONCLE, ancien député, président de la Société des sylviculteurs de France et des colonies, à Paris.

DEMORLAINE (J.), inspecteur adjoint des Eaux et Forêts, à Compiègne.

DEROYE (J.-F.), inspecteur adjoint des Eaux et Forêts, à Dijon.

DÉRUÉ (E.), conservateur des Eaux et Forêts, à Charleville.

DEVELLE, ancien Ministre de l'agriculture, à Paris.

DIMITZ, conseiller d'État, directeur général des Forêts d'Autriche, à Vienne.

DIMITZ, adjoint forestier, I. R. Weissenbach (Autriche).

VAN DISSEL, directeur adjoint de la Néderlandsche Heidemaatschappÿ (Hollande).

DOLFUS (G.), propriétaire, à Riedisheim (Haute-Alsace).

DORÉ, architecte, à Paris.

DREVON (E.), inspecteur adjoint des Eaux et Forêts, à Chaumont.

DREYFUS (E.), conservateur des Eaux et Forêts en retraite, à Paris.

DRION (V.), propriétaire, à Bruxelles.

DROMART, industriel, à Paris.

DUBOIS, directeur général des Eaux et Forêts, à Bruxelles.

le comte DUBOYS-D'ANGERS, propriétaire, à Ambillou (Indre-et-Loire).

DUBREUIL (F.-J.), inspecteur des Eaux et Forêts, à Pau.

DUCHAUFOUR (A.), inspecteur des Eaux et Forêts, à Paris.

DUCHEMIN, négociant, rue Barbette, 8, à Paris.

DUFOURNET, à Paris.

DUPLAQUET (Ch.), inspecteur adjoint des Eaux et Forêts, à Chantilly.

DUPONT, secrétaire général de l'Association des chimistes, à Paris.

DUPRÉ-LATOUR, garde général des Eaux et Forêts, à Grenoble.

DUPUY (Jean), sénateur, Ministre de l'agriculture.

Durand (E.), conservateur des Eaux et Forêts, en retraite, à Montpellier.

Duret (P.-M.), à Bordeaux.

Duval (Albert), propriétaire, à Paris.

le docteur Ebermayer, professeur à l'Université de Munich (Bavière).

Emery, inspecteur adjoint des Eaux et Forêts, à Remiremont (Vosges).

Escande, chimiste à Paris.

Faas (Voldemar), sylviculteur, Exposition, Groupe IX, Section russe.

Fabre (G.), inspecteur des Eaux et Forêts, à Nîmes.

Fabre (L.), inspecteur des Eaux et Forêts, à Dijon.

Fankauser, adjoint de l'inspecteur fédéral des Forêts, à Berne (Suisse).

Fatou (P.-J.), inspecteur adjoint des Eaux et Forêts, à Orléans.

Faye, ancien Ministre de l'agriculture, sénateur, à Paris.

Fernow, chef de la division des Forêts au Département de l'agriculture (États-Unis).

Fétet, administrateur des Eaux et Forêts, à Paris.

Fisher, professeur adjoint à l'École de Coopers-Hill (Angleterre).

Flahaut (Ch.), directeur de l'Institut de botanique, à Montpellier.

Fliche (P.), professeur à l'École nationale des Eaux et Forêts, à Nancy.

Fortunet (J.-A.-E.), conservateur des Eaux et Forêts, à Troyes.

Fourneaux (J.), industriel, à Bruxelles.

Friederich, directeur de la Station de recherches de Mariabrunn, près Vienne (Autriche).

Gabé, directeur honoraire de l'administration des Forêts, à Versailles.

de Gail (Ch.), conservateur des Eaux et Forêts, à Épinal.

Galland (J.-A.), conservateur des Eaux et Forêts, à Mâcon.

Gamble (James), ancien conservateur des Forêts des Indes, Highfield, East Liss, Hants (Angleterre).

Gandar (E.), inspecteur des Eaux et Forêts, à Wassy (Haute-Marne).

de Gayffier (E.-Ch.), ancien conserveteur des Forêts, à la Bussière (Loiret).

Gazin (F.-A.), inspecteur des Eaux et Forêts, à Mirecourt (Vosges).

Gebhart, inspecteur des Eaux et Forêts, à Blois (Loir-et-Cher).

Geney, capitaine de l'État-major particulier du Génie, délégué du Ministère de la guerre, à Paris.

George-Grimblot (A.-Ch.), ancien conservateur des Forêts, à Paris.

Gérardin, ancien inspecteur adjoint des Forêts, à Paris.

Gibert, inspecteur adjoint des Eaux et Forêts, à Paris.

Giffort-Pinchot, forestier au Ministère des États-Unis, à Washington.

Gilardoni (E.), conservateur des Eaux et Forêts, à Vesoul.

Gillet (Ch.), conservateur des Eaux et Forêts, à Niort.

Girerd, ancien sous-secrétaire d'État au Ministère de l'agriculture, trésorier-payeur général.

Gomot, ancien Ministre de l'agriculture, sénateur, à Paris.

GRANIER (G.-E.), inspecteur des Eaux et Forêts, à Belfort.

GRUNWALD (J.), junior, à Vittorio-Veneto (Italie).

le baron DE GUERNE, secrétaire général de la Société d'acclimatation, à Paris.

GUFFROY, ingénieur agronome, à Paris.

GUICHET, inspecteur des Eaux et Forêts, à Paris.

GUILBAUT (E.), inspecteur adjoint des Eaux et Forêts, aux Sables-d'Olonne.

GUYOT, directeur de l'École nationale des Eaux et Forêts, à Nancy.

HEARLE (N.), Indian Forest service, à Plymouth (Angleterre).

HÉNISSART (J.), secrétaire de la section de sylviculture à la Société des Agriculteurs de France, à Paris.

HENRIQUET (J.-M.), inspecteur adjoint des Eaux et Forêts, à Étain (Meuse).

HENRY (E.), inspecteur des Eaux et Forêts, chargé de cours à l'École nationale des Eaux et Forêts, à Nancy.

le baron DE HÉRISSEM, propriétaire, à Bruxelles.

HEYN (J.), marchand grainier, à Darmstadt (Hesse).

HILL (H.-Ch.), conservateur des Forêts de l'Inde, à Bombay.

HIRSCH (P.), garde général des Eaux et Forêts, à Cirey (Meurthe-et-Moselle).

DE HORNEDO-Y-HUIDOBRO, ingénieur forestier, à Santander (Espagne).

HORNER (J.-F.), commissioner of Woods, à Londres (Angleterre).

HOUDANT (F.), propriétaire, à Lagny (Seine-et-Marne).

HOYOIS (V.), industriel, à Mons (Belgique).

HUBERT (E.), ingénieur, à Namèche (Belgique).

HUBERTY (J.), ingénieur agricole, garde général des Forêts, à Éprave (Belgique).

HUFFEL (G.), inspecteur des Eaux et Forêts, à Nancy.

INGOLD (H.), inspecteur adjoint des Eaux et Forêts, à Raon-l'Étape (Vosges).

JACMART (G.), ancien élève de l'École forestière, à Bordeaux.

JACQUES (Ch.), propriétaire à Etterbeek (Belgique).

JACQUOT, inspecteur des Eaux et Forêts, à Neufchâteau (Vosges).

DE JARZA (Adan Mario), à Lequeitio (Espagne).

JEANNERAT, garde général des Eaux et Forêts, à Louviers (Eure).

JOBEZ (Henri), ingénieur civil des Mines, ancien député, boulevard de la Madeleine, 17, à Paris.

JOHNSON (Georges), directeur des Statistiques au Département de l'agriculture, à Ottawa (Canada).

JOLYET (A.), chargé de cours à l'École nationale des Eaux et Forêts, à Nancy.

JOULIE, membre du Comité des Stations agronomiques, à Paris.

JULLIEN (J.), inspecteur des Eaux et Forêts en disponibilité, à Villers-sur-Lesse (Belgique).

JULLIEN, directeur du journal Le Bois, à Paris.

KELLER (H.), fils marchand grainier, à Darmstadt (Hesse).

KERN, directeur de l'Institut forestier, à Saint-Pétersbourg (Russie).

KISS DE NEMESKER, secrétaire d'État au Ministère de l'agriculture (Hongrie).

KOLTZ, ancien inspecteur en chef des Eaux et Forêts du Luxembourg, à Luxembourg.

KUSS, inspecteur des Eaux et Forêts, à Paris.

LACOMBE (P.-A.), garde général stagiaire des Eaux et Forêts, à Constantine.

LAFOSSE (H.), inspecteur des Eaux et Forêts, à Paris.

Le vicomte DE LAÎTRE, boulevard de la Madeleine, 17, à Paris.

LALLIER (R.), inspecteur adjoint des Eaux et Forêts, à Paris.

LAMBERT (C.-E.), garde général stagiaire des Eaux et Forêts, à Espezel (Aude).

LAMEY, conservateur des Eaux et Forêts, en retraite, à Paris.

LANDOLT (Hans), Forstverwalter, à Büren.

LARGUIER, directeur du journal L'Écho forestier, à Paris.

DE LARMINAT, inspecteur adjoint des Eaux et Forêts, à Vesoul.

LARZILLIÈRE, conservateur des Eaux et Forêts, à Aurillac.

LAUNAY (A.), inspecteur adjoint des Eaux et Forêts, à Bar-sur-Seine.

LEDDET (L.-M.), inspecteur des Eaux et Forêts, à Rambouillet.

LEDDET (P.-M.), inspecteur adjoint des Eaux et Forêts, à Paris.

LE DRET (P.), inspecteur des Eaux et Forêts, à Poitiers.

LEFÉBVRE (L.-S.-Ch.), inspecteur des Eaux et Forêts, à Orléans.

LEFÉBURE, vice-président de la section de sylviculture de la Société des Agriculteurs de France, à Paris.

DE LESSEUX, garde général des Eaux et Forêts, à Bains-les-Vosges.

LEVEL (P.-E.), inspecteur des Eaux et Forêts, à Chaumont.

le comte DE LIMBURG STIRUM, à Bruxelles.

LINDEN (L.), directeur général de l'Horticole coloniale, à Bruxelles.

LOMBARD (F.), inspecteur adjoint des Eaux et Forêts, à Aix (Bouches-du-Rhône).

LOPPINET (F.), inspecteur des Eaux et Forêts, à Verdun.

LOYER (F.), conservateur des Eaux et Forêts, à Alençon.

LOZE, conservateur des Eaux et Forêts, à Toulouse.

DE MAHY, ancien Ministre de l'agriculture, député, à Paris.

MAINGAUD (A.), inspecteur des Forêts, en retraite, à Angers.

MAIRE (J.-P.-E.), inspecteur des Eaux et Forêts, à Paris.

MAJORELLE (A.), inspecteur des Eaux et Forêts, à Lunéville.

MARION (Louis), horticulteur, à Pontvallain (Sarthe).

le duc DE MARMIER, à Ray (Haute-Saône).

MARTIN (L.-P.-M.), à Toul.

MARTSCHENKO, oberförster kaiserlich russischer, à Saint-Pétersbourg.

MATHEY, inspecteur adjoint des Eaux et Forêts, à Dijon.

DE MAZARREDO (Carlos), ingénieur de première classe des Forêts, à Madrid.

MÉLARD, inspecteur des Eaux et Forêts, à Paris.

MÉLINE, ancien Ministre de l'agriculture, député, à Paris.

MÉNESTREL (Ch.-F.), inspecteur des Eaux et Forêts, à Troyes.

Mer (Émile), inspecteur des Eaux et Forêts, à l'École nationale, à Nancy.

Mersey (L.), conservateur des Eaux et Forêts, à Paris.

Meurgey (V.), industriel, à Courtivron (Côte-d'Or).

Michalon, à Paris.

Michaud (F.), conservateur des Eaux et Forêts, à Gap.

Michaut (A.), administrateur de la Compagnie des cristalleries de Baccarat, à Baccarat.

Miquel del Campo, ingeniero de Montes, professeur à l'Escurial, à Madrid.

le docteur Mitivié, président de la section de sylviculture de la Société des Agriculteurs de France, à Paris.

E. Mc Moir (A.), deputy, Conservator India, en retraite à Castlethorp Brigg (Angleterre).

Molleveaux (A.-G.-A.), conservateur des Eaux et Forêts, à Amiens.

Mongenot, administrateur des Eaux et Forêts, à Paris.

Montefiore, sénateur, à Bruxelles.

Moreau, inspecteur des Eaux et Forêts, à Abbeville (Somme).

Moriyama Reizabouro, lieutenant de vaisseau, à Paris.

de Morlot, inspecteur fédéral en chef des Travaux publics (Suisse).

Mougin (P.-L.), inspecteur adjoint des Eaux et Forêts, à Chambéry.

Muller, directeur des Forêts, chambellan du Roi, veneur de la cour de Danemark.

Muller (G.-C.), inspecteur des Eaux et Forêts, à Senones (Vosges).

le docteur Neumester, directeur de l'École de Tharandt (Saxe).

le docteur Niederlein (Gustavo), ancien inspecteur national des Forêts (Mexique).

de Nikitine, directeur général des Forêts d'État (Russie).

Orfila (A.), inspecteur des Eaux et Forêts, à Paris.

Pagès (Albert), juge suppléant au Tribunal de commerce de la Seine, à Paris.

Pardé (L.-G.-Ch.), inspecteur adjoint des Eaux et Forêts, à Nogent-sur-Vernisson (Loiret).

Paret (J.-A.), commissionnaire en bois, à Paris.

Parisel (E.), professeur de sylviculture à l'Institut agricole de l'État, à Gembloux (Belgique).

Patrulius, inspecteur général, chef du service forestier de Roumanie.

Pécheral, inspecteur des Eaux et Forêts, à Barcelonnette (Basses-Alpes).

Pequin (J.), inspecteur adjoint des Eaux et Forêts, à Bayonne (Basses-Pyrénées).

Pérard, ingénieur, à Paris.

Perdrizet, inspecteur des Eaux et Forêts, à Thonon (Haute-Savoie).

Perrin (F.-E.), conservateur des Eaux et Forêts, à Bourges.

Petitcollot (E.), sous-directeur de l'École nationale des Eaux et Forêts, à Nancy.

Petraschek, conseiller d'État, directeur des Eaux et Forêts de Bosnie-Herzégovine.

Petraschek (Carlo), fils.

Peyroux (E.), inspecteur adjoint des Eaux et Forêts, Le Puy.

Phal (A.), conservateur des Eaux et Forêts, à Chambéry.

Philipoff, président du groupe forestier de la section russe à l'Exposition de 1900.

Piatnitsky (Alexis), directeur des Domaines du gouvernement d'Irkoustk (Sibérie).

Picard (L.), propriétaire, officier de marine, à Lorient.

le docteur Piccioli, directeur de l'Institut forestier, à Vallombrosa (Italie).

le baron Pilar de Pilchan (Georges), gentilhomme de la cour de Russie, à Saint-Pétersbourg.

Pinat (Charles), ingénieur, à Allevard (Isère).

Poncelet (P.), notaire, conseiller provincial, à Gedinne (Belgique).

de Pottere (Gérard), garde général des Forêts de Hongrie.

du Pré de Saint-Maur (René), membre de la Société des Agriculteurs de France, membre correspondant de la Société nationale d'agriculture, à Paris.

Prouvé (Ch.), inspecteur des Forêts, en retraite, à Nancy.

Puig y Valls (Rafael), ingénieur en chef des Forêts (Espagne).

le baron de Raesfeldt, conseiller supérieur des Forêts, président de la division forestière de la Haute-Autriche (Bavière).

Récopé (L.-D.), conservateur des Eaux et Forêts, à Paris.

Regelsperger, à Paris.

Remusch (Antonesco), ingénieur forestier, délégué roumain.

Reuss (E.), inspecteur des Eaux et Forêts, à Fontainebleau.

Reynard, inspecteur des Eaux et Forêts, à Bastia (Corse).

Rivet, conservateur des Eaux et Forêts, en retraite, à Paris.

Rochette de Lempdes (H.), garde général des Eaux et Forêts, à Gannat (Allier).

Rothéa, propriétaire, à Orqueveaux (Haute-Marne).

Roulet, inspecteur général des Forêts, président de la Société forestière, à Neufchâtel (Suisse).

Rousselot (E.), inspecteur des Eaux et Forêts, à Djidjelli (Constantine).

Roux (E.-P.), conservateur des Eaux et Forêts, à Lons-le-Saunier.

Rudolph (E.), négociant en bois du Nord et d'Amérique, à Paris.

Runacher (S.-A.), inspecteur des Eaux et Forêts, à Montbéliard (Doubs).

Saglio (C.), directeur de la Compagnie des forges d'Audincourt, à Audincourt (Doubs).

de Sailly, inspecteur des Eaux et Forêts, à Limoges.

Saint-Ange-Légé (Charles), propriétaire, rue de la Chaussée-d'Antin, 64, à Paris.

Sainte-claire-Deville (G.), inspecteur des Eaux et Forêts, à Louviers.

de Saintignon (F.), maître de forges, ancien sous-inspecteur des Forêts, à Longwy-Bas.

Samios, directeur général des Forêts, à Athènes (Grèce).

Sargent, professeur à Jamaïca Plain (Massachusetts).

Savitch, chef de section du Ministère de l'agriculture et du commerce de Serbie.

Schaeffer (G.-H.-A.), inspecteur des Eaux et Forêts, à Chambéry.

Schermbech (Van), houveiter des Domaines de l'État, à Ginneken-Breda (Pays-Bas).

Schlich, professeur à l'École de Coopers-Hill (Angleterre).

Schlumberger (P.), inspecteur des Eaux et Forêts, à Andelot (Haute-Marne).

de Sébille, ingénieur, vice-président de la Société centrale forestière de Belgique, à Bruxelles.

Sérebrennikoff (Eugène), forestier conseiller de la cour, à Nertchinsky Zavod (Sibérie).

Servier, propriétaire, à Paris.

Shirasawa, inspecteur des Forêts, au Ministère de l'agriculture et du commerce du Japon.

Sickesz, sénateur, président de la Nederlandsche-Heide Maatschappij, au château de Closse Lochen (Pays-Bas).

Silz (Eugène), à Paris.

Smits van Burgst (C.-A.-L.), économe rural, à Princenhage (Hollande).

Soltz (Jules de), directeur général des Forêts de Hongrie.

Sprengel (F.-R.), Fortsmeister et professeur à l'Académie de Bonn-Poppelsdorf.

Stafford-Howard (E.), commissioner of Voods, à Londres.

Statter-Carr (E.), conservateur des Forêts de l'Inde, à Londres.

Suilliot, industriel, vice-président de la Chambre de commerce de Paris, à Paris.

Tanassesco, inspecteur adjoint des Forêts, à Campulung (Roumanie).

le docteur Tarleton. H. Beau, director Department of Forestry and Fisheries U. S. Commission.

Tavy (Gustave), conseiller en chef des Forêts de Hongrie.

Taylor (William A.), délégué du gouvernement des Etats-Unis.

Teisserenc de Bort, sénateur, membre du Conseil d'administration de la Société nationale d'encouragement à l'agriculture, à Paris.

Tessier (L.-F.), inspecteur adjoint des Eaux et Forêts, à Carpentras.

Théron, inspecteur adjoint des Eaux et Forêts, à Paris.

Thézard, ingénieur chimiste, rue Cauchois, 10, à Paris.

Thil (A.), inspecteur des Eaux et Forêts, à Paris.

Trutat (J.-H.), garde général des Eaux et Forêts, à Mamers (Sarthe).

le docteur Tuisko von Lorey, professeur à l'Université de Tubingue (Wurtemberg).

Vaude-Casteele (A.), conducteur des Ponts et Chaussées, Blankenberghe (Belgique).

Vermorel, directeur de la Station viticole et de pathologie végétale, à Villefranche (Rhône).

Vernet (M.), inspecteur adjoint des Eaux et Forêts, à Valence (Drôme).

Vibert (Paul), économiste, rue Le Chatelier, 4, à Paris.

Viellard, député, président de la Société forestière de Franche-Comté et Belfort, à Paris.

Vilmorin (M. Lévêque de), membre du Conseil de la Société des Agriculteurs de France, à Paris.

Violette (A.-A.), inspecteur adjoint des Eaux et Forêts, à Mont-de-Marsan.

Viger, ancien Ministre de l'agriculture, député, à Paris.

le comte Visart (A.), président de la Société centrale forestière de Belgique.

Wallmo (Uno), capitaine des Eaux et Forêts, à Jonköping (Suède).

Wang (Fd), professeur et conseiller des Forêts au Ministère de l'agriculture, à Vienne (Autriche).

Watier (J.-H.), inspecteur des Eaux et Forêts, à Toulouse.

Wattigny (L.-D.), ancien garde général des Forêts, à Ferrières-en-Brie.

le docteur Wéber, professeur à l'Université de Munich (Bavière).

Weimberger (Wiener), expert, Département of Forestry, U. S. Commission.

Wilson (Jame), président de l'Américan Forestry Association, à Washington (E. U.).

Wulf, chef du Département au Ministère de l'agriculture du Danemark.

Yachnoff, ingénieur forestier à la Direction des Apanages, à Saint-Pétersbourg.

Yol (Honoré), géomètre des Apanages impériaux de Russie, à Saint-Pétersbourg.

Zeerleder de Fischer, inspecteur en chef des Forêts, en retraite, à Berne.

Zurlinden (A.), conservateur des Eaux et Forêts, à Rouen.

Zuylen (van J.), propriétaire, à Liège (Belgique).

RÈGLEMENT.

ARTICLE PREMIER.

Un Congrès international de sylviculture se tiendra à Paris au cours de l'Exposition universelle de 1900, dans le palais des Congrès; sa durée sera de quatre jours (du 4 au 7 juin 1900), non compris le temps qui pourra être consacré à des excursions en forêt.

ART. 2.

Seront membres du Congrès toutes les personnes qui auront envoyé leur adhésion au secrétaire de la Commission d'organisation avant l'ouverture du Congrès ou qui se feront inscrire pendant la durée de celui-ci et qui auront acquitté la cotisation dont le montant est fixé à **20 francs.**

ART. 3.

Les sociétés de sylviculture, comices, syndicats et généralement toute association ayant un caractère sylvicole peuvent faire partie du Congrès et y envoyer des délégués. La cotisation est due pour chaque délégué.

ART. 4.

Les membres du Congrès recevront, sur le payement de leur cotisation, une carte qui leur sera délivrée par les soins de la Commission d'organisation.

Les cartes, qui ne donnent aucun droit à l'entrée gratuite à l'Exposition, sont strictement personnelles. Toute carte prêtée sera immédiatement retirée.

ART. 5.

Les membres du Congrès recevront gratuitement les publications émanant du Congrès.

ART. 6.

Les travaux du Congrès sont préparés par la Commission d'organisation.

ART. 7.

Le Congrès comprendra des séances publiques, des séances générales, des séances de section, des excursions en forêt.

ART. 8.

Les membres du Congrès ont seuls le droit d'assister aux séances qui ne sont pas publiques et aux visites préparées par la Commission d'organisation, de présenter des travaux et de prendre part aux discussions.

Les délégués des Administrations publiques françaises et étrangères jouiront des avantages réservés aux membres du Congrès.

ART. 9.

Le Congrès se partage en trois sections :

1re section. — *Économie forestière.* — Arboriculture. Sylviculture. Aménagement. Exploitation et commerce des bois. Travaux d'amélioration. Législation forestière. Enseignement forestier. Stations de recherches et d'expériences. Introduction d'essences exotiques. Statistiques.

2e section. — *Influence des forêts au point de vue du maintien des terres, du régime des eaux et des phénomènes météorologiques.* — Restauration des montagnes. Reboisement des terrains incultes. Dunes. Défrichements. Météorologie forestière.

3e section. — *Application des sciences à la sylviculture.* — Sciences mathématiques. Sciences physiques et chimiques. Sciences naturelles.

ART. 10.

Les travaux de chaque section sont préparés par un comité spécial désigné par la Commission d'organisation.

Les comités de sections prépareront des rapports sur les questions qu'ils décideront de soumettre au Congrès. Les rapports seront remis à la Commission d'organisation dans les délais que celle-ci déterminera, pour que ces rapports soient imprimés en entier ou par extraits avant le Congrès.

Ces rapports préliminaires seront discutés dans les sections avant d'être soumis aux séances générales.

2.

ART. 11.

Les personnes désireuses de présenter des travaux au Congrès devront les transmettre, avant le 1ᵉʳ mars 1900, à la Commission d'organisation qui en saisira le comité de la section compétente.

Aucune question ne sera discutée en séance générale avant d'avoir été examinée en section.

ART. 12.

A la séance d'ouverture du Congrès, le bureau de la Commission d'organisation se constitue en bureau définitif, après s'être complété par l'adjonction de membres étrangers.

ART. 13.

Les sections constitueront, dans leur première réunion, leurs bureaux respectifs qui seront composés d'un président, de vice-présidents et de secrétaires.

ART. 14.

La langue française sera adoptée pour la publication et les procès-verbaux du Congrès.

ART. 15.

Les bureaux des sections s'entendent avec le bureau du Congrès pour fixer l'ordre du jour des séances générales.

ART. 16.

Les conclusions soumises aux séances générales seront toujours présentées par écrit.

Les orateurs qui auront pris la parole dans une séance devront remettre au secrétaire, dans les vingt-quatre heures, un résumé de leurs communications pour les procès-verbaux. Dans le cas où ce résumé n'aurait pas été remis, le texte rédigé par le secrétaire en tiendra lieu.

Les orateurs ne pourront occuper la tribune pendant plus de quinze minutes, à moins que l'assemblée consultée n'en décide autrement.

ART. 17.

Un compte rendu des travaux du Congrès sera publié par les soins de la Commission d'organisation. Celle-ci se réserve de fixer l'étendue des mémoires ou communications qui y figureront.

ART. 18.

Le bureau du Congrès statue en dernier ressort sur tout incident non prévu au Règlement.

AVIS IMPORTANT. — **La date du 1er mars 1900, primitivement fixée pour l'envoi des travaux à présenter au Congrès (art. 11), est prorogée au 1er avril suivant.**

PROGRAMME.

PREMIÈRE SECTION.
Économie forestière.

1° Traitement des forêts de sapin; transformation en sapinières des taillis à faible rendement situés en régions montagneuses.

2° Conséquences physiologiques et culturales des éclaircies.

3° Utilité de la culture du sol dans les coupes à régénérer (labour à la charrue, crochetages avec ou sans répandage artificiel de semences).

4° Traitement des taillis-sous-futaie en vue d'augmenter la production du bois d'œuvre.

5° Déficit ou excédent de la production forestière dans les diverses régions du globe; étude du mouvement des importations et des exportations.

6° Législation des terrains en montagne; législation forestière internationale.

7° Examen général, au point de vue du peuplement forestier, des essences exotiques acclimatées ou naturalisées.

8° Stations de recherches et d'expériences; — bureaux d'informations; — utilité, programmes et résultats.

DEUXIÈME SECTION.
Influence des forêts au point de vue du maintien des terres, du régime des eaux et des phénomènes météorologiques.

1° Météorologie forestière.

2° Influence des forêts sur les eaux souterraines dans les régions de plaines.

3° Restauration des montagnes et correction des torrents.

4° Travaux de protection contre les avalanches et mesures défensives contre les dégâts causés aux propriétés inférieures par les eaux provenant des glaciers. (Exemple : catastrophe de Saint-Gervais.)

5° Améliorations pastorales, fruitières; réglementation des pâturages.

6° Défense contre les érosions de l'Océan; voies de vidanges dans les forêts des dunes.

7° Mise en valeur, par le boisement, des terrains incultes et des terres épuisées.

8° Défense contre les incendies.

TROISIÈME SECTION.

Application des sciences à la Sylviculture.

1° Unification internationale des mesures de cubage pour les bois d'œuvre ; forme géométrique des tiges d'arbres ; procédés de cubage.

2° Avantages comparatifs du bois et du fer (durée, conservation, résistance).

3° Utilisation des déchets des exploitations ; — poêles à combustion lente ; — distillation, fabrication d'alcool, — pâte à papier.

4° Sols forestiers. — Cartes botanico-forestières.

5° Amélioration des transports forestiers.

ORDRE DES TRAVAUX.

Lundi, 4 juin ...	à 5 heures du soir..	Séance d'ouverture du Congrès.
Mardi, 5 juin ...	à 10 heures du matin .	Constitution des bureaux des sections (art. 13 du Règlement) et séances des sections.
	à 2 heures du soir..	Séances des sections.
Mercredi, 6 juin..	à 10 heures du matin.	Séances des sections.
	à 4 heures du soir..	Séances des sections.
Jeudi, 7 juin....	à 10 heures du matin.	Séances des sections,
	à 2 heures du soir ..	Séance générale.
Vendredi, 8 juin .	Visite de l'Exposition.	
Samedi, 9 juin ..	Excursion dans la forêt domaniale de Fontainebleau.	

SÉANCES DU CONGRES.

Les séances du Congrès se sont tenues au Palais de l'Économie sociale et des Congrès, sur le quai de la rive droite de la Seine, rue de Paris, à l'angle du pont de l'Alma.

Le Secrétariat du Congrès y a été installé pendant sa durée.

COMPTES RENDUS DES SÉANCES.

SÉANCE GÉNÉRALE D'OUVERTURE DU CONGRÈS.

Le lundi, 4 juin 1900, les membres du Congrès de Sylviculture se sont réunis en séance plénière au Palais des Congrès, sous la présidence de M. Jean Dupuy, Ministre de l'Agriculture.

La séance est ouverte à 5 heures; prennent place au bureau :

MM. L. Daubrée, Conseiller d'État, Directeur des Eaux et Forêts au Ministère de l'Agriculture, *Président du Congrès;*

Gomot, ancien Ministre de l'Agriculture, sénateur;

Develle, ancien Ministre de l'Agriculture;

Faye, ancien Ministre de l'Agriculture, sénateur;

Girerd, ancien Sous-Secrétaire d'État au Ministère de l'Agriculture, Trésorier-payeur général;

Charlemagne, Conservateur des Eaux et Forêts, *Secrétaire général du Congrès;*

de Alten, Conseiller forestier à Wiesbaden (Allemagne);

Schlich, Professeur à l'École de Coopers-Hill (Angleterre);

Dimitz, Conseiller d'État, Directeur général des Forêts d'Autriche;

Friederich, Directeur de la Station de recherches de Mariabrünn (Autriche-Hongrie);

Dubois, Directeur général des Eaux et Forêts du royaume de Belgique;

Müller, Directeur des Forêts et Chambellan du Roi, grand Veneur de la Cour de Danemark;

MM. Puig y Walls, Ingénieur en chef des Forêts du royaume d'Espagne;

Samios, Directeur général des Forêts, à Athènes;

Kern, Directeur de l'Institut forestier, à Saint-Pétersbourg;

Coaz, Inspecteur fédéral en chef des Forêts, à Berne.

Jean Dupuy, Ministre de l'Agriculture. Messieurs, avant d'ouvrir cette première séance, j'ai le devoir, très agréable pour moi, de saluer les étrangers qui sont venus de tous les points prendre part aux travaux de ce Congrès international de Sylviculture.

C'est avec grand plaisir et de tout cœur que je leur souhaite la bienvenue.

Je puis les assurer qu'ils trouveront parmi nous un accueil courtois et empressé; je puis même les assurer qu'ils rencontreront en particulier, auprès de leurs collègues de France, l'hospitalité qui caractérise la vieille urbanité française.

Je veux aussi saluer et remercier nos compatriotes accourus en si grand nombre pour collaborer à l'œuvre commune.

J'ai confiance qu'ils tiendront ici la place qu'ils méritent; j'en ai d'ailleurs pour garant leur expérience, leur bonne volonté et leur science.

Messieurs, l'Exposition universelle de 1900 ne sera pas seulement une grande solennité n'intéressant que la France, mais le monde civilisé tout entier; elle ne sera pas seulement un spectacle grandiose et imposant comme l'on n'en aura jamais vu; elle sera aussi comme le résumé, la synthèse, et, si je puis employer cette image, le grand plan en relief de tous les progrès humains, de toutes les questions intéressant les peuples civilisés et qui vont être discutées dans de nombreux Congrès.

Vous y avez votre place marquée, et, si les questions que vous aurez à examiner ne sont pas passionnantes pour le gros public, elles n'en sont pas moins d'une importance capitale.

Ce n'est pas à vous, Messieurs, qui êtes des techniciens, que j'apprendrai l'importance de la Sylviculture par son rattachement à l'agriculture et à de nombreuses industries, à la vie même des peuples.

Aussi suis-je convaincu que, dans ce grand débat, vous tiendrez à honneur de justifier la renommée qui vous précède.

Je déclare ouvert le Congrès international de Sylviculture. (*Vifs applaudissements.*)

La parole est à M. Daubrée.

M. L. Daubrée, *Président.* Monsieur le Ministre, Messieurs, Mon premier devoir est d'exprimer toute notre reconnaissance à M. Jean Dupuy.

En se rendant, malgré ses nombreuses occupations, à notre invitation et en acceptant la présidence d'honneur effective de ce Congrès, M. le Ministre de l'Agriculture a voulu donner une nouvelle preuve de sa sollicitude pour toutes les manifestations de la science agricole et de son attachement pour tous les Forestiers.

Je veux aussi remercier, au nom du Comité d'organisation, les gouvernements étrangers qui ont bien voulu, en nous envoyant de tous les points du globe leurs illustrations forestières, témoigner de leur sympathie pour notre pays et de l'intérêt qu'ils prennent à nos travaux.

Je ne puis omettre également, et cela m'est très agréable, d'adresser nos remerciements à tous mes anciens chefs au Ministère de l'Agriculture qui n'ont pas hésité un instant à nous accorder leur éminent concours et qui tous se sont déclarés heureux d'avoir une occasion de manifester combien ils s'intéressent aux sciences forestières.

Je vous remercie enfin tous, Messieurs, qui avez répondu à notre appel. Je suis d'autant plus satisfait de vous voir nombreux que je crois que tous nos efforts réunis ne seront pas de trop pour appeler l'attention de tous les peuples sur la situation forestière de l'ensemble du Monde.

Le déficit de la production ligneuse dans les diverses régions du globe montre que depuis des siècles on marche à l'assaut des forêts. Il semble qu'au fur et à mesure que l'humanité acquiert plus de puissance, elle veut affirmer sa victoire sur la nature en détruisant les forêts dont les profondeurs mystérieuses la remplissaient de terreur aux âges primitifs.

On a chassé les forêts des plaines et on les a vues trop souvent se transformer en landes stériles; on les a chassées des montagnes et, l'équilibre des forces naturelles étant rompu, les terres sont descendues dans les vallées; les ruisseaux sont devenus des torrents.

Depuis trente ans les principaux États ont porté leurs efforts pour régulariser le cours des torrents, enrayer les inondations et arrêter les éboulements et les avalanches. Des travaux de restauration ont été entrepris; mais ils n'ont pu porter sur tous les terrains dénudés par suite de la nécessité de ménager l'industrie pastorale dans les pays de montagne. Ils ont été entrepris pour la plupart sur des terrains dégradés et d'un accès difficile. Ces travaux très dispendieux, que l'État seul peut entreprendre, donneront bien plus des massifs de protection que des forêts proprement dites dont on puisse escompter la production. C'est sur l'initiative des particuliers qu'il faudrait pouvoir compter pour recréer les forêts que l'imprévoyance de l'homme a fait disparaître.

Mais on dit : Qu'avons-nous besoin de bois? N'avons nous pas le charbon de terre comme combustible, le fer et l'acier pour construire nos maisons et nos vaisseaux?

Si les pays neufs ont pu facilement jusqu'ici subvenir aux demandes de l'industrie et si on a vu les prix des bois baisser, il n'en subsiste pas moins que la consommation augmente d'année en année et que, les unes après les autres, les grandes nations industrielles ne trouvent plus sur leur territoire assez de bois pour leurs besoins. On s'adresse toujours aux vastes réserves forestières de l'Europe septentrionale et orientale et de l'Amérique du Nord. Mais, chaque année, on leur demande davantage et on pousse les exploitations au delà du rendement régulier des forêts. On arrivera, si l'on n'y veille, à diminuer ou à appauvrir la surface boisée. Il y a urgence à se préoccuper dès maintenant de la conservation des forêts qui existent encore, il y a lieu de rechercher les moyens d'augmenter leur production. Il faut songer à créer de nouvelles forêts à la place de celles qu'une aveugle imprévoyance a laissé détruire. Tel devra être, il me semble, le but que nos Congrès internationaux de Sylviculture auront à poursuivre. Pour l'atteindre il faudrait, je crois, dans toutes les nations du globe, arriver à faire, autant que possible d'après une même méthode ou d'après des méthodes facilement comparables, un inventaire des richesses forestières qui subsistent. On pourra ainsi, j'en suis convaincu, arriver à démontrer aux plus aveugles que la consommation dépassant la production naturelle, le temps n'est pas éloigné où le propriétaire forestier pourra, pour ses produits, réclamer un prix plus élevé qui permettra de rémunérer largement le capital employé dans la culture forestière.

Je suis certain qu'une fois cette démonstration faite, il sera facile de trouver les ressources permettant de reboiser les vastes étendues qui, dans toutes les régions de l'Europe, restent presque improductives. Si nous y parvenons, nous aurons bien mérité des générations qui nous suivront.

Mettons-nous donc à la besogne, Messieurs, et que de nos délibérations sortent des propositions et des vœux permettant d'éclairer les divers gouvernements que nous représentons. (*Vifs applaudissements.*)

M. Jean Dupuy. Messieurs, l'ordre du jour de vos travaux commencera par une conférence que M. Mélard, inspecteur des Eaux et Forêts, va vous exposer sur le *Déficit ou excédent de la pro-*

duction forestière dans les diverses régions du globe; étude du mouvement des importations et des exportations.

Je cède la présidence à M. Daubrée et vous remercie, Messieurs, du bienveillant accueil que vous m'avez fait. (*Applaudissements.*)

M. le Ministre se retire de la salle des Congrès. M. Daubrée prend place au fauteuil de la présidence.

Présidence de M. L. Daubrée.

M. le Président. La parole est à M. Mélard.

M. Mélard. Messieurs, sur l'invitation de M. le Conseiller d'État, Directeur des Forêts, j'ai étudié la question indiquée au numéro 5 du programme de la première section, c'est-à-dire, le déficit ou l'excédent de la production forestière dans les diverses régions du globe.

Le mémoire que j'ai préparé sur ce sujet[1], est beaucoup trop long pour que je vous en donne lecture.

Je vais me borner à vous en indiquer les grandes lignes et les conclusions.

Les générations qui nous ont précédés se sont vivement préoccupées de la production forestière. Elles considéraient le bois comme une matière première absolument nécessaire à la vie d'une nation. Je n'en veux pour preuve que la célèbre ordonnance de 1669 rédigée par le grand ministre de Louis XIV, Colbert, et notre code forestier de 1827.

En présentant, en 1826, le projet qui fut voté l'année suivante, M. de Martignac disait :

« La conservation des forêts est l'un des premiers intérêts des

[1] *Insuffisance de la production des bois d'œuvre dans le monde*, par A. Mélard, inspecteur des Eaux et Forêts. Paris, Imprimerie nationale, 1900. Ministère de l'Agriculture. Grand in-8°, 119 pages.

sociétés et par conséquent, l'un des premiers devoirs des gouvernements.

« La destruction des forêts est souvent devenue, pour les pays
qui en furent frappés, une véritable calamité et une cause prochaine de décadence et de ruine. Leur dégradation, leur réduction
au-dessous des besoins présents ou à venir, est un de ces malheurs
qu'il faut prévenir, une de ces fautes que rien ne saurait excuser,
et qui ne se réparent que par des siècles de persévérance et de
privation. »

Notre génération s'est montrée plus insouciante.

La facilité avec laquelle on pouvait se procurer, grâce au bon
marché toujours croissant des transports, les bois crûs dans l'Europe septentrionale et orientale et dans l'Amérique du Nord, a induit
certaines nations à admettre qu'il n'y avait pour elles aucun inconvénient à se désintéresser complètement des questions forestières.

D'autre part, l'emploi de plus en plus répandu du charbon de
terre comme combustible, du fer et de l'acier, comme matériaux de
construction, a répandu ce préjugé que le bois serait dans l'avenir
un produit délaissé et que le rôle économique des forêts tendait à
devenir insignifiant.

Cet état d'esprit est plein de péril.

Je vais démontrer, en effet, que si la consommation des bois de
feu s'est considérablement réduite dans certaines régions, par
contre, celle du bois d'œuvre est en augmentation très rapide chez
toutes les grandes nations industrielles, celles qui produisent les
plus grandes quantités de fer et d'acier.

Je vais essayer de faire voir, en outre, que les réserves forestières
du globe, auxquelles on s'est adressé jusqu'à présent, sont loin
d'être inépuisables, que la plupart d'entre elles ont besoin d'être
ménagées et qu'il y a lieu de craindre qu'elles ne puissent suffire
aux demandes de jour en jour plus considérables de produits ligneux
dont elles sont l'objet.

Le moyen le plus simple d'établir le déficit de production ligneuse d'un pays consiste à étudier ses statistiques douanières, c'est-à-dire, le mouvement de ses importations et de ses exportations.

Si les importations sont supérieures aux exportations et si l'excédent constaté non seulement se maintient pendant plusieurs années, mais va toujours en augmentant, il est de toute évidence que le pays considéré a un déficit de production ligneuse.

Quand, au contraire, les exportations sont supérieures aux importations, on peut supposer qu'il y a excédent de production ligneuse. Mais il n'y a pas, comme dans le cas précédent, certitude absolue, car l'excédent peut provenir du fait que le pays exploite plus que sa production normale et alimente une partie de son exportation, non pas uniquement avec le revenu régulier de ses forêts, mais avec des réalisations de capitaux, c'est-à-dire, avec des destructions.

J'ai donc dépouillé les statistiques douanières de presque tous les pays du globe (tous n'en publient pas) et j'ai dressé des tableaux d'importation et d'exportation des bois communs, c'est-à-dire, des bois de service et d'industrie bruts, équarris, sciés ou fendus, en laissant de côté les bois d'ébénisterie, les meubles, les ouvrages en bois, ainsi que les autres produits forestiers, tels que lièges, écorces, résines.

Ces tableaux figurent en annexes au mémoire que j'ai rédigé. Afin qu'on puisse les consulter et les comparer facilement, ils sont traduits en français et les mesures et monnaies sont exprimées en mesures métriques et en monnaies françaises.

En examinant ces tableaux, on voit qu'en Europe, les importations de bois communs sont supérieures aux exportations en Angleterre, en Belgique, dans les Pays-Bas, en Suisse, en Allemagne, en Danemark, en France, en Espagne, en Portugal, en Italie, en Grèce, en Bulgarie, en Serbie et sans doute aussi en Turquie, mais ce dernier pays ne publie pas de statistique douanière.

Cet ensemble de pays a une surface de 267 millions d'hectares et une population d'environ 215 millions d'habitants, représentant 57 p. 100 de la population totale de l'Europe.

Il comprend toutes les nations dont la population est la plus dense, dont l'industrie est la plus florissante, le commerce le plus actif, toutes celles qui furent le siège des plus anciennes et des plus brillantes civilisations, toutes celles, enfin, qui produisent en plus grande abondance le fer, l'acier, la houille. Cette dernière constatation vient à l'encontre de cette opinion beaucoup trop répandue, que je citais en commençant, que l'emploi du fer et de l'acier tend à réduire l'usage du bois et permet de se désintéresser de la production forestière.

Je ne puis entrer dans de grands détails sur chacun des pays dont la production de bois d'œuvre est insuffisante.

Je dois me contenter d'appeler l'attention sur quelques-uns des chiffres les plus saillants.

L'*Angleterre* est le pays où l'excédent des importations est le plus considérable.

Pour les cinq dernières années, il a été en moyenne de 12 millions de mètres cubes, en grande partie débités, équivalant au minimum à 15 millions de mètres cubes en grume, valant 470 millions de francs. Ce déficit est égal à 2 fois et demie la production totale en bois d'œuvre des 9 millions et demi d'hectares de forêts que possède la France.

Il est en progression constante, il a plus que triplé depuis 1860.

Les importations anglaises se composent, pour plus des 5/6, de bois résineux.

Vient ensuite l'*Allemagne*, dont l'excédent d'importation, en 1898, a été de 7,300,000 mètres cubes, valant 343 millions. Ce chiffre est d'autant plus étonnant que l'Allemagne est un pays bien boisé, possédant près de 14 millions d'hectares de forêts couvrant 23.3 p. 100 de son territoire, généralement bien soignées.

Il y a dix ans, l'excédent d'importation en Allemagne n'atteignait pas 4 millions de mètres cubes et n'avait qu'une valeur de 94 millions de francs.

L'excédent d'importation de 1898 équivaut à 9 millions de mètres cubes en grume : une fois et demie la production totale de la France.

En *Belgique*, l'excédent d'exportation en 1898 a été de 1,463,000 mètres cubes, valant 102 millions de francs. Depuis 1860 il a augmenté dans la proportion de 1 à 6 et demi.

En 1888, la *Suisse* se suffisait à peu près à elle-même, importations et exportations étaient peu différentes. En 1898, il y a excédent d'importation valant 14,750,000 francs. C'est la conséquence des grands progrès de l'industrie en Suisse, progrès dont la marche s'accentue par l'utilisation de ses chutes d'eau pour la production des forces électro-chimiques. La Suisse n'a pas de houillères comme l'Angleterre, la Belgique ou l'Allemagne, mais elle a une grande réserve de force dans ses glaciers. Les glaciers, a-t-on dit, sont de la houille blanche.

Les *Pays-Bas* ont eu un excédent d'importation de 18 millions de francs;

Le *Danemark*, de 31 millions;

L'*Espagne*, de 29,500,000 francs;

Le *Portugal*, de 5 millions;

L'*Italie*, de 31 millions;

La *Grèce*, plus de 3 millions;

La *Bulgarie*, plus de 2 millions;

La *Serbie*, de 362,000 francs. Il est à supposer cependant que la Serbie a une étendue de forêts suffisante, mais, comme elles sont mal desservies, il est moins coûteux de recevoir des bois d'Autriche par le Danube.

En *France*, dans les cinq dernières années, la valeur moyenne des importations de bois d'œuvre commun a été de 140,408,000 fr., celle des exportations de 41,660,000 francs, d'où il résulte un excédent moyen d'importation de 98,660,000 francs.

Si l'on ramène nos importations et exportations au volume en grume on trouve pour :

Les importations......................... 3,828,000^{mc}
Les exportations......................... 1,492,000

$\qquad\qquad\qquad$ Excédent........... 2,336,000

En examinant marchandises par marchandises, on s'aperçoit immédiatement qu'alors que nos importations portent sur des produits de belle qualité, dont le débit exige l'emploi de bois de 100 à 150 ou 200 ans, nos exportations comprennent surtout des produits de moindre qualité et des bois peu âgés.

Ainsi il y a un excédent d'importation de 2,800,000 mètres cubes sur les sciages résineux (les forêts soumises au régime forestier n'en produisent que 1 million à 1,100,000 mètres cubes); nous importons en outre 227,000 mètres cubes de rondins résineux.

Nous avons aussi un excédent d'importation de 428,000 mètres cubes sur les sciages et merrains de chêne.

Par contre, les excédents d'exportation comprennent 70,000 mètres cubes de traverses de chemin de fer et 1,040,000 mètres cubes de bois bruts d'essences diverses, de perches et d'étançons.

Le déficit réel est plus considérable que celui révélé par les comparaisons faites sur les bois communs, car nous importons 122,000 tonnes de pâtes de bois équivalant à 700,000 mètres cubes de résineux.

J'aborde les pays à excédents d'exportation.

En Europe ils sont actuellement au nombre de cinq principaux : la Norvège, l'Autriche-Hongrie, la Suède, la Finlande, la Russie et deux beaucoup moins importants la Roumanie et la Bosnie et Herzégovine que je laisserai de côté.

La *Norvège* est le pays sur lequel on doit le moins compter. Elle

3.

n'est pas très boisée; son taux de boisement n'atteint que 21 p. 100 et ses forêts ont été fortement attaquées.

L'excédent d'importation du bois d'œuvre y croît encore en valeur parce que les bois se vendent à un prix plus élevé, mais reste stationnaire en *volume*. Il a été de 1,500,000 mètres cubes en 1898, équivalant à 2 millions de mètres cubes en grume.

Il faut d'autant moins compter sur les forêts de Norvège qu'elles sont depuis vingt ans sous le coup d'une nouvelle cause de ruine qui est la fabrication de la pâte à papier.

Tant qu'on ne trouvait à vendre avantageusement au dehors que les bois de charpente et les sciages, on se bornait à enlever les gros arbres et on laissait sur pied ceux de petites dimensions qui reconstituaient peu à peu les forêts, mais, la pâte à papier pouvant être fabriquée avec de jeunes arbres, on est incité actuellement à réaliser dans les exploitations tout le matériel sur pied.

Les exportations de pâte à papier s'élevaient en 1875 à 8,500 t., valant 944,000 francs.

Elles ont atteint, en 1898, 315,000 tonnes, valant 24 millions. Ces 315,000 tonnes équivalent à 1,400,000 mètres cubes grume.

L'*Autriche-Hongrie* a eu, en 1898, un excédent d'exportation de 198 millions équivalant à 6,800,000 mètres cubes grume.

Il est supérieur de 77 p. 100 à celui de 1888, en raison des demandes de plus en plus grandes des pays importateurs et principalement de l'Allemagne.

Cette augmentation continuera-t-elle? C'est peu probable.

Le taux de la natalité est très élevé en Autriche-Hongrie. Il a été dans la période 1889-1892 de 37.7 pour 1000 en Autriche, de 42.2 en Hongrie, alors qu'en France il n'était que de 22.5.

En même temps que la population de l'Autriche-Hongrie augmente son industrie fait de grands progrès. D'année en année la consommation intérieure devient donc plus considérable.

Si l'Autriche-Hongrie avait une population aussi dense que celle de l'Allemagne, elle posséderait 62 millions d'habitants, alors qu'elle n'en a que 41 millions, et ses 18,780,000 hectares de forêts ne lui suffiraient peut-être plus puisque, avec 14 millions d'hectares et 55 millions d'habitants, l'Allemagne doit importer l'équivalent de 9 millions de mètres cubes en grume.

Il ne faut donc pas compter indéfiniment sur les forêts de l'Autriche-Hongrie.

L'exportation croîtra peut-être encore pendant quelque temps, puis diminuera si, comme tout le fait supposer, rien ne vient arrêter les progrès de sa population et de son industrie.

La *Suède* constitue une des plus belles réserves forestières du globe. Ses 18,200,000 hectares de forêts représentent 40 p. 100 de la surface du territoire et paraissent être généralement en bon état de conservation.

L'excédent des importations en 1898 s'est élevé à 6,400,000 mètres cubes, équivalant à 9 millions de mètres cubes grume et valant 198 millions de francs.

Cet excédent ne semble pas destiné à croître beaucoup si la Suède tient dans l'avenir, comme par le passé, à maintenir son capital forestier intact.

La consommation intérieure en Suède est en effet très considérable en raison de la rigueur du climat, la population augmente et l'industrie ne peut que se développer.

Celle de la pâte de bois est très florissante. Les exportations de ce produit, qui étaient de 30,000 tonnes en 1888, se sont élevées à 181,000 tonnes, d'une valeur de 21 millions et demi de francs, en 1898.

La fabrication de 1898 a exigé la mise en œuvre de 1 million de mètres cubes grume.

La *Finlande* est admirablement boisée. Elle possède 22,500,000 hectares de forêts, couvrant les six dixièmes de son territoire et n'a que 2 millions et demi d'habitants.

Néanmoins la consommation intérieure est si considérable pour clôtures, constructions, chauffage (on dit que chaque habitant brûle, en moyenne, 7 mètres cubes de bois par an) que cette consommation, ajoutée aux exploitations faites pour la vente au dehors, paraît absorber la production normale des forêts accessibles. On constate même que dans ces forêts la proportion des gros bois tend à diminuer. Alors qu'en 1889 il suffisait d'employer 33,9 tronces pour obtenir un standard de bois scié, cette proportion s'est élevée à 40 tronces en 1896.

Les exportations de 1898 ont porté sur 3,300,000 mètres cubes, équivalant à 4 millions et demi de mètres cubes grume, valant 89 millions de francs.

La fabrication de la pâte de bois se développe aussi en Finlande. Les exportations de pâtes et de cartons qui étaient de 3,600 tonnes en 1877, ont atteint 42,200 tonnes en 1898.

La *Russie*, y compris la Pologne, mais à l'exclusion de la Finlande, a une surface de 501,600,000 hectares et une population de 103,600,000 habitants.

La densité de la population n'est donc que de 21 habitants par kilomètre carré.

Les forêts occupent, sur l'ensemble du territoire, une proportion qui est approximativement de 32 p. 100, un peu supérieure à celle de l'Autriche-Hongrie 30, mais inférieure à celles de la Suède 40 et de la Finlande 60.

La richesse forestière de la Russie tient donc beaucoup plus à la faible densité de sa population qu'à l'étendue de ses forêts relativement à son sol.

A l'heure actuelle, la production forestière de la Russie est supérieure à ses besoins. Elle a donné, en 1897, un excédent d'exportation de bois d'œuvre valant plus de 130 millions.

Peut-on compter qu'il en sera indéfiniment ainsi?

Je ne le pense pas.

Il est certain qu'il y a encore en Russie de grandes forêts à peine attaquées et qu'on pourra, au fur et à mesure qu'elles seront abordées par des voies de communication, y installer des exploitations et par suite augmenter les exportations.

Cela durera-t-il 20 ans, 30 ans? je ne sais, mais je suis persuadé que la situation se modifiera avant 50 ans. Je l'affirme parce que je crois à l'immense avenir du peuple russe.

Sa population, qui n'était que de 14 millions d'habitants sous Pierre le Grand, de 36 millions à la fin du xviiie siècle, est actuellement de 103,600,000; elle sera de 150 millions au milieu du siècle prochain. Si elle égalait en densité la moitié seulement de celle de l'Allemagne, elle atteindrait 250 millions. Cela n'a rien d'impossible, car si les provinces du Nord ne sont pas destinées à être jamais bien peuplées, il n'en est pas de même de celles du Centre et du Midi.

Prenons seulement le chiffre de 150 millions d'habitants. Il en résultera une augmentation de 50 p. 100 sur la consommation actuelle, en supposant que la consommation par tête reste constante.

Mais les besoins de bois d'œuvre augmenteront plus rapidement que la population. La Russie, qui fut longtemps une nation exclusivement agricole, est en train de devenir un pays de grande industrie. Les progrès dans ce sens sont très rapides. La production de la fonte, qui n'était que de 286,000 tonnes en 1861, a été de 1,871,000 tonnes en 1897.

La constitution topographique de la Russie lui impose d'ailleurs l'impérieuse nécessité de ménager ses forêts. La Russie forme une plaine immense s'étendant sur plus de 2,000 kilomètres de longueur de l'océan Glacial à la mer Noire, sans être recoupée par des chaînes de montagne formant abri. Pour atténuer ce que ces conditions ont de fâcheux pour le climat et par suite pour l'agriculture, il est de toute importance que le pays soit fréquemment traversé par des lignes de grandes forêts.

Aux *États-Unis*, la surface boisé est inférieure à 200 millions d'hectares, alors que l'étendue totale de l'Union (non compris l'Alaska et les grands lacs) est de 783,600,000 hectares. Le taux de boisement n'est donc que de 25 p. 100.

Les États-Unis ne peuvent être considérés comme un pays très boisé. S'ils possédaient une population en rapport avec leur étendue territoriale, leurs forêts seraient tout à fait insuffisantes.

Cette population, qui augmente de 2 p. 100 par an, était de 63 millions en 1890 ; elle sera, sans doute, de 75 millions cette année, et d'au moins 100 millions dans vingt ans.

Cependant, la destruction des forêts, commencée depuis trois siècles, se poursuit sans relâche.

Ce sont ces abatages, faits sans souci de l'avenir, qui alimentent l'exportation. Celle-ci a eu un excédent d'environ 100 millions de francs dans l'année fiscale 1897-1898 (147 millions contre 47 millions).

L'augmentation de la consommation, jointe à la diminution de production, est destinée dans temps assez court à diminuer les exportations. Elles cesseront ou seront compensées par des importations d'égale importance.

Le *Canada,* dont la surface est égale aux quatre-vingt-cinq centièmes de celle de l'Europe, ne possède que 5 millions d'habitants. On lui attribue environ 320 millions d'hectares de forêts, soit 37 p. 100 de sa superficie totale. Il représente donc actuellement une magnifique richesse forestière.

Cette richesse n'est exploitée en vue de l'exportation que depuis les premières années de ce siècle ; jusqu'alors les forêts étaient restées à peu près intactes.

Elle n'est pas inépuisable. Il faut bien se garder de croire que toutes les forêts du Canada sont aussi belles que celles qui ont été attaquées les premières en remontant le long des affluents du Saint-Laurent, et que l'on a déjà appauvries.

En s'avançant vers le nord on trouvera des peuplements moins denses, des arbres plus courts, enfin des peuplements rabougris.

Les forêts du Canada sont soumises à de nombreuses causes de destruction.

Il y a tout d'abord les défrichements effectués pour l'établissement des centres de population et l'extension des cultures. La plupart d'entre eux étaient nécessaires.

Il y a ensuite les exploitations faites en réalisant le matériel de proche en proche, sans aménagement, sans aucune préoccupation d'assurer le repeuplement.

Il y a enfin, et surtout, les incendies qui détruisent plus de bois qu'il n'en est abattu par la hache des bûcherons.

Indépendamment de la consommation locale qui est très élevée et qui ne peut qu'augmenter, le Canada doit, dès à présent, contribuer à alimenter l'Angleterre et les États-Unis, sans compter ce qu'il envoie dans le reste de l'Europe et dans l'Amérique du Sud.

D'année en année sa clientèle s'étend dans l'Extrême-Orient, en Australie, dans les îles du Pacifique. C'est vers lui que se reporteront les demandes quand elles ne pourront plus recevoir pleine satisfaction dans le nord et l'est de l'Europe. Les bois du Canada sont ainsi appelés à trouver des débouchés de plus en plus larges.

Ce serait donc un acte de haute sagesse de chercher à ménager ses forêts. Si on ne le fait pas, on risque de voir sa grande richesse décliner rapidement.

L'excédent d'exportation de l'année fiscale 1897-1898 a eu une valeur de 127 millions de francs.

La fabrication de la pâte à papier prend une grande extension au Canada ; les exportations, dont la valeur était de 415,000 francs en 1890, ont atteint 6,276,000 francs en 1898.

En dehors de l'Europe septentrionale et orientale et de l'Amérique du Nord, il n'y a aucune ressource forestière sur laquelle on puisse compter.

Le temps me manque pour vous parler en détail de l'Asie, de l'Afrique, de l'Amérique du Sud, de l'Australie.

Je puis seulement vous y signaler des pays dont la production forestière est tout à fait insuffisante et qui sont en train de devenir des clients sérieux pour les autres :

En Asie, la *Chine* qui s'ouvre aux industries de l'Occident, où l'on construit des chemins de fer, où l'on commence à exploiter des mines de houille ;

En Afrique, l'*Égypte* qui a importé en 1897 pour 12,800,000 fr. de bois d'œuvre ;

L'*Afrique australe* (Cap, Transvaal, Orange, etc.) où la population grandit sans cesse, où abondent les mines de toutes espèces, et qui achète du bois en Suède ;

En Amérique du Sud : la *République argentine*, pays plein d'avenir qui, en 1898, a importé pour 26,500,000 francs de bois d'œuvre et n'en a exporté que pour 500,000 francs, car je ne compte pas comme bois d'œuvre les rondins de quebracho envoyés en Europe pour servir au tannage et qui ont eu une valeur de 9,500,000 francs ;

L'*Australie*, dont le taux de boisement n'est que de 4 p. 100 et qui cependant détruit les forêts beaucoup trop rares qu'elle possède et doit, dès à présent, importer annuellement pour plus de 20 millions de francs de bois.

En résumé, plus de la moitié de la population de l'Europe a un déficit dans sa production.

Ailleurs les excédents sont menacés : en Norvège, par l'épuisement des forêts; en Autriche-Hongrie, en Russie, aux États-Unis, par l'accroissement des besoins intérieurs dus à l'augmentation de la population et au développement industriel.

Il ne reste donc que trois réserves forestières d'un certain avenir: la Suède, la Finlande et le Canada.

C'est absolument insuffisant en présence des demandes toujours plus grandes des vieux États de l'Europe ou des jeunes nations des régions australes.

On marche vers la disette.

La hausse des produits forestiers à laquelle il faut s'attendre pour les belles marchandises ne fera que précipiter l'échéance fatale.

La production ligneuse, dans laquelle le temps intervient comme facteur principal, est en effet soumise à des règles économiques très différentes de celles qui régissent la production industrielle ou agricole.

En thèse générale, toute augmentation des prix payés par le consommateur a pour résultat de surexciter la production.

Quand il s'agit de produits ligneux, toute majoration des prix incite les propriétaires imprévoyants à réaliser les capitaux forestiers accumulés par les générations précédentes; d'où résulte qu'à toute augmentation de la demande correspond une destruction et, par conséquent, une diminution de la production.

La situation présente est donc pleine de périls, et il est urgent d'en saisir l'opinion publique.

Il faudrait que, partout où il en est temps encore, on arrêtât les destructions inconsidérées de forêts, soit par des mesures législatives strictement appliquées, soit en faisant comprendre aux propriétaires que leur intérêt bien entendu consiste à n'exploiter que la production de leurs forêts et à en respecter le capital.

Il faudrait écarter définitivement ce préjugé encore trop répandu : que mettre un pays neuf en valeur consiste à en détruire les forêts.

La production des bois d'œuvre devrait être le but de toutes les opérations de culture et d'aménagement. Jadis on prétendait que cette production était interdite aux particuliers à cause du faible taux auquel fonctionnent les capitaux engagés dans les futaies.

Mais aujourd'hui que l'intérêt des valeurs de tout repos ne dépasse plus 3 % et descendra peut-être encore, il semble qu'un particulier puisse avoir profit à élever sur les taillis des réserves qui assurent à son épargne un intérêt au moins égal ou à produire dans les sapinières des bois de sciage qui lui donnent 2 à 3 p. 100 du capital engagé, abstraction faite de l'augmentation cependant bien certaine du prix du bois.

Ce sont des notions peu connues qu'il faudrait répandre.

L'augmentation de la valeur du bois d'œuvre conduira sans doute aussi à en éviter le gaspillage, à être plus soigneux dans la manière de diriger le débit, à n'utiliser comme bois de feu que ce qui est absolument impropre aux usages industriels.

Il faudrait aussi que la propriété forestière ne fût pas accablée d'impôts, sous prétexte qu'elle est entre les mains de personnes riches, ce qui d'ailleurs est inexact. Il y a en France des forêts dont l'impôt direct est égal à 20 ou 25 p. 100 du produit brut, et cependant, malgré cette large participation aux dépenses publiques, ces propriétés ne sont l'objet d'aucune surveillance de la part de l'autorité, et leurs possesseurs sont obligés d'entretenir et de payer des gardes particuliers.

Enfin, il n'est pas dans l'Europe occidentale ou méridionale de pays où l'on ne trouve des milliers et même des millions d'hectares de terres incultes ou dont l'utilisation agricole a cessé d'être rémunératrice. Tous ces terrains devraient être boisés. Les États devraient prodiguer les encouragements non seulement par des exemptions d'impôts, mais aussi par des délivrances gratuites de graines et de plants et mettre à la disposition des propriétaires, pour les guider, leur personnel forestier expérimenté. Ils ne devraient pas hésiter à acquérir une partie de ces surfaces. Les achats de terrains situés en montagne, sur les bords des torrents, sont certainement très utiles, et il n'y a pas lieu de les ralentir, puisqu'ils répondent à un grand intérêt général. Mais par ces achats, il s'agit plutôt de défendre contre les puissantes forces des eaux courantes que de créer des massifs forestiers productifs de marchandises de grande valeur. On verra rarement, sans doute, s'élever de riches forêts le long des torrents ou sur les pentes abruptes. Leur place est dans les plaines, sur les plateaux ou sur les montagnes de moyenne élévation. C'est là qu'il importe d'installer soit des forêts de chênes, soit des sapinières. On disait autrefois : « Il faut défricher les plaines et reboiser les montagnes ». C'était une profonde erreur. Les forêts sont aussi nécessaires en plaine qu'en montagne; la plaine produit du bois que ne donne pas la montagne et toutes les plaines ne se prêtent pas à la culture agricole.

Pour prendre toutes ces mesures, il n'y a pas un moment à perdre. La production forestière ne s'improvise pas; il faut un siècle ou un siècle et demi pour obtenir des bois de sciage, et la disette des bois d'œuvre se fera peut-être sentir avant cinquante ans. (*Vifs applaudissements répétés.*)

M. le Président. Je crois être l'interprète de vos applaudissements en remerciant très vivement M. Mélard de sa communication si intéressante, présentée avec autant de talent que de science. (*Marques unanimes d'approbation.*)

Sur la proposition de M. le Président, le Congrès international de Sylviculture vote des félicitations à M. Mélard.

M. le Président. Conformément à l'article 9 du règlement du Congrès international, le Congrès se réunira demain dans ses sections pour l'élection des bureaux.

M. Charlemagne, secrétaire général du Congrès, donne connaissance de l'article 9, ainsi conçu :

Art. 9. Le Congrès se partage en trois sections :

1re *Section.* — Économie forestière (arboriculture, sylviculture, aménagement, exploitation et commerce des bois, travaux d'amélioration, législation forestière, enseignement forestier; stations de recherches et d'expériences, introduction d'essences exotiques; statistique);

2e *Section.* — Influence des forêts au point de vue du maintien des terres, du régime des eaux et des phénomènes météorologiques (restauration des montagnes, reboisement des terrains incultes, dunes, défrichements, météorologie forestière);

3ᵉ Section. — Application des sciences à la sylviculture (sciences mathématiques, sciences physiques et chimiques, sciences naturelles).

Ces sections seront provisoirement présidées, jusqu'à la constitution du bureau définitif :

La 1ʳᵉ section par M. Fetet, administrateur des Eaux et Forêts;

La 2ᵉ section par M. Deloncle, ancien député;

La 3ᵉ section par M. Charpentier, essayeur des monnaies de France.

M. le Secrétaire général donne connaissance de l'ordre des séances du Congrès, ainsi réglé :

Lundi 4 juin...	à 5 heures du soir...	Séance d'ouverture du Congrès.
Mardi 5 juin...	à 10 heures du matin.	Constitution des bureaux des sections (art. 13 du règlement) et séances des sections.
	à 2 heures du soir...	Séances des sections.
Mercredi 6 juin..	à 10 heures du matin.	Séance générale.
	à midi...........	Banquet offert aux congressistes.
	à 4 heures du soir...	Séances des sections.
Jeudi 7 juin....	à 10 heures du matin.	Séances des sections.
	à 2 heures du soir...	Séance générale.
Vendredi 8 juin..	Visite de l'Exposition.	
Samedi 9 juin...	Excursion facultative dans la forêt domaniale de Fontainebleau.	

Un membre du congrès demande s'il sera permis de traiter dans les séances de sections des questions autres que celles qui figurent à l'ordre du jour.

M. le Président répond affirmativement, en faisant observer que ces discussions doivent éclairer toutes les questions forestières importantes ; il importe donc de ne pas se limiter strictement au programme primitivement fixé.

Comme conclusion de cette observation, sur la proposition d'un des membres du bureau, la séance générale du mercredi matin, 6 juin, est remplacée par une séance de sections.

M. le Président donne lecture de la communication suivante :

J'ai à vous annoncer que, conformément à l'article 12 du règlement du Congrès, le bureau de la Commission d'organisation s'est adjoint comme vice-présidents :

MM. le docteur Danckelmann, directeur de l'École d'Eberswalde ;

de Kiss de Nemesker, secrétaire d'État au Ministère royal hongrois de l'Agriculture ;

Dimitz, conseiller d'État, directeur général des Forêts d'Autriche ;

de Bruyn, ancien Ministre de l'Agriculture et des travaux publics de Belgique ;

Muller, directeur des Forêts et chambellan du Roi, veneur de la cour de Danemarck ;

le baron del Castillo de Chirel, directeur général de l'Agriculture à Madrid (Espagne) ;

de Nikitine, directeur général des Forêts d'État de Russie ;

Coaz, inspecteur fédéral en chef des Forêts, à Berne (Suisse).

Comme secrétaires :

MM. Fisher, professeur adjoint à l'École de Coopers-Hill (Angleterre) ;

Puig y Valls (Rafael), ingénieur en chef des Forêts d'Espagne ;

Weber, professeur à Munich ;

Gérard de Pottere, garde général des Forêts de Hongrie.

Je souhaite la bienvenue à nos éminents collègues et les remercie de leur si utile concours.

M. LE PRÉSIDENT fait également connaître la liste des membres du Congrès qui se sont excusés :

France.

MM. VIGER, député, ancien Ministre de l'agriculture ;
GABÉ, directeur honoraire de l'Administration des Forêts ;
CALVET, sénateur, vice-président de la Commission d'organisation.

Allemagne.

MM. le docteur DANCKELMANN, directeur de l'École d'Eberswalde ;
le docteur EBERMAYER, professeur à l'Université de Munich ;
le docteur NEUMEISTER, directeur de l'Université de Tharandt ;
le docteur TUISKO DE LOREY, professeur à l'Université de Tubingue.

États-Unis.

MM. JAME WILSON, président de l'Américan Forestry Association à Washington ;
SARGENT, professeur à Jamaïca Plain (Massachusetts).

Hollande.

M. SICKESZ, sénateur, président de la Nederlandsche-Heide Maatschappij, au château de Closse-Lochen (Pays-Bas).

Hongrie.

MM. DE BEDÖ, député, ancien directeur général des Forêts de Hongrie ;
DE SOLTZ, directeur général des Forêts du royaume de Hongrie.

Russie.

M. DE NIKITINE, directeur général des Forêts d'État.

Suisse.

M. ROULET, inspecteur général des Forêts, président de la Société forestière suisse.

M. LE PRÉSIDENT donne lecture aux membres du Congrès d'une dépêche de M. DE NIKITINE, directeur général des Forêts d'État de Russie :

Au moment où va s'inaugurer le Congrès international de Sylviculture, je viens vous prier, Monsieur le Président, de vouloir bien être l'interprète de mes sentiments chaleureux auprès de l'assemblée forestière universelle, lui souhaitant prospérité dans ses travaux auxquels, à mon vif regret, il m'est impossible de participer. Je garde un profond souvenir du charmant accueil que j'ai reçu en France. (*Vifs applaudissements.*)

La séance est levée à 6 heures et demie.

PREMIÈRE SECTION.

SÉANCE DU MARDI 5 JUIN 1900
(MATIN).

La séance est ouverte à 10 heures 20.

M. FETET, président de la première section de la Commission d'organisation, prend place au fauteuil de la présidence; il est assisté de MM. GUYOT, vice-président; BOUVET et BRUAND, secrétaires.

M. LE PRÉSIDENT expose que le bureau actuel n'est qu'un bureau provisoire et qu'il y a lieu, conformément à l'article 13 du règlement, de procéder à l'élection du bureau définitif de la section.

Sur la proposition de M. BOPPE, le bureau définitif est nommé par acclamations; il est composé de la façon suivante :

MM. FETET, *Président.*
DIMITZ, DUBOIS, GUYOT, STAFFORD-HOWARD, SAMIOS, MULLER,
Vice-Présidents.
BOUVET, BRUAND, CRAHAY, FANKHAUSER, *Secrétaires.*

MM. les membres élus prennent place au bureau.

M. LE PRÉSIDENT remercie ses collègues de l'honneur qu'ils lui ont fait en l'appelant à présider leurs travaux et donne lecture de l'ordre du jour.

La première question inscrite au programme est la suivante :

Traitement des forêts de sapin; transformation en sapinières des taillis à faible rendement situés en régions montagneuses.

Trois communications ont été annoncées sur cette question, par MM. RUNACHER, HUFFEL et MER. En l'absence de M. Runacher, et M. Huf-

4.

fel renonçant à prendre la parole, M. Mer est appelé à présenter ses observations.

M. Mer. Si le Comité d'organisation a compris dans le programme des travaux du Congrès le traitement du sapin, c'est sans doute à cause de l'importance économique toujours croissante de cette essence et en raison des controverses qui, depuis une vingtaine d'années, se sont élevées à l'occasion de ce traitement.

Ces controverses proviennent, semble-t-il, de ce qu'on s'est appuyé trop souvent sur des conceptions *a priori* plutôt que sur une observation méthodique des faits. Il est reconnu que la culture d'une plante agricole doit varier suivant la région. Ainsi la vigne ne se cultive pas dans le Midi comme dans le centre; les blés à grands rendements qui donnent d'excellents résultats dans le Nord et l'Ouest réussissent moins bien dans l'Est. Il en est de même pour les essences forestières. Leur traitement doit varier suivant les régions. Celui du sapin notamment, dont l'aire de dispersion est très étendue, ne doit pas être complètement le même dans les Alpes, le Jura et les Vosges. Pour une région donnée, il doit même se modifier suivant l'altitude. Des observations méthodiques, des expériences poursuivies pendant de nombreuses années sont nécessaires pour arriver à établir les conditions les mieux appropriées au développement d'une essence dans une localité. C'est afin de faciliter l'exécution de ces expériences qu'on a organisé des stations de recherches.

J'ai depuis vingt-cinq ans la bonne fortune, rare chez les forestiers et surtout chez les forestiers français, d'avoir pu concentrer mes études sur un même point : la forêt de Gérardmer, dans les hautes Vosges. Ce sont quelques résultats de ces études, relatifs au traitement du sapin, que je compte exposer au Congrès. Ces résultats sont du reste applicables à toute la partie de la région, située au-dessus de 700 mètres d'altitude. Mais auparavant qu'il me soit permis de dire quelques mots du passé de cette forêt. Très étendue autrefois, puisqu'elle couvrait presque tout le canton auquel elle a donné son nom, elle a subi de nombreux défrichements au cours des siècles derniers. Mais de 1830 à 1850, on a repeuplé en épicéa de vastes espaces livrés au parcours. Jusqu'au siècle actuel, elle n'était l'objet d'aucun traitement régulier. La production en était du reste très faible. Pour en donner une idée, je dirai qu'en 1790, Gérardmer ne possédait que deux scieries débitant ensemble 20,000 planches, tandis qu'aujourd'hui il en existe vingt-deux pouvant débiter chacune 60,000

planches, dont une partie, il est vrai, provient de quelques forêts limi-
trophes.

Depuis 1815 ou 1820, on a cherché à régulariser ces massifs en uni-
formisant les âges, mais c'est seulement en 1870 qu'on a commencé à
appliquer à six séries un aménagement basé sur la méthode de réensemencement naturel et des éclaircies, les deux autres séries, en versants escarpés,
restant abandonnées au jardinage.

L'application de la nouvelle méthode n'eut pas d'heureux débuts. On
faisait des coupes de régénération trop claires ; il en résultait un développement excessif d'arbrisseaux : sureaux à grappes, framboisiers, ronces,
etc. Les graines de sapin ne pouvaient pas arriver jusqu'au sol et le repeuplement était compromis. Dans les parties exposées au midi, elles tombaient
sur un terrain trop exposé au soleil et les jeunes plants périssaient. Par
contre le hêtre dont on s'était proposé de restreindre les proportions,
prenait une extension inquiétante. Enfin les sapins porte-semences, trop
brusquement isolés, étaient abattus par les ouragans, très violents dans la
région.

Cet état de choses a été modifié. Les coupes de régénération ne sont
plus aussi claires. En général elles le sont encore trop. Elles ne devraient être que des coupes de dernières éclaircies, dans lesquelles se
développerait et se compléterait le sous-étage de sapins dont on commencerait à favoriser l'apparition, par voie artificielle, au besoin, dès l'âge de
50 à 60 ans, à l'aide d'éclaircies précoces et graduées. Le recrû se trouverait constitué par les plus belles perches de ce sous-étage et l'on n'aurait
plus qu'à faire disparaître le vieux matériel en deux ou trois exploitations
rapprochées. Les arbres, passant ainsi peu à peu de l'état de massif à celui
d'isolement, développeraient graduellement leur ramure et leur enracinement et l'on aurait beaucoup moins à craindre les dégâts causés par les
ouragans.

Avant de laisser à lui-même le recrû qui comprendrait des sujets d'âges
variés, depuis 2 à 3 ans jusqu'à 40 ou 50 ans, on le passerait soigneusement en revue pour supprimer les tiges surabondantes ou mal conformées
ainsi que celles qui auraient été blessées par l'exploitation. On répartirait
les jeunes plants et dans les vides, même de faible étendue, on effectuerait
des plantations d'épicéa de moyennes tiges.

On doit, en effet, chercher à introduire l'épicéa dans les hautes Vosges,
bien qu'il ne paraisse pas y être indigène, car il y était très rare avant
1830. Aux altitudes comprises entre 800 et 1,100 mètres, cet arbre

présente plusieurs avantages sur le sapin. Il a d'abord une croissance plus rapide, ensuite il n'est pas exposé à être chaudronné, affection si commune chez son congénère et qui en déprécie le tronc à un si haut degré.

De plus il n'est jamais gélivé, ce qui est au contraire très fréquent chez le sapin ; enfin il n'est pas atteint par la carie centrale. (*Protestations sur divers bancs.*) Devant ces protestations, je me vois obligé d'entrer dans quelques explications pour prévenir un malentendu. Quand le tronc d'un arbre est blessé, le bois dénudé meurt plus ou moins profondément et ne tarde pas à être envahi par des champignons saprophytes qui le détruisent et pénètrent ensuite dans la région centrale. L'épicéa est à la vérité très sensible, plus que le sapin et surtout le mélèze et le pin sylvestre, à ce genre d'altération. Il est aussi attaqué fréquemment, dans les hautes Vosges du moins, par un champignon parasite (*Stereum sanguinolentum*) qui, pénétrant généralement à la suite d'amputation de branches intéressant le tronc, détruit le cambium et de là envahit le bois jusqu'au cœur. Mais telle n'est point la carie centrale proprement dite. Celle-ci débute par le cœur de l'arbre et n'est pas causée, dans le principe du moins, par un organisme. Elle provient de ce que le duramen (partie centrale du tronc, morte et dépourvue d'amidon) absorbe facilement l'eau de l'aubier quand celle-ci s'y trouve en excès. La pénétration de cette eau qui n'est plus de l'eau de constitution, mais de l'eau d'imbibition, dans un tissu privé de vie et surtout les alternatives de sécheresse et d'humidité qui résultent de la variabilité de cette pénétration, suivant la teneur en eau de l'arbre, finissent par altérer le duramen et y provoquer la formation de fissures, crevasses ou roulures).

Comme c'est par la partie la plus âgée, c'est-à-dire le bas du tronc que l'altération débute, il en résulte que par ces fissures qui mettent le bois en communication avec le sol, des champignons s'y introduisent et en commencent la destruction. C'est à la première phase de cette affection que doit être réservé le terme de carie centrale, car c'est par le centre du tronc qu'elle commence, tandis que dans les cas d'infection parasitaire ou pourriture provenant de mutilations, c'est par la périphérie. Ainsi entendue, la carie centrale, très commune dans le sapin parvenu à un âge assez avancé, est au contraire très rare dans l'épicéa dont le duramen est presque toujours plus sec que l'aubier, sans doute parce que la ramure transpire davantage. La pourriture dont, à la vérité, le tronc de cet arbre est fréquemment le siège, mais qui ne doit pas, je le répète, être confondue avec la carie centrale, résulte de blessures dues à la maraude ou à de la négligence dans l'exploitation des coupes. Une active surveillance peut remédier à cet état de choses.

Pour tous les motifs qui viennent d'être examinés, l'extension de l'épicéa dans les hautes Vosges non à l'état pur, bien entendu, mais en association avec le sapin, est à recommander. Dans les quelque stations de la région où cette association est réalisée, la végétation, de l'épicéa surtout, est très florissante.

En revanche il serait très avantageux de supprimer les hêtres dans les hautes Vosges (*protestations*), ou tout au moins d'en réduire la proportion. Je parais commettre une hérésie en matière forestière. Qu'il me soit permis de m'expliquer et qu'on veuille bien ne pas perdre de vue que je parle ici seulement des hautes Vosges. La croissance de cet arbre y est très ralentie, sans doute par suite de l'altitude et de l'état climatérique qui en est la conséquence, car il n'en est pas de même dans basses Vosges où les forêts des environs de Saint-Dié présentent de magnifiques spécimens de cette essence. En outre son tronc est souvent couvert de nodosités chancreuses causées par une infection parasitaire, due peut-être au *Nectria ditissima* ce qui est encore une puissante cause d'affaiblissement pour la végétation. Des cantons entiers se trouvent ainsi contaminés. Dans les meilleures conditions de croissance, telles que les fonds de vallées fertiles et humides de la région, un hêtre de 150 ans n'atteint qu'une valeur de 40 à 50 francs, tandis qu'un sapin de même âge, dans la même situation, en vaut 100 à 120. La présence des hêtres ne paraît pas d'ailleurs favoriser la croissance des sapins, car on rencontre des massifs peuplés uniquement de cette dernière essence et dont la végétation est aussi, sinon plus active que celle des massifs où les deux essences sont mélangées.

Pour ces diverses raisons, le hêtre devrait être graduellement remplacé par l'épicéa et le sapin aux altitudes comprises entre 800 et 1,000 mètres. Je ne parle pas, bien entendu, des massifs situés à des altitudes supérieures, peuplés uniquement de hêtres plus ou moins buissonnants qui sont les derniers représentants de la végétation forestière, immédiatement au-dessous des *chaumes*, et dont le maintien s'impose à titre de protection pour les versants inférieurs.

En résumé moyennant les modifications dont je viens de parler, modifications qui, somme toute, ne sont pas très considérables et dont les effets réalisés déjà sur quelques points prouvent que l'extension de ces mesures ne saurait rencontrer de sérieux obstacles, les aménagements adoptés pourraient parfaitement être conservés, au moins dans leurs grandes lignes sans qu'il soit besoin de les bouleverser pour revenir, ainsi que d'aucuns l'ont proposé, au jardinage, traitement que chacun interprète à sa manière et dont il n'existe d'ailleurs aucun véritable spécimen, si tant est qu'il y en ait jamais eu. Les coupes de régénération doivent être beaucoup plus sombres et n'être à proprement parler que des coupes de dernière éclaircie pour que l'ensemencement se produise à l'âge de 60 ans. Il faut associer l'épicéa au sapin et supprimer peu à peu le hêtre. Je n'ai pas abordé la question des éclaircies, puisque demain je dois faire une communication spéciale sur ce sujet.

M. Huffel. Le Sapin (*abies pectinata,* D. C.) est, de beaucoup, la plus importante de nos essences résineuses indigènes, sinon par son abondance (le Pin maritime couvre, en France, une surface notablement supérieure), du moins par la quantité et la valeur de ses produits.

On peut estimer à 400,000 hectares, en chiffres ronds, dont la moitié est soumise au régime forestier, la surface occupée par le Sapin dans notre pays, à l'état pur ou mélangé. On le rencontre dans toutes nos montagnes, à l'exception des Ardennes, d'où il paraît avoir été chassé par l'homme. Il prospère aussi en plaine, lorsqu'il y trouve un climat favorable, comme c'est le cas en Normandie, par exemple. Il semble que cette essence ne puisse se maintenir que là où la chute d'eau annuelle atteint au moins un mètre, dont le cinquième revenant aux trois mois de l'été. C'est cette exigence, la plus nette qu'elle manifeste, qui arrête son extension vers les plaines à climat sec de presque toute l'Europe; elle l'exclut aussi des régions supérieures de la montagne, où la sécheresse de l'air est souvent excessive et dans lesquelles les pluies sont moins abondantes qu'aux altitudes moyennes.

Il n'est pas dans mon intention de m'étendre sur la statistique des sapinières ni sur la physiologie du Sapin; je bornerai à ce qui précède les quelques généralités sur cette essence, pour entrer immédiatement au cœur de mon sujet en vous parlant de quelques-uns des modes de traitement qui ont été suivis en France dans les forêts de Sapins.

I

L'aménagement des sapinières constitue, sans contredit, la partie la plus difficile, la plus obscure et la moins avancée de l'art du forestier.

C'est vers le milieu du xvi° siècle que nos pères se hasardaient pour la première fois à mettre en coupes réglées, c'est-à-dire à exploiter systématiquement, en vue d'un rapport indéfiniment soutenu, leurs forêts de futaie. Ils y appliquèrent simplement la méthode pratiquée depuis plus de deux siècles déjà dans les taillis, en se contentant d'allonger les révolutions. Cette méthode, qu'ils ont très judicieusement appelée la méthode « à tire et à aire » ou « à tire et aire » consistait essentiellement à diviser la forêt en « triages » ou « aménagements » destinés à former des unités de gestion indépendantes, ce que nous appelons aujourd'hui des « Séries d'exploitation ». Chacun de ces triages fournissait annuellement une coupe dont la *quotité* ou *possibilité* était fixée par la contenance à exploiter; celle-ci elle-même était calculée d'après la contenance du triage et le temps que les bois mettaient à se reformer. C'était donc la surface à parcourir, l'*aire* qui réglait l'importance des récoltes. L'*assiette* des coupes était difficile à définir dans des forêts parfois inexplorées et presque toujours mal connues dans leurs parties centrales où l'on manquait de points de repère; aussi avait-on pris le parti le plus simple, qui consiste à aborder le triage par une de ses extrémités et à avancer progressivement, en suivant toujours la même direction, jusqu'à l'extrémité opposée. Chaque assiette, chaque coupe, prolongeait ainsi la précédente; c'est ce que signifie l'expression de couper à tire. Les coupes ne se sont jamais faites à blanc étoc, on réservait comme « étalons » les plus beaux arbres jusqu'à concurrence d'un nombre déterminé spécialement pour chaque forêt; les chiffres inscrits dans l'ordonnance de 1669 et dans celles du xvi° siècle étaient un minimum au-dessous duquel il était interdit de descendre. A défaut de régénérations naturelles on recourait largement au semis de glands pour compléter les repeuplements.

Ce système n'a donné de bons résultats que dans les provinces où la douceur du climat rend les régénérations faciles et promptes. Aussi ne trouvons-nous de futaies pleines que dans l'Ouest et le Nord-Ouest de la France. Lorsqu'on a voulu l'appliquer dans la région orientale, on s'est heurté à des insuccès continuels : on eut alors l'idée de réduire progressivement les âges d'exploitation, car on avait remarqué, dès cette époque, que les peuplements relativement jeunes se régénèrent bien plus facilement que les vieilles futaies; on espérait aussi obtenir ainsi un appoint de rejets de souche dans les repeuplements. De réduction en réduction on finit par mettre les forêts dans un état qui ne différait plus sensiblement, quoiqu'avec des noms différents, des taillis avec baliveaux qui existaient déjà en très grand nombre, dès le xive et le xve siècles, sur tous les points du pays [1].

Le mode des *coupes à aire*, ou par contenance, n'a jamais pu être appliqué aux Sapinières. Nos prédécesseurs en ont été convaincus de très bonne heure, ainsi que le prouve le texte suivant, que j'extrais du règlement forestier édicté le 27 juin 1613, pour les forêts de Dabo (dans les Vosges), par Jean-Louis et Philippe-Georges, comtes de Linange et de Dabo... « Nous ordonnons qu'il ne soit établi aucune coupe dans les forêts Sapinières, et même où il y aurait diverses essences de bois, pourvu qu'il s'y trouve des arbres de Pins ou de Sapins; le mode d'exploitation ou de vidange se fera en jardinant, attendu que le sol n'est propre qu'à la production de ces dernières espèces de bois, et qu'en y établissant des coupes ce serait ruiner notre domaine et ôter tout moyen d'existence à nos sujets ». Je cite ce texte *in extenso* puisqu'il est le plus ancien, à ma connaissance, où il soit fait mention du danger du système des *coupes* (c'est-à-dire des exploitations à blanc avec étalons) dans les sapinières. Buffon a fait la même observation un siècle plus tard; Duhamel l'a répétée, et Dralet, celui de nos auteurs anciens qui s'est le plus étendu sur le traitement des forêts de Sapins, insiste longuement sur l'impossibilité d'y faire des coupes à blanc.

L'ordonnance de 1669 ne fait aucune allusion à l'existence des forêts de Sapins. Ce silence s'explique dans une certaine mesure par ce fait que la France du xviie siècle, avant la conquête de l'Alsace et de la Franche-Comté et l'annexion de la Lorraine, ne renfermait guère de Sapinières que dans les Pyrénées, où elles ont toujours été très négligées, comme nous le verrons dans un instant.

II

On a dit et répété bien souvent que nos pères *aménageaient* leurs forêts de Sapins en *jardinage*. Rien n'est plus inexact, étant donné le sens que nous attachons aujourd'hui au mot *aménagement* et à celui de *jardinage*.

Nos prédécesseurs n'ont jamais *aménagé* les sapinières pour la raison bien simple qu'ils n'ont pas eu l'idée d'une autre méthode d'aménagement

---

[1] C'est ainsi que la forêt de Chaux, la plus importante de l'ancien duché de Bourgogne, avait été divisée d'abord par M. de Marisy en 16 triages, et chacun de ceux-ci en 100 assiettes de coupes annuelles. Plus tard le nombre des assiettes fut progressivement réduit, et, vers la fin du xviiie siècle, il n'était plus que de 30.

que celle des coupes à blanc avec baliveaux ou étalons et qu'ils savaient fort bien que ce système était fatal au Sapin. Ils y faisaient du *jardinage*, c'est-à-dire qu'ils y ont continué, jusqu'au XIXe siècle, le régime des extractions d'arbres suivi dès le moyen âge dans les futaies du domaine de France. Ils opposaient le *jardinage*, c'est-à-dire l'extraction d'arbres à titre extraordinaire, motivée par un besoin local et momentané, et autorisé spécialement, à la coupe ordinaire réglementée en vue d'une mise en valeur de la forêt, d'un rendement annuel et constant. Aménager et jardiner étaient contradictoires pour eux, et l'aménagement en jardinage leur eût été un non-sens.

L'idée de faire du jardinage une méthode d'aménagement est entièrement récente. J'en trouve les premières traces dans les traités de Dralet publiés en 1812 et 1820 et dont Lorentz et Parade se sont certainement inspirés [1]. Ces auteurs ont imaginé de toutes pièces une méthode d'aménagement à laquelle ils ont donné le nom du jardinage ancien avec lequel il n'a rien de commun. C'est une grave et pernicieuse erreur que de croire qu'un traitement identique ou même analogue à celui décrit au paragraphe 448 du *Traité de culture* de Lorentz et Parade (1re édition de 1837) ait été suivi sur n'importe quel point et que nous lui devions les vieux peuplements de nos Sapinières actuelles. Voici ce qui se pratiquait dans quelques-unes des régions où le Sapin avait de l'importance.

Dès le XVe siècle, nous trouvons, dans la région vosgienne, des scieries ou *scies* installées sur les ruisseaux, souvent aux mêmes emplacements où elles existent encore aujourd'hui, et occupées à transformer en planches les Sapins des forêts voisines. On concédait, par bail, la scierie à un marchand de bois pour un temps déterminé, et l'on s'engageait à lui faire tous les ans la délivrance d'un certain nombre de Sapins (ordinairement 200 arbres de sciage). Les arbres étaient pris dans un district déterminé et affecté d'une manière permanente à la scierie [2].

Pour assortir le marchand on lui délivrait, en même temps que les gros arbres, une portion convenue de pannes et de chevrons. Tel était, dans toute sa simplicité, le mode de mise en valeur adopté. Dans la vallée se trouve une *scie* et cette scie a son affectation dans les cantons voisins.

---

[1] La preuve matérielle en existe dans les annotations qui figurent en marge d'un exemplaire de l'ouvrage de Dralet conservé à la bibliothèque de l'École nationale des Eaux et Forêts.

[2] Voir, pour plus de détails, le beau livre de mon maître, M. Guyot, sur *Les forêts lorraines avant 1789*.

Lorsqu'un canton est épuisé, on le *ferme* et on passe au suivant; lorsque tout le bassin d'alimentation de la scierie est usé, on laisse chômer celle-ci jusqu'à ce qu'il se soit reformé de gros bois, ou bien on l'abandonne pour se transporter ailleurs.

Il n'y a là rien qui ressemble à un aménagement de la forêt. En fait, le bas des versants était seul attaqué; les parties hautes restaient vierges et la majeure portion de l'étendue ne fournissait aucun produit. Tel est le système resté en vigueur jusqu'au commencement de ce siècle dans les forêts du domaine et des abbayes, c'est-à-dire dans la presque totalité des Sapinières vosgiennes.

Dans le Jura, on ne trouve aucune trace de réglementation avant la conquête française. Au commencement du xviiie siècle, nous voyons apparaître le célèbre réglement Maclot de 1724 et diverses ordonnances qui instituent le régime suivant. Les forêts étaient divisées en deux parties : l'une, formée du quart de l'étendue, était soustraite à l'aménagement et l'on n'y marquait d'arbres qu'en vertu d'ordonnances spéciales[1]. Le surplus était divisé en dix assiettes. Chaque année on en parcourait une en y coupant, en principe, le nombre d'arbres que les agents forestiers avaient reconnu nécessaire pour les besoins des habitants. Le nombre de ces arbres n'était donc pas prescrit par les réglements; il était seulement interdit d'abattre des bois de moins de trois pieds de tour.

En pratique, les exploitations portaient régulièrement sur tous les arbres de trois pieds et au-dessus qu'on rencontrait. Aussi les forêts avaient-elles pris, à la fin du siècle dernier, l'aspect de massifs irréguliers de jeunes bois, semis fourrés et gaulis mélangés, sans gros arbres. A l'époque de la Révolution, le désordre s'introduisit dans les exploitations; on cessa de respecter les limites des anciennes assiettes annuelles, les coupes ne se firent plus guère que dans les parties les plus rapprochées des villages. Le surplus, rarement visité, se couvrit de vieilles futaies qui se régularisèrent de plus en plus, les gros bois étouffant les bois moyens. Telle est l'origine de ces magnifiques futaies, quasi-équiennes, âgées aujourd'hui de 150 à 200 ans environ, que nous admirons dans beaucoup de forêts du Jura : elles proviennent du vieillissement des peuplements irréguliers de jeunes bois créés par le régime suivi pendant le xviiie siècle et

---

[1] Presque toutes les forêts du Jura appartenaient, à cette époque, aux communes et aux abbayes. Le domaine de l'Etat dans cette région de la montagne provient presque entièrement de la sécularisation des biens du clergé en 1789.

dont les éléments les plus jeunes ont péri sous le couvert. Cette dernière particularité explique aussi la rareté, dans toute la région, des bois qui auraient aujourd'hui 100 à 150 ans.

D'autre part les cantons rapprochés des villages se rajeunissaient de plus en plus par l'extraction continuelle de tous les arbres utilisables, et l'abus des coupes y favorisait la substitution de l'épicéa au sapin. Depuis, ces cantons ont passé à l'état de demi-futaies d'une régularité souvent remarquable.

Dans les Pyrénées les exploitations des Sapinières n'étaient soumises, semble-t-il, à aucune règle. La propriété même de ces forêts était indécise entre l'État et les riverains qui en usaient et abusaient à leur gré. Un réglement de 1561 est le premier acte connu par lequel l'Administration paraît s'être occupée des forêts des Pyrénées. C'est une ordonnance du maître particulier de Quillan qui établit de légers droits d'*afforestement* moyennant l'acquittement desquels chacun pouvait prendre en forêt ce qui était à sa guise. Ce système fut successivement étendu à diverses maîtrises; il fut généralisé en 1667 : on payait 3 francs pour un mât de navire, 2 fr. 10 sols pour l'approvisionnement d'une forge pendant une année, 5 francs pour celui d'un atelier à façonner le bois, etc., etc.

C'est vers cette époque que Louis XIV, pressé de trouver des bois pour la marine royale, fit visiter, pour la première fois, les forêts des Pyrénées par le plus distingué des forestiers de cette époque, le commissaire réformateur général de Froidour. Un certain nombre de forêts usurpées furent restituées au domaine, et il fut procédé à un inventaire général des ressources existantes. Presque aussitôt après commencèrent les abatages d'une quantité énorme de bois de mâture, et ces exploitations en masse, sans autre limite que les besoins du moment, se poursuivirent sous les rois Louis XV, Louis XVI et jusqu'à la fin du premier Empire. La destruction des forêts pyrénéennes a fait des progrès incroyables pendant le cours des XVIIe et XVIIIe siècles. Dans cet intervalle les sapinières de la maîtrise de Quillan ont passé de 32,000 à 10,000 arpents, et Dralet a calculé que, en deux cent quarante ans (finissant en 1820), les forêts du domaine ont perdu les deux tiers de leur contenance. Celles des communes et des particuliers ont encore plus souffert. Les destructions étaient provoquées par les exigences de la marine royale, la nécessité d'alimenter les feux insatiables des forges catalanes et l'insouciance criminelle des bergers, détruisant par le feu d'immenses étendues dans le but d'étendre et d'améliorer les pâturages.

En somme les forêts des Pyrénées se présentaient, au commencement de ce siècle, dans l'état chaotique le plus lamentable; beaucoup n'étaient plus connues que par les plans conservés dans les archives, et les forestiers en recherchaient vainement les traces sur le terrain nu où paissaient les moutons et les chèvres.

III

Les fondateurs de l'enseignement forestier en France, Lorentz et Parade, ont introduit dans notre pays une nouvelle méthode d'aménagement par contenance, imaginée vers 1820 en Allemagne, par l'illustre H. von Cotta.

Dans cette méthode, au lieu de fixer, comme dans notre antique « tire et aire », l'assiette de la coupe afférant à chaque exercice de la durée de la révolution, on se contente d'arrêter en bloc la contenance à exploiter pendant une série d'années consécutives qu'on appelle une période. Durant la période, on réalise le matériel qui lui est affecté en coupant chaque année un volume égal. Ce système a l'avantage de concilier la pratique des régénérations lentes, par coupes progressives, les seules possibles dans les essences ombrophiles et sous les climats rudes, avec les procédés si simples, si clairs, des méthodes par contenance. Appliquée avec succès dès 1824 dans certaines forêts de Normandie, la méthode nouvelle se répandit rapidement en France, où elle se modifia d'ailleurs assez sensiblement pour aboutir à celle bien connue que l'on suit actuellement dans toutes nos futaies de plaine.

On ne tarda pas à l'appliquer aux Sapinières. Mais ici l'on se heurta à des difficultés considérables.

Dans les Vosges les versants frais sont presque toujours richement peuplés. Il y a soixante à soixante-dix ans on y trouvait en abondance, sur tous les points, de gros sapins sauf sur le bas des versants dans le voisinage des villages. Là l'extraction radicale des bois utilisables avait fait naître ou découvert de jeunes semis ou fourrés souvent très réguliers.

Les versants chauds étaient le plus souvent en mauvais état. La présence du hêtre et du chêne, qui y étaient abondants, avait amené nos prédécesseurs à y pratiquer des exploitations en taillis. Ils avaient, en effet, un besoin urgent de menus bois de chauffage pour les verreries, salines, hauts fourneaux, et d'écorces pour la tannerie; ils s'efforçaient d'en produire partout où cela paraissait possible. Sous l'influence des recépages continuels il s'était formé de grands vides, particulièrement au bas des versants, où l'on trouvait de vastes champs de bruyères que l'on commençait dès lors à remettre en valeur à l'aide du pin sylvestre.

En somme on trouvait, dans presque toutes les forêts, des gros bois sur la majeure partie de l'étendue, mélangés à une minorité de bois moyens; dans le bas des versants frais quelques perchis réguliers et des terrains mal boisés sur la partie inférieure des versants chauds.

Dans ces conditions les forêts se prêtaient aussi mal que possible à l'application de la nouvelle méthode par contenance. Il y avait une inconséquence évidente à vouloir restreindre la coupe des gros bois pendant la première période, pendant trente à quarante ans, sur le cinquième ou le quart de l'étendue, alors qu'il se trouvait du vieux matériel sur les deux tiers de la contenance. Aussi imagina-t-on la modification suivante du procédé des affectations.

La révolution était divisée en quatre périodes et la forêt en quatre parties égales. Seulement, comme sur ces quatre parties il y en avait toujours au moins deux très riches en vieux bois, on en attribuait deux, soit la moitié de l'étendue, à la réalisation pendant la première période. A la deuxième période on réservait les bonnes parties les moins riches, à la troisième les versants en mauvais état.

Ce système aggravait singulièrement l'inconvénient de la surabondance des gros bois dans l'ensemble des massifs. L'obligation où l'on se trouvait de « régénérer », pendant trente à quarante ans environ, la moitié de la forêt entraînait la réalisation, sur cette étendue, non seulement de tous les gros arbres, mais encore des bois moyens. Il est vrai que la pratique s'était introduite généralement de ne couper aucun sapin de moins d'un mètre de tour; mais on en n'était pas moins forcé d'abattre, dans les deux affectations données à la première période, une quantité notable d'arbres de 35 à 50 centimètres de diamètre. Pendant ce temps voici ce qui se pratiquait sur l'autre moitié de la forêt. En IIe affectation il s'agissait de *régulariser* les peuplements en leur donnant l'aspect de vieilles futaies équiennes; on respectait donc religieusement les arbres mûrs et on s'efforçait de réduire les bois moyens. Dans l'affectation de la troisième période, au contraire, on faisait des *coupes d'extraction* des vieux arbres et on s'appliquait à favoriser les bois moyens.

En somme, coupe excessive de gros bois sur la moitié ou plus de l'étendue (affectations I, IV et parfois III), abatage absolument déplorable des bois moyens sur la plus grande partie de la forêt (affectations I, IV et sou-

vent II), et, comme pendant, le maintien non moins déplorable de bois
surannés en IIᵉ affectation : tel est le bilan du système.

Au point de vue de la continuité du revenu, la situation n'était pas
meilleure. La première période de la révolution était dotée surabondamment,
la deuxième l'était à peu près normalement, la troisième insuffisamment et
la quatrième misérablement. Les *précomptages* inventés en dernier lieu pour
corriger ce défaut, rendirent le procédé de calcul de la possibilité incohé-
rent, illogique, sans remédier beaucoup au mal.

Tous ces inconvénients étaient encore très aggravés par l'obligation qu'on
s'était imposée, assez bénévolement, de former les affectations d'un seul
tenant sur le terrain. C'est ainsi que des parcelles de bois moyens, en-
clavées dans des parties riches en vieux bois, étaient affectées à la première
période et réalisées sans pitié; sacrifice énorme fait à la réalisation d'un
idéal trop étroit, d'après lequel tous les bois d'une même catégorie ne
doivent former qu'une seule masse dans la série. Les *virements* ou *transferts*
pratiqués pour atténuer cet inconvénient ne le réduisaient qu'en partie et
finissaient par introduire dans les aménagements une complication insup-
portable, d'où naissait le désordre.

En résumé le système amenait à couper les bois moyens et à laisser dé-
pirer les vieux bois ce qui est contraire au bon sens et à la loi suprême de
tous les aménagements; il dotait les périodes successives de revenus inégaux et rapidement décroissants; il était compliqué et son procédé pour le
calcul de la possibilité illogique.

Dans le Jura, les inconvénients de la méthode par contenance appliquée
au Sapin furent moindres. Les peuplements y sont plus équiennes, les gros
bois beaucoup moins disséminés. La disposition du terrain en plateaux ou
en arêtes rectilignes y rend les forêts infiniment plus homogènes au point
de vue du climat et du sol, ce qui est une condition favorable à l'emploi
des méthodes par contenance.

En revanche, les régénérations sont, dans le Jura, plus difficiles et plus
lentes que dans les Vosges, surtout dans les vieux massifs. Aussi n'a-t-on
guère obtenu de bons résultats qu'en dérogeant aux aménagements, en faisant durer soixante ou même quatre-vingts ans des régénérations qui devaient être effectuées en un temps moitié moindre. On a constitué ainsi les
forêts sur un type sensiblement différent (ce qui est heureux à mon sens)
de celui qui était prévu par les règlements. On a aussi très largement re-
couru, dans ces forêts, faute de semis naturels, aux plantations d'Épicéa

qu'on a substitué au Sapin sur d'assez grandes surfaces. Malgré cela, c'est dans le Jura que la méthode par contenance a encore le plus de partisans, quoique le nombre de ceux-ci diminue de jour en jour.

Il y a une vingtaine d'années environ que la réaction contre la méthode par contenance, que ses adversaires appellent encore quelquefois *la méthode allemande* (quoiqu'elle ne ressemble plus guère «au Flächen-Fachwerck» de Cotta) et que ses partisans ont gratifiée du nom de *méthode naturelle*, a commencé à se dessiner. Aujourd'hui l'immense majorité des forestiers lui est défavorable et on a commencé à parler de RETOUR AU JARDINAGE tel qu'il est décrit dans les traités classiques. Nous savons ce qu'il faut penser de ce *retour* à une méthode qui n'a jamais été appliquée par nos pères. On essaya cependant de faire des aménagements d'après la formule imaginée par Dralet et ses successeurs.

Les forêts furent divisées en dix ou douze parcelles. Chaque année, on devait en parcourir une en coupant une quantité de gros bois calculée en fonction de la richesse de son matériel. On renonçait à assigner une règle à la coupe des bois moyens, et, sans doute pour voiler cette impuissance du système, on déclarait comme un dogme que *le jardinage ne comporte pas de produits intermédiaires*. Ce système ne résiste guère à l'épreuve de la pratique. Je vais résumer ses inconvénients.

Toute méthode d'exploitation doit avoir en vue d'assurer la continuité perpétuelle du revenu, ce qui entraîne la constitution des peuplements dans un certain état idéal, correspondant à l'état aménagé. L'idéal des méthodes par contenance, les vraies méthodes françaises, est très clair, très facile à justifier; c'est la constitution d'une suite complète de peuplements équiennes d'âges gradués. C'est là pour ces méthodes un avantage considérable qui fait que nous ne devons les abandonner qu'à bon escient. Dans le cas du jardinage nouveau, l'idéal est obscur ou plutôt il n'existe pas à l'état défini. Nous savons que les tiges de toutes catégories *doivent* être mélangées et réparties de telle manière entre les différentes classes de diamètre que l'on puisse réaliser indéfiniment une quantité toujours égale de gros bois. Mais quelle est la loi de cette répartition? ON L'IGNORE ABSOLUMENT. Chacun fait à ce sujet des hypothèses suivant son sentiment, et chacun contredit son voisin. Nous voici donc dans l'ignorance de l'état dans lequel nous devons constituer nos massifs, incapables de discerner si telle ou telle catégorie d'arbres est surabondante ou en déficit, et, par suite, de prévoir si les revenus de l'avenir iront en augmentant ou s'ils seront réduits, et sur quoi doivent porter nos réalisations.

Mais il y a plus et pire. Quand même le jardinage aurait un idéal, quand même serait connu le nombre ou le volume normal des bois de toutes les catégories, dont le mélange constitue le peuplement jardiné, il est *pratiquement* impossible d'exécuter les exploitations de façon à rapprocher les peuplements de cet état normal.

Quiconque a martelé des coupes dans une sapinière suivant la nouvelle formule du jardinage a constaté la difficulté qu'il y a à parcourir une étendue déterminée à l'avance, de 20 à 30 hectares ordinairement, dans des terrains difficiles, en y répartissant convenablement la coupe d'une quantité, également fixée à l'avance, de gros bois.

Je sais bien qu'on peut s'aider des inventaires effectués du matériel. On peut aussi faire reconnaître préalablement les bois dépérissants ou viciés dont la coupe est imposée. Peut-être pourrait-on même, ainsi que le proposait autrefois M. Gurnaud, diviser la forêt à parcourir en dix ans en vingt ou vingt-cinq assiettes dont on visiterait annuellement une, deux, trois ou quatre, suivant les circonstances. Mais ce ne sont là que des palliatifs, et la difficulté n'en est guère atténuée. Toujours, après une journée de rude labeur, le forestier excédé de fatigue s'apercevra, ou bien qu'il est au bout de la parcelle et qu'il n'a pas encore marqué la quantité de bois voulu, ce qui l'amènera trop naturellement à concentrer outre mesure la coupe sur le point où il s'est arrêté, ou bien, au contraire, il aura marqué la quotité voulue alors qu'une étendue notable est encore et restera intacte. Chose singulière! Le jardinage nouveau nous reproduit dans ce second cas, le plus habituel, un des inconvénients du jardinage ancien, en laissant en dehors des coupes une partie (naturellement la moins accessible) de la forêt!

Que dire maintenant d'une opération qui nous imposerait, non plus seulement la coupe d'une quantité de gros bois en bloc, mais qui nous ferait réaliser tant de bois de 60, tant de 50, tant de 40, etc., comme on voudrait nous le proposer? Qu'en dire, sinon que c'est la chimère toute pure?

Mais ce n'est pas tout encore. Toutes ces difficultés ou impossibilités fussent-elles écartées, il resterait encore contre le jardinage nouveau style une objection fondamentale. Admettons que l'on sache combien chaque exploitation doit enlever d'arbres de 20, 30, 40, 50, etc. Admettons encore que le forestier sache diriger l'opération de la marque des arbres assez heureusement pour les couper tous, ni plus ni moins, en parcourant exactement une contenance fixée. L'opération n'en sera pas moins incertaine dans ses résultats et il pourra fort bien arriver que la parcelle, après la coupe effectuée, soit plus éloignée de l'état normal qu'elle l'était auparavant.

En effet une parcelle, même d'étendue médiocre, en montagne, n'est jamais semblable à elle-même sur tous les points. Il arrivera toujours que, bien que les inventaires aient révélé, par exemple, une insuffisance évidente de vieux bois dans l'ensemble, ceux-ci soient cependant, non moins évidemment, surabondants, réclamant l'éclaircie, sur une portion de l'étendue. Ne fera-t-on pas alors une mauvaise opération en s'abstenant de couper les gros bois, là où ils seront surabondants, sous prétexte qu'ils font défaut ailleurs? *Il en sera toujours de même toutes les fois qu'on définira les arbres à couper en se basant sur un état moyen qui, naturellement, n'est nulle part l'état réel.* Ce défaut est d'autant plus grave que les parcelles sont plus grandes; il peut mener aux conséquences les plus fâcheuses.

Étant donné l'état actuel de nos connaissances, et sous réserve de progrès ultérieurs, la méthode du jardinage ne comporte aucun procédé correct pour la fixation de la quotité de la coupe, ou, si l'on aime mieux, pour le calcul d'une possibilité raisonnée. Tous les procédés mis en avant sont basés sur des hypothèses et des échafaudages d'hypothèses superposées; je viens de plus, je l'espère du moins, de vous montrer que l'application sur le terrain en est irréalisable.

Je ne conçois le jardinage, tel que nous le connaissons actuellement, que comme un pis-aller, souvent imposé, il est vrai, dans les forêts de montagne, par des conditions particulièrement défavorables de climat, de sol, de situation, notamment par la brutalité du régime des vents. Là le but suprême du forestier est le maintien de la forêt; on jardinera, c'est-à-dire on coupera çà et là des arbres inutiles au maintien du massif à l'état complet, sans souci de quotité de la coupe. C'est là, à mon avis du moins, la seule manière possible de jardiner.

Vous voyez que nous ne sommes guère plus avancés, en matière d'aménagement des sapinières, que ne l'étaient nos prédécesseurs il y a cinquante, ou même quatre-vingts ans. Notre expérience est presque purement négative. Nous savons cependant que le peuplement de sapins tout à fait équienne, de hauteur uniforme, à un seul étage, comme disent les sylviculteurs, est ordinairement bien difficile à conduire en bon état jusqu'à la dimension voulue pour donner des arbres de sciage[1]. La forme la plus

---

[1] Les vieux peuplements quasi réguliers (au moins au point de vue des dimensions, très rarement au point de vue de l'âge) que l'on cite dans le Jura et les Vosges ne proviennent pas du développement de jeunes perchis réguliers; ce sont des massifs autrefois mélangés de bois plus jeunes qui ont été éliminés progressivement, soit par l'homme, soit par le développement des arbres plus âgés qui les ont étouffés.

5.

avantageuse pour les peuplements de Sapin paraît être la forme étagée où les diverses tiges, croissant côte à côte, présenteraient des différences d'âge d'un demi-siècle environ entre elles ou, mieux encore, des différences de diamètre de 15 à 25 centimètres. C'est ce que l'on enseigne à l'École forestière de Nancy depuis plus trente ans. On obtiendra sûrement et avec facilité ce type de peuplement par la pratique des régénérations très lentes. On se trouve ainsi amené à préparer ces régénérations, à les commencer même, dès que les massifs ont pris l'aspect général de futaies, c'est-à-dire dès que l'accroissement en hauteur se ralentit et que la fertilité devient régulière. Voici comment pourrait, me semble-t-il, se concevoir la Sapinière idéale susceptible d'aménagement. La forêt renfermerait trois classes de peuplements qui couvriraient des étendues égales, mais non pas d'un seul tenant. Les parcelles appartenant à la première classe porteraient des bas et hauts perchis, c'est-à-dire des tiges de 15 à 35 centimètres de diamètre étagées et confusément mélangées entre elles. Celles de la deuxième classe présenteraient un mélange de hauts perchis et de demi — ou jeunes — futaies : d'arbres de 35 à 50 centimètres de diamètre. Les peuplements de la troisième classe seraient de vieilles futaies de 50 centimètres de diamètre et plus, sous lesquelles croîtraient les semis, fourrés et bas-perchis; car il est inutile, dans les Sapinières, de réserver une partie de l'étendue aux bois de moins de 15 à 20 centimètres de diamètre qui se développent parfaitement sous le couvert naturellement clair et très élevé des vieilles futaies, surtout lorsque celles-ci ont été entr'ouvertes pour faciliter la régénération. Les parcelles du premier groupe subiraient des éclaircies faibles ou modérées; celles du second, des éclaircies devenant progressivement plus fortes, à partir de l'état de futaie, jusqu'à prendre nettement le caractère de coupes d'ensemencement dans les peuplements ayant atteint environ 40 centimètres de diamètre. Celles du troisième groupe subiraient la suite des coupes secondaires et définitives. La question du meilleur mode de possibilité doit encore être réservée. Tous les dix ou vingt ans aurait lieu une nouvelle répartition des parcelles entre les trois groupes. Tel est le type, encore indécis, que nos successeurs préciseront peut-être.

Il nous faut cependant, en attendant, une méthode d'aménagement qui, ne préjugeant rien, en laissant à nos enfants — qui bénéficieront de nos expériences et des leurs — la faculté de réaliser la sapinière idéale, nous permette de vivre; je veux dire, de tirer un parti convenable des richesses dont nous disposons.

Nous possédons aujourd'hui cette méthode. C'est à M. Mélard, chef de section au service des aménagements à l'Administration des Eaux et Forêts, dont nous applaudissions si chaleureusement et si justement hier le magistral exposé de la situation forestière du globe que nous la devons.

Je n'ai pas à vous la décrire. Son auteur le fera sans doute lui-même, bien mieux que je ne saurais. Je termine ici cet exposé rapide de l'histoire de nos idées en matière d'aménagement des sapinières en émettant le vœu que, des travaux réunis de tous les forestiers, surgisse bientôt, en une heureuse synthèse, la méthode parfaite que nous attendons. Félicitons-nous, pour le présent, de disposer, grâce au forestier éminent que je viens de nommer, d'un système qui permet de tout utiliser, sans rien préjuger, sans rien compromettre ni surtout rien détruire.

M. JOBEZ. Je voudrais relever une inexactitude commise par M. Huffel.

Parlant du système de M. Gurnaud, il a dit que ce système consistait à diviser la forêt, à parcourir en dix ans, en 20 ou 25 assiettes, et à prendre chaque année 1, 2, 3, 4 de ces parties, suivant les besoins de la possibilité. Je ferai remarquer que ces parties n'étaient pas égales et que le nombre des parties à prendre chaque année était déterminé d'avance dans le plan d'aménagement.

La base de ce système, qui est appliqué universellement, ce sont les comptages. Je dirige l'exploitation d'une forêt de plusieurs centaines d'hectares, dans laquelle j'ai des chiffres datant de vingt-cinq ans : ces chiffres étaient d'abord repris tous les dix ans, puis tous les six ans; il faudra adopter comme règle la reprise tous les huit ans. Grâce aux comptages, on connaît l'accroissement; on sait ce qu'on aura à faire et on enlève une partie plus ou moins considérable de cet accroissement. Je m'élève donc contre l'opinion de M. Huffel. Le système de M. Gurnaud ne présente pas l'impossibilité qu'il croit.

Permettez-moi de profiter de l'occasion pour exprimer le désir que les forestiers s'entendent plus souvent entre eux, et le regret que la question des stations de recherches n'ait été l'objet d'aucun mémoire adressé au Congrès. (*Applaudissements.*)

La séance est levée à midi moins cinq minutes.

SÉANCE DU MARDI 5 JUIN 1900
(APRÈS-MIDI).

PRÉSIDENCE DE M. FETET.

La séance est ouverte à 2 heures.

M. Bruand, secrétaire, donne lecture du procès-verbal de la précédente séance. Le procès-verbal est adopté.

M. le Président donne aux membres de la section des indications sur un projet d'excursion à Fontainebleau pour le samedi 9 juin.

M. le Président donne lecture des conclusions suivantes de M. Mer sur le traitement des forêts de sapin :

1° Les éclaircies doivent être plus précoces et plus fortes, de manière à assurer un commencement de régénération naturelle dès l'âge de 50 à 60 ans;

2° Dès que les arbres seront arrivés à l'âge d'exploitabilité, on devra exploiter ce matériel aussi rapidement que possible en deux ou trois coupes assez rapprochées;

3° Les sapins en sous-étage qui présenteront une vigueur suffisante seront conservés; les autres, de même que ceux qui en assez grand nombre seront brisés ou mutilés par la coupe, devront être remplacés par des plantations d'épicéa;

4° Les hêtres qui ont pris, dans les hautes Vosges, un développement exagéré, devront être supprimés peu à peu, parce que dans cette région leur croissance est des plus ralenties, et qu'ils ne présentent qu'une valeur très faible relativement à celle du sapin.

M. Boppe demande le vote par division. La division est ordonnée.

M. le Président donne une nouvelle lecture du premier paragraphe des conclusions.

M. Crouvizier et plusieurs autres Membres. Commencer la régénération naturelle à 50 ou 60 ans, c'est beaucoup trop tôt; il faudrait dire 100 ou 120 ans.

M. Runacher. Les mots « plus précoces et plus fortes » sont trop vagues. Il est indispensable de dire quel doit être le degré de l'éclaircie. Cela ne peut être établi que par les stations de recherches.

M. Mer. Je dois traiter demain la question des éclaircies.

M. Boppe. Ajournons le vote sur le premier paragraphe. (*Approbation.*)

Le vote sur le premier paragraphe, ainsi que sur le suivant, qui découle du premier, est renvoyé après la discussion de la question des éclaircies.

Le troisième paragraphe des conclusions de M. Mer est adopté.

Le quatrième paragraphe est rejeté.

M. le Président donne lecture des conclusions de M. Huffel, qui sont ainsi rédigées :

« La question de la meilleure méthode de traitement à appliquer aux sapinières est encore obscure; ni le jardinage tel que l'ont défini Lorentz et Parade, ni la futaie pleine n'ont entièrement répondu aux espérances. La méthode de M. Mélard, actuellement suivie dans les forêts soumises au régime forestier, présente le grand avantage de permettre de conserver les richesses existantes sans rien préjuger de l'état idéal vers lequel il conviendra de s'acheminer. »

Ces conclusions sont mises aux voix et adoptées.

M. le Président. L'ordre du jour appelle la communication de M. Runacher sur le traitement du sapin.

M. Runacher. Mon mémoire étant très long[1], il serait peut-être préférable que M. Bouvet, chargé du rapport sur mon travail, donnât connaissance, à la section, de son rapport. Je me réserve de dire quelques mots ensuite.

---

[1] Voir ce rapport aux annexes (annexe n° 1).

M. Bouvet donne lecture de son rapport. (*Applaudissements.*)

Messieurs, j'ai à vous rendre compte de deux études fort intéressantes de M. Runacher : l'une sur le traitement du sapin et l'utilité des stations de recherches, l'autre sur la transformation en sapinières des taillis à faible rendement.

Mais je dois, au préalable, solliciter toute votre indulgence, car je suis redevenu un *laïque* depuis plus de vingt ans; vous voudrez donc bien excuser la témérité de mes appréciations et me pardonner en raison de l'ardent intérêt que je porte à la cause forestière et à la grandeur de notre administration forestière française, à laquelle je serai toujours fier d'avoir appartenu.

Voyons d'abord la première étude de M. Runacher, qui a pour titre :

I. — Traitement du sapin. — Utilité des stations de recherches; leur fonctionnement.

L'auteur, après avoir rappelé que deux modes de traitement sont applicables au sapin, *le jardinage* et *la méthode du réensemencement naturel et des éclaircies*, traduit immédiatement ses préoccupations par ces mots :

La méthode de réensemencement, importée en France par Lorentz, « n'a commencé à y être appliquée que vers la fin de la première moitié de ce siècle et déjà depuis de nombreuses années, on semble vouloir l'abandonner pour retourner au point de départ : au jardinage.

« *Ne serait-il pas utile de s'assurer s'il ne conviendrait pas mieux de conserver cette méthode* en y apportant les modifications et les perfectionnements indiqués par une longue pratique? »

Sage réflexion, Messieurs, que nous avons tous faite à un moment ou à un autre, car si le jardinage a son champ d'action, pour ainsi dire forcé, sur les versants abrupts des Alpes et des Pyrénées ou sur les sommets des Vosges, il est bien permis de se demander si les riches sapinières des plateaux du Jura, par exemple, véritables forêts de plaine, ne sont pas susceptibles d'un mode de culture moins rudimentaire.

M. Runacher relate ensuite, *in extenso* et fort judicieusement, le passage du Livre de Lorentz et Parade énumérant *les inconvénients du jardinage*; je les résume : arbres branchus, noueux, moins hauts et moins soutenus que ceux de la futaie pleine; arrêt dans la végétation des arbres dominés, qu'on doit toujours conserver, à moins qu'ils ne sèchent, d'où maintien sur pied d'un capital improductif ou mauvais producteur; dissémination des exploitations, d'où surveillance plus difficile et augmentation considérable des dégâts de l'abattage et de la vidange; *en un mot produits très inférieurs en quantité et en qualité.*

Et cependant *beaucoup de forestiers* pensent de nos jours *que ces reproches ne sont pas justifiés ;* à leur tour, ils font le procès de la méthode du réensemencement. « Les rendements de la futaie régulière, *disent ses détracteurs,* seraient moindres que ceux de la futaie jardinée; la première exigerait une accumulation plus grande de matériel, de longues révolutions et des soins délicats et constants; enfin on ne serait pas parvenu à régulariser les massifs dans les futaies soumises au mode des éclaircies.

« La théorie serait donc cette fois en contradiction avec la pratique. »

En est-on bien sûr? Ne serait-ce pas l'application qui aurait péché? « A-t-on bien compris la pensée et l'enseignement de nos illustres maîtres et suivi scrupuleusement leurs prescriptions? » A-t-on pratiqué les éclaircies, opération capitale, comme elles devaient l'être?

Je connais, pour ma part, tout un arrondissement, celui de Pontarlier, où sous l'habile direction d'un excellent forestier, M. Philippe Cardot, secondé et continué par des agents d'élite, on est parfaitement arrivé à régulariser les massifs et à en tirer, par l'application de la méthode naturelle, des rendements superbes de 100 francs et plus par hectare et par an.

L'auteur, partisan convaincu de la méthode naturelle, passe à l'examen de chacune des objections que nous venons de citer :

Première objection. — *Les rendements de la futaie ordinaire seraient moindres que ceux de la futaie jardinée.*

Si les partisans du jardinage, notamment ceux du « Contrôle », citent des accroissements de 8 à 15 mètres cubes par hectare et par an, on peut faire voir des futaies pleines où *avec le même procédé* de comptages successifs, on a constaté des accroissements semblables; certaines parcelles, absolument régulières, ont même accusé des accroissements de 20 mètres cubes et plus.

D'ailleurs, si cette infériorité existait, deux causes principales l'expliqueraient et il serait facile d'y porter remède sans condamner la méthode. « La première vient de ce que l'on a souvent maintenu trop longtemps les vieux peuplements en massif clair pour attendre des semis qui ne venaient pas ou peu et qu'il eût été préférable de remplacer ou de compléter immédiatement par des plantations pour ne pas laisser une partie du sol improductif pendant plusisurs années; la deuxième de ce que l'on n'a pas toujours fait les coupes d'éclaircie assez fortes, en n'exploitant pas l'arbre près d'être surmonté, comme l'ont recommandé nos maîtres, d'où double perte provenant du matériel non exploité et du ralentissement de la végétation dans des massifs trop serrés. »

Deuxième objection. — *Accumulation plus grande du matériel.*

«Avant de formuler une opinion sur cette question, il serait nécessaire de fixer le nombre de tiges et le volume que doivent renfermer les massifs de chaque classe pour fournir une production normale, puis de comparer ces volumes à celui d'une futaie jardinée dans les mêmes conditions de sol et de climat et de ne pas la baser sur la présence d'un matériel souvent énorme de 600 à 1,000 mètres cubes et plus par hectare, ce que l'on voit dans quelques parcelles régulières. Il conviendrait de s'assurer tout d'abord si les accroissements annuels n'y auraient pas été identiques et peut-être même supérieurs avec un volume initial plus faible. »

Troisième objection. — *Longueur des révolutions.*

«L'inconvénient qui provient de la durée de la révolution perd toute sa gravité si l'on applique à la futaie régulière le système de précomptage général qui permettra, après un délai plus ou moins long, de fixer la possibilité, indépendamment de la révolution, au moyen des résultats fournis par des comptages successifs faits à intervalles égaux.

«Ne verrait-on pas disparaître l'incertitude de ces prévisions et l'instabilité des aménagements, s'il y avait plus d'uniformité dans la méthode et dans les idées des forestiers, si l'on était fixé d'une part, sur le mode de traitement le plus avantageux, et d'autre part, sur la meilleure manière de faire les coupes?

«Pourquoi les forestiers ne peuvent-ils s'entendre au sujet du traitement des forêts? Pourquoi les uns sont-ils partisans du jardinage, les autres de la méthode naturelle? Pourquoi ceux-ci font-ils des éclaircies assez fortes là où d'autres les font faibles, ou n'en font pas du tout?

«D'où vient cette divergence dans les idées de personnes qui ont puisé leurs principes à la même source, si ce n'est d'une connaissance insuffisante des conditions de la végétation des arbres et des massifs forestiers qui n'ont pas été observées et étudiées avec tout le soin et toute l'exactitude désirables.

« On s'est contenté, pour la culture des bois, de faits observés à l'œil, donnant lieu à des appréciations très diverses ou d'expériences *isolées, insuffisantes et incomplètes.* »

Ces divergences radicales se sont manifestées récemment dans le *Bulletin de la Société forestière* de Franche-Comté, où l'on peut lire à propos de la reconstitution des taillis ruinés que « les plantations résineuses ne pourront jamais panser le mal » (c'est l'opinion de M. Mathey), et d'autre part : « Nous avouons que nous avons une préférence marquée pour les résineux, qui rapportent plus que les feuillus, etc... » (opinion de M. Maire).

Ces lignes ne montrent-elles pas, Messieurs, avec la dernière évidence, qu'il y a urgence d'entreprendre des expériences suivies, confiées à des agents d'élite, pour élucider tous ces points fondamentaux ?

Quatrième objection. — *Soins délicats et constants.*

Sans peine, pas de profits! La futaie jardinée se rapproche de la forêt vierge, l'homme n'y intervient que pour récolter ce que les forces naturelles élimineraient bientôt sans lui. A quoi servirait donc la science du forestier? A quoi servirait de sortir d'une école spéciale sans égale, si elle ne le conduisait pas à cultiver réellement la forêt en discernant, dès le bas âge, les brins d'avenir et en suivant avec soin ceux-ci pour en faire des arbres à gros rendements constituant des massifs à rendement maximum comme qualité et quantité ?

« Quant à la régularisation des massifs, elle ne pourra se faire qu'à la longue et peu à peu dans les forêts où l'irrégularité et souvent le désordre ont régné pendant des siècles, et où l'œuvre de l'homme est souvent contrariée et défaite par la nature. »

Nous avons cependant constaté tout à l'heure qu'à Pontarlier et sans doute ailleurs, cette régularisation était un fait accompli.

Maximum de production assuré par les coupes d'éclaircie.

L'auteur énonce une idée fort juste quand il affirme que « dans la futaie régulière les opérations les plus délicates ne sont pas les coupes de régénération, mais bien celles d'éclaircies. Lorsque ces coupes sont bien conduites, elles suppriment tous les inconvénients et désavantages » qui viennent d'être réfutés.

« On doit, dit M. Runacher, utiliser toute la force productrice du sol dans les conditions les plus avantageuses.

« Dans la forêt, l'homme n'a aucune action sur le sol; il ne peut agir que sur le peuplement qui lui, seul en retour, a une influence prépondérante sur la fertilité. »

On a constaté que, sur des parcelles d'égale fertilité, telle parcelle avec 350 mètres cubes à l'hectare donnait la même production annuelle en matière que la voisine avec 600 à 800 mètres cubes : « On ne doit évidemment pas hésiter à se rapprocher du premier état » car il correspond à un moindre capital engagé et par suite à un taux plus élevé.

« Ce résultat sera acquis au moyen des coupes d'éclaircies si elles sont faites de manière à ce que toutes les parcelles d'une forêt produisent la quantité maxima de matière ligneuse, par an et par hectare, avec le moindre volume initial. »

Mais c'est là précisément que gît l'embarras.

« Quelle doit être, en effet, la consistance des peuplements pour en obtenir ce résultat? On peut affirmer que la plus grande incertitude règne encore sur cette qusstion.

« Chacun s'est formé, suivant des observations et des appréciations plus ou moins justes, une opinion, un idéal qui lui sert de base, de terme de comparaison pour diriger la marque de ces coupes. »

Sont-ce là, Messieurs, les bases nettes, précises et certaines qui devraient exister dans une grande administration et assurer une marche sûre, régulière et rigoureusement uniforme au traitement de nos forêts?

Aussi voyons les résultats! un exemple entre mille :

Le distingué directeur de l'école des Barres, mon aimable compatriote M. Marchand, eut la curiosité, alors qu'il était conservateur à Besançon (1891-1897), de rechercher quel volume était enlevé en coupes d'améliorations dans chacune des inspections forestières de sa conservation.

Bien que les conditions de la végétation soient peu différentes dans toute la partie montagneuse du Doubs, où sont les résineux, et que les peuplements aient une grande ressemblance, il trouva « que les volumes réalisés par hectare étaient proportionnels aux nombres 1, 2, 3 et 4, et il reconnut, dans ses tournées, que dans l'Inspection où l'on avait atteint le nombre 4, il n'avait pas été commis d'imprudence et de plus que la plupart des massifs étaient restés encore trop serrés. »

Les populations elles-mêmes, assez compétentes dans cette région, effrayées tout d'abord de la hardiesse de ces éclaircies, ne tardèrent pas à reconnaître leur heureux effet.

Ajoutons, ce que la modestie de l'auteur l'empêche de dire, que l'inspection où l'on coupait 4 était précisément celle de Montbéliard, que dirige avec tant de distinction M. Runacher depuis plus de dix ans, et nous savons qu'en 1895 il reçut, à cet égard, les félicitations de M. l'inspecteur général Sédillot, qui était venu visiter son service.

Risquerai-je, sur ce point, une timide observation, qui est plutôt une question? En admettant que l'on obtienne le même rendement en matière avec des futaies à matériel réduit, c'est-à-dire avec des futaies claires, ne risque-t-on pas de sacrifier l'un des éléments de la valeur du sapin, savoir: sa longueur et sa forme. Le commerce apprécie beaucoup les bois allongés et bien soutenus, il les paye plus cher. Ce que l'on gagnera en quantité, ne le perdra-t-on pas en qualité, c'est-à-dire en valeur?

M. Runacher ne s'est pas contenté de démontrer combien il était nécessaire d'étudier de près et d'une façon suivie les peuplements de sapin, il s'est livré lui-même à des analyses d'arbres, fort consciencieusement faites, formant un atlas complet d'épures que vous avez sous les yeux. Ses analyses ont porté sur plus de cinquante sapins ou épicéas. Je ne vous dirai pas, car ce serait un peu long, comment il entend, par ces analyses et par des places d'essai, arriver à résoudre promptement les incertitudes dont nous avons parlé et à en tirer des indications sûres et précises pour la marche des éclaircies.

Je retiendrai seulement de son étude ce fait: qu'il a démontré avec la dernière évidence l'utilité des stations de recherches forestières, qui seules peuvent, en alliant à un grand esprit de suite la sûreté et la précision des méthodes d'investigation, arriver à résoudre sûrement les questions que se posent tous les forestiers, et dont la solution peut seule assurer à la gestion de nos forêts une marche rationnelle.

La France possède à Nancy une station de recherches forestières qui a déjà fait ses preuves; l'étude des résineux et du meilleur traitement à leur appliquer vaudrait, il me semble, la peine qu'on lui affecte une station spéciale ayant son siège en Franche-Comté, où l'État possède ses plus beaux massifs et où l'opinion s'intéresse depuis longtemps avec passion à ces questions si graves pour l'avenir et la richesse du pays.

L'Allemagne, moins variée que la France comme végétation forestière, a depuis longtemps créé de nombreuses stations de recherches : celle de

Bavière a entrepris l'étude du sapin, une autre celle de l'épicéa, celle d'Autriche l'étude du pin noir, etc. J'ai eu, il y a quelque vingt ans, la bonne fortune e suivre pendant plusieurs mois les travaux de cette dernière, tant sur le terrain, dans le Wienerwald, qu'au cabinet, à Vienne, sous les auspices de son regretté chef, M. de Seckendorf, et j'en ai rapporté l'impression qu'on faisait là œuvre utile.

La situation est singulièrement déblayée aujourd'hui pour nous Français; les études antérieures des stations allemandes, suisse, autrichienne ont éclairci et fixé bien des points. Dans un remarquable ouvrage paru il y a quelques années, M. Huffel, le distingué professeur de Nancy, nous a fait connaître l'état d'avancement de leurs travaux. Qu'on réunisse à nouveau ces données, qu'on en dégage les principes aujourd'hui incontestés et qu'on parte de là pour porter toute son attention sur les points spéciaux intéressant notre pays et restant à établir.

Le génie français a assez souvent créé ou inventé ce que nos voisins ont copié et su mettre en pratique plus vite que nous-mêmes.

Pour une fois, faisons l'inverse, profitons des études de nos voisins, enregistrons les vérités trouvées, mettons-les rapidement en pratique et poussons plus avant.

Je crains vraiment, Messieurs, de vous avoir déjà retenus trop longtemps, et cependant j'ai encore à vous parler de la deuxième étude, fort importante aussi, de M. Runacher. Celle-ci a pour titre :

II. — Utilité de l'introduction du sapin et de l'épicéa dans les taillis médiocres de la région jurassienne. — Plantation de bouquets d'arbres dans les pâturages.

Il existe en Franche-Comté, à côté de superbes sapinières à gros rendement, une surface fort respectable de taillis médiocres, situés entre 400 et 750 mètres; ceux-ci se vendent en général 100 à 300 francs l'hectare à l'âge de 30 ans, quelquefois 400 francs, mais souvent aussi 100 francs, 50 francs et même moins.

Le rendement par hectare et par an, qui approche ou dépasse même souvent 100 francs par hectare et par an dans les sapinières du Jura, tombe donc dans les taillis voisins à 10 francs, 3 francs, ou même 1 franc. Quel contraste!

Et cependant les bouquets de sapins ou d'épicéas parsemés dans ces maigres taillis ont partout une végétation vigoureuse et tendent à éliminer les feuillus.

L'un de nos camarades les plus distingués, M. Mathey, conseille comme remède une abondante réserve de hêtre et l'allongement de la révolution. Fort bien, mais on ne multipliera ainsi que le hêtre, essence de moindre valeur et bien moins recherchée que le sapin. Pour avoir celui-ci, il faut le planter, l'introduire, c'est-à-dire seconder vigoureusement la nature, qui mettrait des siècles à accomplir ce que nous avons intérêt à obtenir le plus rapidement possible.

Le but à atteindre dans les pays de montagne et dans les forêts que j'appellerai des *forêts à hêtre,* situées entre la région du chêne et celle actuellement occupée par le sapin, est leur conversion en futaie aussi rapide que possible. Les sapinières rapportent beaucoup, surtout parce que ce sont des futaies; il faut donc convertir nos taillis médiocres en futaies et de préférence en futaies résineuses, parce que ce sont celles qui rapportent le plus et qu'elles sont faciles à créer.

M. Runacher estime que ce sont là des visées un peu ambitieuses, et que, ces forêts étant des *indigentes,* on ne peut demander à leurs propriétaires d'aussi gros sacrifices.

Je réponds à cela que la futaie doit être *le but,* la réserve abondante et l'allongement de la révolution, *un moyen,* et je suis d'accord avec M. Runacher *sur l'urgence d'introduire immédiatement les résineux.*

Ouvrons une parenthèse pour suivre l'auteur dans les conclusions qu'il a su tirer des analyses d'arbres dont nous avons parlé précédemment; disons en passant qu'il a employé la même méthode d'analyse que M. Brenot dans des études antérieures, avec cette différence toutefois que, grâce à un procédé ingénieux, « le travail sur le terrain a été réduit et simplifié, et qu'on peut conserver indéfiniment les éléments de l'expérience », ce qui est un précieux avantage.

La première expérience a porté sur *19 sapins* « provenant de semis naturels qui ont vécu sur un sol peu profond, à des expositions diverses, *dans 3 taillis* différents, dont la valeur des coupes est d'environ 100 à 300 francs par hectare à 30 ans ».

Cette expérience a prouvé que pour ces sapins isolés sur taillis, « de 30 à 60 ans, le volume décuple; de 60 à 90 ans, il quadruple ».

La deuxième expérience a porté sur 27 arbres (16 épicéas et 11 sapins) ayant crû non plus sur des taillis, mais dans des parcours communaux.

« Ici l'activité paraît moindre que dans le taillis, puisque, de 60 à

90 ans, le volume ne fait que tripler; par contre, avant 60 ans, la croissance est plus rapide et en définitive *le résultat final est le même.* »

Voyons maintenant comment les résineux se comportent en mélange avec
le taillis.

Jusqu'à 30 ans, ils se confondent avec ce dernier et ils arrivent en
moyenne à donner, au moment de la coupe, des perches de la grosseur des
baliveaux; à la coupe suivante, ce sont des modernes. « Donc, en général,
jusqu'à 60 ans, ils ne diminuent les produits du taillis que d'une quantité négligeable. »

Ils croissent en hauteur jusqu'à 60 ans: alors, n'étant plus gênés par
les rejets qu'ils dominent, « ils marchent rapidement, étalent leurs branches,
élargissent leurs troncs et deviennent très encombrants pour le taillis qu'ils
font disparaître à leur tour, mais ils payent généreusement leur place ».

Ils valent de 2 à 10 francs à 60 ans, de 20 à 60 francs à 90 ans, âge
auquel ils atteignent un volume de 2 à 4 mètres cubes.

En conséquence, avec 50 sapins ou épicéas seulement à l'hectare, à
3 mètres cubes l'un en moyenne à 90 ans, on aurait 150 mètres cubes
valant 1,400 à 1,600 francs, sans compter le prix du taillis.

Le sapin et l'épicéa s'accommodent des sols superficiels, rocailleux,
rocheux ou marneux, comme il s'en trouve tant dans le Jura. Partout où
l'on verra du hêtre, on pourra mettre du sapin ou de l'épicéa, « qui croî-
tront en grosseur au moins aussi rapidement, et bien plus vite en hauteur. Pour une circonférence, à 1 m. 30 au-dessus du sol, égale au même
âge, ils auront un fût deux, trois et jusqu'à quatre fois plus long que leur
rival ». Donc, plus de cube, valant plus cher.

L'auteur montre une prédilection marquée pour l'épicéa. Facile à élever
en pépinière, celui-ci réussit partout, jusque dans les terrains marécageux,
où le sapin ne pousse pas; il ne périt pas sous le couvert d'un taillis et
s'élance après la coupe; bien que son bois soit mou, spongieux et de mauvaise qualité aux faibles altitudes, il rapporte plus d'argent que les essences
les plus précieuses.

L'auteur reconnaît cependant qu'il ne doit être considéré ici que comme
essence transitoire; si l'on veut, aux altitudes basses (relativement), la
conversion en résineux complètement et pour toujours, il faut le secours du
sapin, *l'essence désirable à tous les points de vue.* « Celui-ci donnera, dans la
région qui nousoccupe, des produits meilleurs et sans doute plus abondants
que son compagnon ». Enfin il assurera la régénération de la forêt.

« Que l'on se mette donc à l'œuvre immédiatement, dit M. Runacher.

On plantera par hectare, après chaque coupe de taillis, au moins 65 épi- céas et 35 sapins, espacés de 4 à 6 mètres. Pour les retrouver facilement, on les disposera par bouquets de 10, répartis sur les différents points de la superficie, dans les endroits les plus favorables à leur développement. » On ne réservera des feuillus qu'entre ses bouquets, lors du balivage. «Après 90 ans, la transformation sera, sinon complète, du moins fort avancée et on commencera la récolte. »

En admettant 50 p. 100 de perte pendant la première révolution, on aura en plus du taillis :

50 résineux de 30 ans ;

50 résineux de 60 ans ;

50 résineux de 90 ans :

on enlèvera les 50 derniers, qui donneront *à eux seuls* 150 mètres cubes valant 1,500 francs là où l'on ne retire aujourd'hui que 200 francs par hectare.

Que coûtera l'introduction de ces 50 résineux à l'hectare ?

L'auteur l'évalue comme suit :

4 francs par hectare pour mettre en place 100 plants ;

3 francs par hectare pour 2 dégagements, 5 ans et 15 ans après la plantation ; total 7 francs qui, capitalisés à 3 o/o, représenteront une somme de 89 fr. 50 à 90 ans.

En somme, très léger sacrifice !

Aussi cette amélioration devrait, non seulement être entreprise dans les taillis que possède l'État dans cette région, mais encore être encouragée par lui dans les taillis communaux et particuliers. Dans les taillis com- munaux médiocres, dont la surface est de 3,800 hectares rien que dans l'arrondissement de Montbéliard, l'État ne perçoit pas même 50 centimes par hectare pour frais d'administration ; «après l'amélioration, il touche- rait le maximum de 1 franc par hectare que la loi lui concède », soit plus du double. Mais surtout, en poussant les communes et les particuliers à enrichir leur domaine, il contribuerait, dans une large mesure, à ac- croître la richesse générale dont il profite toujours indirectement.

M. Runacher, après avoir démontré péremptoirement qu'il y a urgence à transformer en sapinières les taillis médiocres, va plus loin. Il estime qu'aux faibles altitudes, entre 350 et 500 mètres, dans des taillis meil- leurs comme rendement, l'Épicéa peut encore rendre des services.

On n'y peut en effet, parfois, trouver les éléments du balivage ; *le chêne manque.* Des essais infructueux ont été faits à maintes reprises pour le réintroduire directement. Il est cependant urgent d'y avoir à nouveau de bonnes essences, capables de produire des arbres de futaie; c'est le seul moyen de relever le rendement.

Pourquoi ne pas recourir à l'Épicéa?

Des précédents existent. L'auteur signale un taillis à 400 mètres d'altitude, en sol profond, frais et fertile, autrefois envahi par les ronces et les morts-bois, dont une partie a été repeuplée il y a quatre-vingt-cinq ans, au moyen d'un semis d'épicéas et de pins. Le taillis rapporte 30 à 40 francs par hectare et par an; il n'est pas exagéré d'admettre que la futaie, sa voisine, en rapportera facilement le double d'une façon soutenue.

Ajoutons qu'à son abri le *Chêne* reprend spontanément possession du terrain.

L'étude si complète de M. Runacher se termine par une question d'amélioration pastorale.

Conduit par ses analyses d'arbres à savoir qu'un épicéa de pâture cube en moyenne, à quatre-vingt-dix ans, 3 mètres cubes d'une valeur de 40 francs, il en conclut que ce serait une excellente opération, au point de vue pécuniaire comme à d'autres, que de multiplier les bouquets d'arbres dans les vastes surfaces consacrées au pâturage. C'est le meilleur moyen d'utiliser les parties improductives, rocheuses ou marécageuses, et de fournir un peu d'ombre et d'abri au bétail tout en rompant la monotonie de ces solitudes.

En plantant seulement 20 à 25 épicéas par hectare de pâture, on aurait, dans quatre-vingt-dix ans, 60 mètres cubes valant 800 francs: les frais de plantation et de clôture, pendant dix ans, ne dépasseraient pas 1 franc par plant, soit 25 francs par hectare, qui, capitalisés à 3 p. o/o, vaudraient 357 francs.

Donc, large bénéfice!

Sur les 6 millions et plus d'hectares occupés en France par les landes et pâtures, que ne pourrait-on créer de ces bouquets! quelle fortune d'avenir, sans compter l'embellissement du pays, l'influence heureuse sur le climat, etc.

« Le service des améliorations, même si on le renforce et si on lui donne l'importance et l'impulsion désirables, aura certainement des efforts considérables à faire pour triompher et mettre le char en mouvement. »

Aussi l'objection d'une pléthore de bois, que prévoit et à laquelle répond M. Runacher, n'est-elle pas à craindre. La routine, les résistances de toutes sortes, l'apathie générale ne sont-elles pas là pour faire craindre, bien plus tôt, que ces améliorations ne soient introduites que sous forme d'heureuses exceptions, au lieu de se généraliser avec ensemble?

A supposer pourtant qu'il en soit ainsi et que l'on plante partout à la fois, ce qui serait assurément désirable, on peut se rassurer; il suffit de jeter les yeux sur nos importations de bois résineux, de pâte à papier, etc.

M. Mélard, le savant chef du service des aménagements, ne nous a-t-il pas appris, il y a quelques années et à nouveau au début même de ce Congrès, que le globe se déboisait et que la France pouvait, sans crainte, garder ses forêts, les enrichir en matériel et en augmenter la superficie!

Aussi ne saurions-nous trop approuver les conclusions de M. Runacher qui termine ainsi sa consciencieuse étude.

« Plantez donc des épicéas dans les parties nues de vos pâtures où le sol est d'une fraîcheur suffisante, des sapins derrière les épines et autres broussailles qui leur fourniront un premier abri, des pins dans les terres sèches et arides; ajoutez-y quelques bois feuillus, tels que le Frêne, l'Alisier, le Sorbier, pour donner une couleur plus gaie au paysage.

« Plantez encore des sapins et des épicéas dans les taillis médiocres et dans les bons si c'est nécessaire; vous préparerez ainsi la richesse et la prospérité pour notre belle France.

« Que tous les forestiers se mettent ardemment à l'ouvrage, qu'ils y participent activement par la parole et l'action, qu'ils engagent, qu'ils poussent les populations dans cette voie. Ils contribueront de cette manière à accroître les richesses, le bien-être de tous, et ils auront la satisfaction d'avoir rendu un nouveau et important service à leur pays. »

Avant de terminer, permettez-moi, Messieurs, d'ajouter quelques brèves considérations personnelles qui viennent corroborer les conclusions que vous avez entendues.

D'après une statistique récente de M. Roux, le sympathique conservateur de Lons-le-Saunier, l'État à lui seul possède dans mon département « 4,172 hectares sur le premier plateau du Jura, à l'altitude moyenne de 610 mètres, sur terrains en général rocheux, criblés de fissures, et qui ne sont fertiles qu'à la condition d'être bien couverts par la végétation ». Je ne fais que citer les appréciations mêmes de M. Roux. Ces taillis domaniaux ne rapportent que la somme infime de 22 fr. 75 par hectare et par an, alors que les sapinières voisines donnent un revenu net de plus de 100 francs par an.

La conclusion n'est-elle pas évidente?

6.

La conversion en futaie hêtre et sapin ne s'impose-t-elle pas, non seulement dans le domaine de l'État, mais dans celui des communes sur ce premier plateau?

On objectera peut-être que l'altitude n'est pas tout, que le voisinage de la plaine influe sur le climat du premier plateau et que, par suite, le Sapin n'y est plus dans son aire d'habitation. Ceci peut être vrai sur certains points seulement, mais qu'importe si les résineux y poussent et nous donnent des rendements de futaie au lieu du misérable revenu de 22 fr. 75?

Empruntons un exemple à l'agriculture, Croyez-vous, par exemple, Messieurs, qu'en Bourgogne, les bonnes vignes de côte soient seules à produire du vin? Le vignoble ne s'est-il pas étendu dans la plaine pour le plus grand profit de tous?

Donc, pas d'hésitation.

Quant à la question si controversée du jardinage et de la méthode naturelle, je me garderai bien de me prononcer, ce serait téméraire de ma part et fort dangereux; mais nous sommes, je crois, tous d'accord sur ce point qu'il serait temps d'entreprendre des expériences sérieuses et suivies qui permettent de trancher, avec exactitude et sans phrases, les grosses questions relatives au traitement des sapinières, et d'en confier le soin à une station spéciale de recherches, composée de forestiers d'élite, pour le choix desquels nous nous en rapportons au discernement éclairé de M. le Directeur des Eaux et Forêts.

Il est d'autant plus nécessaire d'être fixé d'une façon précise, que l'instabilité des agents forestiers rend déjà fort difficile tout esprit de suite. Combien il serait désirable que cette instabilité cessât et qu'à l'exemple de ce qui se passe chez nos voisins, les agents reçoivent l'avancement sur place et parcourent toute leur carrière dans la même région!

Les agents de cette station, dont je demande que le siège soit en Franche-Comté, pourraient être en même temps chargés de pousser aux améliorations pastorales qui se traduiront, dans bien des cas, par des soumissions importantes au régime forestier, et par la plantation de bouquets épars sur les pâtures. L'étude et la surveillance de ces améliorations leur seraient utilement confiées.

Je ne suis, en cela, que l'écho du Conseil général du Jura qui avait demandé en août dernier qu'on affectât à ce département un agent spécial pour donner une impulsion vigoureuse aux améliorations pastorales réclamées par de nombreuses communes. Il y a là d'heureuses dispositions à encourager, à généraliser; pour cela, il faut un homme qui nous consacre son temps et sa peine. Le résultat sera proportionnel à l'effort déployé, c'est-à-dire au nombre d'agents spéciaux affectés à cette œuvre dont le champ est illimité. Il a été répondu que l'Administration forestière manquait d'agents, que le personnel était si réduit qu'on ne pouvait distraire personne. Nous avons maintenu notre demande et nous comptons sur la bienveillante fermeté de M. le Directeur des Eaux et Forêts pour nous ferait donner satisfaction.

Voyons, Messieurs, admettez-vous que notre corps forestier en arrive à cet état d'anémie?

N'est-ce pas plutôt le cas de lui donner une extension, un développement nouveau pour faire face à des besoins qui doivent relever la richesse de la France?

Restreindre le personnel en pareille occurrence serait une économie déplorable, ce serait de ces économies qui coûtent cher au pays.

On distingue, vous le savez, Messieurs, deux catégories d'administrations, celles qui dépensent et celles qui produisent; sans contredit, l'Administration forestière appartient à cette dernière catégorie; en raison de la modicité des traitements, elle ne charge pas beaucoup le budget, chacun sait ça.

Aussi, pensons-nous que plus l'État affectera d'agents soit aux reboisements, soit aux améliorations pastorales, plus il accroîtra la richesse du pays.

Qu'il me soit permis de faire, en terminant ce trop long rapport, une constatation tout à l'éloge de l'Administration forestière française, c'est que, malgré les incertitudes et les divergences de vues dont les forestiers français n'ont sans doute pas, d'ailleurs, le monopole en Europe, nos sapinières donnent des résultats fort appréciables.

La Société forestière de Franche-Comté et Belfort, qui a pris une si rapide importance sous l'habile direction de son vaillant président, M. Armand Viellard, avait, dès sa fondation, inscrit dans ses statuts qu'elle contribuerait de tout son pouvoir :

1° A l'avancement et à la propagation des connaissances diverses théoriques et pratiques se rapportant à l'économie forestière;

2° A la conservation des richesses forestières actuellement existantes;

3° A l'amélioration des forêts de peu de valeur et au reboisement, dans une juste mesure, des terrains incultes.

Elle n'a pas failli à la tâche qu'elle s'était tracée.

Elle a tenu, en particulier, à faire le jour sur le rendement des sapinières dans les Vosges et dans le Jura. Grâce aux travaux statistiques de trois de ses membres les plus autorisés et en même temps les plus distingués, M. Mongenot, alors conservateur à Épinal, M. Roux, conservateur à Lons-le-Saunier, et mon ami Émile Cardot, alors inspecteur à Pontarlier, nous avons pu établir que les sapinières de l'État rapportaient *net* :

Dans les Vosges, 80 francs par hectare et par an ;

Dans le Jura, 100 francs par hectare et par an.

Que les forestiers étrangers qui nous ont fait l'honneur de venir jusqu'ici nous disent s'ils obtiennent plus !

Aussi constatons-nous avec plaisir que si l'Administration forestière française n'est pas à l'abri de toute critique (qui donc est parfait en ce monde?), elle peut, du moins, écrire sur sa porte la fière devise qu'on lit encore sur la pierre de nos forteresses : « Nec pluribus impar ». (*Applaudissements.*)

M. Runacher. Ce matin, M. Huffel a affirmé que le sapin ne pouvait prospérer à l'état régulier, et à l'appui de son opinion il a cité des forêts dans les Vosges sur lesquelles cet état a produit des effets déplorables, à tel point qu'on peut prévoir que ces peuplements disparaîtront avant que les bois y aient acquis des dimensions qui les rendent propres au sciage. Il est vrai, a-t-il ajouté, que ces massifs ont été éclaircis tardivement. C'est là sans doute la cause de l'échec. Dans une futaie régulière, il est indispensable de suivre les peuplements dès leur jeune âge, de les éclaircir périodiquement pour les maintenir dans un état convenablement serré, tout en donnant progressivement aux cimes la place nécessaire pour permettre le développement régulier des arbres. A ce sujet, je crois devoir rassurer M. Bouvet, rapporteur de mon mémoire, sur la crainte de me voir préconiser des peuplements relativements clairs dans le sapin, si ce n'est au moment où l'on voudra obtenir le réensemencement du sol.

Quoique partisan de la méthode naturelle que je voudrais voir appliquée toutes les fois que les conditions climatériques le permettraient, je suis loin de repousser d'une manière absolue le jardinage. Mon mémoire n'a d'autre but que de montrer la nécessité de faire des expériences et des recherches, grâce auxquelles on arrivera peut-être à montrer quel est le mode de traitement qui donne les résultats les plus avantageux.

M. le Président donne lecture des conclusions de MM. Runacher et Bouvet, qui sont les suivantes :

L'assemblée émet le vœu que :

« 1° De nouvelles stations de recherches forestières soient créées en France dans chacune de nos grandes régions forestières, et notamment qu'une station soit créée tout de suite en Franche-Comté pour étudier le sapin, sans nuire à la station de Nancy, à laquelle il serait urgent de donner une nouvelle et vigoureuse impulsion. »

Ce vœu est adopté.

« 2° Que l'introduction des résineux dans les taillis médiocres du premier plateau du Jura et stations analogues soit favorisée. »

Ce vœu est adopté.

M. le Président. La parole est à M. Mélard.

M. Mélard. Je laisse de côté la question des aménagements qui a été traitée par M. Huffel et je ne veux parler que du traitement cultural.

Il s'agit de nous entendre sur ce qu'on appelle des sapinières ; ce ne sont pas des forêts de résineux en général, mais seulement celles d'*abies pectinata*, sapin pectiné, sapin argenté en Français, *tanne* en Allemand, *pikhta* en Russe, *pinabete* en Espagnol.

Cette essence est caractérisée par ses feuilles solitaires, disposées en spirales, mais paraissant distiques par la torsion de la base de la plupart d'entre elles ; elles sont planes, pourvues en dessous de deux raies blanches produites par des stomates ; les cônes sont dressés, avec des écailles qui se désarticulent et tombent avec les graines à la maturité.

Cette essence est très répandue en Europe dans les montagnes de moyenne élévation ; on la trouve en plaine dans les régions septentrionales.

Elle est indifférente à la nature du sol, pouvu qu'il soit frais sans être compact ou marécageux ; elle en assure elle-même la fraîcheur par son couvert épais.

D'un tempérament délicat, cette essence résiste mieux que toute autre à l'action prolongée du couvert, et s'accommode parfaitement des climats brumeux. C'est par excellence l'arbre des régions pluvieuses.

L'*abies pectinata* a une croissance rapide et donne un très haut rendement. On constate des accroissements annuels de 6 à 8 mètres cubes par hectare, assurant un revenu qui varie de 60 à 100 francs et peut même atteindre 120 et 150 francs.

Il y a donc intérêt à favoriser la culture de cette essence et son extension, puisqu'elle assure un revenu considérable et qu'on demande de plus en plus des bois résineux, soit pour le sciage, soit pour la fabrication de la pâte en bois.

Comment doit-on traiter les sapinières ?

En futaies régulières ? ou en futaies jardinées ? Les deux méthodes ont leurs partisans ardents en théorie ; le marteau à la main, un bon forestier marquera de la même façon, que ce soit dans une futaie jardinée ou dans une futaie régulière. (*Vifs applaudissements.*) Il est donc inutile de discuter beaucoup. Dans un cas comme dans l'autre, le but des forestiers consiste à remplacer les vieux bois par de jeunes repeuplements et à mettre les arbres de tous âges dans les meilleures conditions de croissance. Tout aménagement raisonnable doit avoir pour base ce principe : exploiter les gros bois et laisser pousser les petits.

Mais on peut opérer soit en ordre concentré, c'est-à-dire en plaçant toujours les unes à côté des autres les opérations de même nature, soit en ordre dispersé, en les portant successivement par très petites taches sur les points parfois assez éloignés où elles paraissent particulièrement urgentes. Dans le premier cas, vous avez des séries d'âges gradués se succédant régulièrement ; dans le deuxième cas, vous faites çà et là des extractions de bois. Dans le premier cas, c'est la futaie régulière théorique ; dans le second, le jardinage théorique... Sur le terrain, on ne trouve que des nuances intermédiaires se rapprochant plus ou moins soit de l'un soit de l'autre des types extrêmes.

Il faut nous résigner à ce qui existe ; prenons nos forêts comme elles sont ; traitons-les comme elles sont et non comme elles devraient être. (*Applaudissements.*) Je crois même que, si, par extraordinaire, nous arrivions à avoir à un moment donné une sapinière complètement régulière ou uniformément jardinée, 50 ans après, nous ne retrouverions plus ni l'un ni l'autre état.

Les arbres ne sont pas des entités mathématiques. Ce sont des êtres vivants, luttant les uns contre les autres, et en même temps contre d'autres êtres vivants : insectes, champignons. Ils subissent les effets des grands phénomènes de la nature : ouragans, orages, grêle, givre, sécheresses, qui ne les affectent pas d'une manière uniforme, parce qu'ils n'ont pas tous la même force de résistance. Si une forêt est étendue, les conditions de sol, d'altitude, d'exposition, ne sont pas les mêmes sur tous les points, et l'accroissement ne se fait pas partout de la même façon.

Il paraît donc difficile de faire entrer les futaies de sapin dans les cadres inflexibles rêvés par quelques aménagistes. Est-ce à dire qu'il faut s'abandonner à la fantaisie de chacun ? Non. On peut poser, sinon des règles scientifiques, du moins des règles pratiques qui permettent d'assurer le traitement normal des sapinières et leur constante amélioration :

1° Renoncer aux prévisions à très longues échéances : 150 et 200 ans ; les borner au laps de temps pendant lequel on peut prévoir, avec quelque chance de succès, l'avenir des peuplements, 20 à 25 ans, 30 ans au plus ;

2° Quand la forêt est d'assez grande étendue et située en terrain peu accidenté, dans une région où les accidents météoriques sont peu à craindre, et quand ses peuplements sont d'ailleurs généralement réguliers ou semi-réguliers, on peut sans inconvénient lui appliquer la méthode régulière, sous les réserves d'application dont il sera question plus loin. Dans tous les autres cas, adopter le jardinage ;

3° Quelle que soit la méthode suivie, se garder dans l'application de toute idée systématique. Si vous choisissez la méthode régulière, ne cherchez pas à régulariser à bref délai les peuplements irréguliers, en sacrifiant telle ou telle classe d'âge composée de bois bien venants ; n'hésitez pas à jardiner les bois surannés, quel que soit le point de la forêt sur lequel ils se trouvent, quand même il devrait en résulter une irrégularité dans les âges. Ne réalisez jamais des bois qui n'ont pas encore atteint toute leur valeur économique, sous prétexte qu'ils font tache au milieu de peuplements beaucoup plus jeunes qu'eux. Dans les coupes de régénération, évitez soigneusement d'ouvrir trop rapidement les massifs et de donner prise aux vents. Il ne faut pas se contenter par conséquent des trois coupes classiques, ensemencement, secondaire, définitive, mais procéder plus lentement par extractions successives, en un mot, régénérer en jardinant.

Si l'on a adopté la méthode du jardinage, ne pas interrompre les massifs réguliers en bon état de végétation que l'on rencontre dans la forêt pour leur donner l'aspect jardiné. On ne doit pas considérer cette méthode comme un procédé empirique par lequel on se borne à récolter les arbres morts, dépérissants, ou de fortes dimensions en abandonnant à lui-même le reste du peuplement. Cette méthode comporte les mêmes opérations que la futaie régulière ; il faut se préoccuper de la régénération en effectuant par petites places (le tempérament du sapin s'y prête fort bien), des coupes d'ensemencement, secondaires ou définitives : dégager les jeunes semis, éclaircir les massifs trop serrés, supprimer les perches sans avenir et ne jamais oublier que l'accroissement réellement profitable dans une forêt est celui qui se porte sur les arbres de choix destinés à atteindre le terme et la révolution. Ces recommandations sont d'autant plus justifiées que les forêts traitées par le jardinage présentent très rarement cette irrégularité complète qui est la définition même de la méthode. Ce sont souvent des forêts composées de nombreuses petites places régulières, de consistances et d'âges divers juxtaposées sans ordre.

4° Enfin que l'on ait choisi l'une ou l'autre méthode, il faut se bien rendre compte de la force productive de la forêt avant d'en fixer le rendement annuel ou possibilité.

Si la forêt est normalement constituée, exploiter chaque année sa production ; si elle est peu riche, exploiter moins que la production pour améliorer le capital ; si enfin il y a excès de matériel, renforcer le rendement de façon à écouler l'excès dans un certain nombre d'années en prenant soin de ne pas encombrer le marché.

Quant à la production annuelle, le meilleur procédé pour la déterminer consiste à comparer entre eux les inventaires généraux du matériel effectués à quelques années d'intervalle. Ces inventaires généraux ont en outre le grand avantage de donner les notions les plus exactes sur la composition des peuplements et leur richesse relative.

Quand on opère dans une forêt, pour laquelle on n'a pas d'inventaire antérieur à celui qu'on vient de faire, il faut nécessairement, en l'absence d'éléments de comparaison, fixer pour la première fois le rendement annuel par approximation à l'aide d'un des procédés empiriques en usage. On a soin, dans ce cas, d'éviter toute exagération et de prévoir qu'un second inventaire général sera effectué dans un délai assez court, 10 à 15 ans par exemple.

C'est par des inventaires successifs qu'on suit le mieux les changements de toute nature que subit une forêt. Je ne saurais trop les recommander. La faible dépense qu'ils occasionnent est peu de chose en comparaison des avantages considérables qu'ils procurent et de l'enseignement qu'on en retire.

Tout ce que je viens d'exposer n'est que du bon sens ; je n'ai pas eu la prétention de faire de la haute science. La sylviculture ne peut pas lutter comme science avec les mathématiques, la physique, etc. Mais si nous ne pouvons pas être des savants nous-mêmes, tâchons de laisser aux savants qui viendront après nous des forêts en bon état et bien remplies ; avec leur grande science, ils en feront ce qu'ils voudront. (*Vifs applaudissements.*)

M. le Président donne lecture d'un vœu de M. Jobez ainsi conçu :

L'assemblée émet le vœu que le travail de M. Runacher (atlas compris), le rapport de M. Bouvet et la conférence de M. Mélard soient publiés.

Ce vœu est adopté.

M. le Président. La deuxième question qui figure à l'ordre du jour est la suivante :

Conséquences physiologiques et culturales des éclaircies.

La parole est à M. Boppe, directeur honoraire de l'École nationale des Eaux et forêts, pour présenter son rapport sur le mémoire de M. Broilliard[1], conservateur des Eaux et forêts en retraite, intitulé : *Des résultats de l'éclaircie.*

M. Boppe. Le cours d'aménagement de M. Broilliard, les deux éditions du *Traitement des bois en France*, les nombreux articles qu'il a fait paraître dans différents recueils périodiques, marquent sa place au premier rang des auteurs forestiers.

Praticien par-dessus tout, il fréquente la forêt dans ses intimités et, mieux que personne, il sait la décrire dans son style personnel, pittoresque, et dont les images sont imprégnées du robuste parfum des sous-bois. Mais c'est surtout en ce qui concerne la question si grave des éclaircies que nous avons le droit de le réclamer comme un maître. Nous lui devons la notion de l'*éclaircie vraie*, de l'*éclaircie par le haut*, comme on l'appelle souvent. Elle consiste « à supprimer dans un massif un certain nombre d'arbres, en desserrant les meilleurs ; — elle a pour objet d'assurer le développement de ceux-ci ; — elle rend le massif moins dense et plus clair, en un mot : *éclaircir, c'est desserrer*. Mais desserrer n'est pas détruire l'état de massif. »

La définition étant donnée, M. Broilliard se propose aujourd'hui de nous montrer les conséquences économiques de cette éclaircie. Aussi, pour aborder plus rapidement le résultat final, il oublie les vieilles routines des éclaircies : faibles, moyennes ou fortes ; il passe à côté des éclaircies plus récentes qui se différencient par l'infiniment petit qui sépare en catégories distinctes les tiges dominantes, surpassées, surcimées, dominées, étri-

[1] Voir le mémoire de M. Broilliard aux annexes (annexe n° 3).

quées, étalées, etc.; il néglige, enfin, les éclaircies savantes, dont on calcule mathématiquement les conséquences sur des peuplements artificiellement créés en vue de leur faire l'honneur de l'une des formules *a, b, c, d,* etc.

Il faut reconnaître que l'éclaicie par le haut est une œuvre complexe, dont les conséquences varient suivant les cas et suivant les faits qui changent à chaque pas dans nos régénérations naturelles. Comme preuve de la difficulté d'application, il cite une page remarquable écrite par un agent retraité ; elle est de notre excellent camarade Desjobert, un autre forestier éminent :

« Quand vous faites une éclaicie, nous a dit M. Desjobert, qui travaillait dans le centre de la France [1], vous poursuivez un but simple : créer un massif composé d'essences précieuses, chêne et hêtre aux fûts élancés sans exagération, têtes larges et corps trapus, et maintenir un sous-étage d'essences secondaires qui, conservant la fraîcheur du sol, permette aux racines des arbres d'y puiser constamment la nourriture abondante dont ils ont besoin.

« Tout cela est bien plus facile à dire qu'à faire. Le but doit être poursuivi pendant un siècle et plus. Sur le point où vous travaillez, cent cinquante personnes, agents ou préposés, ont déjà travaillé hier ou travailleront demain. Elles n'ont pas toujours eu et n'auront pas toujours nos idées. Il faut, à chaque coupe, tenir compte du passé, réparer les accidents survenus et ne pas opérer de même sur un sol maigre que sur un sol fertile, sur un peuplement clairière que sur un massif trop serré, dans un massif de chênes que dans un massif de hêtres ou dans un troisième d'essences mélangées ; il est nécessaire d'avoir de l'audace à l'occasion, de savoir desserrer vigoureusement au moment psychologique un massif dont les tiges sont trop grêles ; pourtant, il est au moins aussi nécessaire de n'avoir pas trop de cette même audace, parce que vos arbres, subitement éclaircis, pourront se couronner ; un ouragan, le verglas ou la neige vous les jetteront par terre, s'ils ne se soutiennent pas suffisamment les uns les autres ; il faut..... mais je n'en finirais pas.

« Pour peu que nous ayons fait quelques éclaircies avec nos hommes et professé, pendant qu'ils travaillent et vont de l'avant, en cherchant à expliquer et faire comprendre ce qu'il y a lieu de faire sur un peuplement donné. nous savons tous que, quand notre discours est fini, il ne s'ap-

[1] *Revue des Eaux et Forêts*, 1892, p. 492.

plique déjà plus. Le peuplement dont nous parlions est derrière nous; il est remplacé par un autre qui réclame un autre discours et ne durera probablement pas plus longtemps que le premier. »

Nous voyons le danger ; mais où est le fil qui guidera l'opérateur dans ce labyrinthe de l'éclaircie à faire? M. Broilliard nous le présente sous une forme nouvelle.

Tout d'abord, prenez garde à la hache ! — méfiez-vous des idées *fortes*, des partis pris qui conduisent à briser le massif, à éliminer une essence donnée, à nettoyer le sol ; — souvenez-vous que l'éclaircie « se rapporte, d'une part, au pied, au corps, à la tête, aux racines, au bois, aux feuilles des arbres considérés un à un; d'autre part, au peuplement considéré dans son ensemble. »

Puis, admirez les facultés plastiques de l'arbre, et rendez-vous compte comment, sous l'action des circonstances, son organisme se modifie dans sa forme et dans la nature de ses éléments; « enserrés dans un massif de tiges de même âge, les arbres tendent à s'effiler et le fût s'allonge le plus possible en grossissant lentement. Ils s'élèvent, bien soutenus, de forme approchant celle du cylindre, nets de nœuds et portant une cime grêle. Isolés en pleine liberté, ils restent, au contraire, trapus et sont presque tout en cime. (La forme en est, d'ailleurs, toute différente d'une espèce à l'autre.) Manquent-ils d'espace dans leur cime comme dans leurs racines, l'organisme s'affaiblit et peut même s'atrophier. »

C'est l'exagération de ce mal que l'éclaircie vraie a pour but de prévenir, tout en mettant à profit ses conséquences physiologiques.

Afin de rendre la chose plus tangible, plus palpable, M. Broilliard étudie l'action du massif sur les qualités du bois de deux essences choisies parmi les plus précieuses : le *chêne* et l'*épicéa*.

Quand le grossissement d'un chêne est faible par suite de son état serré, son bois est poreux, léger, peu résistant; tandis que plus il croît vite, plus son bois est dur, nerveux. Chez l'épicéa, aux mêmes phénomènes vitaux, correspondent des résultats techniques inverses : l'arbre serré, à végétation lente, donne un bois dense à grain fin, élastique, excellent à tous égards; est-il espacé, à vie active, le bois en est mou, grossier, de qualité médiocre, de valeur faible.

De ces exemples, les conclusions sont faciles à tirer : prévenir la dégradation des chênes et assurer la qualité de leur bois par un desserrement large; maintenir les épicéas à l'état naturel du massif en n'enlevant que les sujets dégradés.

Autres essences, autres soins ; mais ceux-ci, toujours subordonnés à la sanction économique, c'est-à-dire à la production, pour chaque essence, du bois le meilleur, le plus utile et le plus cher.

Voilà une solution élégante et bonne puisqu'elle tient aux cordons de la bourse.

Certes, elle soulèvera des objections. J'entends murmurer autour des stations de recherches forestières : Mais votre *éclaircie technique* n'a aucune forme stable, aucun caractère général ; en l'absence de toute règle, il est impossible de mettre en équation. — Rien de plus vrai. — Mais l'opération diffère d'une forêt à l'autre ! — Évidemment. Elle doit même différer.

Aussi, pour en faire accepter la pratique, l'auteur n'a qu'une confiance très limitée dans l'emploi du microscope et des réactifs, fussent-ils maniés par les observateurs les plus habiles ; et, en dehors des laboratoires dont aucune science digne de ce nom ne saurait se passer, il prévient l'opérateur qu'il trouvera son meilleur guide dans l'*histoire* du peuplement à travailler. Histoire bien simple, d'ailleurs, que chacun peut et doit écrire, en notant, au jour le jour, sur un registre de contrôle tous les phénomènes naturels, tous les actes de la gestion qui intéressent la vie de chaque peuplement.

En résumé, *si la qualité du bois est fonction de l'espace ménagé à l'arbre, le bois lui-même est l'œuvre du temps dont l'histoire est l'image.*

La conclusion qui se dégage des observations de M. Broilliard est la suivante :

« Avant tout, quel que soit le peuplement, l'éclaircie est une affaire d'opportunité ; nulle part l'éclaircie ne doit être systématique ou mathématique.

« L'éclaircie est une œuvre culturale ; celui qui ne se sentira pas la force de la faire. fera mieux de s'abstenir que de la mal faire ». (*Applaudissements.*)

Je dépose les conclusions suivantes :

« L'éclaircie doit avant tout être opportune, n'être ni systématique, ni mathématique. »

Ces conclusions sont adoptées.

La séance est levée à 4 heures trois quarts.

SÉANCE DU MERCREDI 6 JUIN

(MATIN)

———

PRÉSIDENCE DE M. DIMITZ, VICE-PRÉSIDENT,
ASSISTÉ DE M. FETET, PRÉSIDENT.

La séance est ouverte à 10 heures un quart.

M. Bruand, l'un des secrétaires, donne lecture du procès-verbal de la précédente séance. Le procès-verbal est adopté.

M. Runacher demande à ajouter quelque mots à la communication qu'il a faite la veille. L'assemblée, consultée, est d'avis que la question a été suffisamment discutée, et que, vu le peu de temps dont dispose la section pour l'examen des questions inscrites à son ordre du jour, il n'y a pas lieu de revenir sur le travail de M. Runacher.

M. le Président donne lecture d'une addition proposée par M. Jobey au vœu émis dans la séance de la veille sur les stations de recherches :

« Il est désirable que les stations d'expériences entrent en relations avec celles existant à l'étranger et publient le compte rendu de leurs travaux. »

Ce vœu est adopté.

M. le Président fait connaître que M. Ch. Petraschek, conseiller du Gouvernement, chef du département des forêts de la Bosnie et de l'Herzégovine, a fait déposer, dans la salle du Congrès, plusieurs exemplaires d'une brochure qu'il a publiée sur le développement de la sylviculture en Bosnie et Herzégovine.

M. le Président fait distribuer cette brochure aux membres présents, et demande à l'assemblée si elle consent à l'examiner, bien qu'elle ne rentre pas dans le programme des questions mises à l'ordre du jour de la première section. L'assemblée, consultée, est d'avis de prendre connaissance de la brochure de M. Petraschek après l'épuisement de son ordre du jour.

M. le Président. La parole est à M. Mer pour faire une communication sur les conséquences physiologiques et culturales des éclaircies.

M. Mer. Si, dans la dernière moitié de ce siècle, de nombreux travaux ont été publiés sur la régénération des futaies, il n'en a pas été de même en ce qui concerne la conduite des massifs à l'aide des éclaircies. Aussi cette question a-t-elle été l'objet des premières études de la station des recherches de l'École forestière de Nancy.

Dès la création de cette station, M. Bartet a installé des places d'expérience dans des peuplements de chêne, hêtre et charme mélangés de la forêt de Haye, pour apprécier comparativement l'influence des modes d'éclaircie, qui venaient de recevoir les noms d'éclaircie *par le bas* et d'éclaircie *par le haut*. Les résultats de ces expériences furent publiés dans trois intéressants mémoires dont le premier parut en 1888 et le dernier en 1889, dû à M. Claudot qui avait repris les expériences de M. Bartet.

De mon côté, aussitôt après mon entrée à la station, en 1886, je me proposai d'étudier la question des éclaircies dans les sapinières de Gérardmer. Laissant de côté les massifs très nombreux de cette forêt, formés de sujets d'âges différents, où le hêtre se trouve mélangé au sapin en proportion fort variable et dans lesquels, par suite de la complexité des conditions de végétation, aucune expérience comparative n'est possible, je me suis adressé à des peuplements de même âge, composés uniquement de sapin ou d'épicéa et provenant en général de semis artificiels. Me plaçant à un point de vue différent de celui de M. Bartet, je voulus rechercher l'influence de la précocité des éclaircies sur le rendement en matière et en argent. J'avais été frappé, depuis dix ans que j'habitais le pays, du ralentissement de la croissance de ces massifs dont la plupart étaient âgés d'une quarantaine d'années. Les arbres qui les peuplaient avaient des dimensions fort variables, depuis la perche de 0 m. 20 de tour jusqu'à la panne de 1 mètre. Les tiges grêles et à cime étriquée étaient très nombreuses, les sujets d'élite relativement rares. Sur bien des points, l'avenir même de ces massifs semblait compromis. Ces résultats désastreux me paraissaient dus à ce que les arbres, n'ayant encore été l'objet d'aucune éclaircie, avaient fini par se trouver trop serrés. Leur accroissement en grosseur avait diminué de plus en plus depuis une vingtaine d'années, ce dont il était facile de s'assurer par des sections transversales du tronc pratiquées à divers niveaux.

Pour mettre en évidence le grand avantage qu'on peut retirer d'éclaircies faites dès l'âge de 20 ans, je devais expérimenter sur des peuplements de cet âge. On sait combien il est difficile, surtout en montagne, de rencontrer des massifs, même de faible étendue, comparables à tous égards. Je parvins cependant à en trouver quelques-uns, remplissant à peu près les conditions désirables. Je vais rendre compte des résultats fournis par l'une de ces places d'expériences, peuplée d'épicéas plantés en 1866 (parc. 3 B³). Ces arbres, de grosseurs fort variables, étaient inégalement distribués dans les diverses parties de la place, un grand nombre de perches ayant disparu par suite de la maraude, des coups de vent ou de la neige. On remarquait à première vue que, dans les endroits où il y en avait moins, les dimensions étaient plus fortes. C'est précisément cet état de choses qui m'inspira l'idée de choisir cette localité pour voir s'il ne s'accuserait pas davantage par une éclaircie.

Après avoir délimité la place, je la partageai, à la suite d'un examen détaillé de peuplement, en trois placettes contiguës, de contenances inégales : la placette A située au milieu, et qui devait être le siège de l'éclaircie, les placettes B et C, situées de chaque côté de la première, étaient destinées à servir de témoins.

M. HUFFEL. Quelle était leur contenance ?

M. MER. La placette A avait 34 ares 33, la placette de droite B 18 ares 07 et la placette de gauche C 28 ares 68. Les résultats obtenus et dont je vais rendre compte ont tous été ramenés à l'hectare.

Au mois d'octobre 1886, le matériel de chacune de ces placettes était composé ainsi qu'il suit :

	PLACETTE B.	PLACETTE A.	PLACETTE C.
Nombre de petites tiges (de 0 m. 20 à 0 m. 50 de tour).	2,411 ⎫	2,054 ⎫	1,421 ⎫
Nombre de grosses tiges (de 0 m. 50 à 0 m. 70 de tour).	27 ⎬ 2,438	78 ⎬ 2,132	65 ⎬ 1,486
Volume total du matériel...	64ᵐᶜ 478	93ᵐᶜ 225	63ᵐᶜ 607
Valeur du matériel........	313ᶠ 45	536ᶠ 94	392ᶠ 81
Prix du mètre cube.......	4ᶠ 86	5ᶠ 77	6ᶠ 17

On voit, par ce tableau, que la placette B, la plus peuplée, était aussi celle qui renfermait le moins de grosses tiges. Son matériel avait à peu près le même volume, mais une valeur sensiblement moindre que celui de la placette C. Le prix du mètre cube était par suite bien plus faible. La placette A se trouvait la mieux partagée sous le rapport du nombre des grosses tiges, du volume et de la valeur du matériel, effet dû évidemment

à ce qu'un assez grand nombre de perches ayant été de bonne heure éliminées par les causes fortuites dont j'ai parlé, la croissance du matériel restant avait été très activée. Si les résultats n'avaient pas été aussi heureux pour la placette C, cela tient à ce que là l'élimination avait été trop forte et surtout trop irrégulière. Il s'était produit quelques petits vides; le sol n'était plus suffisamment utilisé.

Au mois d'octobre 1886, je pratiquai une éclaircie dans la placette A. J'enlevai 287 tiges (284 petites et 3 grosses) cubant 11 m. c. 285, un peu plus du dixième du matériel. C'était donc une éclaircie très modérée. Je m'attachai surtout à dégager les arbres les mieux venants, sans cependant les isoler, ni même abattre tous ceux qui se trouvaient dans leur voisinage immédiat. Je desserrai aussi les perches placées entre les arbres d'avenir, en supprimant les plus grêles d'entre elles.

En attendant les résultats de cette opération, ce qui devait demander un certain nombre d'années, je cherchai à me rendre compte, par un examen approfondi d'arbres situés dans des massifs éclaircis à des époques déterminées, des effets produits par ces coupes sur leur croissance. Un fait ne tarda pas à me frapper par sa généralité, c'est que les sujets vigoureux sont les seuls à profiter des éclaircies et encore sous la condition que les perches supprimées se soient trouvées assez rapprochées d'eux, l'influence de cette suppression variant d'ailleurs avec le nombre, les dimensions et la distance de ces perches. C'est surtout à la partie inférieure du tronc que l'augmentation de croissance se fait sentir. Elle n'est guère appréciable qu'à partir de la deuxième année, suit une marche ascendante pour culminer vers la quatrième ou cinquième, après quoi elle diminue. Les éclaircies modérées ne paraissent pas modifier sensiblement l'allongement des pousses terminales et latérales; par conséquent, elles n'ont pas une influence marquée sur la croissance en hauteur. J'ai publié les résultats de ces recherches en 1888.

Au mois d'octobre 1897, je procédai à l'inventaire de la place d'expérience. En voici les résultats :

	Placette B.	Placette A.	Placette C.
Nombre de petites tiges (de 0 m. 20 à 0 m. 50 de tour).	3,164	1,794	1,285
Nombre de grosses tiges (de 0 m. 50 à 0 m. 90 de tour).	325 ⎱3,489	698 ⎱2,492	575 ⎱1,860
Volume du matériel	187ᵐᶜ538	241ᵐᶜ818	191ᵐᶜ680
Valeur du matériel	1,221ᶠ45	1,945ᶠ52	1,582ᶠ08
Prix du mètre cube.	6ᶠ53	8ᶠ04	8ᶠ25

La placette A avait maintenu sa supériorité sur les deux placettes témoins, par suite de la bonne répartition de ses tiges et de la plus grande
proportion de ses sujets d'avenir. Son matériel avait le plus grand volume
et la plus grande valeur. Toutefois le taux de production était sensiblement
le même dans les trois placettes. Elles avaient triplé ou à peu près leur
volume de 1886 [1]. Il semblerait donc, d'après ce fait, que l'éclaircie n'avait
pas produit d'effet. Une telle conclusion serait prématurée, car on ne doit
pas perdre de vue, en effet, que les conditions n'étaient pas les mêmes dans
chaque placette, en ce qui concernait du moins la constitution des peuplements. Le massif étant moins dense dans A que dans B et la croissance de
la première de ces placettes ayant été plus active pour ce motif pendant la
période antérieure à 1886, il aurait pu arriver que, sans l'éclaircie, son
volume n'eût pas été triplé, ainsi que cela avait eu lieu pour B et C. Les
résultats fournis par l'inventaire de 1897 étaient donc insuffisants pour
nous renseigner à cet égard et il devenait nécessaire, afin de savoir si
l'éclaircie avait été efficace, de recourir à l'examen de quelques arbres de la
placette A appartenant à diverses catégories de grosseur. Je me suis livré à
cette analyse et j'ai reconnu que les tiges à végétation languissante n'avaient
pas augmenté leur production annuelle à la suite de l'éclaircie. Le desserrement dont ils avaient été l'objet n'avait donc eu pour eux aucun effet. Il
en avait été de même pour certaines tiges d'avenir, tandis que pour d'autres
il y avait eu augmentation sensible d'accroissement à partir de la troisième
année consécutive à l'éclaircie. Cette augmentation s'était soutenue, avec
quelques oscillations, jusqu'en 1897, ainsi qu'on peut en juger par les
chiffres suivants fournis, à titre d'exemple, par l'analyse d'un épicéa assez
vigoureux, mesurant 0 m. 56 de tour et qui indiquent en décimètres cubes
le volume fabriqué par lui dans chacune des années comprises entre 1882
et 1896.

ANNÉES.	VOLUMES. — décim. c.	ANNÉES.	VOLUMES. — décim. c.	ANNÉES.	VOLUMES. — décim. c.
1882......	4.8	1887......	6.7	1892......	9.0
1883......	5.6	1888......	6.8	1893......	7.9
1884......	5.3	1889......	8.5	1894......	7.0
1885......	6.0	1890......	9.1	1895......	8.2
1886......	6.4	1891......	7.0	1896......	8.2

[1] Exactement les rapports des volumes de 1897 aux volumes de 1886 (après
l'éclaircie) sont les suivantes : 2.92 pour B, 2.95 pour A, 3.03 pour C.

Avant 1886, la production de cet arbre allait s'accroissant légèrement chaque année. Pendant les deux années 1887 et 1888, qui ont suivi immédiatement l'éclaircie, ces volumes ont continué à augmenter, mais à peu près dans le même rapport que les années précédentes; ce qui montre que l'effet de l'éclaircie ne se faisait pas encore sentir. En 1889 il s'était produit une brusque élévation qui augmenta en 1890, année où elle atteignait son maximum. L'accroissement diminua ensuite, avec certaines variations. L'éclaircie avait donc favorisé d'une manière bien manifeste la croissance de cet arbre. J'ai constaté les mêmes faits sur plusieurs autres. Si l'éclaircie n'avait pas eu d'influence sur quelques épicéas, bien qu'aussi vigoureux que ceux dont il vient d'être question, c'est parce que ces arbres n'avaient pas été dégagés ou n'avaient pas eu besoin de l'être. Je me suis assuré en effet, dans une autre place d'expériences, que la suppression de perches situées au delà de 5 à 6 mètres n'exerce pas une action appréciable. Tous ces faits sont venus confirmer les conclusions qu'en 1889 j'avais cru pouvoir déduire de l'examen de massifs éclaircis quinze ans auparavant.

On peut donc être certain que l'éclaircie de 1886 avait produit sur la végétation de la placette A un effet favorable, qui l'aurait été davantage si elle avait été plus forte. Il n'est pas possible toutefois de déterminer quantitativement l'accroissement de volume dû à cette opération.

De l'expérience dont je viens de rendre compte, il ressort qu'il y a un réel avantage à ce que, *même avant l'âge de 20 ans,* les arbres d'un massif ne soient pas trop serrés et surtout à ce qu'ils soient bien répartis. On en a la preuve par la placette C. On doit donc chercher, par des dégagements graduels, à favoriser la formation du plus grand nombre possible de tiges d'avenir, et pour cela les préparer de bonne heure, sans attendre qu'elles se constituent d'elles-mêmes. Elles ne sauraient le faire qu'à la suite d'une lutte plus ou moins prolongée avec les voisines, lutte qu'il faut éviter, car c'est toujours au détriment de la croissance qu'elle s'exerce.

L'incontestable utilité des éclaircies précoces résulte de la comparaison des chiffres suivants : la production moyenne annuelle de chacune des placettes jusqu'à l'âge de 31 ans (1886-1897) a été de 6 m. c. 5 pour B, 8 m. c. 1 pour A et 6 m. c. 2 pour C. La différence des rendements-argent annuels moyens à l'hectare est encore plus sensible : 39 fr. 30 pour B, 64 fr. 20 pour A et 51 francs pour C.

On voit combien est grande l'influence des éclaircies sur la production en matière et en argent des massifs et quelle importance acquièrent ces opérations à mesure qu'elles sont mieux étudiées. Nul doute que, par des éclaircies précoces et intelligemment conduites on n'arrive à raccourcir sensiblement la durée des révolutions.

En réunissant ma communication d'hier à celle d'aujourd'hui, voici le texte des conclusions que je soumets au vote de la section :

« 1° Il conviendrait, par des desserrements graduels, entrepris de très bonne heure, d'aider à la formation des sujets d'avenir en aussi grand nombre que possible, et, quand ceux-ci seraient formés, de les dégager progressivement, afin qu'ils développent suffisamment leur cime et leur enracinement, conditions nécessaires pour qu'ils aient une croissance active et soutenue. On arriverait ainsi à raccourcir notablement la durée de la révolution. »

(Ce vœu est adopté.)

« 2° Les sujets languissants situés entre les arbres d'avenir et dont la présence ne gênerait pas le développement de ceux-ci seraient conservés pour la protection du sol ; mais comme à partir de l'âge de 50 ou 60 ans, ils ne rempliraient plus que très imparfaitement ce rôle et que leur croissance serait devenue presque nulle, il serait avantageux de les faire alors disparaître et de les remplacer par un semis de sapin qu'on provoquerait au besoin ou qu'on créerait artificiellement. On formerait ainsi un sous-étage dont la présence serait des plus utiles. »

(Ce vœu est adopté.)

« 3° Quand arriverait l'époque où le massif doit être exploité, la régénération se trouverait en grande partie réalisée, le recrû étant constitué par le sous-étage de sapins dont un assez grand nombre de perches auraient, à la suite des éclaircies périodiques, acquis un développement suffisant pour leur mériter d'être conservées. Celles, au contraire, dont la végétation serait languissante ou qui auraient été endommagées par l'exploitation devraient être abattues et remplacées par des plantations d'épicéas de moyenne tige. Ainsi disparaîtraient les très sérieux inconvénients résultant de l'application des coupes de régénération et dans les hautes Vosges se trouverait constituée cette association de l'épicéa au sapin qui, dans les quelques localités de cette région où elle se rencontre, donne les meilleurs résultats. »

M. DE LA GRYE. Il n'est pas possible de mettre aux voix un texte de cette nature ; ce sont des observations aux forestiers.

M. Huffel. Il y a là tout un programme de sylviculture sur lequel il nous est impossible de nous prononcer de cette façon.

M. Boppe. On ne peut pas voter sur ces théories.

M. Bouquet de La Grye modifie les conclusions de la façon suivante :

«Conserver les tiges du sous-étage assez développées, supprimer celles qui sont dépérissantes. dégradées, les remplacer par des plantations d'épicéa de moyenne tige.»

Ces conclusions ne sont pas adoptées.

M. le Président. L'ordre du jour appelle la discussion de la question suivante :

Utilité de la culture du sol dans les coupes à régénérer (labour à la charrue, crochetages, avec ou sans répandage artificiel de semences).

M. Charlemagne, conservateur des Eaux et Forêts en retraite, donne lecture de son rapport sur cette question :

En principe la régénération naturelle du sol dans les futaies est préférable à la régénération artificielle; elle est plus économique et se produit avec une profusion que les repeuplements effectués de main d'homme ne sauraient égaler sans rendre l'opération trop coûteuse. Mais est-ce à dire que le forestier doive se croiser les bras et laisser tout à faire à la nature sans lui venir en aide? Évidemment non. Dans les futaies de chêne, par exemple, surtout dans les forêts de chêne pur dont le feuillage est léger, le sol se durcit sous les vieux massifs; il se couvre de hautes herbes et souvent de bruyères et de myrtilles; toutes circonstances défavorables qui ne font qu'augmenter avec la coupe sombre, de telle sorte que les glands tombent sans pouvoir germer. Dans ce cas il est nécessaire d'ameublir le sol sous les porte-graines, ce à quoi on arrive par l'opération désignée dans la Sarthe sous le nom de *crochetage*, dans l'Orne sous celui de *croctage*. Pour cette opération on se sert soit, comme le nom l'indique, d'un crochet ou croc en fer à deux dents rapprochées, soit d'une houe étroite, avec lesquels on déchire et on divise la couche superficielle du terrain de façon à la rendre accessible aux jeunes radicules.

Pour se rendre compte des heureux résultats que l'ameublissement ainsi effectué peut produire au point de vue de la germination, on n'a qu'à voir comme les ornières tracées par les roues des voitures dans les chemins de vidange se couvrent de jeunes chêneaux, alors que les terrains voisins en sont souvent tout à fait dépourvus.

Dans un terrain ordinaire un homme peut parcourir 8 ares par jour; en admettant 2 fr. 50 pour le prix de la journée, le coût du crochetage pour un hectare en plein revient à $2^f 5o \times \frac{100}{8} = 31^f 25$.

Il peut arriver aussi que les arbres restés sur pied après le martelage ne soient plus susceptibles de fournir de semences, soit en raison de leur âge avancé, soit parce qu'ils ont crû sur souches, soit par suite de dépérissement. D'un autre côté, dans les climats un peu rudes la glandée peut subir des retards tels que, si l'on veut l'attendre, les coupes d'ensemencement se referment avant d'avoir été régénérées, que la marche des exploitations se trouve forcément entravée, et enfin qu'il en résulte pour le propriétaire une perte sensible dans le rendement.

Pour éviter ces inconvénients graves, on fait répandre dans le sol, en même temps qu'on procède au crochetage, des glands en quantité suffisante pour assurer le réensemencement.

On peut acheter ces glands au commerce ou les faire récolter soit dans d'autres parties de la forêt où la glandée aurait réussi, soit dans d'autres forêts voisines, soit enfin dans les bois ou sur les chênes isolés de la région. Quand on s'adressera au commerce, il faudra bien faire spécifier, sur la facture, l'espèce et le lieu d'origine des glands fournis; car il est arrivé que certains fournisseurs peu scrupuleux ont livré des glands de chêne cerris ou de chêne tauzin pour des glands de chêne rouvre ou pédonculé.

Le prix du crochetage effectué ainsi avec répandage de semences peut être évalué à 75 francs par hectare, savoir :

Achat ou récolte de 8 hectolitres de glands, à 5 francs l'hectolitre	40ᶠ oo
Crochetage..	31 25
Transport et répandage des glands	3 75
Total............................	75ᶠ oo

Ce chiffre de dépense peut paraître considérable; mais il est bon de remarquer qu'il s'applique à un hectare *plein*, c'est-à-dire sur lequel il n'existe aucun semis naturel au moment du martelage de la coupe et où la totalité des arbres de réserve est absolument stérile.

Dans les belles forêts domaniales de la Conservation d'Alençon, que nous connaissons plus particulièrement, les crochetages, tels que nous venons de les décrire, réussissent admirablement et nous avons vu d'immenses étendues de coupes dont le parterre était couvert de jeunes plants comme une pépinière.

Outre leur but principal qui est d'assurer le réensemencement du sol, les crochetages permettent, dans les forêts mélangées de chêne et de hêtre, d'augmenter, suivant qu'on le jugera utile, la proportion de l'une ou de l'autre de ces essences; si le hêtre tend à supplanter le chêne, on se servira uniquement de glands dans les semis qui accompagneront le crochetage; si le chêne est l'essence exclusive, on forcera dans ces semis la proportion des faînes, afin d'assurer l'amélioration du sol forestier par l'introduction du hêtre dans le peuplement.

Ajoutons que l'ameublissement du sol par le crochetage améliore la croissance des réserves, ainsi d'ailleurs qu'il le fait pour les pommiers dans les vergers et dans les champs lorsqu'on sarcle le sol autour de leur pied.

Frappé de la nécessité de cultiver le sol dans les futaies de Loir-et-Cher pour en assurer la régénération, mais désireux en même temps de réduire au minimum les frais de cette culture, M. Dubois, inspecteur des Forêts à Blois, avait imaginé dans ce but une *charrue forestière* à laquelle on a donné son nom.

Le bâti de cette charrue est armé de cinq socs à versoir, deux à l'avant, trois à l'arrière et il est porté sur trois roues.

Elle trace simultanèment, sur o m. 80 de largeur, cinq sillons parallèles, à égale distance les uns des autres.

Un mécanisme à deux leviers sert à surmonter les obstacles opposés par les souches et les racines des arbres : l'un de ces leviers, cintré et solidement fixé à l'essieu coudé des roues de derrière, s'ouvre en deux branches formant une crémaillère à travers laquelle s'engage et glisse librement, sur un galet, le second levier qui est horizontal et dont les mouvements sont rendus dépendants du premier par une cheville en fer que l'on introduit à volonté dans celle des divisions de la crémaillère qui donne l'entrure désirée. Ce second levier soulève ou abaisse le devant de la charrue; le même effet est produit en arrière par le levier cintré agissant isolément; mariés entre eux et avec les roues, les deux leviers mus simultanément abaissent ou soulèvent le bâti et les socs. De plus, dans ce dernier mouvement ascensionnel, la charrue recule sur elle-même et se trouve dégagée des obstacles qu'elle aurait rencontrés. Le laboureur placé aux mancherons obtient ces effets suivant qu'il ramène à lui ou qu'il éloigne, à l'aide de la poignée, le levier cintré, en définitive régulateur unique de la charrue. Deux chevaux suffisent pour la conduire.

Dans une notice publiée par les *Annales forestières* (année 1860, p. 94 à 98) et de laquelle nous avons extrait la description ci-dessus, M. Dubois calculait que la dépense pour le labour d'un hectare avec la charrue forestière pouvait, suivant la ténacité du terrain. varier de 7 fr. 50 à 13 francs,

Cette charrue eut d'abord un très grand succès, et M. Lorentz, rendant compte dans la *Revue des Eaux et Forêts* (année 1863, p. 30 à 34) d'une brochure de M. Dubois relative aux travaux de reboisement exécutés pendant trois ans avec cet instrument dans le Blésois, terminait ainsi son article :

«Avant peu, nous l'espérons, l'emploi de la charrue se généralisera; elle fonctionne déjà dans les forêts de la Couronne, notamment dans celles de Compiègne et de Saint-Germain, dans les départements du Loiret, de l'Allier, de la Sarthe, du Jura, du Haut et du Bas-Rhin; les constructeurs Bruel en ont expédié en Russie et au Mexique. Bref, tout annonce un grand et légitime succès à ce nouveau procédé de culture. »

Ces prévisions ne se sont pas réalisées, et la charrue forestière a cessé d'être employée à peu près partout, même dans le Blésois, son pays d'origine. A quoi faut-il attribuer cet insuccès après les promesses du début? D'abord la dépense que M. Dubois estimait devoir n'être que de 7 fr. 50 à 13 francs par hectare, s'est élevée en moyenne, dans les reboisements effectués par lui sur 391 hectares, à 26 fr. 35. Il est vrai que M. Dubois fait observer que si, au lieu de labourer en plein, on se contentait de semer par bandes, avec une bande inculte d'une largeur de charrue, le prix de revient par hectare se trouverait réduit de moitié. Ensuite la charrue forestière, malgré l'ingéniosité de son mécanisme, devenait d'un emploi peu commode et même impossible dans les terrains pierreux ou en pente raide, et il était bien difficile de la faire manœuvrer à travers les troncs des semenciers sans risquer de blesser leurs racines. Enfin les semis qui, dans un sol graveleux et divisé, avaient donné de bons résultats, ont beaucoup moins bien réussi dans les sols compacts, les socs formant, en pénétrant la terre, des fragments trop gros donnant comme résultat final une mauvaise préparation.

Tout ce que nous venons de dire sur l'utilité des crochetages dans les futaies feuillues peut également s'appliquer aux futaies résineuses lorsqu'elles sont traitées par la méthode du réensemencement naturel et des éclaircies, en apportant néanmoins dans l'exécution de ces crochetages les ménagements que pourrait comporter l'existence, dans ces forêts, de pentes rapides et de rochers.

A l'étranger, comme en France, l'utilité de donner une culture au sol pour assurer la régénération des forêts est depuis longtemps reconnue. Nous nous contenterons de citer ici le passage suivant d'une instruction adressée par l'Administration forestière de Bavière aux agents des forêts du Fichtelgebirge (*Förstliche Mittheilungen*, livraison de 1858) :

« La coupe d'ensemencement faite, et lorsque l'on prévoit que l'année sera favorable à la fructification, si le sol est couvert de mousse ou de gazon, on y ouvrira de petits sillons plus ou moins éloignés les uns des autres, dans lesquels les graines trouveront un sol meuble et propre à favoriser leur germination, ainsi que le développement des jeunes plantes; s'il est couvert de bruyères ou de myrtilles, on donnera plus de largeur aux sillons, sur lesquels il sera bon même de répandre la cendre des plants parasites que l'on aura coupés.

« Si, comme il arrive souvent, les arbres ne donnent qu'un nombre insuffisant de graines et que par suite on ne puisse espérer qu'un peuplement incomplet, on en fera répandre dans les sillons de manière à garnir le sol. » (*Applaudissements.*)

M. Charlemagne dépose les conclusions suivantes :

« Il convient, surtout dans les forêts de chêne, de venir en aide à la nature au moyen de crochetages, avec ou sans répandage préalable de semences. »

Ces conclusions sont adoptées.

M. Charlemagne donne lecture de son rapport sur la brochure de M. Prouvé, inspecteur des Eaux et Forêts en retraite : *Régénération par plantation des coupes de futaies*[1] :

Pour faciliter la régénération des coupes de futaie par voie de plantation, M. Prouvé a imaginé toute une série d'outils, savoir : 1° une bêche-levier; 2° une bêche-plantoir; 3° un plantoir à étrier avec son fourreau.

---

[1] Société des agriculteurs de France, rue d'Athènes, 8, Paris. — *Régénération par plantation des coupes de futaie*, par M. Prouvé (Charles), inspecteur des Forêts en retraite. Paris, Société anonyme de publications périodiques; P. Mouillot, imprimeur, quai Voltaire, 13, 1890.

La *bêche-levier* consiste en un fer large de o m. 14 et long de o m. 45 à o m. 65, avec nervure longitudinale, étrier et tranchant acéré. Le manche en fer méplat a deux poignées en bois, l'une transversale au milieu, l'autre à l'extrémité supérieure. Elle sert dans les pépinières et en forêt à l'extraction des plants.

La *bêche-plantoir*, plus légère et plus maniable que la bêche-levier, est de même forme, à l'exception du manche qui n'est pas prolongé au-dessus de la poignée transversale. On l'emploie dans les sols légers pour extraire les plants et les mettre à demeure.

Le *plantoir à étrier* consiste en un cylindre très légèrement aplati, pourvu à une de ses extrémités d'une pointe aigue et, à l'autre, d'un manche de fer méplat, avec étrier et poignée transversale en bois.

Le *fourreau*, qui l'accompagne, peut être simple ou articulé : simple, il se compose d'un tube en tôle, fendu longitudinalement et adapté à une · poignée en bois; articulé, il est formé de deux demi-tubes en tôle, réunis par deux charnières et adaptés chacun à une poignée en bois. Ces poignées sont disposées de telle sorte qu'en les rapprochant on ouvre à volonté la fente longitudinale qu'un ressort tend à tenir fermée. Une chaînette, entourant les poignées, permet de fixer à volonté l'ouverture de l'outil.

Pour mettre les plants à demeure, deux ouvriers travaillent ensemble: l'un ouvre un trou avec le plantoir; l'autre, à l'aide du fourreau, introduit le plan dans le trou.

L'économie réalisée sur le coût des plantations ordinaires faites à la houe varie de 40 à 75 p. 100. L'emploi des outils de M. Prouvé permet, en outre, de maintenir intact le pivot des chênes et de planter plus profondément.

Dans la Conservation d'Alençon, que nous connaissons plus particulièrement, ces outils sont d'un usage fréquent pour les regarnis à effectuer dans les coupes de régénération, et on s'en trouve bien. Ils peuvent aussi être avantageusement employés pour le repeuplement en plein de futaies ruinées où les arbres sont dépérissants et ne peuvent plus donner de graines, où le sol est absolument envahi par les myrtilles et les grandes herbes, et où la régénération, par voie de crochetages, avec répandage préalable de semences, serait impossible et trop coûteuse. Toutefois nous pensons qu'il ne faudrait pas vouloir trop en généraliser l'emploi et que la régénération naturelle, partout où elle peut se faire, vaut encore mieux pour l'avenir des forêts que les repeuplements artificiels : elle est plus économique et garantit mieux le sol. Nous croyons ne pouvoir mieux faire que de citer en terminant l'opinion d'un excellent forestier, très expert dans le traitement des futaies, M. de Trégomain, ancien inspecteur des Forêts à Mortagne, aujourd'hui conservateur en retraite à Uzès, qui, dans son livre sur *Le Haut-Perche et ses forêts domaniales* (p. 117 et 118), confirme ainsi notre manière de voir : « La méthode de traitement dite *du réensemencement naturel* a été l'objet de très vives controverses. Une simple visite des forêts du Haut-Perche suffit pour clore toute discussion à cet égard, en ce qui concerne du moins la région dont nous parlons. La vérité s'impose ici avec la brutalité d'un fait. Nous pouvons montrer toute la succession des peuplements obtenus par l'application de cette méthode, depuis l'âge de 1 an jusqu'à 70 ans, sans aucune lacune, et cela non dans une seule forêt, mais dans toutes, et non seulement sur les meilleurs sols, mais même sur des terrains pierreux et relativement maigres, comme dans la forêt de Réno-Valdieu (canton de Brochard). Il est incontestable que jamais, par la voie artificielle, on n'aurait pu obtenir des peuplements aussi serrés et aussi vigoureux que ceux que la nature nous a donnés.

Et maintenant, si l'on considère la question de dépense, comme il est juste de le faire, nous ferons remarquer que, pour obtenir ces magnifiques résultats, il a suffi d'effectuer des repeuplements complémentaires sur un cinquième *au plus* de la superficie. On voit donc que, sous tous les rapports, la méthode naturelle offre dans la région du Perche une supériorité indéniable. »

M. Charlemagne dépose les conclusions suivantes :

« Les outils imaginés par M. Prouvé pour faciliter le repeuplement des coupes de futaie par voie de plantation sont excellents pour les regarnis à effectuer dans les coupes de régénération et pour le repeuplement en plein des futaies ruinées; mais, là où la régénération naturelle est possible, il convient de donner la préférence à cette dernière qui garantit mieux le sol et est, en somme, plus économique. »

Ces conclusions sont adoptées.

M. Bruand donne lecture d'un rapport de M. Broilliard sur le mémoire de M. Muller, directeur des Forêts à Copenhague, intitulé *De la culture du sol dans les coupes de régénération* [1].

---

[1] Voir le mémoire de M. Muller aux Annexes (annexe n° 3).

M. le docteur P.-E. Muller, bien connu par ses travaux de botanique et d'étude des sols, a bien voulu envoyer un mémoire sur la troisième question de sylviculture.

En quelques pages fort intéressantes, il montre comment on peut vaincre les difficultés de la régénération des futaies dans les sols durcis ou acides. La culture, plus ou moins superficielle, et l'addition de chaux y suffisent. Les heureux résultats obtenus ainsi en Danemark dans la pratique des exploitations font l'évidence sur ce point.

Le docteur Muller expose clairement les procédés applicables suivant les sols, leur raison d'être, les frais qu'ils occasionnent et les avantages qui en résultent. La dépense, qui semble un peu élevée, sera probablement réduite, par l'usage, au strict nécessaire et aux cas particuliers où la culture du sol est indispensable. En tous cas, les travaux des forestiers danois ouvrent une voie nouvelle à la pratique des coupes de régénération, comme ils l'ont fait déjà à celle des éclaircies.

M. Lamey, conservateur des Eaux et Forêts en retraite, donne lecture d'un autre rapport sur le même mémoire de M. Muller :

M. le docteur Muller, directeur des Forêts de Copenhague, bien connu par ses travaux de botanique et d'étude des sols, a bien voulu envoyer un mémoire sur la troisième question du programme de la section d'économie forestière, concernant l'utilité de la culture du sol dans les coupes à régénérer.

D'après ce que nous apprend l'auteur de ce mémoire, l'exploitation régulière des forêts a été introduite en Danemark il y a environ un siècle et l'on a commencé à pratiquer, dès cette époque, dans les coupes de futaie la régénération naturelle du hêtre, essence principale du pays à laquelle est, du reste, exclusivement consacrée l'intéressante étude dont nous avons l'honneur de rendre compte.

Avant l'introduction du régime forestier, le pâturage des bêtes à cornes et des chevaux s'exerçait à peu près librement, ainsi que le passage des porcs; les forêts eurent naturellement à souffrir de cet état de choses qui ne cessa qu'avec l'extinction et la suppression des droits d'usage.

Sur beaucoup de points l'abus de jouissance avait entraîné la dégradation du sol à un degré tel que les repeuplements devenaient de plus en plus aléatoires, et ce n'était plus guère que dans les parties meubles et fraîches des terrains riches et profonds que l'on pouvait espérer un bon résultat du réensemencement naturel. Il en résulta que l'emploi de la méthode de la *régénération naturelle* du hêtre ne tarda pas à causer aux forestiers un désappointement toujours croissant. On lutta pendant de longues années contre les insuccès, cherchant à les corriger, mais enfin la méfiance vis-à-vis de la méthode en question était devenue telle, qu'on l'abandonnait de plus en plus pour recourir à des plantations couteuses.

Dans les derniers temps, cependant, l'application des sciences naturelles aux études de questions de sylviculture a exercé son influence aussi sur la pratique des régénérations naturelles. On a commencé à soumettre à une analyse plus soigneuse qu'auparavant le caractère du sol forestier au point de vue de sa biologie et de ses propriétés tant physiques que chimiques, d'où a résulté, paraît-il, une renaissance de la méthode des réensemencements naturels. Toujours est-il, dit M. Muller, que, dans ces dernières années, on a introduit dans la régénération du hêtre des méthodes qui, en général, semblent ressortir de l'application des nouvelles recherches scientifiques et qui ont eu un succès complet. Les forestiers danois croient avoir vaincu, par les nouveaux procédés, les difficultés contre lesquelles ils avaient lutté si longtemps.

Les traits principaux de la nouvelle méthode consistent d'abord en un ameublement intensif de la couche superficielle du sol, exécutée par labour à la charrue, par hersage et autres opérations pareilles, plus ou moins fortes suivant l'état du sol, et ensuite en l'addition de chaux en poudre partout où le terreau contient de l'acide humique libre.

A cela, la pratique ajoute encore le répandage artificiel des semences suffisant pour assurer un semis complet, et quelques opérations aptes à garantir la germination de la faîne. On se sert de ces moyens de différentes manières selon les localités et, à cet effet, M. le docteur Muller indique trois modes principaux de traitement dont les opérations peuvent se résumer ainsi : 1er système : hersage avant la faînée et passsage du rouleau après la chute des faînes; 2e système : labour en plein, à la charrue, au printemps avant la frondaison, suivi de plusieurs hersages donnés dans le courant de l'été et immédiatement avant la faînée; roulage après la faînée; 3e système : dans les forêts à terreau acide, deux ou trois ans avant l'année où doit commencer la régénération; on donnera un labour à la charrue, que l'on fait suivre de plusieurs hersages, on répand ensuite jusqu'à 25 hectolitres de chaux en poudre par hectare. Les hersages sont répétés de temps en temps jusqu'à la faînée, et après celle-ci on passe le rouleau comme dans les cas précédents. M. Muller établit le coût de ces opérations de la manière suivante :

1ᵉʳ système	25 à 28ᶠ par hectare.
2ᵉ système	55 à 120
3ᵉ système.	150 à 190

non compris les frais du semis artificiel, s'il y a lieu.

Au moyen de ces opérations on a réussi, en Danemark, à donner à la régénération du hêtre une sûreté, aux repeuplements une régularité, et à leur développement une vigueur (même dans les terrains de qualité très inférieure) qu'on n'avait pu obtenir par aucune autre méthode.

M. le docteur Muller ne dissimule pas que ces opérations occasionnent des frais assez considérables, mais il en fait ressortir tous les avantages et fait observer qu'elles sont toujours restreintes strictement aux endroits où elles sont nécessaires; il explique également la différence qui existe entre elles. Le labour simple, soit en plein, soit par bandes, ameublit le sol et favorise l'enracinement des jeunes brins de semence, mais c'est une opération dont l'efficacité ne s'étend guère au delà de la première année. Par les opérations du deuxième et du troisième système on a pour but de créer un terreau doux et meuble là où il manque, et l'effet que l'on obtient ainsi se maintient assez longtemps pour que le repeuplement ait le temps de se fortifier et soit à même de passer à l'état de fourré. En ameublissant parfaitement le sol par des cultures répétées, et en y ajoutant au besoin des éléments alcalins, on modifie sa nature physique et chimique en même temps que l'on agit sur les micro-organismes qu'il renferme. Ces infiniments petits, dont l'agriculture moderne a constaté le rôle actif, remplissent incontestablement un rôle semblable en sylviculture et c'est ce que M. le docteur Muller fait bien ressortir, en même temps qu'il demande que des études plus approfondies soient dirigées de ce côté.

Sous ce rapport les forestiers danois ouvrent une voie nouvelle à la pratique des coupes de régénération, comme ils l'ont fait déjà à celle des éclaircies.

M. Pétraschek, fils de M. Ch. Pétraschek, conseiller de Gouvernement, chef du Département des forêts de la Bosnie et de l'Herzégovine, donne lecture d'une brochure de son père, intitulée : Le développement de la sylviculture en Bosnie et en Herzégovine.

Avant d'exposer les progrès réalisés par la sylviculture en Bosnie et en

Herzégovine depuis que ces dernières sont administrées par le gouvernement austro-hongrois, il nous paraît indispensable de tracer un aperçu
général et succinct de ces pays et de jeter un coup d'œil rétrospectif sur
l'état de leur culture au temps de l'administration ottomane.

La Bosnie et l'Herzégovine sont situées au nord-ouest de la presqu'île
des Balcans; elles ont une superficie de 51,215 kilomètres carrés.

A part la zone septentrionale que baignent les rivières de l'Una et de la
Save, la Bosnie et l'Herzégovine sont essentiellement montagneuses. Elles
sont traversées du nord-ouest au sud-est par des chaînes de montagnes
dont l'altitude s'élève graduellement vers le sud-est. Les montagnes de
grande et de moyenne hauteur occupent environ 71 p. 100 de la surface
totale du pays, tandis que les collines et les montagnes basses n'en couvrent
guère plus de 24 p. 100.

La masse principale des montagnes est constituée par des calcaires per-
méables qui leur donnent l'aspect connu sous le nom de « paysage du Karst »
Le reste, sauf de petits massifs de trachyte et de granit, est formé de
schistes paléozoïques, de grès et de calcaires crétacés (Flysch), de serpentine et de roches moins anciennes, de formation tertiaire.

Dans les montagnes calcaires de l'Herzégovine les dépressions, à l'exception de la vallée de la Narenta et de ses vallées latérales, sont constituées
par des encaissements fermés de toutes parts. Dans les montagnes calcaires
du sud-ouest de la Bosnie les vallées présentent la même configuration,
tandis que dans les autres montagnes de ce pays où la couche imperméable, formée de schiste de Werfen sur laquelle repose le calcaire, se
montre partout à la surface, les vallées débouchent ordinairement les unes
dans les autres, formant des réseaux de vallées reliées entre elles et envoyant leurs eaux dans les principales rivières, c'est-à-dire dans l'Una, le
Vrbas, la Bosna et la Drina. Ces dernières, en raison de l'inclinaison générale du terrain, vont ensuite se jeter dans la rivière navigable de la Save.

Ce qui manque le plus souvent aux roches calcaires, c'est une couche
de terre profonde et cohérente; aussi la racine des arbres, sur les versants,
constitue-t-elle presque l'unique moyen de connexion entre la couche de
terre et la roche sous-jacente. Il en est de même des roches de serpentine,
qui, même dans les endroits où le terrain présente une meilleure structure,
ne sont recouvertes que d'une mince couche de terre. Il en résulte que,
pour ces roches comme pour les roches calcaires, il n'y a que les forêts
qui soient en état de retenir le peu de terre primitive qui existe encore.

Les forêts sont également d'une grande utilité pour les sols plus profonds qui recouvrent les autres roches, attendu qu'elles empêchent que ces sols, après avoir été ramollis par la pluie et la neige, ne se détachent des pentes rapides et ne soient entraînés.

Sous le rapport de la température, de la répartition et de la quantité des pluies, le climat de la plus grande partie de la Bosnie se rapproche de celui des pays de l'Europe méridionale. Les froids intenses n'y sont pas rares. Par contre le climat de l'Herzégovine présente tous les caractères du climat méditerranéen. Une particularité de cette contrée, c'est le vent froid, extrêmement desséchant, connu sous le nom de « Bora », qui descend des montagnes par rafales d'une extrême violence.

Bien que la Bosnie et l'Herzégovine, comme le prouve le tableau que nous venons d'en faire, soient des pays de forêts par excellence et que la nature semble même les avoir prédestinées à la sylviculture, elles n'en sont pas moins restées, sous le rapport de l'économie forestière, bien en arrière d'autres pays moins favorisés qu'eux à ce point de vue. Les causes de ce retard sont des plus étranges; en voici les principales. Les anciens habitants de ces contrées s'étaient habitués à considérer les forêts comme un présent de la nature, inépuisable et commun à tous, qui n'exigeait aucune culture. Lorsque les Osmans se furent emparés du pays, ils y introduisirent des principes de droit très propres à paralyser le développement aussi bien que l'exploitation rationnelle de la propriété foncière. Ainsi le gros bétail n'était pas imposé du tout; le petit bétail ne l'était que faiblement. Par contre les produits du sol n'avaient pas seulement à payer une dîme à l'État, mais encore au propriétaire du sol. Sous la domination ottomane la propriété privée ne jouissait, dans ces pays, d'aucune sécurité, et la plus grande instabilité régnait dans les institutions publiques. Ajoutons à cela l'horreur qu'inspirait à la population indigène tout travail, tout effort physique, horreur provenant autant de la manière de vivre que de voir des Orientaux. Il en résulta que le paysan se fit berger, d'abord par suite d'une disposition naturelle et de l'état de dépendance où il se trouvait à l'égard de seigneurs qui n'avaient aucune idée d'une saine économie politique; ensuite à cause des charges qui pesaient sur lui et des obstacles qui s'opposaient à l'exercice de toute autre profession. Mais s'il devint berger, ce ne fut pas au point de vue d'une économie rationnelle du bétail, économie qui exige les capacité d'un éleveur. Malgré cela il fut berger de corps et d'âme, se vouant entièrement à cet état qui lui permettait de vivre commodément et sans beaucoup travailler. Il ne s'intéressait même à rien d'autre, surtout pas aux forêts dont il ne tirait que le bois nécessaire à ses besoins. La forêt le gênait-elle, il y mettait le feu, ne connaissant de règle et de barrière que sa commodité.

Le gouvernement ottoman essaya bien, il est vrai, d'améliorer cette singulière façon d'exploiter les forêts en promulgant une loi forestière; mais cette loi ne parvint même pas à la connaissance de la population et, de plus, elle n'avait pas la force nécessaire pour opposer une barrière suffisante aux dommages causés à la substance forestière par l'usage des anciens droits de libre exploitation des bois par les habitants du pays. Il s'ensuivit naturellement que la forêt resta, avant comme après, un objet d'exploitation, avantageux et sans bornes, au profit de l'économie pastorale du paysan indigène. Il en abusa d'une manière inconcevable pour agrandir ses pâturages, refoulant de plus en plus les forêts, sans songer le moins du monde aux dommages qu'il causait au pays et à son propre avenir. Le déboisement et, par suite, la destruction des futures générations d'arbres, l'ameublissement du sol par le bétail des pacages, surtout en Herzégovine et au sud-ouest de la Bosnie, amenèrent sur les montagnes calcaires le triste état connu en allemand sous le nom de « Verkarstung », qui peut se traduire en français par « dénudation » ou « karstification ». C'est ainsi que, malheureusement, une grande partie de l'Herzégovine et du sud-ouest de la Bosnie ne renferment plus aujourd'hui que des montagnes dénudées.

Tout homme sensible au sort de ses semblables devait éprouver un sentiment de tristesse en voyant ce pays, que les inestimables qualités du sol semblaient avoir créé pour la prospérité, se délabrer de plus en plus par suite de l'indolence de ses propres habitants.

L'année 1878 mit fin à ce déplorable état d'une manière aussi rapide que radicale, le gouvernement austro-hongrois ayant pris en main l'administration de la Bosnie et de l'Herzégovine. Considérons donc cette année comme le commencement d'une ère nouvelle, comme une époque de renaissance pour ces deux pays, et voyons ce que vingt-deux années d'administration austro-hongroise ont déjà fait pour la sylviculture de ces contrées.

Le gouvernement de l'Autriche-Hongrie, fidèle à son principe de ménager la législation et les institutions existantes, greffa sur le droit forestier turc les mesures à prendre pour introduire en Bosnie et en Herzégovine une sylviculture adaptée aux conditions du pays. Il se réserva naturellement de modifier cette loi au fur et à mesure que les progrès de la contrée le rendraient nécessaire.

Nous croyons d'autant plus opportun de rappeler ici les principales clauses de cette loi forestière que, comme on le sait, ladite loi a été élaborée à Stamboul par des forestiers français.

La loi forestière turque, cherchant avant tout à régler la question de la propriété des forêts, divise ces dernières en forêts d'État, forêts de « vakufs », forêts communales et forêts privées.

Les forêts d'État sont la propriété de l'État, et les revenus en sont versés dans le trésor de l'État. Toutefois la loi concède aux habitants du pays le droit de tirer gratuitement des forêts de l'État le bois de charpente, d'ouvrage et de chauffage dont ils ont besoin; cette loi les autorise même à en tirer, gratuitement aussi, le bois de chauffage et le charbon de bois qu'ils veulent vendre aux marchés de leur localité, pourvu qu'ils les transportent sur leurs propres chariots ou sur leurs propres bêtes de somme; cette loi, enfin, permet aux habitants du pays de faire paître leur bétail dans les forêts de l'État, et cela gratuitement sur le territoire de leur commune, mais contre le payement de la taxe de pâturage, si la forêt est située dans un district étranger : le nombre et l'espèce des têtes de bétail à faire paître ne sont aucunement limités par la loi.

Les forêts de « vakuf » (forêts de mainmorte de l'islamisme) furent laissées en possession des fondations qui les détenaient auparavant.

La loi forestière turque contient également des prescriptions concernant les forêts communales et privées.

La distinction de ces catégories de propriétés forestières, différentes au point de vue de leur nature légale, ne fut établie que par l'administration austro-hongroise, ainsi que nous le montrerons plus tard.

La loi forestière turque renferme, en outre, une série de dispositions destinées à maintenir l'ordre dans l'usage que faisait des forêts la population indigène ayant droit aux servitudes. C'est ainsi qu'elle exigeait de cette population la désignation préalable du bois à tirer, du temps durant lequel le bétail resterait au pâturage et des conditions dans lesquelles il devait paître. La loi punissait de peines très sévères les infractions à ces prescription ainsi que les crimes forestiers.

Telles sont les principales dispositions de la loi forestière turque de l'année 1869. Au moment de l'occupation de la Bosnie et de l'Herzégovine par l'Autriche-Hongrie, cette loi, comme nous l'avons dit plus haut, n'avait pas encore été mise à exécution. Elle n'avait, en conséquence, modifié en rien l'état de l'économie forestière, et l'administration austro-hongroise, en adoptant la loi turque, n'a fait en réalité que l'appliquer. Elle ordonna

8.

successivement, par voie d'instructions, une série de mesures destinées à assurer la protection et l'exploitation rationnelle des bois.

La première mesure à prendre par l'administration austro-hongroise était de mettre des bornes au gaspillage insensé qui se faisait du bois au profit de la culture passagère de fruits des champs et de l'immense exploitation des pacages. Il serait trop long d'énumérer ici toutes les mesures qui ont été prises pour protéger les forêts. Elles tendaient toutes à restreindre le droit dont jouissait la population rurale indigène de couper du bois et de faire paître le bétail dans les forêts, droit si funeste à la sylviculture. On ne put procéder en cela que lentement attendu que l'économie rurale, étant dans un état fort primitif, était forcée en toute occasion de recourir aux produits de la forêt.

La seconde tâche qu'il semblait urgent de remplir, c'était de régler les conditions de la propriété forestière. Sous ce rapport il n'existait rien de fixe auparavant, de telle sorte qu'il y avait de puissants propriétaires qui exerçaient tout arbitrairement des droits de propriété. La confusion qui régnait en cette matière contribua beaucoup à paralyser les efforts faits par l'État pour protéger les forêts. Avant tout il fallut déterminer avec précision ce qui appartenait à l'État et ce qui appartenait aux particuliers; ensuite il s'agit d'aborner les forêts de l'État; puis, là où la propriété de l'État et la propriété privé se traversaient, on dut les arrondir de la manière qui répondait le mieux aux intérêts économiques du propriétaire privé. On prit aussi en considération les droits de divers vakufs aux forêts qui leur revenaient. Quant aux forêts communales, elles ne furent pas délimitées, mais on déclara propriété de l'État toutes celles aux produits desquelles les habitants d'une commune avaient droit, tout en laissant subsister les droits qui autorisaient l'usage de ces forêts. Les travaux de régularisation de la propriété forestière sont aujourd'hui complètement terminés.

Les forêts de la Bosnie et de l'Herzégovine occupent une étendue de plus de deux millions et demi d'hectares, c'est-à-dire 50 p. 100 de la superficie totale de ces deux pays. De ce territoire forestier l'État possède un peu plus de deux millions d'hectares, soit 40 p. 100 environ de la surface totale du pays, tandis que les vakufs et les particuliers en possèdent un demi-million ou 10 p. 100. Il y a peu de pays où l'État possède presque quatre fois plus de forêts que les particuliers; cette circonstance, vu les conditions où se trouvaient la Bosnie et l'Herzégovine, doit être considérée comme exceptionnellement avantageuse sous le rapport de la conservation des forêts.

Pour conserver et administrer d'une manière rationnelle cet immense territoire forestier on a créé une administration des forêts. On a réservé à cette dernière, dans l'administration du pays, une place qui lui permît de remplir sa tâche d'une manière qui fût en harmonie avec la situation générale et les travaux économiques entrepris dans les autres branches de la culture du pays.

En même temps que l'on créait une administration forestière, on complétait la formation d'un corps d'agents forestiers capables et d'un bon personnel auxiliaire de technique forestière. Les efforts de l'administration du pays tendent avant tout à former des indigènes pour le service auxiliaire de technique forestière. C'est à cette fin que l'on a joint à l'école polytechnique moyenne de Sarajevo une division particulière où la durée des études est de quatre ans et dont le principal but, vu la destination de ses élèves, est l'enseignement de la production forestière pratiqué surtout du point de vue des particularités et des besoins du pays et de ses forêts d'État.

La loi forestière turque n'était applicable qu'aux forêts d'État et à celles des vakufs. La régularisation de la propriété forestière ayant eu pour résultat d'agrandir la propriété forestière privée, il a fallu établir des règles pour en fixer l'exploitation et le service de police forestière. Cela n'était pas seulement nécessaire en ce qui concernait la conduite à suivre par les propriétaires dans l'intérêt général du pays et de la sylviculture, mais aussi en ce que les bois répartis aux particuliers sont restés assujettis aux servitudes qui pesaient sur eux auparavant. A propos de ces droits, il a été spécialement établi que l'étendue en serait basée sur les besoins réels et non sur la volonté des intéressés. Outre cela, tout usage des forêts qui pourrait, d'une manière durable, porter atteinte aux droits de servitude a été prohibé. L'exploitation des forêts privées assujetties à de tels droits est soumise à la surveillance de l'autorité compétente.

Un autre objet de réforme, ce sont les prescriptions pénales pour délits forestiers. La loi forestière turque était parfois très dure à cet égard; il en résulta que les auteurs de ces délits étaient rarement punis, mais, quand la peine prescrite était réellement appliquée, elle mettait en danger l'existence économique du coupable. Ces inconvénients nécessitèrent de nouvelles dispositions légales, surtout pour les délits forestiers commis dans les forêts appartenant à l'État ou qui, du moins, étaient administrées par l'État. On attacha une importance particulière à ce que la loi fût rigoureusement appliquée. Dans ce but on chercha à proportionner le genre et la hauteur de la peine à la grandeur et à la nature du délit ainsi qu'au degré de culture de la population en général. Avant tout on laissa au juge la latitude de mesurer lui-même, dans de certaines limites, la hauteur de la peine d'après les circonstances qui caractérisaient chaque cas. Les dédommagements imposés pour dégâts produits dans les forêts sont généralement de nature pécuniaire. Dans le cas où le coupable n'est pas en état de payer le dommage qu'il a causé, il est astreint à des corvées au profit de la forêt. C'est justement cette clause qui a le plus contribué à diminuer le nombre des délits forestiers. Nous croyons devoir encore mentionner ici, à cause de son originalité, une disposition de la loi concernant les dommages causés par des incendiaires de forêts. Si l'auteur d'un tel incendie ne peut être découvert, la commune sur le territoire de laquelle l'incendie a éclaté, est tenue de réparer le dommage; elle doit entourer d'une clôture la partie incendiée de la forêt et entretenir ladite clôture aussi longtemps que la régénération de la forêt l'exige. L'application de cette mesure a eu le succès attendu, car les incendies de forêts ne se sont presque plus renouvelés depuis.

Deux choses ont joué un rôle prépondérant dans l'exploitation des forêts de l'État : la grande étendue des menus taillis (plus d'un demi-million d'hectares) et la grande quantité de très vieilles futaies avec les capitaux qu'elles représentent.

Les essences dont se composent les menus taillis sont très variées. En Bosnie c'est le hêtre, le chêne et le noisetier commun qui prédominent; en Herzégovine c'est le charme oriental, le houx et le genévrier.

La petite économie rurale étant si peu développée en Bosnie et en Herzégovine, les forêts d'arbres feuillus ont encore aujourd'hui à remplir le rôle humanitaire de la pourvoir de feuillage fourrager et de foin de feuillage, ce dont elle ne pourra probablement jamais se passer. C'est pour cette raison que l'administration forestière s'efforce de peupler les taillis d'arbres très feuillus, par conséquent d'arbres bas, ou, pour conserver la fertilité du sol et mieux satisfaire aux besoins de la population, d'arbres de diverses catégories et de diverses hauteurs. C'est surtout dans les contrées dénudées (karstifiées), où l'entretien du bétail est le seul moyen d'existence des paysans, que l'on cherche, par des coupes de régénération, à obtenir, des restes de forêts existant encore, de tels taillis sous futaie.

Les menus taillis qui, entièrement ou en grande partie, sont peuplés de chênes, et dont le sol est vigoureux au point de vue minéral, sont transformés, autant du moins que les conditions le permettent, en taillis

d'écorces, c'est-à-dire en forêts à coupe précoce, afin d'en tirer l'écorce pou
la tannerie. Des milliers d'hectares d'anciennes forêts de la Bosnie ont été
utilisés de la sorte.

Les principales essences que l'on rencontre dans les hautes futaies,
comme peuplements purs ou mélangés, sont, dans l'ordre de leur fréquence, les suivantes : le hêtre, le sapin, le chêne rouvre et le chêne pédonculé, l'épicéa, le pin blanc et le pin noir. Le hêtre et les différents
conifères surtout atteignent, dans les forêts auxquelles les hommes n'ont pas
encore touché, une hauteur et une épaisseur extraordinaire qu'on chercherait
en vain dans les forêts de l'Europe centrale d'aujourd'hui. Il n'est pas rare de
trouver des troncs de 100 à 180 centimètres de diamètre à un mètre de la
base et de 50 à 70 mètres de hauteur. L'âge en est très élevé et varie de
160 à 400 ans et au delà. Ce grand âge prouvait naturellement la nécessité d'abattre ces arbres le plus tôt possible, attendu que l'on perdait chaque
année plus de bois, par le dépérissement des vieux arbres, qu'on en gagnait
par la croissance des jeunes. Mais, avant que ce travail d'exploitation pût
se développer convenablement, il fallait organiser le service de protection
des bois et fixer les conditions de propriété des forêts; il fallait aussi
construire des routes et des chemins de fer dans les principales directions
afin de mettre le pays en communication avec ses voisins et surtout avec la
mer Adriatique. Aujourd'hui le pays est en relation avec les marchés étrangers par les stations terminus de son réseau de chemin de fer, c'est-à-dire
par Doberlin et Bosnisch-Brod au nord, et Metcovich au sud. Enfin une
nouvelle ligne de chemin de fer conduira bientôt à l'excellent port de Raguse
sur l'Adriatique.

C'est à ces lignes qu'est due avant tout la possibilité d'une avantageuse
exploitation des hautes futaies à aspect de forêts vierges; mais il a fallu
encore pour cela établir des chemins de fer de forêts, des routes de forêts,
des funiculaires et des glissoirs à la glace pour le transport du bois. Enfin
il a fallu préparer les torrents et des rivières pour le flottage en trains et
le flottage à bûches perdues.

Trois systèmes sont appliqués dans l'exploitation des forêts : ou bien
l'administration se charge elle-même de la production, du transport du
bois ainsi que de la préparation du bois de commerce, ou elle livre le bois
brut à des entrepreneurs, ou enfin elle vend le bois sur pied à des entrepreneurs qui se chargent du transport.

Ce furent d'abord les troncs de chêne qui furent vendus pour la fabrication des douves de tonneaux, car le chêne rouvre de Bosnie se distingue

par la finesse de ses couches annuelles aussi bien que par la manière droite et facile dont son bois se fend. Ces qualités ont valu aux chênes de Bosnie la bonne réputation qu'ils ont acquise sur les marchés français.

La vente des bois résineux a été plus lente à se développer. Aujourd'hui cependant elle a atteint une hauteur considérable, car l'exportation annuelle du bois de sciage s'élève déjà au chiffre d'environ 10,000 wagons par an (à 10 tonnes), et ce chiffre sera vraisemblablement porté à 15,000 wagons dans quelques années. Le bois de sciage, qui est scié dans des scieries montées d'une manière toute moderne, est principalement expédié en France, en Italie, en Algérie, en Tunisie, aux Indes orientales et en Chine [1].

Abstraction faite des grandes quantités de bois de hêtre que l'industrie minière moderne du pays consomme à l'état de charbon, du bois de hêtre employé dans la distillerie de bois de Teslic pour la préparation de l'acétate de chaux, de l'esprit de bois, de l'alcool méthylique, ainsi que de la vente assez considérable de ce bois comme bois de chauffage, soit dans le pays soit à l'étranger, la préparation du bois d'œuvre de hêtre prend chaque année de plus grandes proportions. La grande aptitude à la fente du tronc des hêtres de Bosnie augmente tout particulièrement la production des douves de tonneaux et d'autres marchandises préparées avec du bois de fente. Les chemins de fer de l'État de la Bosnie et de l'Herzégovine emploient exclusivement des traverses en bois de hêtre, dont on augmente la durée par l'imprégnation ou mieux encore par la momification. Ce dernier procédé rend le bois de hêtre indécomposable, même dans les conditions les plus défavorables; il lui donne, en outre, une dureté qui augmente avec les années; enfin il empêche que les métaux en contact avec ce bois ne soient attaqués et fait que les clous et les vis de fer y restent fortement fixés. Ce qui augmente encore la valeur du bois de hêtre momifié c'est que ce bois prend une belle couleur brunâtre, qu'il se laisse peindre et polir d'une manière aussi belle que durable. Le hêtre momifié est donc employé avantageusement dans tous les cas où le bois est exposé à une action destructive de nature chimique, par exemple dans la construction des chemins de fer, des ponts, des bateaux, etc., ainsi que dans certaines industries. L'usage du bois de hêtre momifié est tout particulièrement indiqué dans les constructions

---

[1] Les plus grandes maisons d'exportation de bois résineux sont celles de Otto Steinbeis à Doberlin, Louis Ortlieb et J. Eissler à Zavidovic, G. Gregersen et Söhne également à Zavidovic, Giuseppe Feltrinelli et Cⁱᵉ, à Kasidol près Ilidže, et A. Schucany à Han Compagnie-Vitez près Travnik.

navales et dans les pays tropicaux, attendu qu'il n'est attaquable ni par le *Teredo navalis* ni par les termites.

On voit par ce qui précède que l'utilisation des principales forêts feuillues et résineuses progresse en tous sens. C'est là un fait d'autant plus réjouissant que, si l'exploitation en était retardée, il en résulterait une perte considérable de bois, vu le grand âge de ces forêts. L'extraction des grands trésors forestiers que renferme le pays contribue puissamment à augmenter ses revenus et offre à la population des montagnes l'occasion de gagner de l'argent. L'exploitation des forêts est en outre de nature à donner à la population l'habitude du travail régulier et de la discipline, et à favoriser chez elle les progrès de la civilisation.

Il est bien entendu que l'exploitation des grandes forêts se fait d'après certains plans méthodiques dressés à l'avance.

Il est évident aussi que l'administration des forêts, tout en exploitant le plus avantageusement possible les bois existants, doit veiller à ce que de nouveaux peuplements remplacent les anciens. Pour le chêne et le hêtre la régénération a lieu exclusivement par la voie naturelle; pour les arbres résineux on se sert surtout de la voie artificielle.

Quant aux anciens vides, aux pacages dont on ne peut plus se servir et aux surfaces désertes, on les boise autant que possible. Les menus taillis et les surfaces buissonneuses à demi dénudées sont régénérés méthodiquement et transformés en bons taillis ou en taillis sous futaie; les trouées sont plantées de pins.

Comme on le voit par le tableau que nous venons de tracer, la forêt joue un rôle prépondérant dans la vie économique de la Bosnie et de l'Herzégovine. Travailler au développement de la sylviculture dans ces pays, telle doit être, par conséquent, une des tâches des plus importantes de l'administration austro-hongroise. C'est aussi ce dont elle a pleine conscience, et les revenus toujours croissants des forêts d'État ainsi que les soins culturaux les plus assidus donnés aux peuplements et à leur développement prouvent avec quel sérieux le Gouvernement remplit ses devoirs envers le pays.

La lecture de cette brochure est accueillie par des applaudissements, et, sur la proposition du Président, la section vote à l'unanimité des remerciements à M. Petraschek.

Plusieurs membres. Quel est le procédé de momification employé en Bosnie et en Herzégovine?

M. Petraschek fils. A l'exposition forestière de la Bosnie et de l'Herzégovine, vous verrez des photographies de forêts vierges montrant les modes d'exploitation ; vous y trouverez une collection de diverses essences de bois momifiés ; un carnet explique les procédés de momification.

La séance est levée à midi cinq minutes.

SÉANCE DU MERCREDI 6 JUIN
(SOIR).

———

La séance est ouverte à 4 heures.

M. STAFFORD-HOWARD, *vice-président*, prenant place au fauteuil de la présidence, prononce l'allocution suivante :

« Je regrette beaucoup de n'avoir pas l'habitude de la langue française, car je voudrais profiter de cette occasion pour exprimer, au nom de mes collègues étrangers et au mien, tous nos remercîments pour l'invitation qui nous a été faite de venir prendre part à ce Congrès de sylviculture.

« J'ai examiné avec beaucoup d'intérêt les objets qui sont exposés dans le palais des Forêts, et je trouve qu'on pourrait y passer plusieurs jours avec fruit.

« Quant aux séances, je dois avouer que j'ai eu beaucoup de difficultés à suivre les discours qui ont été prononcés. En écoutant ces débats dans une langue qui n'est pas la mienne, il me semblait que j'étais sur la plate-forme mobile qui marche à petits pas, tandis que les orateurs, montés sur la plate-forme rapide de leur langue maternelle, me laissaient toujours en arrière. (*Applaudissements.*)

« Mais je lirai ces discours chez moi plus tard avec beaucoup d'intérêt, surtout celui de notre collègue, qui m'a semblé avoir pour objet de bouleverser quelques idées générales, au sujet des épicéas, tout comme la maison à l'envers qui se trouve en face de notre salle des Congrès. (*Rires.*)

« Permettez-moi d'ajouter que ma visite à l'Exposition m'a fait grand plaisir. Je retournerai chez moi pénétré d'une grande admiration pour tout ce que j'ai vu, et j'admire le goût de vos artistes, le talent de vos ingénieurs et l'habileté de vos ouvriers.

« Enfin, je vous prie d'accepter mes plus vifs remercîments que je vous exprime de tout mon cœur. » (*Vifs applaudissements.*)

M. le président Fetet remercie à son tour M. Stafford-Howard de ses très aimables paroles et dit que l'assemblée sera heureuse de voter l'insertion de ce discours dans le compte rendu.

La proposition est acceptée à l'unanimité.

M. Bruand, *secrétaire,* donne lecture du procès-verbal de la précédente séance. Le procès-verbal est adopté.

M. le Président annonce que M. Michel Tanassesco demande à faire une communication sur les forêts de Roumanie.

Cette communication est discutée à la suite de l'ordre du jour.

M. le Président. L'ordre du jour appelle la discussion de la question suivante : « Traitement des taillis sous futaie en vue d'augmenter la production du bois d'œuvre. »

M. Bruand donne lecture du rapport de M. Broilliard sur le mémoire de M. Watier, inspecteur des Eaux et Forêts [1].

M. Watier, inspecteur des Eaux et Forêts à Toulouse, a rédigé une *note* sur la 4e question du programme : *Traitement des taillis sous futaie en vue d'augmenter la production des bois d'œuvre.*

L'auteur, qui a particulièrement en vue les bons taillis sous futaie aptes à produire du chêne, de l'arrondissement de Neufchâteau (Vosges), dans lesquels il a travaillé pendant treize années, expose ce qui suit en résumé :

« L'intérêt que l'on porte aujourd'hui au mode du taillis sous futaie résulte surtout de son aptitude à produire de gros bois d'œuvre chêne. Cette production du bois d'œuvre en général et des gros bois en particulier dépend de la révolution, des balivages et des travaux d'amélioration.

« La révolution doit être fixée de 30 à 40 ans pour donner des baliveaux forts, allongés, et favoriser la production de brins de semence.

« Le plan de balivage peut indiquer les dimensions d'exploitabilité pour chaque essence et la répartition désirable de la réserve en petits bois, bois moyens et gros bois. Les inventaires, qu'il est facile de pratiquer lors des balivages et des récolements, fourniront la plupart des renseignements utiles sur les dimensions d'exploitabilité, les nombres relatifs des arbres des différentes catégories de réserves et le volume maximum qu'on peut

[1] Voir le mémoire de M. Watier aux annexes (annexe n° 4).

en obtenir. Ce cube maximum des arbres, déduit de places d'expériences bien choisies, est de 200 mètres cubes à l'hectare (houppiers compris) dans les coupes exploitées à 30 ans du cantonnement de Neufchâteau. Un matériel d'arbres de 250 mètres cubes étouffe le taillis et ne laisse pas de place suffisante aux baliveaux. On constate d'ailleurs qu'à chaque exploitation il n'est guère possible de réserver dans chaque catégorie plus de moitié des arbres ; pour obtenir à chaque passage de la coupe un arbre de 150 ans, il faut donc en garder :

1 de 120 ans ;

2 de 90 ans ;

4 de 60 ans,

et environ 10 baliveaux de l'âge, en raison des accidents auxquels sont exposés ces derniers. Traduisant cette combinaison en chiffres des dimensions, on trouvera par exemple : pour les petits bois (modernes) de 0 m. 20 à 0 m. 35 de diamètre, pour les bois moyens de 0 m. 40 à 0 m. 55 et pour les gros bois de 0 m. 60 et au-dessus, les proportions désirables de 4, 2, 1.

« Ayant déterminé par les inventaires le coefficient d'accroissement de la réserve, qui peut être de 2,5, si 50 mètres cubes réservés sont devenus en 30 ans 125 mètres cubes, connaissant aussi le volume moyen des arbres de chaque catégorie, on calcule facilement les volumes représentés par la combinaison de : 1 arbre de 150 ans, 2 vieilles écorces, 4 anciens et 8 modernes. Soit, par ex., 26^{mc}2, ces arbres n'ayant que 10^{mc}4 trente ans auparavant, quand on les a réservés. Pour réaliser le volume maximum de 200 mètres cubes, cette combinaison serait reproduite huit fois dans un hectare. On y réserverait donc, autant que possible, 8 vieilles écorces, 16 anciens, 32 modernes et 80 baliveaux. Et on pourrait espérer reproduire indéfiniment un pareil balivage permettant d'exploiter tous les 30 ans, par hectare, 126 mètres cubes (houppiers compris), dans une forêt dont les arbres gagnent en moyenne 1 centimètre 1/2 de tour annuellement. Ce serait environ 72 mètres cubes de bois d'œuvre, soit près de 2 mètres cubes et 1/2 par an, dont les deux tiers en gros bois, résultats très beaux.

« La règle à suivre d'une manière générale dans le cas d'une révolution de 30 ans se formule ainsi : *Réserver les deux cinquièmes du volume maximum en ayant soin que la réserve comprenne une vieille écorce pour deux anciens et quatre modernes.*

« Les travaux d'amélioration consisteront : en dégagements de jeunes brins repérés après l'exploitation, — en desserrement des baliveaux quelques années avant la coupe, — en plantation de sujets de moyenne tige disposés par places, si besoin est, — et en émondages de branches gourmandes dès l'année du récolement. »

L'étude de M. Watier, très bien déduite d'observations personnelles, offre des données qui tendent toutes vers le but proposé : augmenter la production du bois d'œuvre. Le plan de balivage qu'il indique peut-il, comme il le pense, entrer dans le domaine de la pratique ? En tous cas il montre clairement la marche à suivre dans le traitement de nos bons taillis sous futaie, producteurs de bois d'œuvre chêne.

M. Huffel. Il ne faut pas préciser ainsi la proportion des réserves, qui peut n'être pas applicable partout. Il vaudrait mieux dire qu'on devra conserver les arbres bien venants.

M. Fetet. Ce n'est pas une règle formelle que donne M. Watier, mais seulement une indication.

M. Huffel. J'aimerais mieux laisser quatre anciens au lieu de deux, que de conserver une vieille écorce qui n'est pas bonne.

M. Chouvizier. On peut prendre en considération la méthode indiquée par M. Watier.

Toutes les méthodes sont bonnes lorsqu'elles ont pour effet d'augmenter le bois d'œuvre dans les taillis. Il est impossible de formuler des règles précises ; le mot *plan de balivage* devrait être supprimé du langage forestier.

M. Huffel. On doit marquer les arbres en bon état et on ne doit jamais être obligé de marquer les arbres en mauvais état.

M. Fetet. Si un forestier marque suivant son caprice, cela peut être dangereux. La méthode de M. Watier n'est pas formelle ; c'est une idée directrice.

M. Huffel. On n'a rien trouvé de mieux que ce qui est dans l'ordonnance de 1827.

M. Dreyfus. Le nombre des réserves est un résultat ; ce n'est pas un guide. Chacun doit baliver le mieux possible pour augmenter la proportion du bois d'œuvre ; la réserve possible varie suivant le peuplement, le sol, le climat, etc...

M. Crouvizier. Il n'y a qu'à prendre en considération le travail de M. Watier.

L'assemblée prend en considération le travail de M. Watier et le remercie.

M. Bruand donne lecture du rapport de M. Broilliard sur le « traitement des taillis sous futaie », par M. Runacher [1] :

« En vue d'augmenter la production du bois d'œuvre dans les taillis sous futaie, M. Runacher propose de planter des résineux par bouquets de quatre à huit brins dans les taillis médiocres, même en plaine, là où le chêne fait défaut. Il a constaté que ces résineux prennent en telles conditions un accroissement rapide et donnent du bois qui, sans être de grande qualité, se vend bien. Il ajoute que plus tard le semis de chêne se présente sous ces résineux quand le couvert en est élevé.

« Ne serait-il pas préférable de créer sous les mauvais taillis des massifs complets de sapins ou d'épicéas qui donneraient du bois plus précieux et en plus grande quantité que les arbres isolés ? En tous cas, la proposition de l'auteur ne semble pas répondre directement ni d'une manière générale à la question du traitement des taillis sous futaie.

« Le travail se termine par une excellente observation sur la nécessité d'un sommier de contrôle pour les taillis sous futaie. L'auteur y a joint des exemples de calepins de balivages et de sommiers de contrôle qui sont bons, mais dont la forme ne permettrait guère l'impression dans les comptes rendus d'un congrès.

La brochure jointe au travail et intitulée « *Utilité de l'introduction du sapin et de l'épicéa dans les taillis médiocres de la région jurassienne* renferme d'excellents conseils ; mais elle se rapporte à la question du *Traitement du sapin.* »

M. Runacher. Pour avoir la plus grande quantité possible de réserves, il faut trouver des baliveaux, puis des modernes et des anciens. Quelquefois, même dans les meilleurs terrains, on ne trouve plus que du charme. J'ai essayé dans des coupes exploitées de planter des chênes en faisant le dégagement quatre ou cinq ans après : je n'ai obtenu aucun résultat. Le

---

[1] Voir le mémoire de M. Runacher aux annexes (annexe n° 5.)

moyen le plus sûr et surtout le plus économique d'améliorer la situation, c'est de planter des sapins et des épicéas : on obtient ainsi une production appréciable de bois d'œuvre. On arrive encore à un autre résultat, c'est que le chêne s'établit ensuite spontanément sous les résineux.

M. Mollevaux. Pourquoi ne pas faire directement l'introduction du chêne ? Dans la septième conservation, cette méthode réussit parfaitement.

M. Runacher. Je m'occupe en ce moment des taillis : nous avons dû renoncer à faire des plantations de chênes, à moins d'y introduire des plants de 2 mètres, et la dépense est alors considérable.

M. Mollevaux. La dépense est de 30 à 35 francs le mille.

M. Huffel. La difficulté que signale M. Runacher n'existe que dans les terrains calcaires ; dans les terrains siliceux ou calco-siliceux, le chêne vient très bien.

Il ne faut donc pas planter de chênes dans les terrains calcaires. La plantation de résineux est un moyen indirect d'introduire le chêne là où on ne peut pas le planter directement ; sur ce point, M. Runacher a raison. (Très bien ! très bien !)

M. Runacher. Nous n'avons pas obtenu plus de résultats dans les terrains siliceux que dans les terrains calcaires.

M. Huffel dépose les conclusions suivantes sur le mémoire de M. Runacher :

« Toutes les fois que dans les taillis sous futaie où les éléments d'un bon balivage font défaut, les plantations de chêne ne donnent pas de bons résultats, on peut arriver indirectement à la réintroduction du chêne en plantant des bouquets de résineux, sous lesquels le chêne réapparaît spontanément et qui donnent de plus des produits avantageux. »

Ces conclusions sont adoptées.

M. le Président. La parole est à M. Mélard pour développer les principes qui doivent régler le traitement des taillis sous futaie.

M. Mélard. Le taillis sous futaie, ou futaie sur taillis, est une forêt à deux étages. L'étage supérieur, ou la réserve, est destiné à produire du bois d'œuvre, l'étage inférieur, ou le taillis, fournit du bois de feu, des perches de mines, des bois de petite industrie.

Ce mode de traitement est très répandu en France où les bois feuillus entrent dans la composition des forêts pour une proportion atteignant environ les trois quarts. Il convient très bien aux particuliers qui hésitent à engager dans leurs forêts les capitaux considérables que nécessitent les aménagements en futaie. Il présente en outre ce grand avantage de permettre d'élever simultanément, sur la même surface, des arbres de longévités très différentes, que l'on réalise les uns au bout de deux, les autres au bout de trois, quatre ou cinq révolutions de taillis.

Mais la production de bois d'œuvre qu'on retire généralement de ce mode de traitement est fort inférieure à celle qu'il pourrait donner.

Il est donc très important d'étudier comment cette production pourrait être augmentée.

La production en bois d'œuvre d'un taillis dépend à la fois du nombre de réserves de chaque dimension en diamètre que l'on peut réaliser à chaque exploitation et, à nombres égaux, du volume individuel des arbres de chaque diamètre.

Pour un même diamètre, le volume de bois d'œuvre des arbres augmente avec la longueur du tronc.

Or, on sait qu'une fois à l'état d'isolement la longueur du tronc d'un arbre n'augmente plus. Si l'on veut la modifier par des élagages, on risque de vicier le bois.

Il faut par conséquent que les baliveaux réservés soient aussi hauts de fûts que possible, c'est-à-dire proviennent de taillis exploités à longues révolutions.

L'allongement des fûts a encore un autre avantage au point de la croissance du taillis. Il a pour effet, en éloignant les cimes du sol, de rendre le couvert beaucoup moins dommageable. On sait en effet que le couvert d'un arbre n'est pas un cylindre mais un cône dont la base est sur la cime. Plus cette base est loin du sol plus se réduit la surface couverte par le cône sur le sol.

Mais on ne peut augmenter indéfiniment les révolutions des taillis. Il y a une limite variable avec les conditions de sol, climat, essences, à partir de laquelle les souches rejettent mal et l'accroissement des bois crûs sur souches commence à se ralentir.

À 20 ans, âge trop souvent adopté par les particuliers, les baliveaux sont sans hauteur et sans force; une fois isolés, ils plient sous le poids de leur propre cime. Ils ne donnent qu'une réserve branchue, basse sur fûts où la proportion du bois de feu par rapport à celle du bois d'œuvre est considérable.

Quant aux produits des taillis, ils sont dans les circonstances actuelles de très médiocre valeur. Ils ne consistent qu'en fagots et bois à charbon, peu de bois de chauffage, pas ou très peu de perches de mines.

L'âge de 25 ans, indiqué en France comme minimum par l'ordonnance de 1827, donne déjà de meilleurs baliveaux, mais qui ne sont généralement ni assez longs ni assez forts. Il y a trois quarts de siècle on exploitait surtout les taillis en vue de la production du bois à charbon : l'âge de 25 ans correspondait très bien à ce qu'on désirait obtenir. Il n'en est plus ainsi. Chaque fois que le sol le permet il faut aller au delà de 25 ans. Ce n'est qu'entre 25 et 40 ans que s'accentue la production des perches de mines, en 5 ans la valeur d'un taillis peut doubler.

Si l'on veut obtenir à la fois de beaux baliveaux et un taillis productif, il faut donc adopter des révolutions de 30 ans et au-dessus, plus généralement 30 à 35 ans, sans dépasser 40 ans, âge à partir duquel on risquerait de compromettre la recrue par les souches. Il sera même bon de ne pas aller au delà de 35 ans avant de s'être assuré par expérience que, dans la forêt considérée les taillis rejettent encore abondamment au delà de cet âge.

Le bois d'œuvre ayant une valeur très supérieure au bois de feu, il faut porter la réserve au maximum. Ce maximum est limité par ces deux considérations.

La réserve ne doit pas écraser le taillis et rendre par conséquent impossible ou trop difficile le recrutement des baliveaux.

Les arbres de réserve ne doivent sur aucun point se gêner les uns les autres.

Jusqu'à présent on a généralement basé les plans de balivage sur des considérations relatives aux surfaces couvertes.

On posait en principe, par exemple, qu'au moment de l'exploitation la surface couverte ne devait pas dépasser les deux tiers de la surface totale. On cherchait ensuite le couvert moyen d'une réserve de chaque catégorie ; on combinait les nombres de réserves à trouver à l'exploitation de façon que leur couvert ne dépassât pas le maximum des deux tiers fixé. Puis cette combinaison faite, il était facile d'en déduire la réserve à laisser sur pied pour qu'elle se reproduisît indéfiniment, et, par différence, les nombres d'arbres de chaque catégorie à abandonner à l'exploitation.

Pratiquement cette manière de procéder, parfaitement logique en théorie, offre des difficultés.

La première de toutes est l'appréciation du couvert moyen d'un arbre d'un âge donné. Variable d'essence à essence, d'arbre à arbre, il est fort difficile de l'obtenir avec une approximation acceptable. Les chiffres cités dans les divers travaux ou ouvrages qui ont traité cette question présentent de grandes divergences.

Une autre difficulté provient de ce que la composition des forêts auxquelles on veut appliquer les plans de balivage combinés au cabinet, s'y prête souvent fort mal. Il y a excès sur certaines catégories, déficit sur d'autres. On est obligé de faire des compensations laissées à l'appréciation de l'opérateur.

Quand on martèle, on ne fait pas ce qu'on veut, mais ce qu'on peut. (*Applaudissements.*)

Les plans de balivage qui figurent aux procès-verbaux d'aménagement n'y sont que pour la montre; on ne les observe pas. (*Nouveaux applaudissements.*)

En fait, le balivage des taillis sous futaie se pratique à peu près partout sans contrôle et suivant les idées de celui qui dirige l'opération.

C'est ce contrôle qu'il faudrait pouvoir instituer.

Je me hâte de dire que la question ne comporte pas de solution rigoureuse, mathématique.

Peut être trouvera-t-on quelque chose de plus satisfaisant que les couverts en s'appuyant sur une donnée plus tangible, plus facilement vérifiable : les volumes.

Mais il ne faut pas compter sur des règles établies à priori. C'est l'observation seule qui devra servir de guide.

Je suppose donc qu'il s'agisse de formuler les règles de balivage d'une forêt aménagée en taillis sous futaie à la révolution de 3 0 ans.

Je me demanderai tout d'abord : quel est le cube maximum, idéal, à trouver à l'exploitation ?

Je commencerai par cuber celui qui existe soit dans les diverses coupes à marteler soit dans la forêt, soit dans les forêts similaires voisines. J'obtiendrai une série de chiffres différents, par exemple 100, 120, 150, 180 mètres cubes par hectare.

Si je suis doué de quelque coup d'œil forestier, il me sera facile de voir quel est celui de ces cubes qui répond aux conditions que doit présenter une bonne réserve, conditions que j'ai énumérées plus haut : taillis pas trop couvert, réserves ne se gênant pas réciproquement.

Si le chiffre de 150 mètres cubes à l'hectare réunit ces conditions, je martèlerai de façon à laisser sur pied une réserve telle que 30 ans après on trouve de nouveau 150 mètres par hectare.

Peut-être sera-t-il difficile la première fois de faire le choix dont il vient d'être question. Mais il en sera tout autrement si depuis plusieurs années on a pris l'habitude, habitude qui partout devrait être une règle, de cuber lors des martelages non seulement l'abandon, mais aussi la réserve. On a alors tous les éléments pour apprécier quels ont été les bons martelages du passé et, par conséquent, on peut en tirer des enseignements pour l'avenir.

Je reviens au choix du volume de 150 mètres par hectare que l'on doit trouver au moment de l'exploitation. J'ai dit qu'il est facile d'en déduire le cube à laisser sur pied. On connaît, en effet, le volume moyen d'une réserve de chaque catégorie, par conséquent l'accroissement en volume résultant du passage d'une catégorie à une autre et on peut par suite calculer le cube initial qui 30 ans plus tard a produit 150 mètres cubes. Si je trouve que le cube initial a été de 75 mètres cubes, je m'arrangerai pour laisser sur pied une réserve de volume égal.

Vouloir faire plus, régler exactement les proportions des réserves de chaque catégorie à maintenir sur pied me paraît un but très louable, mais pratiquement fort difficile à réaliser. Il ne faut pas oublier que les opérations de martelage doivent être conduites dans un temps assez court, que ce ne sont pas des expériences scientifiques auxquelles on peut consacrer tout son temps, qu'un agent forestier doit baliver 15 à 20 hectares par jour sans compter les récolements.

La répartition régulière des réserves entre les diverses catégories peut donc être une recommandation, mais ne doit pas être traduite en obligation formelle. Ce sera déjà un résultat fort satisfaisant si l'on arrive à élever la production d'une manière générale et à la maintenir à un taux à peu près constant. Il faut d'ailleurs compter qu'il s'établira des compensations entre les diverses coupes et que telle catégorie trop peu représentée dans l'une d'elles sera plus abondante dans les suivantes.

On a donné quelquefois pour règle que le cube à réserver doit être égal à la moitié de celui trouvé au moment de l'exploitation, c'est-à-dire égal au cube à exploiter. Cette règle n'est pas absolue, mais appliquée à une révolution de 30 ans, elle ne peut donner que d'excellents résultats.

En effet, une réserve dans la composition de laquelle entrent en proportion convenable des baliveaux, des modernes et des anciens, fonctionne à un taux d'accroissement qui n'est pas moins de 2 1/2 p. 100. Or un capital placé à intérêts composés à 2 1/2 p. 100 double en 28 à 29 ans. Une réserve de 75 mètres à l'hectare par exemple passera en 30 ans à un volume double, c'est-à-dire à 150 mètres cubes.

Si le taux d'accroissement était inférieur à 2 1/2 la proportion de moitié devrait être légèrement augmentée; il en serait de même si la révolution était inférieure à 30 ans.

Cette proportion pourrait être diminuée pour les révolutions supérieures à 30 ans et pour les taux d'accroissement supérieurs à 2 1/2. Ce dernier cas se présenterait dans les forêts où les réserves sont principalement composées de baliveaux et de modernes et comprennent peu d'anciens. Mais alors comme on aurait des bois de moindre valeur et un couvert moins intense, il serait bon et sans inconvénient, au point de vue du taillis, de suppléer à la qualité par la quantité et il y aurait sans doute tout avantage à s'en tenir à la proportion de moitié.

C'est une question à résoudre surtout par l'expérience et cette expérience doit consister surtout, comme je l'ai indiqué précédemment, à tenir des registres donnant, pour chaque coupe, la composition et le volume de la réserve et de l'abandon.

Il n'est peut-être pas inutile de faire remarquer que cette proportion : volume à réserver égal à moitié du volume trouvé au moment de l'exploitation ou autrement dit *réserve égale à l'abandon* ne doit être adoptée qu'autant qu'il est reconnu que la réserve actuelle est suffisante. S'il en est autrement il faudra renforcer le cube réservé de manière à améliorer la composition future du matériel, bois d'œuvre, de la forêt.

Lorsqu'on peut faire choix sans inconvénient de la proportion dont il vient d'être parlé, cela simplifie beaucoup la question des martelages. Il suffit en effet de maintenir un arbre sur deux dans les catégories réservées, un ancien sur deux, un moderne sur deux, en faisant porter les abandons sur les essences les moins précieuses ou de courte longévité. Puis on remplace la catégorie qui disparaît définitivement, celle des vieilles écorces, par un cube de baliveaux de l'âge quelque peu supérieur à la moitié de celui des vieilles écorces afin de tenir compte des déchets qui se produisent toujours dans le nombre des baliveaux dans les années qui suivent immédiatement l'exploitation. Il ne sera pas nécessaire de se livrer à des calculs compliqués de cubage pour déterminer ce nombre de baliveaux. On connaît toujours avec une approximation suffisante leur cube moyen, et pour être sûr de ne pas se tromper, on en réservera une dizaine de plus par hectare, ce qui ne modifiera pas d'une manière appréciable la valeur de la coupe.

Tout cela n'est pas scientifique : ce sont des conseils pratiques. (*Vifs applaudissements.*)

M. GUYOT. Le problème que vient d'examiner M. Mélard se pose fréquemment pour les bois de particuliers, lorsqu'ils sont l'objet d'un usufruit. Il faut, dans ce cas, que la forêt fournisse toujours une quantité de produits de même valeur. La formule indiquée par M. Mélard est donc utile non seulement aux agents forestiers, mais aux particuliers. (*Applaudissements.*)

M, LE PRÉSIDENT. L'ordre du jour appelle la discussion de la question suivante : *Déficit ou excédent de la production forestière dans les différentes régions du globe ; étude du mouvement des importations et des exportations.*

Je rappelle que cette question a été magistralement traitée par M. Mélard dans la séance plénière du 4 juin.

Comme corollaire de cette conférence, M. le Président met aux voix les conclusions suivantes :

« L'assemblée émet le vœu qu'une entente internationale intervienne en vue de protéger les forêts contre la destruction et d'assurer ainsi l'approvisionnement de l'industrie en bois d'œuvre. »

Ce vœu est adopté à l'unanimité.

M. LE PRÉSIDENT. L'ordre du jour appelle la discussion de la question suivante : *Législation des terrains en montagnes ; législation forestière internationale.*

La parole est à M. Guyot, directeur de l'École nationale forestière de Nancy.

M. GUYOT. Je voudrais passer en revue les législations étrangères pour y chercher ce qu'elles prescrivent pour le maintien ou le rétablissement des forêts en montagne.

La forêt agit sur les sols montagneux pour empêcher les dégradations de terrains et conserver la montagne. Cependant, il ne faut pas mettre de la forêt partout en montagne; il faut conserver une place au pâturage; je laisse de côté ce point de vue.

La question que j'examine se subdivise en deux :

1° Maintenir les forêts existantes ;

2° Rétablir les forêts détruites par des abus de jouissance.

La solution de ces problèmes a nécessité l'emploi de mesures coercitives à l'égard des communes et aussi à l'égard des particuliers. L'État doit intervenir dans un but d'utilité publique pour imposer des restrictions au droit de propriété. Une première difficulté se pose quand on se préoccupe de protéger la montagne. Que faut-il entendre par montagne? Les législations à cet égard restent dans le vague... Pour l'application en France, à défaut du législateur qui n'a pas cru devoir intervenir, ce sont les tribunaux qui, en cas de difficultés, décident si on se trouve dans la sphère d'application de la loi.

Un certain nombre de législations étrangères ont trouvé une autre solution du problème. On a déterminé, soit par des mesures d'ensemble, soit par des mesures successives, une zone qu'on appelle *zone protectrice* et dans laquelle les forêts sont soumises à un régime spécial : on les appelle *forêts protectrices*. Ce sont des mots que j'envie aux étrangers et que je voudrais voir introduits en France. Le système dont je viens de parler fonctionne en Prusse, en Suisse, en Italie, en Hongrie, en Russie, en Norvège, en Bavière, etc...

Je reprends maintenant les deux parties de ma question :

1° *Maintien de la forêt.* — Il faut empêcher le défrichement, en réglementant le droit de jouissance du propriétaire.

Sur ce point, nous nous sommes montrés en France, au cours de ce siècle, trop respectueux du droit de propriété dans la montagne. Nous nous sommes bornés à réglementer le défrichement proprement dit. Voici ce que stipule la loi du 18 juin 1859, (art. 220, § 1ᵉʳ du Code forestier) :

« L'opposition au défrichement ne peut être formée que pour les bois dont la conservation est reconnue nécessaire :

« 1° Au maintien des terres sur les montagnes et sur les pentes.

« 2° . . . . »

En Europe, je ne trouve guère que le Code roumain, qui contienne des dispositions identiques.

Les autres États ont été plus hardis, et ont plus restreint le droit de propriété : l'Administration a le droit d'intervenir non seulement pour punir le défrichement illégalement réalisé, mais aussi pour prévenir les défrichements; elle peut réglementer la jouissance des propriétaires et empêcher les abus.

Dans un grand nombre de législations, on prohibe ou l'on réglemente les coupes blanches ou coupes à blanc étoc (Hongrie, Suisse, Russie, Bavière); dans d'autres, on va plus loin : on prohibe le pâturage, l'extraction des souches, l'enlèvement des feuilles mortes, etc...

D'autres encore imposent aux propriétaires des règlements d'exploitation; c'est une intervention très grave de l'autorité publique. Je ne conseillerais pas en France d'aller aussi loin; mais nous pourrions faire un pas dans cette voie. Cette législation complète se rencontre en Suisse (cantons du Valais et Neufchâtel), en Prusse, en Italie, en Hongrie, en Russie, en Norvège, en Autriche (Tyrol).

Le corollaire obligatoire de telles mesures, c'est que le propriétaire qui subit une perte doit recevoir une indemnité. Tantôt c'est le tribunal de protection des forêts qui intervient dans ces questions (Prusse), tantôt un comité forestier spécial (Italie), tantôt un comité conservateur des forêts (Russie).

J'arrive à la deuxième partie de mon sujet : la création de forêts nouvelles ou le reboisement des montagnes. Tantôt c'est l'État qui se charge de ce reboisement, tantôt il délègue ce droit aux propriétaires.

La loi hongroise de 1879 pose un principe qui nous paraît extraordinaire : l'obligation de payer les frais de reboisement incombe aux propriétaires qui doivent profiter du reboisement, c'est-à-dire aux propriétaires des plaines qui vont être protégées. Cela est original, mais assez juste. Les intéressés se réunissent en associations syndicales.

M. HUFFEL. Ce système fonctionne également dans la Prusse rhénane.

M. GUYOT. Dans tous les autres pays, et notamment en France, on dit aux montagnards : « Vous allez reboiser et vous allez payer. » Juridiquement, ce système peut être contesté. La loi ordonne aux particuliers d'exécuter les travaux, sauf indemnité (Prusse, Autriche, etc...). Les propriétaires ont généralement le droit d'exécuter eux-mêmes les travaux. En cas de négligence, l'État se substitue à eux et des sanctions pénales sont prévues. Habituellement, cette substitution emporte expropriation définitive, mais plusieurs législations donnent au propriétaire le droit de se faire réintégrer.

En France, la loi de 1860 avait cru obtenir le reboisement des montagnes au moyen des travaux, dits *facultatifs*, exécutés par les propriétaires. C'est seulement lorsque l'Administration ne s'entendait pas avec les propriétaires qu'on les expropriait et qu'on constituait des périmètres dits *obligatoires*. Les particuliers pouvaient se faire réintégrer dans un délai de cinq ans, en payant les frais de reboisement.

La loi du 4 avril 1882 a laissé à peu près complètement de côté les travaux facultatifs. Lorsque le périmètre a été déterminé par une loi spéciale, on n'a plus besoin de s'entendre avec les propriétaires; l'État est seul propriétaire, sans faculté de réintégration. Cette manière de procéder offre les avantages suivants : simplicité, sûreté d'exécution, rapidité. Donc économie réelle.

L'inconvénient de ce système, c'est que l'Administration s'habitue à ne pas compter sur l'habitant, qu'elle laisse de côté; c'est celui-ci, d'ailleurs, qui vient lui-même offrir ses terrains. Si on crée ainsi dans la montagne des propriétés domaniales, on arrive à ce résultat que les régions montagneuses deviennent des déserts : on accélère le mouvement de descente des habitants de la montagne dans la plaine.

Il ne faut cependant pas s'exagérer ce danger. Si la loi de 1882 est appliquée comme elle doit l'être, on ne reboisera que là ou cela est nécessaire; si on laisse une part convenable pour le pâturage, l'inconvénient que j'ai signalé sera assez faible. Mais il faut, à côté d'un bon régime forestier, un bon régime pastoral.

Quels ont été les résultats produits par les lois de 1860 et 1882? Je les emprunte à M. Prosper Demontzey; je suis heureux de prononcer ici le nom, populaire à l'étranger, du protagoniste de l'œuvre du reboisement des montagnes :

«La revision des périmètres constitués sous le régime de la loi de 1860 avait laissé sous la gestion de l'Administration forestière un ensemble de 70,313 hectares reboisés ou en voie de reboisement. Depuis cette époque, jusqu'à la fin de 1898, il a été acquis par l'État, à l'amiable ou par expropriation, 80,797 hectares. Il existe donc actuellement 151,110 hectares de terrain domanial en montagne, qui ont coûté 21,793,678 francs (approximativement 145 francs l'hectare). »

Je voudrais indiquer maintenant qu'elles sont les modifications dont est susceptible la législation française pour les terrains en montagne.

Quant à la création des forêts nouvelles, je ne vois pas grand intérêt pour le moment à refondre la loi de 1882, au moins dans la partie relative aux périmètres de restauration; malgré quelques imperfections de détail, elle produit de bons résultats.

Je voudrais seulement qu'on fît une addition à la loi sur le défrichement. Je sais bien qu'il est fâcheux de restreindre le droit de propriété, mais mieux vaut prévenir le défrichement que d'avoir à le punir. Peut-être pourrait-on armer l'Administration de certains droits : il y aurait notamment des précautions à prendre contre les coupes à blanc étoc, les abus de pâturage; je n'ose pas aller jusqu'à imposer aux propriétaires des règlements d'exploitation. Les propriétaires ne pourraient pas se plaindre; car s'ils détruisent leurs forêts, ils sont sous le coup de sanctions pénales; leurs terrains sont englobés dans les périmètres de restauration et ils en sont privés pour toujours. (*Applaudissements.*)

M. Mougin. M. Guyot a dit que les terrains englobés dans les périmètres de restauration étaient forcément expropriés.

M. Guyot. J'ai dit qu'en fait cela se produisait le plus souvent.

M. Mougin. Si un particulier offre de restaurer lui-même, quel sera le régime?

M. Guyot. Vous n'êtes pas obligé d'accepter ses offres : lisez l'article 4, § 2 de la loi de 1882.

M. Mougin. S'ils font des consignations suffisantes, l'Administration est désarmée.

M. Guyot. Vous n'êtes jamais obligé de vous entendre avec un propriétaire. Si son terrain est englobé dans le périmètre de restauration, vous pouvez l'exproprier.

M. Phal. Un particulier peut toujours exécuter lui-même les travaux; cela est écrit dans la loi de 1882.

M. Mougin. Il faudrait modifier la loi et dire que le propriétaire ne pourra pas exécuter les travaux sans l'autorisation de l'Administration.

M. Guyot dépose les conclusions suivantes :

« Ajouter à la loi de 1859 une disposition additionnelle pour réglementer les coupes à blanc étoc, ainsi que le pâturage, même dans les bois de particuliers. »

Ces conclusions sont adoptées.

L'ordre du jour étant encore assez chargé, M. le Président demande aux membres de la section de se réunir le lendemain matin à 9 heures au lieu de 10 heures. (Adopté.)

La séance est levée à 6 heures.

SÉANCE DU JEUDI 7 JUIN 1900
(MATIN).

PRÉSIDENCE DE M. MULLER, VICE-PRÉSIDENT,
ASSISTÉ DE M. FETET, PRÉSIDENT.

La séance est ouverte à 9 heures.

M. Bouvet, *secrétaire*, donne lecture du procès-verbal de la précédente séance.

M. Lefébure. Il est bien entendu que la proposition de M. Guyot ne s'applique qu'aux terrains de montagne situés dans la zone préservatrice.

M. Guyot. Parfaitement.

Sous le bénéfice de cette observation, le procès-verbal est adopté.

M. Fankhauser présente à l'assemblée un journal forestier suisse destiné à propager les connaissances forestières et publié chaque mois en allemand et en français.

M. le Président remercie M. Fankhauser de sa communication.

M. le Président. L'ordre du jour appelle la discussion sur la question suivante :

Examen général, au point de vue du peuplement forestier, des essences exotiques, acclimatées ou naturalisées.

M. Pardé, professeur à l'École des Barres, donne lecture de son rapport sur les mémoires de M. Vilmorin, intitulés : *Arbres forestiers étrangers, Recueil de Notes; Énumération d'exemplaires d'arbres forestiers exotiques existant sur le territoire de la France continentale* »[1] :

---

[1] Le premier ouvrage de M. Maurice L. de Vilmorin : *Arbres forestiers étrangers. Recueil de Notes*, a été imprimé à Paris, chez M. Édouard Duruy, 22, rue Dussoubs, in-8°, 69 pages.
Le second : *Énumération d'exemplaires d'arbres forestiers exotiques existant sur le territoire de la France continentale*, se trouve aux annexes (annexe n° 6).

M. Maurice L. de Vilmorin, membre de la Société nationale d'Agriculture, a envoyé au Congrès international de Sylviculture deux mémoires qui se rapportent à la septième question inscrite au programme de la première section : *Examen, au point de vue du peuplement forestier, des essences acclimatées ou naturalisées.*

Ces deux mémoires portent les titres suivants :

1° *Arbres forestiers étrangers. Recueil de Notes;*
2° *Énumération d'exemplaires d'arbres forestiers exotiques existant sur le territoire de la France continentale.*

Le premier de ces deux mémoires : *Arbres forestiers étrangers*, est de beaucoup le plus important. Il vient d'être édité à l'imprimerie Édouard Duruy, 22, rue Dussoubs, à Paris.

Il comprend plusieurs articles publiés précédemment dans des revues diverses.

Le premier de ces articles, paru, en 1888, dans le *Bulletin de la Société des Agriculteurs de France*, est intitulé : *Introduction d'arbres étrangers;* il renferme deux parties.

La première partie est consacrée aux introductions effectuées. Elle a été intentionnellement écourtée par l'auteur; les essences dont il est question se confondent en effet maintenant avec nos espèces indigènes et sont par suite suffisamment connues de tous.

Ces essences sont :

Parmi les Feuillus : le Merisier, qui est non pas seulement, comme le dit M. de Vilmorin, une forme, mais une espèce bien distincte de cerisier, dont l'indigénat est du reste admis par beaucoup d'auteurs; le Noyer; les Platanes; l'Aune cordiforme, qui peut être utilisé pour « revêtir et améliorer les terres calcaires pauvres de la Champagne »; le Peuplier de Virginie, dont l'introduction a été suivie « d'un succès inespéré »; le Peuplier noir et sa variété pyramidale, dite d'Italie, dont M. de Vilmorin exagère un peu, à mon avis, les mérites; le Peuplier blanc ou peuplier de Hollande, d'ailleurs indigène;

Et parmi les Conifères : le Pin laricio noir d'Autriche, « approprié plus qu'aucun à la mise en valeur des terrains calcaires pauvres »; le Pin laricio de Calabre, dont M. de Vilmorin affirme avec raison la supériorité sur les autres races de laricios, partout où il trouve le climat et le sol qui lui conviennent; — les essais faits aux Barres prouvent en effet cette supériorité; — le Pin du Lord, qui n'a pas donné les bons résultats qu'on attendait de lui mais n'en est pas moins susceptible de fournir des produits utilisables, notamment, à mon avis. pour la fabrication de la pâte à papier; enfin le Cyprès pyramidal qui se recommande, dans le Midi, par les emplois spéciaux de son bois.

La seconde partie de ce premier article est une revue des arbres étrangers qui se montrent rustiques dans nos pays et paraissent devoir y donner des produits utiles.

C'est un résumé méthodique, très concis, parfaitement fait. L'auteur passe en revue les principales essences forestières exotiques.

Laissant de côté les descriptions botaniques qui auraient exigé des développements considérables, peu en rapport avec le but poursuivi, M. de Vilmorin se borne à indiquer, pour chaque essence, sa rusticité, les qualités et les emplois de son bois; il donne à ce sujet des renseignements des plus précieux.

Toute cette partie, la plus importante, la plus intéressante de cet excellent article, serait à citer en entier.

Malheureusement le cadre de ce rapport ne le permet pas. Je me bornerai à énumérer les essences sur lesquelles l'auteur m'a paru insister davantage, celles qu'il semble recommander plus particulièrement.

Ce sont, parmi les Feuillus : le Tulipier de Virginie dont le bois « léger, tendre et serré » est « importé assez largement »; le Cedrela de Chine qui mérite d'être l'objet d'essais; le Sophora du Japon qui donne un bois « extrêmement dur » et acquiert des dimensions « auxquelles le robinier ne saurait parvenir »; le Cerisier de Virginie qui, par sa rusticité et la qualité de son bois « dur, serré, coloré », « mérite une attention spéciale »; le Frêne blanc dont le bois est « peut être supérieur » à celui de nos espèces indigènes; le Paulownia dont le bois, « à peine plus lourd que le liège », peut recevoir de ce fait des emplois spéciaux; le Chêne rouge et sa variété le Chêne gris, — M. de Vilmorin semble même donner sa préférence à cette variété, — qui se recommandent par leur rusticité et la rapidité de leur croissance; le Chêne des marais, « très filé, à bois extrêmement dur », qui, dans les sables frais, « prend un développement très supérieur à celui de ses congénères européens »; le Noyer noir et les Caryas, notamment le Carya alba qui, sous le nom d'hickories, fournissent un bois « dur, fort et flexible, servant à faire une foule d'instruments agricoles, la carrosserie »; le Planera du Japon, au bois « extrêmement dur et fort » et en même temps « relativement léger »; le Planéra du Caucase, dont le bois a « une force exceptionnelle et une très belle maille ».

Et parmi les Conifères : le *Pinus ponderosa* « au bois lourd, jaune, très employé »; le *Pinus Jeffreyi* dont le bois, « dur et fort a encore le mérite de la légèreté »; le *Picea sitchensis* « au bois léger, doux et très fort »; le Sapin de Douglas, « au bois nerveux, élastique »; l'*Abies nordmanniana* du Caucase, recommandable par « sa rusticité et sa croissance »; le Mélèze occidental au bois « lourd, extrêmement dur et fort », « la première des essences d'Amérique pour l'élasticité »; le Cyprès chauve de la Louisiane qui prend des « dimensions peu communes » et produit un bois « léger, doux et serré »; le *Thuya gigantea* de l'Alaska, espèce très rustique, dont le bois est « très employé »; le Cyprès de Lawson, au bois « léger, mais dur et fort »; le Cyprès de Lambert dont « la croissance est si prompte sur les rives de la Méditerranée »; le Cèdre de Virginie dont le « bois de cœur passe pour être incorruptible », et « sert aux fabricants de crayons », etc.

Le très court résumé que je viens de faire de ce premier article de M. de Vilmorin suffit, je pense, pour montrer le haut intérêt qu'il présente.

Je suis heureux de l'occasion qui m'a été fournie de rendre à cet excellent et substantiel travail, — où j'ai pour ma part puisé des renseignements précieux, — l'hommage qu'il mérite.

Je me permettrai toutefois une légère critique; — tout rapport de la nature de celui qui m'a été demandé ne doit-il pas en contenir ?

M. de Vilmorin craignant sans doute d'effrayer ses lecteurs par l'emploi de mots plus ou moins barbares, totalement inconnus de la plupart d'entre eux, a évité de désigner les espèces par leurs vrais noms botaniques; il s'est contenté généralement de leur donner des noms français plus ou moins admis.

Cela peut prêter à confusion, au moins pour certaines espèces. Ainsi j'avoue avoir dû chercher un peu ce que pouvait être le genevrier blanc des états atlantiques de l'Union.

De même, dans le but d'éviter de multiplier les noms, les noms latins surtout, les genres ne sont pas toujours distingués. Ainsi il est question, indistinctement, dans le même alinéa, de *cupressus*, de *chamaecyparis* et de *juniperus*; je ne parle pas des *retinisporas*, qui, — le fait a été mis en évidence par les travaux de Beissner, — ne sont que des formes de jeunesse d'espèces appartenant pour la plupart au genre *chamaecyparis*. Ailleurs, dans une même ligne, trois espèces qui appartiennent chacune à un genre différent, le *Tsuga Sieboldii*, le *Picea alcockiana* et l'*Abies Veitchii* sont considérées comme faisant partie d'un genre unique, le genre *abies*, sapin.

Je comprends parfaitement les scrupules de M. de Vilmorin mais ne les partage pas complètement; je reconnais d'ailleurs que les lecteurs ne sont probablement pas de mon avis.

Mais j'estime que, si l'on veut vulgariser la connaissance des végétaux exotiques, — et c'est là le but poursuivi par M. de Vilmorin, — il importe dès maintenant de les désigner par leurs noms botaniques. Sans doute ces noms sont un peu plus difficiles à retenir; mais ne vaut-il pas mieux prendre un peu de peine et avoir des connaissances exactes que d'apprendre, même facilement, des notions qui peuvent plus ou moins prêter à confusion?

Cette opinion est certainement admise par les dendrologistes des pays voisins de la France. En Allemagne surtout, les végétaux exotiques sont étiquetés très exactement sous leurs vrais noms, non seulement dans les jardins botaniques, mais aussi dans les parcs, les promenades.

D'ailleurs, cela me semble absolument nécessaire si l'on veut éviter des confusions regrettables. Le *Thuya gigantea* des horticulteurs, — *libocedrus decurrens* Torrey, — n'appartient pas au même genre que le *Thuya gigantea* Nuttal des botanistes. L'*Acer saccharinum* de Wangenheim diffère de l'*Acer saccharinum* de Linnée; le *Quercus nigra* de Du Roi n'est pas le *Quercus nigra* de Linnée, pas plus que le *Quercus nigra* de Wangenheim; le *Carya alba* de Nuttal est différent du *Carya alba* de Linnée..., etc.

Que l'on veuille bien m'excuser de m'être étendu, un peu plus que de raison, sur ce sujet; chacun n'a-t-il pas sa marotte? Tout ce que je viens de dire n'a d'ailleurs trait qu'à une question de notation et ne diminue évidemment en rien la très grande valeur du premier article de M. de Vilmorin; je m'en voudrais de passer à l'article suivant sans avoir dit une dernière fois tout le bien que je pense de cet excellent travail.

Le deuxième article, très court du reste, est consacré au frêne de Kabylie; il a été publié, en 1895, dans le Bulletin de la Société des Amis des arbres.

M. de Vilmorin énumère les services que rend, en Algérie, cet arbre, «le plus utile et le plus précieux de la région habitée par la race Kabyle pure».

L'article qui suit a pour titre : *Le mont Babor; Cèdres de l'Atlas; Sapin du*

Babor. Il a paru, en 1896, dans le Journal de la Société nationale d'horticulture.

Il contient le récit d'une excursion que M. de Vilmorin fit, en mai 1896, au mont Babor. Ce petit massif de la Kabylie est intéressant pour le forestier qui peut y admirer de belles forêts de cèdres de l'Atlas et y étudier le Sapin de Numidie, originaire de cette région. L'auteur donne d'utiles renseignements sur ces deux belles essences forestières; les forêts de cèdres en Algérie, font l'objet d'une digression et le dernier alinéa est consacré à la très riche flore du mont Babor.

Cet article, écrit avec grâce, fait naître chez le lecteur le désir de faire cette belle excursion.

Il en est de même de celui qui est intitulé : *Le Pin laricio en Corse*, article publié, en 1897, dans la *Revue horticole*.

M. de Vilmorin y rend compte, avec humour, d'une visite qu'il fit, au printemps de 1897, aux forêts de l'île de Corse. L'ami des arbres se reconnaît au plaisir qu'il éprouve de signaler les plus beaux spécimens de pins laricios qu'il lui a été donné de rencontrer. Après nous avoir fait admirer la taille élancée et la forme parfaite de ce bel arbre sur les versants des montagnes, il nous le montre court, étalé, complètement déformé, à la limite supérieure de la forêt, où il a à lutter contre le vent, la neige et cet autre ennemi de la végétation, la dent du bétail.

L'article consacré au bois de Pichepin, extrait du Bulletin de la Société des Amis des arbres, année 1897, résoud une question de haut intérêt.

Trompés par la désignation de *pich pin* qui est donnée au *Pinus rigida* dans les États atlantiques du centre des États-Unis, quelques propriétaires forestiers ont planté cette essence, relativement rustique dans nos pays, pensant obtenir le bois importé en Europe sous le nom de bois de pichepin; il en est résulté des mécomptes, le *Pinus rigida* ne donnant qu'un bois blanc et faible qui est loin d'avoir les qualités du vrai bois de pichepin.

D'après M. de Vilmorin, cinq à six espèces différentes produisent ce bois en Amérique.

Ce sont, en premier lieu, le *Pinus palustris* Miller et le *Pinus cubensis* Grisebach, essences du sud-est des États-Unis qui ne réussissent pas en France.

En seconde ligne viennent, pour les États de l'Atlantique, le *Pinus mitis* et le *Pinus taeda* le premier de croissance lente et médiocre dans nos pays, le deuxième d'une rusticité très relative et donnant d'ailleurs un bois un peu inférieur, — et, pour les États du Pacifique, le *Pinus ponderosa*, arbre de grande taille, rustique sous nos climats, et surtout le sapin de Douglas qui réussit très bien chez nous et produit un bois rouge très dur et très fort.

L'article suivant, intitulé : *Le Pin laricio de Calabre* a paru, en 1889, dans la *Revue horticole*. Il contient, après quelques considérations générales sur les laricios, notamment sur ceux de Corse, de Tauride et de Calabre, une étude plus détaillée de ce dernier.

Introduit aux Barres, vers 1820, par M. de Vilmorin, le Pin laricio de Calabre y a donné d'excellents résultats.

Les arbres de première génération, issus de graines provenant des forêts sud-italiennes accusaient, en 1889, un « accroissement moyen, en circonférence, de 28 centimètres en quatorze ans, soit de 2 centimètres par an ».

Ceux de deuxième génération, issus de graines récoltées sur les précédents, avaient une croissance encore supérieure.

Le Pin laricio de Calabre se comporte donc parfaitement aux Barres, même dans les terres médiocres.

De fait, les récents comptages exécutés sous la direction de M. Marchand, directeur de l'École des Barres, ont accusé un accroissement moyen de 6 à 11 mètres cubes par hectare et par an.

Je crois utile de faire remarquer que les plantations en question ont été effectuées dans des terrains précédemment cultivés.

Comme conclusion de son article, M. de Vilmorin étudie la végétation, la propagation, la rusticité et les emplois du pin laricio de Calabre.

Le dernier article, publié en janvier 1900 dans la *Revue des Eaux et Forêts*, est consacré aux *Essais d'arbres exotiques dans la forêt d'Eberswalde*.

Il est, avec l'article de tête, — dont les données se trouvent ainsi, pour certaines essences, pratiquement vérifiées, — le plus intéressant du recueil.

Prenons une essence exotique qui rend des services dans son pays d'origine et qui, plantée dans nos parcs et jardins, a fait preuve d'une grande rusticité et d'une végétation très satisfaisante; il est permis de supposer qu'elle donnera également, dans nos pays, des produits utilisables et qu'elle se comportera à l'état de massif, dans nos forêts, aussi bien qu'à l'état isolé dans nos jardins; mais il serait téméraire d'affirmer le fait sans le contrôler.

Les forestiers allemands l'ont parfaitement compris. Les plus intéressantes des essences ligneuses exotiques ont été plantées en forêt en différents endroits, notamment dans le grand duché de Bade, à Weinheim, en Bavière et dans la Prusse.

M. de Vilmorin, dans le dernier article de son recueil, signale les résultats donnés jusqu'ici par les plantations exécutées, en Prusse, dans la forêt d'Eberswalde, située à 50 kilomètres au nord de Berlin.

Les renseignements de cette nature offrent un très grand intérêt au point de vue pratique; c'est en les réunissant, en les comparant, que l'on pourra apprécier la valeur forestière de telle ou telle essence exotique.

Après avoir donné la liste des espèces auxquelles sont consacrées, à Eberswalde, des surfaces notables, M. de Vilmorin apprécie les résultats obtenus pour chacune d'elles.

Je cite, en les résumant, les passages principaux :

ESSENCES RÉSINEUSES.

Le sapin de Douglas se fait remarquer par sa rusticité et sa croissance rapide; ce sapin, écrit M. de Vilmorin, « paraît donc avoir un avenir forestier pour les terres sableuses »; son bois pourra probablement être utilisé pour la fabrication de la pâte à papier; mais le sapin de Douglas ne doit être exploité qu'à un âge de 120 à 150 ans; il convient donc de le traiter à longue révolution; il n'y a guère que les gouvernements qui puissent faire des placements à si long terme; cette remarque est très judicieuse; c'est donc aux agents de l'État qu'il appartient surtout d'introduire dans nos forêts les essences ligneuses exotiques, d'où la nécessité pour eux de bien connaître ces essences.

Le Mélèze du Japon est également remarquable par la rapidité de sa croissance; la même constatation peut être faite à Lohr, en Bavière, où cette essence a été également introduite en forêt.

Le Pin du Lord n'occupe pas une grande superficie à Eberswalde, où le sol n'a pas la profondeur et la fraîcheur qui lui conviennent; sa végétation y est cependant satisfaisante.

Le Cyprès de Lawson, essence très rustique, mais relativement exigeante, se comporte différemment suivant les qualités du sol où il est planté; dans les parties un peu fraîches et riches en humus, il vient remarquablement bien. Ce résultat est à noter, car cette essence produit un bois propre à des emplois spéciaux.

10.

Le *chamaecyparis obtusa*, l'*hinocki* des Japonais, croît très lentement; M. de Vilmorin se demande si la qualité de son bois, un des plus précieux du Japon, compensera sa faible quantité; la question est en effet des plus importantes. A ma connaissance, cette essence n'a encore été plantée en forêt qu'à Eberswalde; cet essai est donc particulièrement intéressant.

Le *Thuya gigantea* n'a pas réussi à Eberswalde. M. de Vilmorin s'en étonne et je comprend sa surprise, cet arbre étant un de ceux qui ont donné partout les meilleurs résultats, notamment aux Barres, où il produit des semis naturels. Cet insuccès doit être attribué, paraît-il, à une affection cryptogamique.

Le *Pinus Jeffreyi* vient bien à Eberswalde, mais les plants sont encore très jeunes; le même bon résultat peut être constaté à Weinheim où l'expérience est plus concluante, les sujets étant déjà d'un certain âge.

Le *Pinus banksiana* affirme à Eberswalde son extrême rusticité; aussi M. de Vilmorin pense que ce pin pourrait rendre des services dans les terrains peu fertiles et sous des climats très rigoureux, comme essence de reboisement seulement, car cet arbre reste chez nous de très petite taille; l'essai serait intéressant à faire.

Le *Pinus rigida* croît très lentement à Eberswalde, où il ne trouve pas le sol frais qui lui convient; cette essence est d'ailleurs d'un intérêt secondaire au point de vue forestier.

Au contraire le *Picea sitchensis* accuse un taux de croissance « très satisfaisant »; résultat conforme à ceux qu'ont donnés d'autres essais faits en différents endroits de l'Allemagne.

M. de Vilmorin attribue à la rigueur du climat l'insuccès, à Eberswalde, du Genevrier de Virginie.

Les plantations d'*abies* : *Abies concolor*, *Abies amabilis*, *Abies grandis* et *Abies nordmanniana*, effectuées à Eberswalde, sont encore trop récentes pour qu'on puisse apprécier les résultats. Sous ce rapport, les boisements des Barres, en France, et de Weinheim, en Allemagne, sont bien autrement intéressants; ils démontrent la rusticité et la belle végétation des *Abies grandis*, *concolor*, *nordmanniana* et de quelques autres.

ESSENCES FEUILLUES.

Le Chêne rouge a réussi à Eberswalde, comme partout ailleurs du reste: les plantations d'Eberswalde présentent cet intérêt particulier que les lignes de chêne rouge alternent avec des lignes de chêne indigène; la supériorité de croissance du premier sur le second est ainsi rendue très apparente.

Si les *Juglans* et les *Caryas* produisent un bois bien supérieur à celui du chêne rouge ils n'ont pas la même rapidité de croissance; sous ce rapport ils restent même inférieurs, à Eberswalde, au chêne commun. Le plus vigoureux de la famille paraît être le *Carya amara;* puis viennent le *Carya alba,* le *Juglans nigra,* le *Carya porcina* et le *Carya tomentosa.*

L'Érable *negundo* croît très rapidement à Eberswalde comme aux Barres. M. de Vilmorin semble le recommander comme essence de reboisement des terrains de médiocre fertilité.

Le Frêne américain est représenté à Eberswalde par des sujets très vigoureux mais encore jeunes.

Il en est de même du Cerisier de Virginie.

Dans l'analyse rapide que je viens de faire des différents articles de M. de Vilmorin, j'ai dû forcément me limiter, laisser de côté les observations de détail.

J'espère cependant avoir fait comprendre l'intérêt que présente le travail.

Au surplus, pour terminer, je conseille fortement à tous ceux que la question intéresse de lire, à tête reposée, le *Recueil de Notes* de M. de Vilmorin. Ils y trouveront certainement plaisir et profit.

Le deuxième mémoire présenté par M. de Vilmorin porte le titre : *Énumération d'exemplaires d'arbres forestiers exotiques existant sur le territoire de la France continentale.*

M. de Vilmorin, qui a beaucoup voyagé, beaucoup vu, et qui, surtout, a pris note de ce qu'il a vu, a voulu signaler les beaux échantillons d'espèces ligneuses exotiques connus de lui en France.

Malheureusement, — cette remarque est très judicieuse, — la production d'un inventaire, quelque peu complet, « excède les ressources de temps et d'information dont peut disposer un particulier ».

Cette tâche ne peut en effet être menée à bien que par une réunion de personnes dont les renseignements seraient centralisés et relevés avec soin.

L'Administration des eaux et forêts est naturellement désignée pour faire ce travail; elle est parfaitement organisée pour toutes les statistiques de cette nature.

Poursuivant la même idée que M. de Vilmorin, — ce qui me dispense de faire l'éloge de cette idée, — mon camarade Hickel et moi avions fait demander à l'Administration, à laquelle nous avons l'honneur d'appartenir, l'envoi d'une note circulaire aux agents forestiers les priant de vouloir bien fournir, pour leurs circonscriptions, les renseignements nécessaires à la confection d'un inventaire un peu complet des végétaux ligneux exotiques existant en France. Nous nous mettions à la disposition de l'Administration pour examiner soigneusement tous les renseignements produits et en tirer tout le parti possible.

Je ne puis, dans ce simple rapport, rendre un compte détaillé des exemplaires signalés par M. de Vilmorin.

Je me contenterai d'indiquer les principaux endroits qui, d'après le travail que je viens de lire, sont particulièrement riches en végétaux ligneux exotiques, ceux que tout amateur de ces végétaux pourra visiter avec intérêt et profit.

Ce sont : les magnifiques collections des Barres, à Nogent-sur-Vernisson (Loiret), celles de l'État et celles de M. Maurice de Vilmorin; l'arboretum de Segrez (Seine-et-Oise); le parc de Baleine (Allier); le parc de Cour Cheverny, près de Blois (Loir-et-Cher); les collections du Muséum, à Paris; le parc de Trianon, à Versailles; le parc de Verrières (Seine-et-Oise); l'École d'arboriculture de Saint-Mandé; le jardin de Diane et le parc du château, à Fontainebleau; les parcs du Monceau et de Vrigny, près de Pithiviers (Loiret); le parc de la villa Thuret, à Antibes (Alpes-Maritimes); plusieurs villas à Pau; les pépinières de MM. Croux, à Chatenay (Seine), Transon, à La Ferté-Saint-Aubin (Loiret), Seguenot, à Bourg-Argental (Ardèche). . .; enfin les jardins botaniques, parcs, promenades et pépinières des grandes villes, Bordeaux, Toulouse, Montpellier et surtout Paris. . ., etc.

Aux endroits signalés par M. de Vilmorin j'ajouterai : l'arboretum de l'École de Grignon et le jardin Massey, à Tarbes.

Je termine en exprimant le désir que l'idée de M. de Vilmorin soit reprise par l'Administration des eaux et forêts et qu'il soit publié, sous sa direction, un inventaire général des beaux arbres, — aussi bien indigènes qu'exotiques, — qui existent en France. (*Applaudissements.*)

M. le Président. La parole est à M. Fisher, professeur adjoint à l'École de Coopers-Hill (Angleterre), pour une communication relative à la végétation des essences exotiques en Angleterre.

M. Fisher. Lorsque j'étais élève à l'École de Nancy, ce dont je m'honore, on recommandait d'effectuer les repeuplements à l'aide des essences spontanées, de préférence aux essences non spontanées, qui sont toujours difficiles à introduire dans un autre pays.

En Angleterre, nous avons fait beaucoup d'expériences; notre climat si doux facilite le développement des essences du Midi. Nous n'avons pas beaucoup d'essences spontanées, et elles ne viennent que très lentement; je citerai le Chêne, le Hêtre, le Pin sylvestre. Le Frêne est l'essence qui a le plus de valeur; on en trouve beaucoup chez nous,

Nous avons 2 millions d'hectares de forêts, appartenant presque en totalité aux particuliers. Ceux-ci cherchent toujours le bon rendement, les bois à croissance rapide et de beaucoup de valeur.

On a cherché à introduire des essences non spontanées. On plante des milliers de mélèzes tous les ans en Angleterre; c'est un arbre dont la valeur est à peu près la moitié de celle du chêne : 1 shelling le pied cube, soit 40 francs le mètre cube. Malgré la maladie qui l'attaque, le Mélèze vient très bien. Je connais des mélèzes en Angleterre qui mesurent 10 pieds de tour et 100 pieds de hauteur, et dont les bois sont en bon état; ils peuvent se vendre 2 shellings le pied cube. Ces arbres ont 100 ans d'âge; il est très agréable aux particuliers d'avoir des gros bois avec une révolution courte. Malgré la maladie, si on choisit bien son endroit, et si on fait les éclaircies en temps opportun, les résultats sont superbes.

Un arbre qui se développe admirablement dans le sud de l'Angleterre, c'est le Châtaignier; il arrive à 6 pieds de tour et 100 pieds de hauteur en cent ans; il aurait fallu 200 ans pour avoir un chêne de la même grosseur; cet arbre n'a pas d'aubier, son bois est parfait. On croit, en France, que le Châtaignier ne donne pas de semence qui mûrisse; cela n'est pas exact pour l'Angleterre. Cet arbre ne souffre pas de la maladie; il ne craint que les gelées; mais les gelées ne sont pas très fortes dans le sud de l'Angleterre. Le Châtaignier fournit un bon matériel.

Le Pin Weymouth, essence jugée très médiocre, a été dans le sud de l'Angleterre introduit avec succès en sous-étage dans des peuplements de pin sylvestre. Lorsque ceux-ci ont atteint l'âge de 50 ou 60 ans, on en coupe les mauvais sujets et on les remplace par des Pins Weymouth, qui ont l'avantage de maintenir le sol toujours couvert. A la fin de la période de révolution du Pin sylvestre qui est de 120 ans, on obtient par ce mélange de très bons résultats. Les bois sont vendus à un prix satisfaisant, sans qu'on distingue le prix de chacune de ces essences.

Dans le pays de Galles, on a introduit le Sapin de Douglas, qui a une croissance très rapide; on voit fréquemment des arbres de trente ans qui ont 60 pieds de hauteur et 3 pieds de tour. Il n'y a pas de massifs bien établis de ces pins; c'est une essence qui coûte très cher chez les pépiniéristes. Il y a des endroits où le Mélèze ne convient pas et où le Pin Douglas pousse très bien. Il souffre de nos vents d'ouest plus que toute autre essence; il faut le planter dans des endroits abrités.

Je ne veux pas parler des autres essences exotiques qu'on plante dans les jardins et dans les parcs; je me borne à celles qui sont utilisables pour des besoins économiques. Il y a en Angleterre des pépinières plus grandes que dans tout autre pays; nous possédons, à Chester, une pépinière de 400 hectares avec des arbres de toutes espèces, qu'on plante en Irlande et au pays de Galles. Si nous sommes en retard sur d'autres pays au point de vue de la sylviculture, il faut reconnaître que nous plantons beaucoup. L'agriculture subit actuellement une crise; dans vingt ans, nous aurons de belles forêts là où il y avait autrefois des champs de blé; on a planté en bois beaucoup de terrains incultes où on ne trouvait que des genêts, des épines et des lapins. (*Applaudissements.*)

M. le Président. L'assemblée remercie M. Fischer de sa très intéressante communication. (*Applaudissements.*) La parole est à M. Zeerleder de Fischer, inspecteur des forêts en retraite, à Berne.

M. Zeerleder. Je voudrais préconiser une essence exotique que j'ai observée dans nos forêts de Suisse, c'est l'*Abies Douglasi,* qui jouit de la faveur des forestiers suisses et allemands; elle produit de bons résultats dans les futaies de hêtre et dans les futaies mélangées. Dans les premières, il y a des emplacements où la venue ne se fait pas d'elle-même; si on veut faire l'ensemencement, le Douglasi reste en retard et ces lacunes risquent de subsister pendant tout l'aménagement. Pour les combler, on a essayé de planter des Épicéas qui poussent trop vite et suppriment le Hêtre; on a planté aussi des Sapins blancs, mais ils croissent trop lentement.

Dans les positions du nord, nord-ouest et nord-est, le Douglasi, à la condition de ne pas le laisser libre, parce qu'il souffre des gelées, mais mélangé avec le Hêtre, pousse très bien, plus vite que le Hêtre, sans le repousser. Il a des troncs robustes qui résistent bien au vent. Les arbres de vingt-cinq ans que nous possédons ont 8 à 10 mètres de haut et une épaisseur du tronc de 15 à 20 centimètres à 1 mètre au-dessus du sol.

Parmi toutes les essences exotiques, c'est celle qui réussit le mieux chez nous, et on peut très utilement l'employer comme bois de réserve dans les taillis sous futaie. (*Applaudissements.*)

M. Huffel présente un travail de M. Gilardoni, conservateur des forêts, sur le Chêne de Juin. C'est une variété de Chêne pédonculé très répandue.

Il a pour caractère d'être excessivement tardif; les jeunes plants sont en retard sur leurs congénères; c'est un avantage dans les terrains où il faut craindre les gelées printanières; c'est une variété qu'il peut y avoir intérêt à propager.

M. Pardé a dit tout à l'heure qu'il était utile de désigner les essences exotiques par leur nom véritable; il nous l'a montré lui-même, car ce n'est pas le Cèdre qui sert à faire les crayons, mais le Genévrier de Virginie.

Quant au Douglasi, je l'ai vu dans le Palatinat, où il donne de bons résultats; mais il redoute l'insolation et recherche les terrains sablonneux, frais et profonds. (*Très bien! très bien!*)

M. Tanassesco, inspecteur des forêts de l'État, en Roumanie. Je voudrais vous conduire dans les forêts de mon pays, qui sont peu connues, et vous montrer les richesses qui y sont accumulées.

Plusieurs éminents forestiers français ont été envoyés en mission en Roumanie pour y étudier nos forêts; ce sont MM. Bouquet de La Grye, Broilliard, et Huffel, le distingué professeur de l'École forestière de Nancy, avec lequel j'ai passé de belles journées dans nos forêts. Je saisis l'occasion qui m'est offerte de remercier ces Messieurs des bons conseils qu'ils nous ont donnés et dont nous avons tiré grand profit.

Le royaume de Roumanie est situé entre 20° 5′ et 27° 20′ de longitude Est et entre 43° 38′ et 48″ 25′ de latitude Nord, et il fait partie de la grande région de l'Europe orientale.

L'étendue de son territoire est de 131,357 kilomètres carrés.

Sa population, en 1898, était de 5,690,880 habitants.

Le domaine forestier se répartit de la façon suivante :

État (forêts et vides[1])	1,085,033 hectares.
Établissements publics	125,986
Domaine de la Couronne	70,188
Particuliers	1,492,841

[1] On peut compter 16 p. 100 de vides.

L'État est donc aujourd'hui le plus grand propriétaire de forêts : il possède 39 p. 100 de la surface totale boisée du pays.

La sécularisation des biens de l'Église, faite en vertu du décret de 1859 et d'autres lois postérieures, rendit l'État propriétaire d'un vaste domaine forestier, qui est, à peu de chose près, celui d'aujourd'hui, et dès lors la création d'un corps spécial de forestiers s'imposait tout naturellement.

Les premiers vestiges de cette création se retrouvent dans la loi du 10 mars 1860 par laquelle fut instituée la Direction des Forêts attachée au Ministère de l'Instruction publique et des Cultes avec le personnel suivant :

A l'Administration centrale : 1 directeur des forêts, 1 chef de cabinet sous ses ordres immédiats et 5 rédacteurs et commis.

Dans le Service extérieur : 7 chefs de cantonnement pour la Valachie et 6 pour la Moldavie.

Aujourd'hui les cadres du corps forestier de l'État se composent de 156 agents supérieurs, parmi lesquels 60 sont d'anciens élèves de l'École forestière de Nancy, qui est l'école du monde ayant fourni le plus grand nombre de forestiers étrangers.

Le personnel inférieur est composé de 123 brigadiers et de plus de 2,400 gardes de différentes classes.

Il résulte de là que nous avons un agent supérieur par 7,000 hectares et un agent inférieur par 425 hectares.

Voilà le personnel dont dispose l'État en 1900. Voyons ce qui se passe chez les autres propriétaires forestiers.

Parmi les établissements publics, il n'y a que l'Administration des hôpitaux civils de Bucarest, l'Administration des hôpitaux de S. Spiridon de Iassy, et l'Église Madona Dudu de Craiova qui ont des sylviculteurs pour administrer leurs forêts. Ces forêts ont une superficie de 98,741 hectares. Les communes, églises et autres personnes civiles, n'ont pas de sylviculteurs.

L'Administration des Domaines de la Couronne administre ses vastes domaines agricoles et forestiers par un corps de sylviculteurs et agents domaniaux.

La création de ce corps remonte à 1884, année de la fondation de l'administration elle-même, et ses membres ont été à l'origine recrutés pour la plupart parmi les agents forestiers de l'État.

Parmi les particuliers, il y en a fort peu qui aient des forestiers pour l'exploitation de leurs forêts.

On peut citer : S. M. le roi de Roumanie, la princesse de Schönburg-Waldenburg; MM. P.-P. Carp, Ghica Comanesti, prince Stirbey, etc., qui ont tous engagé des forestiers allemands.

En ce qui concerne la législation forestière, avant 1881, tous les délits forestiers étaient punis par les codes civil et pénal alors en vigueur. Les propriétaires exploitaient ou défrichaient leurs forêts comme ils l'entendaient.

Le 19 juin 1881 fut promulgué le code forestier; il comprend 46 articles.

Les forêts sont divisées par ce code en deux grandes catégories : les forêts soumises au régime forestier et celles qui ne le sont pas.

Sont soumises au régime forestier :

1° Les forêts de l'État et des communes;

2° Les forêts des établissements publics, des communautés et des églises;

3° Les forêts que des tiers possèdent en indivis avec l'État et les autres personnes civiles.

L'article 4 dispose : « Les forêts soumises au régime forestier ne pourront être exploitées que d'après un aménagement. »

On peut cependant exploiter des forêts après une étude sommaire, en attendant que l'aménagement soit fait.

Les articles 11 et 13 soumettent au régime forestier les bois des particuliers et autres situés en région de montagne, de même que ceux qui servent de protection aux chemins de fer et aux routes; ils ordonnent leur aménagement par les forestiers de l'État.

Les forêts qui tombent sous le coup des articles 11 et 13 ne peuvent être défrichées, non plus que celles qui servent à la protection des barrages, à la fixation des berges, à la conservation des sources et à la défense du territoire sur la frontière.

Il est utile de faire remarquer que les forêts de l'État ne sont grevées d'aucun droit de servitude.

Avant la loi de 1864, par laquelle les paysans corvéables deviennent propriétaires, les habitants des campagnes avaient droit au bois mort, en vertu du droit de corvée et des engagements faits avec le propriétaire.

Ce droit n'existe plus aujourd'hui.

Avant d'aborder les questions de statistique, il est utile d'examiner la flore forestière roumaine, de vous conduire à travers nos forêts que vous apprendrez ainsi à connaître. Vous pourrez mieux, de cette façon, vous faire une idée de la région climatérique dans laquelle se trouve le royaume de Roumanie et de l'importance de nos forêts.

Il n'est pas sans intérêt, je crois, de connaître la manière dont les différentes essences forestières entrent dans la composition de nos massifs.

Le royaume de Roumanie a une forme caractéristique qui est celle d'un croissant. La partie concave est formée par la chaîne des monts Carpathes de laquelle se détachent de nombreuses ramifications qui viennent se perdre dans la région de la plaine. Ces plaines sont limitées à l'est par le Pruth et la mer Noire et au sud par le Danube. La surface du pays est divisée en trois régions bien distinctes et bien caractérisées par leur végétation : *la haute montagne, les collines et la plaine.*

Région montagneuse. — Les sommets des hautes montagnes sont généralement dénudés. La végétation forestière y est remplacée par de vastes pâturages où de jolis troupeaux de brebis et de vaches trouvent la nourriture pendant l'été, du 1er mai au 1er septembre. Ces pâturages se trouvent à 1,800 mètres d'altitude et au-dessus.

Au-dessous des pâturages, on trouve dans les parties plus abritées le *Pinus mughus* sur des étendues assez grandes : c'est là le commencement de la végétation.

Plus bas, entre 1,800 et 1,300 mètres d'altitude, on trouve l'Épicéa qui constitue de beaux et grands massifs, à l'état pur ; ces massifs sont encore vierges dans certaines parties de nos montagnes, difficilement accessibles.

Plus bas encore, le Sapin apparaît par ci par là, et il devient d'autant plus commun que l'on descend aux altitudes inférieures. Ici, le Sapin, tantôt par bouquets, tantôt en mélange intime, forme les massifs avec l'Épicéa.

Ce mélange ne se trouve que jusqu'à 1,000 mètres d'altitude — sauf les exceptions provenant du fait de l'exposition — car presque en même temps que le Sapin, apparaît aussi le Hêtre.

Au-dessous de 1,000 mètres d'altitude, le Sapin et le Hêtre constituent seuls la forêt, le premier devenant de plus en plus rare et cédant sa place au Hêtre, qui constitue enfin de vastes massifs à l'état pur.

Aux expositions sud et ouest, le Hêtre pur ou mélangé à quelques résineux se retrouve jusqu'à 1,200 mètres d'altitude.

En résumé, dans la région de montagne on trouve : au sommet l'Épicéa pur ou en mélange avec le Sapin ; sur les flancs, le Sapin avec le Hêtre à égale proportion ou le Hêtre prédominant; enfin, à la base, le Hêtre pur.

Toutes les autres espèces, telles que *Pinus cembra*, *Larix siberica*, *Taxus baccata*, *Acer pseudo-platanus*, ne se trouvent que sporadiquement. Le Bouleau (*Betula alba*) constitue des bouquets sur des cônes de déjection (ou éboulements) et dans les vallées, bouquets sous lesquels viennent plus tard s'installer le Sapin et l'Épicéa.

De même le Pin sylvestre (*Pinus sylvestris*) se présente sous la forme de bouquets plus intenses à la base des montagnes, occupant une superficie très minime.

La région des collines commence au-dessous de 800 mètres d'altitude. A sa partie supérieure on trouve le Hêtre pur ou presque pur; il est mélangé au Chêne rouvre sur les versants exposés au sud-ouest, et, dans ce cas, le Chêne rouvre se trouve généralement en bouquets.

A mesure qu'on descend, le Chêne rouvre est plus fréquent et le Hêtre devient de plus en plus rare; il ne se retrouve plus qu'au fond des vallées, se mélange au charme et finalement disparaît. Le Chêne rouvre et le Chêne gârnita (*Quercus robur* et *conferta*) constituent alors le massif à l'état pur; le Chêne pédonculé apparaît sporadiquement dans les vallées, à la base des collines.

Les éléments principaux qui entrent dans la constitution des massifs de la région des collines sont donc : le Hêtre, le Chêne rouvre et le Chêne *conferta*. Les éléments secondaires sont : le Chêne pédonculé, l'Érable (*Jugastru*), le Charme, le Frêne, l'Orme, le Bouleau, l'Alisier, le Pommier, le Merisier; parmi ces essences, il n'y a que le Charme et le Bouleau qui forment quelquefois des boqueteaux, les autres ne se trouvent qu'à l'état isolé dans les massifs.

Le Coudrier-Noisetier est un des arbustes les plus communs de cette région, au point qu'il est même à craindre.

L'Aune noir et l'Aune cendré forment exclusivement les aulnaies qui se trouvent dans les vallées de la région montagneuse et de la région des collines.

La région de la plaine commence vers 250 mètres d'altitude; elle est caractérisée par des massifs de chêne pédonculé pur ou en mélange avec le Frêne et le Chêne *cerris*. On y trouve aussi des forêts de composition tout à fait particulière et qui portent ici le nom de «forêts de sleau». On y trouve côte à côte le Chêne pédonculé, l'Érable champêtre, l'Érable tartare (*Acer tartarica*), le Tilleul, le Charme, l'Orme, l'Alisier, le Chêne chevelu, le Peuplier tremble, et le mélange de ces essences est tel, que sur une surface de quelques ares on peut les trouver presque toutes. Ce sont des forêts dévastées par des exploitations abusives et le pâturage.

Sur les bords des rivières et du Danube, nous avons des aulnaies composées de saule, peuplier et aune.

La Dobrogea, quoique comprise entre la mer et le Danube, présente, à cause de la configuration accidentée de son sol, une végétation de plaine et une végétation de colline; la première est prédominante.

Sur les sols sablonneux du bord de la mer Noire, nous trouvons des forêts de chêne pédonculé pur, mais dégénérées.

Au point de vue de leur importance dans la composition des massifs, les essences peuvent se ranger dans l'ordre suivant : 1° le Hêtre; 2° le Chêne et ses variétés; 3° l'Epicéa; 4° le Sapin; 5° les autres essences, comme le Tilleul, le Charme, le Frêne, l'Orme, etc.; le Hêtre couvre donc plus grande superficie de terrain boisé en Roumanie. Telle est, en résumé, la composition de nos massifs forestiers.

La Roumanie n'est pas un pays industriel; malgré cela, l'état de ses forêts n'est pas florissant. Examinons séparément chaque région.

Dans la région montagneuse, les forêts de résineux des *mosneni* et des petits propriétaires sont presque ruinées; les forêts de l'État, des établissements publics et des grands propriétaires sont encore en bon état; on y trouve souvent des épicéas de 50 à 65 mètres de hauteur et de 1 mètre de diamètre à 1 m. 30 du sol.

Dans la région des collines, le *Quercus robur* et le *Quercus conferta* atteignant les dimensions des bois d'œuvre et d'industrie, deviennent de plus en plus rares; il n'y en a plus guère que dans les forêts de l'État où l'on trouve encore des sujets ayant un fût de 10 à 12 mètres et un diamètre de 60 à 100 centimètres.

Toutefois, l'étendue des forêts se maintient la même.

Dans la région de la plaine, presque toutes les forêts sont exploitées, même celles de l'État. Le périmètre des forêts est modifié chaque année par de nouveaux défrichements, le domaine agricole prenant de l'extension au détriment du domaine forestier dont l'étendue diminue de plus en plus.

Seuls l'État et les établissements publics conservent encore leurs forêts; les forêts des particuliers disparaissent peu à peu; on n'y trouve plus d'arbres de grandes dimensions.

L'État possède encore 9,530 hectares de forêts d'acacias âgés de cinq à seize ans, et provenant des plantations commencées en 1884 dans les sables mouvants du Danube.

Je ne veux pas abuser de votre bonne volonté, et il me faudrait trop de temps pour vous exposer la manière dont nous avons procédé pour la fixation des sables mouvants. Je ferai peut-être une communication sur ce point dans la *Revue des Eaux et Forêts*.

Après vous avoir montré l'état et la composition de nos massifs forestiers, occupons-nous un peu de statistique.

Le domaine forestier du royaume de Roumanie ne représente que 21 p. 100 de la surface de son territoire, c'est-à-dire 4 p. 100 seulement de plus que la France.

Ce domaine forestier a une étendue de 2,774,048 hectares, et il est réparti de la façon que j'ai indiquée en commençant.

Les forêts de l'État représentent plus de 50 p. 100 des forêts du pays dans onze départements parmi lesquels :

Tulcea . . . . 92 p. 100.
Constantza 82
Braïla 82
Muscel et Romanatzi 50

Les forêts des établissements publics et du domaine de la Couronne sont réparties sur différents points du territoire, occupant toujours de petites surfaces.

Les forêts des particuliers sont sensiblement dans le même rapport que les forêts de l'État. Toutefois, leur étendue n'atteint jamais 92 p. 100 de la surface totale des forêts, comme c'est le cas pour les forêts de l'État dans le département de Tulcea. Par contre, elles représentent plus de 50 p. 100 dans 18 départements, — particulièrement de montagnes et de collines, — tandis que celles de l'État n'atteignent ce taux que dans 11 départements.

Le taux le plus faible se trouve dans les départements de Tulcea, avec 3 p. 100, et de Constantza, avec 1 p. 100 ; cela tient à ce que, lors de l'annexion de la Dobrogea à la Roumanie, après 1877, toutes les forêts de cette province ont passé de droit à l'État, car il n'y avait pas antérieurement de propriétaires particuliers.

Le service forestier, conformément au code forestier en vigueur, est chargé de la gestion et de l'exploitation des forêts de l'État; il est chargé d'exercer un contrôle sur la confection et l'application des aménagements des forêts soumises au régime forestier, c'est-à-dire des forêts des établissements publics, communes, départements, églises, et des forêts particulières dont le maintien en bon état a été décrété d'utilité publique et qui sont prévues par les articles 11 et 13 du code forestier. Une liste de ces forêts a été publiée dans le *Moniteur officiel*, après la promulgation de la loi.

L'étendue des forêts soumises au régime forestier est de 2,340,042 hectares, soit 84 p. 100 de la surface totale des forêts du royaume.

Les forêts de l'État, du domaine de la Couronne et des établissements publics sont toutes soumises au régime forestier. Il en est de même pour celles des particuliers, sauf dans cinq départements.

La plus grande partie des forêts soumises au régime forestier se trouve dans les régions de montagnes et de collines.

Nous avons déjà dit, dès le commencement, que la population du royaume s'élève, d'après les dernières statistiques de 1898, à 5,690,881 habitants pour un territoire de 13,135,744 hectares; c'est-à-dire que, pour un habitant, il y a 2 hect. 48 de terrain.

Si nous considérons maintenant *le rapport qui existe entre le chiffre de la population et la surface boisée,* nous voyons que, dans le département le plus favorisé, il est de 142 hectares pour 100 habitants; il est, dans le département le moins favorisé, de 7 hectares par 100 habitants.

Si maintenant nous cherchons à voir quel est *le rapport entre la surface boisée et celle du département,* nous trouvons que dans quatre départements seulement ce rapport est supérieur à 1/2.

Passons aux exploitations.

L'État est le plus grand propriétaire forestier en Roumanie, et ce vaste domaine qui représente 39 p. 100 de la surface totale boisée du pays, provient de la sécularisation des biens de l'Église faite en 1859.

L'État possède aujourd'hui 1,122 forêts disséminées dans tous les départements et représentant une surface boisée de 921,643 hectares.

Avant d'aborder le sujet des exploitations proprement dites, voyons quelle est la surface occupée par chaque essence dans les forêts domaniales.

Nous avons divisé ces essences en six groupes, savoir :

a. Résineux purs : Sapin et Épicéa . . . . 119,636 hectares.
b. Hêtre pur ou en mélange avec les résineux 210,239
c. Essences mélangées : Hêtre, Chêne, Charme, Orme, etc. 267,848
d. Chêne pur ou prédominant 275,738
e. Bois blancs : Peuplier, Saule, etc. 38,652
f. Robinier faux Acacia 9,530

Total 921,643

Sur les 1,122 forêts que possède l'État, il y eu a 725 qui ont été mises en exploitation dans le courant des dix dernières années 1889-1899, représentant une superficie de 599,084 hectares. Dans les 397 autres, qui représentent une superficie de 322,560 hectares, on n'a fait aucune exploitation. Peut-être y a-t-on fait par-ci par-là des extractions de bois morts ou dépérissants. mais c'est tout.

Presque toutes les forêts de plaine sont en exploitation ou exploitées déjà. Les rares exceptions sont constituées par les forêts ruinées par les exploitations barbares faites du temps des moines ou par les pâturages abusifs pratiqués jusqu'en ces derniers temps.

Des 397 forêts qui ne sont pas mises en exploitation, la majorité se trouve en montagne, où les moyens de transport manquent.

Les traitements appliqués aux 725 forêts actuellement en cours d'exploitation sont :

Taillis {	simple . . . . , ...	159.077 hectares.
	composé	106.605
Futaie {	régulière.	51,949
	jardinée	109,602
Méthode de la coupe unique		171,851
	Total	599,084

Le taillis simple ne produit que du bois de chauffage, et il n'est appliqué, en général, qu'aux forêts de plaine dégradées.

Le taillis composé. Bien que ce traitement soit moins répandu que le taillis simple et que la futaie, on peut dire cependant qu'il est le traitement principal dans notre pays, parce que la partie des forêts soumise à ce traitement est à peu près totalement exploitée, ce qui n'est pas le cas pour la futaie.

En particulier, il est appliqué à presque toutes les forêts de collines et de plaines.

La futaie est le traitement auquel on tend à soumettre, aujourd'hui, toutes les forêts importantes, quelle que soit leur situation. Cette tendance n'existe que depuis quelques années, de sorte qu'on peut dire que l'on n'est qu'au début de l'application de ce traitement, bien que la surface qui lui est affectée représente à peu près le tiers de la surface totale des forêts domaniales.

Cette conversion s'imposait jusqu'à un certain point, par la dépréciation du bois de chauffage que les forêts particulières suffisent amplement à fournir.

Pour un grand nombre des forêts importantes de l'État, c'est le manque de routes qui empêche la réalisation du capital qui s'y trouve accumulé depuis des centaines d'années; aussi, un grand nombre de ces forêts, situées dans les montagnes, sont encore vierges.

L'existence d'un fonds de mise en valeur des forêts de l'État s'imposait donc et sa création fut décidée par la loi du 17 mai 1892. Supprimé en 1896, ce fonds a été rétabli par la loi de 1900, qui prévoit que l'on devra prélever 2 p. 100 sur le revenu des forêts pour sa formation

L'État voit aujourd'hui s'épuiser celles de ses forêts où les moyens de transport sont faciles, et par conséquent il doit tourner ses regards vers les forêts de la région montagneuse.

C'est assez dire que l'augmentation du fonds pour la mise en valeur de ses forêts s'impose, quel que soit le mode de traitement choisi.

Dans les dix dernières années, on a parcouru, par des coupes de futaie et de taillis, une surface de 57,769 hectares, c'est-à-dire 1/17 du domaine de l'État. Nous en déduisons qu'au point de vue des exploitations nous sommes au-dessous de la possibilité normale qui pourrait, en terme moyen, correspondre à une révolution de cent trente ans.

Parmi ces 57,769 hectares, plus de de 80 p. 100 ont été parcourus par des coupes exploitées par contenance et 20 p. 100 par des coupes exploitées par pied d'arbre, sous forme de futaie jardinée ou de futaie régulière par la méthode du réensemencement naturel.

Considérons maintenant les moyennes par département :

La valeur moyenne d'un hectare de forêt est de 451 francs; la moyenne la plus élevée qui ait été atteinte est de 771 francs; la moins élevée, de 228 francs.

La valeur moyenne d'un arbre, dans les coupes de futaie, est de 6 fr. 55; moyenne la plus élevée, 22 fr. 60; moyenne la plus basse, 2 fr. 35.

Le revenu brut par hectare et par an de tout le domaine forestier est de 3 fr. 60; revenu le plus élevé, 16 fr. 15; revenu le plus bas, 0 fr. 75.

Chez nous, l'offre et la demande ont une tout aussi grande influence sur les prix du bois que les moyens de transport et le voisinage des centres de consommation.

Ainsi, dans le département où la population est la plus dense et les moyens de transport faciles, mais où la surface boisée est relativement plus petite, nous trouvons proportionnellement le revenu le plus élevé, car, en même temps que les prix ont été plus élevés, la surface exploitée a été aussi plus grande.

Au contraire, là où la population est moins dense, où les forêts occupent de plus grandes étendues, mais où les moyens de transport sont difficiles et les principaux centres de consommation éloignés, les surfaces exploitées sont moindres et les prix de l'unité de volume plus faible, par suite les revenus sont moindres aussi.

Le revenu net pour tout le pays est de 2 fr. 30 par hectare et par an.

Ce chiffre est assez faible, mais son exiguïté ne provient pas tant du bon marché que de la mauvaise qualité des produits ligneux mis en vente dans notre pays et des trop petites surfaces exploitées annuellement.

Car ces 2 fr. 30 représentent le revenu net pour toute la surface boisée de 1,085,000 hectares et non pas seulement pour la surface exploitée dans les dix dernières années, qui est de 58,000 hectares seulement.

Nous en déduisons donc que l'État, au point de vue de ses exploitations forestières, est au-dessous de la possibilité normale de ses forêts et que par conséquent il a, dans ces forêts, de grands capitaux accumulés qu'il doit faire fructifier.

Si on cherche à voir quel est le rapport entre les dépenses et les revenus, nous trouvons que ce rapport est sensiblement égal à 1/3.

Ce rapport diffère de celui qui existe entre les mêmes quantités dans d'autres pays : ainsi, en Autriche il est égal à 4/5 et en France à 1/2 et cependant le revenu net par hectare et par an est de 10-20 francs. Ceci nous indique suffisamment que l'État Roumain se trouve encore au début de ses travaux forestiers et qu'il n'est pas encore entré dans la voie des exploitations systématiques qui réclameraient des dépenses plus grandes, — plus de la moitié du revenu brut peut-être, — mais qui devraient naturellement élever le taux du revenu net à l'hectare.

Ces dépenses ne seraient absolument nécessaires que pour l'amélioration des voies de vidange et pour leur création, là où elles manquent totalement.

Je ne puis mieux terminer cette communication qu'en remerciant les organisateurs de ce Congrès forestier, le premier Congrès de sylviculture qu'on ait fait. (*Applaudissements.*)

M. LE PRÉSIDENT. L'Assemblée adresse tous ses remerciements à M. Tanassesco pour sa très intéressante communication.

11.

M. DE VILMORIN donne lecture de son rapport sur le mémoire de M. Cannon, intitulé : *Culture d'arbres exotiques aux Vaux* [1].

Le travail de M. Cannon est intéressant à plus d'un titre, portant sur environ vingt-cinq essences diverses cultivées depuis la graine jusqu'à la période de jeunesse et dans des conditions plutôt difficiles par un véritable connaisseur, instruit des conditions de la croissance des arbres dans leur pays d'origine et aussi du résultat des principaux essais tentés sur ces arbres en Europe.

Ceux de M. Cannon portent en très grande majorité sur des conifères. Il constate que dans les sables peu fertiles mais cependant un peu frais de la Sologne, la plupart des conifères arrivent à pousser d'une façon satisfaisante et parfois même vigoureuse, après une période d'installation plus ou moins longue, parfois un peu pénible.

Cette période préparatoire, accompagnée d'accroissements peu sensibles est assez longue dans la série des sapins vrais (à cône dressé), particulièrement pour le *concolor*, le *nobilis*, le *Nordmanniana*; mais dès que les flèches partent, leur accroissement devient de plus en plus actif.

Parmi les sapins à cônes pendants (*Picea, Tsuga*, etc.) le ps. *Tsuga Douglasii* se montre en Sologne, comme presque partout, très remarquable comme promptitude de croissance, même sur de jeunes sujets. En raison du prix encore élevé de ce plant et de son prompt développement, M. Cannon engage à le planter fort espacé en remplissant l'intervalle d'un garnissage temporaire. Par contre, le *Menziesii* (*Picea Sitchensis*) réussira mieux en massif serré et en un terrain un peu frais.

Parmi les cupressinées, M. Cannon signale le succès encourageant du *Libocedrus decurrens*, que l'on doit garer avec soin de la dent du lapin, et la croissance merveilleuse du *Sequoia gigantea* dans certains sables arides mais profonds où les arbres indigènes réussissent très pauvrement. Cet arbre pourrait faire un généreux producteur de bois et s'élever sur des taillis, notamment. Il pense que les sujets un peu forts résisteront aux gelées de Sologne. Au domaine des Barres-Vilmorin, l'hiver de 1879-1880 a détruit des pieds hauts de 8 à 10 mètres. C'est un avertissement.

Parmi les pins, deux espèces fournissent des résultats intéressants; le *Pinus rigida*, par sa bonne croissance dès ses premières années de repiquage et son aptitude à rejeter du pied quand il est coupé avant l'âge de 10 ans, et le Pin Weymouth (*P. Strobus*), par la rusticité de son plant,

[1] Voir le mémoire de M. Cannon aux annexes (annexe n° 7).

son ressemis naturel et son bon accroissement, même dans des sables arides.

Somme toute, avec les conifères, le résultat est encourageant, quoique la Sologne soit pays de plaine et fort chaude en été.

Les essais sur les arbres feuillus portent surtout sur trois chênes américains : *palustris, coccinea, rubra.* Tous s'annoncent comme devant réussir dans les sables de Sologne. L'essai du petit chêne *Bansteri* (*Q. ilicifolia*) eût été intéressant. Il est très accommodant, fructifie très jeune et ses buissons reçoivent fréquemment des semis naturels qui les étoufferont un jour. Son utilisation dans les chasses pourrait être essayée en Sologne.

· M. Cannon conclut à l'intérêt que présentent les essais d'introduction d'arbres étrangers spécialement pour les régions de plaines et pour les milieux défavorables à nos arbres indigènes. Dans le nombre si grand des arbres étrangers, on est en droit d'espérer que quelques uns, doués d'aptitudes spéciales, se montreront propres à occuper profitablement des terrains où les nôtres n'auraient donné que des produits insuffisants. (*Applaudissements.*)

M. le Président propose de voter des félicitations à M. Cannon et à M. de Vilmorin pour leurs intéressantes communications. (*Adopté.*)

M. de Vilmorin donne lecture de son rapport sur le mémoire de M. Pardé, intitulé : *Les principaux végétaux ligneux exotiques au point de vue forestier*[1].

Le mémoire très méthodique et complet de M. Pardé donne la description sommaire, l'usage et relate les essais en Europe d'un grand nombre d'espèces ligneuses exotiques. Ces indications particulières sont précédées et suivies d'observations générales intéressantes à connaître.

Parlant des essais de culture faits à l'étranger, M. Pardé estime qu'il n'y a point là pour le forestier une simple question de curiosité, mais qu'il faut y voir aussi un côté pratique.

Beaucoup contestent ce côté pratique, niant que la naturalisation des espèces exotiques soit possible ou que leurs produits puissent égaler en qualité ceux des espèces indigènes. Or l'expérience prouve qne la naturalisation a été obtenue pour un petit nombre d'espèces : mûrier, platane et plus récemment peuplier de Virginie, ailante, robinier, etc.

[1] Voir le mémoire de M. Pardé aux annexes (annexe n° 8).

Sur le second point, si les genres d'arbres indigènes où les espèces sont relativement nombreuses, chênes, ormes, frênes présentent presque toujours des qualités supérieures chez les espèces indigènes, il n'en reste pas moins acquis que celles-ci ne répondent pas à tous nos besoins, puisque des produits d'arbres étrangers similaires sont importés en notre pays en quantité notable.

Mais surtout il faut observer que certains genres ne sont pas représentés en notre pays, bien que les conditions biologiques ne les excluent nullement; tels sont : le tulipier, les grandes légumineuses, le Paulownia, les Carya dont le bois n'a point d'analogue dans nos essences indigènes et trouve des emplois utiles pour des usages variés. Ces bois spéciaux ne pourraient-ils être obtenus en France?

Il faut encore tenir compte de la productivité; ainsi le Chêne rouge d'Amérique ne donne pas des produits d'une aussi bonne qualité que nos chênes indigènes, mais il les fournit beaucoup plus rapidement. Il en est de même du mélèze japonais vis-à-vis du mélèze européen. Enfin certaines espèces étrangères se montrent aptes à végéter convenablement en des milieux ou terrains où aucun de nos arbres n'aurait une végétation comparable.

Pour toutes ces raisons, M. Pardé croit qu'un certain nombre de végétaux ligneux exotiques peuvent rendre des services à la sylviculture.

La question est de savoir quels sont ces végétaux. Pour la résoudre, il faut faire des essais et les répéter dans différents sols et différentes stations.

Tout boisement constituant un placement à échéance plus ou moins lointaine, les grands propriétaires forestiers et l'État en particulier peuvent à peu près seuls entreprendre ces essais; c'est surtout aux agents forestiers chargés d'administrer le domaine de l'État qu'il appartient, dit M. Pardé, de faire les essais qu'il réclame.

Cette opinion de M. Pardé paraît basée sur des raisons sérieuses; nos lois successorales ni nos mœurs françaises ne favorisent la transmission héréditaire de grands domaines pendant plusieurs générations et l'œuvre d'expérimentation forestière chez les particuliers sera forcément rare; les personnes mêmes qui pensent qu'en principe l'initiative privée doit s'exercer partout où la logique ne lui impose pas des limites reconnaîtront que, dans notre pays, l'État peut ici beaucoup plus que les particuliers.

M. Pardé conclut en émettant le vœu que les résultats obtenus, aussi bien les mauvais que les bons, soient portés à la connaissance des inté-

ressés et que les revues et bulletins de sociétés veuillent bien leur faire
une place dans le choix de leurs articles. Ils rendront ainsi service à la
sylviculture tout en intéressant leurs lecteurs.

Telles sont les considérations générales énoncées dans le mémoire ou
qui s'en dégagent.

Dans l'examen critique des aptitudes de chaque essence et de sa façon
de se comporter dans les essais, plusieurs faits intéressants sont relevés
par M. Pardé. Les essais de M. Buffaut constatent la bonne réussite dans
les dunes de Gascogne du Févier triacanthos, du Négondo commun et surtout du Cyprès de Lambert.

La disparition progressive du Noyer commun est signalée par M. Pardé;
son rôle de producteur d'huile paraît fini; on exploite l'arbre quand il est
à maturité et l'on replante rarement. Son bois peut être à peu près suppléé
par celui du Noyer noir d'Amérique, des *Carya porcina, alba* et *amara* qui
ont tous sur le Noyer commun l'avantage de pouvoir croître en massif;
l'essai sérieux de ces arbres paraît très motivé. Si leur propagation, surtout celle des Carya, déjà fort recommandée par Michaux, n'a pas été plus
abondante. c'est qu'on a été rebuté par la mauvaise reprise des plants. La
longueur du pivot de ceux-ci est, en effet, un obstacle à la replantation,
il faut recourir aux semis en place.

En ce qui concerne les conifères, des essais sérieux sont conseillés avec
le Cyprès de Lawson qui réussit bien dans les dunes de Gascogne et d'ailleurs presque partout; avec le Pin du Lord Weymouth dans les sables
humides et même tourbeux; avec le Sapin de Nordmann et le Pinsapo
qui admettent des degrés de sécheresse et chaleur atmosphériques et des
sols calcaires non tolérés par la plupart des autres sapins.

En raison de l'âge avancé auquel il produit son bois de cœur, le Sapin
de Douglas paraît réservé aux boisements de l'État seulement, à moins
que l'utilisation de son bois blanc ne s'affirme plus sûrement.

Le fait intéressant du semis naturel du *Thuya gigantea* (*Lobbii*) en massif
serré est signalé par M. Pardé, c'est un point important en faveur de ce
bel arbre. La réussite du Genévrier de Virginie en sables médiocres, au
voisinage de la mer, est encore un fait à signaler ainsi que la résistance
extrême du *Picea alba* à la violence des vents.

Le rapport de M. Pardé sera lu avec grand intérêt par toutes les personnes pensant à entreprendre des essais et surtout par les forestiers. Il
est remarquablement complet, mentionnant plus de quarante essences
feuillues et de cinquante conifères.

M. Pardé a pu voir un très grand nombre d'arbres exotiques et particulièrement de conifères au domaine des Barres-Vilmorin, où il a résidé longtemps. La richesse de cette collection rend désirable l'impression d'un bon catalogue descriptif des espèces qui s'y trouvent réunies. (*Applaudissements.*)

M. LE PRÉSIDENT. L'Assemblée adresse tous ses remerciements à MM. Pardé et de Vilmorin. (*Applaudissements.*)

M. GAZIN. On vous a parlé du Chêne rouge d'Amérique. Je veux appeler votre attention sur quelques détails relatifs à cette essence.

Des plantations de Chênes rouges d'Amérique ont été faites dans les Vosges il y a soixante-dix ans et les massifs sont tous bien venants. Les sujets sont plus hauts que les chênes voisins; les bois sont plus droits, parce qu'ils supportent mieux les gelées printanières.

Nous avons à Mirecourt, au mois de mai, — 5°; les chênes ordinaires ont été gelés, et les chênes rouges, qui étaient déjà feuillés, paraissent indemnes.

En ce qui concerne la qualité du bois, on m'a affirmé que c'était un bois très dur.

Un point très important est la fertilité de ces chênes : il y a à peu près tous les ans une glandée; on trouve à plus de 150 mètres des porte-graines des chênes rouges qui sont très visibles à l'automne. Cette essence se propage mieux que les autres par semis. (*Applaudissements.*)

M. BOPPE. Lors de l'Exposition de 1889, j'ai été appelé à faire une collection des maladies des bois; j'ai constaté que les chênes indigènes étaient sujets à la gélivure, à la roulure et au double aubier; tous les gros chênes de Mirecourt portaient des traces de cette maladie. J'ai examiné aussi les chênes rouges : ils étaient indemnes de toute maladie.

M. GAZIN. Les chênes rouges dont je viens de parler ont poussé sur les terrains siliceux de la Moselle. En connaît-on qui aient poussé sur des terrains calcaires?

M. RUNACHER. J'en ai vu quelques-uns du côté de Baume-les-Dames qui paraissaient bien venants.

M. CANNON. J'en connais dans le Jardin public de Pau, qui sont superbes.

M. DE VILMORIN. Je les connais très bien; ils ont poussé sur des terrains compacts, dépourvus de calcaire. Tous les chênes rouges en Europe sont calcifuges. Si le sol contient plus de 3 ou 4 p. 100 de chaux, ils ont un feuillage blanc ou vert pâle. Il ne faut donc pas tenter d'introduire les chênes rouges dans des terrains calcaires.

M. Gazin a dit que les chênes rouges de Mirecourt avaient un bois très dur : or, le chêne rouge est considéré en Amérique comme étant d'une dureté relative. Mais il est possible que le climat d'Europe lui soit plus favorable que celui d'Amérique; la saison de végétation paraît plus longue chez nous qu'aux États-Unis. Il est possible aussi que les chênes importés en Europe soient tout à fait de qualité supérieure. (*Applaudissements.*)

M. PARDÉ dépose sur les mémoires présentés les conclusions suivantes :

1° « Qu'il soit fait en forêt, sur de petites surfaces, dans les différentes régions, sur des stations diverses et sur tous les sols, des essais de boisement portant sur les *principales* essences exotiques;

2° « Que les résultats, bons ou mauvais, de ces essais soient enregistrés, centralisés soigneusement, et surtout qu'ils soient portés à la connaissance des forestiers. »

M. ZEERLEDER DE FISCHER demande que ce vœu ait un caractère international.

Le vœu est adopté.

M. BOPPE. Sur la question des éclaircies, j'ai reçu ce matin le rapport de M. Böehmerlé, écrit en allemand. Je n'ai pas eu le temps de l'examiner, je demande qu'un de nos collègues, M. Schaeffer, par exemple, soit chargé de l'examiner et fasse un rapport qui sera inséré dans le compte rendu [1] (*Adopté.*)

M. MARION donne lecture, pour M. Clément Sarcé, son grand-père,

---

[1] M. Schaeffer a bien voulu accepter la mission de rendre compte de l'ouvrage de M. Böhmerlé, ainsi intitulé : *Bisherige Erfahrungen aus einigen Durchforstungs und Lichtungsversuchstachen der K. K. forstlichen Versuchsanstalt in Mariabrunn.* Anläszlich der Pariser Welfausstellung 1900, bearbeitet von Karl Böhmerle (Mittheilung der K. K. fortlischen Versuchsanstalt in Mariabrunn). — Wienn. Verlag von Wilhelm Frick, K. und K. Hofbuchandlung, 1900. — Le rapport de M. Schaeffer figure aux annexes sous le n° 9.

d'une communication de celui-ci, relative aux délais de transport des arbres et arbustes par chemins de fer.

Vœu pour l'abaissement des délais de transport.

Le soussigné Clément Sargé, ancien notaire, membre de la Société des Agriculteurs de France et des Sociétés forestières de Franche-Comté-Belfort et Belge, expose ce qui suit :

Les plantations, non seulement d'arbres forestiers, mais encore de tous arbres et arbustes, sont rendues excessivement difficiles et même souvent compromises par les délais interminables accordés aux compagnies de chemins de fer. Les plants qui, dans certains cas, ont jusqu'à trente jours de chemin de fer, arrivent souvent demi-secs et dans le plus déplorable état. La reprise est quelquefois complètement nulle; les propriétaires se découragent et renoncent aux plantations.

Voici un exemple de ces délais : Tarif petite vitesse n° 323. De Mayet (Sarthe), ligne de Tours au Mans, à Paris, distance 241 kilomètres, les délais sont de 8 jours, décomposés comme suit :

1 jour pour la remise;

1 jour pour l'expédition (partout à l'étranger, la remise et l'expédition se font le même jour);

1 jour pour le trajet de Mayet à Château-du-Loir. sur l'Orléans (22 kilomètres);

1 jour pour transmission à Château-du-Loir sur l'État;

1 jour de Château-du-Loir à Chartres (139 kilomètres);

1 jour pour transmission à Chartres;

1 jour de Chartres à Vaugirard-Ouest (80 kilomètres);

Arrivée, 1 jour.

Total : 8 jours.

Le même trajet de 241 kilomètres se fait à l'étranger bien plus rapidement.

En Angleterre, presque toujours en grande vitesse, à cause de la concurrence que les compagnies se font entre elles.

En Allemagne, en quatre jours décomposés comme suit : trois jours pour les 100 premiers kilomètres, compris un jour pour l'expédition et un jour pour la livraison, un jour pour le trajet de 141 kilomètres; les compagnies doivent faire 200 kilomètres par jour.

En Belgique et Hollande réunies, en trois jours décomposés comme suit : un jour pour l'expédition, un jour pour la livraison, un jour pour le trajet de 241 kilomètres. Les compagnies doivent faire 250 kilomètres indivisibles par jour.

En Italie, en quatre jours décomposés comme suit : vingt-quatre heures pour l'expédition dans les gares principales, trente-six heures dans les gares secondaires, vingt-quatre heures pour les livraisons, vingt-quatre heures par chaque 125 kilomètres indivisibles. Le délai est augmenté de dix-huit heures dans le cas de traversée de montagnes offrant des pentes supérieures à 20 mètres par 1,000 mètres; douze heures pour le transit d'une compagnie sur une autre.

Et en Russie, en quatre jours décomposés comme suit : vingt-quatre heures pour le chargement, vingt-quatre heures pour le déchargement, vingt-quatre heures par 150 verstes (la verste équivaut à 1,077 mètres), et huit heures pour chaque transbordement d'une compagnie sur une autre.

J'ai vu les grandes gares de l'étranger. Le personnel ne m'a pas paru plus intelligent que celui de nos compagnies; le trafic m'a semblé aussi important qu'en France.

On se demande pourquoi ce qui se fait si facilement à l'étranger ne se ferait pas en France.

Les compagnies françaises doivent marcher à une vitesse de 150 kilomètres le premier jour, de 125 kilomètre les jours suivants, et dans certains cas de 200 kilomètres sur les grandes lignes; mais elles ne le font presque jamais à cause des jours supplémentaires pris pour la remise, l'expédition et les transbordements aux changements de compagnie ou aux bifurcations sur la même compagnie, etc.

A l'étranger, les transbordements aux bifurcations d'une même compagnie ne sont jamais comptés, les transbordements d'une compagnie sur une autre ne sont pas comptés ou bien sont comptés pour huit heures ou douze heures au plus. En France, c'est toujours un jour.

Cette lenteur nous cause un préjudice incalculable et fait en ce moment la fortune d'Anvers. Les navires vont décharger leurs cargaisons à Anvers pour ne point avoir recours à nos chemins de fer. L'Angleterre s'approvisionne de fleurs à Gand et délaisse Angers et Orléans. Dernièrement, au cours d'un séjour à Gand, j'ai vendu pour 80,000 francs de fleurs en un jour.

Les compagnies, en réduisant leurs délais pour les mettre en conformité de ceux pratiqués à l'étranger, verraient leur trafic augmenter dans des proportions énormes.

La fortune publique augmenterait également par le boisement de terrains incultes et par des plantations d'arbres de toutes sortes.

En conséquence, je propose au Congrès international de Sylviculture d'émettre le vœu suivant :

« Que les délais de chemins de fer pour le transport des plants d'arbres et arbustes vivants soient abaissés pour être mis en conformité de ceux appliqués à l'étranger et surtout que les jours pris pour transbordement soient supprimés. »

Pontvallain (Sarthe), juin 1900.

Signé : Clément Sahcé.

NOTA. — Déjà le Congrès de 1899 de la Société des Agriculteurs de France et celui de la Société forestière de Franche-Comté et Belfort ont émis le vœu :

« Que les délais des compagnies de chemins de fer en matière de transport de plants d'arbres soient abaissés. »

Et même, la Société des Agriculteurs de France, à la suite de démarches faites auprès des compagnies, a obtenu :

1° Leur renonciation aux cinq jours supplémentaires qu'elles avaient le droit d'exiger en plus des délais réglementaires en cas de transbordement d'une compagnie sur une autre;

2° Et une amélioration très grande dans les tarifs P.V. n° 323, lesquels ont été abaissés dans des proportions très sensibles et rendus compréhensibles par la base décroissante à partir de la gare de départ jusqu'à la gare d'arrivée.

M. MARION dépose les conclusions suivantes :

« Que les délais de chemin de fer pour le transport des plants d'arbres et arbustes vivants soient abaissés pour être mis en conformité de ceux appliqués à l'étranger et surtout que les jours pris pour transbordement soient supprimés. »

Ces conclusions sont adoptées.

M. LE PRÉSIDENT. L'ordre du jour appelle la discussion de la question suivante :

Stations de recherches et d'expériences; bureaux d'informations. — Utilité, programmes et résultats.

M. LE PRÉSIDENT fait remarquer que cette question a déjà été traitée dans les précédentes séances, notamment par M. Runacher.

M. GUYOT ajoute que les résultats constatés au point de vue de la météorologie à la station de Nancy ont été donnés à la 2ᵉ section.

M. LE PRÉSIDENT. L'ordre du jour est épuisé.

La séance est levée à midi.

PREMIÈRE SECTION.

ANNEXE N° 1.

TRAITEMENT DU SAPIN.

UTILITÉ ET NÉCESSITÉ DES STATIONS DE RECHERCHES
POUR DÉTERMINER
LE MODE DE TRAITEMENT LE PLUS AVANTAGEUX.

Généralités, définitions. — Le sapin peut être soumis à deux modes de traitement : celui de la futaie pleine, ou du réensemencement naturel et des éclaircies, et celui du jardinage. (Je ne parlerai pas du tire et aire.)

La futaie pleine doit renfermer des bois de tous les âges groupés en masses régulières, disposées autant que possible les unes à la suite des autres, de manière à présenter successivement tous les étages depuis les brins naissants jusqu'aux vieilles écorces. Elle comporte deux sortes de coupes : 1° celles de régénération (ensemencement, secondaires et définitives) au moyen desquelles on réalise les bois mûrs dans les parties les plus âgées, pour y produire le réensemencement naturel et leur remplacement complet par de jeunes bois, semis et gaulis, à la fin de la période; 2° les coupes d'amélioration, nettoiements et éclaircies, qui ont pour but de maintenir l'ensemble des massifs à l'état régulier, ou de régulariser peu à peu ceux qui ne le sont pas et, d'autre part, de les amener progressivement et le plus rapidement possible à la maturité pour être régénérés les uns après les autres, jusqu'à ce que toute la forêt ait été ainsi parcourue pendant la révolution. On recommencera et on continuera ensuite de même, pendant chaque révolution suivante.

Dans la *futaie jardinée* les bois de tous les âges sont partout confusément mêlés et étagés les uns au-dessus des autres. Elle n'est soumise qu'à une seule nature de coupe, la coupe jardinatoire, par laquelle on prend la possibilité parmi les bois mûrs et ceux que leurs dimensions rendent exploitables, choisis, de ci, de là, sur des étendues variables, mais de manière à parcourir toute la forêt pendant un nombre d'années déterminé à l'avance, appelé rotation (8 à 15 ans). On réalise en même temps les bois défectueux, morts ou mourants, toutes les fois que l'on en rencontre.

Ici les bois dominés ne doivent jamais être enlevés tant qu'ils sont encore en vie, puisqu'ils peuvent être appelés à remplacer, d'un moment à l'autre, ceux qui les dominent.

Il me semble inutile de donner plus de détails sur ces deux sortes de traitement qui ont fait l'objet de nombreux traités de sylviculture et d'aménagement et dont les principes et les règles sont connus de tous les forestiers.

La méthode du réensemencement naturel et des éclaircies, importée en France par M. Lorentz, n'a commencé à y être appliquée que vers la fin de la première moitié de ce siècle et déjà, depuis de nombreuses années, on semble vouloir l'abandonner pour retourner au point de départ, au jardinage. Avant de prendre une pareille détermination qui peut avoir une très grande influence sur l'avenir de nos sapinières, ne serait-il pas utile de s'assurer, par un examen attentif et minutieux, s'il ne vaudrait pas mieux conserver cette méthode en y apportant les modifications et les perfectionnements indiqués par une longue pratique? Autrement, on risquerait, par une trop grande précipitation, d'avoir à regretter une erreur dont on aurait à réparer les conséquences fâcheuses. Car enfin, ce qui était vrai il y a 60 ou 70 ans, l'est encore aujourd'hui et les raisons invoquées autrefois contre le jardinage subsistent toujours. On en trouve l'énumération complète et détaillée dans *La culture des bois*, de Lorentz et Parade (p. 302, 4ᵉ ligne), que je ne puis mieux faire que de citer en entier : «Il résulte de cette manière d'opérer (coupes jardinatoires) que la forêt présente, sur tous les points, des bois de tout âge confusément mêlés, depuis le jeune brin jusqu'à la vieille écorce, et que les arbres qui ont le plus de grosseur et d'élévation gênent ceux qui se trouvent immédiatement sous leur couvert et en ralentissent la végétation. De plus, les arbres, n'étant pas serrés entre eux, s'étendent en branches, deviennent presque toujours noueux et n'atteignent pas la hauteur que la nature leur a assignée. Il en résulte encore que, s'élevant pour ainsi dire par échelons, ils ne peuvent se tenir réciproquement et ne présentent pas assez de résistance aux coups de vent et à la pression de la neige et du givre. Les bois les plus faibles, arrêtés dans leur végétation par ceux qui les surmontent, contractent des germes de maladie, lorsque cet état de gêne se prolonge; presque toujours ils languissent, rarement ils arrivent à un beau développement.

«Le jardinage, en disséminant les exploitations sur de très grandes surfaces, rend la surveillance fort difficile et augmente considérablement les dégâts de l'abatage et de la vidange. Mais le reproche le plus grave auquel donne lieu ce mode, c'est de ne faire rendre aux forêts, dans un temps donné, que des produits matériels très inférieurs en quantité et en qualité, à ceux que l'on obtient par la méthode du réensemencement naturel et des éclaircies. Il suffit de comparer l'influence de ces deux modes sur la végétation, pour être convaincu de cette vérité. En effet, dans les forêts jardinées, nous voyons les bois de toute catégorie entravés dans leur développement, pendant un temps plus ou moins long et souvent jusqu'à la fin de leur existence; dans la futaie régulière, au contraire, la croissance est favorisée dès la première jeunesse et activée, jusqu'au terme de la maturité, par des exploitations périodiques entreprises dans ce but. Or, il est évident que, de deux forêts, celle qui fournira le plus de matière dans un temps donné, est celle où la généralité des arbres aura l'accroissement le plus fort et le plus soutenu, toutes circonstances égales d'ailleurs. Ajoutons que, dans la futaie jardinée, il n'est pas question d'enlever, comme dans la futaie régulière, les jeunes bois dominés qui, par conséquent, sont perdus pour la consommation [1].

---

[1] Ces bois ne sont enlevés que quand ils sont secs, c'est-à-dire quand ils ont perdu une grande partie de leur valeur.

«Quant à la qualité des bois, la facilité qu'ils ont, dans la futaie jardinée, de s'étendre en branches, les rend inférieurs pour la construction et la fente, à ceux qui ont crû en massif; et il est à remarquer, en outre, que les dégâts considérables causés par l'abatage et la vidange dans une telle forêt, y multiplient les arbres viciés, tandis que l'on n'en rencontre que peu dans les futaies régulières. »

Ainsi donc les résultats du jardinage devraient être inférieurs à ceux de la méthode naturelle et cependant celle-ci, de l'avis d'un grand nombre de forestiers, ne paraît pas avoir justifié les prévisions de nos maîtres qui l'ont enseignée avec une si grande conviction et de nos prédécesseurs, leurs premiers élèves, qui l'avaient acceptée avec tant d'empressement.

Objections soulevées contre le mode des éclaircies. — Les rendements de la futaie régulière, disent ses détracteurs, seraient moindres que ceux de la forêt jardinée; la première exigerait une accumulation plus grande de matériel, de longues révolutions et des soins délicats et constants; enfin on ne serait pas parvenu à régulariser les massifs dans les futaies soumises au mode des éclaircies.

Examen de ces objections. — La théorie serait donc, cette fois, en contradiction avec la pratique! Mais est-on suffisamment fondé à conclure, sans craindre de se tromper, qu'il faut retourner en arrière et délaisser complètement le mode du réensemencement naturel et des éclaircies? Est-ce ce mode de traitement qui est mauvais, ou ne faut-il pas plutôt en attribuer les insuccès à l'inexpérience de ceux qui l'ont appliqué, inexpérience résultant de l'insuffisance de renseignements sur l'état d'un peuplement normal régulier aux différents âges et sur le degré de consistance qui lui convient le mieux? A-t-on bien compris la pensée et l'enseignement de nos illustres maîtres et suivi scrupuleusement leurs prescriptions? N'a-t-on pas trop souvent oublié qu'en l'appelant *la méthode du réensemencement naturel et des éclaircies*, ils avaient attaché aux éclaircies une importance capitale? Il est évident que, pour eux, la coupe d'éclaircie doit être considérée comme la base même du traitement; il suffit de voir avec quels soins et quels détails ils en ont donné la description dans le traité de culture.

Ce sont elles, en effet, qui permettent, d'une part, de maintenir les massifs dans un *état convenablement serré*, où les tiges seront toujours à une distance suffisante les unes des autres, pour ne pas trop se gêner réciproquement dans leur développement, mais cependant assez rapprochées pour que l'élagage naturel et progressif des branches inférieures provoque l'allongement des fûts; et, d'autre part, d'amener les peuplements à leur maturité le plus rapidement et dans les meilleures conditions possibles, au grand avantage des propriétaires.

Les observations et les affirmations sur lesquelles s'appuient les adversaires de ce mode de traitement sont-elles réellement inattaquables?

Première objection. — Si les partisans du jardinage, notamment les fervents disciples de l'inventeur de la méthode dite *du contrôle*, citent certaines forêts dans lesquelles deux comptages successifs[1] ont accusé des accroissements considérables de

_____

[1] Comptages faits de 5 à 6 ans d'intervalle. Il suffit de raccourcir l'intervalle pour obtenir des résultats encore plus surprenants. Ainsi, dans la forêt de Charquemont, inspection de Montbéliard,

8 à 15 mètres cubes par hectare et par an, on peut faire voir des futaies pleines où l'on a constaté, avec le même procédé, des accroissements semblables et dont certaines parcelles, absolument régulières, ont indiqué 20 mètres cubes et plus. Du reste, cette infériorité, si elle existe réellement, a deux causes : la première vient de ce que l'on a souvent maintenu trop longtemps les vieux peuplements en massif clair pour attendre des semis qui ne venaient pas ou peu, surtout sous les épicéas, et qu'il eût été préférable de remplacer ou de compléter immédiatement par des plantations pour ne pas laisser une partie du sol improductive pendant plusieurs années; la deuxième, de ce que l'on n'a pas toujours fait les coupes d'éclaircie assez fortes, en n'exploitant pas l'arbre près d'être surmonté, comme l'ont recommandé nos maîtres. D'où double perte provenant du matériel non exploité et du ralentissement de la végétation dans des massifs trop serrés.

Que peut-on tirer des chiffres cités plus haut, relatifs à ces gros accroissements, sinon le doute sur la valeur de l'un ou l'autre des comptages et la nécessité d'avoir recours à un moyen d'investigation plus rigoureux et plus exact pour faire cesser toute incertitude?

Deuxième objection. — Il en est de même de l'accumulation plus grande de matériel.

Avant de formuler une opinion sur cette question, il serait nécessaire de fixer le nombre de tiges et le volume que doivent renfermer les massifs de chaque classe pour fournir une production normale, puis de comparer ce volume à celui d'une futaie jardinée dans les mêmes conditions de sol et de climat et ne pas la baser sur la présence d'un matériel souvent énorme de 600 à 1,000 mètres cubes et plus, par hectare, que l'on voit dans quelques parcelles régulières. Il conviendrait de s'assurer tout d'abord si les accroissements annuels n'y auraient pas été identiques et peut-être même supérieurs avec un volume initial plus faible.

Troisième objection. — L'inconvénient qui provient de la durée de la révolution perd toute sa gravité si l'on applique à la futaie régulière le système du précomptage général, qui permettra, après un délai plus ou moins long, de fixer la possibilité indépendamment de la révolution, au moyen des résultats fournis par des comptages successifs effectués à intervalles égaux.

Est-il bien vrai que les prévisions faites pour toute une révolution de 120 à 150 ans ne puissent être réalisées? Ne verrait-on pas disparaître l'incertitude de ces prévisions et l'instabilité des aménagements, s'il y avait plus d'uniformité dans la méthode et dans les idées des forestiers, si l'on était fixé, d'une part, sur le mode de traitement le plus avantageux, et, d'autre part, sur la meilleure manière de faire les coupes?

Qu'on remplace un jardinier par un autre dans un jardin, s'ils connaissent tous les deux leur métier à fond, on ne s'apercevra de ce changement que par des nuances ou

deux comptages faits à 2 ans d'intervalle ont accusé des accroissements variant de 13 à 30 mètres cubes par hectare et par an. Une parcelle d'épicéas purs, absolument régulière dans cette même forêt, a accusé 26 mètres cubes. Dans la forêt de Charmoille, même inspection, sapin pur, on a trouvé avec deux comptages effectués à 9 ans de distance : Parcelle C, vieille futaie, 18 mètres cubes ; Parcelle K, haut perchis, 25 mètres cubes.

des détails. Ils auront une préférence pour telle ou telle disposition des carrés et des massifs, pour telle ou telle forme à donner aux arbres fruitiers. Mais, s'ils veulent obtenir le maximum de produits, ils emploieront les mêmes procédés pour la culture des légumes, la même méthode pour la taille et la mise à fruit des arbres. On marchera bientôt avec la même assurance dans la culture agricole.

Pourquoi n'en est-il pas de même pour la culture forestière? Pourquoi les forestiers, dont l'intelligence et le savoir ne sont mis en doute par personne, ne peuvent-ils s'entendre au sujet du traitement des forêts?

Pourquoi les uns sont-ils partisans du jardinage, les autres de la méthode naturelle? Pourquoi ceux-ci font-ils des coupes d'éclaircie assez fortes là où ceux-là les font faibles et même pas du tout? Pourquoi y en a-t-il qui recommandent l'emploi des *résineux* pour la réfection des vides et clairières dans les taillis et l'amélioration de ces derniers, tandis qu'il y en a qui le proscrivent d'une manière absolue [1]?

D'où vient cette divergence dans les idées de personnes qui ont puisé leurs principes à la même source, si ce n'est d'une connaissance insuffisante des conditions de la végétation des arbres et des massifs forestiers, qui n'ont pas été observées et étudiées avec tout le soin et toute l'exactitude désirables. Tandis que, pour l'horticulture, l'arboriculture et l'agriculture, on a multiplié les essais et les recherches sous toutes les formes, on s'est contenté pour la culture des bois de faits observés à l'œil, donnant lieu à des appréciations très diverses, ou d'expériences isolées, insuffisantes et incomplètes, comme celles qui sont basées sur la seule mesure de la circonférence ou du diamètre des arbres à 1 m. 30 au-dessus du sol, alors que leur forme varie considérablement depuis la racine jusqu'à la cime.

Et puis, est-ce une raison de condamner un mode de traitement, parce que dans le cours d'une révolution on aura à faire quelques modifications de détail aux prévisions d'exploitation; parce qu'on sera obligé, par des circonstances fortuites, de mettre telle parcelle à la place de telle autre dans la succession des coupes? Ces changements n'auront qu'une influence insignifiante sur le rendement de la forêt si les massifs sont maintenus au complet et en bon état de végétation.

Quatrième objection. — Enfin, on reproche encore à cette méthode d'exiger des soins délicats et constants et de n'avoir pas amené la régularisation des massifs.

La première partie de ce reproche est l'aveu que le mode des éclaircies constitue une culture perfectionnée. Soit, en effet, une forêt dans laquelle on n'a, de temps immémorial, fait aucune exploitation, et qui a été abandonnée à elle-même, on y verra

---

[1] «Or, il n'est pas difficile à un garde épris de son métier de répandre quelques litres de noisettes dans les taillis âgés de 20 à 25 ans, en dehors des points stérilisés par la bruyère, cela vaudra mieux que de planter des pins : un cautère sur une jambe de bois.» — Puis après avoir parlé des dégâts causés par le pâturage : «et ce ne sont pas les plantations résineuses qui jamais pourront panser le mal» (*Traité des taillis*, par M. Mathey, *Bulletin de la Société forestière de Franche-Comté et Belfort*, septembre 1898, p. 524 et 527.). — D'un autre côté, on lit dans le *Bulletin* d'avril 1899 de la même société : «Nous avouons avoir une préférence pour les résineux, qui rapportent plus que les feuillus ; en dehors des sols arides où les pins s'imposent, nous boiserions volontiers les autres terrains en épicéas, s'ils sont frais, ou en mélèzes. En montagne, nous emploierions ce dernier de préférence, parce qu'il a la croissance très rapide et prépare aussi bien, sinon mieux que tout autre, la voie à l'introduction du sapin, l'essence désirable à tous les points de vue.» (*Traité des taillis*, par M. Maire, insp. des forêts à Gray, *Bulletin* d'avril 1899, p. 17.)

disparaître les plus beaux arbres, au fur et à mesure qu'ils arriveront au terme de leur végétation, ceux dont les sources vives auront été atteintes par une tare, enfin ceux qui auront été dominés trop longtemps. Or, dans les coupes jardinatoires, on récolte les bois mûrs avant leur entier dépérissement, les bois tarés, défectueux, et ceux qui périssent étouffés sous leurs voisins.

C'est donc le mode de traitement qui se rapproche le plus de ce qui se passe dans la nature. Il exige peu de soins et d'attention de la part du forestier, dont la main ne se fait sentir, pour ainsi dire, qu'au moment de la récolte et très peu pour modifier à son avantage les conditions de la végétation.

Dans le mode des éclaircies, au contraire, on s'occupe des peuplements dès leur début pour choisir les brins d'avenir qui sont suivis toute leur vie, afin d'en hâter leur développement dans les meilleures conditions possibles et obtenir du sol le rendement maximum comme quantité et qualité. C'est donc réellement une culture perfectionnée, qui exige nécessairement des soins délicats et assidus, comme celle des arbres fruitiers dans un jardin bien tenu, qui demande la main habile et exercée, l'attention soutenue d'un ouvrier expérimenté et instruit, d'un homme de l'art, en un mot; tandis que celui-ci est inutile pour un verger où la nature agit seule, sauf pour quelques légers soins que tout le monde peut donner ou diriger. Mais, si dans le premier cas le travail est plus compliqué et plus coûteux, par contre les profits sont plus grands et surtout plus constants.

Quant à la régularisation des massifs, elle ne pourra se faire qu'à la longue et peu à peu dans des forêts où l'irrégularité et souvent le désordre ont régné pendant des siècles et où l'œuvre de l'homme est fréquemment contrariée et défaite par la nature. Il ne faut pas compter arriver jamais à une régularité parfaite. Du reste, dans les sapinières, on peut faire marcher ensemble, sans inconvénient sérieux, des peuplements qui ont des différences d'âges assez grandes. On verra souvent, dans une même parcelle en tour de régénération, des parties dont l'ensemble des arbres présente des circonférences de 2 m. 20 à 2 m. 60, tandis qu'à côté, ils auront seulement 1 m. 60 à 2 mètres de tour. Ils seront tous exploitables et cependant les premiers auront 40 à 50 ans de plus que les autres. Il reste encore à prouver que les plus vieux ont donné, pendant leurs dernières années mêmes, un revenu moindre que les plus jeunes.

Les deux modes de traitement, dit-on quelquefois, tels qu'ils sont appliqués aujourd'hui, ne diffèrent que par une nuance, car les coupes définitives sont en réalité de vraies coupes jardinatoires, laissant après elles des peuplements rajeunis, mais irréguliers, formés par des jeunes futaies et des perchis clairs, sous lesquels on voit parfois des semis et des gaulis plus ou moins complets. Il est hors de doute que l'on a souvent exécuté avec une certaine exagération la prescription d'après laquelle on doit laisser dans les coupes définitives des arbres jeunes et vigoureux, destinés ensuite à disparaître dans le cours de la révolution suivante, après avoir acquis les dimensions des bois exploitables. Il en est résulté des peuplements irréguliers, mais cette irrégularité finit par s'amoindrir et même par s'effacer, grâce à l'exploitation des vieux bois qui se fait peu à peu. D'ailleurs, une telle situation serait très rare, si l'on avait toujours effectué les coupes d'éclaircie comme il convient. En tout cas, elle ne pourrait se présenter dans un peuplement qui, dès sa jeunesse, aurait toujours été suivi attentivement, puisque dans les coupes d'éclaircie on enlève toujours les bois dominés, ou ceux sur le point de le devenir, c'est-à-dire les bois les plus petits, jusqu'au moment où le massif sera exploitable [1]. De sorte que, lorsque l'on fera les coupes de régénération, toutes les tiges auront les dimensions requises et il n'y aura aucune raison d'en laisser sur pied lors de la coupe définitive, à la suite de laquelle il ne restera plus que des semis et gaulis. Si même il y avait dans le vieux massif quelques arbres non exploitables, il serait imprudent de les conserver, parce qu'ils se trouveraient isolés et incapables de résister aux vents.

Maximum de production assuré par les coupes d'éclaircie. — Dans la futaie régulière, les opérations les plus délicates ne sont pas les coupes de régénération, mais bien celles d'éclaircie. Lorsque ces coupes sont bien conduites, elles suppriment tous les inconvénients et désavantages signalés dans les futaies jardinées. En plus des tiges défectueuses et viciées, on enlèvera au fur et à mesure celles qui sont surabondantes et gênantes, on desserrera progressivement les massifs, de manière à assurer la quantité des produits en même temps que leur qualité, qui s'obtient par la régularité de la végétation. En un mot, on doit arriver à utiliser toute la force productrice du sol dans les conditions les plus avantageuses.

On conçoit très bien qu'un hectare de forêt, sur un point déterminé, ne peut donner par an qu'une certaine quantité de matière ligneuse qui ne dépassera jamais, quel que soit le traitement appliqué, un maximum en rapport avec la fertilité du sol, de même qu'un champ ne peut fournir qu'une certaine quantité maxima de blé, quelle que soit la perfection du mode de culture. Cette quantité sera variable avec les terrains, mais égale pour ceux de même fertilité. Dans la culture agricole, l'homme peut modifier l'état du sol, l'améliorer par les labours, les amendements et les fumures. Il augmentera encore le rendement par un choix judicieux des semences. Dans la forêt, au contraire, il n'a aucune action sur le sol, il ne peut agir que sur le peuplement, qui seul, en retour, a une influence prépondérante sur la fertilité.

Ce maximum de production, semble-t-il, peut s'obtenir avec un volume initial variable sur des terrains de même qualité. On a constaté, en effet, à la suite de deux comptages effectués à un certain intervalle de temps (8 ou 10 ans), que des parcelles à peu près d'égale fertilité, mais ayant des peuplements de consistance différente, avaient donné une moyenne annuelle par hectare presque identique. Telle parcelle, avec un volume de 350 mètres cubes à l'hectare, avait accusé une production annuelle de 8 mètres cubes par hectare, alors que telle autre dans son voisinage, avec 600 mètres cubes à 800 mètres cubes, n'en avait pas fourni sensiblement plus. On ne doit évidemment pas hésiter à se rapprocher du premier état, car si l'on peut retirer d'une propriété le plus grand revenu avec un capital placé au taux de 3 p. 100 au lieu de 2 1/2 ou 2 p. 100 et souvent moins, on serait insensé de ne pas le faire pour soi et répréhensible quand il s'agit des deniers publics. Ce résultat sera acquis au moyen des coupes d'éclaircie si elles sont faites de manière que toutes les parcelles d'une forêt produisent la quantité maxima de matière ligneuse par an et par hectare, avec le moindre volume initial.

[1] Dans des massifs réguliers, surtout serrés, on peut diriger les coupes d'éclaircie, pour ainsi dire, sans regarder les cimes. Les brins dominés sont en général désignés par le diamètre plus faible que celui des autres. Un bon garde ne s'y trompe pas, il n'examine les têtes que pour vérifier s'il n'existe pas une raison qui oblige à enlever le plus gros : bois défectueux, viciés, etc.

Incertitude sur l'état de consistance que doivent présenter les peuplements pour donner les produits les plus abondants. — Mais c'est ici que commencent les difficultés. Quelle doit être la consistance des peuplements pour en obtenir ce résultat? Combien y a-t-il de forestiers en France qui ont une idée bien nette et bien exacte de pareils massifs? Où en auraient-ils vu les types? On peut affirmer que la plus grande incertitude règne encore sur cette question. Chacun s'est formé, suivant des observations et des appréciations plus ou moins justes, une opinion, un idéal qui lui sert de base, de terme de comparaison pour diriger la marque de ces coupes [1].

Aussi les voit-on pratiquer d'une manière très diverse dans la même région. Toutefois on peut affirmer qu'en général on les fait trop faibles et que les massifs sont laissés trop denses et trop serrés pour avoir une végétation active, ainsi que le prouve surabondamment le fait suivant.

M. Marchand, actuellement directeur à l'école des Barres, a fait, pendant les années (1891-1897) qu'il était conservateur à Besançon, le relevé par inspection des volumes enlevés par les coupes d'amélioration dans les forêts du Doubs. (Les conditions générales de la végétation sont peu différentes dans toute la partie montagneuse du Doubs, où sont les résineux, et les peuplements y ont une grande ressemblance.) Il a trouvé que les volumes réalisés par hectare étaient proportionnels aux nombres 1, 2, 3, 4, et il a reconnu, dans ses tournées, que dans l'inspection où l'on avait atteint le nombre 4 et où, à son avis, on avait réellement opéré plus énergiquement que dans les autres, il n'avait pas été commis d'imprudence et, de plus, que la plupart des massifs étaient restés encore trop serrés, à fortiori doivent-ils l'être trop ailleurs.

Ajoutons que les populations de ces régions, qui ont une notion très juste sur les forêts, au milieu desquelles elles vivent constamment et qui s'y intéressent tout particulièrement, parce qu'elles en retirent leurs principales ressources, avaient éprouvé, dans les commencements, une vive appréhension sur les résultats de ces opérations qu'elles n'avaient jamais vu faire de cette façon. Quelques municipalités avaient même manifesté l'intention de protester contre elles et d'en empêcher l'exécution. Deux ou trois ans après, tout le monde a été pleinement rassuré et satisfait, et nombre de personnes qui avaient auparavant prédit la ruine des forêts ainsi traitées, ont fini par reconnaître aussi que l'on aurait encore pu couper davantage.

Nécessité des recherches et des expériences. — Si l'on veut que les résultats de la pratique concordent avec les indications de la théorie, si l'on veut marcher avec assurance et arriver à une culture intensive, qui n'est possible, de l'avis des fondateurs de l'enseignement forestier en France et jusqu'à preuve du contraire, qu'avec le mode des éclaircies, il est absolument indispensable de déterminer quel est l'état de consistance que doivent présenter, dans une forêt, les peuplements aux différents âges pour donner le rendement maximum avec le moindre volume initial, ou capital producteur, ou mieux pour que toute la force productrice du sol soit utilisée avec le moindre volume initial.

Expériences préliminaires. — Mais l'étude de cette question exigera des recherches,

[1] Il faut croire qu'une longue expérience acquise dans les régions les plus diverses et les plus difficiles n'offre pas suffisamment de garantie au point de vue de la recherche de la vérité sur ce sujet, puisque les agents arrivés à la fin de leur carrière et qui se sont trouvés dans des conditions semblables se prononcent, les uns pour un mode de traitement, les autres pour un autre.

des études longues et minutieuses, qui ne fourniront une solution définitive et vraiment scientifique qu'après de nombreuses années.

Néanmoins il semble, en attendant, qu'il soit possible d'en trouver une autre se rapprochant plus ou moins de la vérité et qui, bien que ne supprimant pas immédiatement toute incertitude, donnerait, en peu de temps, des indications précieuses et utiles sur la marche à imprimer aux coupes d'éclaircie. On y arriverait facilement et rapidement en employant le procédé suivant :

On choisira dans différentes régions, pour chaque classe d'âge, à partir d'un âge déterminé, un certain nombre de parcelles d'une superficie de 2 à 4 hectares, dans des conditions de sol et de climat à peu près identiques, qui renfermeront des peuplements réguliers, mais de consistance variable et dans lesquels aucune opération n'aura été effectuée depuis 5 ou 10 ans. On les partagera en deux parties égales dont l'une restera intacte. Tous les arbres seront numérotés, à la couleur noire, à 1 m. 30 au-dessus du sol, puis on mesurera avec un compas forestier, ou mieux avec un ruban inextensible, les circonférences tangentes supérieurement aux numéros. Le tout sera inscrit, séparément pour chaque portion, sur un calepin préparé à cet effet, dans une colonne les numéros, dans la suivante et en regard de ceux-ci les circonférences. On exploitera ensuite un certain nombre de tiges de toutes les grosseurs prises sur l'une des parties de chaque parcelle pour les soumettre à un procédé d'analyse commode et facile, comme celui que je crois utile de décrire ci-après et que j'ai déjà employé pour une autre étude. (Plantation de résineux dans les taillis.)

Procédé d'analyse des arbres d'expérience. — Tout d'abord, on détermine sur chaque arbre, avec une boussole de poche, le côté nord, qui est ensuite marqué sur le tronc au moyen d'un coup de griffe, allant depuis le collet de la racine jusqu'à une hauteur suffisante pour rester visible au-dessus de l'entaille après l'abatage. L'arbre une fois par terre, deux opérateurs tendent une ficelle sur toute sa longueur, du côté nord ; un troisième fait, tous les 4 m. 08 [1], deux coups de griffe en croix, l'un dans le sens de la ficelle, l'autre transversalement, pour arrêter longueur des billes. On scie l'arbre aux points désignés (fig. 1). Puis on rabote avec soin la base de

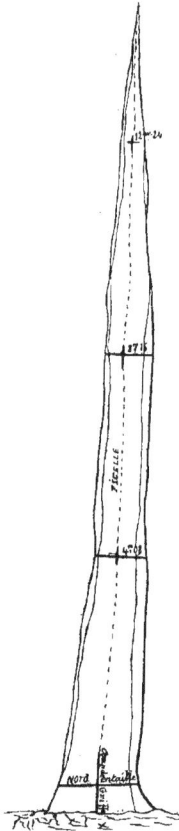

Fig. 1. — Figure indiquant la manière de marquer les hauteurs des billes.

---

[1] Pour ne pas déprécier les billes, on est obligé d'ajouter, à la longueur que devront avoir les planches, un talon de 8 centimètres pour permettre de fixer les billes sur le châssis de la scie. Cette partie est ensuite détachée des planches.

chacune des billes, pour y distinguer facilement et nettement les cercles concentriques des accroissements annuels (fig. 2) : sur les bases ainsi préparées, on fixe avec des punaises des bandes de papier fort, de 4 à 5 centimètres de largeur, dont on applique l'un des bords sur le diamètre passant par le côté nord. Sur ce bord, on fait un trait au crayon en regard des accroissements de 5 en 5 ans, ou de 10 en 10 ans[1], en allant

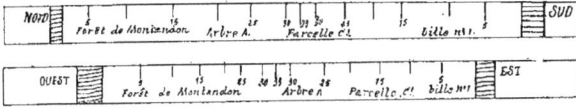

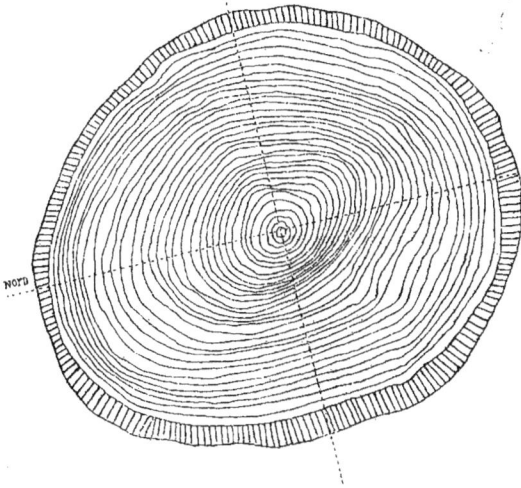

Fig. 2. — Analyse. Base d'une bille avec la bande.

de l'écorce au centre. On retourne ensuite la bande sens dessus dessous, et on opère de même suivant un diamètre perpendiculaire au premier. On détache ces bandes, après y avoir inscrit le nom de la forêt, du canton, de la parcelle ou de l'affectation, une lettre spéciale pour chaque arbre et le numéro de la bille avec sa longueur, si elle n'est pas de 4 m. 08 : puis on les épingle ensemble et on en forme un petit rouleau que l'on ficelle pour pouvoir l'emporter aisément. Il faut avoir soin de noter, sur un calepin, tous les renseignements concernant chaque arbre : les conditions de végétation, sol,

[1] Suivant le degré d'exactitude que l'on veut atteindre.

climat, état de consistance du peuplement, hauteur de la découpe au-dessus du sol.

Si les arbres étaient des corps engendrés par une génératrice fixée invariablement à l'axe et tournant autour de celui-ci, les diamètres partant du nord sur toutes les bases d'un même arbre se trouveraient dans un même plan, dirigé du nord au sud, et permettraient de construire une coupe verticale suivant ce plan. Les autres donneraient une coupe verticale suivant la direction est-ouest. Mais il n'en est jamais ainsi, et les figures établies avec les éléments de l'analyse ne doivent être considérées que comme une représentation imparfaite et plus ou moins approchée de ces coupes. Elles donnent pourtant une idée générale sur la forme de l'arbre et sur la manière dont il s'est comporté aux différentes époques de sa vie.

Application des éléments de l'analyse. — Au cabinet. on déroule les bandes, on les fixe sur une table pour mesurer les rayons aux différents âges; avec ces éléments on construit, suivant une échelle convenable, les coupes sur lesquelles on pourra mesurer les rayons à 1 m. 30, en tenant compte de la hauteur de la découpe. Puis, après avoir établi les rayons moyens, on calcule le volume de chaque bille de 10 en 10 ans [1], en les considérant comme des cylindres ayant chacun pour base la moyenne de ses deux bases et pour hauteur celle de la bille. On obtient le volume total de l'arbre de 10 en 10 ans en additionnant les volumes du même âge, augmentés de celui du cône terminal, dont la hauteur sera déterminée en partageant la longueur de la bille ou du cône terminal de l'arbre proportionnellement au temps qu'il a mis pour s'accroître de cette quantité.

Procédé d'analyse simplifié par l'emploi de la photographie. — Ce procédé peut être considérablement simplifié par l'emploi de la photographie. Les bandes de papier sont remplacées par deux tiges plates en métal ou simplement des bandes de papier de 0 m. 004 à 0 m. 005 de largeur subdivisées et graduées à partir du milieu, marqué zéro, en décimètres, centimètres et millimètres. On les applique perpendiculairement sur la base du tronc, en mettant le zéro au centre de la moelle et l'une des extrémités dans la direction du nord marquée sur la découpe. On prend la photographie de cette base ainsi préparée (fig. 3).

Lorsque les billes ne seront pas trop difficiles à transporter, on en placera plusieurs l'une à côté de l'autre, ou l'une sur l'autre (fig. 4) pour les comprendre toutes sur une même épreuve. On pourra ainsi mettre sur une seule photographie les bases des billes d'un même arbre; seulement pour éviter les erreurs et les confusions on mettra sur chaque face une fiche en carton sur laquelle on inscrira les renseignements destinés à les distinguer l'une de l'autre (figure 3) [2].

Au cabinet on reproduira les photographies des faces, soit séparément, soit ensemble, avec un agrandissement suffisant pour lire sans peine sur la trace des réglettes graduées les longueurs en regard des cercles concentriques. De cette manière, on n'aura pas à mesurer les rayons qui doivent servir au calcul des volumes. Une simple lecture des longueurs en regard des cercles de 5 en 5 ans ou de 10 en 10 ans à partir de l'écorce donnera les rayons correspondants.

[1] Ou de 5 en 5 ans si on veut avoir une plus grande exactitude.
[2] Ce procédé est parfaitement praticable. il a été essayé et il peut donner d'excellents résultats.

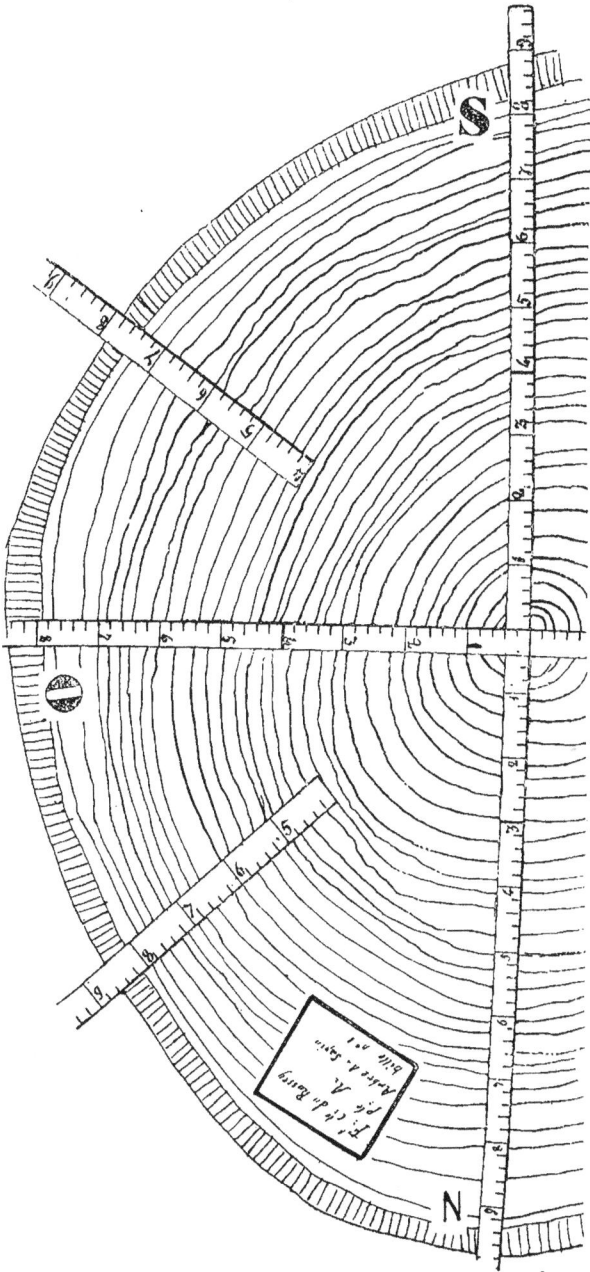

Fig. 3.

Pl. du Bourg
pié A.
Aulne à Agen
taille mil.

S

N

On évitera la dépense résultant de la reproduction des photographies, de la manière suivante : lorsque l'on voudra prendre les longueurs des rayons, on projettera avec une lanterne magique les images de ces bases suffisamment agrandies sur un panneau en toile ou en papier dans une chambre obscure. On lira facilement sur la trace des réglettes la longueur des rayons correspondants aux cercles concentriques. Pour aller plus vite il faudra être deux opérateurs dont l'un fera la lecture dans la chambre obscure et l'autre notera les nombres appelés.

Pour avoir les rayons moyens et, par suite, les sections des billes, avec une plus grande exactitude, on pourra mettre entre les deux réglettes perpendiculaires plusieurs autres que l'on appliquera de manière que l'extrémité intérieure soit à une certaine distance du centre afin de ne pas cacher les premiers accroissements. On graduera, par exemple, ces réglettes à partir de o m. o4 et on les placera à o m. o4 du centre (fig. 2).

Calcul des volumes et des accroissements. — Avec les données de ces analyses on établira les volumes des arbres de chaque catégorie au moment de l'abatage et 5 ou 10 ans auparavant. On en déduira le volume total de chaque parcelle aux mêmes époques et l'accroissement moyen annuel pendant le temps considéré. La comparaison des accroissements dans ces différentes parcelles montrera quelles sont celles qui se seront le mieux comportées et qui, par conséquent, présenteront les peuplements pouvant servir de types et de modèles pour les éclaircies à effectuer.

Il est indispensable de prendre plusieurs parcelles avec des bois de même âge et de même consistance, et aussi d'analyser un assez grand nombre d'arbres de même circonférence. Plus on en examinera et plus on se rapprochera de la vérité. Soit, par exemple, trois parcelles qui présentent un nombre inégal d'arbres à l'hectare, mais dont les circonférences, à 1 m. 30 du sol, sont comprises la plupart entre o m. 4o et o m. 85 [1].

La 1ʳᵉ ayant .... N arbres
La 2ᵉ ayant .... N'
La 3ᵉ ayant .... N"

Après avoir partagé chacune d'elles en deux parties égales dont l'une doit rester intacte, on abat sur l'autre, je suppose, 4o arbres de chaque catégorie de circonférence (o m. 4o, o m. 6o et o m. 8o) afin d'en faire l'analyse qui donnera les éléments nécessaires pour déterminer le volume de l'arbre moyen de chaque catégorie de circonférence avec lequel on calculera les volumes de tous les arbres de ces catégories. Leur total donnera celui du matériel de la parcelle entière. On cherchera de même le volume du matériel 5 ou 10 ans avant l'abatage.

On pourra encore trouver le volume total des parcelles en fonction des surfaces terrières [2] au moyen de la règle suivante employée dans les stations de recherches alle-

---

[1] Les circonférences seront mesurées à o m. o1 près pour permettre de calculer les volumes très exactement, la première catégorie comprendra les arbres de o m. 4o, o m. 41, o m. 42, jusqu'à o m.55; la deuxième ceux de o m. 56, o m. 57, etc., jusqu'à o m. 70; la troisième ceux de o m. 71 à o m. 85.

[2] La surface terrière d'un arbre est la surface de la section de la tige à 1m.30 perpendiculaire à l'axe de l'arbre. La surface terrière d'un peuplement est la somme des surfaces terrières de tous les arbres qui le composent.

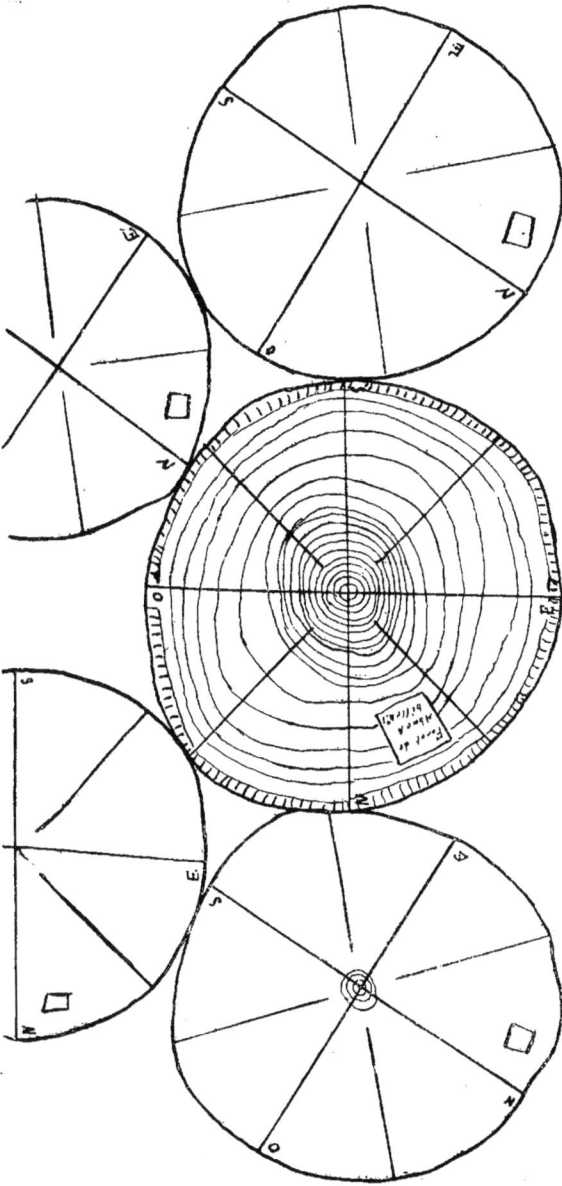

Fig. 4.

mandes pour les peuplements réguliers : Le volume total d'un peuplement est égal au volume total des tiges d'expérience multiplié par le rapport de la surface terrière du peuplement à la somme des surfaces terrières de toutes les tiges d'expérience.

Soit une parcelle de trois hectares présentant N arbres qui se décomposent ainsi :

$$N \dots \dots \begin{cases} n \text{ arbres de} \dots\dots\dots\dots\dots\dots\dots & 0^m\,40 \text{ de circonférence.} \\ n' \text{ arbres de} \dots\dots\dots\dots\dots\dots\dots & 0^m\,60 \\ n'' \text{ arbres de} \dots\dots\dots\dots\dots\dots\dots & 0^m\,80 \end{cases}$$

On partage la parcelle en deux parties de 1 hect. 50 dont l'une restera intacte; sur l'autre moitié on exploitera :

$$\left. \begin{array}{l} 40 \text{ arbres de} \dots\dots\dots\dots \quad 0^m\,40 \\ 40 \text{ arbres de} \dots\dots\dots\dots \quad 0^m\,60 \\ 40 \text{ arbres de} \dots\dots\dots\dots \quad 0^m\,80 \end{array} \right\} \begin{array}{l} \text{Ces circonférences seront mesurées} \\ \text{comme il a été dit à la note 1.} \end{array}$$

que l'on soumettra à l'analyse pour en calculer le volume actuel.

Les 40 arbres de $0^m\,40$ présentant un volume v, l'arbre moyen sera.... $\dfrac{v}{40}$.

Les 40 arbres de $0^m\,60$ présentant un volume v', l'arbre moyen sera.... $\dfrac{v'}{40}$.

Les 40 arbres de $0^m\,80$ présentant un volume v'', l'arbre moyen sera.... $\dfrac{v''}{40}$.

(Si le massif comprend quelques arbres plus gros, on en formera une catégorie spéciale dont on déterminera le volume moyen de la même manière.)

Le volume total de chaque catégorie sera :

$$V_1 = \frac{v}{40} \times n,$$

$$V_2 = \frac{v'}{40} \times n',$$

$$V_3 = \frac{v''}{40} \times n''.$$

Le volume total de la parcelle sera :

$$V = V_1 + V_2 + V_3.$$

On établira de même le volume total de la parcelle 10 ans avant l'abatage, V_{10}, en se servant des éléments fournis par l'analyse et la différence $V - V_{10} = d$ représentera l'accroissement pendant 10 ans sur les 3 hectares. L'accroissement moyen annuel par hectare sera $\dfrac{d}{10 \times 3}$.

On pourra prendre des nombres variables d'arbres d'expérience pour chaque catégorie de circonférence, surtout si ces nombres, pour chacune d'elles, sont très différents.

Si, par exemple, celui des arbres de o m. 80 de tour est double de celui des autres, on choisira au moins deux fois plus d'arbres d'expérience de cette catégorie.

Si, dans cette parcelle, on représente par s la surface terrière de tous les arbres d'expérience, v leur volume total, S étant la surface terrière du peuplement de la parcelle, on aura en appliquant la règle indiquée plus haut (p. 19) :

$$V = v \times \frac{S}{s}.$$

On opérera de même sur un certain nombre de séries de parcelles pour toutes les classes d'âges suivantes; soit une série de trois parcelles renfermant des arbres de o m. 90, 1 m. 25 de circonférence; une deuxième série renfermant des peuplements de 1 m. 30 à 1 m. 65, enfin une dernière série de parcelles où les bois auront 1 m. 70 et au-dessus. Cette dernière série servira à l'étude de l'espacement à donner aux arbres dans les coupes d'ensemencement.

Il sera difficile de trouver des parcelles où la classification soit aussi simple. On verra en général mélangés avec les différentes catégories d'arbres indiqués par série, d'autres de dimensions différentes. Cela n'aura pas grande importance, pourvu que l'ensemble se rapproche de la conception théorique. On formera avec ces arbres différents une ou deux classes à part dont on déterminera aussi le volume de l'arbre moyen.

On admet que dans un peuplement régulier les bois ont à peu près le même âge. Du reste, l'âge moyen du peuplement sera calculé au moyen des tiges d'expérience.

Les surfaces terrières établies pour l'unité de superficie du sol, étant la représentation mathématique de la consistance des peuplements seront, sans nul doute, d'une grande utilité pour formuler avec les volumes correspondants des règles sur la manière d'asseoir les coupes d'éclaircie.

Expériences définitives. — Avec ces expériences préliminaires on aura des indications précieuses; pour en entreprendre d'autres plus complètes et plus minutieuses, mais qui exigeront une période assez longue avant de fournir des conclusions définitives qui viendront corroborer ou modifier les premières.

Pour ces nouvelles expériences on prendra toutes les parcelles avec des massifs trop serrés. Un tiers de chacune d'elles sera laissé intact pendant la durée de l'expérience pour servir de témoin. On se contentera d'y enlever les bois secs au fur et à mesure de leur production. Tous les arbres y seront, comme précédemment, numérotés et mesurés avec le plus grand soin. Sur la portion comprenant les deux tiers de l'étendue, les massifs seront éclaircis de manière à les ramener autant que possible pour chaque classe d'âge à l'un des deux ou trois types qu'on aura déterminés dans les travaux préliminaires, d'après le nombre des tiges et les surfaces terrières réduites à l'unité de superficie, de façon à avoir plusieurs parcelles du même type. Dans ces parcelles, les nombres de tiges par catégorie de circonférence doivent être sensiblement égaux, ainsi que leurs surfaces terrières pour des contenances égales. On pourra sans doute utiliser pour ces expériences quelques-unes des parcelles qui auront servi pour les premières. Les bois abattus dans les éclaircies seront inscrits et cubés afin de pouvoir en établir le rapport avec ceux laissés sur pied.

On suivra ces parcelles dans leur développement pendant 10 ou 15 ans, en faisant de 5 en 5 ans un nouveau comptage et mesurage des arbres et en déterminant.

au moyen d'un assez grand nombre d'arbres d'expérience pris dans un tiers de la superficie de chaque parcelle, le volume des bois et les accroissements par hectare et par an, ainsi que les surfaces terrières d'après la méthode déjà décrite.

Exemple. — Soit une parcelle partagée en trois parties égales, A, B, C, dans lesquelles on fera séparément le comptage et le mesurage des arbres. Dans C qui doit servir de témoin, on n'enlèvera que les bois secs au fur et à mesure. Dans A et B on effectuera l'éclaircie. Puis 5 ans après on ne touchera pas à B, mais on choisira dans la moitié de A des arbres d'expérience avec lesquels on calculera l'accroissement moyen annuel depuis le début, d'après la méthode indiquée. Après cinq nouvelles années, on abattra des arbres dans la deuxième moitié de A, pour déterminer dans cette moitié et dans B les accroissements pendant les dix années écoulées. On prendra aussi une série d'arbres dans la moitié de C pour en comparer les accroissements avec ceux du reste.

Par ce procédé, il y a tout lieu d'espérer qu'au bout de 10 ou 15 ans on sera bien renseigné sur cette question pour laquelle on pourra alors formuler des règles d'une application facile et pratique. Mais pour qu'il ne reste aucun doute, nous pensons qu'il faudrait établir chaque année, pendant 10 ans, de nouvelles séries de parcelles qui seraient traitées comme il a été dit.

Expériences dans les futaies jardinées. — Dans les futaies jardinées on aura fréquemment aussi à effectuer des coupes d'éclaircie, cela est absolument certain; j'en pourrai montrer de nombreux exemples dans les sapinières du Jura. car il n'est pas rare d'y voir des parties régulières dans lesquelles il serait fâcheux de sacrifier des bois trop jeunes pour provoquer l'irrégularité désirée. Du reste, dans ces futaies le rendement est variable avec la composition du peuplement, et la même question peut y être posée que pour les futaies régulières. Mais dans ce cas elle est plus compliquée et, par suite, plus difficile à étudier, car les bois de tous les âges étant confusément mêlés, il faudra chercher *quel doit être l'état de consistance et dans quelle proportion doivent se trouver les bois de chaque classe pour que le rendement soit maximum.*

Dans ces forêts on opérera d'une manière analogue à celle employée pour les futaies régulières. On choisira un certain nombre de parcelles où les bois de tous les âges seront représentés dans des proportions variables, mais de façon qu'il y en ait plusieurs ayant des peuplements à peu près semblables, ce que l'on reconnaîtra à la suite des comptages. On les partagera aussi en deux parties dont l'une restera intacte. Après avoir numéroté et mesuré tous les arbres et inscrit ces données sur un calepin, on en fera abattre sur la première moitié seulement de chaque parcelle un certain nombre par catégorie pour les soumettre à l'analyse et en déduire les surfaces terrières, les volumes actuels et ceux de 5 ou 10 ans auparavant, puis les accroissements annuels par hectare. On prendra comme types celles qui auront fourni les résultats les plus avantageux.

On choisira ensuite de nouvelles parcelles que l'on tâchera de ramener, par des coupes faites judicieusement, à l'un des types adoptés précédemment. On en suivra le développement pendant 10 ou 15 ans, comme pour les peuplements réguliers. Il conviendra aussi d'établir chaque année, pendant 10 ans, une nouvelle série de parcelles d'expériences.

À la suite de ces recherches exécutées, d'une part, dans les peuplements réguliers et, d'autre part, dans des parties irrégulières et jardinées, on verra si la théorie est en contradiction avec la pratique et si le mode du jardinage est réellement supérieur à celui des éclaircies.

En tout cas, on sera en mesure de se prononcer en connaissance de cause et on fera ainsi cesser toute incertitude sur le traitement le plus avantageux pour les forêts résineuses.

Végétation du sapin comparée à celle de l'épicéa. — Par ces mêmes études, on trouvera la relation qui existe entre la végétation du sapin et celle de l'épicéa. On verra les produits qu'ils sont susceptibles de donner dans les mêmes conditions de végétation. Il suffira pour cela de noter un assez grand nombre de ces arbres et de les soumettre à l'analyse. Cette relation a son importance, parce qu'en faisant les coupes dans les futaies mélangées on favorisera l'essence capable de donner le plus de profits.

Note importante. — Pour les analyses, j'ai proposé de découper les arbres d'expérience en troncs de 4 m. 08 qui est la dimension inférieure admise par le commerce pour les bois d'industrie. On obtiendrait certainement des résultats plus exacts avec des billes de 1 ou 2 mètres, mais par contre, dans ce cas, le dommage serait considérable, car ces bois, ne pouvant plus être employés que comme chauffage, ou tout au plus comme étais de mines, subiraient une perte de 10 à 15 francs sur leur valeur par mètre cube.

Du reste rien n'empêcherait de sacrifier quelques arbres dont on ferait l'analyse après les avoir découpés en billes de 1 ou 2 mètres et dont les résultats permettraient de voir quel est le degré d'exactitude obtenu avec les troncs de 4 mètres.

Transformation en sapinières des taillis à faible rendement situés dans les régions montagneuses. — À la réunion de la Société forestière de Franche-Comté et Belfort, du 31 juillet 1899, j'ai traité, dans une conférence, dont je joins un exemplaire au présent mémoire, la question de l'amélioration des taillis à faible rendement situés dans la région montagneuse du Jura et du Doubs, et, comme conséquence, leur transformation en sapinières. J'ai montré que cette amélioration s'obtiendrait facilement par l'introduction dans ces forêts d'un petit nombre de plants résineux (sapin, épicéa et même pin), disposés par bouquets de 4 à 8, ou isolément (environ 100 brins à l'hectare), et qu'elle ne nécessiterait qu'une dépense de 7 francs par hectare, tant pour frais de plantation que pour ceux de dégagement.

D'après les conclusions tirées de l'analyse de 47 sapins et épicéas pris parmi les arbres isolés ou par petits bouquets dans des taillis ou des pâtures [1], les résultats de cette opération seraient extrêmement avantageux. Ainsi des coupes, qui souvent ne valent actuellement que 100 à 300 francs l'hectare, quelquefois 400 francs, rare-

---

[1] On a souvent émis l'opinion que des expériences faites sur des arbres pris isolément ne peuvent donner aucune indication sérieuse sur la végétation des massifs, mais ce n'est pas le cas ici, puisque les brins qu'on plantera dans les taillis seront isolés ou par petits bouquets, émergeant au-dessus des cépées, comme les arbres qui ont été utilisés pour les recherches.

ment plus, fourniraient, grâce à cette faible dépense, à partir de la troisième révolution (75 à 90 ans), des produits d'une valeur de 1,500 à 2,000 francs à
l'hectare.

Il est hors de doute que l'on ne peut avoir qu'une confiance limitée dans les conclusions fournies par un aussi petit nombre d'arbres pris dans une région peu étendue.
Il ne faut y voir qu'une simple indication sur l'utilité qu'il y aurait à multiplier ces
recherches et ces expériences. Le sujet présente en effet un intérêt assez considérable
pour qu'on en fasse une étude sérieuse.

Résultats probables de l'opération dans les taillis du Doubs et du Jura. — Rien que
pour les deux départements du Doubs et du Jura, les taillis médiocres, soumis au
régime forestier, occupent une superficie d'au moins 45,000 hectares. En admettant
que sur les 81,000 hectares de forêts particulières qui existent dans ces départements.
il n'y en ait que 15,000 de même nature, on aurait un total de 60,000 hectares. Si
ces forêts étaient régulièrement soumises au régime du taillis simple ou composé à la
révolution de 30 ans, on y exploiterait en moyenne par an 2,000 hectares de coupes
dont la valeur serait comprise entre 200,000 et 800,000 francs (100 à 400 francs
l'hectare). Or, avec 50 sapins ou épicéas seulement à l'hectare, ces mêmes forêts donneraient, au bout de la troisième révolution. un revenu de 2 à 4 millions, soit
cinq à dix fois le revenu actuel. Et l'on aurait la certitude de voir ces propriétés
s'améliorer plus tard, grâce au semis naturel que les essences résineuses, surtout les
sapins, commencent à répandre abondamment autour d'eux dès l'âge de 80 ans.
Leur transformation en futaies résineuses serait à peu près certaine et complète après
100 à 130 ans.

Cette amélioration intéresse, sans nul doute, un grand nombre d'autres régions, et
son application aurait pour effet d'accroître dans une proportion énorme la richesse
publique sans grands efforts et avec une faible dépense, puisque le revenu d'un grand
nombre de forêts serait triplé, quadruplé et décuplé. Il importe donc d'en provoquer
l'exécution le plus rapidement possible et pour cela il faudrait multiplier les expériences, les analyses d'arbres partout où l'on trouverait des sujets, soit dans des taillis.
soit dans des pâtures, dont le sol serait semblable à celui des forêts à améliorer et à
transformer. Cela permettrait de mettre en évidence les avantages que l'on retirerait
d'une pareille opération sur les divers points du territoire de la France. On aurait ainsi
des arguments sérieux pour convaincre les propriétaires et les amener à faire la petite
dépense que nécessiterait ce travail.

Fonctionnement des stations de recherches. — Pour ces recherches et ces expériences le
travail extérieur comportera : 1° la reconnaissance et la délimitation des parcelles;
2° la subdivision et le lever de ces parcelles et de leurs parties; 3° le numérotage, le
mesurage et le comptage des arbres; 4° la désignation des arbres d'expérience; 5° leur
préparation, abatage, sectionnement, aplanissement et polissage des bases des billes;
6° le relevé des accroissements au moyen des bandes, ou la photographie de ces bases
et l'inscription de tous les renseignements relatifs à chaque arbre.

Le travail de bureau comprendra : 1° la mesure des rayons soit sur les bandes
de papier, ou au moyen de projections si l'on a employé la photographie; 2° la préparation des feuilles et la construction des coupes ou épures; 3° la mesure, ou le cal-

cul des rayons au milieu des billes et des rayons moyens; le calcul du volume avec les rayons moyens des billes, ou avec la moyenne des volumes des parties de troncs ayant pour bases les quatre secteurs dont les rayons sont les rayons du milieu des billes (fig. 5).

Il y aurait lieu de créer un bureau central dont la mission serait tout d'abord d'établir un programme unique pour les expériences à entreprendre, ensuite de réunir et classer tous les renseignements et documents fournis par les diverses stations et de faire exécuter les travaux de cabinet dont l'énumération est donnée ci-dessus.

Un ou plusieurs agents expérimentés, aidés d'un photographe, seraient chargés d'effectuer les travaux extérieurs avec le concours des agents et préposés du service ordinaire, auxquels on octroierait une indemnité en rapport avec le surcroît de travail qu'on leur demanderait. Les premiers auraient surtout à faire eux-mêmes le choix des parcelles et des arbres d'expérience et de donner à leurs auxiliaires des instructions précises et détaillées de manière à imprimer à ces opérations une marche uniforme pour toute la France.

Le personnel et la dépense pour le fonctionnement du bureau et des stations de recherches dépendraient naturellement de l'extension que l'on donnerait à ce service.

Le champ d'études est vaste et pour ainsi dire illimité, il y aurait de quoi occuper de nombreux agents pendant une longue série d'années.

En effet la question du maximum de rendement

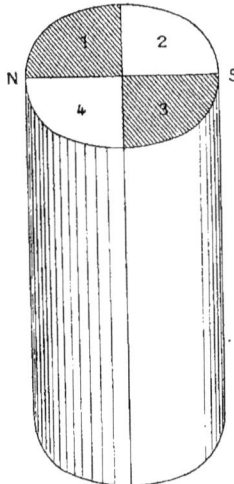

Fig. 5.

avec le moindre capital producteur, ou de la consistance que doivent présenter les peuplements pour utiliser toute la force productrice du sol avec le capital producteur minimum n'est-elle pas à poser aussi bien pour les futaies feuillues que pour les résineuses [1]? N'y a-t-il pas beaucoup de points obscurs dans les taillis sous futaie qui ont une si grande importance en France par la superficie qu'ils occupent et par la quantité de matières ligneuses qu'ils sont susceptibles de donner?

Quel est notamment le rapport qui doit exister entre le taillis et la futaie pour maintenir l'équilibre entre ces deux éléments différents et obtenir du sol tout ce dont il est capable?

N'y aurait-il pas lieu également d'examiner le tempérament, la manière dont se comportent nos principales essences, prises individuellement, suivant le sol et le climat? N'a-t-on pas calomnié le chêne et le pin en les montrant comme inaptes à résister sous un couvert prolongé? Cependant on trouve des échantillons du premier en très bonne végétation jusque sous le couvert épais d'une plantation d'épicéa et on voit fréquemment le deuxième isolé au milieu des taillis, sous le feuillage desquels il a dû forcément

[1] Il ne s'agit pas ici de l'exploitabilité commerciale. Voir page 14.

vivre pendant presque toute une révolution avant de percer pour s'élever au-dessus des cépées qui l'écrasaient dans sa jeunesse? Est-ce là un effet de l'assolement ou de toute autre cause? N'y aurait-il pas intérêt à étudier les conditions dans lesquelles se produisent ces exceptions, ces anomalies, afin de pouvoir en tirer parti pour l'amélioration des forêts ? etc.

Toutes ces questions ont une importance capitale pour les aménagements, puisque le choix du traitement à appliquer aux forêts en dépend.

Ant. Runacher.

Annexe N° 2.

DES RÉSULTATS DE L'ÉCLAIRCIE.

On m'a demandé un mémoire sur la deuxième question de sylviculture présentée au Congrès. Ayant déjà beaucoup parlé et écrit sur les éclaircies, je ne pouvais guère me récuser, bien que la question n'ait pas été posée à ma guise, car il me semble que les conséquences économiques des éclaircies, non mentionnées, priment les conséquences physiologiques, dont l'intérêt se rapporte aux premières. Pensant donc que la question sera bien traitée d'ailleurs au point de vue que l'énoncé fait pressentir, je vais me borner à un bref aperçu des principaux résultats des éclaircies.

Avant de chercher les conséquences de ces opérations, il peut être utile de rappeler ce qu'elles sont et de s'entendre tout d'abord sur ce point. Pour nous, l'éclaircie consiste à exploiter dans un massif un certain nombre d'arbres en desserrant les meilleurs. Elle a pour objet d'assurer le développement des cimes en leur donnant plus de place et plus de lumière ; elle rend le massif moins dense, plus clair, d'où est venu le nom d'éclaircie. Éclaircir un peuplement, c'est le desserrer.

Disons immédiatement qu'il ne faut pas confondre l'état du massif éclairci avec ce qu'on a appelé *Lichtstand* en Allemagne, et déguisé sous divers noms en France, en d'autres termes, avec l'isolement des cimes. Dans cet état il n'y a plus massif, tandis que notre éclaircie doit toujours conserver l'état de massif, dans lequel les cimes se touchent ; le massif d'arbres bien venants est nécessaire, en premier lieu, pour obtenir la production ligneuse la plus complète que le sol peut donner.

L'éclaircie est née dans les bois feuillus. Hartig, qui en a formulé la théorie, opérait dans des forêts de hêtre ; Duhamel du Monceau et Varenne de Fenille, en France, étudiaient nos forêts de plaine. Les arbres feuillus, à couronne large et disposée à s'étaler, manifestent plus vivement que les résineux le besoin et les effets de l'éclaircie ; il est aussi plus facile de les desserrer sans interrompre le massif que d'éclaircir les conifères sans les isoler ; les cimes de ces derniers, restant pyramidales, étroites et aiguës au moins jusqu'à un âge assez avancé, ne s'élargissent que lentement et ne s'étalent jamais. De ces faits, résultent les difficultés, l'hésitation et aussi les erreurs auxquelles ont donné lieu les éclaircies dans les forêts résineuses.

Dans tous les cas, on comprend qu'il peut être parfois difficile de desserrer convenablement les cimes sans les isoler. C'est là une tâche confiée à l'art du sylviculteur. Voyons donc comment il peut s'y prendre pour la remplir, et plaçons-nous, à cet effet, dans une futaie de la région de Paris, essentiellement composée de chêne, hêtre et charme ; chacun peut se représenter celle qu'il connaît le mieux, Compiègne ou Fontainebleau, Marly ou Villers-Cotterêts.

En traitant de l'exécution et des résultats de l'éclaircie, on a l'habitude de considérer

13.

d'abord les tout jeunes bois, les gaulis, puis les perchis et enfin les hautes futaies, passant ainsi du premier âge à l'âge suivant et, de suite en suite, jusqu'au peuplement exploitable: sur le terrain c'est une autre affaire. On se trouve dans un peuplement à éclaircir: il est d'un âge déterminé et dans un certain état, bien ou mal constitué, en sol riche ou pauvre, en conditions données, quelconques: peut-être n'a-t-il jamais subi d'éclaircie systématique, bien qu'il ait déjà 60 ou 100 ans. Il ne s'agit pas de savoir ce qu'on a pu y faire antérieurement, il faut le prendre tel qu'il se présente; dès lors, la question à résoudre : Quelles tiges enlever? est très variable, complexe et souvent difficile. Nous la simplifions en nous proposant seulement d'*améliorer* l'état du peuplement par l'éclaircie, sans chercher une perfection irréalisable.

A cette fin, nous visitons le massif pour en prendre une idée générale. S'il est plein et assez bien mélangé de chênes, hêtres et charmes, nous desserrons d'abord les chênes, non pas tous probablement, mais les meilleurs, d'autant plus nombreux que le sol leur est plus favorable, ce qui se voit, et de manière à en avoir sur tous les points, si possible. Ce premier soin nous conduit à faire tomber surtout des hêtres, souvent les plus gros, en tous cas ceux qui gênent le plus la cime des bons chênes: nous n'en prendrons guère qu'un ou deux autour de chaque chêne, en évitant d'isoler la cime et nous bornant à la mettre en meilleur état, pour un certain temps après lequel on pourra y revenir. Nous desserrerons plus légèrement les bouquets de hêtres, en y prenant les cimes les moins larges, en ménageant les charmes, ordinairement subordonnés aux hêtres par la taille et qui pourront être maintenus plus tard au voisinage des chênes d'avenir dont ils ombrageront le fût sans en gêner la tête. Rencontrons-nous des arbres plus âgés que l'ensemble du massif, chacun d'eux sera l'objet d'un examen pour décider s'il y a intérêt à le conserver ou non et si, en cédant la place, il ne laisserait pas une trouée regrettable, ce qui dépend de lui et de son entourage. Se trouve-t-il des chênes sur souche, nous en réduirons le nombre autant que le permettront le maintien du massif et la proportion de l'essence.

Les cas particuliers sont nombreux. Ici c'est du chêne pur que nous desserrerons légèrement, par crainte des branches gourmandes sur les fûts et de la bruyère sur le sol; cependant nous chercherons les brins de hêtre et même ceux de charme, qui peuvent se trouver en sous-étage, pour les éclairer par en haut. Là, au contraire, enserrés parmi de vigoureux hêtres, des chênes épars se montrent effilés, alanguis; il faut leur tâter le pouls et juger s'il est encore temps de leur faire place. Bien d'autres faits se présentent.

Si nous quittons notre forêt de la région de Paris, nous retrouvons les mêmes difficultés et d'autres encore.

«Quand vous faites une éclaircie, nous a dit M. Desjobert, qui travaillait dans le centre de la France [1], vous poursuivez un but simple : *créer un massif composé d'essences précieuses, chêne et hêtre, aux fûts élancés sans exagération, têtes larges et corps trapus, et maintenir un sous-étage d'essences secondaires qui, conservant la fraîcheur du sol, permette aux racines des arbres d'y puiser constamment la nourriture abondante dont ils ont besoin.*

«Tout cela est bien plus facile à dire qu'à faire. Le but doit être poursuivi pendant un siècle et plus. Sur le point où vous travaillez, cent cinquante personnes, agents

---

[1] *Revue des Eaux et Forêts*, 1892, p. 492.

ou préposés, ont déjà travaillé hier ou travailleront demain. Elles n'ont pas toujours eu et n'auront pas toujours nos idées. Il faut, à chaque coupe, tenir compte du passé, réparer les accidents survenus et ne pas opérer de même sur un sol maigre que sur un sol fertile, sur un peuplement clairiéré que sur un massif trop serré, dans un massif de chênes que dans un massif de hêtres ou dans un troisième d'essences mélangées; il est nécessaire d'avoir de l'audace à l'occasion, de savoir desserrer vigoureusement au moment psychologique un massif dont les tiges sont trop grêles; pourtant, il est au moins aussi nécessaire de n'avoir pas trop de cette même audace, parce que vos arbres, subitement éclaircis, pourront se couronner: un ouragan, le verglas ou la neige vous les jetteront par terre, s'ils ne se soutiennent pas suffisamment les uns les autres; il faut..... mais je n'en finirais pas.

"Pour peu que nous ayons fait quelques éclaircies avec nos hommes et professé, pendant qu'ils travaillent et vont de l'avant, en cherchant à expliquer et faire comprendre ce qu'il y a lieu de faire sur un peuplement donné, nous savons tous que, quand notre discours est fini, il ne s'applique déjà plus. Le peuplement dont nous parlions est derrière nous; il est remplacé par un autre qui réclame un autre discours et ne durera probablement pas plus longtemps que le premier. "

C'est donc une appréciation nouvelle que l'éclaircie demande dans chaque pays, en chaque forêt, à chaque pas, à chaque arbre pour ainsi dire, et je crois néanmoins que cette appréciation est moins difficile dans une forêt d'essences mélangées, où l'espèce la plus précieuse ou la plus rare détermine le choix, que dans une futaie d'essence unique. J'en excepte les forêts de hêtre pur, où l'éclaircie peut se faire *ad libitum* et donnera toujours des résultats plus ou moins bons, et les forêts d'épicéa, *nées de semis naturels*, qui, en certains cas, peuvent même prospérer indéfiniment sans être éclaircies.

Il est facile de soupçonner dès maintenant que l'éclaircie peut avoir des conséquences fâcheuses. Celles-ci seront regrettables si on ne sait pas opérer ou si on a une idée *forte*, que je ne vois pas comment qualifier autrement. N'allez pas interrompre, briser le massif, — ni éliminer une essence de parti pris, — ni faire tomber les beaux hêtres qui ne gênent pas beaucoup des arbres plus précieux, ou sacrifier des chênes bien constitués à je ne sais quel entraînement, — ou écarter des sapins qui aiment à se sentir les coudes, — ou nettoyer le sol des sous-bois qui lui conservent fraîcheur et vie, — ni vous laisser entraîner par quelque spéculation généreuse, exagérée, absolue. Prenons garde à la hache!

Cela dit, quels sont les heureux résultats des bonnes éclaircies? Ils se rapportent au pied, au corps et à la tête, aux racines, au bois et à la cime des arbres considérés un à un, puis au peuplement dans son ensemble.

La cime des arbres à l'état serré reste étroite et courte, pauvre en branches et en feuillage: l'appareil des racines, en un sol encombré de racines des arbres voisins, est nécessairement restreint d'une manière analogue. L'arbre est mal nourri, tant par le sol, où la solution minérale lui est disputée vivement, que par l'air, dont l'acide carbonique n'est réduit que dans la mesure permise par une surface foliacée minime et ne recevant guère la lumière que d'en haut; la circulation de la sève reste affaiblie en raison du peu d'évaporation par les feuilles et du peu d'absorption par les racines. L'arbre est anémié, et il en advient de lui comme d'un animal condamné à une alimentation réduite et confiné dans un air insuffisamment renouvelé; en ces conditions, le sang de l'animal s'appauvrit en globules rouges, son organisme s'affaiblit et peut même s'atrophier.

On cherchera comment, sous l'action de la chaleur, de la lumière et de la vie, l'amidon se forme et se transforme dans les différentes parties de l'arbre suivant que l'état de massif est plus ou moins serré. Je ne veux constater ici que les résultats palpables et apparents. Quels sont-ils pour le corps de l'arbre et pour son bois?

Enserrés dans un massif de tiges de même âge, les arbres tendent à s'effiler et le fût s'allonge le plus possible en grossissant lentement; il s'élève bien soutenu, de forme approchant du cylindre, net de nœuds et portant une cime grêle; cependant, en massif d'une seule essence, les arbres peuvent vivre presque indéfiniment. Isolés en pleine liberté, ils restent, au contraire, trapus et sont presque tout en cime; la forme en est très différente d'une espèce à l'autre, en dôme pour le chêne, en pyramide pour l'épicéa, en boule pour le hêtre, en cylindre pour le sapin; et l'élagage des branches basses a pour effet inévitable d'abréger la vie des sujets.

Sous l'action des éclaircies la forme de l'arbre élevé en massif tend à s'alourdir; la cime prend plus d'ampleur, le fût s'allonge moins, les racines se fortifient, et nécessairement le grossissement est plus rapide.

Nos arbres se développent en formant chaque année un cerne qui enveloppe extérieurement tout le corps ligneux. La quantité et la qualité de la sève élaborée donnent immédiatement au cerne de l'année une ampleur et une constitution déterminées, qui se trouvent en rapport étroit avec la consistance du peuplement.

En l'état serré, le bois formé dans l'arbre se distingue par sa structure, qui varie d'une essence à une autre. Dans nos chênes du Nord croissant à l'état serré, les cernes sont minces, réduits à 2 millimètres, 1 millimètre et demi, quelquefois même 1 millimètre d'épaisseur; mais ils sont poreux, offrant beaucoup de gros vaisseaux évidés, qui constituent principalement les faisceaux fibro-vasculaires du bois de printemps très prédominant; le bois d'automne, en tissu fibreux, solide, est très réduit; en revanche, les rayons médullaires sont nombreux. Ce bois de chêne est léger, la densité peut s'abaisser jusqu'à 0,5; il est bien moins fort et moins élastique que le chêne de croissance rapide; c'est du bois *tendre*. Les chênes serrés entre eux languissent, mais vivent; sont-ils serrés entre des essences à couvert épais, ils s'étiolent, s'effilent, dépérissent et meurent.

En mêmes conditions de sol et de climat, dans un chêne qui a vécu desserré, de sorte que la cime ait pris un développement convenable, avec une envergure égale à environ moitié de la hauteur du fût, la végétation est active; les cernes peuvent avoir 2 millimètres et demi, 3 millimètres et 3 millimètres et demi d'épaisseur; la zone interne de chacun d'eux n'est pas plus large que dans les chênes à bois tendre, mais le bois d'automne, à tissu presque plein, onctueux au toucher, offre même épaisseur que le bois de printemps; la densité peut s'élever à 0,75; c'est du bois dur, solide et de qualité moyenne; il est apte à presque tous les emplois. L'arbre montre une végétation active et soutenue; les pousses de l'année sont allongées, la cime riche en rameaux et en feuillage, les racines saillantes à leur naissance, au pied de l'arbre.

Sur les chênes isolés ces qualités se développent encore beaucoup et le bois, lourd et plein, dont la densité peut approcher de 1, la zone d'automne devenant très prédominante, est dit alors *nerveux*. Les éclaircies ne peuvent avoir que fort rarement pour résultat de donner du chêne nerveux en même temps que des arbres de massif, à long fût. Mais il est très différent d'obtenir des chênes à bois tendre, de 30 mètres de hauteur sous branches avec o m. 5o de diamètre en deux cents ans, ou des chênes à bois solide de 15 mètres sous branches et 1 mètre de diamètre, dans le même laps de temps ; et les éclaircies permettent de tendre vers ce dernier résultat.

Tous les bois d'arbres feuillus à gros vaisseaux, frêne, orme, etc., gagnent en qualité avec une végétation active. Il n'en est pas de même dans les autres feuillus, hêtre, charme, etc., dépourvus de gros vaisseaux, dont la qualité reste assez égale et dont le mérite dépend surtout de l'absence de défauts et de vices. On pressent, dès lors, que l'intérêt, les résultats et la forme de l'éclaircie pourront différer du chêne au hêtre, d'une essence à une autre essence.

Dans les bois résineux, dépourvus de vaisseaux et formés de fibres grossières mais homogènes, les phénomènes vitaux sont analogues à ceux que présentent les bois feuillus. Arbre serré, végétation lente; arbre desserré, vie active. Quant à l'influence des éclaircies sur le bois même des résineux, elle est contraire à celle qu'on observe chez les feuillus; en général, ce bois est d'autant moins solide et moins fort que la végétation est plus active.

Dans l'épicéa notamment, le bois d'automne, qui se distingue du bois de printemps par des fibres plus étroites et plus pleines et qui contribue surtout à la qualité, forme une zone mince, d'épaisseur assez constante; ici c'est le bois de printemps, le tissu faible qui est en rapport avec l'activité de la végétation; plus celle-ci est active, plus le bois est léger, terne, mou et grossier, d'une densité qui peut s'abaisser jusqu'à o,3. C'est l'épicéa de végétation lente qui donne le bois solide, blanc, lustré, dont la densité peut monter jusqu'à o,55. On a donc intérêt à élever l'épicéa dans son état naturel de massif serré et inégal pendant la jeunesse; ainsi maintenu il s'élague rapidement, et il suffit de lui assurer une cime occupant le quart de la hauteur de l'arbre pour que la santé en reste bonne, le fût presque cylindrique et l'enracinement capable de le soutenir avec l'appui des voisins.

En France l'épicéa en massif serré donne un bois de qualité incomparablement supérieure à celle de l'épicéa isolé, noueux et impropre au travail, — qualité très supérieure même à celle de l'épicéa élevé en massif clair et doué d'un accroissement rapide. Il suffit de voir la coupe transversale des deux bois sous un grossissement suffisant qui rende apparents les vides des trachées à large section dans l'épicéa de végétation active. J'ignore ce qu'il en est en Scandinavie, où, dit-on, les épicéas vivent souvent à l'état isolé sans développer de fortes branches; mais, sur le Jura, le mérite du bois d'épicéa est certainement en raison inverse de l'activité de la végétation. D'autre part, cet arbre peut s'élancer très rapidement; aussi les différences de hauteur des tiges voisines restent-elles très marquées dans la jeunesse des peuplements spontanés, non plantés de main d'homme, et vers la fin du siècle la forme des arbres y est définitivement acquise. Enfin la production ligneuse de ces massifs est énorme; elle peut dépasser 10 mètres cubes à l'hectare annuellement.

C'est surtout dans les bons sols, frais et assez profonds, que ces résultats culturaux sont très marqués. L'exemple du massif de l'Ebenwald, cité dans la *Revue des Eaux et Forêts* du 15 août 1898, p. 5ᴢo, est analogue à des faits que nous avons constatés *de visu* aux Longevilles, à Gilley et au Pasquis aux veaux, de la Grand'Côte (Doubs), en des forêts où les éclaircies systématiques étaient inconnues. Celles-ci donneront-elles mieux? Il est permis d'en douter.

En tous cas qu'y a-t-il à prendre en éclaircie dans les perchis d'épicéa, — spontanés, je le répète? Des tiges dominées et mortes en cime. des épicéas foudroyés ou atteints d'un autre malheur, quelques cimes déformées par l'état serré. ce qui est beaucoup plus rare que parmi les sapins, enfin d'autres cimes étriquées et insuffisantes. Mais ces cimes étriquées, vous ne les enlèverez pas toutes du même coup, sans quoi, dans un massif d'épicéas restés serrés depuis un temps assez long vous ne laisseriez guère de tiges; vous ne les prendrez donc qu'en petit nombre. de distance en distance et comme en jardinant, sauf à y revenir très souvent.

Nous voilà aux antipodes de l'éclaircie hardie et large du chêne mélangé à d'autres essences. Là nos éclaircies ont pour résultats principaux de sauver les bons chênes, d'assurer leur vie et de leur procurer une végétation active; à cela tout est profit, rendement des éclaircies, salut d'arbres précieux, bois de qualité. Dans les massifs d'épicéa spontané, où le bois s'accumule merveilleusement en produits excellents, l'éclaircie permet surtout d'utiliser des tiges compromises, en laissant à l'opérateur la crainte d'ébranler le massif. En deux mots, prévenir la dégradation des chênes à conserver, et maintenir les épicéas à l'état naturel du massif, en n'enlevant que les sujets dégradés, tel m'apparaît le premier résultat cultural, fort différent, à poursuivre dans l'un et l'autre cas.

En tout cela, nous n'avons en vue que d'arriver à la création de peuplements exploitables dans l'intérêt public, c'est-à-dire donnant les produits les plus utiles. Quels sont ceux-ci? Les plus gros et les mieux conformés que l'éducation en futaie permet d'obtenir, ce qui diffère avec le terrain et la situation. Cependant. qu'il s'agisse de chênes de 0 m. 80 de diamètre en moyenne et 15 mètres de fût, ou d'épicéas de 0 m. 50 et 24 mètres sous branches, pour arriver au résultat un long temps est nécessaire et un développement graduel, régulier pourrait-on dire, est désirable. L'éclaircie ne doit s'opérer que peu à peu. Un changement brusque dans l'état des massifs est à craindre pour toutes les essences, dans la cime, sur le fût et chez les racines; pour le chêne il provoque prématurément l'arrêt du fût dans la jeunesse et plus tard le découvert du sol et des accidents divers; pour l'épicéa il exagère l'accroissement individuel, développe des nœuds et peut ébranler les tiges. On en déduit que le retour des éclaircies doit être fréquent et qu'il est bon de laisser chacune d'elles *incomplète*. La mesure étant incertaine et l'appréciation libre, à vouloir tout faire on ferait inévitablement trop.

On a vu des perchis d'épicéa, dont une éclaircie avait enlevé 80 ou même 100 mètres cubes à l'hectare, donnant accès partout au soleil de juillet sur le sol et au vent d'ouest sur les cimes. Une image publiée à l'étranger offrait, comme spécimen d'éclaircie forte, le même tableau d'épicéas presque isolés. On peut trembler pour l'avenir de ces arbres de massif, qui oscillent, tombent. ou sèchent si facilement : conséquences redoutables à tous les points de vue, physiologique, cultural et autres.

En opposant l'éclaircie des épicéas à celle des essences feuillues mélangées, j'ai voulu indiquer que l'éclaircie peut différer beaucoup, d'une forêt à une autre; elle doit même différer toujours. Autres essences, autres soins. Le Danemark a montré les beaux résultats que l'éclaircie des hêtres peut donner sur des terrains fertiles, frais et profonds: l'étude des éclaircies du pin sylvestre peut être réservée à l'Allemagne du Nord; les éclaircies du sapin trouvent un large champ d'observations dans l'Europe centrale: le bouleau, le tilleul, qui occupent de vastes surfaces en Russie, comportent aussi leurs éclaircies à eux ; il en est de même du mélèze, des différents pins et finalement de toutes les essences. A ce seul point de vue la tâche est déjà très complexe.

J'ai lu quelque part qu'il faudra des décennies avant que la théorie des éclaircies soit établie par la comparaison des résultats obtenus et que jusqu'à présent on n'a fait que de l'empirisme. Je crains fort qu'on ne fasse jamais autre chose, non seulement quant au degré de l'éclaircie, qui dépend, à chaque passage, de l'activité de la végétation, du fait des éclaircies antérieures, des accidents, etc., mais encore en raison du mélange des essences, qui est toujours en évolution ou en puissance, toujours à désirer ou à modifier. Il y a là un problème dont je serais heureux de voir la solution approchée par les stations de recherches forestières.

Pour moi, je la chercherais autrement. Il n'est pas douteux que des expériences très précises, des observations micrométriques ou microscopiques, conduites et analysées par des hommes clairvoyants, peuvent élucider les phénomènes et instruire le public sur les éclaircies en général. Mais, ce dont le forestier a besoin, c'est bien plutôt de données particulières sur la forêt où il travaille, sur le peuplement qu'il doit éclaircir, puisque, aussi bien, l'éclaircie doit s'adapter pour le mieux à ce peuplement et qu'elle différera de l'un à l'autre.

A cet égard l'histoire du peuplement sera toujours le meilleur guide de l'opérateur. Elle peut être fort brève : la relation des exploitations précédentes de toute nature, les dates et le rendement de chacune d'elles avec annotation de l'état contemporain du massif et des accidents qu'il a subis, suffisent à expliquer l'état consécutif, et les conséquences à en tirer sont certaines. Or, cette histoire en quelques chiffres et en quelques mots, c'est le compte courant du peuplement, consigné au contrôle de la forêt, qui la donne.

Un cahier formé de deux pages pour chaque parcelle de forêt suffit à relater, sur une page, les chiffres qui traduisent les faits et à les annoter sur la page voisine, en face de la précédente. C'est le *sommier de contrôle*, indispensable pour toute forêt aménagée, pour toutes les forêts. Il constitue, pour ainsi dire, des stations de recherches forestières propres à chaque parcelle, et l'ensemble des renseignements à en tirer éclairera d'une vive lumière l'application du traitement. Il n'y faut ni beaucoup de décennies, ni des recherches savantes; seulement les observations locales exigent un peu de soin et une suite que le propriétaire doit exiger de ses forestiers. Il peut leur recommander aussi de ne pas bouleverser le parcellaire à chaque revision d'aménagement sous prétexte d'une idée forte. Tout changement brusque trouble l'économie de la forêt; le régime qui lui est naturel est celui des actions lentes.

Ch. Broilliard.

Annexe N° 3.

DE LA CULTURE DU SOL
DANS LES COUPES DE RÉGÉNÉRATION.

Après que l'exploitation régulière des forêts eut été régulièrement introduite en Danemark, il y a 100 à 120 ans, on commença la régénération naturelle du hêtre, essence principale du pays. A cette époque, le sol des bois était encore sous l'influence de la grande quantité de bestiaux qui jusqu'alors avaient habité les forêts et parmi lesquels les porcs jouaient un rôle important. Il en résulta que les premiers réensemencements naturels réussirent bien, de sorte que l'on doit aux régénérations entreprises à l'aide de la hache, au commencement de notre siècle, beaucoup de beaux massifs.

Mais, avec l'introduction du régime forestier et des idées rationnelles de sylviculture, le pâturage des chevaux et des bêtes à cornes dans les forêts fut défendu; après quelques dizaines d'années les porcs disparurent également, et avec l'extinction de ces droits et usages le sol des bois subit un changement considérable. Le pâturage et même le parcours des forêts par les porcs n'avaient pu empêcher que, à cette époque déjà, beaucoup de terrains à sol maigre et sec avaient souffert des altérations défavorables à la prospérité des bois; mais après la mise en défens de toutes les forêts du pays, le sol boisé s'est transformé sur des étendues encore beaucoup plus grandes, de manière à augmenter considérablement les difficultés de la régénération naturelle, de sorte qu'en général ce ne fut que dans les sols complètement meubles et frais des terrains profonds et riches que l'on pouvait s'attendre à un bon résultat de ce procédé.

Par suite de cet état de choses, l'emploi de la régénération naturelle du hêtre ne tarda pas à causer aux forestiers un désappointement toujours croissant. Pendant la moitié d'un demi-siècle à peu près, on luttait contre les difficultés de cette méthode, cherchant les moyens de les vaincre, et enfin la méfiance de la méthode en question était devenue telle qu'on la quittait de plus en plus pour avoir recours aux plantations, méthode ordinairement beaucoup plus coûteuse et trop souvent, dans les sols moins fertiles, incapable de former des massifs de valeur. — Il paraît que dans les pays voisins on avait fait des expériences tout à fait analogues.

Cependant, l'application des sciences naturelles aux études de questions de sylviculture a maintenant exercé son influence sur la pratique des régénérations naturelles. On a commencé, il y a quelque vingt ans, de soumettre à une analyse plus soigneuse qu'auparavant le caractère du sol forestier, au point de vue de sa biologie et de ses propriétés physiques et chimiques, d'où a résulté, à ce qu'il paraît, une renaissance de la méthode des ensemencements naturels. Toujours est-il que, dans ces dernières années, sous la direction de nos premiers forestiers pratiques, on a introduit dans la régénération du hêtre les méthodes qui, en général, semblent ressortir de l'application des nouvelles recherches scientifiques et qui ont eu un succès complet. Selon l'opinion commune des forestiers de mon pays, on croit avoir vaincu, par les nouveaux procédés, les difficultés contre lesquelles on avait lutté si longtemps.

Les traits principaux de la méthode consistent d'abord en un ameublissement intensif de la couche superficielle du sol, exécuté par labour à la charrue, par hersage et d'autres opérations pareilles, plus ou moins fortes selon l'état du sol, et ensuite en l'addition de chaux en poudre partout où le terreau contient de l'acide humique libre. A cela la pratique ajoute encore le répandage artificiel de semences, suffisant pour assurer un semis complet, et quelques opérations aptes à garantir la germination de la faîne. On se sert de ces simples moyens de différentes manières, selon les localités [1] :

1° Là où la terre végétale se compose d'un terreau meuble, couvert, à la fin de l'été, d'une couche mince de feuilles mortes et d'autres détritus, ces éléments sont éloignés par le râteau en les ramassant autour des pieds des arbres afin de dénuder le sol avant la chute des feuilles. Ensuite on le remue à l'aide de la herse et, après que la faîne est tombée, le terrain est soumis à un roulage. Plus tard, les feuilles mortes entassées ont souvent dispersées sur le terrain.

2° Si la couche superficielle du sol est devenue dure et compacte, qualités suivies souvent d'une réduction de la substance humique du terreau, la préparation du terrain se fait par une culture plus intensive. Dans le printemps, avant la feuillaison, lorsque les bourgeons des arbres indiquent que la floraison aura lieu, on entreprend le labour en plein à la charrue; ensuite, dans le cours de l'été on herse plusieurs fois, une fois immédiatement avant que les graines doivent tomber. Plus tard on entreprend le roulage, et les feuilles mortes de l'année recouvriront la semence.

3° Dans les forêts à terreau acide, où le sol est couvert d'un feutre de débris organiques incomplètement décomposé, renfermant plus ou moins d'acide humique libre et reposant sur un sous-sol compact, on commence la culture du terrain plus à bonne heure.

Deux ou trois ans avant l'année dans laquelle on s'attend à commencer la régénération de la parcelle, on entreprend le labour à la charrue, suivi de plusieurs hersages, en répandant jusqu'à 25 hectolitres de chaux en poudre par hectare. Les hersages sont répétés de temps en temps pendant la période suivante jusqu'à la faînée, et quand les graines sont tombées, on les couvre à l'aide du rouleau ou de la herse comme dans les autres stations. Par ce traitement, la faîne aura pour la germination des conditions semblables à celles des sols à terreau doux et meuble, et on a réussi par cette méthode à créer de jeunes peuplements complets et de bonne croissance dans ces terrains autrement ingrats.

Autour de ces trois formes principales, dont la première n'est qu'une préparation de l'ensemencement, les deux dernières au contraire une véritable culture du terrain, se groupe généralement le traitement du sol dans nos régénérations du hêtre, modifié de différentes manières selon les localités. Pour les travaux que je viens d'indiquer, on a construit toute une série d'instruments spéciaux, tant de charrues que de herses, dont quelques-uns sont de types nouveaux. En outre, il faut remarquer que, en dé-

---

[1] Il faut remarquer qu'en Danemark les éclaircies fortes permettent ordinairement d'omettre les coupes préparatoires.

pensant tant au labour de la terre, il devient essentiel de s'assurer que les sacrifices ne soient pas perdus par l'insuffisance de la faîne. Dans ce but, la semence naturelle est ordinairement complétée par un semis artificiel partout où on n'est pas rassuré sur son abondance ou sur sa qualité. Du reste, la coupe d'ensemencement et les coupes secondaires se font comme à l'ordinaire; seulement il sera permis ou même nécessaire, vu l'état complet ou serré du repeuplement, d'accélérer les coupes secondaires; en effet les jeunes fourrés, ayant une croissance vive, demandent plus de lumière que dans une régénération purement naturelle.

Par ces opérations on a réussi à donner à la régénération du hêtre une sûreté, aux repeuplements une régularité et à leur développement une vigueur, même dans les terrains de qualité très médiocre, qu'on n'a pu obtenir par aucune autre méthode.

Cependant il est clair que les frais de ces opérations sont considérables. On pourrait les indiquer, d'après les données de différentes inspections, par les chiffres que voici :

> Opérations employées à la station 1 . . . .   25 à   38 fr. par hectare.
> Opérations employées à la station 2 . . . .   55 à 120 fr.
> Opérations employées à la station 3 . . . .   150 à 190 fr.

non compris les frais du semis artificiel.

En jugeant de l'opportunité de ces dépenses, on pourrait faire les observations suivantes :

Il faut d'abord remarquer que, bien entendu, il n'y aura pas lieu de faire des dépenses pour la préparation du terrain à régénérer là où les propriétés du sol sont telles qu'on peut obtenir un ensemencement complet et bien venant seulement à l'aide de la hache. Évidemment il en est ainsi dans certains terrains, même de grande étendue, en France et dans d'autres pays. Mais lorsque le résultat de la coupe d'ensemencement est incertain, ou bien s'il faut craindre qu'il ne suffise pas pour fonder un repeuplement complet et qu'on doive prévoir de nombreux remplacements, alors, selon les expériences faites chez nous, les procédés que je viens de noter semblent offrir des avantages.

D'abord, en général, la régénération sera faite par une seule fainée; il n'est pas nécessaire d'avoir recours à plusieurs années de semences successives pour la formation d'un fourré complet, et les regarnis seront minimes ou nuls.

Ensuite on sera en état de pouvoir faire la coupe définitive après 10 à 15 ans, au lieu de la reculer encore 10 ans comme dans la régénération naturelle ordinaire, ce qui causerait un endommagement des gaulis souvent assez considérable.

Enfin il sera beaucoup plus facile de créer à l'aide des éclaircies une futaie régulière et bien formée d'un massif provenant d'un seul ensemencement complet que d'un repeuplement dû à plusieurs années de semences et entremêlé de remplacements nombreux.

En réalité, nous avons obtenu ces résultats là où l'on s'est servi de manière raisonnée des procédés que je viens d'indiquer. Mais, en outre, on a pu constater que les frais de la préparation du sol et du répandage artificiel des semences ne dépassent nullement les dépenses qui, sans ces opérations, auraient été nécessaires.

Dans la régénération du hêtre, le labour du sol est, comme on le sait, une opération fort bien connue et souvent employée, soit le labour en plein, quoique plus rarement, soit le labour par bandes ou par places. Alors il y aura lieu de demander en quoi consiste la différence entre la méthode mentionnée plus haut et l'usage généralement admis : par celui-ci on cherche en divisant le sol à favoriser l'enracinement de jeunes brins de semence ; c'est une opération efficace au moment de la germination ou tout au plus pendant la première année. — Par celle-là on a pour but de créer un terreau doux et meuble où il en manque ; c'est une opération dont les effets s'étendront sur la première période de la vie du repeuplement jusqu'à ce qu'il soit en état d'abriter lui-même le sol et d'y maintenir les propriétés spécialement favorables à la prospérité du fourré. Le labour partiel du terrain et les opérations entreprises immédiatement avant le semis ne donnent pas le même résultat ; la cause en doit être que le labour en plein et la culture continuée de la surface changent les propriétés physiques et chimiques du sol et en font un nouveau milieu pour la vie organique qui y est venue.

Si enfin on demande en quoi consistent ces changements, nous pourrions faire observer que, par la méthode indiquée, le terrain doit se transformer d'un milieu favorable à la vie des microorganismes anaérobies en un différent qui permet le développement et la prospérité des aérobiontes. Or, en ameublissant parfaitement le sol et en y ajoutant des éléments alcalins, on ôte du terrain compact et acide les conditions de la vie des microorganismes anaérobies, généralement nuisibles à la végétation des plantes supérieures, et on favorise l'activité des aérobiontes, de laquelle dépend de beaucoup de manières la fertilité du terreau. Si cette explication donne la véritable cause de la réussite de nos régénérations, ou bien s'il ne fait qu'indiquer un symptôme d'un certain état du sol, c'est là une question qui doit être réservée aux recherches de l'avenir.

A cet égard et sur beaucoup d'autres points, la régénération naturelle du hêtre telle qu'elle s'est développée en Danemark demande encore des études beaucoup plus approfondies et des expériences continuées. Cependant, il me semble qu'elle offre un certain intérêt, tant au point de vue théorique que par des raisons pratiques : elle engage le forestier à des recherches scientifiques sur la nature du sol boisé qui, peu pratiquées jusqu'à présent, promettent à la sylviculture les mêmes progrès que les recherches analogues ont procurés à l'agriculture.

P. E. MULLER.

Annexe N° 4.

——

TRAITEMENT DES TAILLIS SOUS FUTAIE

EN VUE D'AUGMENTER

LA PRODUCTION DU BOIS D'OEUVRE.

L'inscription de cette question au programme du Congrès de sylviculture tenu à Paris témoigne de l'intérêt que l'on porte aujourd'hui en France au mode du taillis sous futaie. Peu de contrées renferment dans leur domaine forestier une aussi grande proportion de taillis composés que la France, et cependant il semble que dans notre pays ils aient été longtemps méconnus, voire même tenus en mépris, alors que toutes les expériences, toutes les études se portaient sur les futaies, que presque toutes les dépenses de travaux d'améliorations étaient faites dans celles-ci.

Depuis une vingtaine d'années les taillis paraissent s'être réhabilités aux yeux du forestier français. C'est que le régime du taillis présente d'inappréciables avantages par la sûreté de sa régénération, la marche régulière de ses exploitations, la fixité de l'assiette de ses aménagements; d'autre part, le taillis composé peut, à l'égal de la futaie, donner des bois d'œuvre de fortes dimensions : il n'est point de plus bel arbre que l'ancien chêne qui étend au-dessus du jeune peuplement sa cime vigoureuse et complète qui n'a point été déformée par la lutte pour la vie que soutient dans le massif uniforme son congénère de la futaie; enfin il peut produire de ces bois d'œuvre en grande quantité, en quantité bien plus considérable qu'on ne croit généralement.

Nous rechercherons dans la présente note quel est le traitement à appliquer aux taillis sous futaie afin de leur faire produire la plus grande quantité possible de bois d'œuvre, et, dans cette quantité, la plus grande proportion possible de gros bois. L'état que nous cherchons à constituer pourrait être défini «la limite du taillis composé»; une réserve plus nombreuse que celle que comporte cet état aurait pour effet la conversion en futaie. Nous étudierons à cet égard trois points bien distincts dans le traitement : 1° la durée de la révolution; 2° le plan de balivage; 3° les divers soins et travaux d'amélioration ou d'entretien.

Il va de soi que cette étude ne se rapporte qu'aux taillis sous futaie proprement dits, capables de fournir de gros arbres, en écartant les peuplements dénommés taillis sous futaie, sis sur sol aride ou rocailleux, dans lequel la réserve ne produira jamais d'arbres de belle valeur.

I. — Fixation de la durée de révolution.

La révolution doit être fixée à un minimum de 30 ans; il sera souvent avantageux d'adopter une durée supérieure, allant jusqu'à 40 ans, si le peuplement est composé d'essences se reproduisant bien par rejets.

Les baliveaux fournis dans les taillis exploités aux âges de 30 ans et plus sont forts, capables de résister aux accidents météoriques après leur brusque isolement : si l'on veut faire de la culture intensive d'arbres de réserve, il est indispensable de s'assurer de beaux baliveaux. Les longues révolutions seules assurent l'allongement des tiges des arbres de réserve, facteur important pour la production en bois d'œuvre. Enfin elles assurent le nombre des baliveaux : vers l'âge de 20 à 25 ans, le taillis s'est élevé, il s'éclaircit quelque peu, de telle sorte que son couvert n'empêche plus les graines, tombées des arbres de réserve, de germer, ni le jeune semis de végéter ; ce sont ces semis qui fournissent le baliveau de franc pied ou le rejet de jeune souche, seuls capables de former l'arbre de grand avenir. Il est inutile d'insister plus longuement sur ce point de la question, qui a été à maintes reprises traité par les maîtres de la sylviculture française.

II. — PLAN DE BALIVAGE.

A proprement parler, les aménagements de forêts traitées en taillis sous futaie n'ont guère, jusqu'à présent, consisté qu'en une opération topographique : on groupe dans une même parcelle des bois d'âges sensiblement égaux, on donne aux coupes des formes aussi régulières que possible ; on s'efforce d'assurer à chacune d'elles une vidange facile et indépendante ; parfois encore on prescrit des coupes de régularisation d'âges.

Sans doute un pareil aménagement réalise un progrès considérable par la régularité dans la marche des exploitations, la plus-value des produits facilement transportables aux lieux de consommation ; mais de la quotité de ces produits, des âges et dimensions d'exploitabilité, de la répartition désirable de la réserve en petits bois, bois moyens, gros bois, il n'est généralement point question ; ou bien les prescriptions de l'aménagement sur la manière de marquer les coupes sont vagues, de telle sorte que finalement le balivage est laissé à l'intuition, au savoir-faire de l'opérateur. En un mot, dans la plupart des aménagements de taillis sous futaie, le plan de balivage précis, appuyé sur des inventaires, fait défaut, et, quelque habile que soit l'opérateur, son œuvre prêtera aisément à la critique, d'ailleurs souvent mal fondée.

Si le plan de balivage fait défaut, c'est que font défaut aussi les renseignements nécessaires à sa conception. Que l'on considère combien sont précises et nettes les prescriptions d'un aménagement de futaie jardinée ; elles indiquent les dimensions d'exploitabilité pour chaque essence, la possibilité annuelle, les années même auxquelles telle ou telle parcelle doit être parcourue. C'est que pour pouvoir formuler ses prescriptions, l'aménagiste a inventorié sa futaie, il en a classé les produits, déterminé les accroissements ; chaque revision de possibilité vient rectifier les quelques erreurs que peut renfermer l'aménagement primitif. Si l'on considère que la réserve dans un taillis composé est une sorte de futaie jardinée, on est amené tout naturellement à user, pour la confection du plan de balivage raisonné, de procédés analogues aux études d'aménagement de la futaie jardinée.

Inventaires. — Les opérations que l'on pratique sur le terrain dans les taillis sous futaie — balivage et récolement — sont de nature à fournir facilement et sans grand surcroît de travail la plupart des renseignements désirables.

Le calepin de balivage classe les arbres abandonnés à l'exploitation en catégories de grosseurs, suivant les usages et les tarifs de cubages de l'inspection du lieu; il indique le cube de chaque catégorie. Si l'on complète les données du calepin par l'indication des dimensions à partir desquelles le bois commence à se vicier [1], — le brigadier et le garde du triage feront aisément ce relevé au moment de l'exploitation des coupes, — on aura tous les renseignements qu'il est nécessaire d'avoir sur l'ensemble des arbres abandonnés et sur les dimensions d'exploitabilité.

Si l'opération du récolement doit avoir pour but unique de constater que l'adjudicataire a respecté tous les arbres ayant reçu un ou plusieurs coups de marteau, c'est bien l'opération la plus fastidieuse du métier; mais si on profite du récolement pour classer la réserve en les mêmes catégories que l'a été l'abandon lors du balivage, si ensuite on cube cette réserve, en tenant compte des arbres brisés par l'exploitation, l'opération sera d'un grand intérêt.

Les deux calepins donneront l'inventaire complet et détaillé du matériel existant au moment de l'exploitation [2]; ils permettront d'établir à tout moment le bilan de la forêt.

Cube maximum de la futaie. — Si l'on veut perpétuer le régime, il faut assurer au taillis sa place nécessaire et suffisante; un hectare d'un taillis sous futaie donné ne peut donc, à la veille de l'exploitation, renfermer un volume de réserves supérieur à un certain cube maximum.

C'est une question de fait. On déterminera ce cube maximum V par des places d'expériences bien choisies dans la forêt même ou dans les forêts voisines et semblables. C'est ce cube maximum que le traitement doit tendre à produire.

Nous avons constaté dans le cantonnement de Neufchâteau sud (Vosges) (que nous avons géré pendant 13 ans) que des coupes exploitées à 30 ans renfermaient à la veille de l'exploitation 200 mètres cubes d'arbres (houppier compris) et que le taillis fournissait encore les baliveaux en quantité strictement suffisante; d'autres coupes renfermant un matériel d'arbres de 250 mètres cubes étaient à l'état de futaie bâtarde qui avait étouffé le taillis. Nous avons été en droit d'en conclure que le cube de 200 mètres cubes par hectare est le cube maximum auquel, dans la région, on peut amener les arbres de réserve, sans changer le régime, — ailleurs ce cube peut être différent, supérieur ou inférieur, — mais il est probable, certain même, que toutes choses égales d'ailleurs, ce cube sera d'autant plus grand que la révolution du taillis sera plus longue

---

[1] Faute de connaître jusqu'à quelles dimensions les bois restent sains dans chaque coupe, l'opérateur est bien forcé de s'en rapporter aux signes extérieurs de la végétation et ceux-ci sont parfois trompeurs : il arrive que tel gros chêne dont la cime est restée vigoureuse est complètement pourri, alors qu'en d'autres coupes, de gros chênes dont la cime présente de nombreuses branches mortes sont parfaitement sains. — Le canton Feyel de la forêt communale de Laudaville (arrondissement de Neufchâteau), d'une contenance de 12 hectares, a la forme d'un rectangle; il est situé sur un versant uniformément exposé au midi; il est divisé en deux coupes par une ligne de plus grande pente : il semble donc que les deux coupes soient identiques. L'une et l'autre renfermaient des chênes remarquables par leur aspect vigoureux — fût lisse et élancé, cime globuleuse bien fournie, point de branches mortes, — elles ont été exploitées, il y a une quinzaine d'années, à un an d'intervalle : dans l'une, tous les chênes exploités, même les plus gros, étaient parfaitement sains; dans l'autre, tous les chênes étaient pourris à partir de 1 m. 50 de tour.

[2] On néglige l'accroissement qu'a pris la réserve entre le balivage et le récolement.

et par suite les arbres plus élancés, car avec une plus grande hauteur de fût ils exer-
ceront un moindre effet nocif sur le taillis.

Catégories, déchets, coefficients de réserve. — Dans une étude d'aménagement de
futaie jardinée, après avoir inventorié le matériel, déterminé les âges et dimensions
d'exploitabilité, on se préoccupe de savoir si la forêt étudiée présente en proportions
convenables les bois d'âges moyens et les gros bois. De même il importe que dans la
réserve d'un taillis-sous-futaie les différentes catégories ou classes d'âges soient représentées en proportions convenables; c'est là, à notre avis, un côté essentiel de la
question.

Théoriquement, on ne devrait exploiter chaque arbre que lorsqu'il est arrivé au
terme de son exploitabilité; il serait remplacé numériquement par l'arbre de la classe
d'âge inférieur et ainsi de suite. Admettons par hypothèse, pour le raisonnement, que
le terme de l'exploitabilité soit 150 ans, et la révolution, 30 ans. La réserve, au moment de l'exploitation, serait formée comme suit :

25 arbres à exploiter de 150 ans, de 2 mètres de tour, cubant $4^{mc}6$
l'un... 115^{mc}

25 vieilles écorces de 120 ans, de 1^m 50 de tour, cubant $2^{mc}3$
l'un... 57^{mc} } 84
à
25 anciens de 90 ans, de 1^m de tour, cubant $0^{mc}9$ l'un 22
(réserver)
25 modernes de 60 ans, de 0^m 50 de tour, cubant $0^{mc}2$ l'un 5

Cet état se perpétuerait théoriquement par l'exploitation des arbres de 150 ans,
parvenus au terme de l'exploitabilité et par la réserve de toutes les autres catégories
auxquelles on ajouterait 25 baliveaux de l'âge.

Mais en pratique, tous les arbres réservés n'arrivent pas au terme de leur exploitabilité : les accidents divers, les nécessités d'espacement font tomber sous la hache des
arbres de 60, 90, 120 ans, en même temps que des arbres mûrs de 150 ans; c'est
plus d'un baliveau, plus d'un moderne qu'il faut réserver pour obtenir une vieille
écorce.

Pour favoriser la production maxima en gros bois, il importe de connaître les déchets causés dans chaque catégorie par les accidents et les nécessités d'espacement, afin
de ne réserver, en arbres des catégories inférieures, que le nombre strictement nécessaire et suffisant pour donner les gros bois. Appelant coefficient de réserve le rapport
des arbres susceptibles d'être utilement réservés au nombre total des arbres d'une catégorie, nous avons trouvé, dans des coupes d'expériences du cantonnement de Neufchâteau sud, que ces coefficients variaient suivant les coupes :

Pour les arbres de { 60 ans .... de 0.50 à 0.60
90 .... 0.70 0.75
120 .... 0.50 0.65

Ces coefficients étant, dans tous les cas, voisins de 1/2, ou un peu supérieurs, on
peut admettre, dans la pratique, le coefficient 1/2 pour toutes les catégories; c'est-à-
dire que pour obtenir dans trente ans un arbre de 120 ans bon à réserver, il suffira
au moment du balivage d'en réserver deux de 90 ans; de même pour obtenir dans

trente ans un arbre de 90 ans bon à réserver, il aura suffi, au balivage, d'en réserver deux de 60 ans. D'après cela, on est amené à marquer en réserve la combinaison suivante :

1 vieille écorce	de 120 ans.
2 anciens..	90
4 modernes	60
10 baliveaux	30

Nous admettons que 2 dixièmes des baliveaux seront brisés par l'exploitation. Cette combinaison·produira au bout de la révolution :

1 arbre	de 150 ans.
2 vieilles écorces..	120
4 anciens..	90
8 modernes..	60

On exploitera :

1 arbre	de 150 ans.
1 vieille écorce....	120
2 anciens........	90
4 modernes......	60
....	

On réservera :

....	
1 vieille écorce........	de 120 ans.
2 anciens...........	90
4 modernes..........	60
+ 10 baliveaux.	

Pour faire entrer cette combinaison dans le domaine de la pratique, on considérera, non point les âges qu'on ne connaît pas, mais les diamètres qu'on peut mesurer. Quels que soient l'âge et les dimensions d'exploitabilité, on classera les arbres en trois catégories, bois petits, moyens et gros; les données des calepins permettront de déterminer dans chaque forêt les diamètres convenables à attribuer à ces catégories; par exemple :

Petits bois...............................	de 0.20 à 0.35 de diamètre.
Bois moyens	0.40 0.55
Gros bois................................	0.60 et au-dessus.

et on les réservera dans les proportions de 4, 2, 1.

Accroissement de la réserve dans son ensemble. — Connaissant par le calepin de récolement, la composition et le cube de la réserve au lendemain de la dernière exploitation, on déterminera l'accroissement de l'ensemble de cette réserve en inventoriant le matériel sur pied à la veille de la prochaine exploitation. On trouvera, par exemple, que 50 mètres cubes réservés par hectare sont, au bout d'une révolution, devenus $125^{mc}=50\times2,5$. Nous donnons à ce facteur 2,5 le nom de coefficient d'accroissement de la réserve.

Il a nécessité, pour être connu, une opération supplémentaire: l'inventaire du matériel sur pied à la veille de la prochaine exploitation. Mais il faut remarquer que cette opération supplémentaire n'aura besoin d'être faite qu'une fois. On tablera sur ce coefficient en attendant qu'il soit revisé, et la revision s'en fera ultérieurement sans travail supplémentaire par la comparaison du cube réservé (calepin de récolement) et du cube existant au bout de la révolution (somme des cubes portés aux calepins de balivage et de récolement de la révolution suivante).

Faute d'avoir les inventaires nécessaires, nous avons fait dans les taillis-sous-futaie des Vosges des expériences ayant pour but de déterminer ce coefficient d'accroissement et nous avons trouvé qu'il est à peu près constant, variant de 2.4 à 2.9 pour une révolution de 3o ans. De l'analyse de la coupe n° 8 du bois communal de Velaine-sous-Amance, donnée en exemple par notre éminent maître M. Broilliard dans son *cours d'aménagement*, pages 33g, 34o, il résulte que ce coefficient est de 2,5 pour une révolution de 25 ans, il serait de 2,7 pour une révolution de 3o ans.

Cependant, quelques forestiers des plus distingués se sont refusés à croire que la réserve d'un taillis-sous-futaie pouvait doubler et presque tripler son volume en une révolution de 3o ans. Nous croyons donc devoir insister sur ce point important de la question par les considérations suivantes qui démontreront encore que le coefficient d'accroissement est compris entre 2 et 3 et se rapproche généralement de 2.5.

Considérons la combinaison de catégories d'âges dont il a été question au paragraphe précédent et voyons ce qu'elle donne dans les différents sols, en estimant ceux-ci d'après l'accroissement annuel moyen des arbres qu'ils portent :

1° *Accroissement annuel de 1 centimètre sur la circonférence.* — C'est l'accroissement que l'on constate sur les sols de médiocre qualité : moins de deux millimètres sur le rayon.

1 arbre de 120 ans aura 1^m 20 de tour sur 8^m de haut et
  cubera...................................... 1me 5[1]
2 arbres de 9o ans auront o^m 9o de tour sur 7^m de haut et
  cuberont................................... 1 5   4me 6
4 arbres de 6o ans auront o^m 6o de tour sur 6^m de haut et
  cuberont................................... 1 1
1o baliveaux................................... o 5

La combinaison donnera au bout de la révolution :

1 arbre de 15o ans, de 1^m 5o de tour et 9^m de haut,
  cubant..................................... 2me 6
2 arbres de 120 ans, de 1^m 20 de tour et 8^m de haut,
  cubant..................................... 3 ″   10me 8
4 arbres de 9o ans, de o^m 9o de tour et 7^m de haut, cubant 3 ″
8   6o   o^m 6o   6^m 2 2

4me 6 sont devenus 1o^{me} 8.
1me est devenu 2me 4 (coefficient d'accroissement).

Nota. Pour un volume maximum V de la futaie égal à 2oo^{me}, cette combinaison tiendrait vingt fois dans un hectare.

   [1] Houppiers compris. C'est ainsi qu'il faut entendre tous les volumes dont il est question dans cette note.

2° *Accroissement annuel de 1 cent. 1/4 sur la circonférence.* — C'est l'accroissement que l'on constate sur un sol assez bon : 2 millimètres sur le rayon.

1 arbre de 120 ans aura 1^m 35 de tour sur 8^m de haut et cubera	1me 9	
2 arbres de 90 ans auront 1^m 01 de tour sur 7^m de haut et cuberont	1 8	5me 5
4 arbres de 60 ans auront 0^m 67 de tour sur 6^m de haut et cuberont	1 3	
10 baliveaux	0 5	

La combinaison donnera au bout de la révolution :

1 arbre de 150 ans, de 1^m 69 de tour et 9^m de haut, cubant....................................	3me 4	
2 arbres de 120 ans, de 1^m 35 de tour et 8^m de haut, cubant....................................	3 8	13me 4
4 arbres de 90 ans, de 1^m 01 de tour et 7^m de haut, cubant	3 6	
8 60 0^m 67 6^m	2 6	

5me 5 sont devenus 13me 4.
1me est devenu 2me 4 (coefficient d'accroissement).

Nota. La combinaison tiendrait quinze fois dans un hectare, pour V=200me.

3° *Accroissement de 1 cent. 1/2 sur la circonférence.* — C'est l'accroissement que l'on constate sur un sol de bonne qualité : un peu plus de 2 millimètres sur le rayon.

1 arbre de 120 ans aura 1^m 80 de tour sur 9^m de haut et cubera	3me 6	
2 arbres de 90 ans auront 1^m 35 de tour sur 8^m de haut et cuberont	3 8	10me 4
4 arbres de 60 ans auront 0^m 90 de tour sur 7^m de haut et cuberont	2 5	
10 baliveaux	0 5	

La combinaison donnera au bout de la révolution :

1 arbre de 150 ans, de 2^m 25 de tour sur 10^m de haut, cubant....................................	6me 4	
2 arbres de 120 ans, de 1^m 80 de tour sur 9^m de haut, cubant....................................	7 2	26me 2
4 arbres de 90 ans, de 1^m 35 de tour sur 8^m de haut, cubant	7 6	
8 60 0^m 90 7^m	5 "	

10me 4 sont devenus 26me 2.
1me est devenu 2^m 5 (coefficient d'accroissement).

Nota. Cette combinaison tiendrait huit fois dans un hectare, pour V=200me.

4° *Accroissement de 1 cent. 3/4 sur la circonférence.* — C'est l'accroissement que l'on constate dans les sols fertiles : 3 millimètres sur le rayon.

1 arbre de 120 ans aura 2ᵐ 10 de tour sur 9ᵐ de haut et
cubera . . . . 5ᵐᶜ 1 ⎫
2 arbres de 90 ans auront 1ᵐ 57 de tour sur 8ᵐ de haut et |
cuberont . . . . 5 ″ ⎬ 14ᵐᶜ
4 arbres de 60 ans auront 1ᵐ 05 de tour sur 6ᵐ de haut et |
cuberont . . . . 3 4 |
10 baliveaux . . . . 0 5 ⎭

Cette combinaison donnera au bout de la révolution :

1 arbre de 150 ans de 2ᵐ 62 de tour sur 10ᵐ de haut,
cubant. . . . . 8ᵐᶜ 7 ⎫
2 arbres de 120 ans de 2ᵐ 10 de tour sur 9ᵐ de haut |
cubant. . . . . 10 2 ⎬ 35ᵐᶜ 7
4 arbres de 90 ans de 1ᵐ 57 de tour sur 8ᵐ de haut, cubant 10 ″ |
8 60 1ᵐ 05 6ᵐ 6 8 ⎭

14ᵐᶜ sont devenus 35ᵐᶜ 7,
1ᵐᶜ est devenu 2ᵐᶜ 5 (coefficient d'accroissement).

Nota. Cette combinaison tiendrait de 5 à 6 fois dans un hectare, pour V=200ᵐᶜ.

Si nous envisageons un sol d'une fertilité extraordinaire, tel que les alluvions de la plaine de Gray, où, d'après les renseignements qu'a bien voulu nous donner M. Broilliard, l'accroissement annuel moyen est 8 millimètres sur le diamètre, soit 2 centim. 1/2 sur la circonférence :

1 arbre de 120 ans aura 3ᵐ de tour sur 12ᵐ de haut et
cubera. . . . . 13ᵐᶜ 9 ⎫
2 arbres de 90 ans auront 2ᵐ 25 de tour sur 10ᵐ de haut |
et cuberont . . . . 13 1 ⎬ 37ᵐᶜ 3
4 arbres de 60 ans auront 1ᵐ 50 de tour sur 8ᵐ de haut et |
cuberont . . . . 9 3 |
10 baliveaux (on les portera ici à 1 décistère l'un). . . . . 1 ″ ⎭

La combinaison donnera au bout de la révolution :

1 arbre de 150 ans, de 3ᵐ 75 de tour sur 14ᵐ de haut,
cubant. . . . . 25ᵐᶜ 6 ⎫
2 arbres de 120 ans, de 3ᵐ de tour sur 12ᵐ de haut, cubant 27 8 ⎬ 98ᵐᶜ 2
4 90 2ᵐ 25 10ᵐ 26 2 |
8 60 1ᵐ 50 8ᵐ 18 6 ⎭

37ᵐᶜ 3 sont devenus 98ᵐᶜ 2.
1ᵐᶜ est devenu 2ᵐᶜ 6 (coefficient d'accroissement).

Nota. Cette combinaison tiendrait deux fois dans un hectare, pour V=200ᵐᶜ.

Ce qui frappe tout d'abord dans l'examen des tableaux précédents, c'est que le coefficient d'accroissement est constant quel que soit le degré de fertilité du sol; mais cela s'explique si l'on considère que dans les sols riches, la réserve comprend nombre de gros arbres dont le volume n'augmente pas dans la même proportion que les arbres de faibles dimensions.

On peut constater par un calcul analogue aux précédents, que dans les sols riches de Gray, le coefficient d'accroissement de la futaie atteindrait et dépasserait même le nombre 3, si l'on réduisait le terme de l'exploitabilité de cent cinquante à cent vingt ans. On pourrait donc être tenté d'élever plutôt de jeunes arbres dont l'accroissement de volume est plus considérable, mais il faut considérer 1° que leur valeur à l'unité de produits sera bien moindre; 2° qu'à volume égal, des arbres jeunes ont un couvert bien plus considérable que de vieux arbres et que dès lors le volume maximum de futaie V serait diminué.

Plan de balivage. — Pour le moment, les calepins de balivage et de récolement de la dernière révolution ne renferment pas les inventaires dont il a été question plus haut, permettant de déterminer à coup sûr le coefficient d'accroissement de la réserve pendant une révolution. On l'arbitrera à 2.5 pour une révolution de 30 ans, un peu moins pour celle de 25 ans, un peu plus pour celle de 35 ans.

On arbitrera, d'après les données actuelles des calepins et d'après la connaissance que l'on a de la forêt, les dimensions à assigner aux trois classes, bois gros, moyens et petits.

On admettra les coefficients de réserve de chaque catégorie égaux à 1 demi. Ces coefficients, dont la détermination exige des expériences assez longues, pourront même être fixés définitivement à 1 demi.

Mais on déterminera immédiatement, par des places d'expériences, le volume maximum V que peut renfermer, dans la forêt envisagée ou dans des forêts similaires, un hectare bien constitué en réserves.

Connaissant le volume V, les prescriptions relatives au balivage, dans le cas d'une révolution de 30 ans, seront les suivantes : Marquer en réserve, par hectare, un volume égal à $\frac{V}{2.5}$ en ayant soin que les gros bois, les moyens bois et les petits bois soient représentés numériquement dans la proportion 1. 2. 4. Ou, pour employer les expressions usitées dans le traitement des taillis-sous-futaie : Réserver les deux cinquièmes du volume V en ayant soin que la réserve comprenne une vieille écorce pour deux anciens et quatre modernes. A ces arbres on ajoutera une centaine de bons baliveaux, un peu plus si la croissance est lente et que les arbres de futaie soient de faibles dimensions, un peu moins si la croissance est rapide et que la futaie renferme de gros arbres.

Dans les Vosges, où nous avons trouvé V=200^{mc}, on réservera à chaque balivage 80 mètres cubes, formés de bois gros, moyens et petits dans les proportions susdites.

Au bout de la révolution, le volume réservé $\frac{V}{2.5}$ sera redevenu V. Cas particulier de la futaie jardinée, le taillis-sous-futaie se retrouvera, comme celle-ci, identique à lui-même au bout de la révolution.

Révision du plan de balivage. — Au bout d'une révolution du taillis, l'examen des calepins de balivage et de récolement renfermant les inventaires et les indications que nous avons signalés plus haut permettra de reviser le plan de balivage pour chaque forêt, pour chaque coupe même:

On saura d'une manière certaine jusqu'à quelles dimensions les arbres restent sains dans chaque coupe: on en déduira les dimensions à assigner à chaque classe — gros, moyens et petits bois.

On saura comment s'est comportée la réserve dans son ensemble au point de vue de l'accroissement et on en déduira le coefficient d'accroissement.

La revision portera également sur V.

Ces revisions seront faites utilement à chaque révolution.

Observations. — Le procédé que nous signalons nous paraît pouvoir entrer dans le domaine de la pratique parce qu'il est simple, parce qu'il n'exige point de calculs ni d'opérations sur le terrain en dehors des balivages et des récolements, qu'il suffit pour l'appliquer de compléter le calepin de balivage par l'indication des dimensions jusqu'auxquelles les bois restent sains dans chaque coupe — ce que l'on aura constaté au cours de l'exploitation — et de compléter le calepin de récolement par l'inventaire de la réserve classée en catégories de grosseur et par son cube, — inventaire qui se fera simultanément avec l'opération du récolement.

Déjà dans la conservation de Chaumont, ces inventaires se font ainsi au moment du récolement. La prescription mériterait d'être généralisée; car indépendamment même de la question du traitement, il sera utile dans bien des cas de savoir quel matériel d'arbres renferme la forêt et de pouvoir en établir le bilan.

III. — DIVERS SOINS OU TRAVAUX D'AMÉLIORATION OU D'ENTRETIEN.

Les travaux d'amélioration ou d'entretien à exécuter dans les taillis composés et les soins à leur donner en vue de la production du bois d'œuvre ne sont guère dispendieux.

1° Nous avons dit qu'il se produit des semis naturels dès que le taillis atteint une certaine élévation, — vers l'âge de 20 à 25 ans. — Aussitôt après l'exploitation du taillis, un certain nombre de ces jeunes plants bien espacés, futurs baliveaux, devront être repérés; on les dégagera avec soin au fur et à mesure que le taillis en repoussant menacera de les étouffer. Parfois il sera avantageux de les receper au moment de l'exploitation du taillis. Ces soins concernent le garde du triage.

2° Quelques années avant l'exploitation du taillis, on dégagera les jeunes baliveaux d'avenir, afin que leur cime prenne de l'ampleur et leur fût du volume, ce qui leur permettra de résister aux accidents météoriques après leur brusque isolement. Il ne faut pas confondre cette opération, qui tient du nettoiement, avec l'éclaircie du taillis; si des éclaircies du taillis étaient prescrites, on profiterait du passage de ces coupes, pour pratiquer le dégagement des baliveaux d'avenir.

3° Si ce double dégagement n'assure pas le nombre de baliveaux désirable, on fera des plantations de sujets de moyenne tige, en petit nombre (cent à cent cinquante). Nous avons vu assurer de cette manière la régénération des arbres de futaie dans la fertile forêt de Schlestadt (Alsace), traitée en taillis-sous-futaie, où tous les brins de semence sont détruits par le gibier (daim et chevreuil). Le prix du mille de plants moyenne tige se monte à 56 marks, soit 70 francs; les plantations sont faites par places de loin en loin, chacune d'elles est entourée d'un treillage métallique revenant à

26 pfennings, soit o fr. 35 le mètre courant. La pénurie du gibier en France dispensera du treillage et la dépense se réduira à 7 francs pour un cent de plants.

4° Il arrive fréquemment que les arbres de futaie et surtout les jeunes chênes se couvrent de branches gourmandes aussitôt après l'exploitation du taillis. Si on laisse se développer ces branches gourmandes, elles arrivent parfois à former autour de la tige de véritables manchons qui arrêtent la sève et font sécher la cime. On devra procéder à l'émondage de ces arbres dès l'année du récolement ; s'il y a lieu, on répétera cette opération une ou deux fois de deux en deux ans.

Les dépenses occasionnées par ces divers soins et travaux d'amélioration ne dépasseront pas 3o à 4o francs par hectare au cours d'une révolution, elles seront insignifiantes par rapport à la valeur de la coupe.

H. WATIER.

Annexe N° 5.

TRAITEMENT DES TAILLIS SOUS FUTAIE

EN VUE D'AUGMENTER

LA PRODUCTION DU BOIS D'OEUVRE.

Généralités : Relation entre le sous-bois et la futaie. — Le taillis sous futaie renferme deux éléments distincts, le sous-bois et la futaie, qui se contrarient réciproquement dans leur végétation, mais qui dépendent l'un de l'autre et entre lesquels il importe de maintenir l'équilibre. Dans le sous-bois, les souches, soumises à des exploitations répétées à intervalles plus ou moins courts, finissent par s'user et disparaître les unes après les autres, et la forêt s'appauvrirait peu à peu si les vides n'étaient pas constamment comblés un peu par les drageons et les marcottes produites par l'enracinement des branches traînantes, mais surtout, pour les essences précieuses, par les semis provenant des graines que les arbres de futaie répandent autour d'eux. D'un autre côté, le baliveau, qui est le point de départ de la futaie, ne peut être pris que dans le sous-bois, parmi les brins de semence, les rejets sur jeunes souches et, seulement à leur défaut, ceux sur vieilles souches. Ces derniers n'ont pas d'avenir; de plus, ils ont à leur base un foyer de pourriture qui se propage sans cesse et occasionne souvent une grande dépréciation sur la valeur des bois.

Choix des baliveaux. — Le choix doit se porter particulièrement sur le chêne, l'essence principale, qu'il faut rechercher dans la plupart des taillis sous futaie pour constituer la réserve, parce que le prix de son bois augmente avec le volume des arbres, d'où il résulte une double cause d'accroissement de revenu, ce qui ne se présente généralement pour aucune autre essence feuillue.

Il est inutile de m'étendre longuement sur les règles de culture à appliquer à ces forêts, on les trouvera exposées dans de nombreux traités de culture des bois et d'aménagement. Je ne m'occuperai ici que du cas particulier où le chêne fait défaut dans le sous-bois.

Taillis où le chêne fait défaut. — Souvent, dans les parties les plus fertiles et les plus favorables à la végétation du chêne, le sol est entièrement occupé par des cépées d'essences secondaires, au milieu desquelles les futaies sont très clairsemées. On est encore heureux quand ce sont les bois blancs qui dominent, parce que sous leur feuillage léger, on ne tarde pas à voir apparaître des semis de chêne et de hêtre qui fourniront plus tard d'excellents baliveaux. Mais, fréquemment, le peuplement est composé uniquement de charme, qui a la faculté de se multiplier rapidement, grâce à l'abondance de ses graines, et qui écarte peu à peu tous ses voisins à cause de son couvert épais.

Plantations de chênes dans les taillis. — Il semble, de prime abord, qu'il est facile de réparer le mal en plantant des chênes entre les souches du taillis après son exploitation; mais tous ceux qui ont employé ce moyen savent ce que l'on peut en attendre. En général, quatre ou cinq ans après la mise en place des plants, on n'en trouve presque plus, et ceux d'entre eux qui se maintiennent quelque temps sont destinés à périr sous les rejets d'autant plus sûrement que l'on ne fait presque jamais d'éclaircie dans les taillis. Ces opérations y seraient cependant d'une grande utilité, parce qu'elles permettraient de sauver quelques-uns de ces plants de chêne et favoriseraient la production et la conservation des semis, en relevant le couvert des rejets et en faisant pénétrer sur le sol la quantité de lumière nécessaire à leur végétation, jusqu'au moment de la coupe prochaine.

Plantations de résineux dans les taillis. — À mon avis, le moyen le plus sûr et surtout le plus économique d'améliorer la situation, c'est de planter dans les taillis, immédiatement après leur exploitation, des sapins et des épicéas par petits bouquets de 4 à 8 brins. Ces essences supportent aussi bien le couvert que les petits charmes, et il suffirait de les dégager deux fois, cinq et quinze ans après leur plantation, pour être certain de retrouver la plupart d'entre eux à la coupe suivante. Leur couleur sombre tranche sur celle des bois feuillus après la chute des feuilles, de sorte qu'on les distingue facilement en automne et au printemps, qui sont les saisons les plus favorables pour les dégager.

Cette opinion, que j'ai déjà exposée dans une conférence au Congrès du 31 juillet 1899 de la Société forestière de Franche-Comté et Belfort [1], est basée sur les résultats fournis par l'analyse de cinquante-six (56) arbres (24 sapins, 30 épicéas, 2 pins sylvestres), choisis les uns dans des taillis, et les autres dans des pâtures et des peuplements résineux, et dans des conditions de végétation à peu près les mêmes que celles des premiers. Ces résultats sont inscrits en tête d'un atlas contenant les coupes verticales des arbres analysés et qui est joint au présent mémoire [2].

D'après ce document, on voit qu'un sapin ou un épicéa planté dans un taillis, met quatre-vingt-cinq à quatre-vingt-dix ans pour acquérir, en moyenne, un volume de 3 m. c. 500 de bois d'œuvre, sans causer un préjudice sensible au taillis jusqu'à l'âge de 60 ans, puisque à cet âge l'un d'eux n'occupe guère plus de place qu'un baliveau ou qu'un petit moderne. Par conséquent, la présence, par hectare, seulement de 25 de ces résineux, dont les branches couvriraient environ 15 ares en tout, pour un rayon de 4 m. 40, amènerait un supplément de production de 87 mètres cubes

---

[1] *Bulletin* de la Société du mois d'octobre 1899, p. 166. — P. 14 de l'opuscule extrait de ce bulletin : *Utilité de l'introduction des sapins et de l'épicéa dans les taillis médiocres de la région jurassienne.*

[2] Une partie des arbres d'expérience ont été pris dans des taillis à sol médiocre, ou à une altitude élevée de 700 à 900 mètres. Ceux que l'on introduirait dans les taillis des régions inférieures et dans des sols de première qualité auraient une végétation plus considérable encore que ceux que nous avons analysés. — L'atlas des arbres d'expérience, qui n'a pu être compris dans le compte rendu du Congrès à cause de sa grande dimension, sera déposé à l'école forestière de Nancy.

de bois d'œuvre, indépendamment de celle des futaies feuillues qui peuvent s'y trouver. D'où il résulterait une plus-value de 800 à 1,000 francs au moins, à raison de 10 à 13 francs le mètre cube, défalcation faite de la diminution du taillis sur les 15 ares.

Il est vrai que le sapin, et surtout l'épicéa, ne donnent que des produits médiocres à une altitude inférieure à celle de leur station naturelle. Leur bois est mou, spongieux, sans résistance. Malgré cela, la vente en est assurée, et les prix indiqués ci-dessus sont généralement dépassés; car, quand ces bois sont secs, leur légèreté les fait rechercher pour des usages spéciaux, intérieurs de plaquage, caisses d'emballage, etc., pour lesquels les bois de choix sont trop lourds et surtout trop chers. Le propriétaire est donc toujours certain de voir cette opération tourner à son profit.

Production de semis de chêne sous les résineux. — Mais là ne se bornent pas les services que rendront ces essences, car, une fois qu'elles auront atteint une certaine dimension, elles favoriseront la production des semis de chêne. Tous les forestiers savent que l'on emploie les pins comme essence de transition pour repeupler en bois feuillus des terrains dénudés et improductifs. Les plantations et les semis directs de ces derniers n'ont donné, en général, qu'un piètre résultat. Au contraire, les plantations et les semis de pins réussissent très facilement, même dans des terrains secs et peu fertiles. Puis, lorsque ces peuplements ont atteint l'âge de 40 ans environ, on voit le sol se couvrir de nombreux semis de chêne, hêtre et autres, dont les graines ont été apportées par les oiseaux ou le vent. Ces jeunes brins se développent rapidement sous le couvert léger de ces pins, si l'on a eu le soin de les éclaircir à temps. Lorsque ceux-ci ont disparu, la forêt feuillue est constituée dans les meilleures conditions possibles.

Exemples. — Dans la forêt communale d'Étupes, inspection de Montbéliard, la coupe n° 6, située à l'extrémité nord-ouest d'un massif, était autrefois un pâturage envahi par les épines et les bruyères. La commune y fit exécuter, en 1836, un semis de pin sylvestre dont la réussite a été complète. Ces pins, dont il ne reste plus aujourd'hui que quelques rares échantillons, ont fait place à un taillis très vigoureux, actuellement âgé de 8 ans, dans lequel il y a une forte proportion de cépées de chêne et qui est surmonté par de nombreux et superbes baliveaux et jeunes modernes qui assureront un excellent choix pour la réserve de l'avenir. Il n'a fallu que soixante-quatre ans pour opérer cette transformation.

La commune de Baume-les-Dames, département du Doubs, possède deux parcelles de forêt, cantons sous Frament et sur Framont, d'une superficie de 24 hectares environ chacun, renfermant un épais fourré de bois feuillus, parmi lesquels on remarque un grand nombre de chênes. Ces mêmes terrains étaient encore occupés, en 1890, par une jeune futaie de pins sylvestres âgés de 45 ans environ, sous lesquels les semis feuillus avaient commencé à se former depuis une dizaine d'années.

Semis de chênes sous les peuplements d'épicéas au milieu des taillis. — Le même phénomène se produit sous les peuplements d'épicéas créés de main d'homme dans la région des taillis. Ainsi, dans la forêt communale de Saint-Julien-lès-Montbéliard, département du Doubs, à une altitude de 400 mètres environ. il y a, sur une étendue de 2 h. 94, située dans le quart en réserve, un peuplement d'épicéas âgés de 85 ans, mélangés sur le pourtour de quelques pins sylvestres du même âge. C'était autrefois une clairière envahie par les ronces et les épines et qui a été reboisée au moyen d'un semis de pin, sapin et épicéa. (Il ne reste plus qu'un seul sapin; il y en avait encore quelques-uns, il y a quinze ans; ils ont été renversés par le vent). On y voit aujourd'hui un semis complet de chêne et de hêtre de 12 à 20 ans, très vigoureux, qui fourniront dans la suite de magnifiques baliveaux. Des brins de chênes ont pris naissance aux pieds des épicéas et même de l'unique sapin, par conséquent ils sont sous leur couvert immédiat et ils ne paraissent nullement en souffrir [1].

Le peuplement tout entier se compose de 638 arbres d'un volume de 817 mètres cubes, non compris le houppier. On a vendu, rien que pendant les dix dernières années, 237 mètres cubes au prix de 3,800 francs, ce qui donne une production de 4 m. c. 2 par hectare et par an, sans compter celle tirée des bois feuillus qui occupent le tiers de la superficie. Plus de 80 francs contre 30 à 40 francs qu'ont donnés les coupes de taillis! Et le fond est loin d'être épuisé. Ce procédé de transformation est donc très avantageux pour les propriétaires.

Dans la forêt d'Étupes déjà citée, il existe aussi, sur environ 7 hectares, dans les coupes 10 et 13, un peuplement, tantôt clair, tantôt serré, d'épicéas [2] âgés de 55 à 60 ans, mélangés par place de pins sylvestres, sous lequel les semis de chêne commencent à se montrer en abondance.

Ici encore c'était une clairière sur laquelle on a fait un semis d'épicéa et de pin sylvestre. Il reste actuellement sur pied 1,723 arbres d'un volume de 1,207 mètres cubes, houppier compris, contre 838 arbres de 628 mètres cubes exploités en 1896 et 1898, sans compter ceux que l'on a enlevés antérieurement. L'avenir est donc largement assuré, et la commune d'Étupes va bientôt faire une riche récolte sur un terrain autrefois presque improductif et dont la prospérité est maintenant certaine, si l'on ne commet pas d'abus dans la suite.

Nécessité de multiplier les expériences. — Les arbres sur lesquels ont porté mes investigations sont trop peu nombreux pour que les conclusions que j'ai tirées de ces expériences puissent être considérées comme définitives. Il serait utile de pousser les recherches plus loin. Il me semble, du reste, qu'en deux ou trois ans, une seule personne pourrait, sans trop de difficulté, faire cette étude sur un assez grand nombre d'arbres convenablement choisis dans les différentes régions de la France où il soit possible de trouver des sujets, et fournir les éléments nécessaires pour une solution complète de cette question, ainsi que de celle relative à l'amélioration et à la transformation des taillis de faible rendement.

Il faut remarquer que ces deux questions sont souvent connexes, car il est rare que dans une même forêt le sol soit partout également fertile. Dans les meilleures d'entre elles, il y a des parties où il est peu profond et peu substantiel et où la végétation du chêne est languissante. Les sapins et les épicéas y auraient encore une végétation active, car leurs racines sont essentiellement traçantes et elles ont la faculté de s'infiltrer dans les moindres fissures pour y chercher les éléments nécessaires à la vie de l'arbre. De plus, par leur couvert épais, ils maintiennent la fraîcheur à leurs pieds et tout

---

[1] Les épicéas n°ˢ 47 à 52 de l'atlas se trouvaient dans ce massif; l'un d'eux avait un volume de 5 mètres cubes de bois d'œuvre et s'est vendu 100 francs.

[2] On y a pris les n°ˢ 53 à 56 de l'atlas.

autour d'eux, et ils peuvent, par suite, favoriser la végétation des chênes qui se trouveront dans leur voisinage.

Il y aurait certainement un grand intérêt, au point de vue de l'augmentation de la production des bois d'œuvre, à introduire ces essences dans les parties médiocres des taillis de plaine. Dans les parties les plus mauvaises, on mettra des pins.

Nécessité d'un sommier de contrôle pour les taillis sous futaie. — Pour les forêts soumises au régime de la futaie, on a reconnu la nécessité de tenir un sommier de contrôle sur lequel on doit inscrire, tous les ans, les bois exploités dans chaque parcelle. Ce sommier est surtout d'une importance capitale pour les futaies auxquelles on a appliqué le système du précomptage général, parce qu'il permet de suivre la marche de la végétation, de voir à tout moment où l'on en est avec le matériel par la comparaison du total des bois exploités avec ceux qui ont été constatés au début de la période ou de la rotation, et de reconnaître facilement, à la suite d'un nouveau comptage, quel a été l'accroissement produit dans les différentes parties de la forêt.

De pareils sommiers sont tout aussi nécessaires pour les taillis sous futaie, si l'on ne veut pas continuer à marcher au hasard. Pour établir ces sommiers, il sera indispensable de mesurer les arbres réservés en même temps que ceux qui sont abandonnés. A cet effet, on devra préparer les calepins de balivage suivant le modèle que je joins au présent mémoire, avec un modèle de sommier tel que ceux que je tiens depuis neuf à dix ans pour tous les taillis sous futaie aménagés dans l'inspection de Montbéliard.

À la prochaine révolution, on pourra voir assez exactement, par l'examen du sommier et du calepin, la composition probable de la futaie et en déduire un plan rationnel de balivage pour les nouvelles coupes. On arrivera ainsi à améliorer les forêts sans sacrifier les droits de la génération actuelle.

Le surcroît de travail occasionné par cette manière d'opérer est insignifiant en regard du bien qui en résultera (2 à 3 jours de travail sur le terrain et autant au cabinet pour 75 forêts dans l'inspection de Montbéliard). On peut aussi prendre les circonférences des réserves en faisant les récolements.

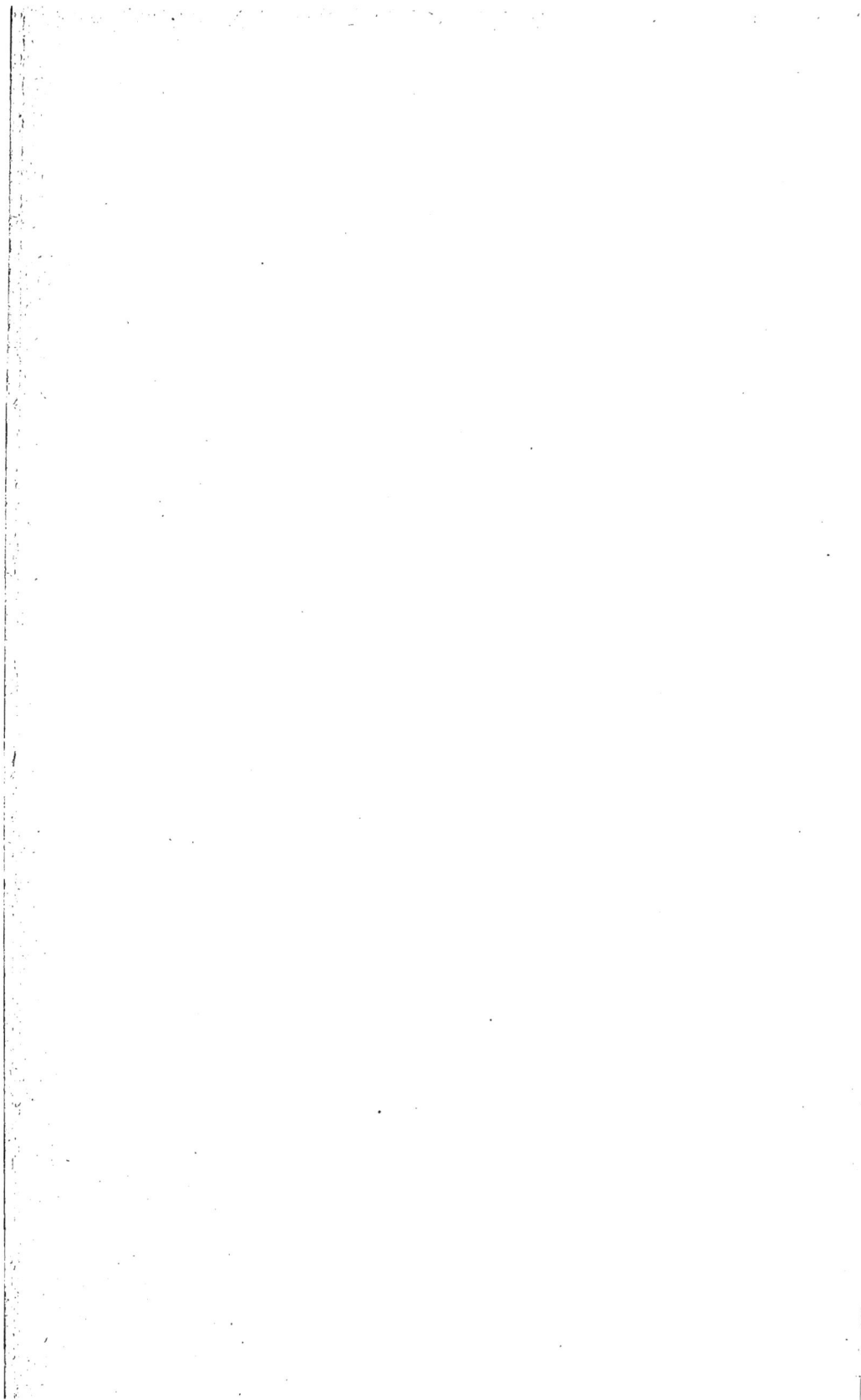

SOMMIER DE CONTRÔLE

DE

LA FORÊT COMMUNALE DE LOUGRES

(203 hect. 62)

———

(SÉRIE DE TAILLIS)

Forêt communale de Lougres, série de taillis.

Date du décret d'aménagement : 21 septembre 1868.

Date du plan d'aménagement : 1ᵉʳ septembre 1874.

Proportion des essences : chêne 20, hêtre 35, charme 30, divers 15.

Durée de la révolution : 30 ans.

ANNÉES DES EXPLOITATIONS.	NUMÉROS DES COUPES.	CONTENANCE DES COUPES.	BALIVEAUX.			MODERNES.				ANCIENS.		TOTAL DES RÉSERVES.	VOLUME MOYEN DES BALIVEAUX.	VOLUME DES TIGES.			VOLUME TOTAL.	TAILLIS.	
			CHÊNES.	HÊTRES.	DIVERS.	CHÊNES.	HÊTRES.	CHARMES.	DIVERS.	CHÊNES.	HÊTRES.			BALIVEAUX.	MODERNES.	ANCIENS.		STÈRES.	FAGOTS.
													m. c.	m. c.	m. c.	m. c.	m. c.		
1890	21	5ʰ 08	67	360	65	80	28	"	"	39	76	715	0 035	17	65	212	294	406	5100
1891	22	5 11	124	404	89	57	46	"	1	18	35	774	0 035	22	56	78	156	664	6100
1892	23	5 05	117	425	73	85	30	"	"	74	47	751	0 035	21	64	197	282	657	6100
1893	24	5 08	139	306	54	41	63	"	"	19	37	659	0 035	22	58	81	161	660	7100
1894	25	5 07	178	151	79	125	41	4	"	44	23	645	0 035	14	64	94	172	710	7100
1894	A	4 84	150	54	216	59	32	"	2	39	8	560	0 035	15	37	57	109	629	5800
1895	26	5 07	187	291	120	43	53	"	"	20	52	766	0 035	21	51	106	178	710	7600
1895	B	4 68	374	239	40	96	27	"	1	28	10	815	0 035	23	45	42	110	515	6100
1896	27	5 14	342	97	89	116	64	"	"	45	5	758	0 035	18	69	59	146	514	7200
1897	28	5 13	134	285	115	60	28	"	"	34	45	701	0 035	19	43	108	170	564	7700
1897	C	4 57	413	152	5	115	17	"	"	45	8	755	0 035	20	51	64	135	457	5500
1897	D	4 62	467	144	13	112	12	"	"	32	11	791	0 035	22	44	52	118	416	5500
1898	29	5 06	305	77	150	70	20	"	"	47	20	689	0 035	19	41	103	163	756	7600
1899	30	5 13	215	220	165	65	18	"	2	53	29	767	0 035	21	40	100	161	821	7200
1899	E	5 31	278	454	11	84	47	.	2	40	16	930	0 035	26	59	76	161	796	6400

enance totale : 2o3 hect. 61.

enance des coupes : 152 hect. 55. Possibilité : 4ᵏ 8o.

enance du quart en réserve : 51 hect. 6o.

	CHÊNES.		HÊTRES et divers.			VALEUR		RENDEMENT DU TAILLIS et des branches des futaies.		FRAIS D'EXPLOITATION.	TRAVAUX MIS EN CHARGE.	VALEUR NETTE de LA COUPE. (Estimation ou prix de vente sur pied.)	OBSERVATIONS.
ÉCORCES (bottes).	NOMBRE.	VOLUME (tige).	NOMBRE.	VOLUME (tige).	QUARTIER.	DES TIGES.	TOTALE.	STÈRES.	FAGOTS.				
		m. c.		m. c.	m. c.	francs.	francs.			francs.	fr. c.	fr. c.	
"	82	95	134	268	24	6.629	11.158	"	"	1.644	91,3o	9.442,7o	
"	93	122	75	46	26	3.058	7.528	"	"	1.5o9	96,55	5.992,45	
"	188	181	83	109	25	7.782	12.972	"	"	1.744	63,7o	11.164,3o	
"	100	148	88	61	3o	5.998	10.832	"	"	1.652	24,85	9.155,15	
"	145	121	93	64	24	5.162	10.016	"	"	1.637	28,8o	8.350,2o	
"	105	81	48	11	13	"	"	"	"	1.263	181,7o	3.710,oo	Prix de vente.
"	84	95	96	104	17	4.992	9.936	"	"	1.668	31,35	8.236,65	
15oo	13o	84	24	13	7	"	"	"	"	"	313,oo	3.870,oo	Prix de vente.
"	183	124	105	36	3o	4.828	8.780	"	"	1.4o9	36,45	7.334,55	
"	93	93	84	81	12	4.428	8.6o6	"	"	1.544	118,8o	6.943,2o	
6oo	129	83	3o	26	8	"	"	"	"	"	191,oo	3.790,oo	
6oo	104	92	24	23	4	"	"	"	"	"	169,oo	4.950,oo	
"	75	95	71	71	12	4.318	9.222	"	"	1.716	85,6o	7.240,4o	
"	93	73	65	46	16	3.968	7.078	"	"	1.634	136,o5	5.3o7,95	
"	114	126	65	39	22	"	"	"	"	"	140,oo	6.6oo,oo	Prix de vente.

CALEPIN

LES OPÉRATIONS DE BALIVAGE ET D'ESTIMATION

DES COUPES DE TAILLIS SOUS FUTAIE

———

EXERCICE 1898 ET 1899

———

MODÈLE À L'APPUI DU MÉMOIRE SUR LE TRAITEMENT DES TAILLIS SOUS FUTAIE

(NÉCESSITÉ D'UN SOMMIER DU CONTRÔLE)

FORÊT COMMUNALE DE LOUGRES.

N⁰ 130 de l'état de l'assiette de l'exercice 1898.

ᵉ série.   Canton de Lieutaut.

Coupe n° 29. Lot n"   .

BALIVAGE.

Pieds corniers.

Parois.

		0 60	0 80	1 00	1 20		
BALIVEAUX.	Chêne ..						
	Hêtres ..						
	Essences diverses.						
MODERNES.	Chêne ..	3	33	25	9		79
	Hêtre...		3	12	5		20
ANCIENS.	Chêne ..	1 20	1 40	1 60	1 80	2 00	
		10	22	10	5		47
	Hêtre...	1	5	7	6	1	20

ARBRES ABANDONNÉS.

CIRCON- FÉRENCE moyenne.	(¹)	CHÊNE.	
0 60	(6)	3	12
0 80	(7)	8	19
1 00	(8)	8	8
1 20	(9)	16	1
1 40	(10)	18	6
1 60	(11)	11	10
1 80	(11)	3	5
2 00	(12)	8	7
2 20	(12)	″	1
2 40	(12)	″	2
Totaux..........		75	71

(¹) On partagera ce tableau en autant de colonnes que l'on aura d'essences différentes.

N. B. La circonférence de chaque arbre sera mesurée à 1 m. 30 du sol. La hauteur moyenne de chaque classe d'arbres sera indiquée entre des parenthèses.

Opération *faite le 29 octobre 1897*
par MM. Runacher et Granier.
Nature de la coupe : T. S. F. Sa contenance : 5 h. 06 ares.

Chêne............ 1
Hêtre............ 1
Charme.......... 6
Divers............ »

ESTIMATION des PRODUITS MATÉRIELS DU TAILLIS.	ESSENCES.	NOMBRE DES ARBRES						
		MARQUÉS EN RÉSERVE.					ABANDONNÉS.	
		PIEDS CORN^{ts}	PA-NOIS.	BALI-VEAUX.	MO-DERNES.	AN-CIENS.	MO-DERNES.	AN-CIENS.
Nombre de m. c. menue charp^{te} (service)	chêne	305	70	47	27	48		
de m. c. de bois d'industrie......	hêtre	77	20	20	39	32		
	divers	150						
Nombre de stères {de bois 1re qualité. 759								
de chauffage 2e qualité.								
de bois à charbon.......								
bottes d'écorces........								
Nombre de {fagots............... 7800								
bourrées								
	Totaux.	532	90	67	66	80		

$95 \times 30 = 2,850$
$71 \times 18 = 1,278$
$19 \times 10 = 190$
$1,036 \times 4 = 4,144$
$76 \times 10 = 760$

9,242
18,016

74,204

Facteur............................ 100
Serment et marteau................ 15 } 115
Élagage des arbres...................... } 166
Abatage des arbres....................., }
Bois de chauffage.......................... } 1,055
Bois à charbon .... }
Écorces.................................... »
Fagots.................................... 380

T. = 3,796 00 }
F. = 5,426 00 } 9,222

Total des frais d'exploitation................. 1,716 00

CHARGES.

Travaux............................ 85 60
Chauffage du garde (valeur et transport)... »

Total.............. 1,816 60

ESTIMATION DES PRODUITS MATÉRIELS DE LA FUTAIE.								
SERVICE.		INDUSTRIE.		CHAUFFAGE.		BOTTES d'écor-ces.	BOIS de service.	HOUP-PIER.
1re qualité.	2e qualité.	1re qualité.	2e qualité.	1re qualité.	2e qualité.			
m. c.	m. c.	m. c.	m. c.	st.	st.		m. c.	st.
chêne.		hêtres et divers.				chêne	95	147
						hêtre	71	130
0.210			0.840					
1.159			2.736				166	277
2.056			2.064				Quartier	19
6.688			0.418					
11.876		3.792						296
9.977		9.070					Taillis	759
3.444		5.740						
12.358		10.822						1.055
		1.871						
		4.454						
		35.749	6.058					
47.279		41.807						

OBSERVATIONS PARTICULIÈRES.
_____

Limites
N. }
E. } comme au plan d'aménagement.
O. }

Travaux :
Émonder 992 chênes dans la coupe
ordinaire et le coupon B de 1895.. 49 60
Curer 567 mètres de sentiers d'aménagement entre les coupes n°s 26-28 et
27-29...................... 28 35
Curer 153 mètres de fossés contre les
particuliers...................... 7 65

Total 85 60

POUR L'ÉTAT SIGNALÉTIQUE.

FUTAIES... { Chêne........................... 189
           { Hêtre........................... 167

TAILLIS... { Feu............................. 490
           { Fagots.......................... 196
                                            _____
                                             1,042
                                            ======

RÉSERVÈS.

BALIVEAUX............................ 532 × 0,035   18,648

MODERNES.. { 0,60 (6)   3................. 0,210 }
           { 0,80 (7) 36................. 5,184 } 20,792
           { 1,00 (8) 37................. 9,546 }
           { 1,20 (9) 14................. 5,852 }

ANCIENS... { 1,20 (9) 11................. 4,598 }
           { 1,40 (10) 27................. 17,064 }
           { 1,60 (11) 17................. 15,419 } 51,255
           { 1,80 (11) 11................. 12,628 }
           { 3,00 (12)   1................. 1,546 }

FORÊT COMMUNALE DE LOUGRES.

N° 124 de l'état de l'assiette de l'exercice 1899.

 ˙ série.   Canton de Lieutaut.

Coupe n° 30. Lot n°   .

BALIVAGE.

Pieds corniers.

Parois.

		0 60	0 80	1 00	1 20	2 00	
BALIVEAUX	Chêne ..						
	Hêtre...						
	Essences diverses.						
Cerisier.....		2					2
MODERNES	Chêne ..	3	22	25	15		65
	Hêtre...		6	8	4		18
ANCIENS	Chêne ..	1 20 / 18	1 40 / 22	1 60 / 7	1 80 / 2	4	53
	Hêtre...	1 0	1 0	8	1		29

ARBRES ABANDONNÉS.

CIRCON-FÉRENCE moyenne.	(1)	CHÊNE.	
0 60	(6)	11	1
0 80	(6)	18	13
1 00	(7)	24	12
1 20	(8)	16	10
1 40	(9)	8	14
1 60	(10)	5	9
1 80	(11)	9	4
2 00	(11)	1	2
2 20	(10)	1	//
TOTAUX..........		93	65

(1) On partagera ce tableau en autant de colonnes que l'on aura d'essences différentes.

N. B. La circonférence de chaque arbre sera mesurée à 1 mètre du sol. La hauteur moyenne de chaque classe sera indiquée entre des parenthèses.

Opération faite le 22 février 1899
  par MM. Runacher et Grosjean.
Nature de la coupe : T. S. F. Sa contenance : 5 h. 13 ares.

Chêne............ 2
Hêtre............ 1
Charme.......... 5
Divers........... 2

ESTIMATION des PRODUITS MATÉRIELS DU TAILLIS.	ESSENCES.	NOMBRE DES ARBRES							ESTIMATION.
		MARQUÉS EN RÉSERVE.					ABANDONNÉS.		
		PIEDS cornⁱᵉ	PA-BOIS.	BALI-VEAUX.	MO-DERNES.	AN-CIENS.	MO-DERNES.	AN-CIENS.	
Nombre de m. c. grume { de menue charpⁱᵉ (service)	chêne			215	65	53	61	32	73 × 30 = 2,190
{ de bois d'industrie......	hêtre			220	18	29	31	34	46 × 18 = 828
Nombre de stères { de bois { 1ʳᵉ qualité. 891 { de chauffage.{ 2ᵉ qualité. { de bois à charbon.......	divers			165					25 × 10 = 250
	cerisier				2				1,030 × 3 = 3,090
{ bottes d'écorces........									72 × 10 = 720
Nombre de { fagots............... 7200 { bourrées									7,078,00
									1,770,05
									5,307,95
	Totaux.			600	85	82	92	66	

acteur.......................... 100 }	100
erment et marteau................. " }	
iagage des arbres.................. }	119
batage des arbres .... }	
ois de chauffage.................. 1,055
ois à charbon.................... "
corces......................... "
agots.......................... 360 }

TOTAL des frais d'exploitation.............. 1,634 00

T = 3,183 00
F = 3,895 00 } 7,078

CHARGES.

Travaux........................... 136 05
Chauffage du garde (valeur et transport)... "

TOTAL............... 1,770 05

ESTIMATION.
DES PRODUITS MATÉRIELS DE LA FUTAIE.

SERVICE.		INDUSTRIE.		CHAUFFAGE.		BOTTES d'écor-ces.	BOIS de service.	HOUP-PIERS.
1ʳᵉ qualité.	2ᵉ qualité.	1ʳᵉ qualité.	2ᵉ qualité.	1ʳᵉ qualité.	2ᵉ qualité.			
m. c.	m. c.	m. c.	m. c.	st.	st.		m. c.	st.
chêne			hêtres et divers.			chêne	73	113
				m. c.		hêtre	46	96
0.720				0.070				
2.232				1.612		119		209
5.400						Quartier		25
5.436				2.700				
4.544				3.810				234
4.125		m. c.				Taillis		891
10.332		7.952						
1.417		7.425				Total.		1.055
1.560		4.592						
		2.834						
		22.803	8.093					
36.316		30.895						

OBSERVATIONS PARTICULIÈRES.

Limites
N. }
E. } celles du plan d'aménagement.
S. }
O. }

Travaux :
  Émonder 50 chênes dans la coupe
aff. de 1896.. 8 ....   25 40
  Curer 403 mètres de sentiers d'aménagement 20 65
  Fournir et employer sur désignation :
15 mètres cubes de pierres à l'anneau de 8 }
et 15 mètres cubes à l'anneau de 5 }   90 00

        TOTAL.................   136 05

POUR L'ÉTAT SIGNALÉTIQUE.

Futaies...	{ Chêne..	145
	Hêtre...	124
Feu......	{ Stères.......................................	529
	Fagots..	186
	Total......................	984

RÉSERVES (ESTIMATION).

Baliveaux...............................680 × 0,035   21,000

Modernes..	{ 0,60 (6) 5..................	0,350	
	0,80 (6) 28..................	3,472	20,025
	1,00 (7) 33..................	7,425	
	1,20 (8) 19..................	8,778	

Anciens...	{ 1,20 (8) 28..................	10,388	
	1,40 (9) 32..................	18,176	
	1,60 (10) 15..................	12,375	50,051
	1,80 (11) 3..................	3,444	
	2,00 (11) 4..................	5,668	

FORÊT COMMUNALE DE LOUGRES.

N° 124 bis *de l'état d'assiette de l'exercice 1899.*

ᵉ série.   Canton de Cujot.

Coupe E. Lot n°   .

BALIVAGE.

Pieds corniers.

Parois.

			0 60	0 80	1 00	1 20	
BALIVEAUX.	Chêne ..						
	Hêtre...						
	Essences diverses.						
MODERNES.	Chêne ..	2	37	41	4		84
	Hêtre...		7	31	9		47
ANCIENS.	Chêne ..	1 20	1 40	1 60	1 80		
		6	12	17	5		40
	Hêtre...	5	6	3	2		16

ARBRES ABANDONNÉS.

CIRCON-FÉRENCE moyenne.	(1)	CHÊNE.	
0 60	(5)	12	//
0 80	(7)	11	9
1 00	(8)	17	21
1 20	(8)	9	12
1 40	(9)	21	6
1 60	(10)	30	10
1 80	(10)	9	5
2 00	(11)	4	2
2 20	(8)	1	//
2 40		//	//
2 60		//	//
Totaux........		114	65

(1) On partagera ce tableau en autant de colonnes que l'on aura d'essences différentes.

N. B. La circonférence de chaque arbre sera mesurée à 1 m. 30 du sol. La hauteur moyenne de chaque classe d'arbres sera indiquée entre des parenthèses.

Opération faite le 22 février 1899
par MM. Runacher et Grosjean.
Nature de la coupe : T. S. S. Sa contenance : 5 h. 31 ares.

Chêne	2
Hêtre	4
Charme	1
Divers	3

ESTIMATION des PRODUITS MATÉRIELS DU TAILLIS.	ESSENCES.	NOMBRE DES ARBRES						
		MARQUÉS EN RÉSERVE.					ABANDONNÉS.	
		PIEDS cornⁱˢ	PA-ROIS.	BALI-VEAUX.	MO-DERNES.	AN-CIENS.	MO-DERNES.	AN-CIENS.
mbre ⎱ de menue charpⁱˢ (service) m. c. ⎰ de bois d'industrie...... ume	chêne			278	84	40	45	69
	hêtres			454	47	16	36	29
ombre ⎱ de bois ⎰1ʳᵉ qualité. 478⎰ de ⎰ de chauffage ⎰2ᵉ qualité. 318⎰ 796 tères ⎰ de bois à charbon......	divers			11				
⎱ bottes d'écorces........ ⎰ fagots.............. 6400 ombre ⎰ de ⎰ bourrées								
	Totaux.			743	131	56	81	98

eur................. 100 ⎱ 100
jent et marteau......... " ⎰
age des arbres............. ⎰ 165
age des arbres............ ⎰
de chauffage............. 1,122
à charbon............. " ⎱
ces.............. " ⎰
ts.............. 320 ⎰

Total des frais d'exploitation..............		1,707
CHARGES.		
Travaux..............		140
Chauffage du garde (valeur et transport)..		"
Total..............		1,847

ESTIMATION DES PRODUITS MATÉRIELS DE LA FUTAIE.

SERVICE.		INDUSTRIE.		CHAUFFAGE.		BOTTES d'écor-ces.	Bois de service.	HOUP-PIER.
1ʳᵉ qualité.	2ᵉ qualité.	1ʳᵉ qualité.	2ᵉ qualité.	1ʳᵉ qualité.	2ᵉ qualité.		m. c.	st.
m. c.	m. c.	m. c.	m. c.	m. c.	m. c.		chêne1ʳᵉ 82	
chêne		hêtres et divers.					2ᵉ 39	195
0.696				m. c.			3ᵉ 5	
1.584				1.296			hêtre 39	96
4.386				5.418				
3.339				4.452			165	291
1.928		m. c.					Quartier	35
		3.408						
4.750		8.250						326
9.896		5.220						
5.668		2.834					Taillis	796
1.248								
		19.712	11.166				Total. 1.122	
2.995		30.878						

OBSERVATIONS PARTICULIÈRES.

Limites

N. Forêt de Montenois.
E. Coupon F.
S. Coupons C. et D.
O. Forêt de Montenois.

Fournir, transporter et employer sur désignation 30 mètres cubes de pierres cassées à l'anneau de 5 120
Verser 20 francs à la caisse municipale pour travaux de pépinière.......... 20
_____
140

POUR L'ÉTAT SIGNALÉTIQUE.

FUTAIES... { Chêne...................................... 251
{ Hêtre...................................... 124

TAILLIS ... { Feu.. 513
{ Fagots.................................... 165
                                                    ⎯⎯⎯⎯
                                                    1,053

ESTIMATION DES RÉSERVES.

BALIVEAUX.............................. 748 × 0,035   26,008

MODERNES.. { 0,60 (5) 2................ 0,116 }
           { 0,80 (7) 44............... 6,336 } 29,593
           { 1,00 (8) 72............... 18,818 }
           { 1,20 (8) 13............... 4,823 }

ANCIENS., { 1,20 (8) 11................ 4,081 }
          { 1,20 (9) 18................ 10,224 } 38,113
          { 1,60 (10) 20................ 16,500 }
          { 1,80 (10)   7................ 7,308 }

Ant. RUNACHER.

ANNEXE N° 6.

—

ÉNUMÉRATION D'EXEMPLAIRES

D'ARBRES FORESTIERS EXOTIQUES

EXISTANT SUR LE TERRITOIRE DE LA FRANCE CONTINENTALE.

L'énumération ci-contre ne donne évidemment qu'une idée imparfaite des beaux et nombreux exemplaires d'arbres étrangers présentant quelque intérêt au point de vue du boisement ou de l'ornement, et qui existent actuellement en France.

L'inventaire de ces richesses est extrêmement difficile à dresser et la tâche excède les ressources de temps et d'information dont peut disposer un particulier.

Cependant j'ai cru que les amateurs d'arbres rares pourraient avoir quelque intérêt à connaître les lieux où ils pourront visiter de beaux spécimens et je me suis décidé à rédiger la liste de ceux que j'ai visités et mesurés en un grand nombre de localités.

Les mesurages en circonférence ont été pris exactement, mais à des dates variant de 1888 à 1900; la hauteur est approximative mais le contrôle, fait effectivement sur un certain nombre d'arbres, indique que les évaluations ne s'écartent pas très sensiblement de la réalité.

Les indications de numéros des clichés photographiques se rapportent à la collection de photographies que j'ai faites et données au Comité d'arboriculture d'ornement et forestière de la Société nationale d'horticulture.

Je fais tirer une cinquantaine de ces épreuves pour le Congrès de sylviculture.

I. — ESSENCES FEUILLUES.
——

MAGNOLIACÉES.

Magnolia acuminata L. (Amérique du Nord). — Parc de Baleine (Allier), haut. env. 20 m., circ. 2 m.; domaine des Barres-Viim., haut. env. 15 m.; Porzantrez (Morlaix), haut. 14 à 15 m., etc.

— cordata (acuminata var. *cordata*). — Domaine des Barres (V.), haut. env. 15 m. (photogr. n° 817); parc de Baleine (Allier), haut. env. 10 m.

— grandiflora L. (États-Unis du Sud). — Pau, haut. env. 16 m. (photogr. n° 923 *bis*); Paris, jardins publics, etc.

— grandiflora var. *crispa*. — Allard, la Maulevrie, Angers, haut. env. 10 m.

Magnolia grandiflora var. *Exonicusis*. — Pinet à Landernau (F.), haut. env. 12 m. (photogr. n° 881).
— macrophylla Michx (Amérique du Nord). — Pépinières Croux à Chatenay, haut. env. 10 m.
— tripetala L. (Amérique du Nord). — Pépinières Croux à Chatenay, haut. env. 10 m.; parc de Baleine (Allier), haut. env. 8 m.
Cercidiphyllum japonicum Sieb. et Zucc. — Collection de Segrez (Seine-et-Oise), 6 m. env.; les Barres, jeunes sujets.
Liriodendron tulipifera L. (États-Unis). — Château de Frêne, près Chaulnes, haut. 38 m. env. et 5 m. de circ.; château des Essarts, près Noyon, plus de 4 m. de circ., baron de Segonzac; Pau, villa Marie, haut. 28 m., circ. 3 m.; Les Petits-Boullands (Loiret); Fontainebleau (parc); Cour-Cheverny (Loir-et-Cher), etc.
Tilia americana L. (Amérique du Nord). — Porzantrez-Morlaix (comte de Lauzanne), sujet d'environ 25 m., circ. 3 m. 40.
— argentea Desf. (Europe orientale). — Domaine des Barres-V. (photogr. n° 822), haut. env. 16 m., circ. 3 m. (détruit en 1900); domaine d'Harcourt (Eure), sujets d'environ 18 m.; Pau, groupe, haut. env. 15 m. (photogr. n° 922 *bis*).
— petiolaris D. C. (Europe orientale). — André, à Lacroix, près Bléré (Indre-et-Loire), haut. env. 12 m.

RUTACÉES.

Phellodendron amurense Rupr. (Sibérie orientale). — Muséum, pépinières, haut. env. 10 m., circ. 1 m. 50.

SIMARUBÉES.

Ailantus glandulosa Desf. (Chine). — Fontainebleau, jardin de Diane, haut. 25 m., circ. 3 m.; Paris, jardins de l'ambassade d'Allemagne, boulevards, etc.

MÉLIACÉES.

Cedrela sinensis, A. Juss. (Chine). — Muséum, pépinières, premier pied introduit, haut. env. 12 m., circ. 1 m. 50; Muséum, haut. en 1887, 10 m., circ. 1 m. 08; pépinières Croux à Chatenay, arbre de 6 à 8 m.; parc de Baleine, arbre de 8 à 10 m.; les Barres, jeunes sujets.

SAPINDACÉES.

Esculus hippocastanum L. (Macédoine). — Paris, Tuileries, etc.; Bonnel, Palaiseau, circ. 4 à 5 m.; Sorel (Oise), baron de Segonzac, 5 m. 30 de circ.
— flava Act. (États-Unis). — Fontainebleau, jardin de Diane, haut. env. 16 m.; Vaujours (Seine-et-Oise), haut. env. 18 m.
— carnea Willd (rubicunda D. C.). — Paris, parcs, etc.; Muséum.
— rubicunda. — Muséum, 1888, haut. 19 m., circ. 1 m. 90.
Acer dasycarpum Ehrb. (Amérique du Nord). — Malesherbes (Loiret), haut. env. 20 m., circ. 2 m. 86 et 2 m. 70 en 1889.
— monspessulanum L. — Les Barres, sujets de 7 à 8 m.

Acer negundo L. (Amérique du Nord). — Muséum, parcs de Paris, etc.
— negundo L. (var *californicum*). — Les Barres, 6 à 8 m.
— pseudo-platanus L. (Europe centrale). — Le Muséum, parcs de Paris.
— rubrum L. (Amérique du Nord). — Bois de Boulogne, îles; Catros, près Bordeaux, 20 m.
— macrophyllum (Côte du Pacifique). — Pouilly, près Méru (Oise), haut. 10 m., circ. 1 m.; domaine des Barres-Vilm., haut. 9 à 10 m.

ANACARDIACÉES.

Rhus vernicifera D. C. (Chine et Japon). — Collection de Segrez (Seine-et-Oise), haut. env. 14 m., circ. 1 m. 20.

RHAMNACÉES.

Zizyphus vulgaris Lmk. — Muséum, 1888, haut. 9 m., circ. 0 m. 90.

PAPILIONACÉES et CÆSALPINIÉES.

Cercis filiquastrum L. (Région méditerranéenne). — Muséum, plusieurs exemplaires plantés par Buffon, haut. 16 à 17 m., circ. 1 m. à 1 m. 72.
Robinia pseudo-acacia L. (États-Unis orientaux). — Muséum, le pied même planté en 1636 par Vespasien Robin, env. 3 m. de circ.; parcs, etc.; Muséum, 1887; haut. 14 m., circ. 2 m. 50.
— pseudo-acacia (var. *tortuosa*). — Parc de Baleine (Allier), vieux sujets d'env. 3 m. de circ.
— viscosa L. (États-Unis). — École des Barres-V., haut. 10 m.
— neo-mexicana. — Les Barres, haut. 5 à 6 m.
Cladrastis tinctoria Rafin. (Virgilia lutea Michx) [États-Unis]. — Fontainebleau, jardin de Diane, haut. 14 à 15 m. (photogr. n° 962 *bis*); Muséum, parcs, etc.
Sophora japonica L. (Chine). — Muséum, arbres datant de 1747; Muséum, 1888, haut. 25 m., circ. 3 m.; Sorel, par Orvillers (Oise), haut. 18 à 20 m., circ. 2 m. 45 et 2 m. 62; Courset, près Desvres (Pas-de-Calais), haut. 14 à 15 m., circ. 2 m. 40; jardins de l'archevêché, Paris, 14 à 15 m., circ. env. 2 m. 50.
Gymnocladus canadensis Lam. (Amérique du Nord). — Muséum, 1888, haut., 16 m. circ. 1 m. 80; la Turpinerie, commune de Geay (Charente), haut. 26 m., circ. 2 m. 80; château de la Chapelle, près Nesles-la-Vallée, haut. 16 m., circ. 1 m. 40; Fontainebleau, jardin de Diane, haut. 18 à 20 m.
Gleditschia sinensis Lam. (Chine). — Verrières, haut. 12 m., circ. env. 2 m. 20.
— triacanthos L. (États-Unis orientaux). — Vieux parc de Sceaux, haut. env. 20 m.; Verrières; parcs de Paris; etc.

ROSACÉES.

Persica davidiana Carr. — Muséum, 1887, haut. 6 m., circ. 1 m. 05.
Prunus pseudo-cerasus Lind. (Japon). — École d'arboriculture de Saint-Mandé, haut. 7 à 8 m.

PRUNUS VIRGINIANA L. (États-Unis). — Catros, près Bordeaux, haut. 20 m,; Pouilly, près Méru (Oise), haut. 15 m., circ. 1 m. 65 en 1889.

PIRUS BETULÆFOLIA Bunge (Chine). — Les Barres, jeunes sujets.

CRATÆGUS PINNATIFIDA Bunge (Chine). — Muséum, pépinières.

CRATÆGUS FLAVA. — Muséum 1888, haut. 9 m., circ. 0 m. 90.

HAMAMELIDÉES.

DISTYLIUM RACEMOSUM Sieb. et Zucc. (Japon). — Collections de Segrez (Seine-et-Oise).

LIQUIDAMBAR ORIENTALIS Mill (Asie Mineure). — Parc de Balcine (Allier), haut. 15 m., circ. 2 m.

— STYRACIFLUA L. (États-Unis). — Bois de Boulogne, bord du lac, 15 à 16 m.; Balcine, haut. 25 m., circ. 2 m, en 1894 (photogr. n° 895); Malesherbes (Loiret) haut. 20 m,, circ. 3 m. 35, en 1894, disparu.

COMACÉES.

NYSSA AQUATICA Marsch. (États-Unis du Sud). — Parc de Balcine, haut. 20 à 22 m., circ. 1 m. et 1 m. 20 en 1894 (photogr. n° 895).

— SYLVATICA Marsch. (Amérique du Nord).— Parc de Balcine, sujets de 10 à 12 m.; pépinières de la Muette, 1888, haut. 12 m., circ. 1 m. 20.

ÉBÉNACÉES.

DIOSPYROS LOTUS L. (Asie, Europe méridionale). — Pépinières Sahut, Lattes (Montpellier), haut. 10 m.

— VIRGINIANA L. (États-Unis). — Parc de Balcine (Allier), haut. 12 à 15 m.; École des Barres-V.

OLÉACÉES.

FRAXINUS AMERICANA L. (ACUMINATA Lam.) [Amérique du Nord]. — Bois de Boulogne, haut. 15 à 16 m.; les Barres, haut. 14 à 15 m., etc.

— DIMORPHA Coss. et Durr. — Les Barres, haut. 10 m.

PHILLYREA ANGUSTIFOLIA D. (Région méditerranéenne). — Jardin botanique de Montpellier, haut. 10 à 12 m.

SCROPHULARINÉES.

PAULOWNIA IMPERIALIS Sieb. et Zucc. (Japon). — Boulevards et parcs de Paris; Muséum, premier pied obtenu en Europe, planté en 1834, haut. 15 à 16 m., circ. 3 m. (près de serres); Muséum, 1888, haut. 18 m., circ. 3 m.

BIGNONIACÉES.

CATALPA BIGNONIOIDES. — Verrières (Seine-et-Oise), haut. 10 m., circ. 2 m.

— KÆMPFERI Sieb. et Zucc. (Japon). — Collections de Segrez, haut. 8 à 10 m.

CATALPA SPECIOSA Ward (C. CORDEFOLIA Jaume) [Tennessee]. — Les Barres, jeunes sujets, haut. 6 à 8 m.; collections de Segrez, haut. 12 à 15 m.

LAURINÉES.

SASSAFRAS OFFICINALE Ness (États-Unis). — Parc de Baleine, haut. 7 à 8 m.; Catros près Bordeaux, haut. 16 m., circ. 1 m. 20; pépinière de la Muette, 1888, haut. 11 m., circ. 1 m. 80.

URTICACÉES.

ULMUS AMERICANA L. (Amérique du Nord). — Bois de Boulogne; École d'arboriculture de Saint-Mandé.

— PARVIFLORA Jacq. (Chine et Japon). — École d'arboriculture de Saint-Mandé.

ZELKOWA CRENATA Spach. (Caucase). — Verrières (Seine-et-Oise), haut. env. 18 m., circ. 2 m. 20; Pau, villa Marie, haut. 18 à 20 m., circ. 2 m. 77; Harcourt (Eure), haut. 16 m., circ. 2 m. en 1893, etc.

CELTIS OCCIDENTALIS L. (Amérique du Nord). — Muséum; École d'arboriculture de Saint-Mandé; domaine des Barres-Vilm.

— OCCIDENTALIS (var. *crassifolia*). — Muséum, 1888, haut. 15 m., circ. 1 m. 40.

— DAVIDIANA (Chine). — Muséum, pépinières, haut. 8 à 9 m., circ. 1 m. 20.

BROUSSONETIA PAPYRIFERA Vent. (Chine et Japon). — École d'arboriculture de Saint-Mandé, etc.

MACLURA AURANTIACA Nutt. (États-Unis du Sud). — Jardin des serres du Luxembourg, Paris, haut. 12 m., circ. 1 m. 40; domaine des Barres-V., haut. 9 à 10 m., circ. 0 m. 90.

MORUS ALBA L. (Asie tempérée). — Les Barres, haut. 10 à 12 m., circ. 1 m. 20.

— ALBA FASTIGIATA. — Verrières, haut. 12 à 14 m.

— RUBRA L. (Amérique du Nord). — Collection de Segrez (Seine-et-Oise), haut. 10 à 12 m.

PLATANÉES.

PLATANUS ACERIFOLIA Wild. (Orient). — Malesherbes, 10 à 12 m., circ. 1 m. 20.

— ORIENTALIS L. (Orient). — Malesherbes (Loiret), haut. 25 m., circ. 3 m. 60 et 3 m. 52 en 1889; Harcourt, haut. 18 m., circ. 2 m. 60 en 1893.

— OCCIDENTALIS L. (douteux). — Harcourt (Eure), haut. 16 m., circ. 2 m. 50.

JUGLANDÉES.

CARYA ALBA Nutt. (Amérique du Nord). — Parc de Baleine (Allier), haut. 18 à 20 m.; domaine des Barres-V., haut. 12 à 14 m., circ. 60 à 70 c.

— AMARA Nutt. (Amérique du Nord). — Parc de Baleine, haut. 25 à 28 m., circ. 1 m.

— OLIVÆ FORMIS Nutt. (États-Unis du Sud). — Parc de Baleine, haut. 30 m., circ. 1 m. 20; domaine des Barres-V., haut. 16 à 18 m., circ. 1 m. 30.

— MYRISTICÆFORMIS Nutt. (États-Unis du Sud). — Parc de Baleine (Allier), haut. 10 m., circ. 0 m. 62.

CARYA PORCINA Nutt. (Amérique du Nord). — Parc de Baleine, haut. 25 m., circ.
1 m. 50 env.; domaine des Barres (Vilm.), haut. 18 m., circ. 1 m. 25.

— SULCATA Nutt. (États-Unis). — Parc de Baleine (*C. squamosa?*), haut. 20 à 22 m.,
tronc très mince.

— TOMENTOSA Nutt. (États-Unis). — Domaine des Barres-V., haut. 14 à 16 m.

JUGLANS NIGRA C. (Amérique du Nord). — Ancien parc de Sceaux, 1 sujet, haut. 25 m.,
circ. env. 2 m. 40; Verrières (Seine-et-Oise), haut. 18 m., circ. 2 m., etc.;
Montpellier, circ. env. 2 m. 50 (photogr. n° 911 *bis*).

— CINEREA L. (Amérique du Nord). — Parc de Baleine (Allier), haut. 18 m.; boulevards à Angers, haut. 12 à 15 m.

— NIGRA × REGIA (Noyer Vilmorin), hybride. — Verrières, haut. 22 à 25 m., circ.
4 m.; collections de Segrez (Seine-et-Oise), haut. 18 à 20 m.; les Barres,
jeunes sujets.

— REGIA L. (Asie tempérée), noyer commun. — Les Barres; les Motteaux (Loiret)
(photogr. n° 950).

PTEROCARYA CAUCASICA Camey (Caucase). — Muséum, Segrez (Seine-et-Oise), haut.
20 m.; parc de Baleine, haut. 25 m. (photogr. n° 894 *ter*); bois de Boulogne,
îles, etc.

— STENOPTERA D. C. (Chine). — École d'arboriculture de Saint-Mandé; pépinières de
la Ville, à Auteuil, etc.

CUPULIFÈRES.

BETULA CORYLIFOLIA Reg. et Max. (Japon). — Les Barres, jeunes plants.

— DAVURICA Pall. (Asie et Amérique boréales). — Domaine des Barres-Vilm., haut.
20 à 22 m., circ. 1 m.

— LENTA Mchx (Amérique du Nord). — Domaine des Barres-V., haut. 14 à 15 m.

— MAXIMORVICZII Regel. (Japon). — Pépinière Lemoine, à Nancy; les Barres, jeunes
sujets.

— LUTEA Mchx (Amérique du Nord). — Parc de Baleine (Allier), haut. 18 m.

— PAPYRIFERA Marsch. (Amérique du Nord). — Domaine des Barres-V., haut. 14 à
15 m., circ. 1 m. 20.

— POPULIFOLIA Marsh. (Amérique du Nord). — École des Barres-V., haut. env.
20 m., circ. 1 m. 10.

ALNUS CORDIFOLIA Tenore (Europe du Sud). — Verrières (Seine-et-Oise), haut. 14 à
15 m., circ. 1 m. 80.; domaine des Barres-V., haut. 15 m., circ. 1 m. 20 à
1 m. 40; les Barres, boisement en jeunes plants.

OSTRYA VIRGINICA Willd. (Amérique du Nord). — Pépinières de Trianon, haut. 12 à
14 m.

CORYLUS COLURNA L. (Europe du Sud). — Muséum, haut. 14 m., circ. 1 m. 20; Verrières (Seine-et-Oise), haut. 10 m., circ. 1 m.

QUERCUS ÆGYLOPS L. (Europe méridionale). — Verrières (Seine-et-Oise), haut. 12 à
14 m.; domaine des Barres-V., haut. 15 m., circ. 1 m. 30.

— CASTANÆFOLIA C.-A. Meyer (Caucase). — Collection de Segrez, haut. 12 à 14 m.

— CERRIS L. (Asie Mineure, Europe centrale) [sporadique en France]. — Domaine des
Barres-Vilm., haut. 22 à 24 m., circ. 2 m. 80 (photogr. n° 821).

QUERCUS BICOLOR Willd (*prinus discolor* Mchx) — Verrières (Seine-et-Oise), haut. 15 m.; circ. 1 m. 20; parc de Baleine, haut. 15 m.; circ. 1 m. 20.

— BALLOTA Desf. (Espagne et Portugal). — Allard, la Maulevrie, haut. 8 à 9 m.

— COCCINEA Muench (États-Unis). — Parc de Baleine (Allier), haut. 30 m., circ. 1 m. 50; domaine des Barres-V., haut. 22 à 24 m.; circ. 1 m. à 1 m. 20.

— CONFERTA Kit. (*farnetto* Ten.), [Hongrie, Italie septentrionale]. — Allard, la Maulevrie, par Angers, avenues, haut. de 10 à 12 m.

— CUNEATA Wangh. (*falcata* Mchx) [États-Unis]. — Domaine des Barres-V., haut. 15 à 18 m., circ. 1 à 1 m. 60.

— DENTATA Thunb. (Japon). — Domaines des Barres-V., haut. 5 m. env.; Allard, la Maulevrie (Angers), haut. 5 à 6 m.

— GLANDULIFERA Blume (Japon). — Les Barres, jeunes plants.

— HETEROPHYLLA Mchx. (Amérique du Nord) hybride?. — Domaine des Barres-V., haut. 22 à 24 m., circ. 3 m. 60 (photogr. n° 20 *ter*, n⁰ˢ 811 et 811 *bis*); parc de Baleine, haut. 25 à 30 m.; circ. 1 m. 60.

— ILICIFOLIA Wangh (*Banisteri* Mchx.) [Amérique du Nord]. — Verrières (Seine-et-Oise), haut. env. 6 m.; domaine des Barres-V., haut. env. 8 m., circ. 35 c. (photogr. n° 810).

— IMBRICARIA Mchx. (Amérique du Nord). — Domaine des Barres-V., haut. 18 m., circ. 1 m. 30 (déraciné), autres sujets moindres (photogr. n° 862).

— LAURIFOLIA Mchx (*aquatica laurifolia* A. D. C.) [États-Unis]. — Pau, villa Pœymirau, haut. 18 à 20 m., circ. 2 m. 50 (photogr. n° 921); domaine des Barres-Vilm., haut. 15 m.; circ. 30 c.

— LIBANI Oliv. (Orient). — Muséum; collection de Segrez.

— LUSITANICA Lam. (Asie Mineure, Europe méridionale). — Allard (Angers), haut. 8 à 9 m.

— LYRATA Walt. (Amérique du Nord). — Domaine des Barres-V., haut. 7 à 8 m.

— MACROCARPA Mchx (Amérique du Nord). — Muséum, haut. 14 m., circ. 1 m. 20 en 1888; Verrières (Seine-et-Oise), haut. 15 m., circ. 2 m.; domaine des Barres V., haut. 12 à 13 m., circ. 1 m.

— MARYLANDICA Muench. (*ferruginea* Mchx) [Amérique du Nord]. — Domaine des Barres-V., haut. 14 à 15 m., circ. 1 m. 40.

— MIRBECKII Dur. (ch. *zén*.) [Algérie, Portugal]. — Pau, villa Pœymirau, haut. env. 15 à 16 m., circ. 1 m. 60 (photogr. n° 921 *bis*.)

— PALUSTRIS Muench. (États-Unis). — Parc de Baleine, haut. 30 m., circ. 2 m. 03; Verrières (Seine-et-Oise), haut. 17 à 18 m., circ. 2 m. 20 (photogr. n° 976 *bis*); domaine des Barres-Vilm., haut. 18 à 20 m., circ. 1 m. 60.

— PHELLOS L. (États-Unis). — Pau, villa Marie, haut. 26 à 28 m., circ. 3 m. 50 (photogr. n° 926); école des Barres-V.

— AMBIGUA Fougeroux (Amérique du Nord). — Domaine des Barres-V., haut. 16 à 18 m., circ. 1 m. 20; terre de Vrigny (Loiret), taillis.

— RUBRA L. (Amérique du Nord). — Domaine des Barres-V., haut. 15 à 18 m.; circ. 1 m. 20; parc de Baleine, haut. 25 m.; terre de Vrigny (Loiret) et Cheverny (Loir-et-Cher), boisements; parc Baumont à Pau, circ. 3 m., etc.

— SERRATA Thbg. (Chine et Japon). — Verrières (Seine-et-Oise), haut. env. 10 m., circ. 5o c., domaine des Barres-V., haut. env. 8 m., circ. 4o c.; Cheverny (Loir-et-Cher), haut. env. 15 m.

QUERCUS STELLATA Wangh (*obtusiloba* Mchx) [États-Unis]. — Domaine des Barres-V., haut. env. 14 m., circ. 6o c.; parc de Baleine (Allier), haut. env. 12 m.

— ALBA L. (États-Unis). — Domaine des Barres-V., haut. env. 15 m., circ. 1 m. 4o.

— SUBER L. (Afrique septentrionale). — Porzantrez-Morlaix (comte de Lauzanne), haut. 15 m., circ. 1 m. 5o (photogr. n° 882 *bis*).

— VELUTINA Lam. (*q. tinctoria* Mchx) [Amérique du Nord]. — Domaine des Barres-V., haut. 2o m., circ. 1 m. 4o.

— VIRENS Ait? (États-Unis du S. E.). — Jardin botanique de Montpellier (plantations d'A. de Candolle).

— VARIABILIS Blume (Japon). — Les Barres, jeunes sujets.

CASTANOPSIS CHRYSOPHYLLA A. D.C. (Californie et Oregon). — Pépinières Seguenot, Bourg-Argental (Loire), haut. 7 à 8 m.

CASTANEA PUMILA Müll. (États Unis du S.-E.). — Verrières (Seine-et-Oise), sujets de 4 à 5 m., circ. à la base, 6o c.; Allard, la Maulevrie (Angers); les Barres, jeunes sujets, haut. 2 m.

FAGUS FERRUGINEA Ait. (Amérique du Nord). — Collections de Segrez (Seine-et-Oise).

SALICINÉES.

SALIX BABYLONICA L. (Japon) [Saule pleureur]. — Collections de Segrez, etc.; bois de Boulogne.

POPULUS ALBA L. (Europe, Asie, Afrique septentrionale) [indigène]. — Segrez (Seine-et-Oise), haut. 25 m., circ. 3 m. 42; parc de Cheverny (Loir-et-Cher), haut. 25 m., circ. 3 m. 37 en 1896; les Barres, haut. 2o m., circ. 2 m. (photogr. n° 861).

— ALBA var. *bolleana* (Turkestan). — Muséum, haut. 14 à 15 m.; Viry (comte H. de Choiseul), haut. 16 à 18 m.; circ. 1 m.; les Barres, haut. 14 à 15 m., etc.

— NIGRA var. *fastigiata* (P. d'Italie) [indigène]. — Segrez (Seine-et-Oise), haut. 2o à 22 m., circ. 4 m. 52; etc.

— DELTOIDEA Marsh. (*p. monilifera*) [P. Suisse, P. de Virginie ou du Canada]. — Malesherbes (Loiret), haut. 22 m. env., circ. 4 m. 91 en 1889; parc de Baleine, haut. 25 m., circ. 4 m. (arbre de 64 ans); Bièvre (Seine-et-Oise); Plessis-Picquet, etc. (photogr. n° 851).

— ANGULATA Ait. (P. de Caroline). — Béarn (Orthez, Bayonne, etc.), haut. 2o à 22 m., circ. 2 à 4 m., etc.

— TREMULOIDES Mchx (Amérique du Nord). — École des Barres, haut. 15 m., circ. 1 m. 4o.

GRAMINÉES.

BAMBUSA (*arundinaria, japonica* S. et Z.), Metake (Japon). — Pau, Gau, Bayonne, haut. 4 m.

— (*arundinaria Simoni* A. et C. Riv. *Simoni* Carr.). — Antibes, haut. 8 m.

Bambusa aurea (*phyllostachys aurea* A. et C. Riv.) [Japon]. — Antibes, haut. 8 m.

— mitis (*phyllostachys mitis* A. et C. Riv.) [Japon]. — Pau, Gan, 6 et 7 m. (photogr. n° 921 *ter*).

— violacens A. et C. Riv. (Japon?). — Parc de Balcine (Allier), haut. 5 à 9 m.

II. — CONIFÈRES.

SALISBURIÉES.

Gingko biloba L. (Chine). — Viry-Châtillon, haut. 17 à 18 m.; Fontainebleau, jardin de Diane, haut. 20 à 22 m. (photogr. n° 963); Muséum, haut. 14 à 15 m.; Jardin botanique de Montpellier, haut. 20 à 22 m., circ. 2 m.

TAXINÉES.

Taxus cuspitada S. et Zucc. (Japon). — Muséum, pépinières; les Barres, jeunes plants, 1 m.

CUPRESSINÉES.

Juniperus virginiana L. (Amérique du Nord) Ect. — Verrières (Seine-et-Oise), haut. 10 m., circ. 1 m. 20; Pouilly, près Méru (Oise), haut. 12 m., circ. 1 m. 68 en 1889; domaine des Barres-V., haut. 14 m., circ. 1 m. 20, etc.

— oxycedrus L. — Pouilly, près Méru (Oise), haut. 5 m. en 1889.

Cupressus lusitanica Mill. (origine douteuse). — Villa Marie, Pau, haut. 14 à 15 m.

— macrocarpa Hart. (*c. lambertiana*). — Villa Thuret, Antibes, haut. 12 à 15 m., circ. 3 m.

— sempervirens L. *fastigiata* (Provence). — Jardin botanique de Montpellier, circ. env. 1 m. 80 (photogr. n° 912 *bis*).

Chamæcyparis lawsoniana A. Murr. (Californie, Orégon). — Verrières (Seine-et-Oise), haut. env. 10 m. (photogr. n° 975 *bis*); Pau, diverses villas, haut. 15 à 16 m.; Frémont, près Valognes (Manche), haut. 14 à 15 m.

— nootkaensis Lamb. (Orégon, Colombie). — Collections de Segrez, haut. 10 à 12 m.; Pau, etc.

Thuya occidentalis L. (Amérique du Nord). — Pépinières Croux, Chatenay (Seine), sujet de 10 à 12 m.

— gigantea Nutt. (T. *Lobbii*) [Californie, Orégon, Colombie]. — Cheverny, haut. 18 m.; Harcourt (Eure), haut. 16 m., circ. 1 m. 85 en 1893 (photogr. n° 829); Pouilly (Oise), haut. 16 m., circ. 1 m. 63 en 1889, etc.; les Barres (photogr. n° 824).

Libocedrus decurrens Torrez (Californie, Orégon). — Verrières (Seine-et-Oise), [photogr. n° 976], haut. env. 12 m.; Harcourt (Eure), haut. 12 m. envir., circ. 1 m. 50 en 1893 (photogr, n° 891); domaine des Barres-Vilm.; Pau, haut. 15 à 18 m., etc,

TAXODINÉES.

Sciadopitys verticillata Sieb. et Zucc. (Japon). — Collections de Segrez, haut. env. 6 m.

Sequoia gigantea Torr. (Californie). — Parc de Baleine, 20 à 22 m., circ. 4 m. 12 (photogr. n° 894 *bis*); Robinson, jardin Paillet (Seine-et-Oise), haut. 16 à 18 m.; Cheverny, etc.

— sempervirens Eudl. (Californie). — Pau, villa Marie, haut. 20 à 22 m., circ. 3 m. 04; Pau, touffe de sujets, haut. 18 à 20 m. (photogr. n° 926); Fontenay-aux-Roses (propriété Ledru-Rollin), haut. 15 à 16 m., circ. 2 m. 52.

Cryptomeria japonica D. Don. (Japon et Chine). — Le Plessis-Picquet (Seine), haut. 12 à 14 m., circ. 1 m. 60 (photogr. n° 876), etc.

Taxodium distichum Rich. (États-Unis du Sud). — Parc de Baleine, haut. 20 à 22 m., circ. 4 m.; Malesherbes (Loiret), haut. 20 m., circ. 3 m. 90 en 1889; Cheverny (Loir-et-Cher), haut. 20 à 25 m.; Rambouillet, Fontainebleau, Trianon, etc.

ARAUCARIÉES.

Araucaria imbricata Pav. (Chili). — Pénandreff, près Saint-Renan (Finistère), haut. 15 m., circ. 2 m. 20 (photogr. n° 880); Frémont (Manche), arbre disparu, haut. 14 m. (photogr. n° 886).

Cuninghamia sinensis R. Br. (Chine méridionale). — Domaine des Barres-V., haut. 6 m.; parc de Baleine, haut. 8 à 9 m.

ABIÉTINÉES.

Tsuga canadensis Carr. (Amérique du Nord, Est). — Fontainebleau, jardin de Diane, haut. 18 à 20 m.; Segrez (Seine-et-Oise), haut. 11 à 12 m.; domaine des Barres-V., etc.

— Sieboldi Carr. (Japon). — Verrières (Seine-et-Oise), haut. 5 à 6 m.

— mertensiana Carr. (Amérique Ouest). — Verrières (Seine-et-Oise), haut. env. 8 m.

Picea alba Link. (Amérique du Nord, Est). — Domaine des Barres-V., haut. 10 à 12 m., etc.

— Engelmanni Engel. — Parc de Baleine, haut. 8 à 10 m.

— nigra Link. (Amérique du Nord, Est). — Domaine des Barres-V., haut. 12 à 14 m.; parc de Baleine, 10 à 12 m. (photogr. n° 893).

— orientalis Carr. (Caucase). — Cheverny (Loir-et-Cher), haut. 10 à 12 m.; Pouilly (Oise), haut. 10 m., circ. 1 m. 03; domaine des Barres-V., haut. env. 10 m., etc.

— polita Carr. (Japon). — Domaine des Barres (V.), haut. env. 4 m., etc.

— pungens Egelm. (Colorado). — Verrières (Seine-et-Oise), haut. 5 à 6 m.; pépinières Transon, la Ferté-Saint-Aubin, haut. 6 à 7 m., etc.

— rubra Link. — Domaine des Barres-V., haut. env. 10 m.

Picea sitchensis Trautv. (Amérique du Nord, Ouest). — Fremont (Manche), arbre brisé, haut. 7 à 8 m., circ. 1 m. 60; Cheverny (Loir-et-Cher), haut. 12 à 15 m.; Pouilly (Oise), haut. 12 à 14 m.

Cedrus atlantica Manetti (Afrique septentrionale). — Cheverny, haut. 18 m., circ. 2 m. 40 env. (photogr. n° 870); domaine des Barres-Vilm., haut. 14 à 15 m., etc.

— deodara Loud. (Himalaya). — Verrières (Seine-et-Oise), haut. 10 m., circ. 1 m. 20; Pau (Béarn), haut. 15 à 18 m., etc.

— libani Lond. (Syrie, Taurus, Chypre). — Vrigny, près Pithiviers (Loiret), haut. env. 20 à 22 m., circ. 8 m.; autres arbres, haut. 20 à 25 m., circ. 3 m. 50 à 5 m.; Plessis-Picquet (Seine), circ. 3 m. 50 et 4 m. (photogr. n° 877 et 878); Muséum, 17 m. (est remblayé de 4 m.), circ. 4 m., planté en 1754 par B. de Jussieu.

Larix leptolepis Endl. (Japon). — Pépinières Croux, Chatenay (Seine).

— pendula Salisb. (Amérique du Nord). — Verrières (Seine-et-Oise), haut. 7 à 8 m.

Pseudolarix kæmpferi Gord. (Chine). — Verrières (Seine-et-Oise), haut. env. 7 m.

Abies balsamea Mill. (Amérique du Nord, Est). — Pouilly (Oise), haut. 11 à 12 m.

— cephalonica Loud. (Grèce). — Parc de Cheverny (Loir-et-Cher). haut. 14 à 16 m. (phot. n° 869); Verrières (Seine-et-Oise), etc.

— cephalonica × pinsapo (hybride). — Verrières (Seine-et-Oise), haut. 8 à 9 m. (photogr. n° 973).

— cilicica Carr. (Taurus). — Parc de Cheverny (Loir-et-Cher); sujets de 14 à 18 et 20 m.; Verrières (Seine-et-Oise), haut. 16 à 18 m.

— concolor Lindl. et Gord. (Colorado). — Pépinières Tratison, haut. 8 m. (photogr. n° 866); Verrières (Seine-et-Oise), 7 à 8 m. (photogr. n° 874).

— grandis Lindl. (gordoniana Carr.) [Californie, Colombie]. — Parc de Cheverny (Loir-et-Cher), haut. 20 m.; domaine des Barres-V., haut. 15 à 16 m.; Pouilly (Oise), 16 à 18 m., circ. 1 m. 28 en 1889.

— lasiocarpa Hook. (Orégon, Colombie). — Parc de Cheverny, haut. 14 à 15 m.; Verrières (Seine-et-Oise), haut. 9 à 10 m., etc.

— nobilis Lindl. (Orégon, Californie). — Parc de Cheverny (Loir-et-Cher), haut. 16 à 18 m., circ. 1 m. 54; pépinières Trauson, la Ferté-Saint-Aubin, haut. 8 à 10 m. (photogr. n° 865).

— nordmanniana Spach. (Caucase). — Verrières (Seine-et-Oise), haut. 18 à 20 m.; parc de Baleine (Allier), haut. 15 à 16 m., etc.

— numidica de Launoy (Kabylie). — Verrières (Seine-et-Oise), haut. 8 à 9 m.; les Barres (Loiret), haut. 6 à 7 m.

— pinsapo Boiss. (Espagne méridionale). — Verrières (Seine-et-Oise), haut. 14 à 15 m. (photogr. n° 974 bis); Chenevières (Loiret), 14 à 15 m.; domaine des Barres-V., 14 à 15 m., etc.

— veitchii Lindl. (Japon). — Collection de Segrez, haut. 6 à 7 m.

Pseudo-stuga Douglasii Carr. (Amérique du Nord, Ouest). — Parc de Cheverny, haut. 22 à 24 m. (semé en 1850) [photogr. n° 859 bis]; Harcourt (Eure), haut. 20 m., circ. 1 m. 85; parc de Baleine, haut. 16 à 18 m. (photogr. n° 892 bis).

Pinus bungeana Zucc. (Chine). — Verrières (Seine-et-Oise), haut. 6 m.; domaine des Barres-Vilm., haut. 4 m.; Segrez (Seine-et-Oise), haut. 6 à 7 m.

Pinus contorta Dougl. — Verrières (Seine-et-Oise), haut. 6 m. (photogr. n° 971 *bis*).
— coulteri D. Don. (Californie). — Verrières (Seine-et-Oise), haut. 8 m.
— densiflora Sieb. et Zucc. (Japon). — Domaine des Barres-Vilm., haut. 7 à 8 m.
— inops Soland. (Amérique du Nord); Ect. — Domaine des Barres-Vilm., haut.
env. 14 m.
— insignis Dougl. (Californie). — Porzantrez-Morlaix, haut. 15 m., circ. 2 m. 97
(photogr. n° 882); Brix, près Valogne (Manche), 12 à 14 m., etc.
— jeffreyi A. Murr. (Californie). — Verrières (Seine-et-Oise), haut. 11 à 12 m.;
Segrez (Seine-et-Oise), haut. 8 à 9 m.
— laricio Poir. (Corse, Italie méridionale).— Muséum, haut. 27 m., diamètre, 1 m.
à 0 m. 90, planté en 1774 par A. de Jussieu; domaine des Barres-Vilm.,
haut. 18 à 20 m.; Courcet, près Desvres (Pas-de-Calais), haut. 16 à 18 m.,
circ. 2 m. 52; Pouilly (Oise), haut. 2 m. 56.
— laricio calabrica. — Domaine des Barres-V., haut. 20 à 22 m., circ. 2 m. à
2 m. 40 (photogr. n° 812, 815, 816).
— laricio pallasiana. — Parc de Baleine (Allier), haut. 25 m.; Verrières (Seine-et-
Oise), haut. 24 à 25 m.; Harcourt (Eure), haut. 20 m., circ. 2 m. 85.
— laricio du Mont-Etna. — Domaine des Barres (Vilm.), haut. 18 m., circ. 1 m. 80
(photogr. 20 *bis*).
— mitis Michx. (Amérique du Nord, Sud-Est). — Catros, près Bordeaux, haut. 15 à
16 m., circ. 1 m. 60 à 1 m. 80; domaine des Barres-Vilm., haut. 12 à 14 m.
— monophylla Torr. (Utah, Colorado, Nevada). — Verrières (Seine-et-Oise), haut.
5 à 6 m.
— palustris Mill. (États-Unis méridionaux). — Geneste, près Bordeaux, haut. 15 à
16 m. (photogr. n° 915).
— ponderosa Dougl. (États-Unis, Ouest). — Verrières (Seine-et-Oise), haut. 14 à
15 m. (photogr. n° 912); Harcourt (Eure), haut. env. 9 à 10 m.; domaine
des Barres (Vilm.), haut. 8 à 10 m.
— pungens Mchx. (Amérique du Nord, Est). — Domaine des Barres-Vilm., haut.
11 à 12 m.
— resinosa Soland. (Amérique du Nord, Nord-Est). — Domaine des Barres (Vilm.),
haut. 12 à 13 m.
— rigida Mill (États-Unis, Est). — Domaine des Barres-Vilm., haut. 12 à 13 m.,
circ. 1 m. 60; parc de Baleine, haut. 20 à 22 m., circ. 2 m.
— sabiniana Dougl. (Californie). — Pépinières Sahut, Lattes. haut. 16 à 18 m., circ.
2 m. (photogr. n° 918 *bis*).
— salzmanni (indigène). — Parc de Baleine, haut. 20 à 25 m.; domaine des Barres
(Vilm.), haut. 17 à 18 m., circ. 1 m. 50.
— sylvestris L. var. *rigensis*. — Domaine des Barres-Vilm., haut. 20 à 22 m.,
circ. 1 m. à 1 m. 50 (photogr. n° 818 et 859); parc de Balincourt (Oise), haut.
17 à 18 m., circ 2 m. 54 en 1890.
— tæda L. (États-Unis méridionaux). — Geneste, près Bordeaux, haut. 20 à 22 m.,
circ. 2 m. 25 (photogr. n° 915 *bis*); parc de Baleine (Allier), haut. 25 m., circ.
1 m. 80 et 2 m.
— thunbergii Parl. (Japon). — Domaine des Barres (V.), 8 à 10 m. de haut.,
circ. 60 c.

PINUS CEMBRA L. (Europe centrale). — Parcs de Paris; île du bois de Boulogne.

— EXCELSA Wall. (Himalaya). — Verrières (Seine-et-Oise), haut. 14 à 15 m.: domaine des Barres (Vilm.), haut. 10 à 12 m.

— PEUKE Griseb. — Domaine des Barres-Vilm., haut. 8 à 9 m.

— STROBUS L. (Amérique du Nord, Est). — Vrigny, près Pithiviers, haut. 20 m., circ. 3 m. 20; parc de Baleine, haut. 20 à 22 m.; Pau, haut. 16 à 18 m. (photogr. n° 922).

Maurice L. DE VILMORIN.

Annexe N° 7.

—

CULTURE D'ARBRES EXOTIQUES

AUX VAUX, PAR SALBRIS-EN-SOLOGNE (LOIR-ET-CHER).

En janvier 1900, M. Maurice de Vilmorin publiait, dans la *Revue des eaux et forêts*, une étude bien observée et fort intéressante sur les essais d'introduction d'arbres exotiques dans les forêts domaniales d'Allemagne, notamment à Eberswalde en Prusse, dans les sols sableux ou argilo-sableux.

Depuis que j'ai commencé, en 1883, à créer des pépinières forestières, je me suis attaché à élever, dans les sables maigres, siliceux de Sologne, les espèces exotiques les plus rustiques promettant d'être utiles à la sylviculture ou, à son défaut, à l'arboriculture; parmi elles se trouvent la plupart au moins des conifères cultivés dans les forêts de la Prusse.

Déjà, entre 1870 et 1883, j'avais planté quelques-unes de ces espèces dans mon parc, en terrain très ingrat[1], comme spécimens isolés, ou bien en massif, mais en vue de l'agrément seulement et sans l'intention d'en faire les sujets d'une étude précise.

La nature de mon terrain, très pauvre, et le climat de la Sologne, sec et chaud en été, très froid en hiver, avec des gelées plus ou moins fortes depuis le milieu de septembre jusqu'aux derniers jours de mai, restreignent mes essais aux espèces les plus rustiques; je crois donc que ce qui réussit aux Vaux peut réussir partout en terrain léger, siliceux, granitique ou de grès.

Partout où nos sables ont un peu de profondeur et partant de la fraîcheur, ils se montrent favorables à la croissance des conifères.

Les jeunes plants, élevés de semis dans nos pépinières, ont été, pour la plupart, transplantés en mélange dans des massifs, où il est facile de se rendre compte de leur vigueur, de leur rusticité et de leur accroissement relatifs. Le principal massif, que je dénommerai A, fut planté en 1889, avec des plants de quatre ou cinq ans; le peu d'avance que leur donne cet âge initial fut, on peut le dire, neutralisé par certains inconvénients du site. Ce massif fut adossé, au levant, à un bois de *pin laricio* et de **bouleaux**, dont les racines font concurrence à celles de son peuplement; son exposition est par conséquent à l'ouest, mauvaise; le lapin d'ailleurs, grand ennemi du reboisement en Sologne, parvenant à s'introduire de temps en temps malgré les grillages indispensables, rongeait les branches des petits conifères et retardait leur croissance. Je

---

[1] Très novice en ce qui regarde les cultures lorsque je me suis installé en Sologne, pays alors peu fréquenté et d'une détestable réputation, on m'a tellement effrayé de ses fièvres que, pour être sainement, j'ai choisi le site de mon chalet sur le plateau le plus sec des environs.

crois donc pouvoir estimer que l'âge de ces massifs équivaut à celui d'une plantation ordinaire faite dans la même année, en petits plants, en forêt de fertilité normale, et que l'accroissement de mon massif A peut être compté comme étant atteint dans l'espace de onze ans. Deux autres massifs (B et C) furent plantés dans les années suivantes : l'un exposé au midi, l'autre au levant. Toutes ces plantations reçurent dans les premières années, comme à Eberswalde, des binages sommaires; depuis elles sont abandonnées à elles-mêmes, et la végétation des conifères suffit à dominer les herbes. Le terrain est un bon sable siliceux assez frais.

Les espèces conifères sont, suivant l'ordre alphabétique :

ABIES BALSAMEA.	CEDRUS ATLANTICA.
ABIES CONCOLOR.	CUPRESSUS LAWSONIANA.
ABIES GRANDIS.	JUNIPERUS VIRGINIANA.
ABIES NOBILIS.	LIBOCEDRUS DECURRENS.
ABIES NORDMANNIANA.	TAXODIUM DISTICHUM.
ABIES PINSAPO.	THUYA GIGANTEA LOBBII.
ABIES ou PICEA MENZIESII.	WELLINGTONIA ou SEQUOIA GIGANTEA.
ABIES ou PICEA ORIENTALIS.	PINUS RIGIDA.
ABIES ou PSEUDO-TSUGA DOUGLASII.	PINUS STROBUS.
ABIES ou TSUGA MERTENSIANA.	

Nous commençons donc par la tribu des sapins argentés, qui, comme chacun sait, croit avec une lenteur désolante dans ses premières années :

ABIES BALSAMEA Miller, ABIES BALSAMIFERA Michaux, sapin habitant le Canada et les États-Unis du Nord et du Nord-Est. J'ai trouvé cet arbre plus rustique et plus facile à élever en terrain sec et chaudement exposé que son congénère ABIES PECTINATA; il en diffère par ses jeunes rameaux qui ne deviennent distiques qu'en vieillissant, et par ses cônes plus petits, d'un beau violet à l'état d'immaturité. J'en ai quelques spécimens dans mon parc, isolés et sur des bordures de bois, qui, plantés en 1872, ont 12 mètres de haut, avec une circonférence moyenne de 0 m. 70[1]. En massif A, planté en 1889, ce sapin n'a encore que 3 m. 50 de haut, mais il se prépare à s'élancer. L'arbre croit en pyramide, svelte, gracieux. Son bois, sans avoir grande valeur, peut servir à fabriquer des caisses ou de la volige, ou à faire de la pâte de bois. Sa résine, d'un parfum très agréable, que répand aussi la feuille de l'arbre et dont il prend son nom, fournit le baume du Canada, employé comme liquide conservateur des préparations microscopiques.

En somme, je pense que ce sapin, de taille secondaire et de croissance moyenne mais rustique et gracieuse, n'est pas à déconseiller aux amateurs comme arbre d'avenue en terrain sableux.

ABIES CONCOLOR Lindley, var. *Lasiocarpa* Veitch, est cultivé à Eberswalde, quoique sa valeur forestière en Europe ne soit pas encore bien démontrée. Son aire est très éten-

---

[1] Les hauteurs constatées ont été prises à l'aide du clisimètre du colonel Goulier; les circonférences sont mesurées à 1 m. 30 du sol. Ces mesures constatent la hauteur des arbres à la fin de 1899; pour l'accroissement de 1900 il conviendrait d'ajouter, d'après la rapidité de croissance de chaque espèce, 0 m. 30 à 1 mètre aux hauteurs et 2 à 5 centimètres aux circonférences.

due, depuis les Montagnes-Rocheuses du Colorado jusqu'à la Californie du Nord et l'Orégon, et au Sud jusque dans le Nouveau-Mexique. Il est robuste et remarquablement décoratif, car ses grandes feuilles, distiques, sont argentées sur les deux faces. Comme l'espèce précédente il pousse tard au printemps et est rarement exposé à souffrir des gelées de cette saison. Jusqu'à présent, je n'ai pu me renseigner sur la qualité de son bois. Il atteint en Amérique une taille gigantesque, s'élançant dans certains sols favorisés à la hauteur de 80 mètres. Ici, pourtant, j'ai trouvé lente la croissance de la plupart des sujets que je possède. Un pied isolé, planté en 1889, en terrain sec, a 4 m. 20 de haut avec 0 m. 32 de circonférence ; le plus beau, planté en massif C en 1892, n'a que 2 mètres, mais actuellement ces sapins ont pris leur assiette et promettent de s'élancer.

ABIES GRANDIS, arbre géant, natif du nord-ouest de l'Amérique, depuis la Californie septentrionale jusqu'à l'île de Vancouver, y atteint la hauteur de 60 mètres, avec une circonférence assez ordinaire de 6 mètres ; on peut se figurer l'immense volume de bois qu'un seul pied peut produire. Ce bois, de nuance claire, est d'excellente qualité ; ce serait donc une belle acquisition si nous pouvions le produire dans nos forêts. *Abies grandis* est rustique aux gelées : peut-être craint-il les grandes chaleurs et s'accommoderait-il d'un peu d'ombrage latéral. Ici ma culture est relativement récente. Un pied planté en massif C en 1892 et isolé l'an dernier (de sorte que son accroissement de l'année est à peu près perdu) a maintenant 3 m. 70 de haut. D'autres sujets, plus jeunes, sont également vigoureux. Il paraît donc avoir une croissance moins lente dans ses premières années que la plupart de ses congénères et mériter à tous égards un essai loyal dans la sylviculture.

ABIES NOBILIS Lindley, sapin très répandu dans la Californie septentrionale et l'Orégon, où il atteint la hauteur de 80 à 90 mètres, justifie son nom par sa superbe prestance. Son port ressemble à celui du *Nordmann*, avec cette différence que ses feuilles dressées autour du rameau et légèrement recourbées montrent leurs faces inférieures glauques au soleil, de sorte que ses teintes sont presque celles du *concolor*. Jusqu'à présent il ne se développe guère ici en massif ; probablement attend-il à loisir, avec la lenteur particulière à sa tribu, jamais pressée, le moment de s'élancer. J'ai un spécimen isolé, mais un peu abrité par des massifs proches, planté il y a treize ans, qui a environ 6 mètres de haut avec 0 m. 44 de circonférence et qui a poussé l'an dernier une flèche de 0 m. 70.

Le bois de cette espèce n'est, d'après les voyageurs, que de valeur secondaire : blanc, facile à travailler, il serait probablement bon à faire la pâte de papier.

ABIES NORDMANNIANA Spach, originaire du Caucase, est trop bien connu pour exiger une description. Très bel arbre d'ornement, l'un des plus beaux conifères, malheureusement à croissance aussi lente pendant les premières années que celle du PECTINATA, il fournit un bois mûri de qualité supérieure. Comme les espèces précédentes, il est rarement atteint par les gelées printanières, ce qui permet de l'élever sans abri. Planté en massif A en 1889, il a actuellement 4 m. 50 de haut et 0 m. 23 de circonférence, et ses flèches s'allongent. Nous apprenons que dans les montagnes du Caucase cet arbre forme des peuplements purs d'un bon rendement ; qu'il y atteint la hauteur de 75 archines, soit 53 mètres. (Catalogue de la section forestière russe à l'Exposition, publié par le Ministère de l'agriculture.)

ABIES PINSAPO Boissier: sapin d'Andalousie, indigène aussi sur les montagnes de la Kabylie et qui se plaît sur le coteau calcaire de la Loire, près Tours, s'accommode encore à merveille de nos terres et n'y craint point les expositions chaudes. Deux spécimens isolés, très étoffés, ont 5 mètres environ de haut; en massif A, ils sont plus jeunes et n'ont encore que 2 à 3 mètres, mais ils poussent maintenant de vigoureuses flèches longues de o m. 60 à o m. 70, et promettent de fournir une belle carrière. Le bois de *pinsapo* ressemble en tout point, selon Mathieu, à celui du sapin commun. Comme il supporte mieux la chaleur, il pourrait peut-être remplacer celui-ci avec avantage dans quelques régions du Centre, à des altitudes moins élevés que celles de la station du sapin.

En somme, les espèces de la tribu des sapins argentés, végétant d'abord avec leur lenteur habituelle, paraissent être venues aussi bien que possible et commencent à s'élancer, promettant un bon développement dans nos sables frais. Elles n'ont souffert qu'exceptionnellement des gelées printanières, quoique celles de mai 1897, atteignant une végétation déjà fort avancée et suivies de journées de chaud soleil, les aient fortement éprouvées et retardées, comme a été d'ailleurs le cas de mainte espèce, ordinairement indemne de ces atteintes.

ÉPICÉAS.

ABIES MENZIESII Loudon, PICEA MENZIESII Carrière, ABIES SITCHENSIS Lindley, épicéa argenté de l'île Sitcha, répandu dans le nord-ouest de l'Amérique, où il atteint la hauteur de 50 à 60 mètres, est peut-être, après le *sapin Douglas*, le conifère le plus important pour la sylviculture que nous ayons importé de l'Amérique. De forme robuste, il croît en pyramide large, à feuilles très argentées, très piquantes, dressées autour du rameau comme chez *pinsapo;* son ensemble est fort décoratif. Ici il n'a pas réussi à l'état isolé, les spécimens ainsi plantés ayant souffert des sécheresses et des chaleurs de nos étés: mais en revanche il se comporte fort bien en massif et en ligne. En massif A, les *Menzies* ont de 5 à 6 mètres de haut, avec o m. 28 à o m. 30 de circonférence; en bordure d'un bois taillis avec réserves résineuses et feuillues ils ont à peu près le même développement. Cette espèce est peu difficile pour le terrain, pourvu qu'il soit frais et léger; elle supporte même l'humidité. Quelques pieds plantés en bruyère assez fraîche poussent bien. D'un autre côté, la croissance du *Menzies* en nos terres sèches, graveleuses est nulle, et son apparence misérable. Il a un besoin absolu de fraîcheur. Son bois est connu pour être excellent, ferme et durable. Le *Menzies* est actuellement introduit dans les forêts domaniales de la Prusse: depuis longtemps il est cultivé en Écosse, où il atteint déjà la hauteur de 20 mètres.

ABIES ORIENTALIS Tournefort, PICEA ORIENTALIS Link, épicéa de Trébizonde, natif des environs de cette ville, du mont Taurus et du Caucase, haut de 20 à 25 mètres dans ces régions, est un joli arbre complètement rustique dans nos sables frais. Il ressemble à l'épicéa commun, avec des feuilles plus fines et des rameaux plus serrés; son ensemble est plus gracieux. Son bois, mûri, est excellent, élastique et de grande durée; malheureusement sa croissance est lente, au moins dans sa première jeunesse. Un sujet que j'ai isolé en 1886 n'a que 3 m. 20 de haut; d'autres, en massif, furent plantés trop récemment pour fournir une croissance instructive. Mais le catalogue russe déjà cité nous apprend que dans sa région natale il peut dépasser, comme *nordmanniana*, la hauteur de 50 mètres, et qu'en peuplement pur il fournit de gros rendements.

Abies Douglasii Lindley, Pseudo-tsuga Douglasii Carrière; est jusqu'à présent et partout, je crois, où il a été planté, le triomphe de l'introduction de l'exotique. C'est la principale essence des immenses forêts qui s'étendent depuis la Colombie britannique jusqu'au Nouveau-Mexique, c'est-à-dire depuis le 52° degré de latitude jusqu'au 32° degré. Il ne dément pas en Europe la qualité de grande rusticité qu'indique une aire si étendue. Son bois, mûri, est de toute première qualité : fort, élastique, à grain fin, très résineux, de couleur foncée, comme celle du bois de l'if, il entre pour une grande partie dans les importations du bois de *pitchpin*. Le *Douglas* est même le seul arbre cultivable en France sur une grande échelle qui puisse produire ce bois, les autres (*Pinus australis, mitis, cubensis*, etc.) étant incapables de supporter nos hivers ou bien difficiles à élever en raison de la rareté de leurs semences ou de la délicatesse de leurs jeunes plants. Le bois du *Douglas*, long, droit, avec peu de nœuds, est également employé pour la mâture. Le jeune bois, tout en étant de qualité moindre, a été utilisé avec avantage en Allemagne et en Écosse.

Ici il pousse, dès sa première année, à l'encontre des sapins argentés, avec une rapidité extraordinaire. Un spécimen planté en 1875 sur un sable des plus ingrats, où il m'est impossible de faire vivre le moindre gazon, a actuellement 13 mètres de haut avec 1 m. 40 de circonférence; l'envergure de ses branches basses est presque de 10 mètres. Les conditions où a poussé ce *Douglas* sont singulières. Tous les quatre ou cinq ans, une pie ou un autre gros oiseau, se posant sur sa tête, lui a cassé la flèche, qui, chez cette espèce, est longue, lourde de sève abondante et par conséquent fragile. Chaque fois, un rameau latéral s'est redressé et érigé en flèche, poussant de biais pendant un an ou deux, puis se dirigeant verticalement, de sorte que l'arbre reste droit. tandis que ces étêtements successifs, sans trop nuire à sa hauteur, lui ont fait développer la grosseur et l'envergure remarquables que je viens de signaler. Partout où le *Douglas* est planté avec d'autres conifères, il est *facile princeps*. En massif A, planté en 1889, il est haut de 10 mètres à 10 m. 30, avec 0 m. 50 à 0 m. 55 de circonférence. Dans une friche peu éloignée, planté avec des pins sylvestres plus âgés que lui, puis, quand ces associés gênants furent enlevés, exposé subitement sans abri aux tempêtes, bref, dans les plus mauvaises conditions sauf que le sol est frais, il émet actuellement des flèches de 0 m. 80 à 1 mètre de long.

Il reste à savoir si le Douglas peut se conquérir une place permanente dans les forêts de l'État, mais, dès à présent, je pense que sa plantation ne peut être trop recommandée aux particuliers, au moins aux possesseurs de terres légères un peu fraîches, où il donnerait, en trente ans, ce qu'on n'obtiendrait guère qu'en cinquante ans avec toute autre essence. On le dit calcifuge; il est avéré qu'il ne réussit pas sur la craie, mais je pense qu'il s'accommode d'une proportion normale de calcaire dans le sol, comme, par exemple, celle de cet élément dans le bassin de Paris. Il végète admirablement dans le parc du petit Trianon, à Versailles, et aussi dans le beau jardin botanique de Tours, localité où le sol est, je crois, modérément calcaire.

Le jeune plant du Douglas étant encore cher par suite de la rareté de ses semences, difficiles à cueillir et à conserver dans les régions montagneuses de son aire, il devrait être planté très espacé, les intervalles étant remplis avec une garniture temporaire, soit de mélèze, soit de pin laricio de Corse, soit de pin d'Autriche, selon les circonstances locales. A 3 mètres l'un de l'autre, il ne faudrait que 1,111 plants à l'hectare, et les espèces formant garniture pourraient se planter à 1 m. 50 en tous sens entre les Douglas.

Ses jeunes plants, lorsqu'ils poussent avec une sève trop abondante jusqu'en automne, perdent quelquefois leurs têtes par les gelées de cette saison ; dans ces conditions, il est préférable de ne les planter qu'au printemps.

Abies mertensiana Bongard, Tsuga mertensiana Carrière, est une espèce très voisine de Canadensis, le Hemlock spruce, et qui habite la Colombie britannique et l'Orégon. Sa croissance est plus rapide et la qualité de son bois meilleure que chez son congénère ; ses jeunes plants sont peut-être plus sensibles aux gelées printanières, mais cette sensibilité passe bientôt. En pépinière, ici, cette espèce pousse vite dès la première année, mais les spécimens isolés sont encore trop jeunes pour qu'on puisse juger leur développement. Il y a une dizaine d'années j'en ai planté une ligne dans mon parc, mais j'ai commis l'erreur de l'adosser à une plantation de pins et de chênes plus âgée, qui l'a de suite dominée et qui entrave sa croissance. Les meilleurs pieds ont pourtant entre 3 et 4 mètres, et je suis convaincu qu'en circonstances normales leur accroissement aurait pu doubler.

Cedrus atlantica Manetti, considéré par Mathieu comme identique au cèdre du Liban, présente cependant, au moins dans sa croissance, une apparence sensiblement différente, par son port plus élancé, sa teinte plus glauque et sa ramure plus svelte, plutôt ascendante qu'étalée. Sa croissance est plus rapide ici, et il promet d'être vigoureux, même en mauvais sol. Un pied isolé dans mon parc, planté en 1885, a plus de 11 mètres de haut et 78 centimètres de circonférence. Les sujets du massif A sont hauts de 6 à 7 mètres, avec 0 m. 30 de tour, et poussent actuellement des flèches bien allongées.

Les cèdres sont rustiques et vigoureux en mauvais terrains calcaires secs ; j'en ai vu des jeunes très prospères chez notre confrère M. Jules Maistre, dans des *garrigues* des environs de Clermont-l'Hérault, où les pins et sapins ne montraient qu'une végétation languissante. Leur bois, mûri dans leur aire, est excellent, d'une très grande durée. En France celui du Liban a été trouvé inférieur, mais peut-être celui de l'Atlas, plus rapproché de son aire, aura-t-il plus de qualité à la fin de la révolution nécessaire, au moins dans le Midi ? En attendant, il pourra sans doute servir aux emplois secondaires du bois blanc.

CUPRESSINÉES.

Cupressus Lawsoniana Murray, Chamaecyparis Lawsoniana, Parlatore, Chamaecyparis bourseri Carrière, grand arbre de 30 à 35 mètres dans la Californie et l'Orégon, est rustique à toutes nos intempéries. En Sologne il promet de devenir un admirable arbre d'ornement, avec ses rameaux fins, élégants, son envergure assez large, son port en pyramide régulier sans raideur, ses teintes d'un joli vert, bien soutenues pendant tout l'hiver.

En raison de la belle qualité de son bois, à grain fin et serré, il est introduit dans les forêts domaniales de la Prusse. C'est un arbre de lumière, il conviendrait donc de ne le planter, chez nous, qu'en massif clair. Ses branches n'ont aucune tendance à prendre trop d'importance au détriment du tronc. A l'état clair, le cyprès profite de sa pleine exposition, de tous côtés, à la lumière; ombragé, il est très vert, très joli et paraît bien se porter, mais il ne végète que lentement.

Planté en 1890, dans le massif B, qu'il occupe presque exclusivement, il a de 6 à 7 mètres de haut; un pied qui n'a, par exception, qu'une seule tige mesure 0 m. 52 de tour. Les cupressinées, à l'exception des libocèdres, ont une tendance à se diviser en plusieurs tiges; cette particularité a généralement peu d'importance ultérieure, car la tige centrale s'élance, domine les autres et les déjette par la poussée de ses branches, de sorte que ces tiges sont réduites à faire fonction de branches latérales. Seulement, dans les premières années, la tige principale reste mince, étant obligé de partager avec ses sœurs rivales la nourriture que leur fournit la souche.

Les variétés de fantaisie de cet arbre sont nombreuses, mais sans valeur pratique dans notre région. Je citerai cependant, pour illustrer la particularité que je viens de signaler, un pied, planté il y a 27 ans dans mon parc, de la variété fastigiée (ERECTA VIRIDIS). Il se divise, à 50 centimètres de terre, en sept tiges dont l'ensemble forme une pyramide régulier, plutôt étroite que large; il n'est haut que de 5 m. 50; mais, entre le collet et le point de division du tronc, il a 1 m. 60 de circonférence. Cette grosseur peut faire deviner l'accroissement que prendra plus tard, dans le système normal de la variété ordinaire, la tige principale lorsqu'elle aura réduit les autres à l'insignifiance.

Très admirateur du Lawson, je dois pourtant constater que les sécheresses et les chaleurs de 1899-1900 ont amené, sur nos jeunes pieds de cette espèce, une grosse fructification qui pourrait devenir épuisante. Il conviendra d'observer pendant un an ou deux la vigueur qu'ils montreront à la suite de cette épreuve.

JUNIPERUS VIRGINIANA Linné, le genévrier, improprement cèdre de Virginie, RED CEDAR des Américains, a pris place depuis longtemps parmi nos espèces d'agrément. Son aire est des plus étendues, allant du lac Champlain jusqu'à l'Amérique centrale et, dans la direction occidentale, jusqu'à la Nevada et au nouveau Mexique. Naturellement il est rustique à toutes les intempéries. En 1890 je l'ai planté dans le massif C, alterné avec THUYA GIGANTEA Lobbii. Sa croissance, inférieure à celle de son associé, n'a atteint jusqu'à présent que 4 mètres de hauteur, mais elle promet de s'allonger. L'arbre, d'ailleurs, n'est que de taille secondaire, dépassant rarement 15 mètres, mais il est recommandable par la belle qualité de son bois qui sert à plusieurs usages fins, à l'ébénisterie, aux meubles tournés et notamment à la fabrication des crayons, en anglais *cedar pencils*. D'après M. de Vilmorin, essayé à Eberswalde il a mal réussi, n'y trouvant pas la somme annuelle de chaleur qui lui est nécessaire; ici il est rustique et paraît vigoureux. Je n'en ai aucun spécimen plus âgé que ceux en massif cités, mais j'ai dans mon parc, plantés il y a environ 25 ans, quelques pieds de son congénère le genévrier de Chine, arbre qui lui est inférieur en taille et qui a pourtant pris un certain développement ici; j'en infère que JUNIPERUS VIRGINIANA arrivera facilement, dans les mêmes conditions, à sa grandeur normale.

17.

LIBOCEDRUS DECURRENS Torrey, THUYA GIGANTEA Carrière, superbe arbre atteignant la hauteur de 30 à 40 mètres dans la Californie et l'Orégon, a le tronc très gros quoique ses branches soient minces et sa croissance en colonne élégante. J'en ai un spécimen isolé planté en 1870 dans mon parc; sa hauteur est de 14 m. 40, sa circonférence de 1 m. 56. En massif C. planté en 1892, le libocèdre n'a encore que 4 m. 50 au plus, mais ce retard relatif est dû à ce que, dans ses premières années, il a été trop taillé par le lapin, particulièrement friand de cette espèce; il promet actuellement de rattraper le temps perdu. Comme chez le WELLINGTONIA, la formation de son tronc est très conique, mais il devient cylindrique en vieillissant. Son bois, d'un grain fin, est excellent pour les constructions dans son pays.

Le libocèdre est actuellement cultivé à l'état d'expérience dans les forêts domaniales de l'Allemagne, notamment en Bavière, la Prusse du Nord, selon M. de Vilmorin, étant considérée comme trop froide pour sa bonne végétation. Il végète bien pourtant en Écosse où la somme annuelle de chaleur n'est pas grande.

THUYA GIGANTEA Nuttall, THUYA MENZIESII Carrière, THUYA LOBBII Hort., habite l'Amérique du Nord-Ouest. Dans le bassin du fleuve Colombia il atteint la hauteur de 50 mètres. Son bois, d'après les descriptions des voyageurs, est d'un grain fin, d'une belle couleur jaune, et est très usité aux constructions et à la menuiserie.

Ici, un spécimen isolé planté en 1889, a 6 m. 70 de haut; il se divise, selon l'habitude déjà remarquée chez les cupressinées, en plusieurs tiges, dont la principale a 27 centimètres de tour. En massif A. du même âge, les meilleurs sujets ont à peu près la même hauteur; l'un d'eux, dont la tige est simple, mesure 0 m. 30 de circonférence.

Cet arbre très intéressant est cultivé depuis longtemps dans les bois de l'Angleterre et de l'Écosse. Le domaine d'Harcourt en montre de très beaux spécimens. A Éberswalde, jusqu'à présent, il aurait complètement échoué sous des atteintes cryptogamiques. En Sologne, tout semble promettre une meilleure réussite; dépassé dans les premières années par le cyprès de Lawson, il pourra peut-être le rattraper et le dépasser à son tour, car ses flèches, jusqu'à présent, augmentent de longueur tous les ans.

TAXODIUM DISTICHUM Richard, CUPRESSUS DISTICHA Linné, cyprès de Louisiane, cyprès chauve (il perd ses feuilles en hiver), grand arbre de 30 à 40 mètres à très gros tronc, figure très ordinairement dans les parcs et jardins publics, autour des pièces d'eau ou le long des rivières; notamment au petit Trianon et à Fontainebleau. Peu adapté à la sylviculture proprement dite, il a son utilité à consolider les berges des cours d'eau, au moyen de l'extraordinaire enchevêtrement de ses racines, qui en terre humide se relèvent en ces protubérances étranges connues sous le nom de *cypress knees*, genoux de cyprès. Je n'ai que de jeunes spécimens de cet arbre, plantés il y a quelques années autour d'un lavoir et qui ont entre 3 et 4 mètres de haut; mais au château voisin de la Ferté-Imbault il existe plusieurs cyprès chauves dont un s'élance à la hauteur de 28 mètres environ, avec 4 mètres de circonférence; les autres pieds, plus jeunes, montrent un développement proportionnel. Cependant cet arbre ne réussit pas partout; il craint la sécheresse et je crois qu'il lui faut une terre légère non dépourvue d'humus.

Son bois est excellent, léger fort, d'une couleur rougeâtre et d'un grain fin; d'une très grande, durée, spécialement dans l'eau.

Sequoia gigantea Torrey, Wellingtonia gigantea Lindley, tout en étant d'une utilité douteuse en forêt, mérite une mention par son étonnante rusticité et sa vigueur dans nos sols. J'en ai, en terrain misérable, sableux et sec, où la plupart des arbres indigènes languissent, un spécimen isolé, élevé dans mes pépinières et qui n'a donc pu être semé qu'en 1883 au plus tôt; il fut transplanté deux fois depuis, ce qui n'a pas aidé à accélérer sa croissance; sa mise en demeure finale date de 1886. Aujourd'hui il est haut de 11 mètres et mesure 1 m. 28 de circonférence; il est vrai que son tronc est encore très conique. En massif, planté en 1889, il a environ 7 mètres de haut avec 0 m. 66 de tour. Malheureusement cette espèce est difficile à vulgariser; ses tout petits plants demandent à être élevés en pot, sans quoi leur pivot prendrait une dimension démesurée, contraire à la plantation. En terre forte, je ne crois pas que le Wellingtonia réussisse comme dans nos sables. Comme arbre d'avenue ou d'allée forestière je ne le déconseillerais pas aux planteurs en terres légères; outre son effet magnifique, la grande quantité de bois qu'il produit, quoique de pauvre qualité, peut trouver son utilisation dans les emplois secondaires; sa croissance en colonne ne gênerait pas le peuplement principal du massif.

LES PINS.

Pinus rigida Miller, pitch-pin d'Amérique, Pin à feuilles raides, Pin à goudron, arbre à feuilles ternées et à cônes piquants comme ceux de plusieurs autres pins américains, habite la région est des État-Unis, depuis la Nouvelle-Angleterre jusqu'en Géorgie. D'une croissance très lente à Eberswalde, ne paraissant pas y réussir, ne présentant aux Barres que quelques spécimens misérables, il se plaît dans mes mauvais sables des Vaux.

Il y a 14 ans, désirant établir une pépinière dans une petite parcelle de mes friches, je faisais nettoyer le terrain en brûlant la végétation arbustive. Le feu, nous échappant, dévora à côté environ un demi-hectare de bruyère sur sable mort auquel l'ancienne mauvaise culture solognote avait renoncé après complet épuisement. Cependant, comme l'écobuage involontaire opéré sur cette terre l'avait douée d'un peu de fertilité éphémère, je l'ai cultivée en plants très rustiques pendant trois ans. A la dernière année de la culture, nous avons repiqué du P. rigida d'un an, et l'année suivante, en enlevant cette récolte, nous en avons laissé assez pour occuper le terrain. Ces pins, âgés aujourd'hui de 11 ou 12 ans, ont, en moyenne, environ 5 mètres de haut avec une circonférence de 30 à 35 centimètres; leurs flèches actuelles ont de 50 à 60 centimètres. Leur massif étant convenablement éclairci, ils poussent très droit malgré la réputation faite à ce pin d'être noueux et buissonneux. Cette réputation provient probablement de ce que les voyageurs ne l'auront vu qu'à l'état épars, où ses branches auraient pris trop de développement, comme cela arrive, par exemple, chez la variété commune du pin sylvestre.

Son bois est lourd, riche en résine, très dur, mais il n'est pas du tout celui, ni même l'un de ceux qui servent à faire les meubles fins portant le nom de pitchpin. Il sert à bien des usages dans sa région et fournit notamment beaucoup de térébenthine et de goudron; de là le nom américain de l'arbre.

Il a cette particularité, commune, je crois, avec SEQUOIA SEMPERVIRENS que, recépé jeune, il rejette de souche; si on l'élague, il se forme des rejets adventifs sur son tronc autour des plaies. Cette faculté, qui n'a pas encore été étudiée avec suite, serait probablement utilisable pour la formation de tirés. Les jeunes arbres coupés dans les éclaircies repoussent même sous l'ombrage de ceux debout. Quelques souches de pins abattus récemment ont moins bien rejeté que ceux d'autres coupés il y a deux ans; je pense donc que, pour obtenir de bons rejets, il faut recéper dès l'âge de 8 ou 9 ans. Toujours est-il que mon massif donne à présent le curieux spectacle d'une petite futaie sur taillis résineux.

Je pense que *P. rigida* peut rendre service en remplaçant le pin maritime en terrain sec, ingrat, en plaine et coteau éloigné de la mer, où celui-ci est décimé par la maladie ronde et craint les hivers trop rigoureux.

PINUS STROBUS Linné, pin de Lord Weymouth, WHITE PINE : pin blanc des Américains, nom qui le désignerait mieux que celui généralement adopté, est déjà entré dans le système forestier français. Dès 1870, il fut planté dans les parties humides, même tourbeuses, de la forêt communale de Raon-l'Étape (Vosges); en 1890, il y avait atteint une croissance remarquable pour son âge, et son bois, jusque-là employé à la fabrication de caisses, était accepté par les papeteries. L'Administration forestière continue à faire planter cette espèce dans la circonscription de Raon; je présume donc que son bois trouve toujours un débit rémunérateur. En Allemagne, il sert à faire des allumettes de luxe. L'arbre est cultivé depuis dix ans à Eberswalde. Dans le Morvan, contrairement à sa réputation générale, il est estimé pour la charpente. En forêt, il supporte bien un léger ombrage. Sa santé n'est solide que dans les sols un peu frais.

Aux Vaux, il montre une belle végétation. Dans mon parc, un pied isolé, en terrain plutôt sec que frais, mesure 15 m. 70 de haut et 1 m. 28 de tour; il fut planté en 1872, mais transplanté depuis. D'autres du même âge, en plein bois, dans un sable non dépourvu de fraîcheur mais fort pauvre, sont hauts de 14 à 15 mètres avec 0 m. 80 à 1 m. 10 de circonférence.

En somme, je considère que la réussite des jeunes conifères dans nos sables un peu frais est très encourageante si l'on tient compte du faible accroissement des premières années, surtout chez les sapins argentés. Actuellement, tous les conifères des Vaux. même ceux-là, s'élancent vigoureusement, et je crois que, dans la période de dix ans à venir le taux d'accroissement aura fortement augmenté; de sorte que, si j'ai le bonheur de voir réunir un nouveau Congrès de sylviculture en 1911, j'espère pouvoir lui présenter un meilleur record. Je suis confirmé dans cette manière de voir par la croissance des pieds de vingt à trente ans dans mon parc, en mauvais terrain sec, où cependant, toutes choses considérées, ils se comportent bien. Dans les jeunes massifs, les essais peuvent se comparer sans crainte à ceux d'Eberswalde, et, pour certaines espèces comme PINUS RIGIDA, JUNIPERUS VIRGINIANA et THUYA GIGANTEA LOBBII, le résultat est même supérieur.

Je crois aussi que l'on peut planter les nouveaux conifères, dans une mesure prudente, sans crainte de manquer de débouchés pour le bois à exploiter jeune. Aujourd'hui, ce bois est assez demandé, soit pour la fabrication du papier, soit comme poteau de mine, sans parler d'autres emplois spéciaux.

J'ai donné moins d'attention aux espèces exotiques feuillues qui, tout en végétant généralement fort bien en pépinière, ne paraissent pas spécialement appropriées à nos sables comme les conifères. De toutes les espèces essayées à Eberswalde, je n'ai cultivé, dans mes massifs, que les chênes américains qui sont, à mon avis, notre conquête principale parmi les feuillus exotiques.

Les caryas et les noyers américains n'ont pas réussi ici, même en pépinière où ils poussaient si lentement que j'ai dû renoncer à les élever : ils exigent probablement un sol plus substantiel. Je ne connais pas le Negundo de Californie, qui montre à Eberswalde, comme aux Barres chez M. de Vilmorin, un accroissement énorme ; à 8 ans, il serait déjà haut de 12 à 13 mètres. S'il remplit cette promesse, il serait l'eucalyptus des pays de froid tempéré. Cerasus virginiana ou Prunus serotina végète bien dans mes pépinières et est très joli, surtout avec son feuillage rouge à l'automne, mais je ne l'ai pas encore planté ailleurs.

Quercus palustris Michaux, chêne rouge des marais, natif des États de New-York, de Pensylvanie et de Maryland, est cultivé aux Barres, où son bois a été trouvé de bonne qualité, tenace et dur; à Dusseldorf, et en Belgique où il a donné de bons résultats. Malgré son nom, il prospère aussi bien que les autres chênes d'Amérique dans les sables secs de mon parc. J'en ai trois spécimens, plantés il y a vingt-cinq ans, qui ont respectivement 10 mètres, 12 m. 30 et 11 mètres de haut, avec 0 m. 80, 68 et 78 de circonférence. Il faut dire que la transplantation retarde fort la croissance des chênes américains, mais que, après avoir *boudé* et poussé lentement pendant quelques années, ils s'élancent bien plus vite que leurs congénères européens. Croissant très droit, quoique ayant la cime inclinée, presque pleureuse, mes chênes palustres forment des pyramides régulières, étalées, habillées de feuillage qui, tout rouge à l'automne, leur donne un très bel effet décoratif. Plantés en bordure d'un massif de pins sylvestres, et malheureusement *après* ceux-ci, les palustres, comme les autres chênes américains, donnent de moins bons résultats, car les pins, les ayant devancés, accaparent et dessèchent la terre déjà trop aride. Il se trouve pourtant dans ces conditions des sujets qui mesurent de 10 à 11 mètres de haut avec 40 à 45 centimètres de circonférence, et qui poussent vigoureusement.

La même observation s'applique à Quercus coccinea Michaux, chêne écarlate, le plus décoratif au point de vue du feuillage, qui, abondant, très découpé, d'un rouge éclatant dès l'automne, conserve pendant tout l'hiver un ton chaud encore rougeâtre. En bordure de massifs résineux, il atteint encore la taille de 8 à 10 mètres et promet bien pour l'avenir.

Quercus rubra, chêne rouge, arbre des États-Unis du Nord, forme l'un des principaux ornements du domaine des Barres, où il fournit un grand accroissement et fructifie tous les ans, où son bois a été trouvé médiocre, mais supérieur à celui de nos essences de second ordre. En Meurthe-et-Moselle, ce bois est au contraire considéré comme très bon : il y a là, probablement, question d'altitude et de climat.

A Eberswalde, sa croissance dépasse celle du chêne commun. Ici, dans les circonstances défavorables que je viens de signaler, il se comporte vaillamment et promet de dépasser ses voisins incommodes, les pins. Les sujets ont maintenant de 9 à 11 mètres de haut avec 40 à 45 centimètres de circonférence. Je n'avais pas, à mon regret, songé à en isoler quelques-uns au moment de les planter.

Les chênes d'Amériques, sortant des pépinières, ont encore trop peu de développement pour être étudiés.

La culture des espèces exotiques énumérées me paraît, d'après les résultats signalés, désirable dans les sols légers ou sableux analogues aux nôtres pourvu qu'ils soient frais. Toutes ces essences sont rustiques à toutes nos intempéries ; toutes ont subi sans avarie les grands froids de 1879-1880 (avec cette exception que les jeunes Wellingtonias et cèdres, dont le bois n'était pas encore durci, ont péri). Il est à remarquer que presque toutes ces espèces viennent de l'Amérique du Nord, où, ayant à subir des températures très extrêmes, elles acquièrent une grande rusticité, supérieure à celle de la plupart des arbres de l'Extrême-Orient.

Étant donné que cette culture, dans une juste mesure, à l'état d'expérience, est désirable, il convient de considérer comment elle doit être dirigée :

Pinus rigida, de même que le pin sylvestre, ne peut être planté qu'en massif, et je crois que, pour les premiers essais au moins, il est bon qu'il y soit à l'état pur.

Abies Douglasii et Pinus strobus peuvent chacun former le fond de son massif ; le premier, en raison du prix élevé de ses plants, peut être planté très clair, soit à 3, à 4 ou à 6 mètres, les intervalles étant remplis d'une garniture, soit résineuse temporaire d'une essence peu accaparante à feuillage léger, comme par exemple le pin laricio de Corse, soit d'essences feuillues destinées à constituer un sous-bois. Cette dernière disposition conviendrait également à *Pinus strobus*, qui peut être planté moins clair, ses plants n'étant pas d'un grand prix.

Pour l'épicéa de Menzies, le cyprès de Lawson et le thuya géant de Lobb, on pourrait agir comme pour le Douglas, en usant de précaution pour que ces espèces, d'une croissance moins rapide, ne fussent pas dominées et étouffées par leur garniture.

Mais la meilleure façon d'introduire dans les reboisements les espèces qui n'ont pas encore fait leurs preuves, est, à mon avis, de les planter en bonne exposition, en bordure des massifs et des allées, lesquelles, dans toute plantation, doivent être dessinées d'avance et être assez nombreuses. Bien entendu, les exotiques doivent être plantés en même temps que les essences composant le fond du massif.

Cette disposition, qui peut être employée pour toute espèce décorative rustique, a de nombreux avantages. D'abord l'œil sera réjoui des belles formes et des belles teintes de ces espèces. L'agrément entre pour une grande partie dans l'attrait du reboisement et n'est nullement à dédaigner, soit pour contribuer aux jouissances du propriétaire, soit pour ajouter même à la valeur vénale de la propriété par le charme qu'il lui donne.

En bordure, ces espèces ne gêneront pas les autres, et, si les autres les gênent, leur influence sera tout de suite visible et il sera facile de la prévenir. Les allées donneront du jour et de l'espace aux exotiques, et aussi, si elles sont bordées d'un ou de deux fossés, l'assainissement et partant de la profondeur de terre.

Enfin, cette disposition favorisera la fructification, condition indispensable de toute vraie acclimatation et qui s'effectue d'autant mieux que l'arbre fructifiant est le mieux exposé au soleil. Les arbres d'alignement serviront dès lors, avec le temps nécessaire, de porte-graines, soit pour repeupler naturellement les bois autour d'eux, soit pour fournir, dans des conditions acceptables, au commerce et à la culture, le moyen de propager artificiellement leurs espèces.

L'acclimatation des essences exotiques, observe très justement M. de Vilmorin, est loin d'être une pure chimère ; il suffirait pour s'en convaincre de nommer quelques essences introduites en France, comme le peuplier de Virginie, l'acacia, le pin d'Autriche, etc. On pourrait ajouter à cette liste de conquêtes bon nombre de nos arbres fruitiers.

En adaptant bien le choix d'espèces aux localités et aux expositions, et dans les conditions de sol et de climat que je viens de préciser, la culture des essences énumérées ne peut guère être désavantageuse ; elle sera peut-être très profitable et, à coup sûr, très intéressante.

Cannon.

Annexe N° 8.

LES PRINCIPAUX VÉGÉTAUX LIGNEUX EXOTIQUES

AU POINT DE VUE FORESTIER.

Les végétaux ligneux exotiques sont peu connus en France.

Les horticulteurs en cultivent un grand nombre, mais dans un but tout spécial : l'ornementation des parcs et jardins. Bien peu se préoccupent de leur valeur au point de vue forestier.

Cette question devrait intéresser davantage les grands propriétaires de bois et les agents de l'Administration des forêts. Jusqu'ici, il n'en est rien.

Un voyage que j'ai fait, en 1899, dans les pays qui avoisinent le Rhin et dans les environs de Londres, m'a permis de constater qu'il en était autrement chez nos voisins.

En Allemagne notamment, il s'est produit, sous l'initiative de la Société dendrologique, un mouvement réel en faveur de la connaissance et de l'étude des végétaux ligneux exotiques.

Les parcs, les promenades et surtout les jardins botaniques en renferment un grand nombre, généralement étiquetés avec méthode et avec soin.

Et, ce qui est plus intéressant encore, des essais de boisement en essences exotiques ont été faits en maints endroits, tant par les propriétaires particuliers que par le service forestier.

M. Maurice de Vilmorin a rendu compte, dans la *Revue des Eaux et Forêts* du 15 janvier dernier, de ceux qu'il a visités à Eberswalde, dans l'Allemagne du Nord. J'ai parcouru moi-même, avec le plus grand intérêt, ceux qui ont été effectués à Weinheim, dans le grand duché de Bade, par le baron de Berckheim et ceux qu'a fait exécuter le service forestier dans les forêts du cantonnement de Lohr-sur-le-Main, en Bavière.

Il est à désirer que cet exemple soit suivi en France.

Il n'y a pas là, pour le forestier, une simple question d'intérêt, de curiosité; il faut y voir un côté pratique.

Beaucoup contestent ce côté pratique.

Les raisons qu'ils donnent sont les suivantes : les essences exotiques ne peuvent se naturaliser chez nous, et c'est une chimère que de chercher à les acclimater; d'ailleurs ces naturalisations ou acclimatations pourraient-elles être obtenues, qu'il serait bien inutile de les provoquer; nos essences indigènes donnent des produits bien supérieurs à ceux que pourraient donner, chez nous, tous les végétaux étrangers, et ces produits répondent largement à tous nos besoins.

Sur le premier point, il est certain que la naturalisation ne peut être espérée que pour un petit nombre d'espèces et que l'acclimatation n'existe pour ainsi dire pas en culture forestière. Il n'en est pas moins vrai que la naturalisation a été obtenue pour un certain nombre d'essences. On peut citer, notamment, comme essences naturalisées déjà anciennement, le marronnier d'Inde, les mûriers, les platanes et de nombreux arbres fruitiers, plus récemment le peuplier de Virginie, l'ailante et le robinier, bien que ce dernier se reproduise rarement de semis. Actuellement, je considère aussi comme certaine la naturalisation du chêne rouge et du chêne de Banister. Il n'est donc nullement chimérique de penser que d'autres essences ligneuses pourront être naturalisées. En tout cas, il ne serait pas sérieux de prétendre le contraire de parti pris.

Sur le second point, je veux bien que nos espèces donnent des bois supérieurs à ceux que pourront donner, chez nous, leurs congénères étrangers, d'autant plus que, souvent, une essence introduite ne produit pas un bois d'aussi bonne qualité que dans son pays d'origine. J'accorde aussi que nos bois répondent à peu près à tous nos besoins; pas à tous cependant, les importations de bois étrangers le prouvent suffisamment.

Mais la supériorité de nos essences indigènes n'existe que pour les genres botaniques qui sont très bien représentés chez nous. Il est certain que, par exemple, si on se préoccupe uniquement des qualités des bois, il n'y a guère d'intérêt à introduire des chênes, des hêtres, des charmes, des ormes, des frênes ou des érables exotiques.

Mais un certain nombre de genres n'ont pas de représentants chez nous : le tulipier, les grandes légumineuses, le paulownia, les caryas, les zelkowas, etc., manquent chez nous, bien qu'ils habitent des pays où le climat ne diffère pas sensiblement du nôtre.

D'autres genres ne sont représentés, *en Europe,* que par des espèces secondaires, de petite taille, alors qu'ils renferment, à l'étranger, des espèces de grande taille.

D'autres enfin sont représentés par des espèces dont, pour des raisons diverses, la production est insuffisante, C'est le cas de notre noyer, qui devient d'autant plus rare qu'il ne peut être élevé en massif. Le noyer noir d'Amérique et les caryas, qui croissent en massif et donnent un bois un peu inférieur, mais propre aux mêmes emplois, ne sont-ils pas tout indiqués pour fournir à l'industrie les produits que notre noyer ne suffit plus à lui donner?

En outre, les qualités du bois ne sont pas les seuls éléments à considérer, lorsqu'on veut apprécier la valeur d'une essence forestière.

Il faut aussi tenir compte de sa végétation. Ainsi, le chêne rouge d'Amérique ne donne pas des produits d'aussi bonne qualité que nos chênes indigènes, mais il les fournit beaucoup plus rapidement. Il en est de même du mélèze japonais par rapport à notre mélèze européen.

Il faut encore tenir compte des exigences de l'essence, notamment en ce qui concerne le sol. Ainsi, le pin laricio noir d'Autriche ne vaut pas le pin sylvestre au point de vue des produits à en retirer, et cependant nul ne conteste les services qu'il a rendus pour le boisement des sols calcaires de qualité médiocre. Le chêne de Banister me paraît susceptible de rendre les mêmes services pour les landes siliceuses arides. Le chêne des marais me semble pouvoir être planté avec succès dans les terrains siliceux humides. De même certains sapins étrangers, le sapin pinsapo dans le Midi, le sapin de Nordmann dans le Nord, paraissent devoir s'accommoder de sols qui ne conviendraient pas à notre sapin pectiné, notamment des sols calcaires secs.

Pour toutes ces raisons, je suis persuadé qu'un certain nombre de végétaux ligneux exotiques peuvent rendre des services en sylviculture.

La question est de savoir quels sont ces végétaux. Pour la résoudre, il faut faire des essais et les répéter dans les différents sols, dans les différentes stations.

Nous pouvons tenir compte des résultats déjà acquis par les expériences faites en France et surtout à l'étranger.

Dans un rapport fait à la suite de mon voyage en Allemagne et en Angleterre, rapport qui a été publié dans le *Bulletin officiel* du Ministère de l'agriculture de juillet 1900, j'ai passé en revue, en suivant une classification méthodique, les différentes espèces qui ont été mises à l'essai et signalé les résultats obtenus jusqu'ici.

Comme conclusion à ce rapport, j'ai donné la liste de celles de ces essences qu'il est permis, dès aujourd'hui, de considérer comme susceptibles de donner des résultats.

Les premières expériences doivent évidemment porter sur ces essences.

Le but de ce nouveau travail est de les étudier un peu plus en détail, en me plaçant uniquement au point de vue forestier et en me débarrassant de toute classification et de toute description scientifiques.

Mais, avant d'aborder le corps de mon sujet, je crois utile de donner l'énumération des espèces dont il sera question [1].

ESSENCES FEUILLUES.

Tulipier de Virginie (*Liriodendron tulipifera*);
* **Cedrela** de la Chine (*Cedrela sinensis*);
Cerisier tardif (*Prunus serotina*);
Sophora du Japon (*Sophora japonica*);
Cladrastris à bois jaune (*Cladrastris tinctoria*);
Févier à trois épines (*Gleditschia triacanthos*);
Chicot du Canada (*Gymnocladus canadensis*);
Kœlreuteria paniculé (*Kœlreuteria paniculata*);
Érables à sucre (*Acer saccharinum*), rouge (*Acer rubrum*) et negundo (*Acer negundo*);
Parrotia de Perse (*Parrotia persica*);
Distylium rameux (*Distylium racemosum*);
Paulownia majestueux (*Paulownia imperialis*);
Plaqueminier de Virginie (*Diospyros virginiana*);
Frênes blanc (*Fraxinus alba*) et à feuilles de sureau (*Fraxinus sambucifolia*);
Bouleaux merisier (*Betula lenta*) et jaune (*Betula lutea*);
Chênes* rouge (*Quercus rubra*), *des marais (*Quercus palustris*), *de Banister (*Quercus Banisteri*), écarlate (*Quercus coccinea*), des teinturiers (*Quercus tinctoria*), à feuilles de saule (*Quercus phellos*), ferrugineux (*Quercus ferruginea*), falqué (*Quercus falcata*) et à feuilles de laurier (*Quercus imbricaria*);
* **Noyer** noir d'Amérique (*Juglans nigra*);
Caryas *des pourceaux (*Carya porcina*), *blanc (*Carya alba*) et amer (*Carya amara*);
Pterocarya du Caucase (*Pterocarya caucasica*);
Zelkowas *à feuilles crénelées (*Zelkowa crenata*) et *à feuilles acuminées (*Zelkowa acuminata*);

[1] Dans cette énumération, comme dans le cours du travail, j'ai cru bon d'indiquer par un astérisque (*) les espèces que je considère comme occupant le premier rang d'intérêt au point de vue forestier.

Micocoulier occidental (*Celtis occidentalis*);
Maclure à fruit d'oranger (*Maclura aurantiaca*);
Copalme d'Amérique (*Liquidambar styraciflua*).

J'ai intentionnellement laissé de côté le robinier faux-acacia, l'ailante et le peuplier de Virginie qui sont suffisamment connus.

On remarquera, en outre, que l'énumération qui précède ne comprend aucun tilleul, charme, hêtre, châtaignier, orme; j'estime, en effet, que les représentants étrangers de ces genres bien représentés chez nous sont d'un intérêt secondaire.

ESSENCES RÉSINEUSES.

Libocèdre décurrent (*Libocedrus decurrens*);
* Thuya géant (*Thuya gigantea*);
Faux cyprès * de Lawson (*Chamaecyparis lawsoniana*), * de Nutka (*Chamaecyparis nutkaensis*) et obtus (*Chamaecyparis obtusa*);
Cyprès de Lambert (*Cupressus lambertiana*);
* Genévrier de Virginie (*Juniperus virginiana*);
Cryptomeria du Japon (*Cryptomeria japonica*);
Taxodium distique (*Taxodium distichum*);
Sequoia géant (*Sequoia gigantea*) et sequoia toujours vert (*Sequoia sempervirens*);
Gingko à deux lobes (*Gingko biloba*);
Pins jaune (*Pinus mitis*), rouge (*Pinus rubra*), de Banks (*Pinus banksiana*), * à bois lourd (*Pinus ponderosa*), * de Jeffrey (*Pinus Jeffreyi*), de Coulter (*Pinus Coulteri*), rigide (*Pinus rigida*), de lord Weymouth (*Pinus strobus*), élevé (*excelsa*), peuce (*peuce*), de Lambert (*lambertiana*);
Faux Mélèze de Kaempfer (*Pseudo-larix Kaempferi*);
* Mélèze du Japon (*Larix leptolepis*);
Épicéas * d'Orient (*Picea orientalis*), * blanc (*Picea alba*), piquant (*pungens*) et de Menzies (*Picea sitchensis*);
Tsuga du Canada (*Tsuga canadensis*);
* Pseudo-Tsuga de Douglas (*Pseudo-tsuga Douglasii*);
Sapins * de Nordmann (*Abies nordmanniana*), de Céphalonie (*Abies cephalonica*), * pinsapo (*Abies pinsapo*), de Numidie (*Abies numidica*), * de Cilicie (*Abies cilicica*), de Veitch (*Abies Veitchii*), noble (*Abies nobilis*), baumier (*Abies balsamea*), concolore (*Abies concolor*) et * élancé (*Abies grandis*).

ESSENCES FEUILLUES.

Tulipier. — Liriodendron.

Le genre tulipier, qui appartient à la famille des Magnoliacées, ne comprend qu'une espèce.

Tulipier de Virginie (**Liriodendron** *tulipifera* Linné). — Le tulipier de Virginie croît, aux États-Unis, dans la région des monts Alleghany; c'est plutôt une essence disséminée.

C'est un des plus grands et des plus beaux arbres de l'Amérique du Nord; il a un fût droit, très régulier et une cime ample, bien fournie.

Il se plaît dans les vallées et recherche les terrains meubles et frais; il s'accommode, toutefois, des sols relativement secs; les terrains siliceux lui conviennent tout particulièrement; il vient mal dans les sols calcaires.

Son bois est à aubier blanc et à cœur jaunâtre. Il est serré, très homogène, léger, tendre, facile à travailler. Il est propre aux mêmes emplois que le bois de peuplier avec lequel il n'est pas sans analogie; mais, il offre une plus grande résistance. Il est recherché par les menuisiers et les ébénistes qui l'emploient en placage; les fabricants de pianos le payent assez cher; aussi une grande quantité de ce bois est-elle importée en Europe.

Or, si l'on considère que le tulipier de Virginie vient très bien chez nous, il est logique de demander que cette espèce ne soit plus élevée uniquement dans nos parcs, pour l'ornement, mais aussi comme essence secondaire, dans nos forêts, pour son bois.

Cedrela.

Le genre cedrela, de la famille des Méliacées, est représenté à l'étranger par plusieurs espèces dont une est très intéressante.

*Cedrela de la Chine (**Cedrela** *sinensis* A. Jussieu). — Le cedrela de la Chine est un grand arbre chinois qui offre beaucoup d'analogie avec l'ailante.

Il ne paraît pas très exigeant au point de vue de la nature minéralogique du sol, mais semble demander des terrains meubles, frais et profonds.

Il repousse vigoureusement de souche et drageonne abondamment.

Cette essence est d'introduction trop récente pour qu'on puisse, dès maintenant, apprécier quelle sera sa valeur chez nous. Jusqu'ici, elle s'est montrée très rustique et de croissance rapide.

Son bois présente un aubier blanchâtre et un cœur rosé. Il est dense, dur, élastique, et M. Mouillefert, qui a éprouvé sa résistance, l'a trouvée considérable. Ce serait donc un bois de premier ordre, se rapprochant du bois de l'acajou qui appartient, d'ailleurs, à la même famille; comme ce dernier, il serait précieux pour la menuiserie et l'ébénisterie.

Pour cette raison, le cedrela de la Chine est une des essences exotiques feuillues qu'il serait le plus intéressant d'introduire dans nos forêts, à titre d'essai.

Les Fruitiers.

De nombreuses espèces ligneuses exotiques, du groupe des Rosacées, ont été introduites en Europe pour leurs fruits; une mériterait de l'être pour son bois; elle appartient au genre prunier, section des cerisiers.

Cerisier tardif (**Prunus** *serotina* Ehrhart). — Le cerisier tardif, souvent confondu avec le cerisier de Virginie (**Cerasus** *virginiana* Michaux), habite une grande partie des États-Unis; on le trouve également au Canada, sur tout le versant de l'Atlantique.

C'est un grand arbre, à fût allongé, très régulier.

Il recherche les sols meubles, frais et profonds, présentant une certaine fertilité; il s'accommode toutefois, dit-on, des sables presque purs et semble ne pas craindre le calcaire.

Il vient très bien chez nous. Cette essence a été plantée en différents endroits en Belgique, et y a donné, paraît-il, de bons résultats.

Le cœur de son bois est de couleur rosée; il est serré, dur, susceptible de recevoir un beau poli et peu sujet à se tourmenter. Il convient donc très bien pour l'ébénisterie et la menuiserie.

Le cerisier tardif n'est donc pas sans intérêt au point de vue forestier.

Les grandes Légumineuses.

Outre le robinier faux-acacia, le groupe des Légumineuses comprend, à l'étranger, plusieurs végétaux ligneux de grande taille qui se comportent parfaitement dans nos pays.

Sophora du Japon (**Sophora** *japonica* Linné). — Le sophora du Japon est très rustique et de croissance rapide: il atteint chez nous des dimensions énormes. Le parc de Carlsruhe en possède un qui ne mesure pas moins de 1 mètre de diamètre, et dont la cime couvre une surface très considérable; c'est d'ailleurs, paraît-il, le plus ancien de tous ceux qui existent en Allemagne.

Mais, au point de vue forestier, cette essence ne vaut pas le robinier, dont elle a à peu près les exigences culturales.

Le sophora du Japon ne doit donc être, à mon avis, qu'un arbre d'ornement.

Cladrastris à bois jaune (**Cladrastris** *tinctoria* Rafinesque, **Virgilia** *lutea* Michaux). — J'en dirai tout autant du cladrastris à bois jaune, arbre des États-Unis. bien qu'il soit très rustique et donne un beau bois jaune, assez fort. Mais il est de petite taille, de croissance lente et demande des sols frais, profonds, assez substantiels, qui conviennent à des essences indigènes plus précieuses.

Févier à trois épines (**Gleditschia** *triacanthos* Linné). — Le févier à trois épines, très grand arbre épineux de l'Amérique du Nord, vient parfaitement dans nos pays, y croît rapidement et y fructifie régulièrement et abondamment. Il n'est pas rare d'en voir des spécimens de fortes dimensions. Mais il est inférieur, pour les qualités de son bois, au robinier faux-acacia que les forestiers doivent, par conséquent, lui préférer.

Néanmoins, mon camarade Buffault, dans sa remarquable étude sur les dunes de la côte du Médoc, signale cette essence comme croissant très activement dans les sables médiocres et comme devant être avantageusement propagée dans les dunes.

Chicot du Canada (**Gymnocladus** *canadensis* Lamarck). — L'espèce la plus intéressante du groupe, au point de vue forestier, est peut-être le chicot du Canada.

C'est un très grand arbre qui croît aux États-Unis, sur le versant de l'Atlantique. Son fût est droit, allongé; sa cime est peu fournie et formée d'un petit nombre de pousses très grosses, caractéristiques.

Il demande des sols d'une certaine fraîcheur et d'une certaine fertilité. Aussi ne réussit-il pas partout, aux Barres notamment, bien qu'il soit très rustique. J'en ai vu, au contraire, de fort beaux à Strasbourg, à Carlsruhe et à Heidelberg. Sa croissance est lente. Il fructifie à Nogent.

Son bois a peu d'aubier; le cœur, d'une couleur rosée, est lourd et fort; il se travaille bien et est susceptible de prendre un beau poli. Il convient pour l'ébénisterie.

Cette essence n'en est pas moins, comme les précédentes, d'un intérêt un peu secondaire au point de vue forestier.

Kœlreuteria.

Kœlreuteria paniculé (**Kœlreuteria** *paniculata* Laxmann). — Le kœlreuteria paniculé est originaire du nord de la Chine.

C'est un arbre de deuxième grandeur, dont les exigences ne sont pas encore bien connues.

Il est très rustique chez nous, mais de croissance très lente.

Son bois ressemblerait à celui du frêne et en aurait toutes les qualités.

Pour cette raison, cette essence mériterait d'être essayée en forêt.

Les Érables.

Le genre érable (*acer*) est représenté en Asie, comme en Amérique, par de nombreuses espèces.

Beaucoup d'entre elles, notamment les espèces asiatiques, sont encore trop peu connues, pour qu'on puisse les apprécier autrement qu'au point de vue ornemental.

Les érables américains sont très estimés dans leur pays d'origine; beaucoup se sont montrés très rustiques chez nous. Mais si plusieurs méritent d'être introduits pour l'ornementation, notamment l'érable de Virginie (*Acer eriocarpum* Michaux, *vel Dasy carpum* Ehrhart), qui vient particulièrement bien dans nos pays et y croît très rapidement, je ne pense pas que cette introduction présente le même intérêt au point de vue forestier; les meilleurs des érables américains ne paraissent pas devoir donner un bois supérieur à celui de nos espèces indigènes.

Il serait bon, toutefois, de vérifier le fait pour les espèces principales.

Érable à sucre (**Acer** *saccharinum* Vangenheim). — L'érable à sucre est surtout commun dans les provinces du nord des États-Unis et au Canada, sur le versant de l'Atlantique.

C'est un grand arbre, rappelant l'érable plane.

Il demande des sols d'une certaine fertilité.

Il est rustique sous nos climats.

Son bois, blanc lorsqu'on le débite, devient rosé à l'air; il est lourd, dur, susceptible de recevoir un beau poli, mais peu durable. C'est un des meilleurs parmi ceux que donnent les érables américains. Il est très recherché par les menuisiers, tourneurs, charrons, armuriers; on l'emploie aussi pour la charpente intérieure. C'est, en outre, un excellent bois de chauffage.

Il convient d'ajouter que l'érable à sucre est, avec l'érable à grandes feuilles (*Acer macrophyllum* Pursch), un de ceux qui donnent ces variétés dont le bois, connu sous le nom d'érable moucheté, est payé très cher par les ébénistes.

Érable rouge (**Acer** *rubrum* Linné). — L'érable rouge se trouve, aux États-Unis et au Canada, sur tout le versant de l'Atlantique, et son aire s'étend assez loin dans le centre et le midi des États-Unis. .

C'est généralement un arbre de grande taille.

Il recherche les terrains humides et même bourbeux; les sols siliceux sont ceux qu'il préfère.

Il est rustique dans nos pays.

Son bois grisâtre, souvent teinté de rouge, est homogène, lourd, dur, facile à travailler et susceptible de prendre un beau poli. Il est également recherché par les ébénistes et les tourneurs.

Érable negundo (**Acer** *negundo* Linné). — L'érable negundo est un arbre de deuxième grandeur qui abonde dans le centre des États-Unis, surtout sur les sols frais de nature siliceuse.

Chez nous, il s'est montré très rustique, peu exigeant et de croissance très rapide.

Son bois blanc, léger, peu fort, n'a pas grande valeur.

Mais cette essence me paraît pouvoir rendre des services dans le boisement des sols sablonneux de qualité médiocre. Buffault la signale comme devant donner de bons résultats dans les dunes de Gascogne.

Parrotia.

Le genre parrotia, qui appartient à la tribu des Hamamélidées, de la famille des Saxifragacées, renferme deux espèces connues; l'une d'elles est intéressante.

Parrotia de Perse (**Parrotia** *persica* C. A. Meyer). — Le parrotia de Perse habite les forêts du nord de la Perse, notamment les monts Elbourz.

C'est un arbre de seconde ou troisième grandeur, qui rappelle le hêtre par le port et le feuillage; il a, comme lui, le couvert épais.

Il se contente des terrains les plus médiocres et s'accommode, notamment, des sols calcaires superficiels.

Cette essence est représentée dans tous les jardins botaniques d'Allemagne et s'y montre très rustique; mais les beaux échantillons sont rares, car elle est d'introduction récente et de croissance lente.

Son bois rappellerait celui du charme, mais lui serait supérieur, notamment comme dureté; il conviendrait avantageusement aux mêmes emplois.

Étant données sa rusticité et ses faibles exigences au point de vue du sol, le parrotia de Perse pourrait être introduit, à titre d'essai, dans les terrains de qualité médiocre, notamment dans le pays où le charme fait défaut.

Distylium.

Distylium rameux (**Distylium** *racemosum* Siebold et Zuccarini). — A la même tribu des Hamamélidées appartient le distylium rameux, arbre toujours vert, qui croît dans l'île japonaise de Kiou-Siou.

Cette essence donne au Japon un bois de premier ordre.

Elle est à peine introduite dans les cultures européennes et il faut attendre les essais pour se prononcer sur sa valeur dans nos pays.

Paulownia.

Le genre paulownia, de la famille des Scrofulariacées, n'est formé que d'une seule espèce.

Paulownia majestueux (**Paulownia** *imperialis* Siebold et Zuccarini). — Le paulownia majestueux croît, disséminé, dans les forêts de l'île japonaise de Niphon.

C'est un arbre de deuxième grandeur, qui peut atteindre, en diamètre, de très fortes dimensions. Le fût est droit, la cime ample, formée de branches tortueuses.

Il demande des sols frais et profonds.

Il s'est montré assez rustique dans nos cultures ; il ne peut, toutefois, supporter les grands hivers du Nord ; sa croissance est très rapide ; il repousse très vigoureusement de souche.

Comme les catalpas, de la famille voisine des Bignoniacées, le paulownia n'est cultivé jusqu'ici que pour l'ornement.

Il mériterait, peut-être, de l'être aussi pour son bois qui n'a guère d'équivalent, chez nous, pour la légèreté, tout en restant tenace. Ce bois conviendrait parfaitement pour faire des boîtes légères, des malles surtout, et aussi des petits meubles sculptés, des étagères en particulier.

Il pourrait être planté, dans ce but, en forêt, par places seulement, car il est peu probable qu'il puisse former des massifs.

Plaqueminier — Diospyros.

Le genre plaqueminier appartient à la famille des Ébénacées : il renferme un très grand nombre d'espèces habitant, pour la plupart, les régions chaudes du globe.

Une espèce orientale, le plaqueminier faux-lotier (*diospyros lotus* Linné), a été introduite dans le midi de la France où elle donne un bois de travail estimé.

Une espèce japonaise, le plaqueminier Kaki (*diospyros Kaki* Linné), est également cultivée dans le Midi pour son fruit.

Enfin une espèce américaine présente un certain intérêt au point de vue forestier.

Plaqueminier de Virginie (**Diospyros** *virginiana* Linné). — Le plaqueminier de Virginie est très répandu dans les provinces du nord-est et du centre des États-Unis.

C'est un assez grand arbre à cime diffuse.

Introduit en Europe, il s'est montré rustique ; il ne fructifie, toutefois, que dans le Midi.

Son bois parfait est de couleur foncée, quelquefois presque aussi noir que l'ébène, qui est, d'ailleurs, fourni par plusieurs espèces du même genre ; il est homogène, lourd, dur, susceptible de recevoir un très beau poli. Il convient donc particulièrement en ébénisterie.

Ses fruits sont comestibles après maturité.

Cette essence pourrait être introduite, sinon dans le nord, du moins dans le midi de la France, où elle donnerait des produits au moins égaux à ceux de son congénère, le plaqueminier faux-lotier.

Les Frênes.

Le genre frêne (*fraxinus*) est représenté à l'étranger par un certain nombre d'espèces.

Mais, comme pour tous les genres botaniques qui ont chez nous des essences forestières de premier ordre, il est peu probable qu'il y ait intérêt, au point de vue des qualités des bois, à introduire des espèces exotiques.

Il serait, toutefois, utile d'expérimenter les plus recommandables de ces espèces.

Frêne blanc (**Fraxinus** *alba* Marshall *vel americana* Linné). — Le frêne blanc est commun sur tout le versant de l'Atlantique, au Canada et aux États-Unis.

C'est un arbre de grande taille, à fût allongé, droit, à cime ample, touffue.

Il demande des sols humides, pas trop cependant.

Introduit depuis longtemps dans les jardins botaniques européens, il s'est montré très rustique. L'arboretum de Kew en possède qui mesurent 20 mètres de hauteur sur 0 m. 80 de diamètre.

Cette essence est comprise dans les boisements d'Eberswalde visités par M. de Vilmorin; les sujets plantés, âgés de six à huit ans, y sont très vigoureux et très bien venants.

Son bois présente un aubier blanc et un cœur rougeâtre. Il est à la fois lourd et dur, souple et élastique. C'est donc un bois du premier ordre, un des meilleurs de l'Amérique du Nord; il est particulièrement recherché en ébénisterie et en carrosserie; on en fait aussi des manches d'outils, des cercles, des merrains.

Certains prétendent même que le bois du frêne blanc d'Amérique est supérieur à celui de notre frêne commun. Cela est contestable. D'ailleurs il n'est pas certain que le frêne blanc donne, dans nos pays, un bois d'aussi bonne qualité que celui qu'il fournit dans son pays d'origine.

En tout cas, il serait utile et intéressant de l'expérimenter.

Frêne à feuilles de sureau (**Fraxinus** *sambucifolia* Lamarck). — Le frêne à feuilles de sureau est commun, au Canada, sur le versant de l'Atlantique et dans les provinces du nord des États-Unis.

C'est un arbre de grande taille, à écorce noirâtre.

Il demande des sols plus humides que le précédent et s'accommode même de terrains submergés pendant un certain temps.

Il est encore assez rare dans les cultures européennes, mais semble devoir s'y très bien comporter.

Le cœur de son bois est brunâtre, dur, plus tenace et plus élastique, mais moins durable que celui du frêne blanc. Il est surtout employé pour faire des cercles, de menus objets divers.

Le frêne à feuilles de sureau pourrait être planté, à titre d'essai, dans les terrains très humides.

Les autres frênes américains, notamment le frêne à rameaux carrés (*fraxinus qua-*

18.

drangulata Michaux) et le frêne pubescent (*fraxinus pubescens* Lamarck) qui habitent tous les deux le versant de l'Atlantique, au Canada et aux États-Unis, sont également très rustiques chez nous, mais sont, à mon avis, d'un intérêt moindre au point de vue forestier.

Quant aux frênes d'Asie, ils sont encore rares dans les cultures et par suite peu connus.

Il serait intéressant d'expérimenter les frênes du Japon et une espèce de l'Hymalaya, le frêne floribond (*fraxinus floribunda* Wallich), espèces dont l'origine permet d'espérer la rusticité dans nos pays.

Les Bouleaux.

Le genre bouleau (*betula*) étant bien représenté en Europe, il est peu probable qu'il y ait intérêt, au point de vue forestier, à introduire des espèces exotiques.

Ainsi le bouleau à papier (*betula papyrifera* Marshall) qui habite le versant de l'Atlantique, au Canada, et les provinces du nord-est, aux États-Unis, et le bouleau rouge (*betula rubra* Michaux) qui croît dans les sols frais et graveleux de la région du nord-est des États-Unis, ne donnent pas, chez nous, un bois supérieur à celui de notre bouleau blanc.

Le bouleau merisier (*betula lenta* Linné) et le bouleau jaune (*betula lutea* Michaux) sont plus intéressants.

L'un et l'autre habitent, au Canada et aux États-Unis, les provinces du versant de l'Atlantique; l'aire du second s'étend même, au Canada, dans la région du Manitoba.

L'un et l'autre sont assez rustiques chez nous, mais ne semblent pas, le premier surtout, devoir y prendre les dimensions qu'ils ont dans leur pays d'origine.

Le bois du bouleau merisier est supérieur à celui des autres bouleaux des États-Unis; il est de couleur rosée, dur, fort, susceptible de prendre un beau poli; il est recherché par les ébénistes et importé en Europe pour être employé par les fabricants de pianos qui le payent assez cher.

Le bois du bouleau jaune présente les mêmes qualités, mais à un degré un peu inférieur et a les mêmes emplois.

En raison des qualités de leur bois, ces deux bouleaux, surtout le bouleau merisier, pourraient être introduits dans nos forêts, à titre d'essai.

Les Chênes.

Le genre chêne (*quercus*), qui est parfaitement représenté chez nous, est un des plus considérables du règne végétal; il comprend plus de deux cents espèces.

Si on se place uniquement au point de vue des qualités des bois, il n'y a aucun intérêt à introduire en Europe des chênes exotiques; nos espèces indigènes donnent, en effet, un bois de toute première qualité et suffisent largement à nos besoins.

Mais certains chênes étrangers peuvent nous rendre des services à d'autres points de vue.

Je me contenterai d'étudier les espèces les plus intéressantes.

*Chêne rouge (**Quercus** *rubra* Linné). — Le chêne rouge d'Amérique croît, au Canada, sur le versant de l'Atlantique, et aux États-Unis, dans les provinces du nord-est.

C'est un grand arbre pouvant atteindre 25 mètres de hauteur sur 1 mètre et même plus de diamètre; son fût est assez souvent court, car de grosses branches naissent fréquemment à une faible hauteur; ces branches s'étendent à peu près horizontalement jusqu'à une grande distance; la cime est, par suite, très développée en largeur et en hauteur.

Il se plaît dans les plaines et les vallées et ne semble pas difficile sur la nature du sol; il s'accommode très bien de sables d'une fertilité médiocre, mais vient mal sur le calcaire.

Introduit en Europe, il s'est montré excessivement rustique; il s'élève très bien en massif, fructifie régulièrement et abondamment et se reproduit parfaitement de semences; les jeunes semis supportent assez bien le couvert épais de leurs parents. C'est, en somme, une essence que l'on peut considérer comme naturalisée.

Sa croissance est beaucoup plus rapide que celle de nos chênes indigènes. Un représentant de cette espèce, qui a été déraciné aux Barres par l'ouragan du 14 février dernier, mesurait 2 m. 15 de tour à 1 m. 30 du sol et accusait au plus 70 couches annuelles. Un autre, planté en 1829, mesure actuellement 0 m. 75 de diamètre.

Son bois a un aubier blanc peu abondant et un cœur d'une couleur blanc rosé; il est à gros vaisseaux, ce qui le rend assez poreux, peu résistant; il est, de plus, sujet à la pourriture. Ce bois est donc loin de valoir celui de nos chênes rouvre et pédonculé. Mais, d'un travail et d'une fente faciles, susceptible de prendre un beau poli, il n'en est pas moins propre à de nombreux emplois; la menuiserie, notamment, peut en tirer parti et il convient pour faire du merrain.

De plus, étant donnée sa croissance rapide, il donne, en bois de feu, un rendement supérieur à celui de nos chênes.

Son écorce peut être employée pour la fabrication des cuirs; elle est toutefois de qualité un peu inférieure.

Étant données sa rusticité, sa croissance, sa faculté à se réensemencer naturellement, le chêne rouge peut certainement nous rendre des services pour la mise en valeur des argiles et des sables de qualité moyenne.

Il a été planté en maints endroits, notamment aux Barres, en Sologne, à Weinheim et à Eberswalde, en Allemagne, dans les Flandres, en Belgique; partout il a donné de bons résultats.

Buffault reconnaît qu'il est tout désigné pour être introduit dans les dunes.

La variété *ambigua*, à écorce lisse, est au moins aussi rustique que le type, se comporte comme lui, mais donne une écorce plus riche en tannin.

Chêne des marais (**quercus** *palustris* Michaux). — Le chêne des marais croît en Amérique, dans les vallées humides du versant de l'Atlantique, depuis le Canada jusqu'à la Virginie.

C'est un grand arbre, pouvant atteindre 30 mètres de hauteur sur 1 mètre de diamètre. Il est susceptible de prendre un très beau fût; sa cime est formée de branches nombreuses, menues, enchevêtrées les unes dans les autres et ayant une tendance à prendre la direction verticale.

Il recherche les sables frais ou même humides; aux États-Unis, on le trouve souvent au bord des mares; il s'accommode néanmoins de sols relativement secs, ainsi qu'on peut le constater aux Barres.

Son couvert est moyennement épais; ses feuilles sont nombreuses, assez grandes, mais très découpées.

Introduit dans nos pays, il est très rustique, croît assez rapidement et fructifie. Il acquiert de très belles dimensions. Le domaine des Barres en possède un échantillon de forme superbe, qui mesure 25 mètres de hauteur sur 0 m. 60 de diamètre. Le jardin de Kew en a aussi de beaux.

Son bois parfait est de couleur rougeâtre; il est également à gros vaisseaux, mais il paraît plus dur, plus tenace, plus résistant que celui du chêne rouge. Il convient avantageusement aux mêmes emplois.

Le chêne des marais est, à mon avis, un des plus intéressants parmi les chênes américains. Il mérite d'être introduit, à titre d'essai, dans les sols siliceux et argilo-siliceux frais ou même humides, où il vient particulièrement bien. Il a été planté aux Barres, à Dusseldorf, en Allemagne et, en différents endroits, en Belgique; partout il a réussi.

*Chêne de Banister ou chêne à feuilles d'yeuse (quercus *Banisteri* Michaux *vel ilicifolia* Wangenheim). — Le chêne de Banister peuple les forêts du nord-est des États-Unis.

C'est un arbuste ou petit arbre pouvant atteindre 4 ou 5 mètres de hauteur, sur 0 m. 20 à 0 m. 30 de diamètre. Son tronc est très irrégulier, très rameux; ses branches, très nombreuses, très tortueuses, s'enchevêtrent les unes dans les autres, formant des fourrés d'accès difficile.

Il est très peu exigeant au point de vue du sol; il s'accommode notamment des sables les plus secs, les plus médiocres.

Il est, chez nous, d'une rusticité à toute épreuve et d'une fertilité extraordinaire: ses glands, très petits, sont disséminés à d'assez grandes distances par les oiseaux et reproduisent l'espèce d'une façon envahissante; tout le domaine des Barres et même les bois voisins sont couverts de semis naturels de cette essence, que l'on peut considérer comme parfaitement naturalisée.

Les jeunes sujets supportent bien le couvert.

Le chêne de Banister rejette aussi abondamment de souche; le peuplement qui existe aux Barres a été en partie exploité pendant l'hiver de 1898-1899; les rejets se sont produits très nombreux et ont actuellement 1 m. 50 de hauteur en moyenne.

Le bois, de couleur gris-rougeâtre, est de qualité médiocre. D'ailleurs, étant données les faibles dimensions de ce chêne, ce bois ne peut guère être utilisé que pour le chauffage.

Il n'y a donc, à ce point de vue, aucun intérêt à propager le chêne de Banister.

Mais son extrême rusticité, ses très faibles exigences et sa facilité extraordinaire à se réensemencer en font, à mon avis, une essence parfaitement indiquée pour la mise en valeur des coteaux sablonneux arides et peut-être pour la fixation des dunes. A ce dernier point de vue, il n'a pas donné jusqu'ici, dit Buffault, des résultats très satisfaisants; j'estime que les essais doivent être renouvelés.

Il convient d'ajouter que le chêne de Banister offre encore un intérêt au point de vue tout spécial de la chasse; il forme des taillis impénétrables où le gibier aime à se tenir, s'y trouvant en sûreté; de plus, ses glands, très nombreux, lui procurent en hiver une nourriture abondante, dont le faisan est particulièrement friand.

Chêne écarlate (**quercus** *coccinea* Michaux), **chêne** des teinturiers (**quercus** *tinctoria* Michaux, *vel velutina* Wildenow). — Le chêne écarlate et le chêne des teinturiers sont assez voisins du chêne rouge, qu'ils accompagnent généralement dans la région du nord-est, aux États-Unis, et sur le versant de l'Atlantique, au Canada.

Ce sont l'un et l'autre des arbres de grande taille, pouvant atteindre 30 mètres de hauteur sur 1 mètre et plus de diamètre.

L'un et l'autre s'accommodent de tous sols moyens, à l'exception cependant des terres crayeuses; toutefois ils paraissent demander un peu plus de fertilité que le chêne rouge.

Introduits en Europe, ils se sont montrés à peu près aussi rustiques que ce dernier; ils fructifient presque aussi abondamment, mais se ressèment moins facilement; en outre, leur croissance n'est pas aussi rapide. Ceux qui ont été élevés en massif aux Barres sont en très bon état de végétation et ont environ 15 mètres de hauteur sur 0 m. 30 de diamètre.

Tous deux ont un bois parfait, rougeâtre, poreux, assez semblable à celui du chêne rouge et présentant à peu près les mêmes défauts et qualités.

L'un et l'autre ont une écorce utilisable pour la fabrication des cuirs; celle du chêne des teinturiers est même assez estimée; elle donne aux cuirs une couleur jaune diversement appréciée.

Ces deux chênes ne sont toutefois que d'un intérêt secondaire au point de vue forestier.

Chêne à feuilles de saule (**quercus** *phellos* Linné). — Le chêne à feuilles de saule croît dans les stations humides des provinces de l'est des États-Unis.

C'est également un chêne de grande taille, à fût droit, allongé, à cime bien fournie.

Il recherche les terrains humides; il s'accommode cependant du sol relativement sec des Barres.

Il est assez rustique chez nous, mais craint les grands froids du nord et est sujet aux gelivures. Il a une croissance assez rapide et acquiert de très belles dimensions; le domaine des Barres en possède plusieurs échantillons de 25 mètres de hauteur sur 0 m. 40 à 0 m. 50 de diamètre. Il fructifie assez régulièrement, mais peu abondamment.

Son bois, à aubier peu abondant, est blanchâtre, poreux, tendre, en somme assez médiocre; il se travaille très facilement.

Végétant très bien chez nous, particulièrement dans les sols sablonneux humides, le chêne à feuilles de saule pourrait peut-être rendre des services pour la mise en valeur des lettes marécageuses des dunes de Gascogne, où il n'aurait nullement à souffrir des gelées.

Chêne falqué (**quercus** *falcata* Michaux). — Le chêne falqué se trouve, aux États-Unis, sur tout le versant de l'Atlantique, dans les endroits frais.

C'est un grand arbre, dont le tronc est revêtu d'une écorce noirâtre, crevassée.

Il ne paraît pas très difficile au point de vue du sol.

Il est rustique chez nous. On peut en voir, aux Barres, un sujet de 20 mètres de haut sur 0 m. 65 de diamètre. Il fructifie peu et nous n'avons pas encore vu de semis naturels de cette essence.

Son bois est à aubier assez abondant; les rayons médullaires sont larges; les vaisseaux, de moyenne grosseur, sont disposés en lignes rayonnantes; le cœur est dur, dense, d'une teinte rougeâtre d'un joli effet, mais il n'est pas facile à travailler. En somme, sous le rapport des qualités et des emplois des bois, le chêne falqué, tout en restant inférieur à nos chênes rouvre et pédonculé, paraît supérieur à ceux de ses congénères américains qui viennent bien dans nos pays.

Il conserve la même supériorité pour son écorce.

Pour ces raisons, le chêne falqué pourrait être introduit, à titre d'essai, dans certaines forêts situées sur des sols relativement pauvres.

Chêne à feuilles de laurier (**quercus** *imbricaria* Michaux). — Le chêne à feuilles de laurier habite surtout la région qui s'étend à l'ouest des monts Alleghany, aux États-Unis.

C'est un grand arbre, à fût souvent court et à cime développée.

Il recherche aussi les stations humides.

Il vient bien chez nous et peut y prendre de belles dimensions. Un arbre de cette essence, déraciné aux Barres par l'ouragan du 14 février dernier, mesurait plus de 20 mètres de haut sur 1 m. 70 de tour à 1 m. 30 du sol et comptait environ 55 couches annuelles. Il fructifie peu.

Son bois est à aubier assez abondant; le cœur, d'un beau blanc rosé, est dur et pesant; il me semble de qualité un peu supérieure à celle qui lui est généralement attribuée.

Le chêne à feuilles de laurier n'en est pas moins, au point de vue forestier, d'intérêt secondaire.

Chêne ferrugineux ou **chêne** noir (**quercus** *ferruginea* Michaux, *vel nigra* Willdenow). — Le chêne ferrugineux croît, aux États-Unis, dans la région de l'est et du sud-est.

C'est un grand arbre, à écorce noirâtre, assez profondément crevassée.

Il vient bien chez nous. On peut en voir aux Barres des sujets qui ont, en hauteur, des dimensions bien supérieures à celles que lui reconnaît Michaux; l'ouragan du 14 février dernier en a déraciné un qui accusait environ 55 ans et mesurait 20 mètres de hauteur pour 1 m. 12 de tour à 1 m. 30 du sol. Il fructifie bien; mais nous ne l'avons pas vu jusqu'ici se ressemer naturellement.

Son bois présente un aubier blanc très abondant et un cœur de couleur foncée, très dur, dont la qualité me paraît supérieure à ce qu'en disent les auteurs.

Bien que d'intérêt secondaire au point de vue forestier, cette essence doit être encore étudiée avant d'être écartée définitivement.

Tous les autres chênes américains, notamment le chêne blanc (*quercus alba* Linné), le plus important du genre aux États-Unis, le chêne à gros glands (*quercus macrocarpa* Michaux), le chêne à poteaux (*quercus obtusiloba* Michaux)... ne végètent pas suffisamment bien dans nos jardins botaniques, pour qu'on puisse songer à les planter dans nos forêts.

Quant aux chênes d'Asie, ils sont encore assez peu connus.

Le chêne Velani (*quercus aegilops* Linné), espèce orientale, dont on peut voir aux Barres un beau spécimen de 15 mètres de hauteur sur 0 m. 45 de diamètre, n'est pas assez rustique et fructifie trop rarement pour qu'on puisse espérer sa naturalisation, au moins dans le Nord.

Le chêne du Liban (*quercus Libani* Olivier) est beaucoup plus rustique et, comme il donne, dans son pays d'origine, un bois d'excellente qualité, il sera intéressant à étudier; mais nous n'en connaisons jusqu'ici que des sujets jeunes et de petite taille.

Encore moins connus sont les chênes de l'Himalaya (*quercus dilatata* Lindley et *quercus incana* Roxburgh), qui sont encore rares dans les cultures européennes.

Parmi les nombreux chênes japonais, le *quercus dentata* Thunberg (*quercus Daymio* des horticulteurs) semble très peu important au point de vue forestier.

Plus intéressants me paraissent être le *quercus serrata* Thunberg, dont on peut voir aux Barres quelques beaux échantillons, le *quercus glandulifera* Blume et le *quercus acuta* Thunberg, ce dernier à feuilles persistantes; mais les essais dont ces essences ont été l'objet sont trop peu nombreux et surtout trop récents, pour qu'on puisse actuellement les apprécier.

Les Noyers.

Le genre noyer (*juglans*) est représenté en France par une espèce de premier ordre, supérieure, par son bois et par son fruit, à tous ses congénères étrangers.

Malheureusement, le noyer tend à disparaître. Autrefois, le paysan le plantait dans les champs pour avoir ses noix, dont l'amande lui procurait l'huile nécessaire à ses besoins. Mais aujourd'hui, l'huile de noix est remplacée, jusque dans les campagnes, par des huiles qui, la plupart du temps, ne la valent pas, et le noyer, dont le couvert très épais nuit aux récoltes, n'est plus remplacé lorsque l'âge ou les besoins de l'industrie en ont amené la disparition.

Abandonné par le cultivateur, le noyer ne peut guère être recueilli par le forestier; car, malgré les qualités de son bois, ce ne peut être une essence forestière, puisqu'il n'est pas susceptible de croître en massif.

Dans ces conditions, le noyer noir et les caryas d'Amérique, dont le bois, sans valoir celui de notre noyer, convient aux mêmes emplois, et qui ont, sur notre espèce indigène, l'avantage de pouvoir être élevés en massif, sont, à mon avis, des essences très intéressantes au point de vue forestier.

*Noyer noir d'Amérique (**juglans** *nigra* Linné). — Le noyer noir d'Amérique croît, aux États-Unis, dans la région des monts Alleghany.

C'est un très grand arbre, pouvant dépasser 30 mètres de hauteur et 1 mètre de diamètre. Il présente un fût élancé, couvert d'une écorce noirâtre, gerçurée, et une cime de forme plus ou moins ovale.

Il paraît moins exigeant que notre noyer au point de vue du sol; il réussit dans les sables frais; il ne vient toutefois bien que dans des terres un peu riches.

Introduit en Europe, il s'est montré très rustique; ses jeunes pousses ont même moins à souffrir des gelées que celles du noyer commun; il croît un peu plus rapidement que notre espèce indigène, fructifie régulièrement et abondamment et se ressème naturellement, ainsi qu'on peut le constater aux Barres; enfin il n'est pas attaqué par les insectes.

Comme je l'ai dit plus haut, il présente en outre, sur notre noyer, l'avantage de pouvoir être élevé en massif, avantage précieux au point de vue forestier.

Son bois est à aubier blanc et à cœur d'un rouge violacé; il a le grain assez fin et est susceptible de recevoir un beau poli; dur, tenace, il est cependant facile à travailler; il se tourmente peu et est peu sujet à la vermoulure et à la pourriture.

Sans avoir toutes les qualités du bois de notre noyer, il n'en est pas moins précieux, pour l'ébénisterie et la carrosserie principalement; il s'en importe en Europe, notamment en Angleterre et en France, des quantités assez notables.

Si l'on considère que le noyer noir vient très bien chez nous et semble y donner un bois d'aussi bonne qualité que celui qu'il produit dans son pays d'origine, on comprendra facilement l'intérêt très grand qu'il présente au point de vue forestier, au point de vue forestier seulement, car son fruit, comestible cependant, est bien inférieur à celui du noyer commun; le brou donne une couleur analogue à celle que l'on retire du brou de la noix de l'espèce indigène.

Les Caryas.

Très voisins des noyers, les caryas sont des Juglandées d'Amérique; plusieurs sont des plus intéressants au point de vue forestier.

Ce sont eux, en grande partie, qui donnent le bois connu sous le nom de *bois d'hickory*.

C'est un bois plus ou moins coloré, très lourd, très fort, très tenace, assez facile à travailler, mais malheureusement assez sujet à la vermoulure et à la pourriture. S'il ne convient guère pour la construction, étant données sa pesanteur et sa facilité à être attaqué par les insectes et les champignons, il est très recherché en ébénisterie et en carrosserie; on en fait aussi des manches d'outils, des bois de chaise, des dents d'engrenage, des chevilles, des cercles... C'est en outre un bois de feu de première qualité, mais qui a l'inconvénient d'éclater.

Les caryas, qui sont pour la plupart rustiques chez nous et peuvent être élevés en massif, se multiplient par semences; ils rejettent mal de souche. De plus, il faut procéder par voie de semis sur place, car les jeunes plants obtenus en pépinière ont un pivot trop développé pour pouvoir être transplantés avec succès.

Ce fait est très important à signaler. Il explique, à mon avis, pourquoi les caryas, dont Michaux fils avait tout particulièrement conseillé l'introduction au commencement de ce siècle, sont encore rares dans les cultures et n'existent pas dans nos forêts.

Ceci dit, il me reste à étudier plus en détail les trois espèces que je considère comme les plus intéressantes.

*Carya des pourceaux (carya *porcina* Nuttal). — Le carya des pourceaux habite, au Canada et aux États-Unis, les forêts du versant de l'Atlantique.

C'est un très grand arbre, pouvant atteindre 30 mètres de hauteur sur 1 mètre et même davantage de diamètre. Le fût est droit, la cime ample et fournie.

Il demande des sols frais, d'une certaine fertilité; il s'accommode néanmoins des sables relativement secs des Barres et de Poppelsdorf.

Introduit en Europe, il s'est montré très rustique et d'une belle végétation. Il fructifie assez régulièrement et on peut voir quelques semis naturels sur le domaine des Barres, qui possède plusieurs beaux sujets de cette essence, un surtout qui mesure 20 mètres de hauteur sur 0 m. 35 de diamètre. Le carya des pourceaux est également très bien représenté à Darmstadt, à Aschaffenbourg, à Bonn et à Kew. Il supporte bien l'état de massif.

Son bois a les qualités et les défauts que j'ai indiqués plus haut pour le bois d'hickory, mais il est un des meilleurs de ceux que produit le genre; il est notamment peu sujet à se fendre.

Pour toutes ces raisons, le carya des pourceaux mérite certainement d'être introduit dans nos forêts, à titre d'essai.

L'amande de la noix de cecarya est comestible, mais petite et d'extraction difficile.

***Carya** blanc (**carya** *alba* Nuttal, *vel squamosa* Michaux). — Le carya blanc de Nuttal (— qui n'est pas le carya blanc de Linné) — croît, au Canada et aux États-Unis, sur le versant de l'Atlantique et dans la région des grands lacs.

C'est un très grand arbre, à fût allongé, très régulier, dont l'écorce, sur les individus âgés, se divise en un grand nombre de plaques qui n'adhèrent plus à l'arbre que par leur milieu.

Il demande les sols frais, assez fertiles des plaines et surtout des vallées.

Introduit chez nous, il est très rustique, mais de croissance assez lente. L'*arboretum* de Poppelsdorf et celui des Barres en possèdent de beaux échantillons de 20 et 25 mètres de haut sur 0 m. 30 et 0 m. 35 de diamètre. Il fructifie assez régulièrement et a donné, aux Barres, quelques semis naturels.

Son bois est également un des meilleurs du genre; il est dense, dur, tenace, souple, élastique, d'une fente facile, très fin et très doux à travailler; malheureusement, il est assez sujet à la vermoulure et à la pourriture.

C'est, après le pacanier (*carya olivaeformis* Nuttal), l'espèce du genre dont l'amande est la plus estimée aux États-Unis.

Le carya blanc de Nuttal, comme le carya des pourceaux, mérite donc, au plus haut degré, l'attention du forestier; mais, comme tous les caryas, il ne doit être introduit dans nos forêts que par voie de semis direct.

Carya amer (**carya** *amara* Nuttal). — Le carya amer, arbre de grande taille, qui croît également au Canada et aux États-Unis, est peut-être l'espèce du genre qui se comporte le mieux chez nous. M. de Vilmorin l'a constaté à Eberswalde; je l'ai observé moi-même en Allemagne et en Angleterre aussi bien qu'en France. Aux Barres notamment, il vient parfaitement et se ressème naturellement.

Mais son bois, tout en ayant les qualités du bois d'hickory, ne vaut pas celui des deux espèces précédentes.

Aussi, bien qu'il soit au moins égal, pour la rusticité et la végétation, au carya des pourceaux et au carya blanc de Nuttal, le carya amer me paraît devoir être placé au deuxième rang au point de vue forestier.

Les autres caryas sont moins intéressants. Le carya sillonné (*carya sulcata* Nuttal) et le carya tomenteux (*carya tomentosa* Nuttal, *vel alba* Linné) donnent un bois de moins bonne qualité, le second surtout; le carya pacanier (*carya olivaeformius* Nuttal), dont la noix est la plus estimée aux États-Unis, ne fructifie pas dans le nord de la France; il y est cependant rustique; le sujet qui existe aux Barres, le plus beau que je connaisse, en est la preuve; il mesure 15 mètres de hauteur sur 0 m. 30 de diamètre. Le carya aquatique (*carya aquatica* Nuttal) et le carya à feuilles de muscadier (*carya myristicaefolia* Nuttal) sont plus rares.

Les Pterocaryas.

Les pterocaryas sont des Juglandées d'Asie encore peu connues. Les uns habitent le Caucase, les autres le Japon.

On ne peut encore se prononcer sur leur avenir dans nos pays; mais il serait intéressant de les étudier.

L'espèce la plus répandue dans les cultures européennes est le pterocarya du Caucase (*pterocarya caucasia* C. A. Meyer), qui peuple les forêts du Caucase.

C'est un grand et bel arbre, qui se montre rustique chez nous. J'en ai observé quelques beaux échantillons en Allemagne, notamment à Aschaffenbourg.

Il aime les terrains frais et même humides.

Il est, dit-on, susceptible de donner un bois coloré, dur, très propre à l'ébénisterie. C'est une essence à mettre à l'essai.

Les Zelkowas.

Les zelkowas sont très voisins des ormes et appartiennent d'ailleurs à la même famille; comme eux, ils fournissent un bois de toute première qualité.

Deux espèces sont particulièrement intéressantes.

*Zelkowa à feuilles crénelées (**zelkowa** *crenata* Spach, *vel planera crenata* Desfontaines). — Le zelkowa à feuilles crénelées, appelé vulgairement orme de Sibérie, croit dans les forêts de la région du Caucase.

C'est un grand arbre, pouvant atteindre 3o mètres de hauteur sur 1 mètre de diamètre.

Il demande des sols frais et assez fertiles.

Il est rustique et de croissance assez rapide. Le domaine des Barres et l'*arboretum* de Kew en possèdent d'assez beaux échantillons. Aux Barres, il drageonne abondamment. Il fructifie dans nos pays.

Son bois, à aubier blanc et à cœur rosé, est très analogue à celui de l'orme, dont il a les qualités, notamment la force; certains même affirment qu'il lui est supérieur.

Étant données les qualités exceptionnelles de son bois, c'est une essence qu'il serait très intéressant d'introduire, à titre d'essai, dans nos forêts.

*Zelkowa à feuilles acuminées (**zelkowa** *acuminata* Planchon). — Le zelkowa à feuilles acuminées croit dans les forêts de l'île japonaise de Kiou-Siou.

C'est un grand arbre à croissance assez rapide.

Il est rustique chez nous, mais encore assez rare dans les cultures; le jardin botanique de Carlsruhe en possède un bel échantillon qui mesure o m. 8o de diamètre; c'est le plus beau de ceux qui existent en Allemagne. Il fructifie en France.

Son bois, très dur, très tenace et en même temps très souple, se rapproche du bois non plus de l'orme, mais du frène; il est considéré comme le meilleur bois du Japon, où il est très employé pour les constructions navales.

Comme le précédent et pour la même raison, le zelkowa à feuilles acuminées mérite l'attention du forestier.

Les Micocouliers.

Le genre micocoulier (*celtis*), de la famille des Ulmacées, tribu des Celtidées, est représenté chez nous par le micocoulier de Provence (*celtis australis* Linné), qui donne un bois de premier ordre; mais cette essence ne vient bien que dans le midi de la France.

L'espèce américaine, le micocoulier occidental (*celtis occidentalis* Linné), assez grand arbre qui croît sur tout le versant atlantique de l'Amérique du Nord, où il recherche les sols frais et fertiles, donne un bois qui ne vaut pas celui de notre espèce indigène; mais elle est plus rustique que cette dernière et pourrait peut-être, pour cette raison, nous rendre quelques services.

L'espèce chinoise, le micocoulier de la Chine (*celtis sinensis* Persoon), est moins connue, mais ne paraît pas offrir beaucoup plus de rusticité que l'espèce indigène.

Maclure. — Maclura.

Le genre maclure (*maclura*), qui appartient à la famille des Moracées, comprend deux espèces américaines, dont une est intéressante.

Maclure à fruit d'oranger (**maclura** *aurantiaca* Nuttal). — Le maclure à fruit d'oranger, appelé vulgairement oranger des Osages, croît dans le bassin de l'Arkansas, affluent de la rive droite du Mississipi.

C'est un arbre épineux de deuxième ou troisième grandeur, pouvant atteindre au plus 20 mètres de hauteur.

Il ne paraît pas très difficile au point de vue du sol.

Introduit en Europe, il s'est montré assez rustique; il vient bien aux Barres, à Heidelberg, à Bonn et à Kew; mais il est encore peu répandu et les sujets de belle taille sont rares; ceux qui existent aux Barres sont les plus beaux que je connaisse et ils n'ont que 8 à 10 mètres de hauteur sur o m. 20 à o m. 30 de diamètre; ils fructifient assez régulièrement mais croissent assez lentement.

Son bois, plus ou moins jaune, est lourd, très dur, très fort et en même temps très flexible; les Indiens le recherchaient pour confectionner leurs arcs. C'est, en somme, un bois de toute première qualité, convenant tout particulièrement au charronnage.

Le maclure à fruit d'oranger mérite, pour cette raison, d'être planté dans nos forêts, à titre d'essai, surtout dans le Midi.

Copalme. — Liquidambar.

Le genre copalme (*liquidambar*), de la famille des Platanées, comprend une espèce orientale très secondaire au point de vue forestier et une espèce américaine qui n'est pas sans mérite.

Copalme d'Amérique (**liquidambar** *styraciflua* Linné). — Le copalme d'Amérique habite le Mexique et les provinces méridionales et centrales des États-Unis.

C'est un très grand arbre, à écorce crevassée sur le tronc, subéreuse sur les rameaux.

Il se plaît surtout dans les vallées et demande des sols humides, tourbeux même, d'une certaine fertilité.

Il est rustique dans nos pays; le parc de Carlsruhe en possède un échantillon de 20 mètres de hauteur sur o m. 6o de diamètre.

Son bois a un aubier plus ou moins abondant. Le cœur est rougeâtre foncé, assez résistant et susceptible de prendre un beau poli; mais il pourrit assez rapidement lorsqu'il reste à l'air. Il est employé, aux États-Unis, dans la menuiserie et l'ébénisterie.

Bien que d'intérêt secondaire, le copalme d'Amérique pourrait être planté, à titre d'essai, dans les terrains tourbeux.

ESSENCES RÉSINEUSES.

La grande et importante famille des Conifères est tout particulièrement intéressante pour tous ceux qui s'occupent des végétaux ligneux exotiques.

Les conifères étrangers ont été plus étudiés que les feuillus, ce qui tient probablement à ce qu'ils constituent pour la plupart de magnifiques arbres d'ornement.

Plusieurs, dont la rusticité a été vite reconnue, ont attiré l'attention des forestiers; les essais faits en France, aux Barres, et surtout en Allemagne, notamment à Weinhem et à Eberswalde, ont donné, pour quelques espèces, des résultats satisfaisants, qui sont de nature à provoquer leur introduction dans nos forêts.

Il ne faut toutefois pas exagérer. Il y a déjà une certaine tendance à transporter nos résineux indigènes en dehors de leurs stations, par exemple à planter en plaine des essences de montagne comme l'épicéa et le mélèze; ce sont là des erreurs culturales qui résultent du reste le plus souvent de raisons d'ordre économique.

Il est vrai que, pour les conifères exotiques, la question n'en est pas encore là.

Pour le moment, il s'agit précisément de savoir quelles seront, chez nous, les exigences de ces végétaux; pour cela, il est nécessaire de les expérimenter non seulement dans les différents terrains, mais aussi dans les différentes stations.

La liste des essences résineuses exotiques intéressantes au point de vue forestier est assez longue; je me contenterai d'étudier les principales, celles dont j'ai donné l'énumération au commencement de ce travail.

Libocèdre. — Libocedrus.

Le genre libocèdre (*libocedrus*), de la tribu des Cupressinées, comprend 4 espèces connues; l'une d'elles est intéressante.

Libocèdre décurrent (libocedrus *decurrens* Torrey). — Le libocèdre décurrent habite l'Orégon et la Californie.

C'est un très grand arbre, pouvant atteindre 4o mètres de hauteur sur 1 m. 5o de diamètre et même plus. Le tronc est droit, élancé, à écorce rougeâtre, écailleuse. La cime, très allongée, est formée de branches courtes, ce qui donne à l'arbre un aspect fusiforme.

Il demande des sols d'une certaine fraîcheur et d'une certaine fertilité.

Introduit en Europe vers le milieu du siècle, il s'est montré rustique; il végète assez bien et fructifie régulièrement; mais je n'ai pas encore vu de semis naturels de cette essence.

Le libocèdre décurrent est représenté aux Barres par plusieurs échantillons de 15 mètres de hauteur sur 0 m. 35 de diamètre; j'en ai vu aussi de beaux à Heidelberg.

Il forme à Weinheim un petit massif d'une hauteur de 10 mètres, en assez bon état de végétation.

Son bois, assez serré, léger, facile à travailler, est employé en menuiserie.

Thuya.

Le genre thuya appartient également à la tribu des Cupressinées. On lui connaît 3 espèces : le thuya occidental (*thuya occidentalis* Linné), qui croît au Canada et aux États-Unis, sur le versant de l'Atlantique, espèce très rustique et très répandue chez nous, mais qui, étant données les faibles dimensions qu'elle acquiert dans nos pays, ne me paraît pas devoir sortir de nos parcs; le thuya de Standish (*thuya Standishii* Carrière), espèce japonaise très rustique mais encore peu connue; et enfin le thuya géant (*thuya gigantea* Nuttal), qui mérite plus sérieusement l'attention du forestier.

*Thuya géant (thuya *gigantea* Nuttal; thuya *Menziesii* Douglas; thuya *Lobbii* des horticulteurs). — Le thuya géant habite, au Canada et aux États-Unis, les provinces voisines de l'océan Pacifique.

C'est un arbre de première grandeur, pouvant atteindre 50 mètres de hauteur sur 3 mètres et plus de diamètre; le fût est droit, élancé; la cime très développée, très fournie, de forme conique.

Il demande des sols frais, assez substantiels et une certaine humidité atmosphérique.

Introduit en Europe vers 1860, il s'est montré très rustique et d'une croissance rapide. Il est assez répandu et il n'est pas rare d'en voir de beaux échantillons; le parc des conifères, à Heidelberg, en possède un de 25 mètres de hauteur sur 0 m. 40 de diamètre; le domaine des Barres en a aussi de beaux, très bien venants. Il fructifie régulièrement et abondamment, et j'ai pu voir, à Nogent-sur-Vernisson, quantité de semis naturels qui persistaient sous le couvert épais de leurs parents. Il demande à être un peu abrité dans ses premières années.

Plantée en forêt à Weinheim, cette essence y forme un petit massif d'une hauteur moyenne de 15 mètres, en très bon état de végétation.

À Eberswalde, le thuya géant n'a pas réussi; M. de Vilmorin attribue cet insuccès à une affection cryptogamique.

Introduit dans les dunes de Gascogne, il n'a pas donné de bons résultats, ce qui tient peut-être à ce qu'il a été planté dans des sables trop pauvres.

Son bois présente un aubier blanc et un cœur rosé; il est léger, très durable, d'un travail facile; il est employé en menuiserie, notamment pour faire des portes et des fenêtres, et sert à la construction des canots.

C'est certainement, parmi les essences résineuses exotiques, une de celles qui méritent d'être introduites dans nos forêts, à titre d'essai.

Faux-Cyprès. — Chamaecyparis.

Le genre faux-cyprès (*chamaecyparis*) est un des plus intéressants de la tribu des Cupressinées. Il comprend 7 ou 8 espèces, habitant les unes l'Amérique du Nord, les autres le Japon. La plupart sont représentées, dans nos jardins, par de nombreuses variétés ornementales; en particulier, les retinisporas des horticulteurs ne sont que des formes de jeunesse des faux-cyprès.

Trois espèces méritent surtout l'attention du forestier.

***Faux-cyprès** de Lawson (**chamaecyparis** *lawsoniana* Parlatore). — Le cyprès de Lawson croît, au Canada, dans la Colombie britannique et, aux États-Unis, dans l'Orégon et le nord de la Californie.

C'est un grand arbre, pouvant atteindre 50 mètres de hauteur sur 2 mètres et plus de diamètre. Le fût est droit, élancé; la cime, de forme pyramidale, très dense, très fournie.

Il se plaît dans les vallées humides et demande des terrains profonds, frais, d'une certaine fertilité; il préfère les sols siliceux; il vient mal sur le calcaire et l'argile compacte.

Introduit en Europe vers 1850, il s'est montré excessivement rustique; il croît assez rapidement, à la condition d'être planté dans des terrains un peu frais, riches en humus; il fructifie régulièrement et abondamment et on peut voir aux Barres quelques semis naturels de cette essence. Les beaux échantillons ne sont d'ailleurs pas rares, aussi bien en France qu'en Allemagne et en Angleterre.

Le cyprès de Lawson forme, dans les plantations de Weinheim, un petit massif de 10 à 12 mètres de hauteur, en très bon état de végétation.

Il a été également introduit par le service forestier allemand dans les forêts du Spessart, en Bavière, et à Eberswalde, dans la Prusse; j'en ai vu de beaux plants dans une pépinière forestière du cantonnement de Lohr-ouest. Les résultats, bien que variant avec les qualités du sol, sont généralement satisfaisants.

Le cyprès de Lawson a été aussi planté dans les dunes de Gascogne et semble devoir y réussir.

Il fournit un bois léger, assez dur, assez fort, d'un travail facile et susceptible de prendre un beau poli; ce bois, qui n'a pas d'analogue en Europe, est propre à de nombreux emplois spéciaux.

Pour toutes ces raisons, le cyprès de Lawson mérite d'autant plus d'être introduit dans nos forêts que sa naturalisation semble possible.

***Faux-Cyprès** de Nutka (**Chamaecyparis** *nutkaensis* Spach, **Thuopsis** *borealis* Fischer). — Le cyprès de Nutka habite les mêmes régions que le cyprès de Lawson.

C'est un grand arbre, pouvant atteindre 40 mètres de hauteur sur 1 mètre et plus de diamètre. Il a le fût droit, élancé; la cime, d'aspect pleureur, est en forme de cône pointu au sommet et renflé à la base, au moins chez les jeunes individus.

Comme le cyprès de Lawson, il paraît demander des sols frais, assez fertiles.

Introduit chez nous vers le milieu du siècle, il s'est montré aussi rustique que ce dernier; il fructifie régulièrement, mais n'a pas donné jusqu'ici de semis naturels, à ma connaissance du moins.

Planté à Weinheim à côté de son congénère, il a donné les mêmes bons résultats.

Il produit un bois serré, assez dur, prenant un beau poli.

Comme le cyprès de Lawson, et au même titre que lui, le cyprès de Nutka mérite d'être planté dans nos forêts.

Faux-Cyprès obtus (Chamaecyparis *obtusa* Siebold et Zuccarini). — Des trois espèces du genre qui habitent le Japon, le cyprès porte-pois (*chamaecyparis pisifera*, Siebold et Zuccarini), et le cyprès rude (*chamaecyparis squarrosa* Siebold et Zuccarini), bien que rustiques chez nous, sont de trop petite taille et de croissance trop lente dans nos pays pour être autre chose que de magnifiques arbres d'ornement; le cyprès obtus mérite davantage l'attention du forestier.

Cette essence peuple, au Japon, les forêts des montagnes de l'île de Niphon.

C'est un grand arbre, pouvant atteindre 30 mètres de hauteur sur 1 mètre de diamètre.

Il ne paraît pas exigeant au point de vue du sol.

Il est rustique sous nos climats, y fructifie, mais y croît très lentement. Il a été compris dans les plantations d'Eberswalde, visitées par M. de Vilmorin; les sujets, âgés de 12 ans, y ont une végétation satisfaisante, même dans les parties médiocres.

Si l'on considère que le cyprès obtus, le fameux hinoki du Japon, donne un bois léger, très fort, très durable, très employé dans son pays d'origine pour les meubles et les constructions, et que ce bois n'a pas d'analogue dans nos pays, on comprendra facilement l'intérêt que présentent les essais d'Eberswalde et l'importance qu'il y aurait à renouveler ces essais en France.

Cyprès. — Cupressus.

Le genre cyprès (*cupressus*), représenté dans le midi de la France par le cyprès toujours vert (*cupressus sempervirens* Linné), renferme une douzaine d'espèces exotiques, qui croissent sous des climats plus chauds que celui de la France moyenne.

Les cyprès ne présentent donc aucun intérêt forestier dans le nord de la France. C'est à peine si les plus rustiques parmi eux, comme le cyprès de Mac-Nab (*cupressus macnabiana* Murray), le cyprès de Gowen (*cupressus goweniana* Gordon) et le cyprès de Lambert (*cupressus lambertiana* Carrière), peuvent supporter les hivers moyens du climat parisien.

Mais, outre le cyprès toujours vert, que l'on y rencontre sous deux formes, le cyprès horizontal et le cyprès pyramidal, certaines espèces peuvent rendre des services dans le Midi.

Le cyprès de Lambert est, à ce point de vue, le plus intéressant du genre.

C'est un arbre de deuxième grandeur, pouvant atteindre 20 mètres de hauteur sur 1 mètre et plus de diamètre, qui habite la Californie. Il a une cime très fournie, très développée; son couvert est par suite épais.

Il n'est pas exigeant au point de vue du sol et s'accommode notamment des terrains siliceux arides.

S'il ne peut supporter les grands hivers du Nord, il se montre rustique dans le Midi.

Introduit dans les dunes de Gascogne, il y a donné des résultats si satisfaisants que Buffault conseille de le planter avant tout autre. «Sa végétation, déclare-t-il, même sur les sables arides, est très active et ne souffre pas de l'aridité du sol, ni de la sécheresse du climat. Il fructifie, mais son introduction par voie de semis direct est encore à essayer.»

Son bois paraît présenter les mêmes qualités que celui du cyprès toujours vert; comme lui, il convient à la menuiserie et même à la charpente, fournit des échalas de toute première qualité, et jouit, sous l'eau, d'une très longue durée.

Le cyprès de Lambert est donc une essence à introduire en forêt, dans le midi de la France et en Algérie, particulièrement dans les sables médiocres des dunes.

Genévrier. — Juniperus.

Le genre genévrier (*juniperus*) comprend plus de vingt espèces habitant les régions tempérées et froides.

Une espèce américaine, qui a sur nos espèces européennes l'avantage d'être de plus grande taille, est de beaucoup la plus importante du genre, au point de vue forestier.

*Genévrier de Virginie (**Juniperus** *virginiana* Linné). — Le genévrier de Virginie, vulgairement appelé cèdre rouge, cèdre de Virginie, croît dans les provinces orientales du Canada et des États-Unis, depuis la baie d'Hudson jusqu'au golfe du Mexique; on le retrouve, au Canada, sur le versant du Pacifique.

C'est un assez grand arbre, pouvant atteindre 25 mètres et même 30 mètres de hauteur sur 1 mètre et plus de diamètre. Il a le fût droit, à écorce brun rougeâtre, s'écaillant en lanières, la cime formée de rameaux grêles, souvent pendants.

Il n'est pas très exigeant au point de vue du sol, mais préfère les terrains sablonneux, frais, riches en humus; il s'accommode toutefois encore des terres légères et sèches.

Il est très rustique chez nous. Le domaine des Barres en possède quelques beaux échantillons de 20 mètres de hauteur sur 0 m. 30 et 0 m. 35 de diamètre. Il croît assez lentement, fructifie régulièrement et abondamment, mais ne se reproduit pas naturellement.

Planté en forêt en Allemagne, notamment à Weinheim, et en plusieurs endroits de la Belgique, il a réussi.

Il fournit un bois assez léger, à aubier blanc et à cœur plus ou moins rouge, d'une odeur caractéristique, assez fort, très durable, d'un travail facile. Ce bois est surtout employé à la fabrication des crayons; on en fait aussi des caisses, des meubles communs, des pieux; il est recherché par les fabricants de pianos. Il s'en importe, en Europe, des quantités notables.

Étant donné sa rusticité, ses faibles exigences et surtout les emplois spéciaux de son bois, il y aurait un grand intérêt à introduire le genévrier de Virginie dans nos forêts, notamment dans les sols légers des bords de la mer.

Cryptomeria.

Le genre cryptomeria, de la tribu des Taxodinées, n'est formé que d'une seule espèce.

Cryptomeria du Japon (Cryptomeria *japonica* Don.). — Le cryptomeria du Japon peuple les forêts des îles japonaises de Niphon et de Kiou-Siou.

C'est un grand arbre, pouvant atteindre 40 mètres de hauteur sur 2 mètres de diamètre. Le fût est droit, élancé, à écorce s'écaillant en lanières; la cime, très régulièrement conique, est assez développée en hauteur mais peu fournie.

Introduit en Europe vers 1850, il s'est montré très rustique; il demande des terrains frais ou même humides, mais s'accommode néanmoins du sol relativement sec des Barres, où l'on peut en voir d'assez beaux échantillons, d'une végétation un peu languissante, il est vrai. Il donne régulièrement et abondamment des graines fertiles, mais ne se réensemence pas.

Planté en forêt à Weinheim, il s'y est comporté médiocrement.

Son bois est encore peu connu.

Malgré sa rusticité, le cryptomeria du Japon me parait d'intérêt secondaire, au point de vue forestier.

Taxodium.

Le genre taxodium appartient à la tribu des Taxodinées; il comprend deux espèces, habitant l'une les États-Unis, l'autre le Mexique; la première seule est rustique sous nos climats.

Taxodium distique (Taxodium *distichum* Richard). — Le taxodium distique, appelé vulgairement cyprès chauve, croit dans les marais des provinces du sud-est des États-Unis, notamment dans la Floride et la Louisiane.

C'est un arbre de première grandeur, qui atteint 40 mètres de hauteur sur 2 mètres et plus de diamètre. Le fût, très élargi à la base, file droit; la cime, très développée, se dépouille pendant l'hiver des ramilles portant les feuilles; les racines donnent très souvent naissance à des protubérances creuses, de forme conique, pouvant s'élever jusqu'à 1 m. 50 au-dessus du sol.

Il se plaît dans les marais ou au bord des rivières et demande des sols très humides; il s'accommode parfaitement des terrains qui sont fréquemment recouverts par les eaux; il préfère le sable.

Introduit en Europe vers le milieu du xvii° siècle, il s'est montré très rustique, mais ne vient bien qu'au bord des eaux; il végète mal dans le sable relativement sec des Barres. Il existe au contraire de très beaux sujets de cette espèce à Malesherbes, à Segrez, à Cour Cheverny, à Bordeaux, à Carlsruhe, à Francfort-sur-le-Main et à Kew.

Il s'accommode du sable des dunes, à la condition d'être planté au bord des eaux douces.

Il donne un bois léger, de teinte rougeâtre, à grain assez fin, facile à travailler; on en fait surtout des planches et des intérieurs de meubles.

19.

Le taxodium distique peut rendre quelques services dans les sables marécageux et tourbeux.

Sequoia.

Le genre Sequoia, de la tribu des Taxodinées, comprend deux espèces de taille géante, habitant la Californie.

Sequoia géant (**Sequoia** *gigantea* Endlicher, **Wellingtonia** *gigantea* Lindley). — Le sequoia géant habite les versants de la Sierra-Nevada, du côté du Pacifique, à une altitude moyenne de 1,800 mètres.

C'est le plus grand arbre que l'on connaisse; il atteint 100 mètres et même plus de hauteur sur 10 mètres de diamètre. Son fût droit, élargi à la base, décroît rapidement: il est recouvert d'une écorce brun rougeâtre, gerçurée longitudinalement: sa cime, très fournie, a la forme d'un cône très régulier.

Il demande des sols profonds, frais ou humides.

Introduit en Europe vers le milieu du siècle, il s'est montré assez rustique: il craint cependant les grands hivers du nord. Il croît très rapidement, fructifie régulièrement et abondamment, mais ne se reproduit pas naturellement.

Les échantillons de 20 à 25 mètres de hauteur ne sont pas rares.

Planté en forêt, à Weinheim, en mélange avec des abies et des pseudo-tsugas, il s'est bien comporté et son feuillage glauque forme un curieux contraste avec celui plus foncé des sapins voisins.

Introduit dans les dunes de Gascogne, il n'a pas donné de bons résultats.

Son bois, d'une teinte rosée, est léger, tendre, en somme de qualité médiocre, bien que susceptible de prendre un beau poli.

Pour cette raison, le séquoia géant me paraît devoir être, dans nos pays, un arbre d'ornement plutôt qu'un arbre forestier.

Sequoia toujours vert (**Sequoia** *sempervirens* Endlicher, **Sequoia** *taxifolia* de Kirwan, **Taxodium** *sempervirens* Lambert). — Le sequoia toujours vert habite aussi la Californie.

Bien qu'il soit également de taille géante, il n'atteint pas tout à fait les dimensions colossales de son congénère.

Il en a à peu près les exigences.

Chez nous, il s'est montré un peu moins rustique; il croît rapidement, mais gèle par les grands froids du nord; il rejette vigoureusement de souche et drageonne; aussi forme-t-il très souvent des cépées bien fournies, ainsi qu'on peut le voir aux Barres. Il fructifie régulièrement et abondamment, mais ne se ressème pas naturellement.

Planté en forêt, à Weinheim, il n'a pas réussi. Il ne paraît pas avoir donné de meilleurs résultats dans les dunes de Gascogne, où le climat lui convient cependant davantage.

Il fournit un bois léger, de teinte rougeâtre, supérieur à celui de l'espèce précédente; d'un travail et d'une fente faciles, ce bois convient à la menuiserie commune.

Cette essence est d'intérêt secondaire, au point de vue forestier.

Ginkgo.

Le genre Gingko, de la tribu des Taxacées, n'est formé que d'une seule espèce.

Ginkgo à deux lobes (**Ginkgo** *biloba* Linné, **Salisburia** *adiantifolia* Smith). — Le gingko à deux lobes, appelé vulgairement l'*arbre aux quarante écus*, est originaire des provinces centrales de la Chine.

C'est un arbre de grande taille, à cime allongée, mais peu fournie; il est à feuilles caduques et dioïque.

Introduit en Europe à la fin du siècle dernier, il s'est montré très rustique, mais de croissance lente. Le parc de Carlsruhe en possède un beau spécimen de 25 mètres de hauteur sur o m. 60 de diamètre, le jardin de Kew un de 20 mètres de hauteur sur o m. 80 de diamètre.

Planté en forêt à Weinheim, il a donné des résultats médiocres.

Il a été introduit aussi dans les dunes de Gascogne, mais les essais sont trop récents pour qu'on puisse en tirer une conclusion.

D'ailleurs, étant donnée la faible valeur de son bois, le gingko à deux lobes présente peu d'intérêt au point de vue forestier.

Pin. — Pinus.

Le genre pin (*pinus*), le plus considérable de l'importante tribu des Abiétinées, est représenté, en Amérique et en Asie, par un grand nombre d'espèces; plusieurs sont intéressantes à étudier dans nos pays, au point de vue forestier.

Pins à deux feuilles.

La section des pins à deux feuilles est trop bien représentée chez nous, pour qu'il y ait un intérêt à introduire des espèces exotiques appartenant à cette section.

On peut toutefois soumettre à quelques essais les plus rustiques des pins étrangers à deux feuilles.

Pin jaune (**Pinus** *mitis* Michaux). — Le pin jaune croît, aux États-Unis, dans le Maryland et la Virginie.

C'est un assez grand arbre, qui présente ce caractère particulier que son tronc et ses branches se couvrent de petits rameaux feuillés provenant de bourgeons proventifs.

Il est peu difficile au point de vue du sol; il s'accommode en particulier des sols siliceux de qualité médiocre.

Introduit en Europe vers le milieu du siècle dernier, il s'est montré très rustique, mais de croissance lente et de végétation médiocre, ainsi qu'on peut le constater aux Barres; il fructifie assez régulièrement, mais peu abondamment, et les graines ne sont pas de bonne qualité.

Il donne un bois à aubier blanc, à cœur jaune, lourd, dur, nerveux, se rapprochant assez du vrai bois de pitch-pin. On l'emploie, aux États-Unis, pour les constructions navales.

Malgré cela, je ne pense pas qu'il y ait lieu d'introduire le pin jaune dans nos forêts.

Pin rouge (**Pinus** *rubra* Michaux, **Pinus** *resinosa* Soland). — Le pin rouge vient dans le nord des États-Unis et dans tout le Canada, sauf sur le versant du Pacifique.

C'est un grand arbre, rappelant nos laricios.

Il préfère les terrains siliceux.

Il a donné chez nous, notamment aux Barres, les mêmes résultats médiocres que le pin jaune.

Aussi, malgré les qualités de son bois, le pin rouge ne présente pour nous aucun intérêt.

Pin de Banks (**Pinus** *banksiana* Lambert). — Le pin de Banks, qui habite les parties froides des États-Unis et surtout du Canada, est encore moins intéressant, étant donnée sa petite taille.

Toutefois M. de Vilmorin, qui a constaté, à Eberswalde, l'extrême rusticité de cette espèce, la facilité de sa reprise, sa croissance rapide durant les premières années et sa fertilité très précoce, pense qu'elle pourrait rendre des services, comme essence de reboisement, dans des terres peu fertiles et sous des climats très rigoureux.

L'essai serait bon à faire dans la haute montagne.

Les autres pins américains à deux feuilles, comme le pin piquant (*pinus pungens* Michaux), le pin chétif (*pinus inops* Aiton), etc., donnent des bois médiocres, même dans leur pays d'origine.

Quant aux pins de la même section, qui nous viennent du Japon : pin densiflore (*pinus densiflora* Siebold et Zuccarini), pin de Thunberg (*pinus Tunbergii* Parlatore), pin de Masson (*pinus massoniana* Lambert), ils paraissent se comporter médiocrement dans nos pays ; aux Barres notamment, leur végétation est peu satisfaisante.

Pins à trois feuilles.

La section des pins à trois feuilles, qui n'a pas de représentant en Europe, comprend quelques espèces intéressantes.

Pin à bois lourd (**Pinus** *ponderosa* Douglas, **Pinus** *benthamiana* Hartweg). — Le pin à bois lourd croît, au Canada et aux États-Unis, dans les montagnes de la région voisine du Pacifique.

C'est un très grand arbre, pouvant atteindre 80 mètres de hauteur sur 2 mètres de diamètre et même davantage. Le fût est droit, fort, la cime formée de branches robustes et de pousses très grosses.

Il paraît préférer le sable, mais supporte le calcaire.

Introduit en Europe dans la première moitié du siècle, il s'est montré rustique ; aux Barres notamment, il végète bien et fructifie régulièrement ; mais, dans nos pays du moins, il reste trapu plutôt qu'élancé.

Planté en massif à Weinheim, il a donné d'assez bons résultats.

Il fournit un bois à aubier blanc, à cœur jaune, dont la qualité varie d'ailleurs suivant les conditions de la végétation. Ce bois, qui présente une certaine analogie avec le vrai bois de pitch-pin, est assez estimé dans l'ouest des États-Unis. .

Le pin à bois lourd est, par sa rusticité, un de ceux qu'il convient de planter dans. nos forêts, à titre d'essai.

*Pin de Jeffrey (**Pinus** *Jeffreyi* Murray). — Le pin de Jeffrey habite les mêmes régions que le précédent, mais à une altitude plus grande.

De taille un peu moindre, il dépasse néanmoins 30 mètres de hauteur sur 2 mètres de diamètre. Il présente un fût élancé, à écorce noirâtre, des branches robustes, des rameaux gros.

Il se contente de sols siliceux d'une fertilité médiocre.

Introduit en Europe vers 1840, il s'est montré particulièrement rustique. C'est, parmi les pins à trois feuilles, celui qui s'est le mieux comporté à Weinheim, où il forme un massif très bien venant, d'une hauteur moyenne de 12 mètres.

Un autre essai a été fait dans la forêt d'Eberswalde, visitée par M. de Vilmorin; les sujets, jeunes encore, sont bien venants.

Le pin de Jeffrey donne un bois dur et fort, quoique léger.

C'est, à mon avis, au point de vue forestier, le plus intéressant des pins à trois feuilles; il mérite d'être planté dans nos forêts, à titre d'essai.

Pin de Coulter (**Pinus** *Coulteri* Don.). — Bien qu'il soit rustique, le pin de Coulter, grand arbre californien, dont j'ai vu à Kew un bel échantillon, me paraît sans avenir dans nos pays.

Pin rigide (**Pinus** *rigida*, Miller). — Le pin rigide croît, au Canada et aux États-Unis, sur le versant de l'Atlantique, notamment dans les monts Alleghany.

C'est un arbre de deuxième grandeur, pouvant atteindre au plus 25 mètres de hauteur sur 1 mètre de diamètre. Il présente la même particularité que le pin jaune : ses branches tortueuses se couvrent, comme le tronc, de petits rameaux feuillés provenant de bourgeons préventifs.

On en a conclu que cette essence devait rejeter très bien de souche; l'expérience a été faite aux Barres où plusieurs sujets ont été recépés à des hauteurs variables; les rejets se sont, en effet, produits abondants; mais je ne suis pas persuadé qu'ils pourront devenir des rameaux solides et durables.

Le pin rigide n'est pas exigeant au point de vue du sol, mais il ne vient bien que dans les terrains un peu frais; il s'accommode même très bien de ceux qui sont fréquemment inondés soit par les eaux douces, soit par les eaux de la mer.

Introduit en Europe vers le milieu du siècle dernier, il s'est montré rustique. On peut en avoir aux Barres de beaux échantillons, deux en particulier qui mesurent 20 mètres de hauteur sur 0 m. 40 et 0 m. 45 de diamètre. Il fructifie régulièrement mais ne se réensemence pas.

Il a été planté en forêt à Eberswalde, mais ne semble pas devoir y réussir, car il ne trouve pas, dit M. de Vilmorin, la fraîcheur qui lui est nécessaire.

Il fournit un bois à aubier abondant, à cœur blanc, de qualité médiocre.

Ce n'est donc pas, comme on l'a cru longtemps, cette essence qui donne le bois coloré, dur et fort connu sous le nom de pitch-pin; les vrais producteurs de ce bois sont des espèces plus méridionales, le *pinus palustris* Miller *vel australis* Michaux et le *pinus cubensis* Grisebach, qui ne peuvent venir sous nos climats.

Le pin rigide est donc loin de présenter l'intérêt qu'on lui avait accordé: alors qu'on le croyait capable de donner le bois de pitch-pin. Il pourrait toutefois rendre peut-être quelques services pour la mise en valeur des sables humides, notamment sur le littoral de la mer du Nord.

Les autres pins à trois feuilles sont encore moins intéressants; les uns comme le pin Sabine (*pinus sabiniana* Douglas), espèce californienne dont j'ai vu à Kew de beaux échantillons, et le pin remarquable (*pinus insignis* Douglas), également de Californie, ne sont pas suffisamment rustiques dans nos pays; d'autres, comme le pin de Bunge (*pinus bungeana* Zuccarini), qui croît dans le nord de la Chine, sont rustiques et peu exigeants, mais ne paraissent pas devoir acquérir chez nous de belles dimensions; quant au pin torche (*pinus taeda* Linné), espèce du sud-est des États-Unis, qui donne un bois d'assez bonne qualité, voisine du vrai bois de pitch-pin, il ne pourrait guère réussir que dans quelques sols sablonneux profonds et frais de la région du Sud-Ouest.

Pins à cinq feuilles.

La section des pins à cinq feuilles, qui n'est représentée chez nous que par le pin cembro, renferme quelques espèces exotiques intéressantes.

Pin du lord Weymouth (**Pinus** *strobus* Linné). — Le pin du lord Weymouth croît, au Canada et aux États-Unis, sur tout le versant de l'Atlantique, jusque dans la région des grands lacs et dans celle des monts Alleghany.

C'est un très grand arbre dont le tronc droit, élancé, conserve longtemps son écorce lisse et dont la cime est allongée, de forme conique.

Il se plaît dans les plaines et les vallées et demande des sables profonds, frais et même humides.

Introduit en Europe au commencement du siècle dernier, le pin de lord Weymouth peut être considéré comme naturalisé; il se reproduit très bien de semences. Il existe en massif aux Barres, à Weinheim, dans le Spessart, à Eberswalde et dans d'autres endroits. Mais ce n'est que dans les sols frais ou humides qu'il vient bien; il présente alors des accroissements énormes.

Son bois est blanc, léger, mou, homogène, peu fort, peu élastique, peu durable, en somme médiocre. Il ne peut être utilisé que pour la fabrication de caisses d'emballage, d'allumettes et de pâte à papier.

Par son bois, le pin du lord Weymouth est loin d'avoir donné les bons résultats qu'on espérait de lui.

Il peut toutefois rendre des services pour la mise en valeur des terrains marécageux ou tourbeux, de nature siliceuse; mais il ne doit être planté que dans ces sols.

Pin élevé (**Pinus** *excelsa* Wallich). — Le pin élevé peuple de vastes étendues de forêts sur les versants sud-ouest de l'Himalaya, à une altitude moyenne de 2,000 à 2,500 mètres.

C'est un arbre de première grandeur, pouvant atteindre 5o mètres de hauteur sur 1 m. 5o et plus de diamètre. Ses longues feuilles retombantes lui donnent un aspect pleureur d'un joli effet.

Il demande des sols frais et profonds et préfère les terrains de nature siliceuse.

Indroduit en Angleterre vers 183o, il s'est montré rustique et de croissance assez rapide. Le domaine des Barres en possède de beaux échantillons. Il fructifie réguliè- rement et j'ai pu voir à Nogent quelques semis naturels de cette essence.

Il a été compris dans les plantations forestières de Wenheim.

Son bois est encore peu connu.

Le pin élevé mérite d'être soumis à quelques essais.

Pin peuce (**Pinus** *peuce*, Grisebach). — Le pin peuce, qui habite la Macédoine, la Roumélie, la Serbie et le Monténégro, est pour ainsi dire un intermédiaire entre le pin du lord Weymouth et le pin élevé.

Il n'atteint pas les dimensions de ces deux derniers pins.

Il est rustique chez nous.

Ses exigences et son bois sont encore peu connus.

Il faut attendre les essais pour émettre un jugement sur cette essence.

Pin de Lambert (**Pinus** *lambertiana* Douglas). — Le pin de Lambert croît aux États-Unis, dans les hautes montagnes de l'Orégon et de la Californie.

C'est un arbre de toute première grandeur, pouvant atteindre 8o mètres de hauteur sur 4 mètres et plus de diamètre.

Il demande des sols un peu frais et profonds, de nature siliceuse.

Introduit en Europe vers 183o, il s'est montré assez rustique, mais de croissance lente; il est d'ailleurs encore assez rare dans les cultures.

Il donne, dans son pays d'origine, un bois léger, assez tendre, dont on fait des planches.

On ne peut encore se prononcer sur la valeur forestière de cette essence; elle me paraît toutefois d'intérêt secondaire.

Faux mélèze. — Pseudo-Larix.

Le genre ne comprend qu'une seule espèce.

Faux mélèze de Kaempfer (**Pseudo-larix** *Kaempferi* Fortune). — Le mélèze de Kaempfer habite les provinces du nord-est de la Chine; il existe aussi au Japon.

C'est un arbre de grande taille, pouvant atteindre 4o mètres de hauteur sur 1 mètre de diamètre.

Ses exigences sont encore peu connues.

Il est rustique sous nos climats et a fructifié à Angers et à Carlsruhe.

Mais il est rarement cultivé et n'a pas encore été planté en forêt, à ma connais- sance.

On ignore par suite quel bois il pourra produire dans nos pays.

Il faut attendre pour porter une opinion sur cette essence.

Mélèze. — Larix.

Le genre mélèze, outre notre espèce indigène, comprend six à sept espèces exotiques dont la plus intéressante est le mélèze du Japon.

Mélèze du Japon (**Larix** *leptolepis* Murray, **Larix** *japonica* Carrière). — Le mélèze du Japon se trouve surtout dans les montagnes de l'île japonaise de Niphon.

C'est un grand arbre, pouvant atteindre 30 mètres de hauteur. Il ressemble beaucoup au mélèze d'Europe, mais a le feuillage plus fourni.

Il demande des sols frais, légers et une grande humidité atmosphérique.

Introduit en Europe vers 1860, il s'est montré très rustique. Il est surtout remarquable par sa croissance. J'ai vu à Lohr, dans le Spessart, dans un semis de hêtres, des plants très vigoureux de cette essence, âgés de 7 ans, qui avaient pris l'année précédente des flèches de plus de 1 mètre. M. de Vilmorin a constaté le même fait à Eberswalde, où les sujets, âgés de 12 à 15 ans, présentent des pousses annuelles qui dépassent souvent 80 centimètres.

Cette essence fournit, au Japon, un bois qui a toutes les qualités de celui de notre mélèze et est propre aux mêmes emplois. Reste à savoir si elle donnera, sous nos climats, un bois de même valeur.

En tout cas, pour sa croissance rapide, bien supérieure à celle de notre espèce européenne, le mélèze du Japon mérite d'être introduit, à titre d'essai, dans nos forêts, comme cela a été fait en Allemagne.

Les autres mélèzes étrangers me paraissent moins intéressants : les uns, comme le mélèze de Griffith (*larix Griffithii* Hooker), espèce de l'Himalaya, ne sont pas suffisamment rustiques; les autres, comme les espèces américaines, sont rustiques, mais paraissent ne présenter aucune supériorité sur notre mélèze d'Europe; le mélèze occidental (*larix occidentalis* Nuttal), grand arbre qui croît, au Canada et aux États-Unis, dans les montagnes Rocheuses, et qui donne, dans son pays d'origine, un bois lourd, dur et fort, pourrait cependant être soumis à quelques essais; il est d'ailleurs très rustique, mais encore rare dans les cultures.

Épicéa. — Picea.

Le genre épicéa (*picea*) comprend à l'étranger de nombreuses espèces, dont plusieurs, pour des raisons diverses, sont intéressantes au point de vue forestier.

***Épicéa** d'Orient (**Picea** *orientalis* Carrière). — L'épicéa d'Orient est originaire des montagnes de l'Asie Mineure.

C'est un grand arbre, pouvant atteindre 30 mètres de hauteur. Il est assez semblable à notre épicéa, mais a des aiguilles et des cônes beaucoup plus petits.

Ses exigences paraissent être à peu près celles de notre espèce indigène.

Introduit en Europe dans la première moitié du siècle, il a fait preuve d'une très grande rusticité. Sa croissance, lente dans les premières années, est ensuite rapide. Il fructifie régulièrement et abondamment.

Il a été planté en massif aux Barres et à Weinheim. Le petit massif des Barres est en parfait état de végétation ; les sujets qui le composent ont crû d'abord lentement, dépassés de beaucoup par des sapins de Douglas, plantés la même année à côté d'eux : mais actuellement ils prennent de longues flèches et semblent vouloir rattraper leurs voisins.

Le bois que peut donner cette essence, dans nos pays, n'est pas encore connu.

Il faut donc attendre pour se prononcer sur la valeur forestière de l'épicéa d'Orient ; étant donné sa rusticité, il mérite d'être soumis à quelques essais.

* **Épicéa blanc** (**Picea** *alba* Link). — L'épicéa blanc, plus connu sous le nom de sapinette blanche, habite le Canada et le nord des États-Unis, de l'Atlantique au Pacifique.

C'est un arbre de deuxième grandeur, dont la hauteur dépasse rarement 20 mètres. Il forme une pyramide compacte, d'une couleur vert glauque ; les aiguilles et les cônes sont très petits.

Il n'est pas difficile sur la nature du sol, mais ne vient bien que dans les terrains légers et frais.

Dans nos pays, la sapinette blanche est très rustique, mais de croissance un peu lente. Elle fructifie régulièrement et abondamment.

Plantée en massif aux Barres et à Weinheim, elle s'est bien comportée.

Son bois est blanc, de qualité médiocre.

Mais l'épicéa blanc convient pour le boisement des dunes, par suite de sa grande résistance au vent ; il peut rendre des services à ce point de vue particulier.

Épicéa piquant (**Picea** *pungens* Engelmann, **Picea** *parryana* des horticulteurs). — L'épicea piquant croît, aux États-Unis, dans les montagnes Rocheuses.

C'est un grand arbre, pouvant avoir 30 mètres de hauteur sur 1 mètre de diamètre, à feuillage plus ou moins glauque.

Il est très répandu dans les cultures européennes où il se montre très rustique ; mais il est d'introduction trop récente, pour qu'on puisse dès maintenant apprécier sa valeur au point de vue forestier.

Épicea de Menziès (**Picea** *Menziesii* Carrière, **Picea** *Sitchensis* Carrière). — L'épicea de Menziès habite le Canada et les États-Unis, sur le versant du Pacifique, la Sibérie, enfin le nord de la Chine et du Japon.

C'est un arbre d'une taille assez variable suivant les pays, mais qui peut atteindre de fortes dimensions. Sa cime est formée de rameaux nombreux, assez grêles, garnis de feuilles piquantes, de couleur glauque.

Il se plaît dans les terrains frais de nature siliceuse et demande une atmosphère humide.

Introduit en Europe, il y a une trentaine d'années, il a fait preuve d'une grande résistance ; il croît rapidement et fructifie régulièrement.

Il est planté en massif sur différents points de l'Allemagne, notamment à Weinheim, dans le Spessart, aux environs de Dusseldorf et à Eberswalde. — Partout il semble devoir réussir.

Il donne un bois léger et fort, assez estimé.

Bien qu'on ne puisse encore se prononcer sur la valeur de cette essence, elle mérite d'être introduite dans nos forêts, notamment, sous les climats froids, dans les sables qui avoisinent la mer; l'essai en a été fait sur les côtes de l'Allemagne du Nord; il est, paraît-il, assez encourageant.

Plusieurs autres épicéas étrangers, rustiques sous nos climats, sont d'introduction trop récente pour qu'il soit permis actuellement de porter un jugement sur leur avenir, dans nos pays, au point de vue forestier.

Je citerai notamment l'épicéa à queue de tigre (picea *polita* Carrière), grand arbre du Japon, aux pousses très grosses, aux aiguilles robustes et vulnérantes; l'épicéa de l'Himalaya (picea *morinda* Link), grand arbre aux longues aiguilles, qui souffre, dans le Nord, des gelées printanières, mais se montre très rustique dans le Midi, etc.

Tsuga.

Les tsugas, dont les feuilles sont planes comme celles des sapins et les cônes pendants comme ceux des épicéas, sont pour la plupart rustiques sous nos climats.

Plusieurs sont des essences forestières importantes dans leur pays d'origine. Mais, en Europe, les tsugas me semblent devoir rester des arbres d'ornement.

L'espèce la plus répandue, la mieux connue, est certainement le tsuga du Canada (tsuga *canadensis* Carrière), assez grand arbre qui croît au Canada et dans les provinces du nord des États-Unis.

Il demande des sols frais.

Il est très rustique sous nos climats, mais de croissance lente; il fructifie abondamment. Le parc de Carlsruhe en possède un bel échantillon de 20 mètres de hauteur sur o m. 5o de diamètre.

Planté en forêt à Weinheim, il y végète assez médiocrement.

Il donne un bois blanc léger, de qualité médiocre; son écorce est riche en tanin.

Il n'y a pas d'intérêt, à mon avis, d'introduire le tsuga du Canada dans nos forêts.

Les autres espèces sont encore moins intéressantes au point de vue forestier: les unes, comme le tsuga de l'Himalaya (tsuga *brunoniana* Carrière), sont d'une rusticité relative; d'autres, comme le tsuga de la Californie (tsuga *mertensiana* Carrière), grand arbre de la région du Pacifique, et le tsuga de Patton (tsuga *pattoniana* Engelmann *vel hookeriana* Carrière), qui habite les hautes montagnes de la Colombie britannique et du nord de la Californie, donnent un bois de qualité médiocre: d'autres enfin, comme le tsuga du Japon (tsuga *Sieboldii* Carrière), espèce originaire des montagnes de l'île japonaise de Niphon, qui est très rustique et semble fournir un bois un peu meilleur, et le tsuga de la Caroline (tsuga *caroliniana* Engelmann), qui croît dans la région des monts Alleghany, sont de petite taille.

Faux tsuga. — Pseudo-tsuga.

Le genre faux-tsuga n'est formé que d'une seule espèce; mais elle est des plus intéressantes au point de vue forestier.

Faux-Tsuga de Douglas (**Pseudo-tsuga** *Douglasii* Carrière). — Le sapin de

Douglas peuple d'immenses forêts dans le centre et surtout dans l'ouest du Canada et des États-Unis.

C'est un arbre de toute première grandeur, pouvant atteindre 80 mètres de hauteur sur 3 mètres de diamètre. Il est à fût droit, élancé, couvert, au moins chez les jeunes individus, d'ampoules remplies de résine. La cime, de forme pyramidale, est composée de branches assez longues, portant des rameaux assez grêles, plus ou moins pendants.

Il recherche les sols siliceux, profonds, un peu frais, mais se contente encore de sables relativement secs et d'une fertilité médiocre; il végète toutefois mal dans les terrains trop secs et ne vient pas dans le calcaire. Les plants demandent à être abrités dans les 3 ou 4 premières années.

Introduit en Europe vers 1830, il a fait preuve d'une extrême rusticité; il est surtout remarquable par la rapidité de sa croissance; il fructifie régulièrement, et j'ai pu voir aux Barres quelques semis naturels de cette essence.

Il est très répandu dans les cultures et il n'est pas rare d'en voir de beaux échantillons.

Il a été planté en forêt dans différentes régions, aux Barres, en Sologne, en France, à Weinheim, à Lohr et à Eberswalde en Allemagne, enfin en Écosse, en plusieurs endroits. Presque partout, il a affirmé sa rusticité et sa rapidité de croissance.

Son bois comprend un aubier blanc assez abondant et un cœur d'une couleur brun rougeâtre; il présente des qualités assez variables, suivant les conditions de sa végétation; il est en général dur, très résistant, très fort, très élastique; on l'emploie beaucoup aux États-Unis, pour les constructions, la menuiserie, l'ébénisterie, les mâtures; il en est importé d'assez grandes quantités en Europe, où il est très souvent vendu comme bois de pitch-pin; il en a d'ailleurs la coloration et en possède à peu près les qualités.

Par sa rusticité, par sa croissance rapide et par les qualités de son bois, le sapin de Douglas mérite de prendre place parmi nos essences forestières.

Mais il importe de faire remarquer que l'arbre ne donne une proportion avantageuse de bois parfait que s'il est exploité à un âge assez avancé; jeune, il fournit surtout de l'aubier, de qualité médiocre, que l'on pourra toutefois peut-être utiliser pour la fabrication de la pâte à papier.

Pour le sapin de Douglas, plus encore que pour les autres essences forestières exotiques, les essais doivent donc être faits par les propriétaires qui peuvent placer leurs capitaux à longue échéance; l'État est évidemment le premier de ces propriétaires.

Sapin. — Abies.

Le genre sapin, représenté dans nos pays par le sapin pectiné, comprend à l'étranger une trentaine d'espèces qui habitent toutes les régions tempérées ou froides. Plusieurs paraissent susceptibles de nous rendre des services.

Sapin de Nordmann (**Abies** *nordmanniana* Spach). — Le sapin de Nordmann peuple de vastes forêts dans les montagnes du nord de l'Asie Mineure.

C'est un grand arbre, atteignant 30 mètres de hauteur sur 1 mètre de diamètre et même davantage: il est à cime plus fournie, à couvert plus épais que notre sapin commun.

Il ne semble pas très exigeant au point de vue du sol et paraît notamment devoir supporter mieux les terrains calcaires relativement secs que notre espèce indigène.

Introduit en Europe vers le milieu du siècle, il a montré une extrême rusticité; il croît assez rapidement et fructifie régulièrement. Il s'est vite répandu dans les cultures et il n'est pas très rare d'en rencontrer déjà de beaux échantillons.

Il a été planté en massif aux Barres, en 1886-1887, à Weinheim, de 1866 à 1876 et, plus recemment, à Eberswalde. Les peuplements sont très bien venants; celui de Weinheim, d'une hauteur moyenne de 10 mètres, est même très remarquable par sa végétation.

On ne connaît pas encore les qualités du bois qu'il produira dans nos climats; mais tout porte à croire qu'il sera à peu près l'égal, sous ce rapport, de notre sapin pectiné.

En tout cas, par son extrême rusticité, le sapin de Nordmann mérite certainement d'être introduit dans nos forêts, à titre d'essai.

Sapin de Céphalonie (**Abies** *cephalonica* Link). — Le sapin de Céphalonie habite les montagnes de la Grèce, à une altitude moyenne de 1,200 mètres. Il a donné naissance à plusieurs variétés.

C'est un arbre de deuxième grandeur, dont la hauteur ne dépasse guère 20 mètres.

Il n'est pas difficile sur la nature du sol et paraît devoir réussir aussi bien sur le calcaire que sur le sable.

Il est relativement rustique sous nos climats; mais ses pousses sont fréquemment atteintes par les gelées; il fructifie assez régulièrement. Il est assez répandu. Le domaine des Barres en possède un de 15 mètres de hauteur sur 0 m. 30 de diamètre; le parc des conifères, à Heidelberg, un de 20 mètres de hauteur sur 0 m. 40 de diamètre.

Il est planté en massif aux Barres et à Weinheim; les sujets qui composent le petit peuplement des Barres, créé en 1889, ont eu souvent leurs pousses gelées, ce qui leur donne l'aspect d'arbres abroutis.

Le bois de cette essence paraît valoir au moins celui du sapin pectiné.

Néanmoins, à mon avis, le sapin de Céphalonie est trop sensible aux gelées pour pouvoir être introduit avec succès dans nos forêts, sauf dans le midi de la France.

Sapin pinsapo (**Abies** *pinsapo* Boissier). — Le sapin pinsapo, appelé vulgairement *sapin d'Espagne*, forme quelques forêts en Espagne, notamment dans la Sierra de Ronda et la Sierra de los Nieves, où il se tient à une altitude moyenne de 1,500 mètres.

C'est un arbre qui peut atteindre 25 mètres de hauteur sur 1 mètre et plus de diamètre. Sa cime, composée de branches nombreuses, forme une pyramide compacte, au feuillage d'un beau vert glauque.

Tous les sols lui conviennent, aussi bien les sols siliceux que les sols calcaires, même de qualité médiocre.

Le sapin pinsapo résiste assez difficilement aux grands hivers du Nord. Il n'est toutefois pas rare d'en rencontrer, dans nos pays, de très beaux échantillons. Le domaine des Barres en possède qui mesurent 20 et 25 mètres de hauteur sur 0 m. 45 à 0 m. 55 de diamètre. Il fructifie régulièrement et abondamment: j'ai pu voir à Nogent quantité de semis naturels de ce sapin.

Il a été planté en massif aux Barres et à Weinheim. Aux Barres, un petit groupe d'arbres, âgés de 50 ans, est superbe; les peuplements plus jeunes sont en bon état, bien qu'ils aient en à souffrir des gelées. A Weinheim, cette essence a été très éprouvée par l'hiver de 1879-1880.

Introduit dans les dunes de Gascogne, où il se trouve sous un climat qui lui convient davantage, le sapin pinsapo se comporte très bien et se reproduit par semence.

Il fournit un bois supérieur, dit-on, à celui du sapin pectiné.

Cette essence n'est pas assez rustique dans le Nord pour y rendre des services : mais elle peut être plantée avec succès dans le Midi.

Sapin de Numidie (**Abies** *numidica* de Lannoy, **Abies** *pinsapo variété baboriensis* Cosson). — Le sapin de Numidie habite, en Algérie, le massif du Babor où il constitue, entre 1,600 et 1,900 mètres d'altitude, en mélange avec le cèdre de l'Atlas, de très beaux peuplements.

C'est un arbre de deuxième grandeur, dépassant rarement 25 mètres de hauteur; il présente beaucoup de rapports avec le sapin pinsapo d'une part, avec le sapin de Céphalonie d'autre part.

Il est peu difficile sur la nature du terrain; il s'accommode notamment assez bien de sols calcaires assez pauvres.

Transporté sous nos climats, il s'est montré rustique et fructifie. On peut en voir aux Barres quelques beaux échantillons.

Il fournit un bois très semblable à celui du sapin pectiné.

Comme le sapin pinsapo, le sapin de Numidie ne me paraît pas susceptible de rendre des services dans le Nord; il peut être planté, à titre d'essai, dans le Midi.

*Sapin de la Cilicie (**Abies** *cilicica* Carrière). — Le sapin de la Cilicie croît, en Asie Mineure, dans les montagnes du Taurus, à une altitude supérieure à 2,000 mètres.

C'est un arbre de deuxième grandeur, à cime régulièrement conique, bien fournie, à couvert épais.

Il n'est pas difficile sur la nature du sol; il vient bien sur les sables comme sur les calcaires, même de qualité médiocre.

Introduit en Europe vers le milieu du siècle, il s'est montré relativement rustique; comme le sapin de Céphalonie, mais à un degré moindre, il a quelquefois ses pousses atteintes par les grands froids du Nord; il croît assez rapidement et fructifie régulièrement.

Le domaine des Barres en possède de beaux échantillons.

Il vient bien en massif et paraît devoir donner un bois de bonne qualité.

Pour toutes ces raisons, le sapin de Cilicie mérite d'être introduit, à titre d'essai, dans nos forêts, surtout dans le Midi.

Sapin de Veitch (**Abies** *Veitchii* Lindley). — Le sapin de Veitch habite, au Japon, les montagnes de l'île de Niphon, à une altitude supérieure à 2,000 mètres.

C'est un grand arbre, qui peut atteindre 40 mètres de hauteur.

Introduit en Europe vers 1880, il a fait preuve d'une grande rusticité et d'une croissance assez rapide; il commence à se répandre dans les cultures, mais n'a pas encore été, à ma connaissance, planté en forêt.

Ses exigences et les qualités de son bois sont encore peu connues.

Il faut donc attendre, pour se prononcer sur sa valeur forestière, les résultats des essais auxquels il mérite d'être soumis, étant donnée sa rusticité.

Sapin baumier (**Abies** *balsamea* Miller). — Le sapin baumier croit, au Canada et dans le nord-ouest des États-Unis, sur le versant du Pacifique.

C'est un arbre de deuxième grandeur, dépassant rarement 25 mètres de hauteur.

Le tronc, à écorce lisse, se couvre, au moins chez les jeunes individus, d'ampoules pleines de résine. Les branches, relativement courtes, donnent à la cime la forme d'un cône assez aigu.

Il préfère les terrains de nature siliceuse.

Introduit en Europe à la fin du XVIIe siècle, il a fait preuve d'une grande rusticité; mais sa végétation est rarement très satisfaisante.

Il a été planté aux Barres et à Weinheim.

Il fournit un bois blanc, léger, mou, de qualité médiocre.

En somme, le sapin baumier me paraît peu intéressant au point de vue forestier.

Sapin noble (**Abies** *nobilis* Lindley). — Le sapin noble habite, au Canada et aux États-Unis, les montagnes du versant du Pacifique, à une altitude de 1,000 à 1,500 mètres.

C'est un arbre de première grandeur, pouvant atteindre 60 mètres de hauteur sur 3 mètres de diamètre et même davantage.

Il demande des sols siliceux, frais, assez fertiles et vient mal sur les calcaires secs.

Transporté en Europe vers 1830, il s'est montré assez rustique, mais vient rarement très bien; il fructifie aux Barres.

Planté en massif à Weinheim, il a souffert pendant l'hiver 1879-1880.

Il donne un bois blanc, léger, assez dur et assez fort.

Étant donnée sa rusticité relative, le sapin noble n'a, à mon avis, aucun avenir, dans nos pays, au point de vue forestier; en revanche, la belle couleur glauque de ses feuilles en fait un magnifique arbre d'ornement.

J'en dirai autant de ses proches parents, le sapin gracieux (abies *amabilis* Forbes) et le sapin magnifique (abies *magnifica* Murray), qui sont originaires des mêmes régions; le sapin aimable a été cependant compris dans les plantations d'Eberswalde; mais cet essai est encore trop récent pour qu'on puisse en tirer une conclusion.

Sapin concolore (**Abies** *concolor* Lindley). — Le sapin concolore croît également, au Canada et aux États-Unis, dans les montagnes du versant du Pacifique.

C'est un grand et magnifique arbre, pouvant atteindre 40 mètres de hauteur sur 1 m. 50 de diamètre. Sa cime est formée de gros rameaux portant de longues aiguilles, d'une couleur plus ou moins glauque.

Il demande des sols frais, assez fertiles.

Introduit en Europe vers 1850, il a fait preuve d'une très grande rusticité; il croît assez rapidement et fructifie assez régulièrement. Il commence à être répandu dans les cultures; le domaines des Barres en possède de beaux échantillons de 10 à 15 mètres de hauteur sur 0 m. 20 à 0 m. 30 de diamètre, appartenant les uns à la variété type, les autres à la variété *lasiocarpa*.

Cette belle essence est représentée, dans les boisements de Weinheim, par un beau massif. d'une hauteur moyenne de 12 mètres, en très bon état de végétation; elle a été plantée, plus récemment, à Eberswalde.

Elle fournit un bois blanc, doux, assez fort, quoique très léger.

Malgré sa rusticité, le sapin concolore me paraît devoir être, chez nous, surtout un arbre d'ornement.

*Sapin élancé (**Abies** *grandis* Lindley, **Abies** *gordoniana* Carrière). — Le sapin élancé habite les montagnes du nord-ouest de la Californie et l'île de Vancouver.

C'est un arbre de toute première grandeur, pouvant atteindre 80 mètres de hauteur sur 2 mètres de diamètre. Il a le fût très élancé, les branches étalées horizontalement. les ramules assez grêles; sa cime a la forme d'un cône aigu.

Il demande des sols un peu frais, assez fertiles.

Introduit en Europe vers 1830, il s'est montré d'une très grande rusticité et d'une croissance extraordinairement rapide. Le domaine des Barres en possède un très bel échantillon de 20 mètres de hauteur sur 0 m. 25 de diamètre le parc des conifères à Heidelberg en a un de 20 mètres de hauteur sur 0 m. 40 de diamètre.

Il a été compris dans les plantations de Weinheim et dans celles qui ont été faites, plus récemment, à Eberswalde; il se comporte bien aux deux endroits.

Il fournit un bois blanc, doux, léger, peu fort.

Étant données sa rusticité et sa rapidité de croissance, le sapin élancé mérite d'être introduit dans nos forêts, à titre d'essai.

Les autres sapins étrangers présentent jusqu'ici un intérêt moindre.

L'abies *firma* Siebold et Zuccarini, l'abies *Mariesii* Masters, l'abies *brachyphylla* Maximowicz et l'abies *umbilicata* Mayer, espèces japonaises assez voisines, sont rustiques; mais elles ne sont représentées, dans les cultures, que par des sujets encore jeunes.

L'abies *sibirica* Ledebourg, originaire des montagnes de la Sibérie, s'est comporté assez mal sous nos climats.

L'abies *Fraseri* Lindley, qui croît, aux États-Unis, dans les hautes montagnes de la Caroline et de la Virginie, est très voisin de l'abies *balsamea* mais beaucoup moins connu.

L'abies *subalpina* Engelmann, qui habite, au Canada et aux États Unis, les montagnes de la région du Pacifique, est d'introduction récente.

L'abies *religiosa* Lindley, espèce du Mexique, l'abies *bracteata* Nuttal, magnifique sapin de la Californie et l'abies *webbiana* Lindley, très belle espèce de l'Himalaya, sont peu rustiques.

On a sans doute remarqué que le plus grand nombre des végétaux ligneux exotiques, que je viens d'étudier, sont originaires de l'Amérique du Nord.

Cela tient évidemment beaucoup à ce que le climat d'une grande partie des États-Unis se rapproche assez sensiblement du nôtre.

Mais il y a encore une autre raison qu'il importe de signaler.

Les arbres de l'Amérique du Nord sont connus déjà depuis un certain temps; pour plusieurs, les essais dont ils ont été l'objet sont assez nombreux et assez anciens pour qu'on puisse dès maintenant sinon affirmer, du moins prévoir les services qu'ils peuvent nous rendre.

Or il est loin d'en être ainsi pour les végétaux ligneux qui sont originaires de l'Asie, notamment pour ceux qui croissent dans l'Himalaya et le Japon; beaucoup ne sont connus que depuis peu et presque tous le sont encore imparfaitement.

Les essais qui ne manqueront pas d'être faits, — plusieurs essences sont déjà à l'étude — viendront probablement démontrer l'intérêt que présentent certains de ces végétaux ligneux asiatiques; mais, pour le moment, il faut attendre.

Qu'il me soit permis, pour terminer, d'indiquer le but de ce travail.

En faisant connaître les essences forestières exotiques, en signalant celles qui me paraissent les plus méritantes, dans nos pays, au point de vue forestier, mon désir serait de provoquer l'introduction de ces essences dans nos forêts.

Il n'est pas nécessaire que les essais soient faits sur de grandes surfaces, mais ils doivent être répétés dans les différentes régions, dans les différents sols, dans les différentes stations.

Mais tout essai comporte des chances d'insuccès, et il faut s'attendre à ce que les dépenses faites soit assez rarement compensées par les recettes réalisées.

En outre, même lorsqu'il doit être suivi d'un plein succès, tout boisement constitue un placement à échéance plus ou moins lointaine, que seuls peuvent faire les grands propriétaires forestiers, l'État en particulier.

C'est donc surtout aux agents forestiers, chargés d'administrer le domaine forestier de l'État, qu'il appartient de faire les essais que je réclame.

Les forestiers allemands l'ont compris et, grâce à eux, nos voisins peuvent déjà apprécier la valeur de certaines essences exotiques comme le cyprès de Lawson, le sapin de Douglas, le mélèze du Japon....

Il est à désirer que les forestiers français suivent cet exemple.

Enfin il ne suffit pas de faire des expériences, il faut encore les faire connaître.

Il est nécessaire que les résultats obtenus, aussi bien les mauvais que les bons, soient portés à la connaissance de ceux qu'ils peuvent intéresser.

Les revues qui s'occupent de questions forestières, notamment la *Revue des eaux et forêts*, le *Bulletin de la Société de Franche-Comté et Belfort*, le *Bulletin de la Société des Amis des arbres*.... accueilleraient, j'espère, avec plaisir, toutes les communications qui leur seraient adressées à ce sujet.

Elles rendraient ainsi service à la sylviculture, en même temps qu'elles intéresseraient leurs lecteurs.

TABLE ALPHABÉTIQUE

DES GENRES ET ESPÈCES.

Nota. — Les noms latins et français des genres sont écrits en lettres compactes, les noms latins des espèces en lettres italiques, une croix (+) indique les espèces étudiées, un astérisque (*) les plus intéressantes de ces espèces. — Les noms vulgaires et les noms synonymes sont écrits en petites capitales, chacun d'eux est suivi du nom qui a été adopté avec, entre les deux, le signe =.

0.

PARDÉ.

Annexe N° 9.

RÉSULTATS À CE JOUR DES RECHERCHES ENTREPRISES
sur
LES ÉCLAIRCIES ET LES COUPES CLAIRES
À LA STATION D'EXPÉRIENCES DE MARIABRUNN.

L'ouvrage, publié sous ce titre et soumis au Congrès international de sylviculture par M. Boppe au nom de M. Friedrich, conseiller supérieur des forêts de l'empire d'Autriche et directeur de la station d'expérimentation de Mariabrunn, a été élaboré spécialement en vue de l'Exposition de 1900, par M. Karl Böhmerlé, ingénieur, dont le nom fait autorité en la matière.

Il est bien difficile de résumer en quelques pages un ouvrage aussi documenté, bourré, pour ainsi dire, de chiffres et de tableaux; nous nous bornerons à donner les principales conclusions de l'auteur, en attirant l'attention sur la précision et la rigueur scientifiques qui ont présidé aux observations.

Les expérimentateurs de Mariabrunn sont persuadés que, dans les recherches sur l'accroissement, on ne saurait être trop minutieux et que, pour obtenir des résultats dignes de foi, la conscience de l'observateur doit être poussée jusqu'au scrupule.

Tout a été par eux mis en œuvre pour éliminer les causes d'erreurs, que M. Böhmerlé classe en trois catégories :

1° Celles provenant d'influences extérieures (action réflexe du traitement appliqué aux massifs environnants, délits, etc.);

2° Celles provenant de la difficulté où l'on se trouve de pratiquer les opérations d'une façon uniforme sur toute l'étendue de la placette d'expérience;

3° Celles qui résultent des inventaires.

Pour remédier aux premières causes d'erreurs, on recommande la création de zones d'isolement aussi larges que possible, la clôture des placettes et le numérotage de toutes les tiges.

Afin de pallier les secondes, réduire au minimum la part d'appréciation et obtenir, dans chaque placette, une constitution homogène, voici à quelles mesures l'on s'est arrêté : La position de chaque tige, fixée géométriquement au moyen de recoupements, a été reportée sur un plan à grande échelle; autour du point représentant l'axe, on a dessiné la projection horizontale de la cime, déterminée avec précision et on lui a donné le numéro de l'arbre correspondant.

Ce schéma, image exacte de la constitution du massif, est, pour l'opérateur, un guide précieux : car l'éclaircie peut, en quelque sorte, se faire sur le papier. Les sujets qui disparaissent dans les desserrements successifs sont indiqués par des hachures, ce qui permet de reconstituer la forêt aux différentes époques.

Sur l'initiative de M. Friedrich, notre hôte au Congrès, ces renseignements sont complétés par des photographies prises de bas en haut en différents points de la parcelle pour déterminer la densité des cimes ; les stations de l'instrument étant d'ailleurs repérées avec soin pour permettre des observations ultérieures.

Enfin, comme il n'était pas possible de photographier les sujets isolément, on s'est borné à prendre quelques vues d'ensemble et à donner de chaque arbre une description sommaire dans la forme suivante :

N° 1. Tige dominante, avec cime irrégulière, développée vers l'aval ; fût dénudé, légèrement courbe ;

N° 2. Tige retardataire, cime bifurquée, comprimée à l'Ouest ; fût droit et nu, etc...

A titre d'indication, on note également les modifications qui se produisent dans la flore, suivant le degré de l'éclaircie.

En ce qui concerne les inventaires, M. Böhmerlé se reporte à l'ouvrage qu'il a publié sur ce sujet et dont nous avons rendu compte dans la *Revue des Eaux et Forêts* (mars 1899) ; nous ajouterons seulement que les diamètres se mesurent, à un demi-centimètre près, avec des compas métalliques. L'aluminium donne de bons résultats, mais on vient d'essayer un alliage nouveau, le magnalium, qui présenterait l'avantage de joindre à la légèreté du métal pur une dureté plus grande. Certains inventaires se font annuellement et exigent, pour ce motif, une minutie extrême ; il devient nécessaire, en effet, de tenir compte de la température, dont l'influence, d'après les expériences de M. Friedrich, serait loin d'être négligeable.

Les recherches n'ont porté que sur le pin noir et le bêtre et l'on s'est attaché spécialement à étudier sur la végétation des trois degrés d'éclaircies :

Faible I
Moyenne II
Forte III

Cependant, depuis 1892, on a expérimenté aussi l'effet de la coupe claire, comprenant l'enlèvement d'une partie notable du matériel principal.

La place d'essai n° 4, située dans la forêt de Wiener-Neusdtadt à 310 mètres d'altitude, est couverte d'un peuplement de pins d'Autriche, provenant de semis et âgé aujourd'hui de 75 ans. Trois des placettes qui la composent ont été soumises, depuis 1882, aux éclaircies des degrés I, II et III, répétées à cinq ans d'intervalle.

Depuis 1892, l'expérience a porté sur une quatrième placette traitée en coupe claire, c'est-à-dire où l'on n'a conservé que 75 p. 100 du matériel de la parcelle soumise à l'éclaircie la plus forte.

Aujourd'hui, la situation est la suivante au point de vue du nombre des tiges :

Il reste... {
dans I, 61 p. 100 des sujets existant en 1882 ;
dans II, 45 p. 100 ;
dans III, 32 p. 100 ;
dans IV (coupe claire), 19 p. 100.

L'accroissement en diamètre des sujets réservés a été, en général, proportionnel au degré de l'éclaircie.

On a remarqué, d'autre part, que les tiges qui se distinguent par le plus fort grossissement sont également celles qui croissent le plus rapidement en hauteur, d'où il faut conclure que c'est dans les peuplements bien desserrés que se rencontrent les allongements annuels les plus considérables. Le fait est confirmé par l'expérience. Cependant il convient de signaler la tendance de certaines tiges dominantes à se développer latéralement aux dépens de l'accroissement vertical. Mais, de ce que l'éclaircie forte favorise le grossissement et l'allongement des tiges réservées, on ne peut inférer que la production en matière est maxima dans la parcelle la plus claire; le nombre des sujets y est, en effet, fort réduit et le matériel générateur relativement faible. C'est l'éclaircie moyenne qui paraît donner les meilleurs résultats au point de vue de la production totale en volume.

Dans la parcelle 10, peuplée de hêtres, âgée aujourd'hui de 67 ans, on a étudié spécialement l'accroissement en coupe claire. L'expérience a commencé en 1888 sur quatre placettes; le n° 1, devant servir de témoin, a été éclairci normalement; dans les trois autres, le matériel devait être réduit respectivement à 80, 65 et 50 p. 100 de celui de I. Les coupes, qui enlèvent une aussi forte proportion du volume existant, constituent de véritables coupes de régénération, et c'est sous cette qualification que la coupe claire a été expérimentée à Nancy. A Mariabrunn, on s'est inspiré de la même idée, puisqu'on a mis à profit la faînée de 1888 pour réduire le matériel de II, III, IV à 80 p. 100 et préparer ainsi les placettes III et IV à subir ultérieurement une exploitation plus intense.

En 1893, l'expérience fut complètement installée sur les bases suivantes :

Dans II, le matériel sur pied fut ramené à 80 p. 100 du massif plein;

Dans III, on le réduisit à 65 p. 100;

Et dans IV, à 50 p. 100.

En 1898, cette proportion fut rétablie par une nouvelle coupe.

Dès 1888, tous les arbres avaient été ceinturés à la couleur à 1 m. 30 du sol, et un certain nombre d'entre eux marqués en outre à 8 mètres de hauteur pour étudier les variations de la forme du tronc en comparant les diamètres à ces deux niveaux.

Le rapport $\frac{d \text{ (diamètre à 8 mètres)}}{D \text{ (diamètre à 1 m. 30)}}$ qui constitue une sorte de coefficient de forme, a été trouvé, en 1898, de 0.82 dans la parcelle I simplement éclaircie et de 0.84 dans les autres. Ce résultat est digne de remarque, car il montre que, contrairement à une opinion souvent émise, un fort desserrement n'influe pas défavorablement sur la forme des tiges.

Les résultats relatifs au volume ont fait l'objet d'une publication spéciale : M. Böhmerlé se contente, cette fois, de nous donner l'accroissement en matière en tant pour 100 du volume initial.

De 1888 à 1893, période pendant laquelle les parcelles II, III et IV ont subi une égale diminution de matériel (20 pour cent), les p. 100 d'accroissement ont été les suivants :

I .... 15 p. 100.
II 24
III 20
IV 24

De 1893 à 1898, véritable période d'expérience sur les divers degrés d'état clair, on trouve :

I .... 20 p. 100.
II 25
III... 34
IV 28

Pour la période totale 1888-1898, les chiffres deviennent :

I .... 30 p. 100.
II 51
III... 51
IV 50

Les hêtres disposés en coupe de régénération auraient donc une végétation sensiblement plus active que dans un massif simplement éclairci, et une réduction du matériel, pouvant aller jusqu'à 50 p. 100, n'aurait pas d'influence fâcheuse sur la production. Mais comme le dit M. Böhmerlé, cette expérience est bien courte et il serait téméraire de vouloir en tirer des conclusions absolues.

A. SCHAEFFER.

DEUXIÈME SECTION.

SÉANCE DU MARDI 5 JUIN 1900
(MATIN).

Les membres de la 2ᵉ section du Congrès international de sylviculture se sont réunis au Palais des Congrès, le mardi 5 juin, à 10 heures du matin, sous la présidence de M. Deloncle, ancien député.

Le bureau provisoire est ainsi constitué :

MM. Deloncle, ancien député, *président;*
  Cacheux, ingénieur, président de la Société française d'hygiène à Paris, *vice-président;*
  Kuss, inspecteur des Eaux et Forêts à Paris, *secrétaire.*

La séance est ouverte à 10 heures.

M. Deloncle, président provisoire, annonce que les membres de la 2ᵉ section du Congrès international de sylviculture sont appelés à nommer le bureau définitif.

M. Carrière, conservateur des Eaux et Forêts à Aix, propose d'acclamer M. Deloncle comme président.

M. Deloncle, dit-il, a été longtemps le champion de la cause de l'agriculture et en particulier des forêts, à la Chambre des députés; nul ne saurait présider à nos travaux avec plus d'autorité. (*Marques de vive approbation.*)

M. Deloncle est proclamé président.

Sur la proposition de M. le Président, M. Cacheux, vice-président provisoire, est élu en qualité de vice-président du bureau définitif.

M. le Président. J'ai maintenant, Messieurs, à vous prier de nommer, comme second vice-président, celui qui occupe à l'étranger l'une des premières places par l'étendue de ses connaissances en matière forestière : M. le baron de Raesfeldt, président de la division forestière de la haute Autriche, que je prie de vouloir bien seconder nos travaux. (*Applaudissements.*)

M. le baron DE RAESFELDT. Je suis très honoré de la distinction que vous voulez bien m'accorder, Messieurs, mais je crains que ma connaissance de la langue française soit bien insuffisante pour pouvoir vous apporter un concours efficace.

M. LE PRÉSIDENT. Nous saurons vous aider avec le plus grand plaisir. (*Approbation.*)

M. le baron DE RAESFELDT prend place au bureau comme deuxième vice-président.

M. Kuss, secrétaire provisoire, se désistant de ses fonctions de secrétaire, M. CARDOT, inspecteur des Eaux et Forêts à Paris, est élu secrétaire.

M. LE PRÉSIDENT. Messieurs, je ne veux pas prononcer un discours pour vous remercier de l'honneur auquel vous m'avez appelé: le temps nous est trop limité et notre ordre du jour trop chargé.

Il me semble donc utile, pour le bien même de vos travaux, de me dispenser de vous adresser un discours-programme. Mieux vaut, à mon sens, entreprendre dès maintenant un travail réel. Votre besogne, en effet, est digne de la sollicitude de vous tous, Messieurs. qui n'avez cessé de porter vos efforts vers l'étude et la solution des grandes questions forestières.

Je vous demanderai donc votre assiduité et surtout vos conseils. Ne craignez pas de nous apporter, en grand nombre, les fruits de votre expérience en prenant une part active à nos délibérations, car il importe que de ce Congrès sortent des résolutions pratiques et fécondes. (*Vifs applaudissements.*)

Avant de proclamer le bureau définitif de cette 2ᵉ section, permettez-moi de réparer un oubli, bien involontaire de ma part, et qui provient de la difficulté matérielle de nous connaître tous.

Je veux souhaiter la bienvenue à M. Constantin Samios, directeur général des Forêts à Athènes, et comme preuve de la sympathie des membres du Congrès pour la généreuse nation qu'il représente, je le prie d'accepter la troisième vice-présidence à votre bureau. (*Applaudissements.*)

Je tiens aussi à exprimer les mêmes sentiments à M. Rafaël Puig y Valls, ingénieur en chef des Forêts du royaume d'Espagne. Nous savons tous quels importants travaux nous sont venus de la nation qu'il représente ici, et je suis heureux de lui souhaiter la bienvenue.

Précisément, M. Ricardo Codorniu a bien voulu nous envoyer un travail très complet intitulé : « Repoblación forestal de la Sierra de España »; je demanderai à M. Rafaël Puig y Valls de vouloir bien nous exposer en quelques mots les conclusions de ce beau travail.

M. Rafaël Puig y Valls. La question de la correction des torrents et du reboisement des montagnes a fait, en effet, l'objet de nombreux travaux en Espagne.

Je serai très heureux de présenter, à l'une de vos prochaines séances, le travail que M. le Président me demande si gracieusement. (*Vive approbation.*)

M. le Président. Je remarque encore, sur la liste des membres de la 2ᵉ section, le nom de M. Arthur Moir, ancien conservateur des Forêts aux Indes anglaises. Nous avons tant de sympathies pour les forestiers des Indes, qui sont un peu les élèves de notre école française, que je suis très heureux de pouvoir le saluer et lui demander sa collaboration active. (*Marques d'approbation.*)

Je vois encore le nom de M. de Kiss de Nemesker, secrétaire d'État au Ministère de l'agriculture et délégué de la Hongrie.

Ce n'est pas seulement à cause de la situation privilégiée qu'il occupe que je lui adresse un salut cordial, c'est aussi parce qu'il représente ici la famille qui, dans ce siècle écoulé, a le plus planté d'arbres.

Vous allez, en effet, tressaillir, Messieurs, lorsque je vous dirai que le père de M. de Kiss de Nemesker a planté à lui seul *soixante-dix millions* d'arbres. (*Vifs applaudissements.*)

Je ne pensais pas que nous aurions l'honneur de le compter parmi nous; nous ne pouvons que nous en féliciter, et qu'il me permette de lui adresser non seulement nos félicitations à l'occasion de ce merveilleux exemple donné au développement de l'initiative privée, mais surtout l'hommage de notre admiration.

Je regretterai, quant à moi, que ce Congrès ne se termine pas par une distribution de récompenses, ou, tout au moins, l'attribution d'une prime qui certes serait bien due à l'homme qui, en repeuplant ainsi une grande partie des coteaux autrichiens, a servi si généreusement la cause forestière. (*Vifs applaudissements.*)

Avant de commencer nos travaux, je demanderai à M. de Kiss de Nemesker de vouloir bien nous soumettre un état complet des travaux accomplis par son père. Ce sera pour nous, Messieurs, la meilleure leçon de choses. (*Nouveaux applaudissements.*)

M. DE KISS DE NEMESKER. Je ne saurais trop remercier les membres du Congrès, et en particulier M. le Président, en mon nom personnel, au nom de mon père et au nom de mon pays, de leurs sentiments de profonde sympathie si éloquemment exprimés par M. le Président.

Je serai très heureux de répondre à la demande que vous m'avez adressée, Monsieur le Président. (*Applaudissements.*)

Constitution du bureau.

M. LE PRÉSIDENT. Le bureau définitif de la 2ᵉ section est ainsi constitué :

MM. DELONCLE, *président.*
CACHEUX, *vice-président.*
le baron DE RAESFELDT, *vice-président.*
SAMIOS, *vice-président.*
CARDOT, *secrétaire.*

Examen des questions inscrites à l'ordre du jour de la 2ᵉ section.

M. LE PRÉSIDENT. L'ordre du jour appelle la communication du rapport de M. Jolyet, professeur à l'École nationale des Eaux et Forêts, sur la *Météorologie forestière.*

M. Jolyet étant retenu par les nécessités de son service à Nancy, je donne la parole à M. Cardot, secrétaire.

M. CARDOT, secrétaire, donne lecture du rapport de M. Jolyet :

En 1867, M. Mathieu, sous-directeur de l'École forestière, installait les premières observations suivies de météorologie comparée agricole et forestière. Ces études, continuées sans interruption jusqu'à la fin de l'année 1899, par ses soins, puis par ceux de la station d'expérience — qui entreprit même de nouvelles recherches — ont trait à l'influence de la forêt, sur :

1° La température de l'air;
2° Les précipitations atmosphériques;
3° L'évaporation des sols forestiers;
4° Les orages à grêle.

Elles ont fait déjà l'objet de nombreuses publications, qui donnent le détail, les conclusions et la critique des résultats obtenus.

M. Mathieu, *Météorologie agricole et forestière*, Paris, 1878.

M. Fautrat, *Météorologie agricole et forestière*.

M. Bartet, *Météorologie agricole et forestière* (*Bull. Ministère de l'Agriculture*, 1895).

M. Claudot, *Météorologie agricole et forestière* (*Ann. Société d'émulation des Vosges*, Épinal, 1897).

M. Hüffel, *Influence des forêts sur le climat* (*Bull. Société forestière de Franche-Comté et Belfort*, 1895).

Nous serons donc très bref, laissant à des personnes plus autorisées le soin de rappeler les importants travaux qui ont paru à l'étranger sur ces mêmes questions; nous nous bornerons à passer en revue les résultats obtenus en France, en distinguant les faits qui nous paraissent *acquis*, de ceux qui demandent à être *confirmés* ou *éclaircis*.

1° INFLUENCE DE LA FORÊT SUR LA TEMPÉRATURE DE L'AIR.

M. Claudot, en 1897, résume comme il suit l'action de la forêt :

1° Rapprochement des minima et des maxima mensuels;
2° Abaissement sensible de la température moyenne pendant les mois les plus chauds;
3° Influence minime, tantôt dans un sens, tantôt dans un autre — plutôt dans le sens d'un réchauffement — pendant les autres mois;
4° Abaissement léger de la température pour l'ensemble de l'année, résultant de ce que la forêt agit d'une manière plus intense sur les maxima pour les déprimer que sur les minima pour les faire hausser.

La concordance de ces observations avec les résultats obtenus en France par M. Fautrat et dans différentes stations de Bavière, de Prusse, de Silésie, etc., nous permet de considérer cette question comme résolue.

Peut-être, cependant, y aurait-il lieu d'examiner plus en détail dans quelles limites le couvert d'arbres dépouillés de leurs feuilles peut diminuer l'intensité du rayonnement nocturne, cause principale des gelées printanières.

Nous avouons être quelque peu sceptique à cet égard. Certes, on ne peut nier l'heureux effet de l'abri des grands arbres maintenus sur pied dans les coupes successives de régénération d'une futaie régulière; mais quel est leur mode d'action? Ne résiderait-il pas surtout dans une diminution apportée au réchauffement et à l'insolation consécutives à la gelée?... Et l'on sait combien les dégels brusques sont pernicieux aux organes végétaux. Comme nous l'a enseigné notre maître M. Boppe, directeur honoraire de l'École nationale des Eaux et Forêts, les plants épargnés par la gelée ne sont pas ceux qui se trouvent sous la projection immédiate des réserves, mais, au contraire, ceux qui sont placés de telle sorte que les rayons dardés obliquement par le soleil d'avril leur parviennent tamisés par les branches. De même, dans la forêt de Lyons, M. l'inspecteur de la Bunodière nous a montré des pépinières où l'on évite les dégâts des gelées en entourant les compartiments de haies en charmilles, taillées comme des murailles de 2 mètres environ de hauteur : nous ne voyons pas qu'elles puissent avoir une influence quelconque sur le rayonnement, et pourtant leur efficacité est réelle.

Il serait intéressant aussi de mieux connaître la répartition des couches d'air froid dans un vallon, boisé ou non boisé, à l'époque des gelées de l'hiver et surtout du printemps. Pendant l'hiver 1879-1880, M. Boppe a pu constater, dans un ravin de la forêt de Haye, l'existence d'un véritable fleuve d'air froid s'accumulant derrière les obstacles, se gonflant ou s'étalant en raison de la largeur du thalweg, et dont il a décrit les effets dans le rapport de la Commission météorologique de Meurthe-et-Moselle pour l'année 1880. Sur ses conseils, nous songeons à déterminer dans le vallon de Bellefontaine, près de Nancy, un certain nombre de profils en travers; suivant chacun de ceux-ci, des thermomètres, placés à une faible distance au-dessus du sol, s'étageront sur les deux versants. Une grande perche, plantée au point le plus bas du profil, portera sur sa hauteur des thermomètres en nombre égal à ceux qui seront échelonnés sur chacune des rives et placés à la même altitude.

Peut-être y aurait-il intérêt à adjoindre à chaque thermomètre un hygromètre, mais quel système d'hygromètre adopter?

Enfin M. Hüffel, chargé de cours à l'École nationale des Eaux et Forêts.

appelait dernièrement notre attention sur l'utilité de mieux déterminer qu'on ne l'a fait jusqu'ici les causes climatologiques limitant l'aire d'habitation de nos principales essences. Les chiffres fournis par les stations de météorologie, installées pour la plupart dans les grandes villes, c'est-à-dire au fond des vallées, ou bien, au contraire, sur des points culminants comme certains observatoires, ne peuvent, par exemple, nous renseigner sur la température des zones précises où commence et finit la sapinière sur le versant d'une montagne : seuls des instruments placés sur les lieux mêmes donneraient des indications certaines. Sans doute, les facteurs d'un climat forestier sont très divers; et, si nous soulevons cette question à propos de la température plutôt qu'à propos des précipitations atmosphériques, c'est parce que le thermomètre est de tous les appareils enregistreurs — qui s'imposent en pareil cas — le moins coûteux et le plus commode.

Et, puisque nous avons abordé ce sujet, tous les sylviculteurs ne se devraient-ils pas une mutuelle reconnaissance, si, chacun dans sa sphère, publiait des notices relatant le climat des principales régions forestières, ou de l'habitat de telle ou telle essence? Dans ces notices, le lecteur trouverait, bien mis en relief, à côté des renseignements habituels, ces faits si importants dans la vie des arbres, comme la régularité avec laquelle la neige couvre le sol pendant la saison froide — la répartition des pluies au cours de la période de végétation — la fréquence des ouragans — l'insolation et la sécheresse de l'air pendant les journées qui suivent les grandes gelées nocturnes de l'hiver, etc.... Toutes ces données fussent-elles éparses dans les recueils spéciaux de météorologie imprimés par les postes les plus voisins, son ignorance de la topographie exacte des lieux lui rend très difficile leur application aux forêts.

2° INFLUENCE DE LA FORÊT SUR LES PRÉCIPITATIONS ATMOSPHÉRIQUES.

Deux points paraissent acquis :

1° La forêt augmente l'importance de ces précipitations. Ainsi les hauteurs d'eau pluviale dans une clairière de la forêt de Haye, sur la lisière orientale du massif, et dans une région agricole voisine, sont entre elles comme les nombres 100, 97 et 77.

2° Le couvert des arbres feuillus intercepte, en été, environ 8 p. 100 de cette eau, mais comme la forêt reçoit un excès de 22 p. 100 par rapport aux champs voisins, c'est encore un bénéfice de $22 - 8 = 14$ p. 100 en faveur du sol forestier.

Le pluviomètre sous bois installé par M. Mathieu était disposé de façon à recueillir les eaux ruisselant le long des branches et du tronc des arbres, que l'on ne saurait négliger sans commettre de sérieuses erreurs.

Bien qu'ici encore nous estimions qu'il y a chose jugée, bien qu'à l'étranger des résultats aient été recueillis dans des conditions très diverses, peut-être pourtant y aurait-il intérêt à reprendre en France cette question dans les montagnes, dans les sapinières, ou bien encore sous des climats méridionaux ou marins.

Dans un ordre d'idées voisin, M. Bartet, voulant se rendre compte de la répartition des pluies sur les différents points d'un grand massif forestier comme celui de Haye, installa en 1891, dans cette forêt, plusieurs postes pluviométriques. Les observations ont conduit à ce résultat, qu'il pleut davantage sur la lisière sud-ouest que sur la lisière est, mais que c'est le centre qui reçoit le plus d'eau. Elles peuvent être poursuivies avec fruit pendant quelques années encore; et même, comme l'orographie joue un rôle considérable dans une pareille question, il y a lieu, croyons-nous, si l'on veut obtenir des résultats d'ordre général, de faire des expériences analogues dans d'autres massifs.

Dans un remarquable travail publié par les *Mündener forst liche Helfte*, M. l'Oberforstmeister Weise étudie les conditions très diverses dans lesquelles les nuages se forment, puis se résolvent en pluie[1].

Il résume ainsi ses conclusions :

Causes de la formation des nuages et de la précipitation de la pluie :	*Influence de la forêt :*
Ascension de l'air par suite de son réchauffement........................	La forêt est sans action.
Choc de courants d'air chaud et humide contre les flancs d'une montagne......	L'influence de la forêt est plutôt dans le sens d'une atténuation des phénomènes.
Différence dans la température des couches d'air........................	La forêt est sans action.
Courants ascendants provoqués :	
a. Par des dépressions..............	La forêt est sans action.
b. Par des masses d'air à déplacement lent.	La forêt a une action réelle.
c. Par des obstacles naturels..........	L'influence de la forêt se fait sentir fréquemment.
Phénomènes spéciaux aux vallées de la montagne........................	L'influence de la forêt est considérable.

[1] Wolkenbildung, Regen und Wald.

Nous ne pouvons discuter les considérations sur lesquelles s'appuie M. Weise pour établir sa théorie, mais nous ferons remarquer combien il serait intéressant que l'on notât, pour chaque précipitation atmosphérique, les circonstances qui l'accompagnent : déjà, dans les postes créés par M. Bartet, on inscrit la direction du vent; mais cela ne suffit pas, il faudrait encore consigner la pression barométrique, la température, etc.

Le gros inconvénient est qu'un pareil *bilan* — qui est une véritable discussion de la situation météorologique au moment considéré — appelle l'intervention d'un spécialiste.

Y aurait-il possibilité de rédiger, pour les préposés chargés des observations, un questionnaire pratique et suffisamment simple?

3° CHUTES DE GRÊLE.

Une étude de l'influence de la forêt sur les chutes de grêle a été prescrite par une décision de M. le Directeur des Forêts en date du 20 juin 1882. Un réseau de postes d'observation, créé dans les départements de la Meuse et de Meurthe-et-Moselle, a permis à M. Claudot de formuler en 1895 de premières conclusions, qui semblent attribuer à la forêt une influence réelle et heureuse, mise également en évidence par des observations recueillies de divers côtés, et surtout par des travaux importants comme ceux de MM. Duchaussoy, docteur Künzer et Riniker. Pourtant cette opinion n'est pas uniformément partagée; il y a donc lieu de continuer les recherches : des faits seuls permettant, selon nous, d'arriver à une solution certaine. Le questionnaire remis aux brigadiers des Eaux et Forêts de la Meuse et de Meurthe-et-Moselle comporte-t-il des modifications?

STATION
DE RECHERCHES
de
L'ÉCOLE NATIONALE
des
EAUX ET FORÊTS.

OBSERVATIONS SUR LES CHUTES DE GRÊLE.

BULLETIN DE RENSEIGNEMENTS SUR L'ORAGE DU [1]

Observateur : M. , *brigadier des Eaux et Forêts, à* .

1° Heure du commencement et de la fin de la chute de grêle.

2° Direction générale suivie par l'orage de grêle (indiquer si l'orage s'est partagé en plusieurs directions).

3° L'orage de grêle a-t-il traversé ou contourné un massif forestier?

4° Description de ce massif :

    a. Son nom............ { Appellation administrative.
                      { Désignation sur carte d'État-Major.

    b. Altitude de la partie frappée { Point le plus bas.
       ou contournée par l'orage. { Point le plus élevé.

    c. Largeur du massif...... { Dans le sens de la trajectoire de l'orage.
                      { Dans le sens opposé.

    d. Essences prédominantes et mode de traitement.

    e. Âge approximatif des peuplements.

    f. Hauteur approximative des peuplements.

5° Indication des régions frappées par la grêle :

    a. Communes et portions de communes atteintes.

    b. Longueur et largeur de la bande frappée par la grêle.

    c. A quelle distance du bord de la forêt la chute de la grêle a-t-elle commencé (en avant du massif)?

    d. A quelle distance de l'autre bord de la forêt a-t-elle cessé (en arrière de la forêt)?

6° Intensité de l'orage :

    a. Grosseur des grêlons..... { Avant la traversée de la forêt.
                      { Dans l'intérieur de la forêt.
                      { Après la traversée de la forêt.

    b. Description des dégâts maté- { Avant la traversée de la forêt.
       riels causés......... { Dans l'intérieur de la forêt.
                      { En arrière de la forêt.

7° La région atteinte est-elle visitée fréquemment par la grêle?

CERTIFIÉ par le brigadier forestier soussigné :

    A , le 190 .

Vu par le chef de cantonnement soussigné [2] :

    A , le 190 .

    L' des Eaux et Forêts,

[1] Date de l'orage.
[2] Sans observations ou avec les observations ci-après.

4° ÉVAPORATION DES SOLS FORESTIERS.

C'est peut-être ici que les desiderata sont les plus nombreux.

Les expériences de M. Mathieu établissent que l'évaporation d'une nappe d'eau est bien moindre sous les bois que hors bois; et que, dans une forêt d'essences feuillues du moins, la proportion, qui est de 1 à 2 environ pendant la saison froide, devient de 1 à 4 pendant la saison chaude.

En avril seulement, avant l'épanouissement des feuilles, l'évaporation sous bois dépasse la quantité d'eau précipitée sous forme de pluie.

Ce sont là des données précieuses, mais insuffisantes. L'évaporation du sol forestier ne saurait être assimilée à celle d'une nappe d'eau; et, pour se rendre compte de la quantité d'humidité qu'il perd dans un temps donné, nous ne voyons d'autres moyens que les pesées, procédé recommandé par M. Fautrat : isoler un certain cube du sol forestier, et un cube égal de sol agricole, puis prendre des dispositions qui permettent de les soulever de temps à autre et de les porter sur une bascule.

Beaucoup de questions encore se rattachent à l'influence de la forêt sur le régime des eaux : ainsi la transpiration des végétaux, la durée et la marche de l'infiltration n'ont pas encore dit tous leurs secrets, malgré les remarquables travaux de MM. les professeurs Ébermayer et Bühler; mais le programme dressé sous les auspices de l'Assemblée internationale des Stations de recherches forestières, et publié dans la *Revue des Eaux et Forêts* du 13 janvier dernier, nous dispense d'insister davantage. D'ailleurs, ce sujet confine de trop près à celui des nappes d'eau souterraines pour qu'il y ait lieu de le discuter séparément.

M. LE PRÉSIDENT. Les conclusions du rapport de M. Jolyet concordent avec les conclusions d'un travail [1] que nous a adressé M. Weise, grand-maître des Forêts royales et directeur de l'Académie forestière à Hann-Münden, dont nous avons à regretter l'absence. M. Jolyet, d'ailleurs, avait consulté cet ouvrage qu'il examine dans le rapport dont vous avez entendu la lecture.

La parole est à M. Henry, professeur à l'École nationale des Eaux et Forêts, pour une communication relative à l'« Influence des forêts sur les eaux souterraines dans les régions de plaines ».

[1] Sonderabdruck aus : Münderer forstliche Hefte, herausgeben von W. Weise (Verlag von Julius Springer in Berlin).

M. Henry. Il est tout d'abord essentiel de bien préciser la question actuellement soumise à la discussion du Congrès.

L'influence des forêts dans les régions de plaines et sur des sols identiques par leur composition minéralogique, leur perméabilité, l'allure de leurs nappes souterraines est seule en cause ici.

Elle est sûrement différente de ce qu'elle est dans les régions montagneuses. Ainsi il est incontestable et, je crois, incontesté que les forêts de montagnes favorisent, en général, la production des sources. Les exemples abondent de sources qui ont tari après des coupes ou des déboisements et qui ont reparu avec la forêt. Sans qu'on puisse se vanter d'avoir en main toutes les données si complexes des relations entre les eaux et les forêts de montagnes, tout en reconnaissant même qu'on ne les aura peut-être jamais, tant les circonstances de composition et d'allures des couches du sol et du sous-sol, de l'écoulement des nappes souterraines, de la répartition et de l'intensité, soit des précipitations atmosphériques, soit de la température, soit des vents, soit de l'évaporation, sont variables non seulement d'un lieu à un autre, mais dans un même lieu suivant les années, on voit de suite deux des causes principales de la différence entre les forêts de la plaine et celles de la montagne au point de vue des eaux.

Les montagnes boisées attirent les pluies ; c'est là où les précipitations atmosphériques atteignent leur maximum ; c'est là où sont les grands réservoirs d'eau ; c'est là où se concentrent presque toutes les sources ; les forêts placées sur les montagnes, notamment sur celles dont la direction est perpendiculaire à celle des vents humides dominants, déterminent la précipitation de la plus grande partie de la vapeur d'eau qu'ils contiennent ; il suffit de jeter les yeux sur la carte pluviométrique de la France pour en être convaincu. Les montagnes nues, chauves, n'ont à cet égard qu'une action très faible ; c'est ce que montrent d'une manière frappante les contrées qui bordent l'Adriatique et une partie de la Méditerranée et qui sont connues pour leur sécheresse. Il manque à ces montagnes qui n'ont pas de forêt le moyen de refroidir l'air et d'amener ainsi la vapeur d'eau qu'il contient à son point de saturation. Le sol nu que le soleil pénètre aux expositions de l'Ouest et du Sud-Ouest d'une chaleur intense ne possède certes pas cette propriété [1]. La forêt de plaine exerce aussi, comme nous allons voir, une attraction sur les pluies, mais à un moindre degré, on le comprend. Donc déjà, grâce à la forêt et toutes choses égales d'ail-

[1] Voir *Der Wald und die Hochwassergefahr* par B. A. Bargmann, Munich, 1900, p. 7.

leurs, il pleut ou il neige *beaucoup plus* sur les montagnes boisées que sur les montagnes nues. Malheureusement, nous n'avons pas de chiffres à citer.

Une seconde différence consiste dans l'énorme diminution sur les montagnes boisées de la *fraction de ruissellement* comparée à ce qu'elle est sur les mêmes pentes nues. Ces eaux de ruissellement dues soit à la chute des pluies, soit à la fonte rapide des neiges, et dont le volume, très variable avec une foule de circonstances, est *toujours considérable*, sont *presque supprimées* par la présence de la forêt, comme on le sait. La fraction de ruissellement pour le bassin de la Durance, à Mirabeau, s'est élevée lors des trois crues exceptionnelles de 1882, octobre et novembre 1886, à 0,33, 0,39 et 0,42, donc à plus du tiers de l'eau tombée (*Imbeaux*). Elle peut, dit M. Ney (*Der Wald und die Quellen*), selon la raideur des pentes et l'abondance des pluies violentes, atteindre 40 à 50 p. 100 de la tranche pluviale. Les eaux, au lieu de se précipiter dans le thalweg en provoquant des inondations subites et désastreuses, pénètrent lentement dans la couverture et dans le sol qu'elles imbibent profondément, et le gain résultant du surplus des pluies et de la diminution du ruissellement l'emporte, comme le démontrent les sources, sur la perte d'humidité provoquée dans le sol par la transpiration des massifs boisés. Cette perte par transpiration est toujours très importante ; mais, dans les forêts montagneuses où la saison de végétation est courte, elle est réduite à son minimum : le taux de cendres des arbres ou des herbages des hautes altitudes n'est que la moitié ou le tiers de celui des plaines basses, montrant ainsi que les arbres ou les herbages n'ont charrié que la moitié ou le tiers de l'eau qui a passé dans les végétaux des plaines.

Donc, sans insister davantage, laissons complètement de côté la question si complexe de l'eau et de la forêt en montagne pour nous borner tout d'abord au cas le plus simple, celui des relations entre la forêt et l'eau dans les plaines. La logique indique que cette marche du simple au composé, toujours recommandée dans l'étude des sujets compliqués, est la plus propre à éclaircir cette grande question si controversée et dont les apparentes contradictions disparaîtront peut-être devant un examen attentif des conditions qui régissent le phénomène.

A. *Humidité du sol forestier et du sol nu.* — Dans les régions de plaine où il n'y a pas de ruissellement, l'eau qui n'est pas évaporée à la surface du sol pénètre dans ses interstices ; une fraction est retenue par les particules de terre et d'humus sous forme d'eau d'imbibition ; une autre est absorbée par les racines pour les besoins de la nutrition et de la transpiration ; le surplus s'écoule dans les profondeurs pour alimenter la nappe souterraine.

La lame d'eau qui arrive au sol sous une forêt feuillue, à Nancy du moins, est à peu près de même épaisseur que celle que reçoit le sol nu voisin ; car, s'il tombe, d'après les observations faites à Nancy *pendant trente ans* (1867-1895), 15 centimètres de plus sur la forêt, il arrive au sol, d'après les mêmes observations, 15 centimètres de moins qui sont retenus ou évaporés par le dôme de feuillage.

Comme, d'autre part, l'évaporation sous bois est, sans qu'on puisse malheureusement donner de chiffres précis, *bien moindre* que l'évaporation d'un sol nu voisin et que cette évaporation forme une part notable de la lame annuelle, *la moitié* à Paris, d'après Marié-Davy, les 4/5 à Orange, d'après Gasparin, il s'ensuit qu'à texture et composition égales le sol forestier devrait renfermer plus d'eau que le sol nu voisin.

Or c'est constamment l'inverse qui se présente pendant la saison de végétation, si l'on considère une tranche de 5 à 6 mètres d'épaisseur par exemple, d'après les recherches faites jusqu'alors pour éclaircir ce point capital devenu notion vulgaire dans d'autres pays, tels que l'Allemagne, l'Autriche et la Russie, mais qui heurte encore les idées reçues dans notre pays où l'on s'est jusqu'ici borné à la comparaison de l'humidité superficielle, bien plus grande en effet en forêt qu'en plein champ.

Recherches allemandes. — Le célèbre professeur de Munich, Ébermayer, s'occupe depuis 30 ans de cette question ; dans un article fort important qui remonte à 1889 [1], il donne les conclusions auxquelles l'ont conduit ses longues études.

«Il ne faudrait pas conclure, dit-il, des recherches susmentionnées (celles de 1868-1869) qu'un sol forestier est, à une grande profondeur, plus humide qu'en terrain non boisé, comme cela est vrai pour la surface, et que la forêt exerce, par conséquent, une grande influence sur la richesse d'une contrée au point de vue du nombre et du débit des sources. Je m'étais moi-même laissé entraîner à cette opinion lorsque j'ai écrit mon

---

[1] Cet article *Einfluss des Waldes und der Bestandesdichte auf die Bodenfeuchtigkeit und auf die Sickerwassermengen* a paru dans l'*Allgemeine Forst-und Jagd Zeitung* de janvier 1889. Il a été traduit par M. Reuss, inspecteur des Forêts, dans les *Annales de la Science agronomique française et étrangère*, 1889. T. I., p. 424-454.

livre précité[1] ; mais je vois aujourd'hui, d'après mes nouvelles recherches, que les conclusions formulées alors n'étaient valables que pour un sol dégarni de végétation, abrité contre le vent et pourvu d'une couverture morte (feuilles, mousse), *et non pour un sol forestier*. Les arbres, en effet, grâce aux innombrables filaments de leur chevelu, absorbent tous les jours, pendant la saison de végétation, une si grande quantité d'eau, que, dans la région occupée par les racines, le sol est plus sec que ne l'est à la profondeur correspondante un champ de même constitution minéralogique. »

Il n'y a qu'à jeter les yeux sur le tableau ci-après pour se convaincre que :

1° le sol forestier s'est montré, à 40 centimètres et à 80 centimètres pendant toute l'année, sensiblement plus sec que le sol nu à même profondeur. Il n'y a d'exception que pour le mois de janvier où, en général, le taux d'eau du sol sous bois est un peu plus élevé qu'en plein champ et pour le sol du peuplement d'épicéas exploitables (120 ans), qui, à 80 centimètres du moins, est souvent un peu plus humide que le sol nu ;

2° C'est le peuplement d'âge moyen (*perchis*) qui, été comme hiver, assèche le plus le sol ; vient ensuite le jeune peuplement (*gaulis*) qui, trop serré, végétant mal, a soutiré du sol moins d'eau que le perchis ; le peuplement exploitable en a pris moins encore, et son taux d'eau à 80 centimètres se rapproche beaucoup de celui de la place nue, non plantée, qui est demeurée la plus humide ;

3° C'est, comme on devait s'y attendre, dans la période de végétation et pour la profondeur de 40 centimètres que les différences entre le sol boisé et le sol nu sont le plus accusées ; elles sont respectivement de 6, 1, de 4, 5 et de 2, 8 p. 100 du sol humide, suivant que l'on considère le peuplement d'âge moyen, le jeune ou le vieux ; elles deviennent 5, 4 et 1, 5 si l'on réunit les deux zones de 40 centimètres et de 80 centimètres.

[1] *Die physikalischen Einwirkungen des Waldes auf Luft und Boden* 1873, p. 10 et p. 215.

Tableau A.

TENEUR EN EAU D'UN LEHM COMPACT (BRUCK, HAUTE-BAVIÈRE).
MOYENNES TIRÉES D'OBSERVATIONS AYANT EU LIEU 4 À 5 FOIS PAR MOIS.

DATES.	JEUNE PEUPLEMENT D'ÉPICÉAS (25 ans)		PEUPLEMENT D'ÉPICÉAS D'ÂGE MOYEN (60 ans)		PEUPLEMENT D'ÉPICÉAS EXPLOITABLES (190 ans)		SOL NON PLANTÉ EN RASE CAMPAGNE	
	à 40cm.	à 80cm.	à 40cm.	à 80cm.	à 40cm.	à 80cm.	à 40cm.	à 80cm.
Période de végétation.								
Mai 1885......	17,50	18,24	13,83	14,72	17,62	19,92	20,17	21,24
Juin 1885.....	13,95	16,93	13,64	16,17	17,07	21,45*	19,50	18,64
Juillet 1884....	14,84	16,27	15,09	17,32	19,07	21,00*	20,86	20,87
Août 1884.....	16,52	17,26	14,53	17,59	17,20	20,27	19,55	20,44
Septembre 1884.	14,74	16,26	12,54	17,17	15,00	19,23	19,97	21,11
MOYENNES....	15,51	16,99	13,92	16,59	17,19	20,37	20,01	20,46
	16,25		15,25		18,78		20,24	
Période de repos.								
Novembre 1884.	18,59	18,75	14,53	16,07	14,56	19,73	20,09	19,96
Janvier 1885...	19,98*	17,78	20,03*	19,02*	19,49*	22,70*	19,41	18,97
Février 1885...	20,48	16,23	16,09	16,50	20,02	22,18*	20,52	20,50
Mars 1885.....	20,30	18,07	17,01	16,88	18,75	21,76*	20,77	20,29
Avril 1885.....	18,05	17,75	15,02	17.16	16,03	20,83*	21,05	20,00
MOYENNES....	19,48	17,72	16,54	17,12	17,77	21,44	20,37	19,94
	18,20		16,83		19,60		20,15	

Il est facile de se rendre compte de l'énorme volume d'eau que représente l'écart annuel $\frac{20,24 + 20,15}{2} - \frac{15,25 + 16,83}{2} = 4,16$ p. 100 dans les taux d'humidité moyens du sol sous le perchis et du sol nu. D'après les recherches d'Ébermayer, cette diminution s'accuse dès la profondeur de 20 centimètres; la marche de l'humidité est donc connue sur une tranche de 60 centimètres. En supposant que cette couche de 60 centimètres d'épaisseur pèse 1,400 kilogrammes par mètre cube, ce qui est à peu près le poids moyen des sols, les 4,16 p. 100 d'humidité en moins correspondent à une diminution de 350 mètres cubes par hectare dans cette zone comme moyenne de toute l'année ;

4° Si l'on compare les taux d'humidité à 40 centimètres et à 80 centimètres aux mêmes lieux et aux mêmes dates, on voit que, dans la période de végétation, c'est toujours la zone profonde qui est la plus humide, même pour le sol nu où les différences sont, du reste, bien plus faibles. Le maximum d'asséchement de la zone superficielle correspond au mois de septembre. Puis, avec l'arrêt de la végétation et la chute des feuilles, surviennent les pluies d'octobre et de novembre ; l'imbibition commence et, dès lors, dans les quatre premiers mois de l'année, la zone située à 40 centimètres est généralement plus humide que la zone à 80 centimètres, non encore imbibée, qu'il s'agisse de la forêt ou du sol nu.

Dans ce même travail, Ébermayer étudie la distribution de l'humidité d'une façon plus méthodique depuis la surface jusqu'à 80 centimètres de profondeur, dans les zones de 0 à 5 centimètres, de 15 à 20 centimètres, de 30 à 35 centimètres, de 45 à 50 centimètres et de 75 à 80 centimètres. Il a opéré sur les quatre emplacements déjà indiqués et récapitule dans un tableau les résultats trouvés pour chacun des mois de l'année juillet 1885 à juin 1886. Nous nous contenterons de donner ici les moyennes obtenues :

TABLEAU B.

PROFONDEUR EN CENTIMÈTRES.	GAULIS (25 ans).		PERCHIS (60 ans).		VIEILLE FUTAIE (120 ans).		SOL NU.	
	1885	1886	1885	1886	1885	1886	1885	1886
0 – 5........	22,45	39,42	21,50	37,46	34,84	45,81	20,25	24,42
15 – 20......	17,63	20,76	16,52	21,47	18,67	19,93	20,23	21,02
30 – 35......	17,18	20,43	15,40	16,75	17,79	18,78	19,99	21,09
45 – 50......	17,33	19,47	15,81	16,72	19,74	20,59	19,98	20,30
75 – 80......	17,58	18,25	18,01	17,75	20,92	21,30	20,54	20,54

Ce tableau montre nettement qu'en forêt les couches superficielles sont sensiblement plus humides que les mêmes couches dans un champ dépourvu de végétation ; mais, dès qu'on arrive à 15 centimètres au-dessous de la surface, c'est le contraire qui a lieu.

Ce fait de la plus grande humidité superficielle des sols forestiers est vulgaire : il suffit d'être entré une fois en forêt pour en être convaincu. C'est lui qui rend sans doute quelques esprits réfractaires à la vérité : frappés de ce qu'ils voient, ils ne veulent pas croire à ce qu'ils ne voient pas.

En mettant les choses au mieux, c'est-à-dire en admettant que la zone de 0 à 5 centimètres conserve jusqu'à 15 centimètres, limite supérieure de la zone suivante, la même humidité, son taux moyen annuel, pour le peuplement d'épicéas de 60 ans dont il vient déjà d'être question, s'élève à $\frac{21,50 + 37,46}{2} = 29,48$ et, pour le sol nu, à $\frac{20,25 + 24,42}{2} = 22,33$, soit à 7 p. 100 de plus en forêt, ce qui, toujours au poids de 1,400 kilogr. le mètre cube, donne 147 mètres cubes d'eau à l'hectare. Ce n'est même pas la moitié du chiffre (350 mètres cubes) trouvé pour le déficit annuel dans la zone de 20 centimètres à 80 centimètres sous les épicéas d'âge moyen.

Donc, d'après les résultats d'Ebermayer, le sol forestier demeure toute l'année plus sec qu'un sol nu voisin et identique, au moins pendant toute la période d'active végétation de la forêt, pendant le premier siècle, par exemple.

Recherches russes. — 1° Pendant l'été de 1881, dans le parc de l'École forestière de Saint-Pétersbourg, M. Vermicheff fit, sous la direction du professeur Kostytcheff, des observations parallèles sur l'humidité du sol dans la forêt et dans un champ garni de plantes herbacées. Les échantillons furent pris dans des conditions identiques de sol (c'était du sable), de relief, etc., à 5 niveaux : de 0 à 8, de 8 à 25, de 25 à 40, de 40 à 58 et de 58 à 75 centimètres.

Le tableau ci-dessous donne les quantités *moyennes* d'humidité contenues dans les 75 premiers centimètres du sol :

Tableau C.

DATES.	CHÊNES (8 ans).		PINS (9 ans).		PEUPLE-MENT MÉLANGÉ.		PINS (40 ans).		SAPINS (50 ans).		PINS (40-50 ans).	
	FORÊT.	CHAMP.	FORÊT.	CHAMP.	FORÊT.	CHAMP.	FORÊT.	CHAMP.	FORÊT.	CHAMP.	FORÊT.	CHAMP.
	p. 100.	p. 100.	p. 100.	p. 100.	p. 100.	p. 100.	p. 100.	p. 100.	p. 100.	p. 100.	p. 100.	p. 100.
9 juin 1881.	14	12	14.65	17.27	17.18	//	//	//	//	//	//	//
16 juin 1881.	//	//	//	//	//	//	3.38	5.52	8.03	10.53	//	//
28 juin 1881.	//	//	//	//	//	//	//	//	10.01	14.13	//	//
29 juin 1881.	//	//	//	//	//	//	5.31	7.37	//	//	//	//
15 juillet 1881.	18.52	20.20	17.44	17.03	//	//	//	//	//	//	//	//

TABLEAU C (*Suite.*)

DATES.	CHÊNES (8 ans).		PINS (9 ans).		PEUPLEMENT MÉLANGÉ.		PINS (40 ans.)		SAPINS (50 ans).		PINS (40-50 ans).	
	FORÊT.	CHAMP.	FORÊT.	CHAMP.	FORÊT.	CHAMP.	FORÊT.	CHAMP.	FORÊT.	CHAMP.	FORÊT.	CHAMP.
	p. 100.	p. 100.	p. 100.	p. 100.	p. 100.	p. 100.	p. 100.	p. 100.	p. 100.	p. 100.	p. 100.	p. 100.
5 août 1881.	//	//	//	//	//	//	2.59	5.17	8.02	10.46	//	//
6 août 1881.	//	//	//	//	//	//	//	//	7.23	10.07	//	//
8 août 1881.	11.41	13.39	14.72	15.48	//	//	//	//	//	//	2.85	3.78
13 août 1881.	//	//	//	//	//	//	//	//	//	//	3.58	3.41
7 sept. 1881.	15.84	15.72	//	//	//	//	//	//	//	//	3.53	4.82
11 sept. 1881.	//	//	//	//	9.05	10.04	//	//	//	//	2.67	3.27
13 sept. 1881.	//	//	//	//	//	//	2.35	4.44	6.11	8.16	//	//
14 sept. 1881.	//	//	13.42	14.83	//	//	//	//	//	//	//	//

L'influence *asséchante de la forêt est évidente et d'autant plus forte que le peuplement est plus âgé, du moins jusqu'à 50 ans, âge maximum des peuplements où ont été faites les déterminations.* Les différences seraient plus accusées si l'on avait comparé la forêt avec le sol nu et non avec un champ garni d'herbes qui assèchent aussi le sol, comme le montrent les chiffres suivants relatifs aux observations du 29 juin faites en même temps dans un massif de pins de 40 ans (A), dans le champ garni d'herbes (B) et dans un sol nu (C) :

TABLEAU D [1].

PROFONDEUR EN CENTIMÈTRES.	A.	B.	C.
0 – 8......................	11,03	10,73	8,18
8 – 25.....................	6,50	7,35	7,62
25 – 40....................	3,24	2,36	5,51
40 – 58....................	3,06	3,83	5,02
58 – 75....................	3,29	8,69	4,83

[1] A. VERMICHEFF, *Influence des forêts sur l'humidité du sol.* (Économie rurale et forestière), journal mensuel, 1882, CXXXIX, p. 261-295.

2° Dans tout le cours des deux années 1891 et 1892, M. Khramoff [1] étudia l'humidité du sol simultanément et parallèlement dans la steppe et dans la forêt de Véliko-Anadol (gouvernement d'Ékaterinoslav). Malgré la quantité double de neige dans la forêt, malgré la diminution de l'évaporation et d'autres conditions favorables à l'humectation du sol forestier, l'humidité y est moindre que dans la steppe en été pour les couches profondes (71 centimètres); elle est au contraire plus forte, comme on l'a déjà vu, pour les 10 premiers centimètres. Voici les quantités d'eau trouvées exprimées en pour cent du poids humide :

TABLEAU E.

PROFONDEUR en CENTIMÈTRES.	AVRIL.		MAI.		JUIN.		JUILLET.		AOUT.		SEPTEMBRE.	
	FORÊT.	STEPPE.	FORÊT.	STEPPE.	FORÊT.	STEPPE.	FORÊT.	STEPPE.	FORÊT.	STEPPE.	FORÊT.	STEPPE.
à 9	24,34	23,80	22,46	20,23	16,14	14,64	14,57	12,63	16,60	13,18	16,88	15,99
à 71	18,45	15,01	18,22	17,41	13,04	15,92	12,16	14,30	12,28	13,85	12,01	13,68

3° M. Ismaïlsky a fait, pendant huit ans, des observations systématiques relatives à l'influence des cultures sur l'humidité du sol dans le gouvernement de Poltava; il a notamment déterminé l'humidité jusqu'à 2 mètres de profondeur, en même temps dans une vieille forêt de chênes, dans un champ de betteraves et dans une steppe herbeuse situés tous trois à peu de distance l'un de l'autre et dans les mêmes conditions géologiques, tchernozem à la surface et löss en dessous. Voici les chiffres trouvés pour l'été de 1890 :

TABLEAU F.

PROFONDEUR EN CENTIMÈTRES.	19 AOÛT 1890.			4 JUIN 1890.		
	FORÊT DE CHÊNE.	BETTERAVES.	STEPPE HERBEUSE.	FORÊT DE CHÊNE.	BETTERAVES.	STEPPE HERBEUSE.
0 - 9	19,18	21,39	16,70	15,05	9,18	6,31
9 - 78	15,83	22,58	12,53	13,16	11,60	9,56
18 - 36	16,31	19,11	12,11	13,91	12,97	9,99

[1] S. Khramoff, Sur l'humidité du sol dans la forêt de Véliko-Anadol. (Journal forestier), 1893 2ᵉ livr., p. 140-146. La forêt est un peuplement de 15 ans.

Tableau F. (*Suite.*)

PROFONDEUR EN CENTIMÈTRES.	19 AOÛT 1890.			4 JUIN 1800.		
	FORÊT DE CHÊNE.	BETTERAVES.	STEPPE HERBEUSE.	FORÊT DE CHÊNE.	BETTERAVES.	STEPPE HERBEUSE.
36 – 54........	16,19	19,06	12,80	13,14	13,89	11,37
54 – 72........	16,86	17,29	12,87	12,02	14,15	11,13
72 – 90........	15,27	15,37	13,32	11,97	14,33	11,31
90 – 108......	14,39	17,29	13,69	10,13	14,71	11,92
108 – 126......	13,94	16,28	14,11	9	14,12	12,55
126 – 144......	12,81	16,19	15,45	8,85	14,61	12,71
144 – 162......	12,76	16,57	14,17	8,34	15,01	12,77
162 – 180......	12,57	16,55	15,24	8,79	15,64	13,01
180 – 198......	11,73	16,79	15,79	9,48	15,89	13,90
198 – 216......	10,93	16,56	15,88	9,76	16,05	14,68

Ces chiffres montrent *qu'ici comme partout, sans exception, les couches supérieures du sol sont plus humides en forêt qu'en terrain découvert; c'est le contraire pour les couches profondes.*

La nature des cultures influe donc très nettement sur la répartition de l'humidité. De ses observations faites avec exactitude pendant huit ans, l'auteur conclut «*qu'aucun sol n'est aussi sec que celui de la forêt et qu'il faut considérer ce fait comme général dans nos forêts de la steppe*[1]».

4° Dans l'été de 1891, M. Bliznin[2] a entrepris des observations comparées sur l'humidité du sol dans la forêt Noire, à 108 mètres du bord et dans les champs environnants, à 135 mètres de la forêt, sur un emplacement horizontal et normal. *Les déterminations, faites à trois reprises jusqu'à 1 m. 50 de profondeur, ont montré que les couches supérieures du sol forestier sont plus humides que celles des champs cultivés et que les couches inférieures sont, au contraire, plus sèches.*

[1] A. ISMAÏLSKY, *Humidité du sol et Eaux souterraines en rapport avec le relief de la contrée et la culture du sol.* Poltava, 1894.

[2] M. BLIGNIN, «Sur l'humidité du sol dans la forêt et dans les champs», 1892, *Bulletin météorologique*, n° 7, p. 269-273.

Les points où ont eu lieu les prélèvements ont été choisis de telle façon, affirme M. Bliznin, que la différence d'humidité ne peut être attribuée qu'à l'influence de la végétation.

Tableau G.

PROFONDEUR. EN CENTIMÈTRES.	TAUX D'HUMIDITÉ.					
	FORÊT DE 30 ANS.			CHAMP DE BLÉ.		
	17 MAI.	22 JUIN.	23 JUILLET.	17 MAI.	22 JUIN.	23 JUILLET.
0 – 30......	17,2	14,4	17,5	10,3	10,4	19,9
30 – 60......	17,5	13,8	13,0	15,6	11,7	18,3
60 – 90......	18,4	14,6	11,6	16,2	12,3	12,2
90 – 120......	18,5	14,6	11,1	16,2	13,5	11,1
120 – 150......	15,5	14,4	11,8	17,1	15,4	12,9

5° Le Département forestier de Russie a organisé en 1892 une expédition placée sous la direction du professeur Dokoutchaïef et chargée de l'étude méthodique approfondie du sol et du climat des steppes. Cette mission a déjà publié une remarquable série de travaux qui se distinguent par leur rigueur scientifique et méritent toute confiance; désireuse d'élucider complètement l'influence des forêts sur l'humidité du sol et sur la nappe souterraine, elle a établi des observations régulières sur l'humidité du sol sous la forêt et sous la steppe, pendant toute l'année, dans les gouvernements de Voronej (forêt Khrenoff et forêt Chipoff) et d'Ekaterinoslaw (forêt de Veliko-Anadol).

Le résumé ci-après des observations faites sur ce dernier point confirme encore les résultats précédents.

Tableau H.

PROFONDEUR.	DÉCEMBRE 1892. FORÊT.	STEPPE.	JANVIER 1893. FORÊT.	STEPPE.	MARS 1893. FORÊT.	STEPPE.	AVRIL 1893. FORÊT.	STEPPE.	MAI 1893. FORÊT.	STEPPE.	JUIN 1893. FORÊT.	STEPPE.	JUILLET 1893. FORÊT.	STEPPE.	AOÛT 1893. FORÊT.	STEPPE.
Surface.......	3o.8	35,4	32,7	27,3	38,1	32,7	3o,3	15,0	24,1	3o,6	28,8	25,4	27,5	5,7	14,3	8,6
0ᵐ10..........	27,6	28,6	25,1	27,1	3o,3	31,9	26,7	26,2	24,5	29,7	24,8	23,2	20,7	19,2	18,1	18,7
0 25..........	25,0	23,6	25,3	24,9	26,0	3o,1	26,0	24,8	24,5	26,9	23,2	21,3	20,3	19,8	16,8	19,6
0 5o..........	19,7	17,6	22,6	22,5	22,9	23,4	22,0	22,3	22,2	24,3	20,4	20,5	19,8	16,7	16,4	15,5
0 75..........	15,5	16,3	15,1	19,7	19,0	17,7	21,0	20,9	21,7	21,9	19,8	19,7	19,0	16,2	16,0	16,0
1 00..........	14,1	14,3	13,8	14,5	17,0	15,4	18,0	18,8	19,0	20,4	17,8	18,0	17,1	17,1	15,1	15,9
1 25..........	13,6	14,9	13,0	14,8	17,6	13,2	18,1	18,0	12,7	18,3	17,3	17,2	16,6	16,9	15,1	15,4
1 5o..........	12,9	13,7	13,7	15,6	12,5	13,7	16,7	18,9	18,0	18,2	16,9	16,8	16,4	16,5	14,4	15,8
1 75..........	13,2	15,4	13,3	"	"	14,0	16,6	18,0	18,1	17,7	"	"	"	"	13,5	"
2 00..........	12,3	14,3	13,2	"	"	15,7	15,9	17,4	17,3	17,7	"	"	"	"	14,3	"
2 25..........	12,5	16,5	12,9	"	"	16,1	12,3	17,3	15,3	17,3	"	"	"	"	14,6	"
2 5o..........	12,1	17,4	13,2	"	"	16,0	12,3	17,2	15,3	17,6	"	"	"	"	14,1	"
2 75..........	16,6	18,1	12,8	"	"	16,7	13,6	16,6	16,7	17,6	"	"	"	"	12,2	"
3 00..........	11,7	18,3	13,2	"	"	"	12,8	15,3	11,8	17,1	"	"	"	"	12,3	"

6° M. Vyssotzky a publié, dans le journal russe *La Pédologie* (1899, n° 3), un travail[1] sur l'humidité du sol et du sous-sol dans les steppes boisées ou nues de Veliko-Anadol (gouv. d'Ekaterinoslav), d'où nous extrayons les données et les conclusions suivantes :

Tableau I.

PROFONDEUR.	HUMIDITÉ RAPPORTÉE AU POIDS DU SOL HUMIDE. (OCTOBRE 1892.)			
	FORÊT.	STEPPE HERBEUSE.	CHAMP DE BLÉ.	JACHÈRE.
SOL { Surface..............	13,9	5,6	9,7	3,5
0ᵐ10................	15,5	11,0	13,2	17,9
0 25................	15,6	14,3	15,5	19,5
0 50................	15,1	14,9	15,4	19,6
0 75................	//	//	15,8	20,0
SOUS-SOL { 1ᵐ00..............	12,9	13,8	14,8	19,6
1 50................	12,9	14,4	14,6	17,2
2 00................	12,4	15,0	15,3	16,3
Épaisseur de la lame d'eau existant dans cette couche de 2 mètres.................	456 mm	473 mm	505 mm	641 mm

« Les quatre points où ont eu lieu les déterminations étaient voisins, dit M. Vyssotzky, et absolument comparables. La forêt consiste en un massif serré de frênes et d'érables, âgé de 28 ans, sans couverture vivante. Ces moyennes sont très caractéristiques et très exactes. On en déduit que :

« 1° La surface du sol se dessèche le plus quand elle est nue (jachère), puis là où la végétation est fauchée de bonne heure (steppe herbeuse); vient ensuite le champ de blé fauché plus tard, et enfin la forêt;

« 2° Le sol (jusqu'à 0 m. 75) est le plus sec sous la forêt, puis sous la steppe herbeuse; puis vient le champ de blé; c'est sous la forêt et la jachère que le sol est le plus humide;

« 3° Le sous-sol (au-dessous de 0 m. 75) est le plus sec sous la forêt, puis sous la steppe herbeuse, et son maximum d'humidité se trouve sous la jachère où, dans une tranche de sol de 2 mètres, l'eau existant en octobre 1892 formait une lame de 641 millimètres d'épaisseur, tandis que,

[1] La traduction française de cet article a paru dans les *Annales de la Science agronomique française et étrangère*, 1900, t. II, p. 120-138.

sous la forèt, cette lame n'atteignait que 456 millimètres; cette différence correspond à un excédent de 1,850 mètres cubes d'eau par hectare sous la jachère dans cette tranche de 2 mètres...

« Pour éviter autant que possible les particularités propres à chaque année et me rapprocher de la moyenne véritable, je donne, dans le tableau suivant, *les moyennes de cinq années* (1893-1897), du mois de mai (humidité maxima) et du mois d'octobre (humidité minima), pour le sol et le sous-sol de la forêt et de la steppe herbeuse :

TABLEAU K.

PROFONDEUR.	HUMIDITÉ RAPPORTÉE AU POIDS DU SOL HUMIDE.			
	FORÊT.		STEPPE HERBEUSE.	
	MAI.	OCTOBRE.	MAI.	OCTOBRE.
Surface..................	25,2	18,2	21,8	11,5
0m10....................	24,6	18,3	24,1	18,1
0 25....................	24,4	17,8	22,8	16,9
0 50....................	22,4	16,2	21,3	19,2
0 75....................	20,0	15,9	19,0	15,8
1 00....................	18,3	14,8	18,2	15,4
1 25....................	17,8	14,1	17,1	14,7
1 50....................	17,0	13,6	16,3	14,5
1 75....................	16,7	//	15,8	//
2 00....................	15,6	13,6	15,7	13,1
2 25....................	//	13,0	15,9	15,0
2 50....................	14,8	13,3	16,7	15,1
2 75....................	15,4	12,9	16,6	15,2
3 00....................	14,1	12,8	16,5	15,2
3 25....................	15,3	13,3	15,8	15,1
3 50....................	16,5	13,4	15,9	16,0
3 75....................	15,2	13,2	16,7	16,0
4 00....................	12,6	13,0	16,8	//
4 25....................	11,3	13,0	16,1	17,7
4 50....................	11,2	12,8	16,4	14,5
4 75....................	11,1	11,3	16,2	17,1
5 00....................	11,0	12,7	16,1	15,6
5 25....................	11,9	//	16,6	15,9
5 50....................	10,9	12,5	//	15,7
5 75....................	11,9	//	//	15,8
6 00....................	//	12,8	//	//

22.

« . . . Ainsi *l'action fortement desséchante qu'exercent sur le sous-sol les forêts à massif serré* et qui surpasse de beaucoup le desséchement produit dans les steppes couvertes d'herbes ou dans les champs cultivés devient un fait absolument évident, au même titre que *l'action conservatrice de la jachère sur l'humidité du sol.* Ce desséchement du sous-sol par la forêt dans les endroits où les eaux souterraines sont suffisamment éloignées est si accusé, que, malgré la perte insignifiante par l'évaporation du sol forestier de l'humidité provenant des précipitations de l'hiver et du printemps en comparaison avec l'évaporation si intense des steppes, *même au printemps la provision générale d'humidité sous la forêt est beaucoup plus basse que sous la steppe.* » (Vyssetzky.)

Tandis qu'en Lorraine il y a en moyenne 150 jours de pluie par an, donnant une lame d'eau de 600 millimètres, dans la Russie orientale, à Kazan, limite septentrionale du tchernozem, où ont lieu les recherches de Vyssotzky, il n'y a que 90 jours de pluie, avec 330 millimètres de pluie ou neige. Puisqu'il y a, toujours d'après l'auteur que nous citons, une couche, qu'il appelle *morte,* où ne pénètrent jamais les précipitations atmosphériques et où le taux d'eau reste constamment le même; puisque, d'autre part, il est certain que l'évaporation est bien plus intense en sol nu que sous la forêt, il semble qu'on ne peut se dispenser de conclure de ce fait : « *La provision générale d'humidité sous la forêt est beaucoup plus basse que sous la steppe* », que *la forêt évapore plus que la végétation herbacée.*

7° Les derniers résultats russes relatifs à cette question ont été publiés tout récemment dans le n° 2 de l'année 1900 du journal russe *La Pédologie.* Ils ont trait à la forêt Chipoff, située dans le gouvernement de Voronej et déjà étudiée par Ototzky au point de vue du niveau des eaux souterraines. Voici textuellement comment l'auteur, M. Morosoff, résume en français ses conclusions à la fin de l'article russe :

« *Résumé.* L'auteur fit, durant 1899, des recherches systématiques sur l'humidité du sol dans la forêt Chipoff. Il détermina l'humidité de six horizons du sol jusqu'à la profondeur de 2 mètres, dans une vieille forêt de chênes, dans une jeune forêt, dans un taillis et dans la steppe tout à la fois. Il fut constaté que, dans les forêts et les endroits ombragés, l'humidité de la couche supérieure du sol jusqu'à la profondeur de 10-20 centimètres est plus considérable que dans les emplacements libres; mais, en revanche, les couches inférieures sont moins humides sous bois que dans la steppe voisine. Les recherches dans la clairière et dans la forêt démontrèrent que l'humidité de l'horizon supérieur du sol augmente dans la direction du centre de la clairière à la forêt, tandis que les couches plus profondes deviennent plus sèches. Cela dépend de la forte transpiration du bois. Les sols des lisières orientales et méridionales étaient plus humides que ceux du nord et de l'ouest. »

Il résulte avec la dernière évidence de cet ensemble imposant de recherches concordantes qu'en Allemagne, Autriche et Russie, les zones superficielles du sol forestier sont plus humides que celles d'un sol nu, mais que les zones profondes sont plus sèches. On ne voit pas pourquoi il n'en serait pas de même en France.

B. Il y a un *deuxième* moyen de se rendre compte de l'influence de la végétation sur l'eau du sol. En Russie, dans la zone du Tchernozem, la végétation utilise toutes les eaux pluviales; on sait que toute la Russie est comprise dans la zone où il ne tombe que de 20 à 60 centimètres de pluie, sauf autour de la Caspienne où la tranche pluviale n'atteint même pas 20 centimètres; il semble que ces eaux aient été insuffisantes pour la végétation forestière, puisque les forêts naturelles font défaut dans cette zone où les récoltes de blé manquent assez souvent par suite de la sécheresse; on est en train d'y faire des boisements pour y attirer la pluie. Mais, dans les régions mieux arrosées, une partie des eaux pluviales s'infiltre pour approvisionner la nappe souterraine. A égales conditions de sol et de climat, le volume de cette *eau d'infiltration* dépendra évidemment de la végétation.

Parmi les essais de détermination de l'eau d'infiltration dans des sols nus ou garnis de végétation, citons seulement ceux de la Station centrale suisse.

M. Buhler a opéré sur deux séries de huit cases, ayant chacune 2 mètres carrés et 1 m. 20 de profondeur.

Les unes furent remplies de tourbe; d'autres, de pierrailles calcaires; d'autres, de sable fin; les dernières enfin, de l'argile du jardin de la Station à Zurich.

Quatre cases furent laissées telles quelles; quatre furent gazonnées; quatre reçurent, en avril 1890, des plants de hêtre de 5 ans; quatre reçurent, à la même époque, des plants d'épicéa.

Voici les conclusions qu'il tire des trois premières années d'expérience[1]:

1° Pendant les trente-six mois qu'a duré l'expérience (de novembre 1891

[1] P. 248 des *Mitteilungen der Schweizerischen Centralanstalt für das forstliche Versuchswesen*, iv° fascicule, Zurich, 1895.

à novembre 1894), il s'est infiltré en moyenne les 58 p. 100 des précipitations atmosphériques.

2° En hiver, presque toute la pluie passe dans les vases des lysimètres. En été, par contre, il ne s'infiltre en sol nu qu'environ 60 p. 100 de la quantité de pluie.

3° L'humus, le calcaire et l'argile rendent en sol nu 71 p. 100 de la pluie à l'état d'eau d'infiltration, et le sable 84 p. 100.

4° *Quand le sol est couvert de gazon, de hêtres ou d'épicéas, l'eau d'infiltration est sensiblement diminuée. Il s'infiltre 33 p. 100 environ de moins que dans les sols nus.*

Ebermayer et Wollny se sont aussi occupés des eaux d'infiltration dans divers sols munis de diverses couvertures vivantes ou mortes[1]. A travers 1 mètre de sol, il ne filtre pas du tout d'eau, ou seulement quelque peu par intermittence si le sol est couvert de trèfle, d'épicéas ou de bouleaux, tandis que, sous le même sol nu, on constate une augmentation continue de l'eau de drainage proportionnellement à la quantité de pluie. Leur volume dépend d'une foule de circonstances[2] et varie dans de larges limites suivant les régions et les sols.

C. Un *troisième* moyen de se rendre compte de l'influence de la végétation sur l'eau du sol est de déterminer sur de vastes surfaces planes jouissant d'un sous-sol, d'un sol et d'un climat identiques les *variations du niveau de la nappe souterraine* et de voir si ces variations, au cas où elles existeraient, ont quelques rapports avec les cultures superficielles.

Dans un article publié par la *Revue des Eaux et Forêts*, j'ai fait connaître, en 1898, les résultats surprenants et remarquablement concordants des sondages russes dans les gouvernements de Kherson, Voronej et Saratow, c'est-à-dire dans la région du tchernozem. La forêt a fait baisser le niveau de la nappe souterraine d'une dizaine de mètres (de 5 mètres à 15 mètres) dans la forêt Chipoff, et les faits constatés dans la forêt Noire (Kherson) sont encore plus étonnants, parce qu'ils montrent l'influence de la forêt, même quand le niveau supérieur des eaux phréatiques est éloigné de la surface de plus de 10 mètres. Sous la forêt, le plan d'eau se trouve, dans la saison de végétation, à 4 ou 5 mètres plus bas que sous la steppe ou sous les champs.

[1] Voir les *Forschungen auf dem Gebiete der Agrikultur physik*, par E. WOLLNY, vol. 11, 12, 13 et 14.

[2] Voir E. RAMANN, *Forstliche Bodenkunde und Standortslehre*, Berlin, 1893, p. 23.

Mais, si, dans ce magnifique domaine du blé où, depuis de longues années, cette céréale cultivée sans engrais donne toujours de très belles récoltes, sauf dans les années de sécheresse, si, dans toute cette région où les pluies sont peu abondantes, la chaleur et l'évaporation assez fortes, la végétation forestière abaisse parfois de 10 mètres le niveau de la nappe d'eau, exerce-t-elle la même action, dans les régions septentrionales, aux environs de Saint-Pétersbourg, par exemple, à 10 degrés de latitude plus au nord, où le climat est plus froid, plus humide et l'évaporation moindre?

C'est le point que la mission Ototzky a voulu vérifier dans sa campagne de 1897. Et voici sa conclusion : «Malgré d'autres conditions physico-géographiques et climatiques (proximité de la surface et abondance des eaux souterraines, climat froid et très humide, etc.), dans les forêts de la zone septentrionale de la Russie j'ai rencontré le même fait que dans les steppes; *partout, dans les forêts étudiées, le premier horizon des eaux souterraines se trouve plus bas que dans le champ voisin.*»

Il semble donc qu'on se trouve en présence d'un fait général pour la Russie. A la suite de la publication en langue française des travaux russes et de l'émotion soulevée dans le public forestier par ces résultats inattendus, l'Administration forestière française résolut de rechercher si les choses se passaient en France comme en Russie, et elle voulut bien me confier cette tâche. Ne pouvant installer ces expériences dans les grandes plaines de sable des environs de Paris qui conviendraient certes le mieux, je dus choisir, aux environs de Nancy, une forêt de plaine assez étendue et croissant sur un sol suffisamment homogène. La forêt domaniale de Moudon, près Lunéville, réalise assez bien ces desiderata. Des trous de sondage ont été forés soit dans les vides (terrains de gardes, champs du pourtour), soit en plein massif. Le nivellement a été fait, et l'examen des variations du plan d'eau prises chaque mois montrera dans un an si la forêt exerce en France sur la nappe phréatique la même action qu'en Russie.

En résumé, nous sommes en présence de trois faits concordants, nettement démontrés et intimement liés :

1° Plus grande sécheresse du sol forestier, sous-sol compris, malgré la plus grande humidité de la surface;

2° Moindre quantité d'eau d'infiltration sous les sols gazonnés ou boisés que sous les sols nus;

3° Abaissement de la nappe phréatique sous la forêt, parfois à plus de 10 mètres au-dessous de son niveau sous la steppe cultivée ou gazonnée

Je laisse à chacun le soin de tirer la conclusion.

« Jusqu'à preuve contraire, disais-je en 1898, et en s'appuyant sur les résultats précédents et d'autres analogues, il semble qu'on puisse affirmer que dans les régions de plaines et, d'une manière générale, partout où il n'y a pas de ruissellement, la forêt contribue moins à l'alimentation de la nappe souterraine que le sol nu, et même que n'importe quelle autre culture. » Ceci a été vérifié pour les pays septentrionaux à faible évaporation (Allemagne, Russie). Il serait intéressant de voir ce qu'il advient dans les pays tropicaux, où l'évaporation est si active en terrain découvert.

D'après les nouvelles recherches russes, cette conclusion est exacte pour toute la Russie; mais, dans une question où jouent un si grand rôle la hauteur et la distribution des pluies, la température, les vents et *surtout l'évaporation*, tous éléments si variables d'un point à un autre et même dans un même lieu, je me garderais bien de l'appliquer à la France avant que l'on puisse l'étayer de données numériques positives.

En tout cas, loin de croire, comme certains esprits, que, si la conclusion provisoire qui vient d'être formulée devait se généraliser, la forêt serait par là privée d'une de ses auréoles, il me semble, au contraire, que son action bienfaisante *comme créatrice des pluies* n'en ressortirait qu'avec plus de netteté et de grandeur et qu'elle s'acquerrait ainsi de nouveaux titres à notre reconnaissance.

Que l'on veuille bien fixer l'attention sur les quatre points suivants *absolument indiscutables*, et la conclusion s'imposera d'elle-même :

1° LA FORÊT ATTIRE LES PLUIES. — « Ce fait établi pour la première fois, écrit M. Ototzky, par l'École forestière de Nancy, est indubitablement et brillamment confirmé, entre autres, par les travaux les plus nouveaux de notre Expédition du Département forestier. » Il a été confirmé non seulement en France et en Russie, mais en Allemagne sur plusieurs points (lande de Lunebourg, forêt de Nuremberg) et jusque dans les Indes.

Mathieu, à Nancy, a trouvé que la tranche pluviale est de 15 centimètres plus épaisse sur la forêt; Ebermayer, en Allemagne, et Blanford, aux Indes, ont constaté que la hauteur de pluie a été en moyenne de 12 p. 100 plus grande en forêt qu'en plein champ.

2° LA FORÊT A UNE PUISSANCE DE TRANSPIRATION CONSIDÉRABLE. — Cette énorme puissance de transpiration est incontestable. On a essayé de la mesurer; mais on ne peut obtenir que des chiffres très variables, puisque l'eau absorbée par un même arbre varie évidemment dans de larges limites d'une année à l'autre, suivant diverses circonstances, dont les principales sont l'abondance et la répartition des pluies, les conditions de température. D'après von Höhnel, qui a continué ses déterminations pendant trois ans consécutifs (1878-1880), un hectare de forêt de hêtres de 115 ans absorbe chaque jour de 25,000 à 30,000 litres d'eau, ce qui correspond à une hauteur de pluie de 2,5 à 3 millimètres par jour ou à 75 à 100 millimètres par mois. En supposant cinq mois de végétation, on obtient une consommation de 4,500 mètres cubes, correspondant à une lame d'eau de 45 centimètres.

Cette énorme puissance de transpiration est prouvée encore de deux autres façons : d'abord par les constatations des météorologistes et des aéronautes. On doit se représenter chaque forêt comme surmontée pendant la période de végétation d'un prisme d'air plus humide et plus froid de plusieurs centaines de mètres de hauteur, et parfois de 1,000 mètres.

La lettre suivante qui m'a été adressée le 21 mai 1900 par le chef de bataillon du génie Renard, sous-directeur de l'Établissement central d'aérostation militaire, est des plus explicites à cet égard : « Le refroidissement, dit M. Renard, — qui fait autorité, on le sait, en matière d'aérostation, — ressenti par les aéronautes en passant au-dessus de massifs boisés d'une certaine étendue, n'a jamais été, à ma connaissance, mesuré au thermomètre; mais il se traduit par une descente bien marquée du ballon. Cette descente ne s'arrête jamais d'elle-même, comme il arrive souvent lorsqu'une cause passagère la produit; elle ne s'enraie qu'après la projection d'une quantité souvent notable de lest.

« Quant à la hauteur à laquelle se fait sentir cette influence, elle varie nécessairement avec l'étendue du massif forestier et peut-être aussi avec l'altitude et la configuration des terrains environnants.

« En tout cas, un fait précis d'expérience est qu'elle a été ressentie par nombre d'aérostiers militaires au-dessus de la forêt d'Orléans [1], le ballon étant à une altitude de 1,000 mètres environ.

« Il paraît démontré par toute la série d'ascensions faites jusqu'ici que l'influence de massifs d'une étendue semblable est sensible jusqu'à une hauteur de 1,500 mètres environ. »

Les forêts jouent donc le rôle de condenseurs comme les montagnes et peuvent, jusqu'à un certain point, suppléer celles-ci dans les régions de

[1] Type des forêts de plaine.

plaines. Ce sont des montagnes artificielles de 1,500 mètres de hauteur.

Les stations météorologiques forestières allemandes et autrichiennes ont montré que l'humidité absolue en forêt et hors forêt était à peu près la même; mais l'humidité relative, la fraction de saturation est plus grande en forêt, parce que l'air y est refroidi par la transpiration des arbres. C'est ce refroidissement sensible jusqu'à 1,500 mètres de hauteur qui détermine la condensation de la vapeur d'eau et la chute de la pluie.

3° LE NIVEAU DES EAUX SOUTERRAINES EST PLUS BAS SOUS LA FORÊT. — Si puissante que soit la forêt, elle ne peut créer l'eau de toutes pièces: il faut qu'elle prenne quelque part cette eau dont l'évaporation se fait sentir jusqu'à une hauteur de 1,500 mètres; elle ne peut la prendre qu'au sol; il faut qu'elle la prenne en plus grande quantité que n'importe quelle autre culture, puisque c'est la forêt seule qui produit cet effet sur les ballons. On ne peut certes invoquer, pour expliquer le fait, la différence d'une cinquantaine de mètres entre la surface d'évaporation de la forêt et celle d'une prairie ou d'un champ; cette différence est absolument insignifiante auprès du rayon d'action de 1,500 mètres dont on vient de parler.

A priori donc, on doit s'attendre à trouver le sol plus sec dans son ensemble sous bois que hors bois.

En effet (et c'est là le troisième point sur lequel je désire attirer l'attention), le pouvoir asséchant de la forêt DANS LES RÉGIONS DE PLAINE est démontré par l'assainissement et l'assèchement des plaines marécageuses, telles que les Landes, la Sologne, les marais Pontins, etc. Son rôle à cet égard est bien connu. Chaque fois que l'on a besoin d'enlever un excès d'eau stagnante, on s'adresse, et jamais en vain, à la végétation forestière. Il est démontré surtout, ce pouvoir asséchant, par l'abaissement considérable du niveau des eaux souterraines en stagnation sous la forêt.

Enfin le quatrième point, également incontestable, vérifié par quiconque a mis le pied dans une forêt, est L'HUMIDITÉ BEAUCOUP PLUS GRANDE DU SOL FORESTIER QUE DU SOL AGRICOLE DANS LA ZONE SUPERFICIELLE.

Ce fait, dû à l'évaporation bien plus faible du sol forestier, est même si général et si apparent, que, pour beaucoup, il masque la réalité du phénomène et fait croire à une humidité plus grande du sol profond des forêts de plaine.

Dès lors, en face de ces quatre faits reconnus vrais par tous et si étroitement liés, n'est-il pas évident, pour tous les esprits non prévenus, que la forêt doit être considérée, au point de vue qui nous occupe, comme une pompe aspirante et foulante d'une merveilleuse puissance? Elle va puiser jusqu'à une profondeur que ne saurait atteindre aucun autre organisme les masses d'eau profonde devenues inutilisables par la végétation et les fait rentrer dans la circulation atmosphérique pour les rendre à leur rôle primordial qui est l'entretien de la vie à la surface du globe. Ces masses d'eau transformées en vapeur et projetées dans les airs retombent tôt ou tard en pluie ou en neige bienfaisantes, qui, venant imbiber les couches superficielles où circulent les racines, fournissent à celles-ci l'eau qui leur est nécessaire.

Les forêts peuvent être comparées à des montagnes artificielles (les seules dont les Russes puissent accidenter leurs immenses plaines) qui arrachent aux nuages qui passent une partie de leur vapeur d'eau tout en en fournissant aussi une certaine quantité qui pourra se condenser plus loin. Et les Russes ne s'y trompent pas. En ce moment, ils sillonnent leurs Terres noires, leurs 95 millions d'hectares de tchernozem, le plus beau fleuron de leur couronne, de bandes boisées dirigées les unes Est-Ouest, les autres Sud-Nord, découpant ainsi cette mer de blé en vastes carrés entourés de bois.

Leur grand ennemi est la sécheresse : le tchernozem confine au Sud-Est à la région désertique ponto-caspienne, désertique faute de pluies; il y tombe moins de 20 centimètres d'eau par an. Le tchernozem ne reçoit pas toujours la quantité d'eau suffisante pour la réussite du blé, et c'est alors la famine. Il est donc d'un intérêt vital pour la Russie de chercher à attirer sur le sol et à conserver dans la zone accessible aux racines le plus possible de précipitations atmosphériques sous forme de pluie ou de neige. Ces haies boisées, rompant la platitude et la monotonie des steppes, abritent les cultures contre les vents desséchants et diminuent l'évaporation. « Elles conservent sur le sol la neige qui, sans elles, serait dispersée et évaporée par le vent. Les mesurages ont montré qu'il y avait beaucoup plus de neige sur le sol de ces bandes boisées et dans leur voisinage que dans la steppe ouverte, que la fonte s'y effectuait plus lentement et que le sol y était plus humide sur 1 à 2 mètres de profondeur. Tandis qu'au mois de juin l'herbe de la steppe ouverte se fanait déjà, celle des carrés bordés de haies plantées restait verte et drue et donna une récolte de moitié plus forte que l'herbe de la steppe ouverte. » (Vyssotzky.)

Les agronomes russes, convaincus que les forêts attirent les pluies, ont l'espoir légitime d'enrayer par cet état de bocage l'ère des sécheresses calamiteuses dont ils souffrent de plus en plus, en fournissant au tchernozem le seul élément de fertilité qui lui fasse parfois défaut.

La forêt est un des anneaux de ces circuits si fréquents dans la nature, grâce auxquels les éléments de l'organisation rentrent incessamment dans le tourbillon de la vie. Après la mer, dont elle reprend le rôle sur la terre, c'est le plus puissant et le plus général de tous.

J'ai déjà insisté sur le rôle si utile qu'elle joue dans la nature en ramenant à la surface, sous forme de couverture, les principes minéraux des couches profondes qui, sans elle, seraient perdus, et qu'elle met de nouveau à la disposition des plantes.

J'ai montré, le premier, qu'elle s'acquérait encore plus de droits à notre reconnaissance en enrichissant le sol en cet aliment si rare et si précieux qui s'appelle l'azote, grâce aux myriades de microbes que recèle sa couverture et dont certains savent fixer dans leurs tissus l'azote élémentaire.

Outre l'azote et les principes minéraux, un troisième élément est indispensable à la végétation : c'est l'eau.

Sous ce rapport encore, l'homme est l'obligé de la grande bienfaitrice, puisqu'elle seule sait corriger l'action brutale des courants aériens, répartir plus équitablement les pluies sur les continents, augmenter leur intensité et qu'elle fournit ainsi à l'homme le seul moyen qui soit à sa disposition (et dont il commence à user) de réduire de proche en proche par des boisements progressifs la zone des déserts. (*Applaudissements.*)

M. LE PRÉSIDENT. Je remercie M. Henry de sa communication si intéressante et si approfondie; je crois être l'interprète de vos sentiments unanimes en lui adressant ces remerciements, car nous sommes tous animés du même enthousiasme pour la forêt qu'il aime et qu'il sait si bien décrire. (*Marques d'approbation unanimes.*)

La suite de l'ordre du jour est renvoyée à la prochaine séance.

M. LE PRÉSIDENT rappelle aux membres de la 2ᵉ section qu'il a été décidé, dans la séance d'ouverture du Congrès, que la séance générale, qui devait avoir lieu le mercredi matin 6 juin, à 10 heures, serait remplacée par une séance de sections.

La séance est levée à midi.

SÉANCE DU MARDI 5 JUIN 1900
(APRÈS-MIDI).

PRÉSIDENCE DE M. CACHEUX, VICE-PRÉSIDENT.

La séance est ouverte à 2 heures.

M. CARDOT, secrétaire, donne lecture du procès-verbal sommaire de la précédente séance.

Le procès-verbal est adopté.

M. LE PRÉSIDENT. L'ordre du jour appelle la communication d'un rapport sur l'observation de phénomènes hydrologiques consécutifs à la plantation de conifères, par M. Servier, à Lamure-sur-Azergues (Rhône).

M. SERVIER. Messieurs, tout a été dit au sujet de l'influence qu'exercent les déboisements et les reboisements sur le régime hydrologique d'un pays, et je n'ai nullement la prétention de vous apprendre quoi que ce soit de nouveau à cet égard.

Toutefois, si les lois générales de la météorologie forestière sont bien connues, quelques-unes de leurs manifestations locales présentent des phénomènes particuliers qui méritent encore des observations attentives. En effet, ces observations nous permettent de vérifier comment se comporte la théorie classique adoptée, dans les diverses circonstances d'application qui peuvent se présenter.

Ayant entrepris moi-même, depuis une dizaine d'années, des reboisements assez importants dans le département du Rhône (le moins boisé de France, comme vous le savez), et cela avec la préoccupation constante d'améliorer le régime météorologique de mes propriétés, il m'a été donné de faire un certain nombre d'observations de détail qui m'ont paru dignes d'intérêt, ce qui m'a enhardi à solliciter pendant quelques minutes votre bienveillante attention.

I

Les localités dont je veux vous entretenir s'étendent sur les communes de Lamure-sur-Azergues et de Claveisolles, dans l'arrondissement de Villefranche. Elles dépendent du bassin de l'Azergues, affluent de droite de la Saône, formé lui-même de la réunion de l'Aze et de l'Ergue.

Le terrain est sablonneux, et il était, jusqu'à ces derniers temps, presque entièrement déboisé, ce qui tendait à donner aux cours d'eau un régime torrentiel.

Néanmoins, partout où quelque bouquet de bois avait été conservé, même s'il était exploité en taillis, sa présence coïncidait constamment avec celle d'une source.

J'ai été extrêmement frappé de ce fait, et aussi d'un autre phénomène secondaire, qui en est le corollaire nécessaire et que j'ai pu observer dans ma propriété même, en ce qui concerne les taillis situés à l'est de la ferme dite *les Hayes*. Sur la lisière occidentale de ce taillis se trouve une source. Toutes les fois que le taillis est exploité, le débit de la source diminue; à mesure que le taillis repousse, le débit de la source redevient normal.

C'est cette simple observation, beaucoup plus que la lecture des ouvrages techniques, qui m'a incité à commencer mes opérations de reboisement dès 1891.

Voici quelle en a été, depuis lors, l'importance, année par année :

TABLEAU DES PLANTATIONS RÉALISÉES PAR M. J. SERVIER,
À LAMURE-SUR-AZERGUES ET À CLAVEISOLLES (RHÔNE).

ANNÉES.	SAPINS.	ÉPICÉAS.	MÉLÈZES.	PINS LARICIO.	PEUPLIERS.
1891..................	3,000	1,500	//	//	//
1892..................	3,700	//	//	//	//
1893......	//	//	//	//	250
1894..................	1,500	1,000	//	//	//
1895..................	12,000	//	//	//	//
1896..................	2,000	2,000	//	//	//
1897..................	4,000	2,000	//	//	//
1898..................	3,000	5,500	2,000	//	250
1899..................	4,000	2,000	4,500	2,200	//
TOTAUX............	32,200	14,000	6,500	2,200	500

Soit un total général de 56,400 arbres.

Vous remarquerez, Messieurs, que j'ai donné, de beaucoup, la préférence aux conifères.

Je n'ai pas été guidé seulement en cela par la préoccupation de planter des essences à croissance relativement rapide, et susceptibles, par conséquent, de donner un revenu dans un moindre délai. J'ai obéi encore à une autre suggestion, d'ordre purement scientifique, résultant tant de ma propre observation que de celles faites par d'autres sylviculteurs de mes amis.

Cette observation, c'est que, toutes choses égales d'ailleurs, il pleut davantage sur les forêts d'arbres résineux que sur celles d'autres essences. Je n'ai pas la prétention d'expliquer le fait; je me borne à le constater.

Si l'on exprime par 100 millimètres l'importance d'une chute d'eau sur un terrain non boisé, le chiffre de 105 millimètres exprimera la chute simultanée correspondante sur une même surface plantée d'arbres à feuilles caduques, et celui de 110 millimètres la même chute sur un terrain planté de conifères.

Avant d'aller plus loin, permettez-moi, Messieurs, de tirer une première conclusion de ces constatations.

Elle a trait à l'excessive sensibilité avec laquelle l'atmosphère chargée d'humidité réagit sous les influences les plus minimes des diverses particularités que présentent les terrains sous-jacents.

On pourrait la comparer — et je crois que cela a été fait — à une sorte d'éponge saturée d'eau. A la moindre pression, l'éponge dégage une certaine quantité de l'eau qu'elle contient. En ce qui concerne l'atmosphère, cette pression est représentée en partie par l'influence du sol sous-jacent. Il est probable que, pour une raison que je n'ai pu encore apercevoir (peut-être un phénomène électrique dû à la forme aiguë de leurs feuilles, ou à leur résine), les conifères exercent une action pluviogène plus considérable que les arbres à feuilles caduques.

II

Permettez-moi de vous faire part de l'observation d'un autre petit fait. Je vous ai prévenus, Messieurs, que ma communication n'était pas une dissertation sur les grandes lois de la météorologie forestière, mais l'étude de petits phénomènes locaux. N'est-ce pas d'ailleurs de l'intégration incessante de petites observations que la science est faite?

Lorsqu'on me vit planter des conifères, on me fit une objection qui paraissait solidement fondée.

« Eh quoi ! me disait-on, vous voulez accroître l'humidité du pays, et vous plantez des essences asséchantes ! Ne savez-vous pas que les pins dessèchent rapidement les terrains humides sur lesquels ils sont plantés, ce qui les a fait employer pour assainir les sols marécageux ? En Sologne, les plantations de pins ont fait disparaître les marais ; dans les dunes de la Gascogne, elles ont étanché les eaux stagnantes qui s'accumulaient au fond des vallons ; dans la forêt de Saint-Amand (Nord), la substitution du pin aux essences feuillues a eu pour effet de dessécher les mares qui s'y trouvaient, d'assainir le terrain et même de faire tarir les sources à proximité desquelles les plantations avaient été faites.

« Après l'exploitation des pins, les marécages ont reparu, et les sources se sont remises à couler. »

A cela je répondis :

Comme je ne plante que dans les sols les plus maigres et les plus secs, je n'ai pas à craindre de les voir se dessécher davantage.

Et de fait, ces arbres, que l'on dépeint comme si avides d'humidité, ont poussé dans ces terrains arides avec une vigueur extraordinaire. Ils ont attiré les pluies et, par contre, détourné les orages de grêle, qui suivent, depuis lors, un tout autre trajet.

Cela me porte à croire que la prétendue action desséchante des conifères s'exerce tout autrement qu'on ne le croit. Elle n'est pas un résultat de la transpiration de leurs feuilles, dont la surface est, en effet, des plus réduites, mais plutôt un effet du véritable drainage qu'opèrent leurs racines, et qui facilite l'écoulement des eaux à travers le sol sous-jacent.

Et ici, qu'il me soit encore permis de tirer une conclusion plus générale.

Il a été dit que les forêts n'agissaient que sur les sources superficielles. Comme les sources profondes sont alimentées, aussi bien que celles de la surface, par l'infiltration des eaux pluviales, il est bien évident que les forêts, et surtout celles de conifères, en facilitant cette infiltration, agissent aussi efficacement sur le débit des sources profondes que sur celui des sources superficielles.

III

Messieurs, je n'abuserai pas davantage de vos instants.

Je terminerai en formulant le vœu que tous les sylviculteurs veuillent bien enregistrer les menues observations de ce genre qu'ils ont l'occasion de faire, et qui, quelque modestes qu'elles paraissent au premier abord, sont éminemment utiles, parce qu'elles se rattachent par des liens étroits aux lois générales de la météorologie forestière, dont il nous importe au plus haut point de connaître non seulement les grandes lignes, mais aussi les applications de détail.

J'ajouterai que ces faits précis frappent, plus vivement que les considérations théoriques, l'esprit de ceux que nous avons à convaincre de l'utilité des reboisements.

J'en ai fait l'expérience dans le pays même où j'opère mes plantations et où mon exemple commence à être suivi, pour le plus grand bien de la région que nous sommes en train de transformer au point de vue météorologique.

J'ai d'ailleurs reçu les récompenses et les encouragements les plus flatteurs des deux Sociétés des Amis des arbres, qui font de la propagande en vue de développer dans la plus large mesure possible cette œuvre d'un intérêt vraiment national.

Je suis heureux de pouvoir les remercier ici publiquement de l'appui qu'elles m'ont donné, et je vous remercie aussi, Messieurs, de l'attention que vous avez bien voulu accorder à l'exposé de mes modestes travaux. (*Applaudissements.*)

M. le Président. J'adresse à M. Servier mes remerciements pour l'importante question qu'il a traitée d'une façon si intéressante.

J'appelle particulièrement l'attention de cette assemblée sur l'observation faite par M. Servier, à savoir que les conifères écartent les orages de grêles.

Il me paraît donc utile de soumettre à la 2ᵉ section un vœu relatif à l'étude générale de cette question.

M. Jolyet a joint à son rapport un projet de vœu; d'un autre côté, l'étude de M. Henry semble devoir également faire l'objet d'un projet de vœu.

Il serait possible, semble-t-il, de réunir ces trois propositions en un même projet de vœu.

M. Mougin, inspecteur adjoint des Eaux et Forêts. Les observations scientifiques, en France, ne se font qu'à la station de Nancy; il serait désirable de voir augmenter le nombre des stations d'observation, en France comme à l'étranger.

M. Henry. Il existe un nombre considérable de questions forestières importantes pour lesquelles les études actuelles sont très insuffisantes.

M. Kuss, inspecteur des Forêts. Cette observation montre bien la nécessité de formuler un vœu en vue de l'augmentation des stations d'observation. (*Assentiment.*)

M. Cardot, secrétaire, donne lecture du projet de vœu suivant[1] :

Projet de vœu : « Le Congrès international de sylviculture émet le vœu :

« Qu'il serait désirable que l'action des forêts sur les sources et sur les chutes de grêle fût étudiée dans des stations forestières, non seulement en France, mais encore à l'étranger, de façon à ce que la question puisse être reprise dans le prochain Congrès international, et que, par suite, le nombre de ces stations forestières météorologiques, trop peu nombreuses, surtout en France, soit multiplié. »

Adoption d'un projet de vœu. Le projet de vœu est adopté dans ces termes.

M. le Président. L'ordre du jour appelle la communication du rapport de M. Kuss, inspecteur des Eaux et Forêts à Paris, sur « la Restauration des montagnes et la correction des torrents ».

M. Kuss. Messieurs, après les études théoriques si intéressantes dont vous venez d'avoir communication, permettez-moi d'aborder des questions d'un ordre plus pratique.

La restauration des montagnes et la correction des torrents préoccupent, en France, l'opinion publique depuis fort longtemps.

Après quelques expériences locales faites dans les différentes régions montagneuses entre 1850 et 1860, une première loi sur le « reboisement des montagnes » fut promulguée le 28 juillet 1860, bientôt suivie de la loi sur le « gazonnement des montagnes » du 8 juin 1864.

Leur durée fut éphémère et toutes deux se trouvèrent remplacées par la loi du 4 avril 1882 qui régit actuellement « la restauration et la conservation des terrains en montagne ».

---

[1] Ce vœu a été complété, dans la séance générale du 7 juin 1900, par l'addition d'un vœu émis dans la 3ᵉ section.

La différence essentielle entre ces deux législations repose sur ce fait que, la loi de 1860 était applicable aux terrains situés en montagne, dont la consolidation était nécessaire pour arrêter ou *prévenir* les éboulements et les glissements du sol, tandis que la loi de 1882 ne peut être appliquée qu'aux terrains dont la dégradation constitue un danger *né et actuel.*

En résumé, la loi ancienne voulait prévenir les dégâts, la loi actuelle se borne à permettre de les réparer.

Toutefois, malgré ses termes impératifs, la loi de 1882 ayant omis de préciser en quoi consiste le danger *né et actuel,* elle peut et doit recevoir une application de plus en plus large au fur et à mesure que l'opinion publique se familiarise davantage avec les questions torrentielles et se rend mieux compte des causes qui provoquent si souvent encore des crues dévastatrices.

Pour tous ceux qui étudient la formation des laves torrentielles, il est évident, en effet, que ce ne sont pas seulement les berges dénudées d'un torrent qui constituent un danger né et actuel, mais que, presque toujours, le danger résulte d'une trop rapide accumulation des eaux pluviales entre ces berges, par suite de la dénudation du bassin de réception. C'est donc cette dénudation qu'il faut combattre, et c'est à la supprimer que doivent tendre tous les efforts.

En dernière analyse, on en revient toujours aux principes si bien posés par Surell dans son *Étude sur les torrents des Alpes,* savoir :

1° La présence d'une forêt sur un sol empêche la formation des torrents;

2° Le déboisement d'une forêt livre le sol en proie aux torrents;

3° Le développement des forêts provoque l'extinction des torrents;

4° La chute des forêts redouble la violence des torrents, peut même les faire renaître.

C'est précisément cette création de forêts dans les bassins de réception qui constitue, à l'heure actuelle, le point le plus délicat de la question de la restauration des montagnes, car elle heurte les nécessités de la vie pastorale.

Ce serait, à notre point de vue, une erreur complète, de vouloir résoudre ce problème par une loi de coërcition qui n'aurait pour effet que d'aliéner irrémédiablement les populations de la montagne, dont l'aide et le concours moral sont, au contraire, indispensables à la réussite de l'œuvre entreprise.

Ce qu'il faut, c'est, par quelques exemples de corrections de torrents

23.

menées à bien dans les diverses régions montagneuses, faire éclater à tous les yeux les avantages qui peuvent résulter de ces travaux, inspirer confiance aux populations, et par la persuasion les amener à changer leur mode d'exploitation des pâturages. Avec le temps elles modifieront leurs habitudes et arriveront à se passer des terrains à reboiser qu'elles céderont ensuite à l'État sans difficulté.

Ce programme, qui ne repose que sur la confiance réciproque entre les représentants de l'État et les populations, est applicable partout, avec le temps. Nous en avons fait une expérience complète en Savoie, où une opposition violente, qui existait en 1883, s'est modifiée du tout au tout, à tel point que l'on a vu, en 1897, 150 propriétaires dans une seule commune signer la cession gratuite des terrains leur appartenant, sans que, sur ces 150 intéressés, une seule opposition se soit manifestée.

D'ailleurs, ce système est largement mis en pratique par l'Administration des Eaux et Forêts qui, de 1894 à 1899, a acquis à l'amiable 54,000 hectares de terrains en montagne et qui poursuit ces acquisitions à raison de 10,000 à 12,000 hectares par an. Cette contenance ne peut guère être dépassée si on veut rester dans la limite des allocations budgétaires.

Ce n'est pas à dire cependant que l'État doive renoncer d'une façon absolue à l'établissement de périmètres obligatoires de restauration. Seulement ceux-ci pourront être très restreints en général, et serviront surtout à établir les exemples qu'il est indispensable de montrer pour vaincre l'incrédulité des montagnards qui considèrent le torrent comme un mal incoërcible. Et puis, il peut se présenter des cas où il est nécessaire d'intervenir rapidement, soit pour sauvegarder des habitations, soit pour assurer la circulation sur d'importantes voies de communication. Il ne faudrait alors pas hésiter à user des armes que la loi a mises entre les mains des agents des Eaux et Forêts.

Nous ne croyons pas devoir répéter ici les quelques considérations que nous avons exposées dans une notice spéciale sur les « Éboulements, glissements et barrages » qui vient d'être publiée.

Nous nous bornerons à appeler l'attention du Congrès sur l'intérêt qu'il y aurait à maintenir dans le fond des ravines le produit de la désagrégation des schistes liasiques, vulgairement appelés *terres noires*.

Les efforts de tous les forestiers se sont portés vers l'étude des moyens propres à la correction de ces terres noires formant des cônes de déjection qui s'étendent de proche en proche et constituent un réel danger pour les terres riveraines.

M. Carrière, notamment, a exécuté des travaux de *garnissage* dans le fond des ravines.

Cette opération a produit d'excellents résultats, mais dans des conditions spéciales difficilement applicables à certaines régions dénuées de bois.

Cette question n'est donc pas absolument résolue pour la généralité des cas et, par suite, il paraît intéressant de la mettre à l'étude en vue d'obtenir, lors du prochain Congrès, des travaux susceptibles de nous faire connaître la solution la meilleure.

Dans ce but, j'ai l'honneur de soumettre au Congrès le projet de vœu suivant :

Projet de vœu[1]. — Le Congrès international de sylviculture émet le vœu :

« Qu'il soit fait un rapport, au prochain Congrès, sur la recherche du meilleur procédé pratique capable de maintenir dans le fond des ravines le produit de la désagrégation des schistes liasiques, connus sous le nom de *terres noires*, et en général de toutes les roches se délitant rapidement en fine poussière. »

Adoption d'un projet de vœu. — Le projet de vœu est adopté dans ces termes.

M. Kuss. Un deuxième vœu fait l'objet des observations que j'ai l'honneur de vous soumettre.

J'ai constaté que, dans les Alpes, les entrepreneurs avaient la mauvaise habitude de débiter en menus fragments tous les gros blocs destinés aux barrages.

Cette coutume rend évidemment le maniement des blocs plus facile, mais nuit considérablement à la solidité des barrages.

Or j'ai vu, dans une reconnaissance faite en Suisse, de superbes ouvrages construits avec un seul bloc, de 80 à 100 mètres cubes, placé directement.

Il est évident que plus les blocs sont gros, mieux ils résistent aux divers accidents dont ils sont menacés par la violence des torrents. Leur manipulation seule est difficile.

---

[1] Ce vœu a été adopté dans la séance générale du jeudi 7 juin.

A ce sujet, on a donc fait des expériences et on a reconnu qu'il était facile de manœuvrer, sans cric, des blocs de 5 mètres cubes, à condition toutefois de ne pas les faire rouler, car alors on n'en serait plus maître.

C'est ainsi qu'en Savoie nous sommes arrivés à constituer des barrages formés de blocs de 4, 5, 8 et même 10 mètres cubes.

Comme conséquence de cette observation, je soumet au Congrès le projet de vœu suivant [1] :

Projet de vœu. — Le Congrès international de sylviculture émet le vœu :

« Qu'il serait désirable de donner le plus d'extension possible à l'emploi des gros blocs dans les barrages, notamment en insérant dans les devis une clause interdisant aux entrepreneurs de débiter les blocs de moins de 5 mètres cubes et même d'un volume supérieur, si les circonstances locales le permettent. »

M. LE PRÉSIDENT demande à M. Kuss s'il a fait aussi des expériences sur des blocs artificiels.

M. Kuss répond que les blocs naturels suffisant à la région des Alpes, il n'a pas eu l'occasion d'expérimenter les blocs artificiels.

Adoption d'un projet de vœu. — Le projet de vœu ainsi conçu est mis aux voix et adopté.

M. PUIG Y VALLS (délégué d'Espagne). L'Espagne se préoccupe beaucoup de ces questions de correction de torrents. Mais les populations sont encore rebelles à ces théories de progrès, n'étant pas suffisamment éclairées. Il en est de même en Italie.

Je demanderai donc à MM. les Membres du Congrès de formuler une proposition par laquelle le prochain Congrès devra se tenir soit en Italie, soit en Espagne, pays de sécheresse ravagés par les torrents.

Je serai très reconnaissant de cette mesure, d'autant plus que cette question présente à mon point de vue un intérêt public.

M. LE PRÉSIDENT. Nous sommes assurés de l'excellent accueil que nous

---

[1] Ce vœu a été retiré dans la séance générale du jeudi 7 juin 1900.

trouverions à Madrid, mais cette proposition ne pourra être soumise qu'à l'assemblée générale du Congrès.

La parole est à M. Kuss pour la continuation de sa communication.

M. Kuss. J'en aurai fini avec cette question de barrages lorsque je vous aurai soumis quelques observations relatives aux ouvrages en *maçonnerie mixte*.

Ils sont ordinairement constitués par un mur en pierres sèches vertical à l'amont, et une carapace extérieure de o m. 80 en maçonnerie de mortier, formant le parement aval, avec un fruit de 20 p. 100.

Cette constitution même présente le grand inconvénient de manquer d'homogénéité.

Sous l'action de la pression, il se produit des fissures; d'un autre côté, les aqueducs ménagés dans la maçonnerie sont souvent obstrués; il se forme par suite un lac temporaire qui vient modifier pour un temps les conditions de résistance de l'ouvrage, la pression s'exerçant alors tout entière sur le parement aval, dont la force de résistance n'a pas été calculée en prévision de ce fait.

Il en résulte des désastres.

Plusieurs remèdes ont été proposés.

1° Remplacer la pierre sèche par de la maçonnerie de terre argileuse;

2° Inverser la disposition de la maçonnerie, c'est-à-dire mettre le mur d'amont en mortier et le parement d'aval en pierres sèches.

Ce procédé aurait l'avantage de supprimer les infiltrations qui se produisent dans les murs de pierres sèches, ainsi que je l'ai exposé.

Quoi qu'il en soit, il semble résulter de ceci, que la maçonnerie mixte doive être modifiée dans sa constitution, au moins pour les grands ouvrages.

Je soumets donc au Congrès ce troisième projet de vœu :

Projet de vœu. — Le Congrès international de sylviculture, dans sa séance du mardi 5 juin 1900, au Palais des Congrès, émet le vœu [1] :

« Qu'il soit étudié si, dans les barrages en maçonnerie mixte, il ne serait pas préférable que la maçonnerie de pierre sèche fût placée à l'aval du barrage et non plus en amont. »

---

[1] Ce projet de vœu a été retiré dans la séance générale du jeudi 7 juin 1900.

M. Mougin. Le parement d'aval étant incliné au 1/5, il y aurait à craindre, par le fait de la modification proposée, qu'un bloc venant à tomber sur le parement aval n'en détachât quelques pierres.

M. Kuss. Je ne connais pas d'exemple d'un bloc tombant sur le parement aval.

M. Carrière. La forme et la disposition des barrages varient essentiellement avec les circonstances. Elles sont soumises à des règles locales; le cas semble donc difficile à généraliser.

M. Kuss. Ce sont là des questions de détails, mais la question de principe a une importance certaine, et c'est dans ces conditions que j'appelle l'attention du Congrès sur cette étude.

M. Bénardeau. La maçonnerie mixte rend incontestablement des services quand elle est judicieusement employée dans la construction des barrages; mais, outre que le transport à l'amont de la maçonnerie placée d'habitude à l'aval aurait besoin d'être justifié, il semble qu'une question de cette nature soit plutôt de la compétence du service technique que du Congrès international de sylviculture.

M. Loze. J'ai vu des barrages construits uniquement en maçonnerie de pierres sèches, sans maçonnerie de mortier ni en aval, ni en amont. Une fois l'atterrissement bien établi, il n'y a plus de poussée anormale.

Ce procédé a fort bien réussi dans les Pyrénées.

M. Kuss. Dans bien des cas, ces barrages présenteraient une résistance insuffisante dans les Alpes.

M. Loze. Dans ces cas, je me range à votre avis.

Adoption d'un projet de vœu. — Le projet de vœu est mis aux voix et adopté dans les termes ci-dessus.

M. le Président. L'ordre du jour appelle la communication suivante : « Les landes et les forêts dites *futaies plantées*, sur les plateaux des Hautes-Pyrénées, par M. Fabre, inspecteur des Eaux et Forêts, à Dijon. »

M. Fabre donne lecture du rapport suivant :

Messieurs, résumée dans ce qu'elle a d'essentiel, l'étude relative aux landes et aux futaies plantées, sur les plateaux des Hautes-Pyrénées, s'appuie, en les confirmant, sur deux principes corollaires l'un de l'autre, maintes fois énoncés par les sylviculteurs et les géologues : « La forêt réclame, à peine de dépérir, le maintien intégral de la couverture morte ou vive du sol boisé ; — la dénudation de ce dernier entraîne fatalement l'exagération du ruissellement superficiel, avec toutes ses conséquences torrentielles. »

Il ne s'agit pas ici du fait acquis de déboisements séculaires ou d'abus de jouissance accidentels, le plus souvent suivis de dépopulation, dans une région où la montagne descend, où le torrent alluvionne plus la vallée qu'il ne l'inonde.

Sur le plateau de Lannemezan, qui représente la synthèse géologique et culturale de la zone occidentale prépyrénéenne, certaines forêts constituées artificiellement, il y a plusieurs siècles, disparaissent aujourd'hui et, sur des centaines d'hectares, elles s'évanouissent entre les mains du forestier. La population est dense et croissante ; le sol agricole, largement suffisant en étendue, est courageusement cultivé ; les torrents n'ont pas les caractères désordonnés qu'ils affectent en haute montagne. Aucun pays n'a plus de rivières, moins d'eau et plus d'inondations que la plaine d'Armagnac.

On se trouve donc ici dans un milieu physique étrange ; il est bien nouveau pour la plupart des forestiers, mais plein d'intérêt pour celui qui cherche à l'étudier, à voir au-dessus d'une simple gestion, à faire mieux que d'enregistrer passivement des ruines.

Le relief de la plaine occidentale sous-pyrénéenne, de la Garonne à l'Océan, est caractérisé par l'épanouissement grandiose de plusieurs cônes torrentiels ; les trois principaux, situés dans le département des Hautes-Pyrénées, sont les plateaux géographiques de Lannemezan, d'Orignac et de Ger, respectivement étalés aux débouchés de la Neste, de l'Adour, du Gave.

Une orographie rayonnante les signale à première vue ; leur réseau hydrographique divergent, orienté sud—nord, évolue sur chacun d'eux avec des allures absolument remarquables. Les vallées, sensiblement rectilignes, parfois sur plus de 100 kilomètres, sont toutes à profil « dissymétrique » ; un des versants, généralement celui de droite, est très fortement redressé ; l'autre s'étale en pente douce. Le thalweg s'appuie contre le versant relevé, le plus souvent donc vers l'Est; aussi a-t-on cherché à faire intervenir l'action de la « rotation terrestre » dans ce phénomène qui peut s'expliquer naturellement, en interprétant les formes du terrain, sa constitution pétrographique et les données météorologiques de la région.

Une formation superficielle, argilo-caillouteuse, d'origine fluvio-glaciaire, parfois très puissante, recouvre uniformément, jusqu'à 35 ou 4o kilomètres au nord du front montagneux, le substratum essentiellement constitué par des argiles ou des marnes compactes qui ont des centaines de mètres de puissance et sont d'une imperméabilité absolue.

Le sol agricole des plateaux est, dans son ensemble argilo-siliceux, très peu riche en acide phosphorique, presque chimiquement dépourvu de chaux, donc très uniformément pauvre; c'est une terre de landes..... ou de forêts.

L'indigence alcaline, le morcellement extrême, soit de la commune, soit de la propriété individuelle, la banalité de l'usage des landes communales, le voisinage des pelouses de la montagne, et certainement aussi l'atavisme pastoral, déterminèrent en définitive le « parasitisme forestier » de l'agriculture sous-pyrénéenne. Le cultivateur gascon, pour parer à l'indigence calcique de sa terre, extrait, en vue de la litière, la couverture morte ou vive du sol, quand il ne va pas jusqu'à en décaper la couche superficielle relativement riche en humus; après avoir fauché la brande, râtissé la feuille, extrait le « soutrage », il complétera la spoliation, dont il a ignoré jusqu'ici les désastreux résultats, en faisant pacager landes et forêts par un cheptel toujours constitué avec un nombre surabondant de bêtes ovines.

À notre époque de culture intensive et de réels progrès agricoles, la région sous-pyrénéenne reste ainsi obstinément vouée à des errements culturaux surannés : elle réalise ce monstrueux contre-sens économique de tarir journellement la source d'un élément dont elle ne sait se passer, épuisant nécessairement, sans aucune restitution, un sol des plus pauvres. Il est cependant difficile d'admettre que la science agricole, si puissamment outillée aujourd'hui, n'arrive pas, quand elle connaîtra les dangers de la situation actuelle, absolument dépendante de forêts qui ne sont plus que l'ombre de celles d'antan, à trouver des remèdes, d'autres formules culturales.

Le principe de l'appauvrissement est certain : les analyses de sols et de couvertures végétales, faites au laboratoire de l'École nationale forestière, d'une part; de l'autre, les documents statistiques relatifs aux prélèvements agricoles et pastoraux en sol forestier, ont permis de l'évaluer avec des éléments d'appréciation concluants. Les moins clairvoyants peuvent du reste constater ses résultats, en comparant entre eux les massifs forestiers que nous sommes contraints de livrer au « parasitisme » et ceux que nous réussissons à lui soustraire, et en particulier l'ensemble des Taillis des Plateaux. Des centaines d'hectares de forêts d'origine artificielle s'acheminent ainsi vers l'état de « landes ».

Dans les châtaigneraies, les mêmes causes produisent la même dégénérescence.

La végétation de la lande sous-pyrénéenne, comme celle de sa voisine du littoral, est essentiellement silicicole : fougères, ajoncs, bruyères, etc.; c'est la « tuye » bigourdanne. Elle est localisée au sommet des Cônes, se propageant sporadiquement sur leurs lignes de faîte divergentes.

Dans le département des Hautes-Pyrénées, la lande des Plateaux couvre 15,000 à 16,000 hectares parsemés de boqueteaux de futaies-plantées. Plus de 8,000 hectares sont ainsi dénudés sur l'ensemble des cuvettes terminales du plateau de Lannemezan : 4,000 à 5,000 hectares, appartenant à douze ou quinze communes, y sont d'un seul tenant. C'est au milieu d'elles que naissent la Louge, la Gesse, la Gimone, la Save, le Gers, les Baïses, le Bouès, etc., cours d'eau éminemment torrentiels de la plaine d'Armagnac, périodiquement dévastée par leurs débordements.

Les forêts bigourdannes, dites *Futaies-Plantées*, couvrent encore plus de 2,000 hectares dans la haute région des Plateaux : elles sont toutes communales et constituent plusieurs centaines de massifs isolés ou attenants à des accrûs, à des taillis, tous très bien venants; beaucoup ont moins de 10 hectares.

Elles sont essentiellement formées de chênes pédonculés, plantés en lignes et à intervalles réguliers. Les jeunes arbres extraits dans les taillis voisins, à l'âge de dix ou quinze ans, ont de 4 à 6 mètres de haut au moment de la plantation.

Les exploitations qualifiées « jardinatoires » se font en réalité à « tire-et-aire », on plante au fur et à mesure de leur avancement.

En fait, les surfaces régénérées n'équivalent jamais à celles exploitées, par suite de l'impossibilité où l'on se trouve, faute de ressources pécuniaires, de faire des regarnis : les vides consécutifs aux plantations sont fatalement voués à la stérilité. Les *possibilités* sont fixées de manière à réalier, dans un temps donné, souvent moins de cent ans, le massif qu'on « suppose » régénéré et replanté après cette période; car il s'agit le plus

souvent d'une véritable « réalisation » commandée par l'état de dépérissement manifeste d'un matériel décrépit. Pacage, panage, pâturage, soutrage, râtissage, doivent s'exercer en tout temps dans ces forêts intentionnellement constituées en vue d'une adaptation agricole.

Beaucoup de sylviculteurs seront certainement surpris qu'on ait pu élever un certain nombre de générations de chênes, parfois de très belle
venue, avec des procédés aussi... barbares, et qu'après un usage plusieurs fois séculaire de pareils moyens culturaux, nous trouvions encore
debout des restes de futaies-plantées.

Le hêtre, d'ailleurs, se prête ici avec la même complaisance que le
chêne à tous les emplois forestiers, culturaux et autres, depuis le furetage
à formules variées jusqu'aux plantations isolées, à haute tige, le long des
routes.

A un niveau plus relevé, la « futaie-plantée bigourdanne » est l'analogue
de la « forêt en têtards » du Béarn, au point de vue des adaptations agricoles et pastorales. Si on les rapproche l'une et l'autre des merveilleux
massifs du Bas-Adour, on arrive à constituer un ensemble forestier bien
défini ; il est absolument caractéristique de la région d'Aquitaine, elle-
même si remarquable au point de vue physique et que les géographes
individualisent aujourd'hui sous le nom de *France sous-pyrénéenne*. — C'est
le pays d'élection du « chêne » durant toutes les phases de son existence, à
condition toutefois que l'on puisse suffisamment l'abriter de la faux, du
râteau et de l'abus pastoral.

Il y a deux siècles, le Grand-Maître Réformateur des Eaux et Forêts,
Louis de Froidour, instituait pour la Futaie-Plantée une réglementation
certainement très prévoyante et des plus judicieuses ; mais elle admettait
tous les abus agricoles et pastoraux, et devait nécessairement conduire ces
forêts à leur état actuel de ruine. Le réformateur nous a transmis, dans
son œuvre, reconstituée surtout grâce aux remarquables travaux de deux
érudits toulousains, des descriptions nombreuses et détaillées de ce qu'é-
taient alors les cultures et les forêts de Bigorre ; nous pouvons ainsi estimer l'extension considérable des unes, le stationnement obstiné de leurs
procédés, la marche nettement régressive des autres.

Sur le plateau de Lannemezan et dans la haute plaine d'Armagnac, on
peut, à l'aide de documents authentiques, établir que, seulement depuis
cinquante ans, plus de 10,000 hectares de « landes ou terrains boisés » ont
été occupés par la culture : près de 5,500 hectares, autrefois couverts de
forêts ou châtaigneraies, ont été ainsi dénudés ; sans compter les étendues

peut-être aussi considérables de « défrichements déguisés » qui échappent aux recherches statistiques. On trouve à peine trace de quelques reboisements sur des surfaces insignifiantes.

D'anciennes « futaies-plantées », situées au sommet du plateau, ne laissent plus aujourd'hui que des traces historiques ; en maints endroits, on voit encore saillir dans la lande des alignements de vieilles souches larges et puissantes ; ailleurs, nous nous résignons à administrer des massifs qui n'ont plus de forêts que le nom ; demain, on continuera à solliciter la distraction du régime forestier de terrains communaux, boisés jadis, et que notre génération forestière impuissante a progressivement vus se convertir en landes.

Au point de vue administratif, aussi bien que dans l'intérêt des communes propriétaires, la première mesure qui s'impose est la transformation méthodique des Futaies-Plantées en Taillis-sous-Futaies, qui présentent ici les meilleures conditions de végétation.

Perpétuer un traitement qui porte nécessairement en lui une diathèse morbide pour la forêt, c'est prêter implicitement la main, et dans un avenir très prochain, au défrichement déguisé de 2,000 hectares de forêts soumises au régime forestier ; avec cette aggravation que le sol ainsi dénudé ne peut être apte à la culture, qui seule l'a ruiné.

La transformation progressive peut se faire presque sans frais pour les communes, surtout si l'État intervient ; poursuivie avec prudence, mais avec énergie, elle ne peut causer une gêne sensible et surtout durable aux populations.

Il est d'ailleurs établi que, dans la région, le rendement en argent des Taillis-sous-Futaies est au moins égal à celui des Futaies ; il ne peut qu'être rehaussé dans l'avenir.

Au point de vue de l'intérêt général, cette mesure provisoire et d'ordre administratif ne saurait suffire.

La région des plateaux sous-pyrénéens a le fâcheux privilège, dû à sa position géographique à la naissance de l'« Écran pyrénéen », de participer à toutes les condensations atmosphériques qui se font sur la chaîne occidentale française et dans la plaine d'Armagnac. Les bourrasques océaniennes y persistent pendant des séries de jours, parfois de semaines ; elles peuvent y précipiter horairement, par mètre superficiel, 14 kilogrammes d'eau torrentiellement drainée en quelques heures dans la basse plaine !

Il est vrai que, comme on l'a très justement écrit, « le danger le plus sérieux disparaît souvent au bout d'un jour et qu'on n'a généralement pas de morts à déplorer quand les habitants peuvent se réfugier sur les toits des maisons inondées et que les murs restent solides ».

Aucun texte n'est plus exact et plus édifiant !

Dans la soirée du 3 juillet 1897, les 44 communes du département des Hautes-Pyrénées, sinistrées par le fait seul du Lannemezan, ont éprouvé pour 1,050,851 francs de pertes. A-t-on jamais établi le compte des ruines subies sous l'action de la même poussée torrentielle, dans les départements du Gers, de la Haute-Garonne, du Lot-et-Garonne et même de la Gironde, par les particuliers, les services publics, les compagnies de chemin de fer, la navigation, etc.? Comment, du reste, apprécier la valeur de tant de vies humaines englouties dans le secteur compris entre Fic-Fezenzac et l'Isle-en-Dodon? Et ces prélèvements d'hier sur la fortune publique, sur des existences précieuses, que l'actualité d'un fait nouveau efface bien vite du souvenir de ceux qui n'en ont point pâti, ne constitueraient pas un de ces dangers que chacun a le devoir de signaler! Tôt ou tard, ils nous frapperont encore avec une douloureuse et brutale périodicité.

Si, d'ailleurs, on admet avec les maîtres de la science que le boisement d'un sol y ralentit le ruissellement, il est bien certain que la forêt ne remplira jamais mieux son rôle que sur les vastes cuvettes de diramation surélevées et imperméables où la gerbe des torrents d'Armagnac puise de formidables intensités.

Ce matin, dans un rapide exposé que M. le professeur Henry sut rendre aussi clair qu'il était documenté, nous avons entendu parler de l'influence déprimante que joue la forêt de plaine vis-à-vis des nappes phréatiques. Existe-t-il en dehors des plateaux argileux et ruisselants des Hautes-Pyrénées une région géologique et météorologique plus prédestinée à la manifestation de ce phénomène?

Il n'est, d'ailleurs, pas douteux que la suite des travaux qui seront présentés au Congrès ne confirme encore des principes que je me borne à énoncer ici.

Avec l'aide d'un collaborateur éminent qui, très utilement, voulut bien mettre ses connaissances techniques spéciales et ses hautes capacités scientifiques au service d'une cause forestière, nous avons dû, dans une étude sommairement présentée, rechercher les causes spéciales de la torrentialité des Plateaux. Si convaincu que l'on soit de l'efficacité de la forêt contre le ruissellement, on ne saurait préconiser le reboisement de parti pris, « quand même ». L'étude « forestière » que je préparais, et qu'on

voulait bien m'encourager à poursuivre, nécessitait des recherches préa-
lables, météorologiques et géologiques, destinées à bien faire ressortir que
l'ensemble du travail n'était pas une pure spéculation, uniquement bonne
à augmenter d'une unité vaine les projets formulés depuis longtemps en
vue d'une simple « utilisation » agricole, hydraulique ou pastorale de milliers d'hectares de landes qui offusquent la vue par leur stérilité.

Il s'agissait donc surtout de démontrer à quel point cet état de « dénudation superficielle » touchait à l'intérêt général. Ce n'est pas encore la
« dégradation » formulée au texte de la loi du 4 avril 1882. La loi ne saurait tout prévoir. Le législateur d'il y a dix-huit ans ignorait absolument
l'état de ruine où les abus contemporains conduisent certaines forêts pyrénéennes; il n'avait jamais examiné le cas torrentiel bien spécial des argiles
caillouteuses qui, plus ou moins filtrantes, recouvrent sur près de
150,000 hectares le substratum absolument imperméable, la « glace » du
Lannemezan. La région ne présentera jamais un « aspect dégradé » dans le
sens strict du mot : c'est beaucoup plus l'« hygroscopicité » du sol que sa
« restauration » qu'il s'agit de provoquer ici.

Est-ce à dire que, par une subordination étroite de l'esprit à la lettre,
qui certainement fut loin de la pensée du législateur, quand il limita
si étrangement les sollicitudes de l'État aux « dangers nés et actuels »,
l'action publique soit aujourd'hui désarmée? La question a été examinée
par d'autres, bien plus au fait que je ne puis l'être des choses forestières
et torrentielles dans les Pyrénées, et résolument tranchée dans le sens de
l'adaptation du texte légal au cas du Lannemezan.

L'État sera donc fondé, au moment voulu, peut-être beaucoup plus
prochain qu'on ne croit, à poursuivre, dans les formes requises, l'acquisition de terrains dont l'intérêt public exige le reboisement.

Des considérations géologiques et torrentielles me conduisent à évaluer
à près de 4,000 hectares l'étendue du « périmètre de régularisation » à
créer; il comprendrait des landes, des forêts dégénérées, communales sur
plus des 9/10 de l'étendue totale.

Nulle part le boisement en lui-même ne saurait trouver plus de facilités,
une rémunération plus rapide et plus certaine.

On nous a parlé hier de la disette de matière ligneuse que le xxᵉ siècle,
celui de la houille, du fer et de l'acier, verra certainement se produire en
Europe et peut-être dans le monde entier. L'éminent conférencier, dont les
arguments si documentés embrassent tous les points du globe, disait très
justement qu'en parlant à notre époque de l'utilité des boisements, il ne

fallait pas seulement envisager la « protection », mais aussi la « production ». Ces deux objectifs s'atteignent simultanément ici. Édifiés comme vous l'êtes maintenant, Messieurs, sur la région du Lannemezan, vous pouvez facilement admettre qu'en cinquante ans, des forêts nouvelles, créées à peu de frais, y auront déjà rempli leur rôle de sauvegarde publique en même temps qu'elles donneront des produits très rémunérateurs.

Les obstacles sont d'un autre ordre, car personne n'ignore la complexité des questions forestières qui, sorties du domaine de la science pure, se heurtent, ici comme ailleurs, à mille difficultés agricoles, économiques et autres.

C'est une raison pour livrer plus volontiers l'idée que nous croyons utile à la discussion de tous, afin de l'acheminer plus vite vers une solution. A ce point de vue, je ne pouvais trouver, en l'exposant aujourd'hui, une meilleure occasion pour faire connaître à une assemblée de sylviculteurs une région qui peut être ignorée de beaucoup d'entre eux, et mérite à coup sûr l'intérêt de tous.

Les pièces du procès des landes de Lannemezan se trouvent ainsi présentées aux juges les plus compétents.

Mais, après avoir essayé d'intéresser des forestiers et de conquérir leur appui moral, il faut affirmer le principe hors d'un milieu trop spécial, faire naître un courant d'opinions dans la région qu'il vise tout spécialement et où l'œuvre du temps aidera celle des hommes à déterminer son application.

Nous venons d'apprendre à l'instant que, dans maintes régions alpestres, les populations « offrent » aujourd'hui la vente à l'État de leurs terrains dénudés. Pourquoi ne pas admettre que l'éducation forestière et pastorale du cultivateur pyrénéen, prudemment guidée, ne permette pas d'atteindre ce résultat bien autrement préférable à la brutalité d'une prise de possession légale ?

Il est d'ailleurs une autre solution, à mon sens bien plus conciliante et que je crois très réalisable.

Que les populations du plateau, progressivement ralliées à l'idée forrestière qu'on leur a faussement présentée comme étant en antagonisme inné avec leurs intérêts, alors qu'elle peut rester jusqu'à un certain point un auxiliaire utile de la culture et du pastorat, demandant à l'État de les subventionner, de les aider dans le boisement de leurs landes : il est hors de doute que la participation des deniers publics soit acquise aujourd'hui sans discussion et dans la plus large mesure à de pareils travaux qui laisseraient ainsi aux communes, sous la garde du régime forestier, la propriété pleine et entière de leurs terrains mis en valeur et de leurs forêts pour toujours améliorées.

Que les taches forestières commencent à se plaquer dans les landes sous-pyrénéennes, elles s'y développeront comme jadis elles le firent sur les landes du littoral : aujourd'hui l'arbre n'est pas seulement dans celles-ci une sauvegarde, mais un puissant instrument de richesse et de civilisation.

Il existe dans les Pyrénées des centres d'étude généreusement ouverts à nos discussions; elles y sont accueillies par des hommes de haute valeur intellectuelle, spécialisés dans toutes les branches de la science, familiers de la langue gasconne et du caractère pyrénéen : c'est là que doit être répandue la parole forestière, et que le « reboiseur » trouvera, pour l'action ultérieure qu'il sera appelé à exercer, les plus utiles auxiliaires.

Puisse donc cette étude, Messieurs, après avoir intéressé ici, réunir à convaincre là-bas.

M. Fabre, comme conclusion à son rapport, dépose le vœu suivant :

Projet de vœu. — « Il serait désirable que l'État prît l'initiative d'étudier la région des landes et des forêts dégénérées du plateau de Lannemezan, en vue de la constitution d'un *périmètre de régularisation* des cours d'eau de la plaine d'Armagnac, à décréter ultérieurement d'utilité publique. »

M. Carrière. Il serait bon de montrer, dans l'expression du vœu, combien la loi qui nous régit actuellement entrave notre action par sa disposition qui vise le « danger né et actuel ».

M. le Président. Je ferai remarquer à M. Fabre, en le remerciant de sa très intéressante communication, que le projet de vœu qu'il formule ne présente pas le caractère d'études générales qui est le seul que nous puissions envisager dans l'expression d'un vœu.

M. Loze fait observer que le Congrès n'a pas qualité pour inviter l'État à prendre une mesure législative d'un ordre particulier; il propose de généraliser les termes du vœu, en donnant satisfaction à M. Fabre par la mention : « Comme conclusion du rapport de M. Fabre sur le plateau de Lannemezan. » (*Assentiment.*)

En conséquence, le projet de vœu est modifié ainsi qu'il suit [1] :

« Comme conclusion au rapport présenté par M. Lucien Fabre, sur le plateau de Lannemezan, le Congrès de sylviculture émet le vœu :

« Qu'il serait désirable d'étudier les travaux de reboisement dans les terrains ou landes, alors même qu'il n'y aurait pas « danger né et actuel » et où la régularisation des cours d'eau est devenue nécessaire au point de vue général. »

Adoption d'un projet de vœu. — Le projet de vœu ainsi modifié est adopté.

M. LE PRÉSIDENT. L'ordre du jour appelle la communication du rapport de M. CARDOT, inspecteur des Eaux et Forêts à Paris, sur « les améliorations pastorales, fruitières ; réglementation des pâturages ».

M. CARDOT donne lecture du rapport suivant :

Dégradation du sol des montagnes. Ses conséquences. Ses causes. — On est de plus en plus en plus frappé et alarmé en France et dans la plupart des contrées européennes de la dégradation du sol des montagnes. Après des défrichements, des déboisements imprudents qui avaient pour objet d'étendre la zone des cultures et celle des pâturages, on s'aperçoit que ces cultures et ces pâturages souffrent d'une stérilisation progressive et deviennent de plus en plus impuissants à fournir des moyens d'existence aux populations des régions montagneuses. Celles-ci se dépeuplent : dans nos Alpes françaises, dans les Pyrénées, c'est un courant d'émigration continu vers les pays étrangers. Dans le Plateau central, et dans la plupart de nos autres régions de montagnes et de collines, c'est un afflux vers les grandes villes.

On s'aperçoit aussi — un peu partout — que le régime des cours d'eau s'est gravement altéré. Les ruisseaux sont devenus torrents. Nos rivières et grands fleuves s'ensablent, s'assèchent de plus en plus en été, deviennent de plus en plus impropres à la navigation ; leurs crues sont fréquentes, excessives, et les dégâts dus aux inondations vont en se multipliant et en s'aggravant.

Et si on analyse ces faits, si on cherche à en déterminer les causes, on

[1] Ce vœu a été modifié dans la séance générale du jeudi 7 juin 1900.

arrive bientôt à reconnaître qu'ils dérivent surtout d'un *mauvais régime pastoral*.

La stérilisation des pâturages montagneux se manifeste sous deux formes distinctes : *l'usure progressive du sol végétal* qui aboutit à la dénudation, puis à l'érosion ; — *la transformation de la flore herbacée* par la substitution aux bonnes espèces végétales d'espèces de moins en moins productives et nutritives, puis par l'invasion des végétaux coriaces, épineux, sous-ligneux, des arbustes et buissons impropres à l'alimentation du bétail. Le pâturage devient lande, herme, garrigue.

Et, si ces transformations regrettables se produisent, c'est qu'on ne prend pas soin de régler le nombre de têtes de bétail d'après l'étendue et la fertilité des herbages, — ni d'entretenir ceux-ci par des fumures et travaux appropriés, ni enfin d'*aménager* les pâturages en vue d'une *production soutenue et d'une exploitation lucrative*.

La plupart de ces pâturages appartiennent à des groupements communaux, communes, sections de commune, et les administrateurs de ces collectivités n'ont eu jusqu'ici ni une initiative, ni une autorité suffisantes, ni surtout les moyens d'exécution nécessaires, soit pour établir et faire respecter de bonnes réglementations, soit pour régler l'exploitation des pâturages d'après des aménagements rationnellement établis, soit pour leur donner l'outillage nécessaire et les soins d'entretien les plus indispensables.

Législations étrangères. — On a commencé à réagir au nom de l'intérêt public contre cette insuffisance ou cette impuissance des collectivités à maintenir en bon ordre et en bon état leurs pâturages de montagnes. C'est en Suisse que l'on paraît avoir pris jusqu'ici les mesures les plus importantes et les plus efficaces. Les législations cantonales renferment généralement des dispositions énergiques et sévères pour assurer la répression des abus de jouissance. Je citerai notamment, — à titre d'exemple, — la récente loi votée par le Grand Conseil du canton de Neuchâtel et qui a subi victorieusement l'épreuve du *referendum*. Elle soumet au régime forestier tous les pâturages boisés, appartenant à l'État, aux communes, aux corporations et *aux particuliers*, s'inspirant de ce principe que *la conservation des terrains et de la végétation sur les pentes des montagnes est d'intérêt public*. Je citerai aussi les réglementations très anciennes et très conservatrices du canton de Glaris; le règlement des alpages du canton de Vaud, 1876 ; le décret du 23 novembre 1878 sur l'amélioration des alpages du Valais, qui

24.

a imposé notamment la construction du chalet-abri pour le parcage des bestiaux dans toutes les montagnes qui en étaient dépourvues, etc.

Tous les cantons et la Confédération elle-même ont des crédits d'une certaine importance pour subventionner les travaux d'amélioration pastorale. Enfin des hommes dévoués à leurs pays, Landolt, Schatzmann, etc., ont, par leurs écrits, par une propagande incessante, développé l'initiative des communes, provoqué l'établissement de bons règlements de pâturages qui fixent l'étendue des pâquiers, soit la surface nécessaire à la nourriture d'une vache pendant l'été, provoqué également l'exécution de travaux d'entretien. Dans la plupart des communes du Jura suisse, chaque usager est tenu de fournir, pour ces travaux, un nombre de journées ou d'heures de prestation en rapport avec le nombre de têtes de bétail qu'il est autorisé à conduire au pâturage.

En Autriche-Hongrie, le Conseil de l'Empire a voté, en 1883, une loi qui autorise les législations des pays à prescrire *la réglementation des communautés agraires* (ayant des droits de propriété ou d'usage souvent très mal définis sur des terrains en nature de pâturages, bois, et même de cultures), et qui les autorise, d'autre part, à provoquer la division des terres communes entre les propriétaires usagers, si l'utilité de ce partage est constatée. Cette législation n'a pas produit, jusqu'ici, de grands résultats; mais les dégâts considérables (ils ont été évalués officiellement à plus de 42 millions de francs), occasionnés l'année dernière par les inondations en Autriche, détermineront vraisemblablement des applications plus nombreuses et plus étendues de la loi en vigueur.

En Allemagne aussi, on a commencé à se préoccuper de l'appauvrissement des pâturages communs. Ainsi, en 1887, une enquête fut faite sur l'état des pâturages situés dans quelques districts de la Forêt-Noire, et la Commission administrative qui en fut chargée conclut : 1° à la promulgation d'ordonnances réglementant l'exercice du pâturage; 2° à la mise en défens temporaire et à l'exécution obligatoire de travaux d'amélioration dans les parties dénudées ou couvertes de mauvaises herbes; 3° au boisement des pentes dangereuses.

Législation française. — En France, les lois du 28 juillet 1860 et du 4 avril 1882 ont eu principalement en vue le reboisement des pentes ravinées et la correction des torrents. Elles ont pour objet de corriger les dangers *nés et actuels*, résultant de l'érosion, du phénomène torrentiel. Cependant, le législateur de 1860 comprit que le reboisement seul, en imposant à l'État et aux communes usagères des sacrifices trop longtemps prolongés, ne pouvait être appliqué qu'à des surfaces relativement restreintes; que, d'autre part, il ne faisait qu'aggraver, au moins momentanément, la situation économique des habitants. Il compléta sa loi par des dispositions nouvelles visant le regazonnement (loi du 8 juin 1864). Le législateur de 1882 a obéi aux mêmes préoccupations en introduisant des dispositions concernant la *réglementation des pâturages*, rendue *obligatoire* pour certaines communes désignées dans un règlement d'administration publique et la *mise en défens*, qui, après une enquête publique, peut être prononcée par un décret rendu en Conseil d'État.

Ces législations successives établirent, d'autre part, ce principe que des subventions pourraient être accordées par l'État aux communes, établissements publics et particuliers pour travaux de reboisement (loi de 1860), de gazonnement (loi de 1864); pour travaux ayant pour objet l'amélioration, la consolidation du sol et la mise en valeur des pâturages en montagne (loi du 4 avril 1882).

Ses résultats. — Quels ont été les résultats obtenus au point de vue pastoral par ces législations successives ?

On peut signaler d'abord une réduction très sensible de la *transhumance des moutons provençaux* dans la région des Alpes. L'établissement des périmètres de reboisement obligatoire eut, en effet, pour conséquence d'obliger un certain nombre de communes à rendre à la jouissance des habitants leurs montagnes précédemment affermées à des bergers de Provence.

On peut signaler encore les résultats obtenus en application des idées préconisées surtout par MM. Marchand, Calvet, Briot, Broilliard, etc., et tendant à provoquer la substitution, au moins partielle, de l'espèce bovine à l'espèce ovine dans l'exploitation des montagnes. Les subventions accordées pour établissements de fruitières dans les Pyrénées et les Alpes ont certainement exercé une action importante sur le développement ou le perfectionnement de l'industrie laitière dans ces régions, et, si l'on ne peut affirmer qu'elles aient contribué jusqu'ici à réduire sensiblement le nombre des bestiaux de l'espèce ovine qui parcourent en été les montagnes, on a toute raison de croire qu'en se propageant par l'exemple et apportant plus de bien-être dans les vallées ces utiles établissements provoqueront peu à peu l'abandon de ce système pastoral si arriéré, si improductif et en même temps si destructeur, qui consiste à *entretenir* seulement le bétail pendant la saison d'été, et à ne poursuivre ni l'engraissement ni la production du lait.

Mais, d'une façon générale et dans son ensemble, la situation pastorale, — il faut bien le reconnaître, — ne s'est pas sensiblement modifiée. Les mêmes pratiques imprévoyantes et dévastatrices continuent à s'exercer. Si on recherche les causes du peu d'importance des résultats obtenus jusqu'à ce jour, on trouve que, d'une part, notre législation n'a vraiment pas abordé la question pastorale dans *sa généralité,* ni dans ses détails *essentiels;* qu'elle a imposé des règles, conditions, formalités d'application nuisibles parfois au but poursuivi ; on trouve encore que le service forestier, chargé de son application, fut obligé dès l'abord de consacrer des crédits importants aux grands travaux d'art qu'exigeait la correction de torrents les plus dangereux, puis aux expropriations si onéreuses imposées par la loi; qu'ainsi il ne disposait plus ni des ressources financières, ni surtout du personnel nécessaire pour pouvoir donner une impulsion sérieuse aux travaux d'amélioration ou aux réglementations pastorales.

Aujourd'hui, d'après M. Demontzey, qui en fut le principal promoteur, les grands travaux d'art appliqués à la correction des torrents semblent appelés à diminuer un peu d'importance, « les torrents restant à éteindre, étant de moindre envergure ». On a reconnu, d'ailleurs, qu'ils ne pouvaient donner des résultats décisifs et durables qu'à la condition d'être complétés par la correction de tous les petits ravinements et la restauration végétale de toutes les pentes dégradées des bassins de réception.

D'autre part, on tend à limiter les expropriations qui obligent l'État à payer à un prix souvent trop élevé des berges en ruines ou des pentes ravinées. Enfin, l'acquisition amiable par l'État de terrains étendus, destinés à être reboisés, peut constituer, dans certains cas, une solution excellente, parfois, la meilleure de toutes; mais elle ne peut être encore qu'une solution *limitée,* en raison des sacrifices importants qu'elle entraîne pour le Trésor, de la difficulté et de la longueur des négociations et formalités ; en raison aussi du très grave inconvénient qu'elle présente de favoriser en une certaine mesure la dépopulation locale.

Le service des améliorations pastorales. — Le moment semblait donc venu d'aborder franchement la question pastorale qui, d'après l'avis unanime de nos auteurs spéciaux, Surell, Cézanne, Mathieu, Marchand, Calvet, Demontzey, Briot, Broilliard, Thiéry, est à l'origine de toutes les dégradations du sol des montagnes, et dont la solution peut seule, par conséquent, assurer complètement et définitivement leur restauration végétale et leur régénération économique.

C'est dans ce but que, par décret en date du 30 décembre 1897, un service des *améliorations pastorales* a été institué au Ministère de l'agriculture, direction des Forêts. Ce service, avec des moyens pour le moment très restreints, a pour tâche essentielle d'encourager et aider, *par des subventions, ou seulement par des conseils, plans de travaux ou d'aménagement fournis gratuitement*, les départements, les communes et les particuliers dans les efforts qu'ils voudront faire, en vue de la restauration, de la mise en valeur et de l'aménagement de leurs pâturages dégradés ou appauvris.

C'est une œuvre importante et qui demanderait à être largement développée. Elle peut s'appliquer, en effet, en France, à des terrains *d'une superficie de 6,226,819 hectares* qui, d'après la statistique agricole de 1892, sont classés sous la dénomination de *landes, pâtis, bruyères, sols rocheux ou montagnes incultes, marécages et tourbières dont le produit est absolument nul, ou tellement infime qu'il est inutile d'en faire mention*. Or, ces terrains, sur plus des trois quarts de leur surface, sont susceptibles d'une mise en valeur rémunératrice par l'amélioration de leurs herbages dans leurs parties les plus planes et les plus fertiles, et par des plantations forestières dans toutes les parties rocheuses, embroussaillées, en pente rapide, impropres enfin au pâturage ; le plus souvent, donc, par des travaux *mixtes : pastoraux et forestiers*.

Le développement de ces travaux aurait pour résultats *d'accroître dans une mesure très importante les moyens d'existence des populations rurales dans les régions montagneuses de notre territoire, et de donner à notre industrie laitière et à nos exploitations sylvicoles une importance en rapport avec les besoins que révèle le chiffre si considérable de nos importations en bois, bétail et produits laitiers.*

Ce service a encore pour mission d'assurer une application plus complète et plus étendue des dispositions de la loi du 4 avril 1882, concernant la réglementation des pâturages et les mises en défens. Enfin, ses études et ses travaux lui permettront sans doute de préparer les bases d'une législation plus générale et plus efficace, d'assurer l'organisation en France d'un *régime pastoral* mieux approprié à notre état social, mieux en harmonie avec une civilisation, avec des progrès agricoles qui, jusqu'ici, semblent s'arrêter à la lisière des montagnes ; — l'organisation d'un régime pastoral susceptible de développer les profits aujourd'hui si restreints qui dérivent de la jouissance des terres communes; d'assurer entre les usagers une équitable répartition de ces profits ; susceptible enfin d'en garantir à perpétuité le renouvellement et, ainsi, de sauvegarder les droits légitimes des générations de l'avenir.

Conclusion et vœux. — Cette organisation d'un régime pastoral constitue peut-être l'une des réformes les plus importantes et les plus urgentes qui puisse s'imposer à l'attention des pouvoirs publics dans le siècle qui commence : *la destruction du sol des montagnes de la pâture libre, exercée sans règle ni mesure, sans le souci d'assurer la régénération des gazons et des bois, a contribué pour une grande part à la ruine des anciennes civilisations.* L'expérience doit nous instruire.

Comme conclusion, je propose que le vœu suivant soit adopté par le Congrès[1] :

« Le Congrès international de sylviculture, dans sa séance du   , au Palais des Congrès, à Paris, en vue d'arrêter le progrès de la dégradation du sol des montagnes,

« *Émet le vœu que, dans chacune des nations représentées, une législation pastorale soit étudiée, ou, si elle existe déjà, que, par une application aussi étendue qu'il sera possible, on en obtienne l'effet maximum; puis, que l'on étudie les moyens de la compléter ou de la perfectionner ;*

« *Que, d'autre part, toutes mesures administratives et financières soient prises pour assurer la reconstitution, la mise en valeur et la fructueuse exploitation de toutes les terres publiques, appartenant à des collectivités : États, provinces, tribus, réunions de communes, communes, sections de commune, établissements publics;*

« *Qu'enfin, en raison de l'importance de ces deux questions, il soit fait un rapport dans le prochain Congrès international des dispositions législatives adoptées et des mesures prises par les différents États.* » (Applaudissements.)

Adoption d'un projet de vœu. — Le projet de vœu ci-dessus est adopté à l'unanimité.

M. le Président. L'ordre du jour appelle la communication du rapport de M. Violette, inspecteur adjoint des Eaux et Forêts, sur les *Défenses contre les érosions de l'Océan; voies de vidange dans les forêts des dunes.*

[1] Ce projet de vœu a été adopté par le Congrès dans sa séance générale du jeudi 7 juin 1900.

M. Violette donne lecture du rapport suivant :

LA VÉGÉTATION FORESTIÈRE ET HERBACÉE PROTÈGE LE LITTORAL
CONTRE LES ATTAQUES DES FLOTS.

Messieurs, l'examen des procédés de défense contre les érosions de l'Océan devait intéresser votre deuxième section. Les effets bienfaisants de la végétation, tant forestière qu'herbacée, sauvegarde de la montagne contre les dégradations des météores, s'étendent également aux basses régions du littoral, que l'arbre et la plante protègent contre les attaques incessantes des éléments.

EXPOSÉ DU MODE DE DÉGRADATION DE LA DUNE LITTORALE PAR LES EAUX.

I

ANALOGIE ENTRE LES PHÉNOMÈNES DE REMANIEMENT DU LIT DE L'OCÉAN ET LES PHÉNOMÈNES TORRENTIELS.

L'analogie est grande entre les phénomènes de remaniement du lit de la mer et les phénomènes torrentiels. L'affouillement de la plage, l'érosion de la rive, la mise en suspension des matières désagrégées dans les eaux dont les remous les brassent et dont la vitesse les soutient, le transport, en mélange de ce limon, des débris de toutes grandeurs entraînés par les vagues ou par les courants côtiers, l'abandon des blocs, la précipitation des poussières sur le point où le flot cesse d'être rapide ou agité, sont des phénomènes foncièrement semblables à ceux de l'affouillement et de l'érosion des bassins de réception des torrents, au soulèvement des boues et des quartiers de roc, au charroi des matériaux dans le canal d'écoulement, à leur dépôt dans le lit de déjection.

On remarquera même que, comme le torrent nous présente tour à tour ses crues impétueuses et ses périodes de déversement plus modéré, l'Océan nous offre le contraste de la simple mobilité quotidienne de ses eaux et du déchaînement exceptionnel de ses tempêtes.

La série des profils momentanés d'équilibre, formés sur les rivages par les assauts des courants et des vagues, marque les phases successives de la balance entre la puissance variable de remaniement possédée par les flots et entre les résistances, plus ou moins uniformes, qui proviennent de la configuration de la côte ainsi que de sa constitution spécifique. Nous y retrouvons tout l'analogue des profils momentanés d'équilibre, modifiés aussitôt que créés, qui se succèdent au cours du premier tumulte, désordonné, de chaque crue des eaux de la montagne.

Lorsque, pour une période d'une certaine durée, les effets de dégradation et de restauration portés par la masse océanique se détruisent et s'annulent, le modelé des hauts-fonds demeure quelque temps invariable. Ces profils temporaires d'équilibre de la rive submergée rappellent exactement les profils de compensation, non moins temporaires, qu'impriment à leur lit d'épanchement les eaux alpestres, dans le plein écoulement de la fin de l'orage.

Mais le profil de stabilité du torrent dompté par le génie de l'homme n'a pas de correspondant pour les travaux à la mer. Le maintien à peu près définitif d'un certain aspect des reliefs est le résultat de l'établissement d'un régime presque permanent de l'action des eaux. En montagne, l'existence de profils stables atteste le succès de l'œuvre de régularisation du dégorgement des eaux météoriques. Pour obtenir à la mer des effets de fixation sensiblement persistants, il faudrait réglementer, sur une zone d'une assez grande étendue, le régime des courants côtiers.

CARACTÈRE ESSENTIELLEMENT PRÉCAIRE DES TRAVAUX DE DÉFENSE À LA MER.

Nous ne pouvons nous attacher à la création d'une œuvre aussi colossale. L'entreprise serait d'ailleurs injustifiée, puisque nous parvenons, au prix d'efforts peu dispendieux, à produire des résultats à peu près satisfaisants.

Il est donc bien entendu que nos systèmes de défense contre les érosions des flots ne poursuivent d'autre but que de fournir une protection d'un caractère plus ou moins passager.

Si les ouvrages ont peu de consistance ou si, en raison même du mode de leur action, leur efficacité est de peu de durée, ils devront être sans cesse renouvelés.

Si les travaux effectués sont considérables, s'ils sont de nature à résister durant de longues années, ce ne sera pas assez de pourvoir à leur entretien. Il faudra songer encore à les adapter constamment aux conditions toujours nouvelles de l'attaque. Ces divers soins devront être donnés avec continuité. Ils se traduiront par l'exécution de séries de réparations plus ou moins importantes, et par l'établissement, de temps à autre, d'ouvrages complémentaires de deuxième ordre.

II

LIMITATION DE NOTRE EXAMEN À LA DESCRIPTION DU MODE DE PRÉSERVATION DU LITTORAL DES DUNES.

Dans cet examen sommaire des procédés de préservation de nos rivages, nous ne décrirons que les travaux de protection effectués sur le littoral des dunes. Seules de nos frontières maritimes les dunes intéressent le forestier. Sur leurs côtes, meubles et fertiles, les moyens d'action dont il dispose sont particulièrement efficaces. C'est là aussi que ses aptitudes spéciales et la confiance des Pouvoirs publics l'appellent à lutter contre les empiéte-ments de l'Océan.

FORMATION DES DUNES PAR LES EAUX. LEUR DESTRUCTION PAR LES EAUX.

Les dunes sont des amas de poussières arénacées, qui s'accumulent, en forme de longues chaînes de collines et parfois de monticules isolés, aux confins de toutes les plages dont le sol est tapissé de sable sur une forte épaisseur ainsi que sur une étendue superficielle considérable. Ces maté-riaux ténus, crachés par les vagues, sont saisis par le vent sur la lisière que le flot découvre périodiquement et portés vers l'intérieur des terres. Mais la côte, formée d'une silice inconsistante, est bientôt dégradée par les mêmes eaux auxquelles elle doit en partie sa naissance. Les sables, issus de l'Océan, sont repris par les courants, qui les restituent aux régions voi-sines de celles d'où ils les ont extraits, ou qui les entraînent définitive-ment dans les gouffres d'où ils ne remonteront jamais.

NATURE DES COURANTS OCÉANIQUES SUR LA CÔTE LANDAISE.

L'importance du rôle que jouent les courants marins, aussi bien dans le renforcement de la côte par la constitution d'apports sableux que dans la dégradation des hauts-fonds et dans la destruction des rives émergeantes, mérite que nous en disions quelques mots.

Ces courants sont de diverses natures. Ceux qui règnent dans la région des dunes de Gascogne se ramènent à quatre classes :

Le courant propre du flot de marée se renverse à chaque oscillation semi-diurne de l'Océan. Nous ne le citons que pour mémoire, car ses effets alternatifs portent un résultat à peu près nul, en raison de ce que la vitesse du flot descendant diffère peu, ici, de celle du flot montant.

Les courants locaux temporaires se confondent, sur les rives du golfe Aquitain, avec les déplacements des eaux produits par les escourres et par les pointes. Ils tendent toujours à entraîner le sable vers le large.

Le courant d'impulsion du vent est limité aux couches superficielles de l'Océan. Toutefois il se communique à une zone d'autant plus profonde que l'intensité du souffle atmosphérique est plus prononcée.

Les grands courants côtiers se montrent à peu près permanents, comme assiette et comme régime. Ces courants ne sont autre chose que la manifestation des effets d'ensemble provoqués par les forces naturelles qui tendent à établir un état général d'équilibre dans les eaux qui baignent les rives. Leur tracé, leur importance sont le résultat, tant des différences de densité de l'élément neptunien, dues à la disparité de salure, de température, de pression, que du relief des fonds et des formes du continent. L'influence des grands courants devient prédominante par un brassiage supérieur à quelques dizaines de pieds d'eau. — Sur les côtes landaises et girondines, l'écoulement le plus considérable des eaux littorales se fait en plongeant vers les grands fonds du gouffre de Biscaye.

Outre les grands courants sous-marins, il existe, dans les régions supérieures de la zone bordant les dunes gasconnes, un déplacement d'eaux, d'un très fort débit, qui s'effectue dans la direction du nord au sud, en longeant la côte. Ce mouvement de la masse liquide paraît constituer une répercussion partielle des ondes du courant de Rennel, fleuve atlantique qui s'écoule des promontoires de la Galice vers les récifs de la Bretagne.

PUISSANCE DÉGRADANTE DU VENT.

Le vent saisit, sur les rives découvrantes, les détritus rejetés par les eaux. Il transporte ces matières sur la région constamment émergeante de la côte ; il les dérobe aux remaniements ultérieurs du lit de l'Océan ; il amoindrit ainsi la valeur de protection que possédait la masse sableuse de la haute plage.

La puissance dégradante du vent est donc extrêmement grande, non seulement par ses effets indirects, qui sont ceux des tempêtes qu'il a soulevées, mais encore par l'affouillement direct qu'il exerce sur la plage.

Il est à remarquer que le vent, en creusant les rives découvrantes, oblige l'Océan à affouiller ses hauts-fonds et à charrier du sable vers les terres, pour reconstituer le profil d'équilibre correspondant à l'action actuelle des eaux.

Le vent cause encore des dégâts considérables au bourrelet de défense constitué par l'amoncellement des sables de la dune littorale. Il suffit de mentionner cette circonstance pour laisser entrevoir toute l'étendue de ses conséquences, sur lesquelles il n'est pas besoin d'insister.

MÉCANISME DE L'APPORT ET DE L'EMPORT DU SABLE SUR LES FONDS.

Le mécanisme de l'apport du sable vers les rivages, et celui de son emport vers les profonds, constitue la base de la technique des systèmes appliqués à la défense du littoral. Nous devons le définir sommairement.

Les particules sableuses, que les remous des eaux ont soulevées jusqu'aux couches liquides soumises à l'action des courants montants — courants qui, d'ordinaire, règnent à la surface — sont transportées dans la direction du continent, en même temps que, sous l'effet de leur poids, elles sont entraînées vers le fond.

Bientôt les parcelles sont saisies, au cours de leur chute, par les courants qui descendent vers le large. Les premières masses refluentes, dans lesquelles les sables pénètrent, ont toujours assez de puissance pour les ramener vers la haute mer, parce qu'elles ne sont point saturées de matières en suspension. Mais elles ne les conduisent pas très loin, les eaux ne se déplaçant que lentement dans le voisinage du courant inverse qui règne dans les zones supérieures. Ainsi les corpuscules flottants gravitent d'abord dans un sens peu différent de celui de l'attraction terrestre. Puis ils traversent, suivant une direction plus ou moins oblique, la zone des eaux médianes, animées d'une vitesse plus grande, eaux d'autant plus voisines de leur point de saturation que l'on descend davantage. Les détritus quartzeux pénètrent enfin dans les couches inférieures les moins rapides, les plus fortement chargées de matière pulvérulente, qui, en les admettant, sont contraintes de déposer sur les fonds une quantité exactement égale des parcelles qu'elles charriaient.

EFFETS DE CREUSEMENT OU D'EXHAUSSEMENT DES RIVAGES,
RÉSULTANT DU TRANSPORT DES SABLES.

Il suit que, selon le degré des intensités relatives des courants montants et des courants descendants, encore selon le temps pendant lequel les grains siliceux demeurent soutenus dans la masse liquide, c'est-à-dire selon la hauteur à laquelle les remous les ont soulevés, les matériaux retomberont plus près du rivage qu'ils n'ont été pris ou, au contraire, se déposeront plus loin.

Si l'influence des courants descendants est la plus forte, le talus des rivages submergés ira constamment se creusant dans ses parties hautes et s'élevant dans ses parties basses, c'est-à-dire que la pente des fonds s'adoucira jusqu'à une assez grande distance en mer, en même temps que les eaux gagneront sur le continent. Si la prédominance appartient à l'action des courants montants, le profil du lit océanique se creusera dans ses parties basses et s'élèvera dans ses parties les plus hautes, sur la lisière littorale. La pente des hauts-fonds se raidira, en même temps que la terre gagnera sur les flots.

III

CARACTÈRE INCOMPLET DE L'ANCIENNE TECHNIQUE DE LA DÉFENSE DES DUNES.

La description de la nature et du mode d'action des puissances actives qui modifient les contours et les reliefs du littoral des dunes est achevée.

Il nous reste à examiner les procédés de défense mis en usage pour parer à ceux des effets de ces agents dont le travail consiste à opérer la destruction progressive de la côte.

A notre très vif regret, nous ne pourrons nous acquitter, aussi entièrement que nous l'eussions désiré, de la tâche que le bureau de votre deuxième section nous a fait l'honneur de nous confier.

Nous sommes aujourd'hui parvenu à la conviction intime que la transformation des rivages des Sables de Gascogne est un phénomène dont la production est déterminée par un très petit nombre de lois extrêmement simples dans leurs principes, quoique des plus complexes dans leurs conséquences. Les circonstances principales de la mise en œuvre des forces qui entraînent ces résultats, et, par suite, les résultats eux-mêmes demeurent sensiblement identiques, à échéance séculaire. Même dans les effets immédiats que portent leurs manifestations du moment, ces forces montrent une continuité, une uniformité d'action à très peu près invariables, pour des périodes d'assez longue durée. Cette conviction, qu'actuellement nous possédons pleine et absolue, ne s'est pas formée chez nous dès l'abord.

BUT PREMIER DE LA CONSTRUCTION ET DE L'ENTRETIEN DE LA DUNE MARITIME.

Appelé par notre Administration, pour nos débuts dans la carrière du forestier, à diriger, durant quatre années, les travaux d'entretien d'une trentaine de kilomètres de la dune littorale des Landes, et de nouveau, depuis trois ans, à protéger, dans la même région, une longueur d'environ vingt-cinq kilomètres de côtes, nous n'avions, au cours de la première période de notre passage dans ce service spécial, que très incomplètement saisi le mode d'action de la mer. Nous considérions alors l'attaque des flots comme une force aveugle, désordonnée, capricieuse, détruisant aujourd'hui ce qu'elle reconstituera demain, renforçant la dune sur ce point en même temps qu'elle la dégrade sur cet autre, sans aucun motif, sinon celui qu'il faut bien que les sables arrachés aux rivages aillent se déposer quelque part. Nous nous appliquions à réparer de notre mieux le bourrelet littoral, parce que nos maîtres et nos devanciers, s'appuyant sur l'expérience que donnent l'âge ou la pratique, avaient, tous et toujours, été d'avis de maintenir en bon état la dune maritime; parce qu'encore l'obligation d'un tel entretien est imposée par la nécessité de retenir les sables nouveaux, pour empêcher qu'ils ne viennent ensevelir les plantations qui fixent les sables anciens, ou qu'ils ne les détruisent en les cinglant mortellement de leurs grains projetés avec violence par l'ouragan.

DEUXIÈME GENRE DE SERVICES RENDUS PAR LE REMPART LITTORAL.

L'utilité que présente l'immense rempart de la dune littorale, en tant qu'amoncellement de matières issues de l'Océan et destinées à être récupérées par les eaux, destinées encore à se voir restituées à la côte, puis bientôt reprises pour être rejetées à nouveau, amusant, par leur va-et-vient, la force vive d'érosion possédée par les flots, nous avait à peu près complètement échappé. Volontiers, n'eût été la dépense, nous aurions étalé la dune, largement, aux fins de diminuer le coût de la réparation des dégâts causés par le vent, sans nous rendre compte que c'était faire le jeu de l'ennemi, lui faciliter ainsi de pousser plus rapidement vers l'intérieur de terres que nous avions reçu la mission de défendre contre ses attaques.

BASES D'UNE TECHNIQUE NOUVELLE.

Ce n'est qu'à la suite d'un travail latent d'induction, corollaire accoutumé d'une observation persistante des phénomènes de la nature, que nous avons dégagé le mécanisme très simple de l'attaque des côtes sableuses par l'Océan, et reconnu leur mode de résistance spontanée. Certains déplacements internes des eaux littorales, irréguliers et sans suite, s'entre-détruisent; il n'en subsiste aucune trace. D'autres mouvements s'opèrent avec continuité, et se traduisent par des effets durables. En fin de compte, les remaniements des rivages des dunes dépendent uniquement des rapports de l'action tour à tour destructive et réparatrice des courants côtiers avec la résistance que la configuration du littoral et notamment les reliefs des fonds opposent à cette dégradation et aussi à cette restauration.

Ainsi, notre exposé des divers modes de protection de la côte, pour qu'il constituât un examen critique bien complet, une étude parachevée, devrait être présenté dans ses relations avec les effets d'attaque et de reconstruction qui résultent de la balance variable de l'équilibre entre les forces agissantes et résistantes de la mer et des rivages. Il nous faudrait même, non seulement discuter rationnellement les procédés de défense de la dune dans leurs rapports avec cette technique spéciale, mais comparer le coût des travaux à leur durée probable et à la qualité présumée de l'effet produit.

C'est là une œuvre où nous serions trop novice.

CIRCONSTANCES QUI RENDENT DIFFICILES, AUJOURD'HUI DU MOINS, DE DÉTERMINER LES MÉTHODES À SUIVRE.

L'insuffisance de notre expérience n'est pas la seule difficulté à laquelle nous nous soyons heurté. Des circonstances accidentelles nous ont mis dans l'impossibilité, après nous être expliqué le mode de l'action des eaux sur les sables, d'obtenir, par l'observation de faits expérimentaux choisis parmi les plus simples, quelques conclusions premières, qui eussent servi de commencement pour la constitution d'une méthode scientifique d'entretien de la dune, au point de vue de la protection des rivages contre l'action des eaux.

Depuis quelques années, en effet, nous sommes entrés dans une période de dégradations anormales. Les érosions récentes sont vraiment exceptionnelles par leur importance, par leur persistance, et même par le processus de leur production.

LES RELATIONS ENTRE LE CONTINENT ET LA MER PARAISSENT ACTUELLEMENT SE MODIFIER SUR LES CÔTES GASCONNES.

La théorie, dont nous avons ci-dessus exposé les bases, nous induit à admettre qu'une modification aussi radicale des conditions de l'attaque des flots ne peut être l'effet du hasard.

Il y a certainement quelque chose de changé, sur le littoral des Landes, dans les relations entre le continent et la mer.

Ou bien le régime des courants côtiers est modifié, par contre-coup de modifications survenues dans le régime des grands courants atlantiques, ou pour tout autre motif.

Ou bien le niveau du continent varie, s'exhaussant ou s'abaissant par rapport au niveau de l'Océan.

Ou, enfin, les deux circonstances se produisent à la fois.

Nous aurons à revenir plus loin sur ce sujet complexe, à l'occasion du vœu dont nous vous proposerons l'adoption. Mais nous retiendrons, en passant, que le moment actuel est aussi peu favorable que possible, dans la région gasconne, pour entreprendre de fonder une technique complète du mode de défense des dunes contre les attaques des flots. Les circonstances sont, au contraire, on ne peut plus favorables pour étudier les rapports entre la mer et ses rivages, et arrêter ainsi les bases de la technique future.

DIFFICULTÉ DE L'ÉTABLISSEMENT D'UN SYSTÈME RATIONNEL D'ENTRETIEN DE LA DUNE LITTORALE.

IV

BASE, ACTUELLEMENT LA SEULE EXPÉRIMENTÉE, D'UN SYSTÈME DE DÉFENSE CONTRE LA MER : MAINTIEN, SUR LA RIVE MÊME, DES MATÉRIAUX REJETÉS PAR LES FLOTS.

Dans cet état de la question, nous nous bornerons à dire que, dans l'établissement d'un système rationnel de protection des côtes, une seule base de la ligne de conduite à observer peut être actuellement considérée comme acquise, étant la seule consacrée jusqu'ici par le contrôle de l'expérience : *Il faut accumuler aussi près que possible de la mer les sables qu'elle a rejetés.*

Dans la pratique, on complétera l'énoncé de cette règle primordiale de la défense des dunes, par la mention de cette condition restrictive : . . . . . *dans la mesure où l'on y parviendra sans augmenter sensiblement le coût des travaux d'entretien.*

RÔLE PROTECTEUR REMPLI PAR LE BOURRELET LITTORAL, EN DÉGORGEANT SES SABLES DANS LES EAUX AGITÉES.

A défaut de connaître, dès aujourd'hui, la nature de procédés efficaces en même temps qu'économiques, s'adaptant à la défense directe de la côte contre les attaques de l'élément salé, on ne peut, assurément, concevoir une méthode de protection indirecte d'une nature plus simple, d'une application plus aisée que le système qui consiste à entasser, au plus près des limites de la mer, les détritus qu'elle a crachés.

On constitue de la sorte, sur la rive, des amas de matériaux, qu'au cas de la production d'une série d'érosions on laissera se répandre peu à peu dans les flots. Les sables ainsi reversés dans l'Océan empêcheront qu'il n'arrache à son lit un volume important de substances, dont la masse différerait peu de celle des poussières restituées par le continent. Les eaux, lors des fortes tempêtes, sont en effet dans un état de chargement voisin du point de saturation, et toute addition de matières nouvelles suffit pour y provoquer des dépôts.

V

PRINCIPES DE CONSTRUCTION ET D'ENTRETIEN DU REMPART MARITIME.

La mise en exercice, quant à la construction et à l'entretien du bourrelet littoral, du principe fondamental que nous venons d'avancer, se traduira par l'observation d'un petit nombre de préceptes, les uns ayant pour but exclusif de favoriser la résistance de la dune contre les érosions de l'Océan, les autres s'appliquant aux conditions générales de la protection de cette dune contre les dégradations causées par le choc des eaux ou par le souffle atmosphérique. Nous énoncerons simplement, sans les expliquer, ces préceptes dont le bien fondé se conçoit d'ailleurs assez aisément. Une telle discussion nous entraînerait trop loin.

SOLIDITÉ D'ASSIETTE.

Le bourrelet siliceux sera fortement assis. Sa base sera franchement large. Sa section droite se rapprochera d'autant plus de celle d'un trapèze, et la face exposée à la mer présentera une pente d'autant plus raide que l'attaque des eaux, sur ce point du littoral, sera actuellement plus vive. Si la dune n'éprouve guère de dommages que du fait des ouragans, on lui donnera une section à peu près triangulaire, et l'on établira en pente douce le talus qui reçoit les assauts de la tempête.

IMPORTANCE DE MASSE; PROXIMITÉ DE LA MER.

Les dunes qui sont constamment érodées par les flots seront construites de manière à laisser échapper le moins possible de sable dans l'intérieur des terres. On fixera ces matériaux au plus près de l'Océan; on les accumulera d'ailleurs en quantité aussi forte que faire se pourra.

COUVERTURE ABONDANTE DE GOURBET.

Le rempart littoral demeurera constamment garni, sur ses talus et sur sa plate-forme, de plantations du roseau connu ici sous le nom de gourbet, ailleurs appelé oyat, jonc de mer. Il sera revêtu de cette couverture vivante, sans aucune exagération comme abondance ou comme parcimonie. Mais on mettra plutôt trop de gourbet, que trop peu.

Cette prescription, extrêmement importante par les sérieuses économies qu'elle entraîne dans le coût de l'entretien des talus littoraux, et aussi par la valeur pratique des résultats obtenus, a d'ailleurs été donnée, d'une manière générale, aux agents du service des dunes, par la plus haute autorité de notre corps forestier en matière de travaux, M. l'administrateur Bert.

Le gourbet constitue pour le bourrelet de sable une protection des plus efficaces; il est aussi le meilleur régulateur de sa forme.

CONTINUITÉ DES RELIEFS IMPRIMÉS AUX TRONÇONS CONTIGUS.

Les profils en long et les profils en travers, pour une série de tronçons contigus, seront travaillés de manière que la dune ne présente aucun changement de figure quelque peu prononcé.

Lorsqu'on ne pourra éviter cet inconvénient, en raison de l'état du bourrelet existant et par suite de considérations d'ordre pécuniaire, les profils différents devront être soudés entre eux par des raccordements à peine sensibles. En un mot, selon la brève expression de M. l'inspecteur de Lignières, il faut prendre soin « d'aplanir les angles ».

IL NE FAUT TOUTEFOIS PAS VISER À UNE RÉGULARITÉ TROP ABSOLUE DES CONTOURS.

Ceci ne veut pas dire que l'on doive s'appliquer nécessairement à développer, par delà les limites de l'horizon, l'uniformité indéfinie de contours sobres et de reliefs symétriques, s'attacher à faire naître des aspects en quelque sorte architecturaux, qui ne s'établiraient point comme spontanément par le seul jeu de l'entretien courant. En fait, les profils voisins, sur la chaîne littorale, présentent toujours entre eux de grandes analogies de tracé, parce que, sur ces points, la dune a été constituée dans les mêmes conditions, puis entretenue selon les mêmes méthodes. Une certaine harmonie du modelé doit même être très vivement recherchée, parce qu'elle se prête à une meilleure ordonnance des travaux de réparation, et, partant, à leur exécution plus économique. Mais elle ne doit être poursuivie que sous ce rapport.

La régularité des formes de la dune peut ainsi, dans l'art de la bien entretenir, devenir un moyen. Elle ne doit jamais être un but. La confusion est toutefois assez facile à commettre. L'on ne saurait trop se prémunir contre cette tendance, susceptible de devenir dangereuse par ses conséquences pécuniaires.

VI

APPLICATION COURANTE DES RÈGLES DE CONSERVATION DES DUNES LITTORALES.

Voici, dans l'état actuel de la technique de la défense de la dune littorale, et, par application des règles que nous venons d'énoncer, les méthodes générales de conduite de l'entretien de cette dune qu'une pratique datant déjà de plus de douze années nous a engagé à adopter.

CAS OÙ LA DUNE EST PEU MENACÉE PAR LES EAUX : EMPLOI DE LA PENTE DOUCE POUR LA FACE INCLINÉE À LA MER.

Si la dune est très peu menacée par les flots, nous lui donnons une plate-forme relativement étroite, qui constituera, vers l'arrière du rempart, une sorte d'allée culminante, d'une largeur au plus égale au quart de la profondeur totale de la base de la levée des sables. Nous formons ainsi, sur la face inclinée à la mer, c'est-à-dire sur le côté ouest de la dune, un talus d'une très faible déclivité, se raccordant par des pentes progressivement adoucies avec la plage supérieure.

La hauteur et la largeur de la colline littorale dépendront de la quantité des matériaux amoncelés, c'est-à-dire de l'âge de la dune, et aussi du lieu de sa situation. Sur les côtes du pays de Born, plus spécialement étudiées par nous, l'accroissement de masse du bourrelet maritime, selon le point du rivage où on le considère, varie approximativement entre 12 et 25 mètres cubes, par mètre courant de façade et par an.

Il est préférable d'établir des dunes de peu de hauteur, l'intensité du vent étant très sensiblement amoindrie dans le voisinage immédiat du sol. Mais il ne faudrait pas tomber dans l'exagération et construire des dunes en quelque sorte aplaties. Des pentes ouest qui se tiendront entre 20 et 30 p. 100, pour des dunes de masse totale plutôt faible, mais qui atteindront de 30 à 40 p. 100 pour des levées de sable d'un cube assez important, nous paraissent les plus convenables, au point de vue de l'économie obtenue dans les dépenses de l'entretien courant.

INCONVÉNIENT D'UNE TROP FAIBLE DÉCLIVITÉ.

Il faut en effet bien remarquer que, si la pente douce présente, sur la pente moyenne, l'avantage d'être moins violemment heurtée, moins endommagée par le vent, elle exige, pour loger un même cube total de matériaux et à égalité de hauteur de la dune, un plus grand développement superficiel des talus. On perdra fréquemment, par l'augmentation des dimensions de la partie de dune la plus coûteuse à entretenir — la face inclinée à la mer — plus qu'on ne gagnera sur la diminution du coût des réparations à l'unité de surface.

CAS OÙ LA DUNE EST FORTEMENT ATTAQUÉE PAR L'OCÉAN : EMPLOI DE LA PENTE RAIDE.

Si la dune est dangereusement atteinte par les eaux, nous accroissons fortement l'étendue de la plate-forme, à laquelle nous attribuons une largeur qui excède moitié de celle de la base du rempart littoral. Nous constituons, sur la face ouest, un talus très raide, présentant une pente de 60 et même de 80 p. 100.

Le rempart devient ainsi beaucoup plus difficilement pénétrable à la mer. Il arrive en effet que la brèche, pour une profondeur relativement peu accentuée, doit bientôt entailler les sables sur toute la hauteur de la dune, c'est-à-dire sur une épaisseur désormais constante, qui varie généralement, aujourd'hui, de 10 à 16 mètres. Pour une même longueur d'avancée vers les terres, le cube de sable jeté dans les flots est devenu double ou triple de ce qu'il était aux débuts de l'attaque, de ce qu'il demeurerait encore pour une dune à pente douce. Les eaux, dès lors promptement saturées sur leurs rivages, ne tardent pas à perdre leur puissance d'érosion avec leur force vive d'emport.

Ainsi, le sable amassé sur l'extrême rive est devenu, pour la côte, un agent de préservation. Admis plus avant dans l'intérieur des terres, il eût cessé de remplir, contre les eaux, son rôle protecteur. Il serait en même temps devenu, au cas d'une dégradation de la dune, d'autant plus pernicieux pour les plantations que ce rempart abrite, qu'il s'en fût trouvé déjà plus rapproché.

DÉCLIVITÉ-LIMITE DES TALUS OUEST.

Lors de la détermination de la pente à donner au talus ouest, on ne perdra pas de vue qu'il est indispensable, pour entretenir la vigueur de la végétation du gourbet, d'admettre dans la plantation qui couvre la dune un peu de sable frais : soit que ce sable possède effectivement une puissance nutritive plus marquée que les matériaux déjà lavés par les pluies; soit que le gourbet, sur ces terrains battus par les ouragans, ne demeure vivace qu'à condition de s'alimenter par l'intermédiaire de racines fréquemment renouvelées, issues des nœuds de reprise qui se forment les uns au-dessus des autres, et qu'ainsi il lui devienne nécessaire que le sol s'exhausse constamment autour de lui.

L'inclinaison des talus ouest ne devra donc jamais dépasser la pente limite que, sous l'impulsion même des tempêtes, le sable ne parvient à remonter qu'avec peine.

CAS SPÉCIAL DES STATIONS BALNÉAIRES DE LA RÉGION DES DUNES.

Devant les stations balnéaires, que l'on rencontre assez nombreuses sur le littoral des dunes de Gascogne, on maintiendra aussi raide que possible la pente regardant la mer, en sorte d'éviter que les constructions établies sur le sommet du rempart ou abritées derrière lui ne viennent à être noyées sous les apports de sable. Répartie, en effet, sur la largeur approximative de 100 à 200 mètres de la plate-forme et des talus, l'admission intégrale des poussières rejetées par la mer, suivie de leur dépôt, provoquerait un exhaussement du sol susceptible d'atteindre, chaque dix ans, une épaisseur nouvelle de 1 mètre à 1 m. 50.

Remarquons qu'en empêchant ainsi le bourrelet de s'accroître on se prive, contre l'action des flots, d'un moyen de défense dont nous avons souligné la grande efficacité : celui qui résulte de l'accumulation, sur les rivages, d'une énorme réserve de matériaux. Dans ces conditions, ce serait une grosse imprudence que d'élever des bâtiments sur une dune qui ne présenterait pas préalablement une masse importante et une forte assiette. Les risques deviendraient particulièrement graves, si l'on dressait les édifices trop sur l'avant des sables.

CAS INTERMÉDIAIRE DES LEVÉES LITTORALES MOYENNEMENT DÉGRADÉES PAR LES FLOTS.

Entre les exemples que nous venons de décrire, et que nous avons choisis parmi les cas extrêmes, existe toute la série des circonstances intermédiaires, des modes divers de l'attaque de l'Océan.

ART SPÉCIAL DE LA DIRECTION DES TRAVAUX DE LA DUNE.

A chaque modalité de l'attaque correspond un remaniement du système d'entretien de la dune. La mer variant de temps à autre les conditions de ses assauts, l'art de l'ingénieur forestier exige qu'il reconnaisse promptement la nature du changement qui se dessine dans l'action des flots, ainsi que son caractère de permanence présumée, et qu'il arrête aussitôt un plan de campagne s'adaptant à la situation nouvelle.

Le choix précis d'une méthode, l'esprit de suite dans son application sont choses d'autant plus nécessaires dans la direction des travaux de la dune que les ouvrages effectués ne portent complètement leurs résultats qu'à quelques années d'échéance. On ne saurait donc trop se prémunir contre le danger de fausses manœuvres, consistant à exécuter successivement des opérations plus ou moins contradictoires, et contre l'éventualité de surprises dans les effets obtenus.

INEXISTENCE DE MÉTHODES ABSOLUES D'ENTRETIEN À BON MARCHÉ DES DUNES MENACÉES PAR LES EAUX.

Puisque, aux différents modes d'attaque par les flots, correspondent, pour la dune, différentes conditions préférables de structure des profils et de situation de la masse par rapport au rivage, il semblerait que l'on puisse ramener tous les cas possibles à un petit nombre de types principaux, pour chacun desquels il serait établi des méthodes de travail déterminées.

Le projet est séduisant. Mais il se heurte à un écueil insurmontable.

En effet, le mode d'action de la mer — c'est une circonstance que nous avons signalée en son lieu — n'a rien de permanent pour une région définie de la côte. Les règles directrices de l'entretien d'un même tronçon de dunes doivent en conséquence, de temps à autre, être modifiées. D'autre part, les travaux d'entretien ne portent que lentement leurs effets. La méthode de préservation adoptée ne saurait donc jamais consister à remanier à fond les formes du rempart, en vue d'obtenir un état qui pourrait être devenu défectueux au moment où il serait atteint.

Aussi, rien n'est généralement plus décevant, et, en tout état de cause, rien n'est plus coûteux que l'entreprise qui consiste à poursuivre la création de la dune supposée la mieux en état d'être entretenue à bon marché. Un seul genre de soins ne trompe jamais l'attente des directeurs de la défense : c'est celui qui consiste à maintenir la dune convenablement garnie de gourbet.

INCLINAISON À DONNER AUX TALUS EST.

Nous n'avons rien dit de la pente applicable aux talus est. Une inclinaison moyenne, plutôt un peu faible, est celle qui, quelles que soient la forme générale de la dune et sa position par rapport à l'Océan, convient le mieux pour cette face arrière, uniquement exposée aux dégradations, peu importantes, des tempêtes qui soufflent du continent vers la mer.

Les talus orientés du côté de la terre doivent, comme le surplus de la surface de la dune, être bien complètement garnis de plants de gourbet. Toutefois l'espacement des pieds y sera plus accentué.

VII

TRAVAUX EFFECTUÉS, SUR LA PLAGE MÊME, CONTRE LES ÉROSIONS.

La production des érosions, temporaires ou persistantes, se manifeste nécessairement par l'accroissement de profondeur du lit océanique sur ses bords. Un procédé des plus efficaces pour ralentir la dégradation des rivages émergeants, sinon pour l'arrêter à peu près complètement, consiste à apporter des entraves à tout creusement un peu prononcé de la haute plage.

DEUX SYSTÈMES DE CONSERVATION DE LA PLAGE.

Ce mode de préservation de la rive supérieure comporte l'emploi de deux types principaux de défenses :

1° Exécution de travaux qui retiennent directement le sable ;

2° Construction d'ouvrages qui restreignent l'enlèvement du sable, en diminuant l'intensité de l'action des eaux.

Les deux systèmes peuvent être appliqués séparément ou simultanément.

Le Service des Eaux et Forêts exécute actuellement, dans le département des Landes, des travaux destinés à protéger, contre l'attaque des flots, les stations balnéaires de Mimizan et de Contis. Il met en œuvre les deux catégories de défense combinées.

Nous allons indiquer sommairement la nature des ouvrages spéciaux effectués devant ces deux stations.

OUVRAGES DE FIXATION DU SABLE.

En regard de la dune couverte par les villas des baigneurs, à une quinzaine de mètres en avant du pied du talus ouest, nous fichons profondément, sur la plage, trois à quatre rangées contiguës de longues et lourdes fascines, faites de pin maritime ou de grosse bruyère. Ces fascines sont disposées par gradins et dressées de telle sorte que la première rangée constitue, du côté de la mer, un parapet incliné de 10 à 20 p. 100 sur la verticale, appuyant légèrement vers la dune.

En surplus des faisceaux de branchages, ou simplement en leur place, selon l'importance des intérêts sauvegardés, nous entrelaçons des clayonnages autour de forts piquets, enfoncés d'environ 4 mètres au-dessous du niveau que les sables atteignent le plus fréquemment sur cette partie de la rive.

Devant les ouvrages de fixation des sables nous battons une ou deux lignes de piquets, très forts et profondément enfoncés, qui brouillent les eaux et favorisent l'action des fagots et des cordons tressés.

Ces divers travaux seront d'autant plus résistants, d'autant plus durables que la tranche de sable maintenue par eux est plus voisine de ce que nous appelons les « assises » ou « fondations » de la plage, c'est-à-dire plus voisine de la couche de sable qui, dans l'état actuel d'équilibre entre les forces dégradantes de la mer et les forces résistantes du rivage, et au milieu des déplacements incessants des bancs, des escourres et des pointes, n'est jamais affouillée ou presque jamais.

Sur cette base solide, nous avons toutes facilités pour exécuter des clayonnages et fascinages de deuxième ordre, travaux courants qui provoquent l'accumulation des sables, avec la garantie que ces améliorations subsisteront assez longtemps pour fournir un résultat des plus satisfaisants.

OUVRAGES DE RUPTURE DU CHOC DES VAGUES.

Devant le groupe des ouvrages destinés à retenir les sables existants, ainsi qu'à accumuler les sables apportés, nous établissons un demi-brise-lames en pieux. Les troncs employés auront une masse assez considérable pour atténuer fortement le choc des vagues, et une fiche suffisante pour demeurer à l'abri de tout danger de déchaussement.

Le rôle de ces pieux est multiple :

Ils empêchent les lames de s'abattre avec autant de violence sur les clayonnages et sur les fascinages, travaux en somme peu résistants.

Ils arrêtent les épaves, d'un volume et d'un poids considérables, telles que mâts de navires, poutres, etc., qui sont jetées à la côte par les fortes tempêtes. Ils font obstacle à ce que ces corps ne viennent dégrader les travaux, de masse relativement faible, établis près de la base de la dune.

Ils contribuent, dans une large mesure, à diminuer l'importance de l'affouillement de la plage derrière eux. En coupant la vitesse des eaux, ils contrarient l'enlèvement des sables, et ils en facilitent le dépôt.

COÛT ÉLEVÉ DE CES TRAVAUX. LIMITATION DE LEUR EMPLOI.

Ces travaux sont d'un coût très élevé. Leur prix d'établissement varie, selon la masse des ouvrages, de 30 à 60,000 francs par kilomètre protégé. Nous ne pourrons déterminer que par la suite le revient courant de leur entretien, d'autant que ces dépenses conservatoires comprendront nécessairement l'exécution de quelques ouvrages complémentaires dont l'expérience, seule, nous fera connaître la nature.

Un tel système de défense n'est applicable que pour sauvegarder des intérêts suffisamment importants. A ce point de vue, il s'adapte bien au cas des agglomérations balnéaires de Mimizan et de Contis, stations dont l'une au moins prend aujourd'hui une extension rapide, que la sécurité maintenant donnée aux propriétaires d'immeubles va encore favoriser.

L'exécution de pareils travaux n'est d'ailleurs entièrement justifiée qu'autant que la surface du continent n'est l'objet d'aucun soulèvement ou d'aucun affaissement par rapport au niveau moyen des eaux. Dans le premier cas, la construction d'ouvrages aussi considérables deviendrait inutile. Dans le second cas, elle se montrerait inefficace. Un obstacle impénétrable, c'est-à-dire un mur de dimensions suffisantes pour n'être tourné par aucune de ses extrémités, pourrait seul, en cette dernière circonstance, fournir une protection durable.

RÔLE PROTECTEUR DE LA FORÊT.

VIII

LES FORÊTS DES DUNES REMPLISSENT, À L'ÉGARD DU PAYS INTÉRIEUR, LE DOUBLE RÔLE DE PROTECTION QUE LE BOURRELET LITTORAL REMPLIT VIS-À-VIS D'ELLES-MÊMES.

La dune littorale a pour objet de préserver, contre l'envahissement des sables, les semis forestiers créés à son abri. Elle doit encore servir de frein pour user la puissance de dégradation possédée par les eaux, qui menacent également ces semis.

Le double rôle que remplit le bourrelet maritime, au regard des dunes complantées, ces dunes le remplissent elles-mêmes vis-à-vis des terrains qu'elles séparent de l'étendue atlantique. La fixation, par le pin maritime, des montagnes de sable mouvant, a sauvé d'un ensevelissement certain des milliers d'hectares de cultures. En retenant, au plus près des rivages, la masse énorme des débris vomis par les flots, nos pineraies sont aptes à devenir un jour, pour l'intérieur du pays dont elles forment lisière, un secours particulièrement efficace contre des érosions possibles.

Si jamais le mouvement de plongée, extrêmement lent jusqu'ici, auquel les côtes de Gascogne paraissent soumises depuis plus de mille ans, venait à s'accélérer, l'intensité des attaques neptuniennes s'accroîtrait dans des proportions vraiment inquiétantes pour l'avenir de la région littorale. Mais les remparts immenses des sables ensemencés, d'une largeur cumulative de plusieurs kilomètres, et dont l'épaisseur moyenne atteindrait 15 à 20 mètres, en les supposant uniformément étalés, suffiraient, pendant des siècles, à retarder les progrès de l'Océan.

Ainsi, le long des rivages de la mer comme sur les flancs de la montagne, la plante, à tous ses degrés de développement, herbe, arbrisseau, haute tige, protège l'industrie et la vie humaine contre les dangers qu'elles encourent par le fait d'une action hostile des forces de la nature. (*Applaudissements.*)

Comme conclusion à son rapport, M. VIOLETTE dépose le projet de vœu suivant [1] :

« *Première partie.* — Un nivellement de haute précision sera effectué, le plus tôt possible, sur la rive gasconne, puis renouvelé à intervalles réguliers, pour déterminer l'importance de l'affaissement ou du soulèvement de cette partie de la côte. Le niveau moyen de l'Océan, fourni par des maréographes, constituera plan de comparaison.

« *Deuxième partie.* — Le profil de sections littorales transversales, toutes rattachées au nivellement en long, sera levé à différentes reprises, à échéances régulièrement espacées, aux fins de rechercher la résultante actuelle de l'action propre des eaux sur les rivages sablonneux. »

Adoption d'un projet de vœu. — Le projet de vœu ainsi formulé est mis aux voix et adopté.

La suite de l'ordre du jour est renvoyée à la prochaine séance.

La séance est levée à 5 heures.

---

[1] Ce projet de vœu a été modifié dans la séance générale du jeudi 7 juin.

SÉANCE DU MERCREDI 6 JUIN 1900
(MATIN).

PRÉSIDENCE DE M. DELONCLE, PRÉSIDENT.

La séance est ouverte à 10 heures un quart.

M. CARDOT, secrétaire, donne lecture du procès-verbal sommaire de la précédente séance.

Le procès-verbal est adopté.

M. LE PRÉSIDENT. L'ordre du jour appelle la communication de M. Tessier, inspecteur adjoint des Eaux et Forêts à Carpentras, sur le versant méridional du massif du Ventoux.

M. TESSIER. Messieurs, j'ai publié au commencement de la présente année, dans la *Revue française des eaux et forêts,* une monographie du versant méridional du massif du Ventoux, de laquelle il me semble que certains points sont de nature à présenter un intérêt international.

Ce massif, dont l'altitude extrême est 1,908 mètres, est situé sous le 44° de latitude N. Il est, vers l'ouest, comme une sentinelle avancée des Alpes méridionales et se dresse de toute sa hauteur et de tout son isolement au-dessus de la plaine de Provence.

L'olivier couvre sa base; les plantes de la zone alpine se rencontrent sur ses sommets, et cette situation lui donne une personnalité telle que l'École forestière de Nancy le comprend chaque année dans sa tournée d'études pratiques.

Le massif du Ventoux est formé d'une longue et vive arête dirigée de l'est à l'ouest, de telle sorte que l'exposition y a, au point de vue de la répartition des zones de végétation, son influence maxima.

Ses deux versants, exposés l'un plein sud et l'autre plein nord, présentent à tous égards des aspects très différents. Ainsi se justifie qu'on puisse les étudier séparément.

La surface du versant méridional présente l'aspect d'un immense plan incliné, de 10 à 30 p. 100 de pente, et sillonné de combes étroites et profondes.

Les roches qui le constituent appartiennent aux étages néocomien et urgonien.

Le néocomien y est représenté par le faciès siliceux des couches supérieures à *Ammonites difficilis* (Barrêmien).

Ce sont des calcaires gris clair, à texture grossière, fréquemment remplis de rognons de silex ou de calcaire siliceux, alternant avec des parties marneuses moins dures et sans rognons siliceux. Ils se délitent sur place en plaquettes tranchantes, sonores, et cette nappe de rocailles forme les casses si caractéristiques du sommet.

Sur les pentes rapides, ces fragments, sous l'action continue de la pesanteur et du piétinement des moutons, sont en continuel mouvement et donnent naissance à un genre de dépôt intermédiaire entre la casse, dépôt de surface et l'éboulis, dépôt de pente.

L'urgonien se présente le plus souvent sous forme de calcaires à rascles. Les rascles sont des affleurements de couches calcaires peu inclinées, dont la surface est sillonnée d'arêtes rugueuses et de cavités abruptes, profondes, en réseau capricieux. La marche y est très difficile, car les pieds se prennent dans ces étroites crevasses, qui ont valu à ces terrains le nom original de « tire-bottes »; *c'est le faciès récifal de l'Aptien inférieur.*

Ces calcaires ont été comme hachés dans toute leur masse par les dislocations géologiques successives. Depuis la fin du tertiaire, époque à laquelle se sont produits les derniers mouvements qui ont donné au massif du Ventoux son relief général définitif, ces roches, de pâte peu homogène, n'ont pas cessé de se fragmenter sous l'influence des alternatives du gel et du dégel. Les eaux pluviales quaternaires ont creusé les combes et entraîné les pierrailles; ces pierrailles se sont déposées au débouché des combes en cônes de déjection qui se sont soudés les uns aux autres pour former une bande ininterrompue d'éboulis.

Les eaux pluviales modifient sans cesse, lentement et dans la mesure de leurs forces, le relief du versant : dans les éboulis du haut elles agissent encore, quoique faiblement, comme force de transport; sur les anciens cônes de déjection du bas, elles commençaient déjà des affouillements sérieux que les reboisements ont, dès aujourd'hui, à peu près enrayés; partout, par leur action dissolvante, elles continuent à creuser les combes et corrodent les masses calcaires, mettant en liberté une terre argilo-siliceuse généralement rouge et riche en fer. Cette terre végétale fertile s'abrite sous le manteau uniforme de pierrailles qui est la caractéristique de cette région et y trouve une protection des plus efficaces.

L'analyse, faite au laboratoire de l'École forestière de Nancy, de plusieurs échantillons de terre fine, prélevés à l'altitude d'environ 950 mètres, a donné :

Chaux. . . . . 29,70 p. 100.
Magnésie. 1,06
Acide phosphorique 0,58

J'ai cru utile de m'étendre longuement sur la description géologique. afin de permettre à nos collègues étrangers de voir immédiatement à quels terrains de leur pays pourraient s'appliquer les conclusions que je donnerai tout à l'heure. Je continue par l'étude de l'hydrologie si spéciale de cette région.

Le travail vertical des eaux d'infiltration, suintant goutte à goutte à travers les cassures préexistantes de la roche, y creuse un réseau chaque jour de plus en plus complet d'innombrables canaux intérieurs et de cavités souterraines. On se rendra compte de l'importance de cette érosion, si on considère que les eaux toujours limpides de la Sorgue, dont le débit moyen peut être évalué à 16 mètres cubes à la seconde, enlèvent chaque année à la montagne, par voie de dissolution, environ 35,000 mètres cubes.

Actuellement le degré de perméabilité est tel que le ruissellement à la surface du sol et même dans les thalwegs des combes est un phénomène exceptionnel qui depuis vingt ans ne s'est produit que deux fois. En régime normal, les eaux pluviales s'infiltrent immédiatement dans le sol et y circulent comme dans une éponge. Ces petits ruisseaux souterrains forment les affluents de la source du Grozeau et de la fontaine de Vaucluse.

La fontaine de Vaucluse est alimentée par des cours d'eau et des lacs souterrains, sur le régime et la nature desquels il n'existe encore aucune donnée expérimentale. La Sorgue, qui en sort toute formée, est employée à irriguer plus de 2,000 hectares et met en mouvement de nombreuses usines représentant une force motrice de 2,000 chevaux. Son débit est assez irrégulier : ses limites extrêmes sont 6 et 120 mètres cubes; il a été pendant cinq mois en 1895, dix mois en 1896, six mois en 1897 et cinq mois en 1898, inférieur au volume de 18 mètres cubes. qui correspond au plein fonctionnement des usines. Par contre, chaque année, pendant un temps plus ou moins long, l'excès des eaux apporte une gêne très notable aux intérêts industriels. Nous avons donc ici un cours d'eau souterrain, dont la régularisation du débit est vraiment une œuvre d'utilité générale.

L'Administration des Eaux et Forêts en France poursuit méthodiquement. depuis près de quarante ans et dans la mesure de ses forces, la création d'un grand massif forestier sur une partie du bassin de réception de cette rivière.

Toutes les régions de l'Europe méridionale qui possèdent des sources vauclusiennes (les géologues ont admis ce terme) pourraient vraisemblablement, dans le reboisement de leurs terrains *vauclusiens*, profiter de l'expérience acquise dans le Ventoux.

Je ne vous ferai pas l'historique des différents travaux de reboisement effectués de 1861 à 1899 et réussis sur 4,374 hectares, à raison de 81 fr. 76 par hectare de terrain effectivement reboisé.

Je n'entreprendrai pas l'analyse de la géographie botanique si intéressante du versant en question, dont M. Flahaut a bien voulu me faire l'honneur d'intercaler une étude dans cette monographie.

Je me contenterai de vous donner la marche qui semble devoir être suivie dans l'œuvre du reboisement de tous les terrains analogues à ceux du Ventoux.

Partout où cela est possible, il faut introduire les chênes indigènes par le semis direct des glands; 2,000 potets par hectare donneront une consistance acceptable, et dans chaque potet 20 glands suffisent. Le potet sera ouvert à o m. 25 de profondeur; les glands, préalablement passés au minium, y seront disposés en deux couches, une à o m. 15, l'autre à o m. 07 de profondeur. Cette méthode a l'inconvénient de perdre parfois quelques glands qui se trouvent enfouis trop profondément, mais elle est une précieuse assurance contre la mauvaise exécution du travail : certains ouvriers ayant tendance à semer trop au fond, et d'autres, au contraire, trop superficiellement. De plus, elle rend plus improbable l'épuisement des potets par les rongeurs, et à peu près impossible la destruction complète du semis par une gelée printanière. On emploiera ainsi un hectolitre et demi de glands à l'hectare, et la dépense ne dépassera pas 55 francs.

La limite au-dessus de laquelle on devra cesser d'introduire le chêne vert peut se déterminer pratiquement par la présence de la lavande aspic (*lavandula latifolia*). Cette plante, en effet, qui accompagne presque partout le chêne vert, disparaît toujours plus bas que lui; en se guidant sur elle, on sera donc certain, puisque le chêne blanc descend volontiers dans la zone du chêne vert, de ne jamais commettre d'erreur préjudiciable à l'avenir des peuplements créés. Lorsqu'on arrivera aux environs de la limite supérieure du chêne blanc, on devra tenir compte de ce que, sur ce versant du Ventoux, il n'existe pas de zone intermédiaire occupée par le mélange de cette essence avec le hêtre; ce fait extrêmement important est signalé par M. Flahaut dans les termes suivants :

« Dans tous les cas, sa limite vis-à-vis du chêne rouvre est très nette. Il n'y a pas ici ce mélange intime des deux espèces qu'on observe dans toute la France du Nord, et qu'on remarque déjà dans le bas Dauphiné, dès qu'on a dépassé vers le nord le cours de l'Isère. Ici, comme tout autour du bassin méditerranéen, le chêne s'arrête à peu près exactement là où commence le hêtre.

« Leurs exigences sont différentes. Le hêtre ne descend pas au-dessous de la limite inférieure qu'atteignent habituellement les nuages qui couvrent si souvent nos montagnes méridionales pendant l'hiver. »

Les semis de chêne blanc effectués dans une situation douteuse risquent d'être tous détruits la première année par une gelée de printemps. On peut poser comme règle générale que, sur la limite des deux zones, on doit plutôt faire descendre trop bas l'essence du haut que monter trop haut celle du bas; mais ici, à cause de l'ardeur du soleil provençal, il semble également dangereux de tenter trop bas l'introduction du hêtre. Dans ces cas douteux — ils se présenteront rarement — on fera bien de planter des pins et de laisser à la nature le soin de résoudre le problème devant lequel le forestier aura hésité.

L'introduction du hêtre se fait sur le versant méridional du Ventoux, à l'aide de plantations qui, grâce à quelques soins particuliers, s'installent en plein découvert avec une certitude complète de succès. Ces soins particuliers se réduisent à la construction au-dessus de chaque potet d'un petit dolmen de pierres plates ouvert au nord; ils entraînent une dépense supplémentaire qui ne dépasse pas 4 francs par mille potets.

La pierre remplace ainsi très avantageusement l'essence intermédiaire habituelle, les pins qui, jusqu'à 1,400 mètres, sont chaque année affaiblis par les *processionnaires* et dévastés par les *pyrales;* on pourra utilement mélanger au hêtre l'érable et l'alisier blanc. Au-dessus de 1,400 mètres ces feuillus (hêtres, érables et alisiers) ont une moins bonne végétation et les pins à crochets ne redoutent plus les processionnaires ni les pyrales; là, cette dernière essence sera donc employée à l'exclusion de toute autre.

La plantation dans toute la partie supérieure devra toujours être faite au printemps.

Je ne puis m'empêcher ici de vous dire quelques mots du rôle que joue la truffe dans nos reboisements du Ventoux.

Les truffes de la Haute-Provence sont botaniquement et gastronomiquement identiques à celles du Périgord. Brillat-Savarin l'avait déjà fait observer, et je crois qu'on peut se fier à sa compétente gourmandise.

Les semis truffiers de chêne de la région montagneuse entrent généralement en production vers l'âge de 10 ou 12 ans; ils atteignent le maximum de fertilité aux environs de leur vingtième année. A mesure que ces semis grandissent, que les peuplements prennent de la consistance et que la forêt se forme, la fertilité truffière diminue; la truffe est comme une maladie de croissance de la forêt.

Mais il importe de ne pas se faire d'illusions : la fertilité truffière cessera partout lorsque la forêt sera constituée et la destruction même de cette jeune forêt en vue d'un nouveau reboisement (l'expérience a été faite) sera impuissante à la faire renaître. Néanmoins, il faut rendre hommage au précieux champignon qui, non content d'être le diamant de la cuisine, s'est fait le joyau du reboisement.

Sur le versant qui nous occupe, on a dépensé (travaux particuliers compris) 358,000 francs. Les communes ont touché par les truffes, depuis 1867, plus de 1 million de francs, et les truffières particulières rapportent environ 120,000 francs par an. Ces résultats sont encourageants. (*Applaudissements.*)

M. HENRY. Je désire apporter aux observations présentées d'une façon si intéressante par M. Tessier l'appui d'une constatation que nous avons pu faire à Nancy, et qui est, je le crois, encore inconnue des géologues.

Nous avons, en effet, pu faire l'analyse des calcaires dont a parlé M. Tessier, et nous avons reconnu qu'ils sont absolument poreux; c'est ce qui les rend probablement «sonores», ainsi que le disait M. Tessier. A l'intérieur, ces porosités renferment des *algues*.

M. LE PRÉSIDENT. L'ordre du jour appellerait la communication de M. Bargmann, de Munich, sur les forêts et les crues. M. Bargmann, malheureusement, n'a pu se joindre à nous et M. Kuss a bien voulu me communiquer une traduction de cet intéressant travail (Annexe n° 1). Il peut se résumer en un mot, qui en est la conclusion : « La Forêt doit être remise sous la protection de tous. » (*Marques d'approbation.*)

Cette conclusion trouvera, d'ailleurs, place à la fin de nos débats, car j'aurai moi-même à présenter au Congrès des conclusions dans le même sens, au point de vue international.

C'est, en effet, l'intérêt général que nous devons uniquement avoir en vue, faisant abstraction complète de tout esprit de particularisme. (*Très bien! très bien!*)

M. LE PRÉSIDENT. L'ordre du jour appelle la communication du rapport de M. Mougin, inspecteur adjoint des Eaux et Forêts, chef de service à Chambéry, sur les travaux de protection contre les avalanches et mesures défensives contre les dégâts causés aux propriétés inférieures par les eaux provenant directement des glaciers.

Tout le monde sait qu'un corps quelconque placé sur une surface inclinée est sollicité, par l'action de la pesanteur, à tomber, mais que la mise en mouvement de ce corps est contrariée par le frottement qu'exercent les rugosités de la superficie de ce corps sur celles de la surface de support. Cependant si l'inclinaison de cette surface va en augmentant de plus en plus, il arrive un moment où la pente est telle que la résistance opposée par le frottement est vaincue et le corps se met en mouvement : inversement, si on suppose que le frottement diminue de plus en plus et si le poids du corps augmente, il est clair que ce corps s'ébranlera sur des pentes de plus en plus faibles. La neige ne saurait faire exception à cette loi si générale : telle est l'origine des avalanches sur les versants dénudés, souvent abrupts, des hautes montagnes.

Toutefois, l'action de la pesanteur seule n'arriverait pas à provoquer des avalanches bien terribles. Il faut le concours de divers agents : le froid et la chaleur, le vent et la pluie, la nature du sol et le sens des couches du terrain.

Sans vouloir refaire une fois encore la description du mécanisme des avalanches, je crois qu'il est indispensable, pour la clarté de l'exposition, d'adopter des termes uniformes, compris de tous.

Sous le nom d'avalanches de fond seront désignées celles qui enlèvent jusqu'au sol toute la neige déposée sur un versant. Ce sont les avalanches dites *lourdes, terrières, chaudes,* etc.

L'avalanche de poussière est celle qui est constituée par de la neige

26.

pulvérulente à basse température. On la désigne aussi sous le nom d'avalanche volante, froide, etc.

Enfin, si une couche de neige glisse sur une couche plus ancienne, gelée, elle forme une avalanche superficielle.

Il est bien clair que ces avalanches n'ont lieu que sur des pentes nues : des bois de haute futaie, des gros fragments de rocher hérissant le bassin de réception s'opposent à la formation du phénomène.

Au-dessus de la zone de la végétation forestière, des avalanches tombent annuellement des escarpements rocheux ou des pelouses fortement inclinées, mais tantôt elles s'arrêtent sur un plateau, tantôt elles se heurtent aux grands massifs boisés inférieurs.

L'homme, malheureusement, n'a pas compris que les arbres étaient pour lui le meilleur des remparts. « Pour trouver des prairies sur les rampes il a détruit de vastes forêts. Les forêts détruites, les avalanches de neige ont coulé en masses énormes sur les pentes. Ces avalanches périodiques ont entraîné avec elles l'humus produit des grands végétaux, et, à la place des prairies que le montagnard croyait ménager pour ses troupeaux, il n'a plus trouvé souvent que le roc dénudé, laissant couler les eaux pluviales ou celles des fontes en quelques instants sur les parties basses, alors brusquement submergées et ravagées. Sur les cônes de déjections, produits des avalanches, cônes tout composés de débris, dès que quelques végétaux essayaient de pousser, il envoyait ses troupeaux de chèvres, qui détruisaient en peu d'heures le travail de plusieurs années. » (Viollet-le-Duc, *Le massif du mont Blanc*.)

Menacé chaque hiver dans son existence et dans ses biens, l'habitant des montagnes a cherché à se protéger contre les avalanches au moyen de murs de dérivation. Il s'est creusé des voûtes dans les rochers ou en a construit en maçonnerie et à grands frais, mais souvent tous ces efforts restaient vains. Ce n'est qu'au xix⁰ siècle que l'on a songé à tarir à sa source même le fléau des avalanches. Viollet-le-Duc, à qui nous empruntons encore ces lignes, dit : « C'est à l'origine qu'il faut prévenir le mal et non quand il a acquis une telle puissance que les efforts de l'homme deviennent illusoires. L'avalanche suit toujours, ou peu s'en faut, le même chemin ou couloir et y entraînant chaque année des débris en fait une longue traînée de pierres plus ou moins menues, mobiles, sur lesquelles la végétation ne peut s'attacher. Qu'arrive-t-il souvent? Les bûcherons s'attaquent principalement aux arbres qui bordent les couloirs d'avalanches parce que ces couloirs leur font un chemin tout préparé pour le transport des bois. Les troncs d'arbres abattus, abandonnés sur ces pentes, y glissent jusque dans la vallée où on les recueille. Dans leur trajet, ils brisent les jeunes sujets qui essayent de passer entre les pierres, ils font encore ébouler celles-ci, de telle sorte que le printemps suivant, l'avalanche, au lieu de ne trouver qu'un étroit couloir et des arbres latéraux qui la brisent et l'éparpillent, a devant elle une large voie unie et toute préparée pour faciliter sa chute. Loin de déboiser les couloirs, il faudrait les boiser.

« A l'extrémité (supérieure) des lits d'avalanches on peut, à l'aide des pierres, abondantes sur ces lits, former une série de barrages perpendiculaires aux directions des pentes; les bourrelets n'ayant qu'un assez faible relief arrêtent les neiges, les empêchent de glisser en nappes et les obligent à fondre sur place. »

C'est ainsi qu'en quelques mots le grand architecte a indiqué tout le mécanisme de la correction des avalanches. Si, en France, on ne trouve que peu de travaux contre les avalanches, il en est tout différemment en Suisse. Nos voisins sont aujourd'hui passés maîtres dans cette branche de l'art du forestier et M. Coaz, inspecteur fédéral en chef des forêts helvétiques, en a tracé, de magistrale façon, les principes essentiels que nous allons résumer ici brièvement.

Après avoir reconnu et déterminé d'une façon certaine le point de départ d'une avalanche, il faut établir suivant des horizontales dans la partie supérieure du bassin de réception une série de murs en pierre sèche, faisant saillie au-dessus du sol, à l'amont de 1 mètre à 1 m. 5o. Ces ouvrages sont construits, soit au pied d'escarpements rocheux, soit au bord de petits replats. Il peut y avoir deux ou trois lignes de murs : les maçonneries, au lieu d'être continues, sont dispersées en échiquier.

Au-dessous, on plante dans le versant, également suivant des horizontales, des rangées de pieux distants de 0 m. 6o à 1 mètre. Là où la pente s'accentue et où la charge de neige menace d'être plus forte, une rangée de pieux peut avantageusement être remplacée par un mur.

Si l'altitude le permet, tout le bassin d'avalanche est reboisé en pin cembro, mélèze et épicéa. Lorsque la forêt est reformée, tout danger a disparu.

Quand l'avalanche a son origine au-dessous de la limite supérieure de la végétation forestière, et que des bois abondants se trouvent à proximité aux maçonneries on peut substituer une série d'ouvrages en bois établis en travers du couloir et à l'abri desquels on opère le reboisement.

Souvent, il suffirait de laisser faire la nature dans les couloirs d'avalanche, mais le berger est là qui veille et le berger est l'ennemi des forêts : ce qu'il demande ce sont des pâturages. Tant qu'il le peut, il dévaste ces forêts sans se douter que leur ruine entraîne fatalement celle de la plupart des prairies. Il devrait donc y avoir des règlements pour interdire l'exploitation libre des bois en haute montagne, car, on peut le dire d'une façon générale, ce sont les abus de jouissance qui sont dans les Alpes la cause originaire de la formation des avalanches aussi bien que des torrents. En France, d'après une jurisprudence constante, la coupe blanche qui rase tout un canton de forêt résineuse n'est pas assimilée à un défrichement.

A quoi bon, dès lors, faire des travaux contre les avalanches si tout particulier, propriétaire de forêts en montagne, peut, à sa volonté, par un déboisement inconsidéré, annihiler l'œuvre entreprise, ouvrir aux masses neigeuses de nouvelles voies vers la vallée à côté des anciennes corrigées à grands frais ?

Pourquoi donc, puisque l'intérêt général est ici fortement engagé, tous les bois particuliers, les prés bois, les pâturages boisés ne seraient-ils pas, dans les hautes montagnes, soumis au régime forestier, ou au moins à un contrôle réel de l'Administration ?

Une telle mesure préviendrait bien des désastres et épargnerait des dépenses considérables. Qu'on ne dise pas qu'elle est impraticable : elle est en vigueur en Suisse, dans le canton de Vaud notamment ; il est vrai qu'au nord du lac Léman l'intérêt général n'est pas un vain mot et que la belle devise de la Confédération helvétique : *Un pour tous, tous pour un,* reçoit chaque jour des applications pratiques.

On le voit donc, l'homme arrive à lutter assez avantageusement contre les avalanches et à se prémunir contre leurs fâcheux effets, surtout en rendant à la forêt les surfaces qu'elle occupait jadis. Beaucoup plus difficiles, au contraire, sont les mesures de protection contre les glaciers et contre les eaux qui en proviennent ; par leur progression lente, leur plasticité, les masses de glace peuvent causer de véritables catastrophes. On a vu, dans ce siècle même, des glaciers barrer d'importantes vallées et former en amont des lacs considérables par suite d'un arrêt dans l'écoulement des eaux. Devant ce glacier, tout cède ou tout est submergé : ainsi, en septembre 1848, le glacier d'Alesch a ravagé sur 4 kilomètres de longueur une magnifique forêt de sapins âgée de plus de deux cents ans.

Contre la progression du fleuve de glace, l'homme n'a qu'une ressource : la fuite ; s'il perd ses biens, du moins il a la vie sauve. Mais comme il semble faible et désarmé, quand il lui faut se protéger contre les torrents glaciaires ou contre la rupture des réservoirs d'eau formés par les glaciers.

Obéissant aux lois de la pesanteur, les glaciers cheminent dans de véritables vallées, ou dans des couloirs, vers les vallées principales. Ce mouvement ne peut s'exécuter sans des frictions énergiques de la glace contre les berges et contre le fond du lit, qui occasionnent, avec le concours des agents atmosphériques, des éboulements de rochers. Des graviers, des sables, sont également transportés et se déposent sur les flancs et en tête du glacier en amas, de puissance parfois considérable, désignés sous les noms de moraines latérales et de moraine frontale. Les eaux provenant de la fusion du glacier remanient ces débris et les étalent en forme de cône de déjections dans la plaine et affectent des allures torrentielles.

Si les moraines sont de fortes dimensions, chaque afflux d'eau produit par des pluies chaudes et orageuses ou par le vent du Sud peut donner naissance à une lave et il y a transport de matériaux dans la vallée. Si, au contraire, la moraine est pauvre (cela se présente quand le bassin du glacier est peu étendu), il peut se faire que les filets liquides ne trouvent pas à se charger de sable ou de graviers; la crue sera affouillante, elle produira un charriage, lorsque, par suite de l'éboulement des crêtes supérieures, la moraine se sera reconstituée.

Les seuls moyens de défense qu'on puisse avantageusement proposer sont les barrages de retenue qui accumulent derrière eux les matériaux amenés par le torrent. Il est nécessaire, d'ailleurs, de remarquer que ces ouvrages n'auront qu'un effet temporaire; leur rôle utile ne dure qu'autant que l'atterrissement n'est pas complet. Mais, comme il est impossible à l'homme d'empêcher la désagrégation des roches supérieures et d'arrêter le mouvement du glacier, il en résulte qu'au bout d'un temps plus ou moins long, il lui faut exhausser son barrage ou en construire un nouveau immédiatement en amont. Des places de dépôt, que l'on cure après chaque crue, peuvent aussi être aménagées dans le lit du torrent. Dans tous les cas, pour mettre à l'abri la vallée et ses cultures, l'intervention incessante de l'homme est nécessaire, parce que dans les torrents glaciaires, à la différence de ce qui se passe dans les torrents à affouillement, on ne peut songer à tarir dans les bassins de réception la source des matériaux.

Alors qu'il est si pénible de se défendre par des travaux répétés contre le charriage des eaux de fusion, quelles difficultés ne risque-t-on pas de rencontrer lorsqu'il s'agit de se prémunir contre les brusques irruptions des masses liquides retenues par les glaciers! Quels moyens seront suffisants pour conjurer des catastrophes comme celle de Saint-Gervais-les-Bains, en 1892?

En effet, 100,000 mètres cubes d'eau, brusquement lancés sur des pentes atteignant jusqu'à 126 p. 100, tombant du glacier de Tête-Rousse, sis à 3,270 mètres, dans la vallée de l'Arve, au Fayet, à 565 mètres, ont transporté dans la plaine 1,000,000 de mètres cubes de blocs et de boues, en dix-huit minutes, après avoir effectué un parcours de 15,160 mètres.

Les dégâts causés furent terribles : 11 maisons du village de Bionnay, sans compter les granges, les bains de Saint-Gervais, 9 maisons du Fayet et 150 personnes disparurent. Dans une note présentée le 8 août 1893, à l'Académie des sciences, M. Demontzey, inspecteur général des Forêts, constatait que cette coulée de boue avait présenté tous les caractères d'une lave torrentielle. Mais il restait à savoir comment on pourrait prévenir le retour d'un semblable phénomène. A la séance du 14 août 1893 de l'Académie des sciences, une autre note de MM. Delebecque, ingénieur des Ponts et Chaussées, à Thonon, et L. Duparc, concluait ainsi :

«De toute façon, la vallée paraît exposée, dans un avenir peut-être prochain, peut-être encore éloigné, à une catastrophe semblable à celle du 12 juillet 1892. Aucun travail préventif ne semble possible. Une surveillance assidue et, au besoin, une évacuation de la vallée sont les seuls remèdes. » (*Officiel* du 19 août 1893).

M. Kuss, inspecteur des Forêts, chef du service du reboisement de la 5ᵉ conservation, tout en croyant à la possibilité de la reconstitution d'une autre poche d'eau, ne pensa pas que l'on fût désarmé. Un levé complet de la route suivie par la lave, accompagné de nombreux profils en travers et de vues photographiques, un examen répété des lieux l'amenèrent à formuler l'avis suivant : « Le remède doit consister à empêcher la formation d'une nouvelle lave et il n'y a qu'un moyen d'y arriver, c'est d'empêcher l'irruption soudaine des eaux de Tête-Rousse. ou plutôt c'est d'empêcher la formation d'un lac sous les glaces de Tête-Rousse, d'obliger les eaux qui viennent l'alimenter à s'écouler immédiatement. Cet écoulement ne pouvant être obtenu sur le front des glaces tourné vers le Nord et constamment obstrué par les glaces et par les nevés, nous croyons nécessaire de le chercher à travers la crête rocheuse qui sépare Tête-Rousse de Bionnasset. Cet écoulement aurait lieu alors sur un versant très escarpé, entièrement rocheux et exposé au Sud-Ouest; il ne serait jamais obstrué par les neiges superficielles et aurait l'avantage de rejeter toutes les eaux sur le glacier de Bionnasset où, quel que soit leur volume, elles ne sauraient jamais produire d'accident, toute leur violence devant fatalement venir se briser contre les séracs et dans les crevasses de cet immense glacier.

« Il faudrait pour cela creuser dans le roc une galerie souterraine de 160 mètres de longueur environ, à laquelle il faudrait donner 2 mètres de largeur sur 2 mètres de hauteur. »

En 1898, l'Administration des Forêts, adoptant ces conclusions, ouvrit un crédit de 93,000 francs pour l'ouverture d'un tunnel d'échappement, d'un chemin d'accès de 12 kilomètres de longueur et d'une baraque-abri.

Pendant ces études, le trou ouvert en 1892 s'était peu à peu comblé, et c'est à peine si une légère dénivellation de la surface du glacier indique encore la place de l'énorme cuvette.

L'été 1898 fut employé uniquement aux travaux du chemin et au déblaiement du point d'attaque de la galerie.

En 1899, la campagne fut consacrée au percement de 120 mètres de galerie. Telle était la rigueur du climat à ces grandes altitudes, que les ouvriers, malgré une alimentation exceptionnelle, malgré la réduction à 8 heures de la journée de travail, malgré une forte paye, ne pouvaient demeurer plus de trois semaines sur les chantiers.

Dès que la montagne sera devenue praticable en 1900, le percement sera repris, des galeries iront à travers le glacier chercher les poches d'eau, donneront aux filets liquides une voie d'échappement complètement inoffensive. Peut-être même ces travaux nous livreront-ils le secret de la formation de ces cavités intraglaciaires si dangereuses et nous permettront-ils de prévenir désormais d'aussi terribles accidents.

Pour le glacier de Tête-Rousse, on peut, ce semble, imaginer la manière dont s'est formée la poche.

A une époque antérieure, en effet, le glacier de Tête-Rousse n'était qu'une branche du glacier de la Griaz et participait à son mouvement, c'est ce que démontre surabondamment l'inclinaison des couches de glace inférieures. Par suite des frictions énergiques exercées sur le fond, le dessous du glacier se trouva avancer moins vite que le dessus, qui forma une saillie. Cette saillie vint s'appuyer contre les masses de glace amoncelées derrière l'arête rocheuse qui sépare Tête-Rousse de Bionnasset. Cette soudure, toute superficielle, se produisit en infléchissant au point de contact les couches de glace et en laissant libre au-dessous une cavité considérable, en forme de galerie, qui s'est obstruée vers l'aval, peu à peu, sous l'influence de l'accumulation des neiges. C'est le même phénomène qui a été observé et noté depuis 1892.

La soudure est très visible sur l'orifice aval photographié en 1892 et au sommet de la galerie latérale observée depuis le trou supérieur.

Quand l'occlusion de ce boyau fut complète, les eaux s'y amoncelèrent, la pression exercée sur le bouchon alla sans cesse en augmentant jusqu'au jour où elle fut assez forte pour faire céder l'obstacle et causer le désastre dont on n'a pas encore perdu la mémoire.

L'existence des poches d'eau internes n'est pas spéciale au seul glacier de Tête-Rousse.

Dans un rapport de M. Vallot, lu le 2 avril 1894 au conseil général de la Haute-Savoie, il est dit en effet : «La formation d'une poche d'eau intraglaciaire n'est pas, comme on l'a cru, un fait isolé. J'ai observé un accident analogue dans un des glaciers qui descendent du mont Blanc. La partie du glacier des Bossons qui descend du grand plateau, du mont Maudit et du mont Blanc du Tacul vient verser ses eaux dans une gorge profonde appelée le Gouffre, située vers 1,100 mètres d'altitude, près de de Pierre Pointue. L'écoulement de l'eau se fait par un orifice irrégulier, assez large, mais très bas, au-dessous d'un à-pic de glace. Chaque année, sur la fin de l'été, il sort de là un énorme torrent d'eau dont le fracas s'entend de plusieurs kilomètres. Le premier flot forme une énorme vague, comparable à un mascaret ; ensuite l'écoulement torrentiel dure une demi-journée, en conservant une intensité remarquable. J'ai été témoin du phénomène en 1892 et en 1893.

«Cette eau ne peut provenir que d'une poche intraglaciaire qui brise ses barrières et s'écoule une fois l'an. Mais ici il n'y a pas chute de glacier ; l'eau ne vient au jour que par un couloir étroit, ce qui fait durer l'écoulement pendant plusieurs heures au lieu de le précipiter d'un coup comme à Tête-Rousse. »

Il est infiniment probable que les glaciers de Tête-Rousse et des Bossons ne sont pas seuls à renfermer de semblables cavernes et peut-être que les autres glaciers des Alpes menacent les régions situées à leurs pieds de catastrophes analogues. Dans l'état actuel de la géologie, il est impossible de prédire avec certitude l'existence des poches d'eau : il faut donc un examen incessant des glaciers par un personnel habitué à la montagne, y séjournant toute l'année. Ne conviendrait-il pas de noter exactement tous les ans, par des observations répétées, les mouvements du front des glaciers, de tenir compte des précipitations atmosphériques qui se produisent dans les bassins de formation de ces glaciers. Par suite du défaut d'appareils automatiques enregistrant les quantités de neige tombées dans les hautes régions, on ignore encore les relations exactes qui peuvent exister entre la progression ou la régression des glaciers et leur alimentation.

Depuis un siècle seulement, on s'est mis à étudier les glaciers et les données que l'on a sur eux sont bien incomplètes. Bien évidemment, les observations faites par les Saussure, les Martins, les Tyndall, les Dollfus, les Vallot, les Jannesen et tant d'autres, ont une inestimable valeur, mais ne croit-on pas que la surveillance journalière d'un glacier et la notation des mille petits fait qui s'y produisent ne puissent donner à la longue des indices bien nets permettant de caractériser un glacier.

Les régions de montagnes étant aussi des régions boisées, il y a jusque dans les vallées les plus reculées, des gardes, des brigadiers forestiers. Ce sont ces modestes fonctionnaires qui pourraient le plus facilement fournir les indications nécessaires; vivant au milieu des populations alpestres, avec les guides, ils pourraient apprendre de la bouche d'un voisin tel petit fait survenu dans un glacier et le vérifier ensuite eux-mêmes. Rassemblés par régions, tous ces documents permettraient peut-être d'éclaircir plus d'un mystère.

Quelques crédits, mis par l'État à la disposition de ce service glaciaire, seraient dépensés en expériences, en sondages, comme, par exemple, au dessus du gouffre des Bossons, et peut-être arriverait-on ainsi à éviter de nouvelles catastrophes.

Les accumulations n'ont pas toujours lieu à l'intérieur des glaciers : il arrive même, le plus souvent, que le glacier barre complètement une vallée principale ou qu'il forme une digue naturelle à l'extrémité d'une petite dépression du sol. Arrêtés dans leur écoulement, les filets liquides s'amoncellent derrière l'obstacle, forment un lac de plus en plus grand. La pression qu'ils exercent sur la paroi de glace va sans cesse en croissant jusqu'au moment où la barrière de glace, rongée par les eaux plus chaudes, cède sous la pression et la débâcle cause dans les régions inférieures des dégâts considérables.

Tantôt la formation de ces lacs est due à une progression anormale du glacier dans la vallée et revêt alors un caractère purement accidentel. C'est le cas du glacier de Vernagtfernes, dans le Tyrol, qui, en 1600, 1667, 1672 et plus récemment de 1843 à 1848, avait coupé le cours d'un ruisseau. Le lac se remplissait et se vidait à peu près deux fois par an.

Une fois entre autres, ce lac, formé en quatorze jours, se vida en une heure, jetant dans l'Inn plus de 2,000,000 de mètres cubes d'eau.

Dans le bassin du Rhône, la Dranse du Val-de-Bagne fut souvent barrée par le glacier de Gétroz : en 1818, la rivière refoulée forma un lac d'environ 5,000,000 de mètres cubes, de 2 kilomètres de long et profond en certains endroits de 80 mètres. La digue céda au mois de juin, et, en une heure, la masse liquide se précipita, rasant tout sur son passage, jusqu'à Martigny. Même accident avait déjà eu lieu en 1595.

La Viége, également, a eu onze débâcles semblables dans une période de deux cent quarante ans.

Ces barrages n'ont lieu qu'exceptionnellement et, pour prévenir des inondations toujours désastreuses, il conviendrait d'empêcher un amoncellement des eaux en leur ménageant un chenal d'écoulement. Les frais d'un tel travail seraient moindres que ceux nécessités pour relever les villages de leurs ruines et pour remettre en valeur les terres dévastées.

Ailleurs, les glaciers amènent la formation de lacs permanents : tel est le cas du lac Mœrjel, dans le Valais. Le glacier d'Aletsch en constitue la digue à l'Ouest, et à l'Est le lac est limité par un petit monticule qui le sépare du glacier de Fiesch. Ce lac, contenant environ 10,000,000 de mètres cubes, se vidait fort brusquement par l'Aletsch dans le ruisseau de la Massa, qui se jette dans le Rhône près de Naters, et devenant ainsi une source de grands dangers pour la vallée. « Des déversements de ce genre ont eu lieu en 1872 et en 1878; ensuite d'observations faites lors de ce dernier, le niveau du Rhône s'est élevé à Brigue de 1 m. 50 et de 0 m. 90 à Sion. Heureusement le niveau du Rhône était passablement bas à cette époque, quoiqu'on fût en mi-juillet, et il n'y a pas eu de dégâts à déplorer. Dans d'autres circonstances, ce déversement aurait pu devenir fatal pour la partie supérieure de la correction du Rhône, où il aurait doublé le maximum de la quantité d'eau habituelle.

« C'est pourquoi on a songé aux moyens de remédier au danger. On s'est persuadé de bonne heure qu'on pourrait, en perçant le monticule mentionné plus haut, obtenir l'écoulement du lac dans cette direction. » Le message présenté à l'Assemble fédérale le 18 juillet 1884 prévoyait l'ouverture d'une tranchée de 540 mètres de longueur sur 12 m. 50 de profondeur, ce qui abaissait d'autant le niveau du lac. Mais à la tranchée on a substitué une galerie souterraine de même longueur, de 4 mètres carrés de section, ayant une pente de 2 p. 100 vers le glacier de Fiesch. Le lac Mœrjel a vu, de ce fait, sa capacité réduite à 5,400,000 mètres cubes.

Ces exemples divers montrent surabondamment que l'on peut se protéger en bien des cas contre les eaux glaciaires, non pas en essayant de les diriger, de les endiguer dans la plaine, mais en cherchant à régulariser leur écoulement à leur origine, dans la région même des glaciers.

Il est clair que, si, dans leur trajet jusqu'à la plaine, ces eaux, même réduites, produisent quelques érosions, on devra appliquer dans les gorges pour combattre l'affouillement les méthodes habituellement usitées pour la correction des torrents.

L'exposé qui précède montre que l'homme peut lutter aussi bien contre les eaux glaciaires que contre les avalanches. Pour mettre à sa disposition d'autres procédés plus efficaces, il lui faudrait observer, selon des règles identiques, les phénomènes glaciaires pour en déterminer les lois, empêcher dans les alpages la destruction systématique des bois et restreindre dans de justes limites le droit trop absolu du propriétaire en montagne, et confier la direction de ce service aux forestiers, en France, aux commissions de reboisement là où il en existe. (*Applaudissements.*)

M. Mougin, comme conclusion à son rapport, dépose le projet de vœu suivant [1] :

« Le Congrès international de sylviculture émet le vœu :

« De soumettre au contrôle de l'État les bois particuliers en montagne, les prés-bois, les pâturages boisés, en vue de prévenir la formation des avalanches ;

D'organiser, dans chaque pays, un service d'observation des glaciers dans le but de prévenir le retour de catastrophes et de renseigner les services intéressés sur les mouvements et la formation des glaciers. »

Le projet de vœu est mis aux voix et adopté.

M. le Président. La parole est à M. Coaz pour une communication concernant la statistique des avalanches.

M. Coaz. Messieurs, permettez-moi de vous faire une courte communi-

[1] Ce projet de vœu a été adopté dans la séance générale du jeudi 7 juin.

cation concernant la statistique et le barrage des avalanches en Suisse. La Suisse est traversée par deux chaînes de montagnes, le Jura et les Alpes. Le Jura n'a point d'avalanches; les Alpes, par contre, une quantité innombrable. Je dis innombrable, parce que c'est bien difficile de fixer la limite entre de simples glissements des neiges et les avalanches proprement dites. Figurez-vous en [outre un grand massif de rochers, d'une longueur de quelques kilomètres peut-être, sillonné d'une quantité de couloirs d'avalanches. Comment voulez-vous les compter?

Dans un cas semblable il n'y a pas d'autre moyen que de donner, en même temps, la description des couloirs principaux et celle de l'ensemble. (Photographie des Churfirsten.)

Une autre difficulté pour la statistique se rencontre sur les glaciers. Là il n'y a pas seulement de grands massifs de rochers, mais il se détache des avalanches de toutes les pentes escarpées couvertes de glace, et il y a souvent des glissements simultanés de neige sur une largeur de plusieurs centaines de mètres. Ici la statistique des avalanches n'offre pas seulement des difficultés, mais aussi des dangers.

Voilà pourquoi les avalanches tombant sur les glaciers sont une lacune de notre statistique; on n'osait pas demander aux employés forestiers, chargés de dresser cette statistique, un travail si dangereux, en dehors de leur sphère d'occupation et qui leur aurait aussi pris trop de temps.

Ce sera une étude à part qui ira de pair avec l'étude des glaciers. Les avalanches qui précipitent des masses énormes de neige dans les combes et dans les vallées étroites des hautes montagnes nourrissent ainsi les glaciers et à une époque, il est vrai, très reculée, elles ont contribué activement à la création des glaciers.

Comme j'ai déjà eu l'avantage de vous le dire, ce sont les employés forestiers qui ont été chargés de lever la statistique des avalanches. A cet effet ils ont reçu une instruction spéciale, la carte au 50.000ᵉ et les formulaires nécessaires. Ils avaient à indiquer, dans les différentes rubriques, le canton, l'arrondissement forestier, la commune et la localité d'où l'avalanche se détachait; de plus, la qualité de l'avalanche, si c'était une avalanche de fonds ou de poussière, ou si elle descendait sous une forme ou sous une autre; si elle se détachait annuellement ou périodiquement ou si c'était une avalanche nouvelle; si elle occasionnait des dommages et, dans ce cas, s'il y avait possibilité de la barrer. Enfin on devait indiquer l'étendue de l'avalanche.

Nous possédons maintenant les matériaux de cette statistique, et vous voyez là la carte des couloirs d'avalanches au 250,000°. C'est, je pense, la première carte de ce genre qui existe.

A une si petite échelle il est impossible d'indiquer tous les couloirs d'avalanches, mais la carte vous donne au moins une idée de ce phénomène. bien plus fréquent que l'on ne se l'imagine ordinairement. C'est un phénomène général dans nos Alpes.

D'après cette statistique, levée de la manière indiquée, les avalanches occupent un territoire de 24,700 kilomètres carrés, soit à peu près la moitié de la surface totale de la Suisse (41,424 kilomètres carrés).

Le nombre des avalanches se monte, en chiffres ronds, à 10,000 au moins; 8 à 9,000 tombent chaque année, la plupart au printemps, mais presque autant en hiver; 7,000 se détachent à une altitude de 2,000 à 3,000 mètres au-dessus de la mer. soit en général au-dessus de la limite supérieure des forêts; 3,100 tombent sous forme d'avalanches de fonds et 1,000 comme avalanches de poussière.

Les couloirs d'avalanches occupent un terrain de 1,416 kilomètres carrés; 5,200 menacent des villages et des bâtiments, des chemins et des forêts. Il y a possibilité de barrer 3,000 couloirs, et 160 ont été déjà barrés au moyen de murs en pierres, de pilotis et terrassement. On a dépensé, pour ces travaux, 806,000 francs, dont la moitié à la charge de la Confédération.

Ces barrages ont rempli leur but et on a parfaitement raison de continuer à en élever.

Aux barrages on fait toujours succéder le reboisement, si possible.

On a prétendu que la chute des avalanches, en dégarnissant de neige les pentes des vallées, serait d'un grand avantage pour la végétation des alpages; ces pentes ainsi découvertes s'échauffant plus vite et présentant alors une végétation plus précoce.

Je ne partage pas cette manière de voir; je crois qu'il est préférable que la neige reste sur place et qu'elle y fonde, pour que le terrain profite de l'humidité et de l'engrais provenant de cette couche de neige.

Là où l'avalanche a enlevé la neige, le terrain souffre de la sécheresse, devient dur et peu productif. Il est vrai que la végétation s'éveille plus tôt là où la neige a été enlevée, mais la végétation précoce souffre des gelées et des frimas. Aussi les paysans et les montagnards préfèrent-ils, en général, les printemps tardifs.

Le barrage des couloirs d'avalanches, en retenant la neige sur place, aurait donc, d'après mon idée, un avantage climatérique aussi.

Du reste, Messieurs, malgré tous nos travaux de protection, il nous restera toujours encore assez d'avalanches. Nous ne voudrions pas non plus les voir disparaître totalement de nos Alpes; nous n'aimerions pas à être privés de ce spectacle sublime des avalanches tombantes, accompagnées de tonnerre et de nuages de neige et chassant devant elles le tourbillon. Les Alpes perdraient avec les avalanches un cachet très prononcé et caractéristique.

Mais il n'y a pas de danger; la main de l'homme n'est pas assez forte pour faire disparaître de nos Alpes toutes avalanches. (*Vifs applaudissements.*)

M. le Président. Nous remercions tous M. Coaz de sa communication si intéressante.

Venant d'une telle autorité, elle nous est d'autant plus précieuse.

J'ajoute que nous nous associons à sa conclusion humoristique et que nous serions, comme lui, désolés de ne plus voir quelques avalanches dans nos Alpes.

Cette statistique occupera assurément une place d'honneur dans les comptes rendus de notre Congrès. Ce sont, en effet, de tels travaux qui nous font défaut et nous sommes trop heureux de les connaître pour ne pas en profiter. (*Approbation.*)

M. Coaz veut bien également nous présenter une notice de M. Bürkli, inspecteur fédéral des travaux publics, sur les travaux exécutés en Suisse pour empêcher l'écoulement subit des eaux de glaciers et l'amoncellement des glaces. Si la 2ᵉ Section y consent, cette notice, d'un grand intérêt, pourra être publiée dans nos comptes rendus. (*Assentiment.*)

I. Lac de Märjelen.

Le lac de Märjelen est formé par une vallée située entre les Strahlhörner et l'Eggishorn, et barrée à l'ouest par le grand glacier d'Aletsch.

Lorsque le niveau des eaux était élevé, le lac s'écoulait au sud, dans la direction du glacier de Fiesch; il se vidait parfois subitement, en se frayant un passage à travers le glacier d'Aletsch jusque dans la Massa, et se déversait ainsi dans le Rhône en amont de Naters.

Au moment du niveau maximum, la surface du lac était de 0,445 kilomètres carrés, correspondant à un volume d'eau de 10,4 millions de mètres cubes.

Ces irruptions amenaient une crue subite du Rhône, en sorte qu'on avait toujours à craindre de voir, au moment des hautes eaux, des dommages considérables causés aux travaux de correction.

En 1878, par exemple, le lac de Märjelen s'est vidé en trente heures : le cube d'eau s'écoulant de cette façon était en moyenne de 85 mètres cubes par seconde, ce qui eut pour conséquence une crue du Rhône de 1 m. 50 à Brigue et de 0 m. 90 à Lyon. Si le moment de l'irruption avait coïncidé avec les hautes eaux du Rhône, les travaux de correction auraient pu être être sérieusement endommagés.

Pour conjurer ce danger, il fallait abaisser la berge du lac du côté du glacier de Fiesch pour abaisser le niveau des eaux et diminuer le cube d'eau s'écoulant par le glacier d'Aletsch, en sorte qu'il pût être, sans danger, absorbé et entraîné par le Rhône.

Le projet, établi par le canton du Valais et devisé à 150,000 francs, a été adopté en 1884 par l'Assemblée fédérale, qui lui a alloué un subside de 50 p. 100 des dépenses.

On a percé une galerie d'écoulement de 1 m. 85 de hauteur, 1 m. 20 de largeur et 583 mètres de longueur. La hauteur maxima du lac a été ramenée ainsi de 45 à 31 mètres, et le volume d'eau emmagasiné réduit, en conséquence, de 5,2 millions de mètres cubes. Les travaux ont commencé en 1889 et n'ont pu être terminés qu'en 1896, par suite de l'altitude et des difficultés de déblaiement provenant des faibles dimensions de la galerie.

L'entrée et la sortie ont été munies de grilles, pour empêcher le bétail de pénétrer dans la galerie : en hiver, on les ferme en outre avec des portes en bois, ce qui empêche au moins partiellement la congélation des issues.

Le coût du travail a été de 81,483 fr. 53, y compris l'établissement d'une galerie latérale qui a été murée après l'achèvement des travaux.

II. Glacier de Crête-Sèche.

À la jonction du glacier d'Otemma avec celui de Crête-Sèche, dans le fond de la vallée de la Dranse (vallée de Bagnes), il s'est formé ces dernières années, sur le glacier de Crête-Sèche et ensuite de son retrait, une profonde dépression qui, au moment de la saison chaude, le remplit d'eau de fonte des glaces.

La première irruption violente des eaux contenues dans cette cuvette a eu lieu en 1894. L'écoulement naturel au pied de la moraine longitudinale du glacier d'Otemma (a), était évidemment bouché pour une cause inconnue et, le 28 juin, après les premières journées chaudes, l'irruption se fit subitement dans la direction AE et BD; la conséquence en fut une crue importante de la Dranse, déjà très forte. La rivière déborda en plusieurs points, presque tous les ponts furent entraînés et des dommages considérables causés aux propriétés et aux chemins.

Dans les années 1895-1897, le phénomène s'est reproduit, la cuvette s'est élargie et approfondie; les dégâts ont été cependant moins considérables.

En juillet 1898, l'eau s'écoulait en partie au-dessus du rempart de glace b, et se creusa un étroit passage qui fut bientôt comblé par les pierres qui s'éboulaient peu à peu.

Comme le danger menaçait toute la vallée et que l'irruption de 1898 avait causé de nouveau des dommages considérables, on décida d'approfondir artificiellement ce passage et de mettre des deux côtés la glace à nu, en sorte que la fonte de la glace facilite le travail.

On a renoncé à creuser une galerie le long des rochers de la pointe d'Aïas (direction AE), parce que l'établissement d'une longue galerie à l'intérieur du glacier a paru être une entreprise dangereuse, aléatoire et d'un résultat douteux.

On espère pouvoir amincir en B la paroi de glace ABC barrant la cuvette, de telle sorte qu'avec le temps on obtienne une tranchée complète, cela grâce à l'approfondissement de haut en bas du canal d'érosion, et grâce aussi à l'agrandissement du canal d'écoulement naturel souterrain qui se fait peu à peu de lui-même.

Le projet de canal BB_{11}, conjointement avec le déblaiement des talus de glace, était budgeté à 53,000 francs; il a été adopté en 1898 par le Conseil fédéral qui y a alloué un subside du 50 p. 100 des dépenses réellement faites.

Le même été (1898), on a commencé les travaux, qui ont été continués énergiquement l'année suivante.

Les fouilles n'ont pu être entreprises qu'avec les plus grandes précautions, à cause de l'éboulement continuel des matériaux de la moraine; l'altitude du chantier en outre, 2,500 mètres, a empêché d'activer ces travaux, comme on l'aurait voulu : on a dû les interrompre à chaque apparition du mauvais temps.

On a construit, pour abriter les ouvriers, une vaste cabane.

La tranchée a été établie pour commencer, sur une largeur de 3 mètres pour 12 mètres de profondeur; on l'a élargie ensuite jusqu'à 6 m. 50 $(b_{,})$. Enfin on a creusé encore le fossé, sur la moitié seulement de la largeur au plafond, de telle sorte que le point le plus profond $(b_{,,})$ atteigne à peu près le niveau supérieur de l'eau, l'année dernière.

Dès que le temps le permettra, on reprendra les travaux pour les achever, si possible, cette année encore.

III. Glacier de Giétrot.

Durant les années 1815-1817, le glacier de Giétrot qui domine la paroi rocheuse située sur la rive droite de la Dranse, en amont de Mauvoisin, était dans une période de crue telle que la glace, poussée et précipitée en bas de la paroi de rochers jusqu'au fond de la vallée, obstruait le cours de la Dranse, en sorte que l'eau s'accumulait derrière ce barrage de glace. Cette accumulation d'eau forma bientôt un véritable lac qui remplissait la population de la vallée de terreur et on se décida, sur les conseils de l'ingénieur cantonal valaisan, alors M. Venetz, de creuser une galerie dans la glace pour permettre l'écoulement de l'eau. Le travail fut terminé en juin 1818, et l'eau commençait à s'écouler selon les prévisions, lorsque toute la digue de glace céda subitement à la pression, vidant ainsi le lac en une fois et avec une violence épouvantable. Environ 9 millions et demi de mètres cubes d'eau s'écoulèrent en une demi-heure, en causant des ravages considérables.

Durant l'hiver 1821-1822, le barrage de glace se forma de nouveau et recouvrit le torrent sur une longueur de 400 mètres environ. L'ingénieur Venetz essaya alors avec succès d'amener avec des canaux de bois, sur le cône de glace, des filets d'eau réchauffée en passant sur les rochers, afin de le désagréger par la fusion. Ces essais réussirent et de grands blocs de glace qui cubaient jusqu'à 1,000 mètres cubes se détachèrent ainsi.

On construisit ensuite, en travers de la vallée, des digues en pierre qui devaient amener un élargissement de la section du torrent et avoir pour conséquence une fusion continuelle de la glace. On empêchait ainsi la formation d'une voûte de glace et on obligeait les parties continuellement baignées à se désagréger.

Les digues en pierre construites à cette époque, et soigneusement entretenues dès lors, ont fait leurs preuves. Il est vrai que le glacier a tellement reculé ces dernières années qu'il n'y a plus de danger pour le moment.

Si une période de forte crue apparaissait de nouveau, on pourra se

27.

demander s'il ne conviendrait pas, étant donnés les moyens techniques dont on dispose aujourd'hui, de percer la paroi rocheuse formant la rive gauche de la vallée pour contourner ainsi avec une galerie la place exposée à être obstruée. Cette galerie aurait une longueur de 400 mètres environ.

Les dangers résultant d'un barrage de la vallée seraient ainsi définitivement écartés.

IV. Lac de Mattmark.

Un cas semblable se présente au fond de la vallée de Saas, au-dessus du petit village d'Almagell.

Lorsque le glacier d'Allalin est en crue accélérée et que la température de l'eau qui s'écoule ne permet plus la formation de la galerie du torrent à l'extrémité de la langue du glacier, on peut craindre de voir les nombreux filets d'eau, qui s'écoulent dans la cuvette formant le lac de Mattmark, être arrêtés et emmagasinés derrière le glacier et constituer ainsi un danger appréciable pour les propriétés situées en aval. L'aspect du fond de la vallée dès le lac jusqu'à Almagell permet facilement de conclure à diverses irruptions antérieures de ce lac.

On n'a fait, jusqu'ici, ni travaux de protection, ni travaux de dérivation, le glacier ayant reculé ces dernières années. Mais, si une période de crue devait survenir de nouveau, il faudrait prendre les mesures nécessaires pour empêcher cette accumulation des eaux.

PUBLICATIONS :

Berlepsch : *Schweizerkünde.*
Calman : *Untersuchung der Schweiz-Wildbäche.*
Div. hydrométrique de l'Insp. Féd. des Trav. Publics : *Flächeninkalt des Rhone gebicks.*
Ph. Gosset : *Der Merjelensee.*

M. le Président. La parole est à M. Puig y Valls, ingénieur en chef des forêts en Espagne, qui a bien voulu nous apporter une traduction des conclusions de l'ouvrage publié par M. Ricardo Codorníu.

M. Puig y Valls donne lecture de la communication suivante :

M. Ricardo Codorníu, dans sa brochure intitulée : *Apuntes relativos à la Repoblaciòn forestal de la sierra de Espuña,* comme ingénieur en chef du bassin « del Segura », en Espagne, a voulu donner au Congrès international de sylviculture à l'Exposition universelle de 1900, à Paris, une idée précise des travaux qui se font en Espagne, pour enrayer les inondations d'une portion de la côte du levant.

De cette brochure on peut conclure :

1° Qu'on a commencé les travaux en faisant les études du bassin de Luchena, qui comprend deux grands périmètres de restauration d'un total de 20,294 hectares.

2° Que de 1896 à septembre 1899 on a reboisé 3,250 hectares, exproprié 2,981 hectares, construit 3 maisons forestières, 4,349 digues en pierres sèches cubant 12,661 mètres cubes, et 122 kilomètres de routes forestières.

3° Que l'on a reboisé aussi six périmètres et fait l'étude de quatre autres périmètres, avec un ensemble de 2,700 hectares.

4° Que l'on a déjà commencé avec succès l'aménagement des masses forestières qui se trouvent dans les périmètres de reboisement.

5° Que l'on a monté six observatoires depuis Alhama, à 228 mètres au-dessus du niveau de la mer, jusqu'au Morron de Espuña, à 1,500 mètres d'altitude.

6° Que les essences employées pour les semis et les plantations ont été le pin d'Alep, le pin sylvestre, le pin maritime et le *pin laricio,* avec des succès très différents mais avec des conditions économiques exceptionnelles; — que le chêne vert et l'orme ont une grande importance dans le reboisement de la Sierra Espuña.

7° Que les deux barrages plus importants, construits transversalement au fleuve Espuña, le premier sur le grès triasique, à 770 mètres d'altitude, sur 31 m. 67 de longueur, sur 8 dans le soubassement et sur 5 dans le couronnement, avec un cube de 1,435 mètres, ayant coûté 3,792 piécettes, soit 2,64 piécettes le mètre cube; et le second d'une longueur de 28 m. 30 avec 7 mètres de soubassement et 5 mètres au couronnement, a coûté 4 piécettes le mètre cube, en pierre sèche et en moellon.

8° Que l'on a construit divers chemins de communication et de vidange, depuis 1 mètre de largeur jusqu'à 4 mètres, à des prix exceptionnels et à très bon marché, et que l'on a terminé une route carrossable de 4 mètres de largeur sur 10,664 mètres de longueur. (*Applaudissements.*)

M. le Président. Nous remercions M. Puig y Valls du concours qu'il nous apporte et nous applaudissons aux travaux que l'Espagne pousse avec tant de vigueur. Nous formons également le vœu que les populations de l'Espagne se rendent compte, enfin, que c'est dans leur intérêt immédiat et non pas contre leur intérêt que les forestiers travaillent. C'est là un préjugé regrettable contre lequel nous avons à lutter sans cesse.

C'est en ce sens que j'ai l'honneur de soumettre à votre approbation le projet de vœu suivant [1] :

« Qu'un enseignement sylvicole soit introduit dans les écoles normales et primaires de tous les pays; que, par une campagne de conférences et d'affiches publiques, les États, provinces et communes combattent sans répit les préjugés populaires contre la restauration des terrains en montagne et la correction des torrents; que des primes nationales et même internationales soient attribuées annuellement aux particuliers qui auront le plus activement collaboré à l'œuvre de la restauration des terrains en montagne. » (*Vifs applaudissements.*)

Le projet de vœu est adopté avec addition des mots *écoles normales*, proposé par M. Leddet.

M. Puig y Valls. Permettez-moi de vous dire qu'à Barcelone j'ai fondé une *Société des Amis de l'Arbre*.

Cette société a organisé une fête annuelle, appelée la *fête de l'Arbre*. Ce jour-là les enfants sont habitués à planter des arbres, apprenant ainsi à les respecter et à les aimer.

Cette pratique tend à se répandre dans de grandes proportions, et déjà nous pouvons enregistrer d'importants succès.

Je serais heureux que le vœu adopté par la 2ᵉ Section exprimât aussi le désir de voir se généraliser, dans les diverses nations, cette fête de l'arbre.

M. le Président. Cette disposition pourrait former l'objet d'un vœu spécial corroborant le vœu qui vient d'être adopté.

Nous n'aurions pas eu besoin d'exprimer un tel désir si, dans ces dernières années, la propagande des sociétés pratiques de sylviculture ne semblait s'être un peu ralentie. Je demanderai donc à l'un de vous, Messieurs, de formuler un vœu répondant à la pensée exprimée par M. Puig y Valls.

[1] Ce vœu a été adopté dans la séance générale du jeudi 7 juin.

J'ajoute que j'aurai à vous soumettre, de mon côté, à la prochaine séance, un projet de vœu très important, auquel j'ai déjà fait allusion, dont je tiens à vous donner lecture d'ores et déjà, afin que vous puissiez en entretenir vos collègues des autres sections, dans l'intervalle de nos deux séances.

Ce projet de vœu est ainsi conçu :

« Que les États étudient la formation d'une entente internationale pour la protection des forêts existantes, la restauration des terrains en montagne et la défense contre les glaciers, les avalanches, les torrents et les incendies; qu'un bureau international soit créé pour centraliser les enquêtes à ouvrir sur la question sylvicole et les législations forestières des divers États, réunir tous documents utiles, et préparer une législation internationale qui permette aux nations d'unir leur action et, au besoin même, leurs ressources en vue de leurs intérêts communs. » (*Vive approbation.*)

Cette union, à mon sens, est appelée à rendre les plus grands services. Il est impossible, aujourd'hui plus que jamais, de ne pas admettre qu'une nation se déboise au détriment des autres nations voisines et nous devons l'aider, par nos encouragements et nos conseils, à se reboiser.

Si la Russie achève son grand œuvre de reboisement, ainsi que vous l'a magistralement exposé M. Mélard dans sa conférence, les forêts arrêteront ces terribles vents d'est redoutés par l'Allemagne, par la France, par l'Angleterre et qui sont déchaînés par les immenses steppes de la Russie.

Quand on songe au rôle important que jouent les forêts au point de vue météorologique, quand on pense que les déboisements de l'Amérique ont une telle influence sur le régime des vents que les courants de l'Atlantique sont eux-mêmes perturbés jusque sur nos côtes, modifiant les conditions climatériques, nous avons le droit de nous demander si, d'un contact avec l'Amérique, ne pourraient pas sortir des mesures à prendre en vue de régulariser ces perturbations et les faire servir à nos intérêts mêmes.

C'est ainsi encore que la question des avalanches et torrents est commune à bien des nations par les dégâts qu'elles ont à supporter de ce fait. La Suisse, par exemple, si belle, si laborieuse, qui représente à nos yeux une si grande école de progrès, cette Suisse est aujourd'hui tenue de nous donner des inondations et de gêner le cours du Rhône, du Rhin, du Danube.

Pourquoi ne pas rechercher avec elle dans quelles conditions on pourrait modifier le régime des avalanches et des torrents; pourquoi n'avoir pas souci de son intérêt commun avec le nôtre? (*Applaudissements.*)

M. Puig y Valls. Je suis absolument d'accord avec M. le Président, mais il n'y a ni lois ni règlements qui tiennent devant l'ignorance des populations.

C'est pour cela qu'il faut commencer par intéresser la jeunesse, même les femmes, à la sylviculture. A ce point de vue la fête de l'Arbre, en tant que fête nationale, doit avoir une grande influence.

M. Cacheux. Les États-Unis ont aussi une fête de l'Arbre. Nous avons fait, en France, des essais dans cet ordre d'idées et nous avons créé des sociétés locales des « Amis des arbres ». Une vingtaine de sociétés scolaires fonctionnent ainsi avec fruit.

Si le Congrès engageait les nations à établir une fête de l'Arbre nationale, ce mouvement serait certainement profitable aux campagnes.

M. Samios s'associe aux déclarations de M. Puig y Valls, en ce qui concerne l'éducation des populations, mais fait des réserves sur l'établissement de fête de l'Arbre en tant que méthode d'éducation.

M. le baron de Raesfeldt fait observer que les conclusions du travail de M. Bargmann, dont M. le Président a fait l'éloge, tendent précisément vers le but que se propose M. le Président dans l'expression de son projet de vœu.

M. le Président répond qu'il se félicite de cet accord entre sa pensée et les idées exprimées par la plume d'un publiciste qui paraît aussi dévoué que compétent en la matière.

Rien n'est plus précieux pour nous, ajoute M. le Président, que cette unité de vues entre le délégué de l'Allemagne et notre 2ᵉ Section. Nous savons l'action vigoureuse développée par le Gouvernement allemand dans ces questions de restauration. Je crois donc être votre interprète en remerciant M. Bargmann de sa communication dont les conclusions sont si sympathiques et auxquelles nous nous associons très volontiers. (*Vive approbation.*)

La suite de la discussion est renvoyée à la prochaine séance.

La séance est levée à 11 heures 45.

SÉANCE DU MERCREDI 6 JUIN 1900
(APRÈS MIDI).

PRÉSIDENCE DE M. LE BARON DE RAESFELDT, VICE-PRÉSIDENT.

La séance est ouverte à 4 heures.

M. CARDOT, secrétaire, donne lecture du procès verbal sommaire de la précédente séance.

Le procès verbal est adopté.

M. LE PRÉSIDENT. Je prie M. Delassasseigne, inspecteur des Eaux et Forêts à Bordeaux, de nous donner lecture de son rapport sur la question inscrite à l'ordre du jour : « Défense contre les incendies. »

CONSIDÉRATIONS GÉNÉRALES.

M. DELASSASSEIGNE. Les forêts sont la proie d'incendies qui, dans certaines régions, atteignent des proportions considérables, ruinent les propriétaires, réduisent à la misère de nombreuses familles d'ouvriers et laissent même parfois derrière eux des victimes humaines.

Deux contrées en France sont particulièrement atteintes : les *Maures et l'Estérel,* dans les départements du Var et des Alpes-Maritimes, et les *Landes de Gascogne,* dans les départements de la Gironde, des Landes et de Lot-et-Garonne.

Nous laisserons de côté les autres départements, dans lesquels les dangers de propagation du feu n'existent pas, à beaucoup près, au même degré, et où les mesures prises par l'Administration des Eaux et Forêts et les propriétaires, ainsi que par les préfets, paraissent suffisamment garantir la propriété boisée.

La région des *Maures et de l'Estérel,* qui occupe une superficie d'environ 105,000 hectares, était, avant 1870, dévastée, chaque année, par de terribles incendies, qui jetaient l'effroi et la désolation dans cette partie de Provence.

En 1870, le 27 juillet, à la suite des pressantes instances des populations intéressées et de leurs représentants, une loi de protection intervint. Votée d'abord pour une période de vingt années, elle fut prorogée de deux ans, puis de six mois, afin de permettre au Gouvernement de préparer un nouveau projet amendé d'après les indications de l'expérience, et finalement remplacée par celle du 19 août 1893, sous l'empire de laquelle on se trouve aujourd'hui.

On est unanime, dans les deux départements, à reconnaître les bienfaits qui résultent de son application.

Celle-ci a consisté principalement dans la création d'un personnel de surveillance payé par l'État et qui exerce son action non seulement sur les forêts que celui-ci possède, mais encore sur l'ensemble du massif des Maures et de l'Estérel, dans lequel les forêts domaniales et celles communales soumises au régime forestier sont intimement mélangées avec les forêts communales non soumises et les bois particuliers. Ce personnel veille à ce que les prescriptions de l'article essentiel de la loi de 1893, l'article 2 relatif à l'allumage du feu, soient appliquées; il fait des tournées fréquentes ou occupe des postes de surveillance élevés, il donne avis immédiat des incendies qui commencent, se transporte sur le lieu du sinistre et organise les secours.

L'État, en créant ce personnel et en faisant les travaux d'ouverture de garde-feu et de débroussaillements, les Compagnies de chemins de fer, en établissant de chaque côté de leurs voies de grandes tranchées de protection, ont donné l'exemple. Il a été possible, avec le temps, de déterminer quelques communes propriétaires de bois à agir de même partiellement. Certains particuliers enfin, quoique en fort petit nombre, sont entrés dans la même voie.

Mais il reste encore beaucoup à faire, tant en ce qui concerne l'ouverture des garde-feu que pour ce qui est des débroussaillements. Les communes et les particuliers sont arrêtés par les grandes dépenses que nécessitent ces opérations et que ne vient pas couvrir la vente des produits.

Pour les encourager et agir même à leur égard avec des idées de justice, étant donné l'intérêt général qui s'attache incontestablement à l'existence des forêts des Maures et de l'Estérel sous leur climat torride, en un sol uniquement propre à la culture forestière, il semble que l'État, qui ailleurs fait des dépenses pour encourager les boisements, devrait dégrever de l'impôt foncier toute propriété boisée entourée et coupée de tranchées, et débroussaillée, dans des conditions déterminées.

Des subventions en argent pourraient même être allouées à certains propriétaires, suivant le cas.

En attendant, les particuliers pratiquent le mode du *petit feu,* qui consiste à détruire les broussailles en les incinérant sur pied en même temps que les feuilles gisantes et les débris végétaux.

Ce système est très économique, mais il est en même temps extrêmement dangereux, parce qu'il occasionne parfois l'incendie que l'on veut justement prévenir. En outre, il a pour résultat fâcheux de détruire la couche de terreau et d'humus nécessaire à la bonne venue des arbres et d'enlever au sol une couverture naturelle qui le défend très utilement contre l'ardeur d'un soleil brûlant.

Aussi remarque-t-on qu'en certains endroits où cette pratique est appliquée les peuplements existants dépérissent et que la régénération de ces parties de forêts paraît compromise.

Toutefois, il est des cas où l'on peut l'employer avec un avantage réel. Le tout en cela, comme en beaucoup de choses, est de mettre de l'attention et de la mesure.

ÉTUDE SPÉCIALE DE LA QUESTION DES INCENDIES DANS LES LANDES DE GASCOGNE.

Importance des désastres occasionnés par les incendies. — La seconde région dont nous avons parlé, celles des *Landes de Gascogne,* d'une superficie de 800,000 hectares environ, c'est-à-dire près de huit fois plus étendue que l'autre, est ravagée également par de formidables incendies qui ont motivé à plusieurs reprises la demande de mesures spéciales de la part des Corps élus, notamment du Conseil général de la Gironde, de la Société nationale d'agriculture de France[1], d'un grand nombre de propriétaires, de personnages politiques et d'hommes éminents, prenant à cœur la situation d'une contrée extrêmement éprouvée.

Quelques chiffres donneront l'idée de l'importance des désastres.

En 1870, dans le département de Lot-et-Garonne, 2,261 hectares furent brûlés avec une perte évaluée à 791,490 francs.

Cette même année, dans le département de la Gironde, 10,000 hectares de bois, évalués 10 millions de francs, furent détruits.

De 1869 à 1872, dans le département des Landes, 24,000 hectares furent la proie des flammes, avec un dommage de 4,800,000 francs.

[1] Séance du 16 décembre 1891.

En 1874, un incendie considérable, qui dura trois jours, parcourut la commune de Lacanau et brûla 1,100 hectares.

En 1892, le feu s'étendit sur 4,000 hectares dans la commune de Biscarrossse et quatre communes voisines; un autre détruisit 1,500 hectares de bois et landes dans les communes de Saint-Jean-d'Illac et du Temple (Gironde), occasionnant la mort de 10 *personnes qui périrent au milieu des flammes.*

En 1893, dans le département de la Gironde, du 1er mars au 1er septembre, 132 incendies ont eu lieu, brûlant 35,589 hectares évalués à plus de 6 millions de francs.

En 1898, dans ce même département, du 15 juillet au 17 octobre, il s'est produit 104 incendies qui ont parcouru 13,034 hectares, causant 1,600,000 francs de pertes.

Cette même année, le 21 août et jours suivants, un incendie a détruit 12,000 hectares dans le département des Landes et 5,000 dans celui de la Gironde, faisant même dans ce dernier département *deux nouvelles victimes.*

En 1899, dans le département de la Gironde, les incendies se sont étendus sur 12,435 hectares, entraînant un dommage de 1,387,000 francs.

Situation géographique. — La région des landes de Gascogne est comprise entre la Gironde, la Garonne, la Baïse, la Gélise, l'Auzone, le Midou, la Midouze, l'Adour et l'Océan.

Elle occupe un immense plateau de 107 mètres d'altitude dans sa partie centrale, s'abaissant d'une manière insensible (environ 0 m. 001 par mètre) à mesure que l'on s'approche des étangs voisins de l'Océan et des vallées périmétrales.

A l'Ouest, entre ces étangs et la mer, on trouve les *dunes,* collines de sable d'une altitude variant de 0 à 90 mètres, actuellement fixées depuis les travaux de Brémontier et de ses successeurs.

Sol[1]. — Le sol est formé d'une couche de sable siliceux sans mélange d'argile ni de calcaire, d'une épaisseur de 0 m. 30 à 0 m. 80, reposant sur l'*alios,* banc à peu près imperméable et de consistance variable, formé d'un mélange de sable et d'argile imprégné de matières organiques et souvent de matières ferrugineuses.

[1] Le sol des Landes paraît appartenir au premier étage supérieur du terrain tertiaire dit *alluvion de la Bresse.*

Division en landes et en bois. — *Essences forestières.* — La surface de 800,000 hectares se divise en :

Landes proprement dites et cultures	130,000 hectares.
Forêts	670,000

Ces dernières sont constituées par des peuplements de pin maritime de tous âges et à l'état pur. Par exception, on trouve avec le pin du chêne pédonculé et du chêne tauzin, et aussi du chêne occidental (appelé dans le pays *chêne-liège* ou *corcier*). Cette essence se rencontre principalement dans la partie ouest du département des Landes, au sud de l'étang de Saint-Julien, et dans la partie sud-ouest du département de Lot-et-Garonne.

La superficie boisée se répartit, comme il suit, entre les trois départements :

Gironde	235,000 hectares.
Landes	400,000
Lot-et-Garonne	35,000
Total	670,000

Sur cette étendue, l'État possède 51,106 hectares (24,998 dans la Gironde et 26,108 dans les Landes) constituant les forêts des *dunes*, qui forment une bande, parfois interrompue, de 4 à 5 kilomètres de largeur le long de l'Océan. L'Administration des Eaux et Forêts gère en outre environ 8,000 hectares de forêts communales soumises au régime forestier, ce qui porte à 59,000 hectares, en nombre rond, la surface boisée dont elle a la surveillance, soit à peine 9 p. 100 de l'étendue totale des forêts de la région.

Végétation buissonnante. — Le sol est recouvert presque partout d'un sous-bois très abondant, constitué par des ajoncs, des bruyères arborescentes (*brande*) et des petites bruyères. Par places, on rencontre des fougères, ainsi que diverses plantes du genre des fétuques, parmi lesquelles la canche gazonnante.

Ce sous-bois qui recouvre uniquement la lande rase, c'est-à-dire la partie de la lande dépourvue d'essence forestière, se montre encore, souvent très épais, sous le couvert des pins. Il s'y trouve alors mélangé avec des feuilles mortes, des mousses et des débris végétaux dont l'ensemble constitue une sorte de feutre qui a, en certaines places, jusqu'à 20 et 25 centimètres d'épaisseur.

Si on ajoute à ces conditions les circonstances qui tiennent à la chaleur du climat, à la sécheresse naturelle du sol et à la violence des vents à certains moments, on s'explique sans difficulté l'intensité que prennent les incendies.

Cause des incendies. —— Les causes de ceux-ci peuvent être classées de la manière suivante :

1° Imprudence des chasseurs, des fumeurs et des ouvriers employés aux exploitations agricoles et forestières;

2° Écobuages à feu courant dans les landes;

3° Malveillance;

4° Mise à feu des charbonnières dans de mauvaises conditions et répandage trop hâtif du charbon chaud;

5° Locomotives des chemins de fer;

6° Montgolfières, lancées principalement dans les fêtes de petites villes et de campagne;

7° Feu du ciel.

Cause de la propagation rapide des incendies. — Une fois déclarés, les incendies se propagent avec une extrême rapidité. Les raisons en sont dans la nature et l'abondance du sous-bois, l'éloignement des centres habités, qui fait que les secours arrivent tardivement et en quantité insuffisante, dans l'absence surtout de dispositions législatives, d'où résulte non seulement que les mesures nécessaires de préservation ne sont pas prises, mais encore que le feu est combattu sans moyens d'action suffisants, d'une manière hésitante et incertaine.

Moyen de combattre les incendies. — Les moyens employés pour éteindre un incendie de forêt consistent d'ordinaire à disposer les travailleurs sur une route, un chemin, une grande tranchée, dite *garde-feu* ou *parc-feu,* débarrassée de toute matière combustible. Chacun d'eux tient en main une perche munie de quelques branches vertes et frappe les parties embrasées, soit sur la ligne de feu, soit en arrière lorsqu'un nouveau foyer produit par des flammèches portées au loin vient à éclater.

Souvent, pendant que les uns font ce *battage,* d'autres, avec une pelle, tracent une espèce de sentier jusqu'au sol, nu pour arrêter la propagation du feu par le tapis végétal, et jettent sur tout ce qui brûle des pelletées de sable frais.

À défaut de route, de chemin ou de garde-feu, on opère en plein bois, après avoir auparavant abattu les arbres, quand ils ne sont pas trop gros, et coupé les morts bois.

Mais, lorsque le personnel dont on dispose est en nombre insuffisant, qu'une fumée abondante poussée par le vent aveugle les travailleurs, qu'il est impossible de tenir toute la ligne d'incendie, on a recours au *contre-feu*. Tout le monde se porte à une certaine distance en arrière, à 100, 500 mètres et plus, suivant le cas, en s'appuyant à un grand espace vide, un garde-feu, une route, un chemin en terrain naturel, parfois même un simple sentier, et on allume la broussaille en ayant grand soin d'empêcher le nouveau feu, *dont on doit toujours demeurer maître*, de sauter en arrière. Les deux feux viennent à se rejoindre et s'éteignent faute d'aliment.

Parfois il arrive, les travailleurs faisant par trop défaut, ou le vent déjouant leurs efforts, que le contre-feu les dépasse. On court plus loin se placer le long d'une nouvelle base d'opérations et l'on recommence.

Ainsi qu'on peut en juger, l'allumage d'un contre-feu est une mesure des plus délicates, qui engage fortement la responsabilité de celui qui le commande, surtout quand on agit dans des propriétés particulières. En l'état actuel de la législation, on s'expose à de graves conséquences.

On risque encore, si on ne prend pas toutes les précautions d'avertissement voulues, d'oublier des personnes entre les deux feux et de causer d'irréparables malheurs.

Aussi cette mesure est-elle rarement employée par les autorités communales, ou l'est trop tard, après un temps d'hésitation et de discussion pendant lequel le feu a fait de rapides progrès et a rendu plus difficile la réussite de l'opération.

Ce procédé nous apparaît cependant comme le seul qui permette de venir rapidement à bout des grands incendies.

État de la législation. — *L'incendie volontaire* est un crime puni par l'article 434, § 3, du Code pénal.

L'article 458 du même code punit d'une amende de 50 à 500 francs les incendies causés par *des feux allumés à moins de 100 mètres des forêts, bruyères et bois.*

La loi des 28 septembre-6 octobre 1791, dans son article 10, stipule l'interdiction *d'allumer du feu plus près que 50 toises* (97 m. 45) *des bois ou forêts,* sous peine d'une amende égale à la valeur de 12 journées de travail.

Cet article a été remplacé en 1827, pour les bois et forêts, par l'article 148 du Code forestier, qui punit d'une amende de 20 à 100 francs, sans préjudice, en cas d'incendie, des peines édictées par le Code pénal, *le fait de porter ou allumer du feu à l'intérieur et à la distance de 200 mètres des bois et forêts.*

Dans ces divers cas, l'article 1382 du Code civil permet de réclamer des dommages intérêts lorsque le feu a occasionné des dégâts. Cette disposition est inscrite dans l'article 148 du Code forestier.

Ces diverses prescriptions n'atteignent pas les propriétaires des forêts et bruyères (landes), en ce sens qu'ils peuvent allumer des feux sur leurs terrains et en laisser allumer à distance prohibée.

Il leur est loisible d'agir à cet égard comme ils l'entendent, sauf à encourir les peines prévues par l'article 434, § 3 et 7, du Code pénal, si l'incendie se communique aux propriétés voisines.

Ils sont tenus d'observer les obligations des articles 458 du Code pénal, 10 de la loi de 1791 et 148 du Code forestier.

Attributions des préfets et mesures prises par eux. — Les lois du 22 décembre 1789, 8 janvier 1790 et l'article 99 de la loi du 5 avril 1884 sur l'organisation municipale permettent aux préfets de prendre des arrêtés à l'effet de réglementer l'emploi du feu dans la région du pin maritime et des landes.

Les infractions à leurs arrêtés sont punis de 1 à 5 *francs* d'amende en vertu de l'article 471 du Code pénal.

Dans le département de la Gironde, l'autorité préfectorale s'est préoccupée depuis longtemps de faire disparaître les causes d'incendie résultant des *incinérations des landes*. C'est ainsi qu'ont été pris les arrêtés des 24 juin 1809 (approuvé par décret du 29 octobre suivant), 4 janvier 1810, 3 novembre 1824 et 11 juillet 1859.

Dans ce même département, un arrêté du 15 septembre 1899, pris sur la proposition et conformément à la rédaction du service local des Eaux et Forêts, règle «l'exploitation des *charbonnières* dans les pignadas et bois feuillus».

Dans le département des Landes, les *incinérations de bruyères* sont réglementées par un arrêté du 17 mai 1843, dont l'article 13 a été successivement modifié par les arrêtés du 10 avril 1856 et du 8 octobre 1862.

De plus, trois arrêtés aux dates des 16 juillet, 1er septembre 1860 et 12 septembre 1899 se rapportent spécialement aux *charbonnières*.

Dans les trois départements de la région des Landes, les arrêtés relatifs à la chasse interdisent l'emploi en forêt des *bourres combustibles*.

Enfin, en 1889, un arrêté préfectoral de la Gironde a prononcé la prohibition de *fumer* dans les forêts de pin.

Attributions des maires. — Les pouvoirs des maires en la matière résultent de l'article 97 de la loi du 5 avril 1884 sur l'organisation municipale.

Les arrêtés qu'ils peuvent prendre pour *prévenir* les incendies sont valables, s'ils sont justifiés par la nécessité des choses[1], et les contrevenants sont passibles d'une amende de 1 à 5 francs, par application de l'article 471 du Code pénal.

Lorsqu'un incendie s'est déclaré, les maires peuvent réquisitionner des travailleurs, des outils et faire allumer des contre-feux. Tout refus de concours est puni d'une amende de 6 à 10 francs, en vertu de l'article 475 du Code pénal.

Dispositions concernant spécialement les forêts soumises au régime forestier. Mesures prises par l'Administration des Eaux et Forêts. — Dans les bois soumis au régime forestier, les *charbonnières*, les *loges et baraques d'ouvriers* et les *ateliers* ne peuvent être installés que sur les emplacements désignés, par écrit, par les agents des Eaux et Forêts, sous peine d'une amende de 50 francs par emplacement non autorisé (art. 38, C. F.).

Il est défendu aux adjudicataires et à leurs ouvriers ou employés *d'allumer du feu* ailleurs, à peine d'une amende de 10 à 100 francs (art. 42, C. F.).

Les installations de locomobiles pour scieries sont autorisées, dans chaque cas particulier, par des arrêtés préfectoraux qui indiquent les précautions à prendre. Toute infraction est punie, suivant les circonstances, d'une amende de 50 francs (art. 38, C. F.), ou de 10 à 100 francs (art. 42 du même Code), sans préjudice de la réparation du dommage qui pourrait résulter de la contravention.

Les écobuages de terrains situés à proximité des bois soumis au régime forestier sont autorisés par le préfet, sur la proposition du conservateur et aux conditions arrêtées entre eux d'après les rapports des agents locaux.

En cas de désaccord, le Ministre statue (arrêté ministériel du 14 juillet 1841).

---

[1] Béquet et Laferrière, *Répertoire du droit administratif*, t. VI, p. 99, n° 1925.

L'Administration des Eaux et Forêts a pris, dans les *forêts domaniales*, les mesures de préservation suivantes :

1° Ouverture, dans l'intérieur des massifs et sur leur périmètre, de grandes tranchées (garde-feu ou pare-feu), ayant presque toutes 10 mètres de largeur, situées en général à 1 kilomètre de distance, complètement débarrassées d'arbres et parfaitement nettoyées;

2° Dépôt dans les maisons forestières d'outils spéciaux (par maison : 5 volants, 4 daillots, sortes de racloirs, et 8 râteaux);

3° Obligation pour les adjudicataires de tenir dans leurs coupes, sur des endroits désignés, par surface de 500 hectares : 5 volants, 2 pelles, 3 râteaux et un faisceau de 20 perches mesurant 2 mètres de longueur et 0 m. 20 de circonférence au gros bout;

4° Apposition en forêt, à l'entrée des chemins, d'écriteaux défendant de fumer;

5° Surveillance spéciale dans la saison chaude :

6° Débroussaillements de chaque côté des chemins;

7° Création de lignes téléphoniques reliant les maisons forestières aux bureaux de poste et de télégraphe les plus rapprochés.

Grâce à ces dispositions, la propriété boisée gérée par l'État est beaucoup moins atteinte par les incendies que celles appartenant aux communes et aux particuliers. Dans un rapport en date du 2 février 1893, M. le Conservateur des forêts à Bordeaux a fait connaître que, pour la période 1883-1892, dans le département de la Gironde, la proportion des bois incendiés n'était que de 2 p. 100 pour les forêts communales soumises au régime forestier de 2 p. 1000 pour les forêts domaniales, tandis qu'elle était dans l'ensemble, pour la surface totale boisée du département, de 1,1 p. 10.

Vœux des populations. — Tentatives faites par l'Administration des Eaux et Forêts. — Ainsi que nous l'avons dit en commençant, les doléances les plus vives se sont élevées à diverses époques vers le Gouvernement, en vue de voir mettre un terme à un état de choses aussi désastreux.

Nous nommerons en premier lieu le Conseil général de la Gironde qui, depuis environ 40 ans, réclame avec énergie des mesures exceptionnelles.

Par délibération du 6 mai 1892, prise à l'unanimité et rappelant des délibérations antérieures, puis par celles du 6 septembre 1892 et du 17 avril 1893, la haute assemblée a demandé qu'une loi analogue à celle

qui régit les forêts des Maures et de l'Estérel fût appliquée aux forêts landaises. En 1898, dans la séance du 7 septembre, ce vœu a été renouvelé,
mais avec un amendement réclamant d'une manière moins précise une
loi protectrice contre les incendies. En 1899, dans la séance du 6 septembre,
des propositions formulées dans le sens du projet de loi de 1894, rédigées par l'inspecteur de Lesparre et présentées par le conservateur,
ont obtenu l'approbation unanime de l'assemblée départementale, sous la
réserve de la suppression d'un membre de phrase relativement peu important.

Dans sa séance du 16 décembre 1891, la Société nationale d'agriculture de France a adressé au Ministre de l'agriculture un vœu, émis à
l'unanimité, pour qu'un projet de loi fût soumis le plus tôt possible au
Parlement.

M. le sénateur Monis — aujourd'hui Ministre — a bien voulu s'intéresser à la question et a déposé au Sénat, le 18 mai 1893, un projet de
loi relatif à cet objet.

M. Chambrelent, l'ingénieur éminent auquel on doit l'assainissement et
la mise en valeur des landes, le promoteur de la loi du 19 juin 1857, a
fait souvent entendre sa voix autorisée pour que l'on sauvât de la destruction
des forêts que l'on avait eu tant de peine à créer et qui constituaient
l'unique fortune d'une vaste région.

L'Administration des Forêts, de son côté, a fait tous ses efforts pour
essayer d'arriver à une solution.

En 1873, le Directeur général venait faire sur les lieux une enquête
qui durait 12 jours et prenait l'initiative d'un projet de loi, qui ne put
malheureusement aboutir par suite de l'opposition rencontrée dans le département des Landes.

En 1894, à la suite du mouvement d'opinion créé par le projet de
M. Monis, et après que les sénateurs et députés intéressés eurent émis l'avis,
à une grande majorité, qu'il était nécessaire de faire une loi spéciale, un
projet de loi fut établi, sous la haute direction du Ministre de l'agriculture, par les soins de l'Administration des Forêts.

Ce projet, conçu d'une manière générale comme la loi du 19 août 1893
(pour les Maures et l'Estérel), et ayant beaucoup de ses dispositions tirées
du projet de 1873, n'eut pas de suite, par suite des critiques ardentes qui
surgirent encore du département des Landes.

Nous avons dit que le conservateur de Bordeaux avait présenté en

28.

1899 (mois d'août) un projet de réglementation destiné à prévenir et à combattre les incendies dans les bois et landes, et que celui-ci avait obtenu l'approbation unanime du Conseil général de la Gironde.

M. le Préfet a tenu à avoir les avis des communes. A la date du 26 avril dernier, 168 avaient répondu : 103 sont favorables au projet, 25 l'acceptent avec des modifications, dont quelques-unes peu importantes, 8 le repoussent et 32 se déclarent désintéressées.

Celles dont la réponse n'est pas encore parvenue se trouvent hors de la région du feu. Cette consultation, comme on le voit, est tout à l'avantage du projet.

Celui-ci, considéré dans ses grandes lignes, ajoute quelques prescriptions à celles contenues dans les arrêtés préfectoraux existants en ce qui touche l'écobuage et la mise à feu des charbonnières; rappelle et prononce certaines interdictions relativement aux bourres combustibles, aux allumettes, aux cigarettes des fumeurs; établit que l'ouverture de la chasse pourra être reportée au 15 septembre; définit les travaux de préservation à exécuter par les Compagnies de chemin de fer et les industriels qui font fonctionner des machines fixes; détermine une pénalité nouvelle, plus sévère (10 à 500 fr. d'amende, 2 à 15 jours de prison, ensemble ou séparément), sans préjudice des dommages-intérêts, avec responsabilité des maris, pères, mères, tuteurs, etc.; élargit le cadre des agents verbalisateurs; prononce l'obligation de débroussailler, sur une largeur de 4 mètres au moins de chaque côté, un certain nombre de chemins vicinaux ou ruraux, de limites de communes, de cours d'eau; rend obligatoire l'ouverture de garde-feu de 10 mètres de largeur à entretenir bien nettoyés; indique les fonctionnaires qui auront la direction des secours et feront le contre-feu, en mettant complètement à l'abri leur responsabilité.

Conclusion. — *Vœu formulé.* — Il résulte de l'exposé qui précède qu'une grande région de la France, d'une superficie de 800,000 hectares environ, est ravagée presque chaque année par d'immenses incendies qui passent en laissant derrière eux la désolation, la ruine et parfois des cadavres d'êtres humains.

Les mesures législatives existantes sont insuffisantes. Une loi spéciale calquée de plus ou moins loin sur celle du 19 août 1893, régissant les forêts des Maures et de l'Estérel, est nécessaire. Elle est demandée depuis de longues années par le Conseil général de la Gironde et des personnages politiques éminents; une consultation toute récente des communes du département vient de faire connaître que la grande majorité des assemblées communales est acquise à l'idée.

Nous venons donc, au nom de la 2ᵉ Section du Congrès international de sylviculture, formuler le vœu que les pouvoirs publics, qui se sont à diverses reprises occupés de la question, la reprennent avec la ferme volonté d'aboutir, et que, dans tous les cas, le département de la Gironde, qui veut être protégé contre le redoutable fléau du feu, ne voie pas plus longtemps disparaître ses richesses forestières, une des sources importantes de la fortune publique.

M. Delassasseigne, comme conclusion à son rapport, présente le projet de vœu suivant : « Que les Pouvoirs publics des différents États prennent, sans plus tarder, les mesures nécessaires pour mettre fin, dans la mesure du possible, aux incendies qui détruisent les richesses forestières. »

M. Carrière. Il y aurait peut-être lieu de spécifier qu'il s'agit surtout des forêts d'essences résineuses.

M. Cardot. Il est préférable de laisser la liberté d'appréciation et de formuler un vœu très général.

M. Carrière. Cela implique aux nations des obligations bien trop étendues. Les calamités sur lesquelles on appelle l'attention des différents États se localisent en réalité aux forêts d'essences résineuses.

Il s'agit de savoir si l'on imposera aux Gouvernements des charges aussi considérables.

M. Cardot. C'est là une question d'espèces ; les Gouvernements apprécieront les mesures à prendre, en concordance avec les nécessités locales.

M. Puig y Valls. En Espagne, on a décrété l'usage des *gardinages* pour toutes les forêts, sans distinction d'espèces.

M. le Président. Il ne paraît pas que la question actuelle présente une importance absolument générale, car il y a des forêts qui sont peu menacées de ce fléau.

En Bavière, nous n'avons pas d'incendies sur de grandes surfaces.

Cependant, dans la Franconie, aux environs de Nuremberg, la question semble prendre plus d'intérêt au point de vue des forêts particulières plus menacées par le danger de l'incendie.

D'ailleurs, il n'existe, en Allemagne, qu'une seule Société d'assurances contre l'incendie qui couvre les sinistres forestiers.

J'accepte néanmoins la résolution proposée par M. Delassasseigne, en considération de l'intérêt qu'elle présente au point de vue général.

M. Cacheux. Le projet de vœu répond bien à ces conditions.

M. Bénardeau. Il serait possible de maintenir à ce vœu un caractère général en ajoutant les mots : « *En ce qui les concerne* », et par suite dire : « Comme suite au rapport de M. Delassasseigne, la 2ᵉ Section du Congrès international de sylviculture émet le vœu que les Pouvoirs publics des différents États prennent, sans plus tarder, *en ce qui les concerne*, etc. . . . ». (*Assentiment.*)

Le vœu ainsi modifié est adopté.

M. Cacheux, *vice-président*, informe la 2ᵉ Section que M. de Kiss de Nemesker lui a remis un tableau des travaux exécutés par son père.

M. Cardot donne lecture de ce tableau.

TABLEAU SUR LES BOISEMENTS EXÉCUTÉS DANS LES FORÊTS DU DOMAINE DE VÉHGLES DE 1870 À 1899.

ANNÉES.	PÉPINIÈRES ÉTABLIES annuellement.		TERRITOIRE BOISÉ			QUANTITÉS		FRAIS.
	NOMBRE.	SURFACE.	par SEMIS.	par PLANTA-TION.	en TOTAL.	des GRAINES FORES-TIÈRES employées.	des PLANTS EMPLOYÉS.	
		hect. a.	hect. a.	hect. a.	hect. a.	kilogr.	nombre.	couron. liv.
1870........	"	"	o 48	220 06	220 54	24	1,033,966	4,378 48
1871........	7	1 98	61 06	184 16	245 22	301	1,452,793	5,762 77
1872........	6	1 86	51 16	153 24	204 40	104	1,115,258	2,747 30
1873........	9	2 19	4 06	77 19	81 25	269	824,036	3,046 84
1874........	7	2 68	8 99	64 50	73 49	324	563,076	2,856 42
1875........	4	2 26	145 65	87 15	232 80	617	714,640	4,824 40
1876........	8	2 73	44 23	71 49	115 72	269	757,600	3,536 64
A reporter.................					1,173 42	....	6,461,369	27,152 85

TABLEAU SUR LES BOISEMENTS EXÉCUTÉS DANS LES FORÊTS DU DOMAINE DE VÉHGLES DE 1870 À 1899. (SUITE.)

ANNÉES.	PÉPINIÈRES ÉTABLIES annuellement.		TERRITOIRE BOISÉ.			QUANTITÉS		FRAIS.
	NOMBRE.	SURFACE.	par SEMIS.	par PLANTATION.	en TOTAL.	des GRAINES FORESTIÈRES employées.	des PLANTS EMPLOYÉS.	
		hect. a.	hect. a.	hect. a.	hect. a.	kilogr.	nombre.	couron. liv.
Report..............					1,178 42	....	6,461,369	27,152 85
1877........	6	1 91	19 21	76 79	96 00	435	788,518	3,454 17
1878........	7	2 49	31 35	124 41	155 76	547	1,062,007	5,660 64
1879........	9	2 41	"	255 35	255 35	356	1,816,905	5,314 00
1880........	6	2 16	"	131 69	131 69	406	1,056,615	4,122 26
1881........	5	2 13	"	117 23	117 23	460	1,256,345	4,876 62
1882........	11	2 82	9 86	162 17	172 03	510	2,161,795	6,382 98
1883........	3	0 58	22 04	263 78	285 82	992	2,280,940	6,840 00
1884........	9	2 09	23 78	329 23	353 01	1,458	2,467,888	9,056 44
1885........	12	3 78	46 69	188 06	234 75	1,015	3,014,060	10,480 70
1886........	46	10 09	63 51	309 20	372 71	1,328	3,164,100	10,889 98
1887........	59	12 71	70 76	352 88	428 64	2,626	3,959,000	14,092 90
1888........	51	13 05	68 01	419 60	487 61	2,400	3,820,589	14,092 90
1889........	20	3 25	60 32	461 12	521 44	1,823	4,352,940	12,974 72
1890........	19	2 73	20 30	484 09	504 39	927	5,071,190	13,522 88
1891........	13	1 57	95 12	432 79	527 91	1,210	3,674,300	12,126 76
1892........	21	2 15	3 48	406 41	409 89	1,000	3,638,100	12,521 62
1893........	15	1 86	1 74	445 00	446 79	675	3,678,927	13,720 18
1894........	37	3 97	12 76	381 55	394 31	1,123	3,062,240	11,262 40
1895........	19	2 76	16 97	250 10	267 07	1,618	3,505,530	11,334 20
1896........	22	2 10	19 72	221 86	241 58	1,168	2,927,015	11,165 28
1897........	36	6 53	111 94	270 98	382 92	1,273	2,524,230	10,220 28
1898........	34	4 88	10 44	203 96	220 40	740	1,556,120	10,008 60
1899........	"	"	"	"	178 64	"	2,457,700	9,447 00
TOTAUX...........					8,354 31	....	69,758,358	247,968 33

Observation. — La superficie de 8,354 hect. 31 a été boisée avec les essences suivantes en pour cent :

Épicéa..	80.0 p. 100.
Mélèze..	10.4
Pins noir et sylvestre.............................	5.3
Frêne...	3.2
Érable..	0.6
Pin cembro....................................	0.2
Chêne..	0.2
Sapin...	0.1
TOTAL....................	100.0

La 2ᵉ Section décide que ce tableau sera publié dans les comptes rendus de ses séances.

M. CACHEUX exprime à M. de Kiss de Nemesker les remerciements de la 2ᵉ section.

M. DELONCLE. Il me semble, Messieurs, qu'une sanction s'impose.

Je propose à la 2ᵉ Section de voter des félicitations à M. de Kiss de Nemesker, qui, dans ce siècle passé, nous a donné l'exemple de ce que peut la persévérance d'un travail appliqué à la sylviculture.

Vous savez quelles difficultés on peut rencontrer en matière de sylviculture, dont la première est celle du temps.

En employant trente années à faire ce magnifique domaine, M. de Kiss de Nemesker a donné véritablement un merveilleux exemple qui doit demeurer, et rien n'est plus propre à encourager les sylviculteurs que les félicitations que je vous propose de voter. (*Vifs applaudissements.*)

La 2ᵉ Section vote des félicitations à M. de Nemesker en ces termes :

« La 2ᵉ Section vote des félicitations à M. de Kiss de Nemesker qui, aux termes du rapport soumis à cette section, a lui-même, en trente années, de ses deniers, planté 70 millions d'arbres. »

M. LE PRÉSIDENT. L'ordre du jour appelle la communication du rapport de M. Leddet, sur la mise en valeur, par le boisement, des terrains incultes et des terres épuisées.

M. LEDDET, *inspecteur adjoint des Eaux et Forêts.* Messieurs, la question de la mise en valeur, par le boisement, des terrains incultes et des terres épuisées, que la Commission d'organisation de notre Congrès a jugé utile de faire figurer à son programme et de soumettre à votre discussion, est une de celles qui, aujourd'hui, mérite d'attirer d'une façon toute spéciale l'attention des sylviculteurs.

C'est qu'en effet son importance est considérable, non seulement pour le propriétaire qui cherche une augmentation de revenus dans la transformation de ses landes en un bois productif, mais aussi pour la Société à laquelle il appartient, par cela même qu'elle envisage des opérations dont le but est de créer des richesses nouvelles où l'industrie moderne puisse, un jour, venir puiser une matière première indispensable à des besoins de plus en plus grands. Personne n'ignore enfin que bien souvent la défense du sol et la régularisation du régime des cours d'eau sont intimement liées à l'existence des massifs boisés, et à ce dernier titre on peut dire encore que le boisement des terres incultes présente souvent un intérêt de premier ordre.

On a prétendu que les forêts n'offraient la plupart du temps aux capitaux qu'un taux de placement dérisoire, et que tout propriétaire soucieux de ses intérêts devait s'empresser de les vendre ou de les défricher pour les rendre à l'agriculture ; c'est là, du reste, une erreur que bien peu soutiennent aujourd'hui, tant sont évidents au contraire les avantages de la forêt. Si elle ne donne qu'un taux de placement modéré, quoique généralement très convenable encore, n'offre-t-elle pas par contre une sécurité de placement, une facilité de gestion qu'on ne trouve pas dans les propriétés agricoles? Ne présente-t-elle pas enfin ce caractère tout particulier de permettre à celui qui la possède de se créer des réserves toujours disponibles, d'être en un mot pour lui une excellente caisse d'épargne et de capitalisation? Loin d'avoir intérêt à la faire disparaître, il ne peut donc qu'être avantageux de la conserver partout où elle existe encore et, dans bien des cas, de la reconstituer là où elle a disparu.

La crise que l'agriculture traverse à notre époque et la nécessité qui en résulte pour elle, sous peine de ne plus être rémunératrice, de concentrer le travail et les fumures sur les terres de façon à en porter le rendement à son maximum et à abaisser en même temps le prix de revient des produits, tendront forcément de plus en plus à faire abandonner les terres épuisées sur lesquelles les récoltes obtenues ne sont plus en rapport avec les efforts dépensés. Le meilleur moyen de tirer parti de celles-ci est de les reboiser.

Les nombreux procédés dont on dispose à cet égard, pleinement consacrés aujourd'hui par une longue pratique, et la variété des végétaux forestiers susceptibles d'être propagés sur des terrains de nature très différente permettent du reste d'entreprendre ces sortes de travaux dans les cas les plus divers avec toutes chances de succès.

Certains propriétaires ont pu éprouver, il est vrai, de graves mécomptes dans les reboisements qu'ils ont entrepris, et y ont perdu à la fois leur temps et leur argent; mais il ne faut le plus souvent attribuer ces insuccès qu'aux conditions défectueuses dans lesquelles ont été exécutés les travaux : trop de fois une connaissance insuffisante des sols et des climats, des exigences des essences employées et du mode le plus avantageux de leur propagation, a été l'unique cause de tout le mal.

Envisagée au point de vue de l'intérêt général, la mise en valeur, par le boisement, des terrains incultes et des terres épuisées n'est pas moins nécessaire.

Le boisement est un des plus puissants leviers dont on puisse se servir pour améliorer le sort des pays déshérités et ramener la richesse et la prospérité dans ceux qu'ont ruinés l'imprévoyance des hommes ou la fureur des éléments.

Nous en avons en France un exemple bien frappant dans cette partie de l'ancienne province de l'Orléanais, la Sologne, qui, grâce aux nombreux reboisements exécutés depuis le milieu du siècle, a vu la plus grande partie de ses landes et de ses marais disparaître pour faire place à de superbes pineraies, son climat, jadis fiévreux, s'améliorer, sa population autrefois chétive et rare, croître et se fortifier, et qui, malgré la terrible épreuve que lui a fait subir le rigoureux hiver de 1879-1880, a su, sous l'énergique impulsion de M. l'Inspecteur général Boucard, l'éminent président de son Comité central de reboisement, trouver encore dans la réfection de ses bois dévastés, le moyen de recouvrer une prospérité qui va sans cesse croissant et qui ne tardera pas à égaler celle qu'elle avait autrefois.

Si la présence des arbres exerce une incontestable et salutaire influence sur le climat et la prospérité d'un pays, elle joue encore, tout le monde le sait, un rôle considérable dans la fixation des dunes littorales, la régularisation du régime des cours d'eau, l'extinction des torrents et la protection des propriétés inférieures dans les régions montagneuses.

A tous ces égards, le reboisement des terrains incultes est donc essentiellement recommandable.

Il nous reste à montrer enfin qu'au point de vue économique cette opération présente une importance capitale.

L'emploi de la matière ligneuse ne cesse de s'accroître, avec le développement de l'industrie moderne; l'extension donnée aux constructions en fer et l'usage de jour en jour plus répandu de la houille ne supprimeront pas plus l'utilisation du bois que les chemins de fer n'ont supprimé l'emploi des chevaux; et les statistiques prouvent au contraire que la consommation de cette matière première éminemment utile suit une marche ascendante rapide.

Par contre, les massifs boisés répartis à la surface du globe s'appauvrissent et diminuent chaque jour sous une exploitation abusive ou mal entendue.

Comme le faisait si justement ressortir M. l'Inspecteur des Eaux et Forêts Mélard dans un travail des plus intéressants et des mieux documentés, qu'a publié, en 1897, le *Bulletin du Ministère de l'Agriculture*, « il pèse sur l'avenir de l'approvisionnement en bois des nations civilisées une incertitude et une menace qu'il serait imprudent d'écarter comme un présage de mauvais augure; l'Europe, en particulier, serait coupable de se reposer dans une fausse sécurité : c'est dans ses propres forêts qu'elle devra, avant deux ou trois générations, trouver son approvisionnement ; il n'est que temps de s'occuper de leur conservation et de leur amélioration, de chercher à en accroître l'étendue et la richesse, si l'on ne veut pas être pris au dépourvu. »

Il ne faut pas oublier, en effet, que, dans nos sociétés modernes, actives à l'excès, le bois est une marchandise qu'on use plus vite qu'on ne la fabrique, et que la nature met 100 à 150 ans pour faire un beau chêne ou un beau sapin.

Nous aimons à reconnaître que dans bien des pays déjà on s'est ému de cet état de choses et préoccupé de conserver les richesses forestières existantes aussi bien que d'en créer de nouvelles, afin de constituer pour l'avenir des ressources dont on aura si grand besoin.

Nombreux sont les vœux qui ont été émis en faveur des reboisements. Tout récemment encore, à la dernière assemblée de la Société des Amis des Arts à Londres, M. Hutchins, conservateur des forêts au Cap, en présence de la situation de plus en plus grave de l'Angleterre au point de vue de son approvisionnement en bois, proposait la création de forêts domaniales et réclamait de l'État la somme de 1 million de livres par an, pour cette importante entreprise. Chez nous enfin, le distingué député de la Loire, M. Audiffred, ne vient-il pas de son côté d'appeler l'attention des Pouvoirs publics sur la nécessité de reboiser le bassin supérieur de la Loire ?

Des mesures législatives ont été déjà prises dans les différents États, les unes visant la protection des forêts, la prohibition des défrichements, la réglementation même des exploitations, les autres ayant pour but de favoriser les reboisements tant en vue de la correction des torrents que de la création de nouvelles sources de produits.

Mais, s'il a été fait beaucoup dans cet ordre d'idées, il reste encore beaucoup à faire, et, notamment en ce qui concerne la mise en valeur des terrains incultes par le boisement, deux choses, à notre avis, paraissent désirables pour mener à bien cette œuvre capitale : tout d'abord, une vul-

garisation plus complète des connaissances sylvicoles, puis une coopé-
ration plus large de la part de l'État aux travaux entrepris par les particuliers.

Les connaissances sylvicoles sont actuellement répandues dans les
masses d'une façon insuffisante ; trop rares sont ceux qui savent tout le
profit qu'on peut tirer des terres improductives en les reboisant, et parmi
ceux-ci trop nombreux ceux qui, comprenant l'utilité des reboisements,
hésitent à les entreprendre dans la crainte de les exécuter d'une manière
défectueuse. Il nous semble nécessaire que, de même que l'agriculture, la
sylviculture soit l'objet d'un enseignement raisonné et pratique aux divers
degrés de l'instruction et que les instituteurs, après l'avoir reçu eux-mêmes
dans les écoles normales, puissent à leur tour, dans les écoles primaires,
le répandre parmi leurs jeunes élèves.

Il est d'autre part hors de doute que, maintes fois, la question d'argent
est susceptible de faire reculer le propriétaire désireux de reboiser ses
landes ; si donc nous considérons comme un devoir de la part de l'État de
l'aider de ses conseils, il ne nous semble pas moins indispensable qu'il lui
vienne en aide de son argent dans la plus large mesure possible. A cet
égard, nous nous demandons si, en France, il ne serait pas possible d'é-
tendre à tout propriétaire qui, même dans les régions de plaine, mettra
en valeur des terrains improductifs en les reboisant, le bénéfice de l'article 5 de la loi du 4 avril 1882 rendu déjà applicable aux terrains communaux de ces régions par la loi de finances du 28 avril 1893, et de le
mettre ainsi à même de prétendre à une subvention de l'État.

Tels sont, Messieurs, les principaux desiderata qui nous semblent mériter plus particulièrement votre attention, et le Congrès aura fait, croyons-
nous, œuvre utile, si, adoptant les conclusions de cette modeste étude, il
se résout à les formuler en un vœu.

Deux notices relatives à la mise en valeur, par le boisement, des terrains incultes et des terres épuisées ont été déposées sur le bureau du
Congrès :

La première, intitulée : *Étude de reboisement par repiquage*, nous a
été adressée par M. Adrian à Blamont (Meurthe-et-Moselle). L'auteur
considère qu'on doit chercher dans les reboisements à couvrir le sol aussi
rapidement que possible pour le mettre à l'abri des rayons directs du
soleil, retenir l'humidité, et forcer les arbres à pousser en hauteur ; il
préconise donc la plantation serrée (plants à 1 mètre de distance) et conseille d'ailleurs le mélange des essences. Toutefois, comme parmi celles-ci

les plus vigoureuses risquent fort d'étouffer les autres, il convient, d'après lui, de les planter par parties de chaque sorte séparées par un certain espace ; dans le cas d'une plantation de résineux et de feuillus, on les disposerait alternativement sur des bandes de 5 à 10 mètres de largeur, entre lesquelles seraient ménagés des intervalles de 2 mètres ; les semis naturels se chargeront dans l'avenir d'établir le mélange intime des essences.

La seconde a trait à la mise en valeur des terrains calcaires du centre de la France ; nous n'avons fait qu'y consigner un mode de reboisement aussi simple qu'économique dont nous avons pu constater les heureux résultats dans les plaines arides de la Champagne berrichonne. Il consiste à semer en plein et à la volée des graines de pin noir d'Autriche et de ne les recouvrir que par un simple hersage, sans une autre culture du sol.

Malgré tout l'intérêt qu'elle présente, nous ne ferons que signaler une brochure adressée par M. de Beukelaer, conseiller municipal et provincial d'Anvers, sur le défrichement des bruyères campinoises et leur transformation en terres arables à l'aide des gadoues de la ville d'Anvers. Cette étude n'a pas en effet un caractère sylvicole et semble rentrer plutôt dans les questions susceptibles d'être étudiées au Congrès d'agriculture.

M. le Président. M. Leddet doit également nous donner communication d'un travail sur la mise en valeur, par le boisement, des terres épuisées sur les sols calcaires du centre de la France.

M. Leddet. Nous ne nous proposons pas dans cette étude de passer en revue les différents procédés de boisement susceptibles d'être appliqués avec succès sur les sols calcaires et arides du centre de la France ; notre seul but est de faire connaître un moyen pratique de les mettre en valeur, en les transformant en bois, moyen qui a été employé avantageusement sur plusieurs points de cette région et qui, à n'en pas douter, est appelé à être appliqué dans bien des cas avec toutes chances de réussite.

Les terrains sur lesquels on a opéré sont situés dans cette partie de l'ancienne province du Berry qui, à raison de la nature essentiellement calcaire de son sol et de son aridité, y est connue sous le nom de « Champagne » et qui, dans les départements du Cher et de l'Indre, forme de vastes plaines desséchées et monotones coupées par les vallées profondes du Cher, de l'Auron et de l'Arnon.

Cette contrée repose sur la formation de l'oolithe moyenne qui a reçu le nom de calcaire lithographique (groupe du calcaire corallien); celle-ci s'y présente sous la forme d'un calcaire compact, blanc jaunâtre, à grain fin, à cassure conchoïde, sonore, fragile et très sensible aux changements de température; près de la surface du sol, la roche se divise en bancs de faible épaisseur, présentant fréquemment des fissures verticales que viennent remplir des argiles tertiaires contenant des grains de minerai de fer. Ce calcaire a la propriété de se dessécher et de se fendiller par son exposition à l'air, ce qui rend très facile l'absorption des eaux à la surface; il est vrai que celles-ci ne font que le traverser pour se perdre dans les profondeurs d'un sous-sol très perméable; en outre, bien que très sensible aux actions atmosphériques, et aux changements de température, il ne se fond pas, comme cela a lieu, par exemple, pour les calcaires tertiaires, mais se brise au contraire en morceaux présentant une cassure très nette et ayant en général une assez grande surface sous une faible épaisseur.

On conçoit que, dans de semblables conditions, la formation d'une couche de terre végétale un tant soit peu puissante devienne très difficile, et que les terres qui reposent sur ce calcaire soient d'une nature maigre en même temps que d'une sécheresse extrême.

C'est au pin noir d'Autriche (*pinus laricio austriaca*) que l'on s'est adressé pour tirer parti de ces sols ingrats; il était en effet tout désigné pour remplir ce rôle. Il réussit, comme on le sait, d'une façon étonnante dans les terrains très calcaires et arides où nul autre arbre ne pourrait prendre place, et a l'avantage de se plaire à quelque exposition que ce soit, aussi bien dans les plaines que dans les régions montagneuses; on devait donc tout naturellement l'introduire avec succès sur les plateaux de la Champagne berrichonne.

De nombreux reboisements entrepris à l'aide de ce pin par divers propriétaires du Cher et de l'Indre ont, de fait, pleinement réussi.

Là où la terre végétale était assez profonde et substantielle, il a pu être propagé avec succès par voie de plantation : mais on ne peut nier cependant que ces sortes de repeuplements risquent fort, après avoir boudé pendant plusieurs années, de ne donner naissance qu'à des pineraies plus ou moins rabougries et clairiérées. C'est qu'en effet, placés forcément dans ce cas (sous peine de dépenses excessives), à une assez grande distance les uns des autres, les plants se trouvent au début dans des conditions de végétation très défavorables sur ces terrains arides, brûlants et à peu près complètement nus, et qu'ils n'arrivent à pousser avec quelque vigueur que le jour où le massif, venant à se fermer, le sol peut, grâce à l'abri que lui procure celui-ci, échapper à un desséchement complet et se couvrir de quelques herbes.

Le semis donne au contraire des résultats que nous regardons comme plus sûrs et plus satisfaisants : il est d'ailleurs d'une exécution plus facile et occasionne en général une dépense moins considérable que la plantation.

Le procédé suivant, qui nous paraît présenter le plus de chances de réussite, est aussi simple qu'économique; c'est avec un succès complet qu'il a été employé depuis un certain nombre d'années et sur une étendue qui se chiffre aujourd'hui par plusieurs centaines d'hectares, par M. Hémery de Lazenay, dans son domaine de Mocpanier, commune de Reuilly (Indre), et c'est à lui que M. le comte Duboys d'Angers doit la mise en valeur de près de cent hectares de landes et de terres épuisées dans son domaine de Saint-Soing, commune de Saint-Georges (Indre).

Loin de chercher à donner au sol une culture complète, sous prétexte d'en accroître la fraîcheur et de favoriser la germination des graines et la végétation des jeunes plants, on se contente de pratiquer un léger hersage immédiatement après le répandage de la graine; c'est qu'on se trouve ici dans des conditions toutes spéciales, et que, eu égard à la faible épaisseur du sol cultivable et à l'extrême perméabilité du sous-sol, une culture profonde, en provoquant l'ameublissement du premier, lui enlèverait le peu d'humidité qu'il peut encore conserver sous une certaine cohésion, sans lui permettre d'ailleurs de réparer cette perte en faisant appel aux couches inférieures du second; traversée presque instantanément par les eaux pluviales au fur et à mesure de leur chute, grâce aux nombreuses fissures qu'elle présente, la roche calcaire sous-jacente s'oppose en effet par sa nature et sa puissance à tout retour par voie de capillarité des eaux souterraines à la couche superficielle du sol.

Le terrain à reboiser ne recevra donc aucune préparation; c'est là une prescription qu'il y a lieu d'observer scrupuleusement sous peine de compromettre la réussite du semis.

Les graines de pin seront semées en plein et à la volée, comme le seraient des graines de céréales.

Il y a lieu, pour assurer une égale répartition des plants, de diviser préalablement le terrain en parcelles d'égales contenances (20 à 30 ares) et de partager aussi la semence en un même nombre de parts égales.

Dix kilogrammes de graines désailées de pin noir sont largement suffisants pour ensemencer un hectare.

Il peut être avantageux, si le sol s'y prête, d'employer, conjointement avec le pin noir, le pin sylvestre; dans ce cas, huit kilos du premier et un à deux kilos du second formeront un bon mélange pour un hectare. L'avantage que présente cette façon de procéder est de permettre de constituer un peuplement moins uniforme dans sa croissance (le pin sylvestre ayant dans le jeune âge une végétation plus active que le pin noir, même sur ces sols calcaires), et de pratiquer des éclaircies qui, tout en étant plus faciles à conduire, donneront en même temps des produits plus rémunérateurs. Il ne faut pas oublier enfin qu'un peuplement mélangé est toujours moins exposé aux dégâts des insectes et que, dans le cas d'une invasion de ceux-ci, il est rare qu'elle soit également dommageable aux diverses essences qui le constituent.

L'époque la plus favorable pour exécuter le semis est le commencement du mois de mars; on a tout intérêt en effet à y procéder de bonne heure, de façon que les jeunes plants soient déjà assez bien enracinés à l'époque des premières chaleurs, particulièrement à craindre dans ces terrains arides et brûlants. Les semis d'automne ne sont d'ailleurs pas à conseiller, comme étant trop exposés aux dégâts des oiseaux et des rongeurs.

Les graines une fois répandues, il ne s'agit plus que de faire herser le terrain ; ce travail doit s'effectuer à l'aide d'une herse légère à dents de fer, qu'il est d'ailleurs inutile de charger et qu'un seul cheval suffira à traîner; il est nécessaire, pour bien assurer le recouvrement des graines, de donner un hersage en tour croisé, c'est-à-dire dans deux directions perpendiculaires l'une à l'autre.

Les frais auxquels donne lieu un reboisement exécuté dans les conditions qui viennent d'être indiquées peuvent être calculés à l'hectare comme il suit :

Achat de 10 kilos de graines désailées de pin noir à
  5 fr. l'un...................................... 50ᶠ
Semis : demi-journée d'homme à 3 fr. l'une .... 1 50 } 57ᶠ 50.
Hersage : demi-journée de cheval avec conducteur à
  12 fr. l'une........................... 6

Cette dépense, déjà très minime, deviendra encore moins lourde pour le propriétaire reboiseur, si celui-ci ne néglige pas de profiter du dégrèvement des trois quarts de l'impôt que lui accorde pendant trente ans la loi du 3 frimaire an vii, et qui, dans les terrains pauvres de la région que nous avons considérée, peut atteindre 1 fr. 50 à 2 francs par hectare et par an, c'est-à-dire, à peu de chose près, l'équivalent de l'intérêt à 3 p. 100 de la somme engagée par lui dans les travaux de reboisement.

M. Crahay, inspecteur des Eaux et Forêts, délégué de la Belgique. J'ai pratiqué cette méthode en Belgique sur des terrains analogues à ceux dont parle M. Leddet, sur un sol calcaire, et je partage absolument les idées qu'il a développées, notamment en ce qui concerne l'association du pin noir et du pin sylvestre.

J'ajouterai seulement que j'ai dû abandonner, après huit ans d'expériences, les semis pour les plantations, en prenant la précaution, dont a parlé déjà M. Tessier, de protéger le pied du plant par des pierres plates, et en ayant soin d'avoir bien ameubli le sol auparavant.

Je ne crois donc pas que l'on doive exclure la plantation d'une façon absolue.

Enfin ces plantations étaient faites très tôt en automne; cela peut sembler anormal, mais a donné de bons résultats.

M. Leddet. C'est, je crois, une question d'espèces qui n'influe pas sur les résultats de cette méthode, bien que j'aie plus de confiance dans le semis.

Je suis heureux, d'ailleurs, de l'observation présentée par M. Crahay en ce qui concerne l'époque des plantations; elle sera d'une grande utilité dans nos expériences ultérieures.

M. Servier s'associe aux observations de M. Crahay à ce dernier point de vue.

M. Samios expose également que les plantations d'automne sont employées en Grèce sur le sol calcaire et donnent de bons résultats.

Il ajoute qu'il serait d'ailleurs impossible de procéder par semis sur ce sol et que l'on fait usage de petites pépinières volantes; toutefois on ne peut employer pour ces plantations que des plants de moins de trois ans. (*Approbation.*)

M. Leddet présente le travail de M. H. Boucard sur la transformation de de la Sologne.

M. LE PRÉSIDENT propose que le travail de M. Boucard, inspecteur général des Eaux et Forêts en retraite, dont on connaît la haute compétence et les éminents services forestiers, soit imprimé dans le compte rendu des séances.

Cette motion est adoptée, et la 2ᵉ Section vote des félicitations et remerciements à M. H. Boucard.

Elle prend la même décision en ce qui concerne la note de M. Rolland-Gosselin sur les qualités ignifuges des *Opuntia*, note qui est la reproduction de son travail envoyé à l'Académie des sciences.

TRANSFORMATION DE LA SOLOGNE.

SON ASSAINISSEMENT ET SA MISE EN VALEUR (1850-1900)
PAR M. H. BOUCARD.

Situation et contenance de la Sologne. — La Sologne est un vaste plateau de 504,450 hectares[1] situé au centre de la France, entre les vallées de la Loire et du Cher, à la porte d'Orléans et à environ 125 kilomètres de Paris.

Elle forme une région naturelle bien tranchée, toute différente, comme aspect et comme constitution, des provinces environnantes, telles que l'Orléanais, le Blésois, le Berry, etc.

Dans la Sologne, le relief du terrain est presque nul; le sol, généralement de faible épaisseur, est composé de sable et d'argile en proportions variables; mais le calcaire y fait complètement défaut; le sous-sol, au contraire, est constitué uniquement par de l'argile et du calcaire, lesquels, en revenant affleurer aux périmètres, forment une sorte de cuvette imperméable. C'est par suite de cette constitution qu'il a été possible de comparer la Sologne à « un îlot de sable et d'argile au milieu d'une mer de calcaire[2] ».

Les eaux pluviales ne pouvant ni pénétrer dans les profondeurs, ni s'écouler facilement à la surface, s'accumulent dans les plis du terrain et y forment des mares d'eaux stagnantes jusqu'à ce que les chaleurs de l'été les fassent évaporer en miasmes malsains.

[1] Contenance portée au dernier rapport adressé au Ministre de l'agriculture.
[2] M. de Saint-Venant.

On comprend aussi que, privés de l'un des éléments indispensables à la végétation, les terrains ne se prêtent à la culture qu'après l'apport d'amendements coûteux.

Insuffisante inclinaison et peu d'épaisseur du sol, imperméabilité du sous-sol, absence totale de calcaire à la surface, telles sont les conditions défavorables imposées par la nature à la pauvre Sologne; une très effective intervention de l'homme peut seule en triompher.

Alternatives de grande prospérité et d'extrême misère. — Aucune région, autant que la Sologne, ne paraît avoir passé par des alternatives successives de prospérité et d'extrême misère. Et personne ne saurait méconnaître quels efforts et quels sacrifices ont, dans ces derniers temps, nécessités l'assainissement, la mise en valeur et le relèvement de tout ce grand pays resté longtemps malsain et dépeuplé.

Ce sont ces périodes de grandeur, de décadence et de transformation que je voudrais rappeler ici, en résumant brièvement ce qui concerne le temps passé et en entrant dans quelques détails pour ce qui s'est accompli de nos jours.

Mon but, en rappelant l'état misérable de la Sologne ancienne et en constatant l'état prospère de la Sologne actuelle, est d'abord d'honorer nos prédécesseurs, qui ont pris l'initiative et la direction de cette rénovation avec tant d'énergie et d'intelligence, puis de faire apprécier tout ce qu'ont fait, pour réaliser cette grande œuvre, leurs successeurs, pour la plupart membres du Comité central agricole de la Sologne.

Puissent les faits constatés et les résultats obtenus être de quelque utilité pour ceux qui s'occupent de la mise en valeur des autres régions malheureuses. Malgré les grandes améliorations réalisées, il en existe encore en France, notamment dans les Landes, la Brenne, le Forez, les Dombes, etc.

Grande prospérité dans les temps anciens. — La Sologne a connu autrefois des temps de grande prospérité; elle était alors très boisée et on la recherchait à la fois pour la douceur de son climat et pour ses belles chasses.

Cette prospérité est attestée par tous les auteurs qui se sont occupés de la région, et nous allons citer quelques-uns de leurs témoignages :

En 1546, Lemaire, conseiller [1] au présidial d'Orléans, écrit que « la

---

[1] *Histoire des antiquités d'Orléans et du duché d'Orléans.*

Sologne était abondante en prez, pastilz, bois de haute futaye, taillis, buissons, estangs et rivières; portant bled, méteil et seigle, abondante aussi en bestial et gibier ».

Dans son mémoire de 1788, M. de Froberville dit « que la contrée offrait une population nombreuse, les seigneurs habitant leurs châteaux et la culture étant faite par un grand nombre de petits propriétaires ».

A son tour, en 1789, M. d'Autroche explique « que l'ancienne Sologne, riche, prospère et peuplée avait des prairies soignées, des coteaux couverts de vignes, avec de nombreuses locatures possédant des bestiaux abondants et bien nourris ».

Enfin, en 1839, M. Bourdin assure « qu'autrefois l'assainissement et la culture des terres étaient convenablement pratiqués, qu'une assez grande étendue de terrain était plantée en vigne, et que, parmi la nombreuse population attachée au sol, on comptait une infinité de petits propriétaires, ce qui annonce l'aisance d'un pays ».

Du reste, il n'est pas possible de douter que la Sologne ait été jadis une contrée très prospère, puisque, de nos jours, il en reste encore des vestiges matériels, à savoir : les ruines de nombreux châteaux, les restes de fermes et de villages abandonnés, les traces de rigoles d'assainissement, des débris de souches de vieux chênes et de ceps de vignes dénonçant la place de futaies détruites et de vignobles disparus.

S'il est difficile de fixer l'époque à partir de laquelle la Sologne a joui d'une grande prospérité, il est certain qu'elle s'est continuée jusque sous le règne de Louis XII, comme en témoigne le séjour qu'y firent ce prince et son successeur. On sait, en effet, que Louis XII tint souvent sa cour à Blois, en même temps que la duchesse d'Angoulême faisait sa résidence à Romorantin (capitale de l'ancienne Sologne). On sait également que François Ier, qui passa une partie de sa jeunesse dans cette ville, fit, après être monté sur le trône, construire en Sologne le château de Chambord.

Aussi, dans son mémoire de 1844, M. Beauvallet a-t-il pu dire que « au commencement du xvie siècle, l'état de la Sologne était satisfaisant, la majeure partie de son territoire restant couverte de bois et le reste divisé en cultures avec un quart planté en vignes ».

Décadence. — Ses causes et ses effets; longue période d'abandon. — Malheureusement cette prospérité vint à décroître au commencement du xviie siècle, et la décadence alla en s'accentuant jusqu'à la fin du xviiie siècle; elle eut pour causes : la guerre de Cent Ans, les guerres de religion qui

enlevèrent tous les hommes valides, puis les guerres de Louis XIV avec
l'étranger, l'éloignement des châtelains, les impôts excessifs qui écrasèrent
les habitants et, enfin, des épidémies qui décimèrent le reste de la population.

Peu favorisée par la nature, la Sologne avait dû sa prospérité au travail de nombreux colons dirigés par des propriétaires résidant dans le pays
et s'occupant effectivement d'agriculture. Avec la désertion des uns et le
départ d'un grand nombre des autres, cette prospérité disparut.

Les conséquences du dépeuplement furent les suivantes : les fossés d'assainissement ne furent plus entretenus; il en résulta une stagnation plus
complète des eaux et la production de miasmes fiévreux; les prés se cou-
vrirent de joncs et de ronces et se transformèrent en pâtures; les terres
basses, les meilleures, envahies par les eaux, devinrent impossibles à cultiver pendant une grande partie de l'année et on ne laboura plus que les
terres maigres des hauteurs qui furent promptement épuisées; les vignes,
faute de bras, ne furent plus façonnées et disparurent. Enfin, des exploitations de futaies irréfléchies, des coupes de taillis mal faites et l'introduction des bestiaux dans de trop jeunes bois ruinèrent graduellement la propriété forestière en livrant le sol aux bruyères.

Tout fut laissé à l'abandon; à la misère succédèrent les maladies; la
décadence fut aussi complète que possible.

Chargé d'une mission en Sologne, voici, du reste, comment, dans un
rapport adressé en 1880 au Ministre de l'agriculture, je m'exprimais sur
la situation passée de cette contrée :

« Il y a cent ans, sous l'influence de ces causes de destruction, la Sologne était devenue une immense plaine de bruyères humides parsemée
d'étangs marécageux, avec des restes de forêts ruinées par une exploitation
défectueuse, l'abus du pâturage et de fréquents incendies; on n'y trouvait
plus qu'une population clairsemée, ruinée par la maladie, découragée par
les privations, cultivant au jour le jour quelques champs d'avoine, de seigle
ou de blé noir, de façon à ne pas mourir de faim. »

Divers écrivains se sont apitoyés sur le sol de la Sologne en termes encore
plus pessimistes; nous nous bornerons aux citations suivantes :

En 1787, l'agronome anglais Arthur Young s'écriait après avoir parcouru la Sologne : « Grand Dieu, accorde-moi la patience quand je vois un
pays aussi négligé, et pardonne-moi les jurements que je fais sur l'absence
et l'ignorance des propriétaires. »

En 1843, M. Salvat disait : « après avoir parcouru les champs privilégiés de la Beauce et du Gâtinais, le voyageur traverse la Sologne, vastes plaines incultes où règne la triste bruyère, avec de rares métairies, des habitants rachitiques et de maigres troupeaux. La Sologne, au cœur de la France, à 30 lieues de sa capitale, offre encore au voyageur surpris ce spectacle de misère et de stérilité. Sa population a toutes les privations et toutes les douleurs de la pauvreté et de la maladie, alors que partout autour d'elle le sort des hommes s'améliore ».

En 1854, M. Heurtier, directeur de l'agriculture, écrivait : « c'est une province qui n'appartient que de nom à la France, car on ne possède pas le néant, et la Sologne, c'est la stérilité et la misère ».

Enfin, on allait jusqu'à désespérer de l'avenir de ce pays; c'était une terre totalement, irrévocablement vouée à la bruyère et aux ajoncs; ce que formulait ce vieux dicton : « Lande tu as été, lande tu es, lande tu seras ».

Réveil et premiers efforts pour le relèvement. — La Sologne a langui longtemps dans cet état d'engourdissement. Pourtant, quelques esprits clairvoyants pensaient qu'il n'était pas impossible d'en tirer parti avec de l'intelligence, de la persévérance et des capitaux judicieusement employés.

Telle fut l'opinion des illustres savants Lavoisier, Élie de Beaumont, Brongniart, Becquerel, etc... Lavoisier, dès 1786[1], croit au relèvement possible de la Sologne et il propose à l'Assemblée provinciale de l'Orléanais d'obtenir ce relèvement par la reconstitution du bétail et la canalisation; il fait allusion à la plantation de bois résineux. Brongniart[2], en 1852, termine son rapport au Ministre en conseillant surtout d'encourager le boisement et la création de voies de transport économiques.

Enfin, en 1856, dans la *Revue des Économistes*, M. Léonce de Lavergne osa émettre cet avis : « que, dans cinquante ans, la Sologne serait comme une autre ».

A partir de la fin du dernier siècle, on sent qu'il y a une réaction contre le parti pris d'abandonner la Sologne à sa misère et que le découragement cesse d'être général.

En effet, des hommes de cœur et de résolution, MM. d'Autroche, Ba-

---

[1] Rapport sur l'agriculture et le commerce de l'Orléanais, présenté à l'Assemblée provinciale, publié dans le tome VI des *OEuvres de Lavoisier*, par M. Grimaux.

[2] Chargé par le Gouvernement d'une mission dans la Sologne pour étudier les plantations forestières.

guenault de Viéville, de Beauchêne, du Bruat, Bigot de Morognes, Dupré de Saint-Maur, Huet de Froberville, de Laâge de Meux, de la Selle, de Lockhart, de Mainville, Mallet de Chilly, Marthe, Ginson, de Poterat, Soyer, Verdier, de Tristan, de Vibraye (leurs noms méritent d'être honorés) publient des mémoires sur les moyens de régénérer la Sologne ou tentent eux-mêmes des essais d'amélioration; des savants s'en occupent; l'attention publique est éveillée; elle s'intéresse à cette question qui touche à la fois à l'intérêt général et à tant d'intérêts particuliers.

Mais, promptement, les courageux novateurs s'aperçurent que, pour régénérer une contrée de 500,000 hectares, les efforts isolés étaient impuissants; la régularisation des cours d'eau, la création de voies de communication, etc., nécessitent un plan d'ensemble qu'une direction unique peut seule étudier et faire adopter, et dont l'exécution nécessite l'intervention des Conseils départementaux et l'aide de l'État.

Comment les intéresser suffisamment à la Sologne?

Pour le Gouvernement, une circonstance heureuse valut son appui : la Sologne avait été, à la Ferté-Beauharnais, le berceau de la famille maternelle du prince Louis-Napoléon; il s'en souvint après son élection à la présidence de la République, fit, dans le but de donner l'exemple, acquisition au centre de la région, des terres de Lamotte-Beuvron et de la Grillère et ne cessa de témoigner à la Sologne un véritable et puissant intérêt.

Quant aux Conseils généraux, la Sologne était dans de mauvaises conditions pour les atteindre. Elle n'avait pas conservé, dans la division administrative du territoire, cette unité que lui avait donnée la nature; elle avait été découpée en morceaux et répartie entre les départements du Loiret-Cher, du Loiret et du Cher[1]. Sans doute, les intérêts Solognots étaient représentés dans chacun des trois Conseils généraux, mais ils s'y trouvaient en présence d'autres plus absorbants; et, faute d'avoir pu se concerter, les défenseurs de la Sologne émettaient parfois des opinions divergentes. Quand il était question d'agir dans l'intérêt de l'ensemble, rien ne pouvait aboutir.

Le remède à un état de choses aussi défavorable fut indiqué dans une réunion mémorable qui se tint à Lamotte-Beuvron le 27 décembre 1858. Des délégués de tous les comices agricoles de la Sologne s'y assemblèrent

---

[1] Étendue : dans le Loir-et-Cher, 272,970 hectares; dans le Loiret, 123,430 hectares dans le Cher, 108,050 hectares.

spontanément, témoignant ainsi de l'étroite solidarité qui unissait les différentes parties de la région, et l'unité agricole, si longtemps rompue par les exigences administratives, s'y reforma pour ainsi dire naturellement, sous l'influence de l'un des représentants les plus vénérés de l'agriculture locale, M. Thuant de Beauchesne, dignement secondé par des hommes de bien, que guidait le patriotisme plus encore que leur intérêt privé.

Création d'un Comité central directeur; son but et son programme. — Dans cette séance du 27 décembre 1858, on décida la création d'un *Comité central agricole de la Sologne* qui aurait pour mission : de rechercher les besoins généraux de la région, de centraliser les études, de renseigner le Gouvernement et les autorités départementales, d'éclairer les propriétaires et les fermiers par des conseils aussi bien que par des exemples.

Le Gouvernement consacra l'œuvre des représentants agricoles de la Sologne en approuvant les statuts de la Société nouvelle (25 juin 1859) et il en fit presque une institution d'État en décidant que les préfets et les ingénieurs en chef des trois départements seraient membres d'office du Comité et devraient assister aux séances qu'il fit présider par un haut fonctionnaire, le très distingué M. Vicaire, directeur général des Forêts. Si plus tard (avril 1879) le Comité central de la Sologne devint société libre et perdit un peu de son prestige, son but resta le même et son action continua à s'exercer avec ensemble et efficacité.

A partir de 1859, toutes les bonnes volontés, toutes les forces éparses se concentrèrent en la personne du Comité central et concoururent à la transformation de la Sologne.

Parmi les fondateurs de ce comité, outre les sénateurs et les députés de la contrée, les principaux agriculteurs et les grands propriétaires du pays, figurèrent des savants illustres, des membres de l'Institut, des ingénieurs et des économistes tels que : Élie de Beaumont, Brongniart, Delacroix, Michel Chevallier, Dumas; ils appartenaient à toutes les opinions politiques sans distinction [1].

Une association constituée de la sorte devait arracher le pays à sa torpeur et faire de grandes choses; elle n'y manqua pas.

Le Comité se mit de suite à l'œuvre et il traça un programme qui est

_____

[1] M. Tisserand, l'éminent directeur de l'Agriculture, fit partie de ce groupe et est encore président d'honneur du Comité central. Lecouteux, le grand agronome, prit part à ses travaux. Bien peu de temps après sa création, M. Ernest Gaugiran entra dans le Comité; il en est le secrétaire général honoraire, et nul n'ignore son long dévouement et ses excellents services.

un modèle de sagesse et de prévision. Voici comment nous croyons pouvoir en résumer les principales dispositions :

1° Pour tirer la Sologne de son insalubrité, il faut surtout faire disparaître ses immenses bruyères, réceptacles d'humidité, cause des miasmes qui empoisonnent l'atmosphère. Ce résultat ne peut être obtenu que par la culture des terres ou par leur reboisement.

2° Le boisement doit être la règle, et les cultures, l'exception. Le boisement, en effet, est facile à installer et il donnera partout de bons résultats à la condition qu'on assure à ses produits des débouchés suffisants; tandis que la culture des maigres terrains de la Sologne nécessite l'importation d'amendements coûteux, sans pouvoir partout donner l'assurance de rendements assez grands pour être rémunérateurs. Il est donc prudent de concentrer ses efforts de culture et ses sacrifices d'argent sur les seules meilleures parties et d'occuper tout le reste, au moins temporairement, par des semis et des plantations de bois.

3° Pour obtenir des récoltes, l'apport d'amendements calcaires est indispensable; il faut les introduire sous forme de marne et de chaux. Il existe des gisements de marne sur les périmètres et c'est une ressource précieuse pour les terrains qui se trouvent à proximité; mais l'emploi de la marne étant limité par les frais de transport de son poids considérable, on aura, pour la partie centrale, recours à la chaux, dont le poids moindre peut supporter un parcours quatre ou cinq fois plus étendu.

4° Pour être profitables, le boisement et la mise en cultures nécessitent, l'une et l'autre, que la Sologne soit dotée de voies de transport économiques, indispensables à l'exportation des bois et à l'importation des amendements calcaires; la création d'un réseau de voies de communication est donc le premier travail à entreprendre pour arriver à transformer la Sologne.

Des résultats considérables n'ont pas tardé à justifier la création du Comité central; en peu d'années, sous son inspiration, la Sologne a été dotée d'un magnifique réseau de routes agricoles; ses cours d'eau ont été régularisés et ses étangs supprimés ou assainis; enfin, les bruyères ont fait place à une certaine étendue de cultures, dont les résultats dépassent les premières espérances, et à d'immenses massifs de pins qui constituent la plus grande richesse du pays.

Parler de l'influence vivifiante du Comité et des travaux particuliers exécutés par les propriétaires au point de vue des cultures et des bois, avant d'avoir suffisamment constaté l'importance des travaux d'ensemble réalisés grâce au concours de l'État, serait une véritable ingratitude; aussi, allons-nous commencer par donner un aperçu de tout ce que les gouvernements qui se sont succédé depuis cinquante ans ont bien voulu faire pour la régénération de la Sologne.

Travaux d'ensemble dus au concours de l'État. — Nous avons rappelé combien fut précieux pour la pauvre Sologne le haut patronage de l'empereur Napoléon III et de son gouvernement; nous tenons également à dire que, sous la République, tous les ministères qui se sont succédé, ainsi que les conseils généraux et les autorités des trois départements, ont continué à porter le plus grand intérêt à notre région.

Cet intérêt s'est traduit principalement de 1848 à 1870 par des conseils, par des encouragements et par de grosses subventions. Dans ces derniers temps, lors des désastres causés par les gelées exceptionnelles de l'hiver 1879-1880, l'État est de nouveau venu en aide à la Sologne; nous en constaterons les résultats au chapitre des pineraies.

Les travaux qui, au commencement de la deuxième partie du siècle dernier, ont été faits par l'État, au profit de la Sologne, sont considérables: les principaux consistent dans l'ouverture d'un canal, dans la création d'un réseau de routes agricoles, dans le curage des rivières et dans la livraison de la marne à prix réduit [1].

Canaux. — Il fut question tout d'abord d'ouvrir un grand canal de navigation et d'arrosage qui, traversant la Sologne de l'Est à l'Ouest, aurait mis en communication le canal latéral de la Loire avec le canal du Berry et, par conséquent, la Loire avec le Cher.

Des canaux secondaires se reliant à cette artère auraient desservi toute la contrée.

Ce projet grandiose, qui avait des adhérents convaincus et passionnés [2], fut cependant abandonné, l'entreprise ayant paru trop coûteuse (évaluation : 23 millions).

On s'est borné à creuser le canal de la Sauldre, entre Blancafort (Nièvre), où se trouvent des gisements d'excellentes marnes, et Lamotte-Beuvron, centre de la Sologne. Ce tronçon fluvial, d'une longueur de 43 kilomètres 274 mètres, a eu pour rôle spécial de faciliter la distribution des marnes sur les deux rives de son parcours. Plus tard, mis en communica-

---

[1] La plupart des chiffres qui suivent sont puisés dans un remarquable rapport fait par M. Sainjon au Comité central de la Sologne, le 30 juin 1873.

[2] Notamment l'honorable M. Guillaumin.

tion avec la station de Lamotte du chemin de fer du Centre, il a permis le transport des marnes vers les parties centrales de la Sologne[1].

Routes agricoles. — En 1861, on substitua au système des voies navigables celui des voies de terre; celui-ci consista à projeter, pour l'avenir, la création de chemins de fer secondaires, de tramways, venant se greffer à la grande voie ferrée du chemin du Centre, et, dans le présent, à effectuer immédiatement la construction d'un réseau de routes agricoles sillonnant tout le pays et tracées de façon à mettre en communication les chefs-lieux des communes, dirigées en majeure partie vers les diverses stations de cette grande ligne.

Ce projet, surtout soutenu par M. Baguenault de Vieville, réunit la grande majorité des suffrages et sa réalisation a été, pour la Sologne, le plus grand des bienfaits et la cause principale de son relèvement.

Le développement entier du réseau est de 593,251 mètres; les routes qui le composent ont été classées par décrets des 16 octobre 1861, 17 mars et 5 mai 1869, 30 avril 1871; la première adjudication des travaux a eu lieu le 25 mars 1862, et tout a été terminé dans le délai de douze années. — La dépense totale s'est élevée à environ 3,000,000 et demi, à raison généralement de 6 francs par mètre courant.

Toutes ces routes ont été ouvertes sans expropriation, grâce aux cessions gratuites obtenues des propriétaires, ce qui est la meilleure preuve de leur utilité.

Cours d'eau. — Les encouragements donnés à la Sologne ne se sont pas bornés à l'ouverture de nouvelles voies de communication; des subventions ont, en outre, été accordées pour le curage ou le redressement de 487 kilomètres de rivières; elles ont provoqué l'organisation de syndicats sur presque tous les cours d'eau; 80 d'entre eux ont été l'objet d'un service d'entretien; leur régularisation a entraîné celle des moulins qu'ils alimentent; il s'est produit un grand nombre de demandes de prises d'eau destinées à l'irrigation; enfin, les assainissements ont repris faveur dans la plupart des vallées.

Service des marnes. — La sollicitude de l'État s'est portée sur l'impor-

---

[1] La dépense de construction du canal de la Sauldre a été très grande, les travaux ayant été faits par des ouvriers quelconques réunis en ateliers nationaux. Le but principal du gouvernement était alors de les éloigner de Paris.

tante question du marnage des terres et il a été pris deux séries de mesures pour en favoriser l'extension :

1° L'État a acheté à l'origine du canal de la Sauldre, près Blancafort, 6 hectares de gisements de marnes qu'il a abandonnés à l'industrie privée pour qu'en soient faits l'extraction et le transport par eau aux points à amender. Sur ces 6 hectares, 4 hect. 90 furent concédés à un entrepreneur tenu de livrer la marne aux agriculteurs, sur tout le parcours du canal de la Sauldre, à des prix variant, suivant la distance, entre 1 fr. 85 et 2 fr. 60 le mètre cube. Le surplus des terrains acquis par l'État fut affecté à une marnière publique.

2° Comme disposition transitoire et dans le but d'avantager immédiatement l'agriculture, sans attendre le creusement du canal, l'Administration décida qu'elle livrerait aux particuliers et au prix de 2 fr. 50 par mètre cube, des marnes qu'elle se chargerait d'approvisionner sur le parcours du chemin de fer du Centre, en sept lieux de dépôt bien échelonnés.

La Compagnie du chemin de fer d'Orléans se prêta de son côté à cette opération, en effectuant le transport à prix réduit.

En résumé, le prix du mètre cube de marnes, tous frais compris, revenait à l'État à 4 fr. 70 ; les propriétaires le payaient 2 fr. 50 ; c'est donc une subvention de 2 fr. 30 qui leur était accordée par mètre cube — et, comme de 1859 à la fin de 1869, il a été ainsi fourni à la Sologne 221,750 mètres cubes de marnes [1], l'État a, de ce chef, déboursé en chiffres ronds 488,000 francs.

Aux yeux de tous les agriculteurs de la Sologne, la livraison de la marne à prix réduit a été l'une des dispositions qui ont le plus contribué à préparer l'avenir de cette contrée.

Tous ces travaux ont été l'œuvre d'un service spécial des Ponts et Chaussées, créé pour l'amélioration de la Sologne, il a été successivement dirigé par MM. les ingénieurs Delacroix, Machart et Sainjon, qui y déployèrent un zèle méritant et la plus grande activité.

Il y a lieu de remarquer, en terminant, qu'en subventionnant la Sologne l'État n'a pas seulement accompli un acte de générosité, mais qu'il a fait aussi une bonne opération financière; car, d'après toutes les prévisions, il bénéficiera des avances qu'il a consenties; la Sologne les lui rembour-

[1] Ce chiffre, en prenant la base admise de 40 mètres cubes par hectare, pour un marnage devant durer 20 ans, correspond à une superficie marnée de 8,000 hectares.

sera largement par toutes les branches d'impôt que cette vaste région, rendue à la production, est appelée à verser au Trésor public, aux caisses départementales, aux Compagnies de chemins de fer, etc.

Mise en valeur par les propriétaires. — Après l'ouverture des routes et la régularisation des cours d'eau, travaux exécutés par l'État, il incombait aux propriétaires de mettre en valeur les terres incultes de la Sologne; voici le résumé de ce qui a été fait jusqu'à ce jour.

Reboisements, pineraies maritimes. — Le pays était sain et prospère au temps où les bois couvraient la moitié du territoire; c'est le déboisement qui a fait apparaître l'insalubrité et la misère, sa conséquence naturelle; le remède tout indiqué pour la Sologne consistait donc à restaurer les bois inconsidérément détruits [1]; c'était, du reste, la seule solution pratique applicable à ces immenses étendues et elle était suffisante pour atteindre le but principal : suppression des brandes humides et assainissement du pays [2].

Tous les propriétaires furent donc d'accord pour entreprendre des reboisements. On avait à les exécuter sur trois catégories de terrains : anciens taillis clairiérés, vieilles terres épuisées ne donnant plus de cultures rémunératrices, et, principalement, vastes terrains incultes envahis par les bruyères et les ajoncs.

Autrefois, en Sologne, on ne connaissait que les essences feuillues; il s'agissait donc de boiser en chêne et en bouleau, seuls jusqu'alors employés; le chêne, dans les parties suffisamment argileuses, et le bouleau dans celles plutôt sablonneuses.

L'opération était facile dans les anciennes terres, car les cultures prolongées y avaient détruit les bruyères; il suffisait, pour réussir les semis à peu de frais, de semer avec une dernière récolte de céréales dont la paille coupée haut procurait un abri favorable aux jeunes plants.

Mais dans les clairières, comme dans les brandes (ce qui était le cas général), les bruyères opposèrent de grandes difficultés. Ces plantes, en

---

[1] Au commencement du XIXᵉ siècle, si on exceptait quelques massifs, comme Chambord, la forêt de Boulogne, celle de Bruadan et les parcs des divers châteaux, les bois étaient devenus rares en Sologne et ne consistaient plus qu'en taillis d'essences chêne et bouleau, livrés au bétail, rabougris, parsemés de vides et de clairières envahis par des bruyères et des ajoncs.

[2] Conclusion, en 1852, du remarquable rapport fait par M. Brongniart sur les plantations forestières de la Sologne.

effet, croissent vigoureusement, en massif serré, persistent longtemps et reviennent spontanément après les défrichements. Ni le chêne, ni le bouleau, dans leurs premières années, ne peuvent lutter avec elles, car les racines des bruyères et des ajoncs, s'emparant du sol, s'y développent, s'entrelacent et étranglent les jeunes plants, tandis que les tiges de ces mêmes plantes, poussant vigoureusement, occupent la surface, s'élèvent, se joignent et, dépassant les brins feuillus, les étouffent sous leur épais couvert.

Il y avait donc nécessité, avant de confier au sol les graines ou les jeunes plants forestiers, de le débarrasser des bruyères par un défrichement assez complet; mais, dès lors, il fallait envisager une transformation coûteuse. On chercha à diminuer les frais en tentant, à l'aide des engrais chimiques, d'obtenir une ou deux récoltes rémunératrices, mais bien peu des terrains maigres de la Sologne se prêtèrent à cette combinaison. Alors, on essaya de réduire la dépense de préparation du sol en opérant par potets ou par bandes alternes; mais les résultats furent rarement satisfaisants, car les bruyères des parties non défrichées ne tardaient pas à envahir les places voisines occupées par les jeunes plants feuillus.

Du reste, le chêne, essence pivotante, ne jouit d'une bonne végétation ni dans les sols sans profondeur, ni dans les terrains très sablonneux; seule fait exception la variété dite *tauzin* qui s'accommode des terres les plus sèches et donne à la fois des rejets et des drageons; mais le tauzin atteint rarement de grandes dimensions et il oblige à exploiter en taillis très jeune. Quant au bouleau, cette essence n'est pas sans valeur, parce que ses plants sont d'une reprise facile, qu'ils réussissent dans tous les sols et qu'ils ne gèlent jamais; mais souvent le bouleau reste rachitique et, en tout cas, son feuillage très léger, ne couvrant pas suffisamment le sol, le laisse exposé au soleil et aux vents; d'où il résulte que tous les terrains consacrés à cette essence vont en s'appauvrissant de plus en plus.

Pour ces motifs, on réclamait des essences plus rustiques, dont la constitution robuste pût s'accommoder des terres les plus arides et dont la vigueur permît de lutter avec les bruyères. On les trouva heureusement. Ce furent des résineux [1] et particulièrement le *pin maritime*. Les premières graines de cette espèce furent, dit-on, apportées par M. Dupré de Saint-Maur; MM. de Tristan, de Morogues, Lockart, de Laage de Meux, ayant des relations avec Bordeaux, eurent l'idée d'acclimater, en Sologne, ce

---

[1] Pin maritime, pin sylvestre, pin noir d'Autriche, pin Laricio, etc.

pin déjà répandu dans les Landes; leurs essais furent encourageants. A ces initiateurs succéda une autre génération : les Mainville, les Baguenault de Vieville, les Robert de la Matholière, qui créèrent d'assez importants massifs.

Ce qui fit adopter les pins maritimes, ce fut le bon marché de leurs graines et leur facile réussite, même au milieu des bruyères, qu'ils étouffent en partie sous leur couvert. Bientôt on constata leur influence salutaire, ces pins purifiant l'air par leurs émanations balsamiques et assainissant le terrain par le drainage naturel de leurs racines. Quant à la qualité du bois et à l'usage qu'on pourrait en faire, on n'y pensait pas au début et on ne se préoccupait guère que d'occuper les terrains vagues, et de produire quelque chose là où il n'y avait rien. Tout au plus espérait-on introduire plus tard le chêne sous le couvert des pins, qu'on aurait fait disparaître au moyen d'éclaircies successives.

Mais il en fut autrement, lorsqu'un ingénieux propriétaire du pays eut trouvé, pour les bois de pin, une utilisation spéciale : le chauffage des fours de boulangerie et un débouché avantageux : la place de Paris. En fabricant des falourdes [1] et en les faisant adopter pour la cuisson du pain, M. de Laage de Meux a rendu à la Sologne un immense service. Aussitôt après « son invention », on créa des pineraies de tous les côtés [2]; la contrée entière se couvrit de ces bois, dont l'étendue atteignit 80,000 hectares; ils devinrent une véritable richesse, le plus important des produits de la Sologne.

En effet, l'exploitation des pineraies donna des résultats dépassant toutes les espérances [3]; sans tenir compte des bourrées et du petit bois dont le produit couvrait la dépense de premier établissement, les frais de garde et les impôts, le rendement d'un hectare de bonnes pineraies, mises en coupes d'éclaircies successives, puis exploitées à trente ans, s'éleva jusqu'à 4,000 falourdes, dont 1,000 de qualité secondaire et 3,000 de première qualité. Tous ces bois trouvèrent des débouchés assurés : la totalité des fa-

---

[1] Fagots de bois de pin, ayant 1 m. 14 de longueur et 0 m. 75 de circonférence, liés à deux harts et composés de bois pelés et fendus. Le 100 de ces fagots équivaut à 5 stères 1/2 de bois empilé.

[2] On comptait, en 1853, 26,000 hectares; en 1858, 34,000 hectares et plus du double en 1870.

[3] La Sologne se compose de terrains de qualités très inégales et la production d'une pineraie varie avec la fertilité du sol, l'âge et la consistance des peuplements. On admet que la coupe définitive d'un massif âgé de 30 à 35 ans donne un rendement d'environ cent falourdes par an.

lourdes était expédiée à raison de 80 p. 100 sur Paris et de 20 p. 100 sur Orléans, Blois, Tours et les environs; les bourrées étaient consommées sur place par les habitants ou pour l'alimentation des fours à chaux et à briques. Sur place, après façonnage, on vendait en moyenne 1,600 francs les 4,000 falourdes; il fallait déduire de cette somme 10 francs par 100 falourdes pour frais de façon, soit 400 francs; le produit net, par hectare, s'élevait donc à 1,200 francs et, par suite, le revenu était d'environ 40 francs.

En appliquant ce chiffre aux 80,000 hectares de pineraies créés en Sologne, on arrivait à cette conclusion qu'elles produisaient à leurs propriétaires une somme annuelle de 3,250,000 francs.

L'introduction des pins avait ainsi complètement transformé la région; le pays était devenu sain et productif, l'état de la population s'améliorait; enfin, il fournissait son contingent à la richesse générale de la France. C'était un résultat immense dû à la réunion d'efforts méritants et les propriétaires se trouvaient bien récompensés de leur persistance énergique et de leurs sacrifices pécuniaires. Le Comité central pouvait en revendiquer une grande part, car toutes les questions de sylviculture avaient été l'objet de ses études et de ses encouragements; les remarquables observations pratiques de M. Baguenault de Vieville[1], les mémoires couronnés de MM. Poucin et Fenebresque, enfin les publications de M. Girard et autres membres de l'association méritent particulièrement d'être citées.

Désastre causé par les gelées de l'hiver 1879-1880. — Malheureusement, ce retour à la prospérité fut tout à coup interrompu par le terrible hiver de 1879-1880, qui fit périr tous les pins maritimes de la contrée. Pas une pineraie de cette espèce ne fut épargnée. Le désastre fut immense.

Si un vaste incendie eût traversé la Sologne, les conséquences en eussent semblé moins néfastes, car, à la destruction des productions du passé, ne se seraient pas ajoutées autant d'inquiétudes pour l'avenir. On craignait que les bois gelés ne valussent plus les frais de leur exploitation et l'on redoutait, si ces bois pourrissaient sur pied, de voir se produire des invasions d'insectes et des maladies. C'était à déserter la région et à désespérer de la destinée.

---

[1] *Observations pratiques sur la culture des pins en Sologne*, 1875. Imprimerie Puget, à Orléans.

Sous cette épreuve, les habitants ne perdirent pas cependant courage et ils furent soutenus par le concours efficace du Gouvernement, énergiquement réclamé par toutes les autorités des départements : sénateurs, députés, préfets et maires, aussi bien que par le Comité central de la Sologne et les comices agricoles.

Ce concours se manifesta de deux façons :

L'État fit donner des directions et il accorda des subventions; le Gouvernement confia au conservateur des forêts, à Tours, la double mission d'éclairer la situation et d'indiquer la voie à suivre, puis d'organiser les secours devenus nécessaires. Ce fonctionnaire parcourut la Sologne pour pouvoir juger la situation et renseigner le Ministre de l'Agriculture.

Il accomplit sa mission en présentant un rapport [1] qui peut se résumer comme suit : aux propriétaires, il recommanda la prompte exploitation des bois gelés, déclarant qu'ils étaient encore susceptibles d'utilisation et il conseilla d'adopter principalement la plantation du *pin sylvestre*, pour les reboisements à faire. Au Gouvernement, il signala des procédés économiques de repeuplement, proposa l'établissement de grandes pépinières de secours et sollicita, en faveur des sinistrés, la distribution gratuite des millions de plants qui y seraient élevés.

Ces propositions furent adoptées et elles ont donné les plus beaux résultats. Tous les pins gelés, exploités avec certaines précautions, ont, en effet, trouvé acquéreurs; puis, en cinq années, il a été délivré dans les pépinières de secours, plus de 50 millions de bons plants dont la dépense totale n'a pas dépassé 135,000 francs, soit seulement 2 fr. 70 par 1,000 plants; enfin, lors de la suppression des subventions, entraînant l'abandon des pépinières de secours, tous les propriétaires, gagnés par l'exemple, avaient chez eux organisé des semis et des repiquages de sylvestres en proportion avec leurs besoins.

Grâce à ces encouragements, les propriétaires de la Sologne, loin d'abandonner leurs terres, se sont remis à l'œuvre; il a été refait 80,000 hectares de pineraies et moins de dix années ont suffi pour accomplir cette œuvre gigantesque. Enfin, suivant le dicton. «A quelque chose malheur est bon », le domaine forestier de la Sologne a certes, actuellement, plus de valeur que n'en avait l'ancien, puisqu'il est constitué avec des sylvestres qui ne craignent pas les gelées.

[1] M. H. BOUCARD. *Dommages causés par l'hiver 1879-1880 aux pineraies de la Sologne.* Deux éditions publiées en 1880 par les conseils généraux et le Comité central. Orléans, imprimerie Puget.

Reboisement en pin sylvestre des 80,000 hectares de pineraies maritimes détruites. — Ayant conseillé et dirigé l'exploitation des bois gelés et le reboisement des pineraies détruites, on comprendra que nous préférions renvoyer à deux pièces dont copie est donnée ci-après sous forme d'annexe (pages 480 à 484).

La première est le rapport du Jury international de l'Exposition universelle de 1889 qui, appréciant l'œuvre de la Sologne, a décerné le diplôme de Grand Prix à la collectivité des membres du Comité central.

La deuxième est la décision de la Société des Agriculteurs de France, qui attribue à nos reboisements la grande médaille d'or mise au concours par le congrès agricole réuni à Versailles en 1891 [1].

Ces deux documents, dont l'autorité s'impose, donnent des explications préférables à celles que nous aurions pu fournir nous-même.

Très touchés de l'hommage ainsi rendu à leurs efforts, les sylviculteurs de la Sologne nous approuveront cependant de ne pas l'accepter pour eux seuls et d'y associer l'Administration forestière et personnellement nos collaborateurs de la première heure : MM. les inspecteurs de la Taille et de Maisonneuve, le brigadier Julien et le chef de pépinière Clément; leurs services ont, du reste, été officiellement reconnus, puisque, en 1896, M. le Ministre de l'Agriculture, sur notre proposition, leur a accordé des médailles avec félicitations spéciales.

Enfin, il nous semble utile, malgré la crainte de nous répéter, de consigner ici les quelques renseignements qui ont été souvent demandés et qui pourraient rendre des services si, malheureusement, venait à se reproduire une catastrophe semblable à celle de 1879-1880.

Conservation des bois de pin gelé. — Le rapport présenté au Ministère et distribué aux propriétaires sinistrés avait, en 1880, émis l'avis que les pins gelés pourraient se conserver et être utilisés: les faits ont confirmé cette opinion.

Déchirés par le gonflement de leur sève glacée, les tissus des pins gelés avaient laissé écouler toute l'eau qu'ils contenaient, étaient devenus très légers et se montraient extrêmement disposés à absorber l'eau des pluies; mais ils avaient conservé toute leur résine. Pour éviter qu'ils ne pourrissent, il a suffi de les promptement abattre, écorcer et façonner, puis de

---

[1] Cette décision a été précédée d'un très intéressant rapport présenté par M. F. Caquet, au nom de la commission spéciale nommée par la Société des Agriculteurs de France pour visiter la Sologne.

les empiler sur des emplacements élevés, en ayant soin de terminer le sommet des tas par une sorte de toit formé avec une couche de rondins serrés et débordants que l'on inclinait au moyen de brins mis en travers. De cette façon, on a assuré l'écoulement des eaux de pluie et on les a empêchées le plus possible de pénétrer dans l'intérieur de la pile.

Ainsi traités, les bois de pin gelé, qui n'avaient presque rien perdu de leur puissance calorifique, se sont conservés pendant plusieurs années et ils ont tous été achetés par la boulangerie.

Résineux préférés aux feuillus. — Les reboisements essayés directement en essences feuillues n'ont pas été possibles dans les terrains encore occupés par les brandes (bruyères et ajoncs). Et même, ils n'ont pas donné de bons résultats dans les terres cultivées où les jeunes plants forestiers manquaient d'abri pendant leurs premières années.

Au contraire, les résineux ont pu partout être installés, malgré les bruyères, et ils se sont élevés sans aucune protection.

D'abord choisis comme essence transitoire destinée à faciliter l'introduction du chêne, les pins n'ont pas tardé à être généralement adoptés pour constituer des peuplements cultivés sans mélange.

Substitution du pin sylvestre au pin maritime. — Pour la reconstitution des pineraies on a très généralement substitué le pin sylvestre au pin maritime.

Le pin maritime, dont le semis est peu coûteux et facile à réussir, pousse vigoureusement dans tous les sols de la Sologne [1], même dans les sables les plus maigres; il fournit assez promptement des produits avantageux; mais, ses racines étant pivotantes, il dépérit de bonne heure dans les sols qui manquent de profondeur. Enfin cette essence, qui appartient à des climats plus doux, n'est pas, en Sologne, dans sa station naturelle et elle n'a pu y supporter les gelées de l'hiver 1879-1880.

Après ce désastre, il aurait été imprudent dans cette contrée, de restaurer le pin maritime sur une aussi vaste échelle. On a dû préconiser le pin sylvestre, qui vient du Nord et est beaucoup plus rustique. Cette essence a été importée en 1792, dans la forêt de Fontainebleau, par M. Lemonnier, grand botaniste (ami de Linné et de Jussieu aîné), qui fit

___

[1] A l'exception des terres marnées, pour lesquelles il faut avoir recours au pin noir d'Autriche.

30.

venir les graines de Riga. Les forêts d'Orléans, de Montargis, de Chinon, en possèdent actuellement des massifs âgés de 70 ans qui sont bien venants. Déjà, lors du grand hiver, des sylvestres en mélange avec les maritimes composaient le peuplement d'un certain nombre des pineraies de la Sologne. Tous ces sylvestres ont résisté à la gelée qui a anéanti leur congénère.

Le pin sylvestre se propage aussi bien par plantation que par semis. S'il pousse, tout d'abord, avec moins de vigueur que le pin maritime, il prend le dessus vers l'âge de 15 à 20 ans. Ses racines traçantes se contentent d'une faible couche arable, il jouit d'une plus grande longévité dans nos terrains de Sologne, où il sera même susceptible de régénération naturelle. Doué d'une forte ramure et d'un feuillage abondant, il étouffe, sous son couvert, toute végétation arbustive et la convertit en humus fertilisant. Enfin, la boulangerie de Paris et les Compagnies houillères, nos principaux consommateurs, acceptent les bois de pin sylvestre tout aussi bien que ceux de pin maritime.

Modes adoptés pour les repeuplements : semis et plantations. — La place nous est ici mesurée, et nous sortirions du cadre de ce travail en décrivant les différents modes de repeuplement qui ont été adoptés en Sologne et les divers procédés qui ont été suivis.

D'ailleurs ces opérations ont été indiquées, discutées, détaillées dans notre rapport précité adressé en 1880 à M. le Ministre de l'Agriculture. et, depuis lors, elles ont fait l'objet des publications de notre collègue, M. David Cannon, qui est un savant et un sylviculteur pratique[1]. Nous nous bornerons à quelques explications avant d'arriver à l'indication des chiffres qui ont été souvent réclamés (quantité des semences ou des plants à employer, dépense en résultant).

Pour faire des semis il faut, avant tout, se procurer des graines ayant conservé toute leur vitalité; en conséquence, on les a toujours essayées avant de les acheter, afin de bien connaître leur degré de germination. Pour réussir les plantations, il faut des sujets garnis de racines nombreuses, arrachées entières et conservées fraîches à l'abri du vent et du soleil; ces conditions ont été obtenues dans les nombreuses pépinières locales créées à l'exemple de l'État et à l'imitation des habiles pépiniéristes du pays.

---

[1] *Manuel des pins en Sologne*, 1884, imprimerie Puget, à Orléans. — *Propriétaire-Planteur*, 1894, Rothschild, éditeur, Paris.

Si le semis est le seul procédé suivi pour la propagation du pin maritime, il en est autrement pour l'introduction du pin sylvestre. Suivant les circonstances, pour cette essence, on a eu recours tantôt au semis, tantôt à la plantation. Étant donné que la graine de sylvestre est d'un prix élevé et que la réussite du semis est un peu difficile, on a généralement employé la plantation.

Les meilleurs résultats ont été obtenus avec des plants élevés en pépinières, âgés de 2 ans et préalablement repiqués ; ils sont courts, trapus, munis de beaucoup de chevelu.

Deux procédés de plantation ont été adoptés dans la région et ils ont été appliqués suivant la composition du sol et l'état de la surface. On a planté à la pioche dans les sols argileux et difficiles, tandis qu'on a employé de préférence la bêche demi-circulaire dans les terrains plus sablonneux et faciles.

Les quantités de graines et de plants employés par hectare, et la dépense de main-d'œuvre ont beaucoup varié. Nous croyons bien faire en indiquant les proportions et les prix adoptés par M. Banchereau, auquel a été attribué la médaille d'or de la Société des Agriculteurs de France, pour la réussite de ses importants reboisements dans la terre des Aubiers, près Salbris.

Semis de pin maritime, par hectare :

16 kilogrammes de graines à 0 fr. 45	7ᶠ 20
Main-d'œuvre.......................................	2 00
Total..............	9 20

Semis de pin sylvestre, par hectare :

3 kilogrammes de graines à 5 fr. 50....................	16ᶠ 50
Main-d'œuvre.......................................	2 00
Total..............	13 50

Semis de pin maritime et sylvestre en mélange, par hectare :

12 kilogrammes de graines de maritime à 0 fr. 45.........	5ᶠ 40
2 kilogrammes de graines de sylvestre à 5 fr. 50.........	11 00
Main-d'œuvre.......................................	2 00
Total..............	18 40

En cas d'adjonction de glands, par hectare :

Ajouter un hectolitre de glands de prix très variable : de 5 francs à 20 francs.

Plantation par hectare :

8,000 à 8,500 plants de pins sylvestres repiqués. Achat à
5 fr. 50 le mille. 45ᶠ 40
Frais de plantation : 8 à 10 journées à 2 francs. 18 00

TOTAL. 63 40

Nous conservons à dessein les prix consignés sur les livres de M. Banchereau ; ils ont un peu varié avec le temps et suivant les localités.

Il existe, en Sologne, un grand nombre de bois feuillus ; ils consistent surtout en anciens taillis et aussi en jeunes peuplements provenant des glands que certains propriétaires avisés avaient semés en mélange avec leurs pins maritimes. Après les gelées qui ont détruit ces résineux, les chênes se sont trouvés maîtres du terrain et y ont constitué des peuplements bien venants et parfois complets [1].

A cause du peu de valeur du bois à charbon et des fagots, la véritable amélioration pour les taillis consisterait à allonger la durée de leurs révolutions, de façon à obtenir quelques bois d'industrie ou au moins de gros bois de feu ; mais, généralement, le manque de profondeur des sols de la Sologne ne permet pas cette transformation ; le chêne, notamment, dépérit de bonne heure et oblige à l'exploiter entre 15 et 20 ans.

Nous ne croyons pas devoir insister sur les travaux faits dans ces taillis, quoiqu'ils aient eu leur part d'améliorations comme tout le reste de la Sologne : ils ont été assainis, entourés de fossés, sauvegardés de la dent des bestiaux par la suppression ou au moins la réglementation du pâturage et mieux exploités qu'autrefois en vue de la conservation des souches-mères ; enfin, leurs vides et clairières ont été regarnis en résineux destinés à préparer la réinstallation du chêne.

Prairies et herbages. — La Sologne a été de tout temps un pays d'herbage. Elle possédait des prairies naturelles même aux plus mauvaises

[1] Citons M. Timothée des Francs, l'un des maîtres de la sylviculture en Sologne, qui avait eu la prudence de mélanger du chêne ou du sylvestre aux semis de pin maritime de sa terre de Gautray. Aussi lui est-il resté quelques beaux peuplements, après la gelée des pins maritimes.

époques de sa culture ; elles étaient situées dans le voisinage des bâtiments ou le long des rivières ; mais elles ne produisaient le plus souvent que de l'herbe de médiocre qualité ; c'était néanmoins grâce à elle que le bétail pouvait passer l'hiver.

Depuis 50 ans, on a appris à améliorer les prairies ; on les a aussi considérablement augmentées en y consacrant très avantageusement les terrains voisins des cours d'eau et des étangs.

A cause de la nature du sol, de son peu d'épaisseur, et de l'imperméabilité du sous-sol, il a fallu, pour ces transformations, réaliser des travaux intelligents et assez coûteux ; mais on a réussi à faire de bonnes prairies avec des terrains bas où la stagnation des eaux avait détruit les racines des bonnes plantes et favorisé le développement des joncs.

Trois conditions s'imposaient :

1° Assurer l'écoulement des eaux arrêtées par le sous-sol ; on a créé ou rétabli des fossés et des rigoles à ciel ouvert ; le drainage aurait été plus coûteux.

2° Fournir à la couche siliceuse les éléments chimiques qui lui manquent (chaux, potasse et acide phosphorique), afin de favoriser le développement des graminées et des légumineuses. On a généralement satisfait à ces conditions en apportant, par hectare, 1,500 kilogrammes de scories de déphosphoration et 100 kilogrammes de kaïnite. C'est, de ce fait, une dépense de premier établissement de 125 à 130 francs. Il suffit ensuite d'entretenir en répandant alternativement 500 kilogrammes de scories ou 500 kilogrammes de kaïnite coûtant de 25 à 30 francs par an.

3° Utiliser toutes les eaux disponibles provenant des rivières, des étangs ou de l'égout des terres cultivées, pour irriguer les terrains et combattre les grandes sécheresses ; car, si les eaux stagnantes sont la mort des plantes, les eaux courantes en sont la vie.

Ces travaux ont été exécutés par un grand nombre de propriétaires et notamment par MM. Rousseau et Courtin dans leurs terres de la Rebutinière et du Chesne. Le premier, notre regretté vice-président du Comité central, a créé ainsi plus de 40 hectares de prairies, dont 6 étaient à l'état de « pâtis » marécageux que les habitants déclaraient impossibles à améliorer ; M. Rousseau les a transformés en une véritable prairie donnant, chaque année, au moins 25,000 kilogrammes de bon foin.

A côté des prés naturels, les cultivateurs de la Sologne ont maintenant d'autres ressources temporaires : les prairies artificielles.

Pour les réussir, il faut choisir un sol bien propre, et y répandre, par hectare, 300 kilogrammes de superphosphate ou 500 kilogrammes de scories de déphosphoration avec 100 kilogrammee de chlorure de potassium. On sème ensuite, dans une céréale de printemps, des graines appropriées au sol. Enfin on fauche pendant deux années consécutives et on fait pâturer pendant deux autres années.

Voici, par hectare, quelle a été la semence adoptée par M. Rousseau : fétuque de prés, 4 kilogrammes; fétuque durette, 4 kilogrammes; dactyle pelotonné, 8 kilogrammes; ray-grass anglais, 10 kilogrammes; paturin des prés, 5 kilogrammes; fléole, 5 kilogrammes; minette, 4 kilogrammes: trèfle blanc, 3 kilogrammes; trèfle hybride, 2 kilogrammes; total, 48 kilogrammes. Ce mélange a fourni de belles récoltes, en même temps qu'il donnait un excellent pâturage.

Les prairies actuellement créées en Sologne permettent des élevages de toutes sortes, dont nous constaterons plus loin la grande importance.

Agriculture. — Tous les terrains de la Sologne ne sont pas susceptibles de cultures ordinaires à grand rendement; mais leurs meilleures parties, bien amendées, peuvent donner des récoltes assez rémunératrices.

La situation actuelle est bien différente de ce qu'elle était il y a cinquante ans. A cette époque, la petite culture n'existait qu'autour des villages et dans de rares locatures situées auprès des grandes fermes; ses efforts se bornaient à exploiter d'anciens jardins qui les faisaient vivre.

A côté, sans transition, on trouvait la grande culture avec ses grandes fermes de 150 à 300 hectares, où l'on ne cultivait guère que les terres maigres des hauteurs, parce qu'elles étaient faciles à assainir et qu'elles donnaient moins de mal à travailler. Le seigle et le blé noir en étaient à peu près tout le produit; ils suffisaient à grand'peine pour faire vivre la famille du fermier et pour nourrir les animaux de la ferme.

Avec une semblable culture, les bestiaux ne pouvaient être que d'une qualité très médiocre. Dans l'écurie, quelques juments poulinières, saillies par les chevaux du pays, fournissaient des produits durs à la fatigue, mais sans élégance et sans valeur marchande. A l'étable, on avait des vaches plus médiocres encore, grandes, osseuses, mauvaises laitières et peu recherchées pour la boucherie. La porcherie était sans importance. Seuls, les moutons «solognots», race spéciale du pays[1], étaient nombreux et s'accommodaient très bien de la vie vagabonde à travers les bruyères et les

[1] Race vorace se contentant d'une nourriture médiocre et s'entretenant là où d'autres races seraient mortes de faim.

bois (c'était la production la plus considérable et la plus lucrative des industries locales). Quant aux volailles, poules, oies, dindes, nourries de blé noir, elles représentaient ce qu'il y avait de meilleur à porter aux marchés.

Le fermier payait un loyer qui ne dépassait guère dix francs par hectare et qui, souvent, restait inférieur à ce chiffre.

Maintenant, la situation s'est complètement modifiée : l'ouverture des routes, l'assainissement des terres, l'apport des amendements calcaires (chaux ou marne) ont transformé le pays et permis l'amélioration des cultures.

L'étendue des fermes a été diminuée par la plantation en pins des mauvaises terres, et, à mesure que s'est opérée cette réduction, le sol, ayant été mieux cultivé, est devenu plus productif.

Les bâtiments d'autrefois, construits en colombage de bois et en terre, ont en grande partie disparu pour céder la place à de confortables constructions en briques ou en pierres.

Dans les terres assainies et amendées, on récolte aujourd'hui du blé-froment, de l'avoine et de l'orge. Les betteraves, topinambours, carottes, rutabagas, y donnent d'abondants produits.

L'amélioration du bétail a été la conséquence de celle des terres[1]. La Sologne est devenue productive de chevaux et les dépôts d'étalons établis par l'État ont amené, avec la vieille race du pays, des croisements remarquables ; les nouveaux produits sont de taille moyenne, robustes et propres aux services du trot. L'ancienne race des vaches solognotes, fortement charpentée, mais peu laitière et peu disposée à l'engraissement, n'existe plus guère que dans une faible partie de la contrée ; de nombreux croisements avec des taureaux normands ou de la race du Mans ont donné des vaches meilleures laitières et plus avantageuses pour la boucherie. Les moutons solognots, toujours très appréciés des gourmets, ont été l'objet de croisements particulièrement avec les disley-mérinos. et on a obtenu de bons résultats, mais il est généralement admis qu'il est préférable et plus lucratif de conserver, en la sélectionnant, notre précieuse race du mouton solognot. Depuis vingt-cinq ans, l'élevage des petits porcs, vendus pour l'engraissement, s'est considérablement développé et est devenu un des meilleurs produits du pays. Enfin, il ne faut pas oublier la basse-cour, qui fournit abondamment des volailles de toute sorte, et particulièrement

---

[1] En 1899, de très remarquables rapports ont été faits au Comité central par M. Angot, médecin-vétérinaire à Orléans.

les poulets, les oies et les dindons qui vont approvisionner les marchés de Paris et de Londres.

Toute cette transformation s'est faite grâce aux enseignements du Comité central et aux exemples donnés par les grands propriétaires, qui n'ont pas hésité à faire les essais et les expériences. Peu à peu les fermiers ont adopté les nouvelles méthodes de culture, ils ont employé la marne, la chaux, les engrais artificiels, les instruments perfectionnés. C'est ainsi qu'en moins d'un demi-siècle, ont été trouvés et appliqués les modes de culture qui conviennent le mieux au climat, au sol, au milieu dans lequel on opérait.

La présence des propriétaires et leurs dépenses faites à propos sont certainement la principale cause de la régénération de la Sologne.

Dans ce pays arriéré et malheureux, avant d'arriver au fermage, il a fallu le plus souvent cultiver par domestiques, constituer le cheptel et passer par le métayage, considéré, du reste, généralement, comme le mode de gestion le plus avantageux. En tout cas, quand le propriétaire s'est trouvé dans l'impossibilité de faire valoir directement toute l'étendue de sa terre, il a dû conserver au moins une réserve pour y donner l'exemple en réalisant les améliorations qu'il conseillait et en faisant apprécier leurs résultats. Ces réserves étaient de véritables champs de démonstration où les métayers et fermiers sont venus apprécier les variétés de semences, constater les effets des phosphates naturels, des scories de déphosphoration, des superphosphates et des nitrates de soude, et se rendre compte par eux-mêmes des résultats obtenus.

Le succès a récompensé les propriétaires et agriculteurs qui ont marché prudemment, n'entreprenant qu'au fur et à mesure de leurs ressources et évitant de se lancer dans des entreprises coûteuses dont le résultat n'est pas assuré.

Ainsi ont procédé la plus grande partie des propriétaires de la Sologne et la liste de leurs noms méritants serait longue à établir; nous nous bornerons à citer le résultat obtenu par l'un des doyens du Comité central, M. Ed. Fougeu, qui possède depuis quarante ans la terre de la Couchère et y cultive 275 hectares dans les conditions qui viennent d'être indiquées. Au début, son produit net annuel était de 3,000 francs: il atteint actuellement 14,000 francs, soit environ 50 francs par hectare[1].

Les prix de vente du blé et du seigle ne se relevant pas de leur abais-

[1] C'est un chiffre élevé, car les terres ordinaires, affermées à prix d'argent, ne donnent pas plus de 25 francs l'hectare.

sement, de bons esprits ont pensé à faire, en Sologne, des cultures industrielles, notamment des betteraves et des pommes de terre. La betterave
demande une terre plus riche en acide phosphorique que ne l'est généralement celle de la Sologne; mais la pomme de terre, bien moins exigeante,
semble être la véritable plante sarclée indiquée pour notre région. Son
débouché le plus avantageux serait la vente à des usines qui la transfor-
meraient en fécule et en glucose. Plusieurs de nos collègues sont déjà entrés
dans cette voie, notamment MM. Julien et Champonnois, à Selles-Saint-
Denys et MM. Courtin père et fils, qui dans leur terre du Chesne, près de
Salbris, ont constamment donné leur intelligent et dévoué concours à tout
ce qui a été tenté pour l'amélioration de la Sologne.

Résumé. — La Sologne est une région de 500,000 hectares, située au
centre de la France, aux portes d'Orléans et à environ 125 kilomètres de
Paris. C'est un vaste plateau déshérité par la nature en comparaison des
contrées fertiles qui l'entourent; son sol, mélange de sable et d'argile, est
privé de tout élément calcaire; il n'a généralement qu'une faible épaisseur
et il est assis sur un sous-sol imperméable.

Dans ces conditions, la culture ordinaire des terres de la Sologne est
forcément coûteuse et elle ne saurait promettre des récoltes toujours
rémunératrices. Aussi, au xviiᵉ et au xviiiᵉ siècles, après des déboisements
inconsidérés, tout ce grand pays est-il tombé dans un état misérable qui
s'y est continué pendant longtemps,

En effet, si l'on se reporte à cinquante ans en arrière, on trouve encore
la Sologne presque déserte et divisée en un petit nombre de très vastes
propriétés. Elles consistaient principalement en bruyères parsemées de
quelques taillis ravagés par le bétail; de loin en loin seulement, on rencontrait des fermes ou locatures, dont les bâtiments incomplets étaient
mal entretenus.

Il n'existait que des chemins impraticables, souvent à peine tracés à
travers la lande.

Tous les bas-fonds, toutes les bruyères étaient, pendant les deux tiers
de l'année, couverts d'eaux stagnantes dont les miasmes pestilentiels em-
poisonnaient l'atmosphère.

Les habitants, aussi bien que les animaux de fermes, étaient chétifs et
sans vigueur.

Tous les produits de la Sologne ne consistaient plus véritablement que
dans les bois et les moutons, le poisson et le gibier.

Et cependant, certains esprits pensaient que l'on pouvait tirer parti de ce sol improductif, en suivant une direction unique et avec un programme d'ensemble.

C'est alors que fut fondé, en 1859, le Comité central agricole de la Sologne qui, depuis ce temps, n'a cessé de travailler à la régénération et à la transformation du pays. On doit à son initiative et à ses démarches: un magnifique réseau de routes, qui a tant contribué au développement de la contrée, l'organisation des concours tels qu'ils existent encore aujourd'hui et ils ont donné partout les meilleurs exemples, les dépôts de marne établis dans toutes les gares de la ligne du Centre, les mesures d'hygiène et de salubrité, telles que le curage des rivières, l'assainissement des étangs, etc., qui ont rendu le pays habitable.

Après quarante ans d'efforts, de travaux, de dépenses, le pays est transformé, les bruyères font place à des cultures rémunératrices, à des vignes bien soignées, à des bois de pins ou de chêne habilement entretenus et sagement aménagés.

Partout des routes excellentes relient chaque village aux villages voisins; les vieilles constructions en terre et en bois sont remplacées par des maisons en briques, élégantes et propres.

Les assainissements et une meilleure alimentation ont absolument modifié les conditions d'existence : les fièvres ont disparu, la population s'est augmentée de 50 p. 100, une nouvelle génération solognote, pleine de santé et de vigueur, travaille courageusement à terminer l'œuvre à laquelle s'est consacré le Comité central de la Sologne.

Le rôle de ce Comité ne s'est pas borné, dans le pays, à conseiller et à encourager les propriétaires et les ouvriers; il s'est activement occupé de toutes les questions extérieures pouvant intéresser la région, notamment de la construction des chemins de fer et des tramways, qu'il a la grande satisfaction de voir réussir [1]. Il a aussi étudié les nouveaux débits et recherché les nouveaux débouchés dont nos productions sont susceptibles.

Citons un seul exemple; il concerne nos forêts résineuses, la plus grande richesse du pays. Il était à prévoir que l'exploitation des 80,000 hectares de nouvelles pineraies, créées en même temps, exploitables en même temps et donnant les mêmes produits, encombrerait le marché; il était

---

[1] L'exécution des tramways de Sologne vient d'être votée par le Conseil général du Loiret. Le Conseil municipal d'Orléans a décidé de participer pour un cinquième dans la dépense de leur construction. Le gouvernement, en outre des subventions d'usage, a consenti à accorder 950,000 francs pour moitié de la dépense d'un deuxième pont-route sur la Loire.

à craindre que la boulangerie de Paris ne fût pas un consommateur suffisant; par suite, le Comité a étudié l'utilisation de nos pins en étais de mines; en pâte à papier et autres industries.

La fabrication en étais paraissant être actuellement la meilleure de nos ressources, le Comité a renseigné les propriétaires et les a entraînés dans cette voie, puis il a obtenu des Compagnies de chemins de fer la réduction de tous les tarifs de leur transport. Aujourd'hui est créé, au profit de la Sologne, un marché d'approvisionnement pour les houillères du Nord et du Pas-de-Calais. Les bois de mines, après les bois de boulangerie, feront la fortune du pays.

Tel est l'historique abrégé de l'œuvre de la Sologne; commencée par nos prédécesseurs avec beaucoup d'intelligence et d'énergie[1], elle a été continuée par les membres actuels de notre association, avec persévérance et dévouement.

Afin qu'on puisse juger en toute connaissance de cause quel était l'état de la Sologne ancienne et quelle est la situation de la Sologne nouvelle, nous tenons à insérer (annexe, pièce n° 3) une lettre de M. Tisserand, l'ancien et éminent directeur de l'Agriculture. Venu officiellement en Sologne, accompagné de MM. Daubrée, directeur des forêts, et Revoil, chef du cabinet du Ministre de l'agriculture, afin de juger, sur le terrain, les travaux de transformation, il voulut bien écrire cette lettre, qui est, pour nous, le plus précieux des témoignages.

Enfin, nous terminerons par quelques chiffres de statistique, empruntés à l'ancien cadastre de 1830, à l'intéressant travail de M. Duchalais, fait en 1889, et enfin au rapport tout récemment adressé au Ministre de l'agriculture par MM. les Ingénieurs du Loiret. Quant aux notes sur la valeur des terres et leur prix de fermage, ainsi que sur la location des chasses, nous les avons relevées dans l'étude d'un notaire, fort au courant des affaires de la Sologne.

1

La Sologne a été dotée par l'État d'un réseau admirable de voies de communication; mais elle a su les augmenter; ainsi, en 1852, elle avait

---

[1] Qu'on nous permette de rendre ici un particulier hommage à nos deux prédécesseurs, élus présidents du Comité central : M. E. Boinvilliers, sénateur, conseiller général de Loir-et-Cher, qui a consacré trente-cinq ans à la régénération de son pays natal (1850-1885) et M. Boussion, président de chambre à la Cour d'appel d'Orléans, l'un des Solognots les plus savants et les plus dévoués (1886-1888).

1,223 kilomètres de routes de terre; elle en comptait 2,865 en 1869; *elle en possède actuellement 3,536 kilomètres.*

II

D'après le cadastre de 1830, les bruyères couvraient 122,024 hectares et les étangs 11,693 hectares; la dernière statistique constate que les bruyères n'occupent plus que 33,644 hectares et que les étangs sont réduits à 8,946 hectares; *il y a donc eu plus de 91,000 hectares de bruyères humides et de queues d'étangs* convertis en cultures ordinaires (céréales, prés, vignes) et surtout en bois feuillus ou résineux.

III

Également, pendant la même période, l'étendue des bois qui était de 69,824 hectares, s'est élevé à 125,578 hectares; *il a donc été boisé à nouveau 55,754 hectares* et, comme, à la suite du désastre causé par les gelées, il a été reboisé environ 80,000 hectares d'anciennes pineraies maritimes détruites, il en résulte que *les Solognots ont créé ou reconstitué en totalité 136,000 hectares de taillis ou de pineraies.*

IV

Au fur et à mesure de ces améliorations, qui apportaient aux habitants la santé par l'assainissement et la bonne nourriture par le travail, la population a beaucoup augmenté de nombre. En 1830, on ne comptait en Sologne que 103,225 habitants; en 1846, il y avait 120,590 et en 1896, 155,435. *C'est une augmentation de 50 p. 100 pour la période de soixante-six ans;* elle n'aurait été que de 29 p. 100, pour ces dernières années, d'après le rapport des ingénieurs. En fait, le nombre des décès qui, en 1850, était de 28,3 pour 1,000 habitants, n'est plus maintenant que de 15,7.

V

Quant aux résultats matériels obtenus, voici très approximativement comment ils peuvent être évalués :

Pendant longtemps, les terres de Sologne ne valaient que 50 francs par hectare; c'est seulement après la guerre qu'elles ont été recherchées et, depuis lors, la progression des prix de vente a été continue. En 1870, les propriétés non bâties et peu boisées, dont le sol était de qualité moyenne, se vendaient difficilement 300 francs l'hectare. Ces mêmes terres, sans constructions, mais plus boisées et mieux cultivées, valent aujourd'hui de 500 à 700 francs l'hectare, suivant leur situation plus ou moins rapprochée des gares de chemins de fer. Les propriétés bâties et boisées, qui valaient au plus 600 francs, se vendent aujourd'hui 800 francs et le prix de 1,000 francs a été atteint, quand l'habitation est confortable et la chasse giboyeuse.

Les terres louées 6 à 8 francs l'hectare, il y a quarante ans, et qui ne servaient à vrai dire qu'au pacage, s'afferment après défrichement et mise en culture de 15 à 26 francs, suivant leur qualité et leur éloignement plus ou moins grand des centres de consommation. Ce revenu peut être augmenté quand le propriétaire fait intelligemment de la culture directe ou du métayage et il prend des proportions très grandes quand au revenu des terres, on joint la location de la chasse.

Il y a trente ans, la chasse en Sologne n'avait pas de valeur, mais elle y est devenue aujourd'hui un des principaux éléments de revenu.

Autrefois, les quelques propriétaires, éloignés du pays qui louaient leur chasse, se trouvaient satisfaits d'abandonner ce droit moyennant 1 ou 2 francs par hectare. Maintenant, la coutume d'affermer la chasse s'est généralisée, parce que, grâce aux trains express, la Sologne est à la porte de Paris et que tout concourt à rendre ces chasses agréables. Aussi les prix de location se sont ils élevés d'une façon surprenante; sans habitation la chasse se loue de 8 à 10 francs l'hectare et quand il y a une habitation les prix s'élèvent de 12 à 15 francs. Bien entendu, tout n'est pas bénéfice dans le produit de la chasse; car il faut faire des dépenses d'élevage et de clôtures, sans quoi les lapins détruiraient les récoltes.

Les travaux exécutés en Sologne depuis cinquante ans ne sont pas seulement fructueux pour les intérêts privés. En arrachant toute une région à l'insalubrité et à la pauvreté, ils ont servi les intérêts généraux du pays; ils ont contribué à augmenter la fortune de la France; ils ont amélioré le sort d'un grand nombre de ses habitants.

Après avoir rappelé la reconnaissance qui est due aux Gouvernements qui se sont succédé et aux autorités des trois départements du Loiret, du Cher et du Loir-et-Cher, nous avons mentionné les services rendus par le Comité central.

Mais qu'il nous soit permis de placer au premier rang un élément qui a toujours été présent à notre pensée quand nous écrivions ces lignes, c'est la population du pays : c'est cette population de *propriétaires-résidants* qui s'est donnée, avec cœur, à l'œuvre qu'une nature rebelle rendait si ardue; c'est aussi la population des paysans solognots, sobre, résistante et douce, qui, avec l'acharnement et l'endurance des pionniers dans la brousse, a exécuté le défrichement, l'assainissement et la mise en valeur de ce sol ingrat. Sa volonté a su triompher de la nature.

H. Boucard,

Président du Comité agricole de la Sologne.

PIÈCES À L'APPUI DU RAPPORT PRÉCÉDENT.

LA SOLOGNE À L'EXPOSITION UNIVERSELLE DE 1900.

EXTRAIT DES RAPPORTS DU JURY INTERNATIONAL
PUBLIÉS SOUS LA DIRECTION DE M. PICARD.

PIÈCE N° 1.

Nous terminerons en parlant des résultats si remarquables obtenus en Sologne, sous l'inspiration et la direction de M. H. Boucard, conservateur des Forêts.

Désastreuses gelées. — L'hiver de 1879-1880 a été marqué, en Sologne, par des gelées exceptionnelles; elles y ont détruit environ 70,000 hectares de pineraies maritimes nouvellement créées.

La grande et légitime émotion causée par ce désastre, entraînant une perte évaluée à 40 millions, faillit aboutir à la ruine de la Sologne; on parlait de ne pas faire la dépense d'exploiter ces bois gelés et de ne pas reboiser. C'est alors qu'à la suite d'une tournée des Préfets avec M. l'inspecteur général des Forêts Clément de Grandprey, on donna à M. Boucard, conservateur à Tours, la mission qui eut pour résultat le relèvement de la sylviculture dans cette contrée.

Deux questions étaient posées par le Ministre à M. Boucard :

1° Utilisation des bois gelés et déblaiement du sol;

2° Reconstitution des pineraies détruites.

La situation pouvait être envisagée à deux points de vue distincts :

Intérêt général : salubrité, travail à donner aux ouvriers;

Intérêt particulier : secours à allouer aux sinistrés.

Utilisation des bois gelés. — Il parut à M. Boucard qu'il y avait grand danger à les laisser pourrir sur pied: invasions d'insectes, incendies et finalement ruine des propriétaires et de la population, ouvriers privés de travaux. C'était le retour à la misère et à l'insalubrité. Par contre, on craignait de ne pas pouvoir vendre les bois gelés après avoir fait les dépenses de leur façonnage.

M. Boucard ne se laissa pas arrêter par les objections qu'on lui prodiguait :

«M. Boucard, écrivait un forestier censeur, pense que le bois gelé pourra être vendu comme bois de feu et débité en cotrets; nous voudrions pouvoir partager cette espérance, mais nous savons trop avec quelle facilité le bois de pin maritime sain s'altère, pour admettre que des tissus désorganisés par le froid puissent offrir quelque résistance. Il faut que les propriétaires de la Sologne ne se fassent pas d'illusions à cet égard, car le consommateur ne les partagera pas.»

A cela, dans son rapport du 31 juillet 1880, M. Boucard répliquait : «Les bois gelés se conserveront si on les exploite avec certaines précautions; ils trouveront écoulement, si on sait attendre; ils se vendront même très cher, pour la boulangerie de Paris qui ne saurait s'en passer.» Le succès confirma ces prédictions et couronna les efforts de M. Boucard. Les 100 falourdes (5 stères et demi), ayant coûté 12 francs de façon, se sont vendues, avec progression croissante, d'abord 22 francs, puis jusqu'à 65 francs et facilement 60 francs dans les gares du chemin de fer de Paris à Orléans. Le pin gelé s'est conservé depuis 1880 jusqu'à ce jour [1], et il a été utilisé par la boulangerie jusqu'au dernier morceau.

L'importance de l'opération fut grande, comme on en peut juger par les chiffres : 40 millions de falourdes vendues à 60 francs le cent, soit 24 millions de francs, encaissés par les propriétaires.

Quarante millions de falourdes, à raison de 12 francs de façon et de 10 francs de conduite par cent, ont donné 9 millions de francs de travail aux ouvriers locaux, sans parler des transports de chemins de fer.

Reconstitution des pineraies détruites. — Après avoir exploité les bois gelés, il fallait songer à reconstituer les pineraies détruites. Trois buts furent visés par M. Boucard : substituer le pin sylvestre, qui ne gèle pas, au pin maritime qui gèle: activer le reboisement; fournir de l'ouvrage aux ouvriers et, pour cela, tout en aidant le propriétaire, l'obliger à faire les dépenses nécessaires.

Les moyens d'exécution auxquels on s'arrêta furent les suivants :

Faire préférer la plantation au semis; motifs : nature des bois qu'il s'agit de restaurer: des graines données gratuitement pourraient être trop facilement jetées sans frais, c'est-à-dire risquées sur terrains non suffisamment préparés, tandis que des plants, même donnés, nécessitent, pour être utilisés, une dépense minimum de 30 francs par hectare.

Créer des pépinières dans les principaux centres de pineraies détruites et y élever directement et économiquement des plants; car les pépiniéristes (du commerce), non préparés, n'ont pas les quantités suffisantes et, d'ailleurs, maintiennent leurs prix trop élevés (5 à 8 francs le mille).

Les résultats obtenus ont pleinement justifié la marche suivie.

[1] Pendant dix ans.

Les pépinières créées par le service forestier ont.parfaitement réussi ; on y a élevé de très bons pins sylvestres de deux ans, dont un de repiquage.

Avec 28,000 francs de subvention annuelle, on a délivré en moyenne 12 millions de plants par an, soit environ 2 fr. 30 de dépense par mille plants.

Les propriétaires, remontés, stimulés, conseillés, ont fait tout le possible. Un grand nombre d'entre eux ont établi chez eux de petites pépinières sur le modèle de celles de l'État. Ils se sont également inspirés des méthodes économiques de reboisement du service des forêts. La contenance des pineraies détruites, actuellement reconstituées, est d'environ 70,000 hectares.

En moins de dix années, le grand désastre de la Sologne a été réparé et on voit, par l'exposé succinct qui précède, l'importance des services rendus à la Sologne par l'initiative hardie et dévouée de M. H. Boucard, dont l'entreprise si difficile a été couronnée d'un plein succès. C'est une œuvre considérable et d'importance très grande au point de vue de l'intérêt général. Son exécution fait le plus grand honneur au forestier qui l'a conçue et dirigée, aux propriétaires et aux ouvriers de la Sologne qui l'ont réalisée.

Le Jury international des récompenses a décerné :

1° Un diplôme de grand prix au Comité central agricole de la Sologne (exposition collective) [1].

2° Un diplôme de médaille d'or à M. Boucard (Henri), ancien inspecteur général des Forêts, président du Comité central agricole de la Sologne.

LE COMITÉ CENTRAL AGRICOLE DE LA SOLOGNE

AU CONCOURS RÉGIONAL DE VERSAILLES.

EXTRAIT DU RAPPORT DE M. LE DOCTEUR MÉTIVIÉ,

VICE-PRÉSIDENT DE LA SECTION DE SYLVICULTURE DE LA SOCIÉTÉ DES AGRICULTEURS DE FRANCE.

PIÈCE N° 2.

Tous ici, Messieurs, vous avez encore présent à la mémoire le terrible hiver 1879-1880 et les désastres qui en ont été la cruelle conséquence.

Loin de moi la pensée, en rappelant cette date fatale, de vouloir assombrir cette

---

[1] Noms des propriétaires qui ont dignement représenté la Sologne, en faisant figurer à l'Exposition des plans et notices indiquant les grandes améliorations par eux effectuées : M. Banchereau, terre des Aubiers (Loir-et-Cher) ; M. Cannon, terre des Vaux (Loir-et-Cher) ; M. Courtin (Auguste), terre du Chesne (Loir-et-Cher) ; M. Fortin-Hermann, terre des Réaux (Cher) ; M. E. Rousseau, terre de la Rebutinière (Loir-et-Cher) ; M. Wallet, terre de la Minée (Cher).

La vitrine de l'Exposition contenait, en outre, les publications de la Société réunies par les soins de M. Gaugiran, secrétaire général, et des travaux importants sur les insectes nuisibles et sur la statistique de la région faite par M. Duchalais, ancien conservateur des Forêts.

fête de l'agriculture où nous admirons tant de richesse; mais qu'il me soit permis de rendre justice à cette admirable ténacité française, à ce travail infatigable qui caractérise notre race et nous relève de nos désastres avec une ardeur qui ne se décourage jamais.

J'en citerai, comme exemple frappant, la Sologne, cette belle région, tantôt vantée pour ses récoltes, ses prés, ses bois de haute futaie, tantôt citée avec dédain pour son aridité et sa décadence. En 1879, elle est dans une période de pleine prospérité, quand un jour de gelée vint anéantir quarante années de labeur.

Est-ce la misère, la dévastation et la ruine qui vont s'implanter dans ce pays et le faire abandonner? Non, à un immense malheur répond un immense effort: 80,000 hectares de pineraies sont détruites et, dès 1886, sous l'habile direction de M. Boucard, inspecteur général en retraite, secondé de MM. de la Taille et de Maisonneuve, inspecteurs des Forêts, 60,000 hectares sont replantés.

Vous n'avez pas oublié le savant et consciencieux rapport de M. Caquet, fait en 1887 au nom de la Commission des Agriculteurs de France, chargée d'aller examiner les travaux accomplis à cette époque. Les noms des de Laage de Meux, créateur du commerce des falourdes, des Timothée des Francs, prudent inspirateur du mélange du pin sylvestre au pin maritime, des de Vibraye, des Tristan, des Rousseau, Banchereau, D. Cannon, Normand, de Larnage, Pépin Le Halleur et tant d'autres résonnent encore à vos oreilles et disent assez haut la gloire de ces infatigables reboiseurs.

Honneur à eux, Messieurs!

Depuis, s'est-on arrêté? Le travail s'est-il ralenti? Non, grâce à Dieu, il continue sans relâche, et actuellement 80,000 hectares sont verdoyants et couverts de pins sylvestres ou maritimes, assurant une richesse nouvelle.

Ce chiffre de 80,000 hectares parle assez haut par lui-même pour que je n'aie pas besoin d'insister sur la somme de travail, d'efforts, de sacrifices que tous, agents, gardes, propriétaires, ouvriers planteurs ont consacrés à la reconstitution d'un pareil domaine forestier, reconstitution qui a été, nous le reconnaissons avec gratitude, aidée par l'administration subventionnant des pépinières nouvelles, en provoquant la création dans le domaine privé et distribuant plus de 50 millions de plants en cinq ans.

Il n'est pas possible d'entrer ici dans le détail des opérations; il me suffit de constater le résultat obtenu, résultat dont vous ne trouverez pas un exemple semblable ailleurs en France.

Nous pouvons dire avec fierté que la Sologne, et sous ce titre j'entends le modeste journalier aussi bien que le grand propriétaire, que la Sologne, dis-je, a bien mérité de la patrie et contribué pour une large part à refaire la fortune de la France. Quels trésors sortiraient du sol, si tous les terrains encore en friche subissaient même traitement!

La Société des agriculteurs de France saisit avec bonheur cette solennité agricole pour témoigner de nouveau sa sympathie, son admiration, je ne dirai pas ses encouragements (ils n'en ont pas besoin), aux reboiseurs de Sologne. La section de sylviculture aurait voulu décrire les méthodes employées, faire ressortir les enseignements pratiques qui résultent de ces travaux, montrer l'accroissement de la population suivant la prospérité forestière, dégager enfin le plus digne, le plus méritant. Était-ce possible? Dans le bref délai mis à sa disposition, sans longues études sur les lieux mêmes, pouvait-elle faire ce choix devant lequel ont reculé la Commission de 1886, le Jury de la dernière Exposition universelle et le président du Comité central de la Sologne lui-même; et qui, cependant, la connaît mieux que lui? Fallait-il donc se contenter d'attacher une nouvelle récompense à la hampe du drapeau si noblement porté par les reboiseurs solognots? On ne l'a pas cru davantage.

Aussi, aujourd'hui, la Société des Agriculteurs de France, tout en décernant une médaille d'or aux reboisements de la Sologne en général, charge-t-elle son Comité central agricole de nommer une commission locale qui, dans le délai d'un an, étudiera les travaux accomplis dans le Loiret et le Loir-et-Cher et décernera cette médaille au plus digne, au nom même de la Société des Agriculteurs de France.

L'œil du maître ne peut être présent partout et toujours; des auxiliaires sont indispensables.

Si la Société récompense la tête qui dirige, elle ne peut ni ne veut oublier les membres utiles et dévoués qui, dans une sphère plus modeste, contribuent par leur précieux concours au succès de l'œuvre entreprise. Aussi accorde-t-elle au même Comité une somme de 200 francs à distribuer aux gardes que des services exceptionnels signaleront plus particulièrement à son attention.

La Commission instituée en Sologne pour remplir les intentions de la Société des agriculteurs de France a rendu sa décision le 23 octobre 1892; voici quelles ont été ses conclusions :

1° Médailles d'or *ex æquo* à MM. de Loynes d'Estrées et Banchereau, propriétaires des terres de Villedart et des Aubiers.

2° Médailles de vermeil *ex æquo* à MM. Baranger, pour ses propriétés de Chaumont-sur-Tharonne, et le baron d'Ailly, pour sa terre d'Alosse;

3° Médailles d'argent *ex æquo* à M. le vicomte d'Orléans, pour sa terre d'Ardeloup, et à M. le vicomte de Durfort, pour sa terre des Mazeaux;

4° Prix en argent à MM. Pousse, Harang, Tourne, Chesneau, régisseurs et gardes.

PIÈCE N° 3.

Paris, 14 octobre 1890.

A M. BOUCARD, ancien Inspecteur général des Forêts, président du Comité central agricole de la Sologne.

Monsieur et cher Président,

Grâce à votre extrême obligeance, mes collègues, MM. Daubrée, directeur des Forêts, Révoil, chef de cabinet de M. le Ministre de l'agriculture, et moi, avons pu faire une magnifique tournée en Sologne et voir beaucoup en peu de temps.

Nous devons, tout d'abord, vous remercier, ainsi que vos honorables collègues du Comité central qui nous ont accueillis et nous ont montré leurs travaux avec tant d'empressement. Je connaissais, pour ma part, de longue date, la cordiale hospitalité qu'on reçoit en Sologne; j'ai pu constater que les bonnes traditions vont se continuant dans ce beau pays; oui, je le répète, dans ce beau pays, car mes collègues et moi nous y avons trouvé tous les charmes de nos plus belles campagnes : des propriétaires aimant leur pays, vivant dans leur terre, y conduisant eux-mêmes les travaux de mise en valeur et d'amélioration, réunissant chez eux et autour d'eux tous les agréments de la grande vie rurale. Nous y avons vu de magnifiques bois, parfaitement composés et aménagés, admirablement découpés par des chemins d'exploitation bien tenus. Des herbages où paissent de beaux bestiaux, des terres assainies et cultivées d'après les meilleures méthodes, appuyées par l'emploi des engrais chimiques, y donnent des résultats étonnants pour quiconque ne connaît la Sologne que par son ancienne réputation, et n'a pas la juste notion de la valeur productive de son sol.

Nous nous attendions à voir partout les traces du «grand désastre» de 1879; mais, comme les viticulteurs du Midi, les propriétaires de la Sologne ne se sont pas découragés; ils n'ont pas désespéré de leur pays, ils se sont mis vaillamment à l'œuvre. Guidés par vos sages conseils, soutenus par vous, encouragés par l'État, ils ont, en moins de dix ans, reconstitué leurs bois, ils ont fait mentir l'antique proverbe, auquel les éléments conjurés semblaient naguère vouloir donner raison : «Lande tu as été, lande tu seras.»

Cette œuvre importante fait le plus grand honneur au Comité central qui a été le moteur principal en Sologne, et aux hommes d'initiative et de dévouement qui ont dirigé sa marche en avant. Elle vous fait bien honneur à vous, mon cher Président, car nous avons pu juger, par l'hommage qui vous a été rendu, combien votre concours a été précieux lors du grand hiver de 1879-1880. Vous avez montré aux propriétaires de la Sologne la voie à suivre pour réparer les désastres et assurer l'avenir!

Livrer à la culture arable les meilleures terres, faire des herbages dans les terres fraîches ou susceptibles d'être arrosées, faire, dans le reste, des bois, en choisissant les essences éprouvées, appropriées au sol et au climat, faire de l'assainissement partout, faire des terres labourables, et dans les herbages et pâtures un large emploi des engrais complémentaires, principalement de l'élément calcaire et de l'acide phosphorique, telle est la formule de progrès que le Comité central a inscrite dès le premier jour en tête de ses annales et qui a toujours servi de guide à ses efforts.

La Sologne en recueille aujourd'hui les bons effets; sa population a augmenté de 50 p. 100; l'air est assaini, le pays est découpé de magnifiques routes; au lieu d'enfants à l'air hâve et chétif, on ne rencontre plus que garçons vigoureux et que fillettes à joues roses et fraîches... La vieille Sologne n'existe plus! Les témoignages publics, auxquels nous joignons notre modeste appréciation, montrent à la nouvelle Sologne qu'elle a été bien guidée, qu'elle est dans une bonne voie, et qu'elle n'a qu'à continuer pour recueillir gloire et profit, et pour tenir dignement sa place dans notre belle patrie.

Pour vous, mon cher Président, encore une fois merci, et croyez à nos sentiments d'affectueux attachement.

E. TISSERAND.

DOCUMENTS NOUVEAUX

SUR LES QUALITÉS IGNIFUGES DES «OPUNTIA»,

PAR M. ROLAND GOSSELIN.

Monsieur le Secrétaire général, dans le *Bulletin* de la Société d'acclimatation paru en février 1899, vous avez publié une lettre que je vous écrivais, relative à l'incombustibilité des *Opuntia*, et aux avantages offerts par ce genre de plantes, pour arrêter les incendies de broussailles. Depuis un an que je m'occupe de cette question, j'ai constaté de toute part d'intéressantes tentatives, dont les premiers résultats sont encourageants. Dans la région du Sud-Ouest, il faut avant tout acclimater une espèce de taille suffisante. Plusieurs rapports me donnent à espérer que l'*Opuntia balearica* que j'ai distribué s'y comportera bien.

Le Ministère de la guerre a prescrit à la poudrerie de Saint-Médard-en-Jalle (Gironde) de faire des plantations d'essai. Cet immense établissement, pour enclore ses bâtiments, aurait à former plusieurs kilomètres de haies d'*Opuntia*.

Vous comprendrez facilement que, malgré mon empressement à offrir tout ce dont je pouvais encore disposer, je n'aie pu satisfaire à de semblables demandes de plantes. J'ai dû surtout envoyer des graines, permettant de faire sûrement, mais plus lentement que par boutures, de solides barrages.

Lorsque j'ai vu que l'État songeait à tenter un essai de cette importance, j'ai demandé à faire des expériences en présence de représentants du Ministère. Je me proposais de démontrer deux faits : d'abord, l'absolue incombustibilité des *Opuntia* soumis à un feu même violent ; puis, la possibilité d'arrêter un fort incendie de broussailles par une haie d'*Opuntia*.

L'Administration de la guerre a ordonné que ces expériences auraient lieu chez moi, en présence d'un officier attaché à la Direction d'artillerie de Nice et de l'ingénieur en chef des Poudres et Salpêtres de Marseille, tous deux chargés d'un rapport.

Voici ce qui a été fait :

J'avais fait établir un fort buisson d'*Opuntia* de 1 m. 50 de hauteur, de diamètre égal, complètement isolé (A), et un peu plus loin, une haie de quelques mètres de longueur, sur 1 m. 25 de hauteur et 80 centimètres d'épaisseur (B).

Les branches d'*Opuntia*, solidement fichées en terre comme des boutures, semblaient poussées sur place, et la nature était imitée aussi bien que
possible.

Le buisson avait été entouré d'une épaisse couche de matériaux secs,
paille, copeaux, branches de lentisques, et chaque côté de la haie était
aussi garni de la même manière.

Sur le tout, au dernier moment, j'ai fait répandre du pétrole en abondance, pour augmenter l'intensité des flammes. Les *Opuntia* eux-mêmes
en avaient été arrosés.

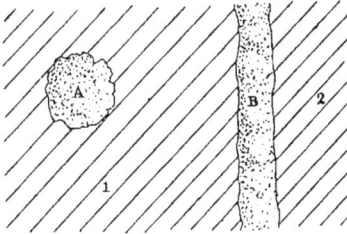

Croquis montrant la disposition des *Opuntia* en buisson compact (A) ou en haie (B), pour les
expériences faites chez M. Roland-Gosselin. Des matières sèches arrosées de pétrole sont répandues partout en 1 et 2.

Le feu a été allumé du côté du buisson. A trois reprises successives le
côté 1 a été recouvert de bottillons de paille pétrolée. Les flammes s'élevaient à 3 mètres, enveloppant le buisson, mais les *Opuntia* ont merveilleusement résisté à cette rude épreuve. A peine si leur épiderme était
fané !

De même pour la haie. Le feu venait tourbillonner du côté 1, mais s'ar-
rêtait contre le premier rang de plantes, ne parvenant pas à atteindre le
côté 2, où était répandue la même quantité de matières sèches qu'en 1.

Si la haie avait été enracinée, je suis certain que la végétation suivrait
son cours normal, sans dommage appréciable.

De cette expérience, qui a été poussée aussi loin qu'il est possible, par
l'accumulation et le renouvellement de matériaux pétrolés développant un
calorique considérable, voici ce qu'il est permis de conclure :

Aucun feu de broussailles ne peut avoir raison des *Opuntia*.

Une haie de ces plantes un peu épaisse et de hauteur suffisante arrê-
tera les flammes à ses pieds.

Aucun feu naturel n'aura la violence de celui que j'ai fait allumer. Il n'y a donc aucun doute possible, de l'avis unanime des témoins de l'expérience.

Dans la région méditerranéenne, en Algérie et dans nos colonies tropicales, *Opuntia ficus indica,* qui m'a servi ici de sujet d'expérience, semble un des meilleurs à choisir. On peut, sans frais, en établir rapidement d'immenses plantations, l'espèce étant naturalisée un peu partout. Là où on ne le trouverait pas, toute autre espèce à grand développement remplira aussi bien le but proposé.

Certains *Opuntia tuna,* formidablement armés, seront même pour nos ouvrages d'excellents moyens de défense accessoire, infranchissables aux hommes les plus résolus, aussi bien qu'aux chevaux, et presque indestructibles par l'artillerie. Les éclats de projectiles trouent les articles, peuvent briser le tronc des plantes, mais l'*Opuntia* reste sur place et les morceaux en sont aussi peu abordables que la plante entière.

Dans les Landes bordelaises, les mêmes avantages d'incombustibilité sont assurés à l'aide de l'espèce que les essais auront fait reconnaître assez rustique pour supporter les hivers de cette région.

Dans l'Estérel, que le feu dévaste chaque été, le succès est certain et il est bien regrettable qu'on ne fasse aucune tentative pour se défendre contre le fléau à l'aide d'*Opuntia ficus indica.* Tout le département du Var et celui des Alpes-Maritimes sont remplis de spécimens de cette espèce, qu'on peut multiplier sans aucuns frais.

J'ajouterai pour terminer que les fruits de l'*Opuntia ficus indica,* vulgairement connus sous le nom de Figues de Barbarie, sont très bons à manger frais. La confiserie de Grasse et de Nice les achète, et dans de vastes plantations ils constitueraient un revenu à considérer.

Ces fruits peuvent être consommés dans les pays chauds, sans crainte de troubles intestinaux. De plus, les fleurs séchées sont, paraît-il, un remède efficace employées en infusion contre la dysenterie.

Vous savez aussi que les articles d'*Opuntia* constituent un bon fourrage pour les bestiaux. Il suffit d'exposer les plantes à un feu clair pour faire disparaître les aiguillons.

Agréez, etc.

M. LE PRÉSIDENT. L'ordre du jour est épuisé.

M. CRAHAY. Je pense qu'il y aurait lieu de compléter un vœu émis ce matin, relatif à la protection des arbres grâce à la multiplication des sociétés privées des « amis des arbres » et à l'instruction à donner dans les écoles primaires.

Je crois qu'il y aurait mieux à faire.

Le public, en effet, n'a pu, jusqu'ici, que s'adresser au dévouement désintéressé des agents forestiers.

Il est certain que notre mission consiste non seulement à porter nos efforts vers l'accomplissement de nos devoirs envers l'État ou les communes, mais encore à nous mêler au public pour lui montrer l'intérêt qu'il a à améliorer son bien conformément aux règles de la sylviculture.

Cela pourrait être réalisé par l'organisation de causeries familières dans les cantonnements.

Je pense donc que, au point de vue international, on pourrait émettre ce vœu :

« 1° Que les agents forestiers se mettent en relation constante avec le public, de façon à l'éclairer, à lui faire comprendre l'utilité et l'importance des forêts et du reboisement des terres incultes;

« 2° De faire donner, par les mêmes agents, des conférences ou des causeries familières, destinées à atteindre le même but, et des consultations de nature à éclairer les particuliers et les administrateurs de biens collectifs sur la manière la plus rationnelle de traiter les forêts, ou de boiser les terres improductives, ou de faire des plantations isolées ou par bordures dans les territoires agricoles[1]. »

M. Benardeau fait observer que les agents forestiers donnent sans cesse des consultations de ce genre.

M. Crahay répond que, dans sa pensée, il s'agirait de régulariser et de multiplier ces conférences ou consultations en invitant, au besoin, les États à allouer des indemnités spéciales de ce chef aux agents forestiers désignés pour cette mission.

M. Deloncle fait remarquer que ce vœu vient compléter un vœu émis ce matin même; il considère, en conséquence, qu'il y a lieu de l'appuyer.

Le projet de vœu est mis aux voix et adopté.

[1] Ce projet de vœu a été adopté dans la séance générale du 7 juin.

M. le Président rappelle à la 2ᵉ section que M. Deloncle a donné lecture d'un projet de vœu relatif à l'enseignement agricole dans la séance précédente; il propose de mettre aux voix le projet de vœu. (*Assentiment.*)

Le projet de vœu est adopté[1].

M. Deloncle. Après les observations présentées ce matin par M. Puig y Valls et M. Cacheux, il semble que la 2ᵉ section est désireuse d'émettre un vœu en faveur de l'établissement d'une « Fête de l'arbre ».

Il serait désirable, à ce point de vue, que la « Fête de l'arbre » soit célébrée le même jour dans tous les pays.

Le même jour, à la même heure, tous les enfants du monde civilisé planteraient, comme ils plantent aux États-Unis.

Cette heureuse coutume existe, je le sais, non seulement aux États-Unis, mais en Allemagne, en Suisse, en Hongrie, en Italie, en Espagne, de même qu'elle est pratiquée en France par les sociétés dont M. Cacheux et moi-même nous nous occupons, mais elle n'a pas reçu la sanction officielle à laquelle doit tendre notre vœu.

Je propose donc à la 2ᵉ section le projet de vœu suivant[1] :

« Le Congrès émet le vœu qu'il soit créé, dans chaque État, le deuxième dimanche d'octobre une « Fête de l'arbre », analogue à celle qui existe aux États-Unis, et qui sera consacrée par les élèves des écoles à planter des arbres. »

J'ajoute que je vois dans cette proposition non seulement le symbole de ce que les enfants devront plus tard à la sylviculture, mais aussi le symbole d'un acte viril. (*Applaudissements.*)

Le souvenir de cet acte sera assurément gravé dans la mémoire de l'enfant, qui plus tard, revenu dans son pays, se plaira à considérer l'arbre planté par lui-même et souffrira si cet arbre n'a pas vécu.

Je demande, pour ces motifs, l'intervention de l'État, intervention bien modeste pour lui, sans, toutefois, chercher à en faire une obligation.

Loin de moi cette pensée, si elle devait engendrer une cause de discorde. (*Nouveaux applaudissements.*)

M. Samios. A Athènes, nous nous efforçons d'apprendre aux enfants à aimer les arbres.

---

[1] Ce vœu a été modifié dans la séance générale du jeudi 7 juin 1900.

Nos efforts n'ont pas été vains puisqu'aujourd'hui ils respectent les arbres de nos promenades.

C'est par la vulgarisation de la science forestière que l'enfant apprendra à aimer la nature, et cela est nécessaire surtout pour nous.

Je demande donc également que l'on étudie le mode le meilleur d'éducation des enfants, capable de les amener à aimer la nature.

M. Cardot. A ce point de vue, je puis citer un exemple pris en Franche-Comté.

Un instituteur, M. Mayet, a eu l'ingénieuse idée de former une petite société scolaire, moyennant une infime cotisation de chacun de ses élèves. Cette petite somme est employée à donner une gratification à l'enfant qui plante le mieux, sous la direction de l'instituteur, dans le domaine communal où il conduit ses élèves.

Voilà une forme possible de l'éducation.

Actuellement d'autres petites sociétés scolaires se sont ainsi formées dans l'arrondissement de Saint-Claude, grâce aux encouragements de M. l'Inspecteur des Eaux et Forêts, M. Cochon.

M. Samios. On ne peut exiger de ces sociétés scolaires qu'elles se fournissent elles-mêmes des arbres nécessaires. Ce serait plutôt le rôle de l'État.

M. Deloncle. Le rôle de l'État est, en effet, d'être de plus en plus l'éducateur général. Il doit donner le premier l'exemple, c'est-à-dire, en la matière, favoriser les maires, les instituteurs, les forestiers qui auront pris l'initiative de ces fêtes.

Comment? En fournissant les plants. Je ne dirai pas des subsides en argent, car je suis éloigné d'approuver le principe qui consiste à donner une rémunération à l'enfant.

Il doit comprendre, sans l'appât du gain, que son devoir est, non pas de détruire, mais de planter.

Le projet de vœu présenté par M. Deloncle est adopté.

M. Deloncle. J'ai enfin à vous présenter un dernier projet de vœu.

Lorsque nous avons pris l'initiative de demander qu'un congrès de sylviculture fût tenu en France, nous n'avions pas le sentiment qu'il serait à la fois le premier et le dernier.

Nous avons cherché seulement à grouper les sylviculteurs.

Mais pourquoi ne nous retrouverions-nous pas chaque année et successivement dans les différentes capitales de l'Europe?

Je crois que ce vœu est dans l'esprit et le cœur de la plupart des membres du Congrès.

Nous obtiendrions ainsi, j'en suis persuadé, des résultats considérables pour la cause que nous soutenons de tous nos efforts, tenant ainsi en haleine les gouvernements et l'opinion publique. (*Applaudissements.*)

En conséquence, la 2ᵉ section adopte le vœu suivant :

« Qu'un congrès de sylviculture ait lieu chaque année dans l'une des capitales de l'Europe et que le prochain congrès ait lieu à Berne. [1] »

M. LE PRÉSIDENT, BARON DE RAESFELDT. Avant de lever la séance, permettez-moi, Messieurs, de vous adresser tous mes remerciements pour votre bienveillant accueil et la sympathie dont j'ai été l'objet. (*Vifs applaudissements.*)

M. CACHEUX. Je tiens à adresser, au nom de tous les membres de la 2ᵉ section, nos plus sincères remerciements à notre président, M. Deloncle. (*Nouveaux applaudissements.*)

La séance est levée à 6 heures 1/2.

---

[1] Ce vœu a été repris par l'assemblée générale et voté sous une autre forme.

SÉANCE DU JEUDI 7 JUIN 1900

(MATIN).

PRÉSIDENCE DE M. LE BARON DE RÆESFELDT.

La séance est ouverte à 11 heures.

M. CARDOT, secrétaire, donne lecture du procès-verbal sommaire de la précédente séance.

Le procès-verbal est adopté.

M. LE PRÉSIDENT. La parole est à M. Paul Vibert pour une communication relative au reboisement des Pyrénées.

M. Paul VIBERT. Messieurs, je ne suis pas un spécialiste en matière forestière; je ne suis qu'un modeste économiste, mais je vis dans les Pyrénées, je les aime comme vous aimez la forêt et la montagne, et j'ai promis à mes amis pyrénéens de soumettre au Congrès de sylviculture deux vœux.

Le premier se rapporte à des phénomènes d'avalanches, qui se reproduisent chaque hiver plus ou moins régulièrement.

Cette question a été traitée en général, je le sais, dans des brochures émanant des hommes les plus compétents, mais il est cependant des lois que l'on ne songe pas à observer dans la nature.

Tel est le cas que j'ai l'honneur de vous exposer.

Il y a quelques années, au village d'Orme, une avalanche engloutit d'un seul coup vingt-trois personnes. Un peu plus loin, dans l'Ariège, une ferme est emportée en un instant par la descente d'une avalanche. Tels sont les faits qui se reproduisent chaque année avec plus ou moins d'intensité, désastres qui proviennent uniquement d'un abus local facile à réprimer par un simple arrêté des maires ou des préfets.

En effet, dans un but intéressé facile à concevoir, les habitants de ces petits villages, très pauvres, très misérables même, ont l'habitude de mettre, chaque été, le feu aux genêts qui couvrent la montagne.

Le feu court; il ne reste plus alors qu'un squelette de broussailles et de genêts desséchés, faciles à couper et à emporter. Cela constitue ainsi leur approvisionnement de bois à brûler pour l'hiver.

Or il est reconnu que ces broussailles et genêts coupent et arrêtent les avalanches.

Les hameaux étant dégarnis au-dessus d'eux de cette broussaille protectrice, grâce à l'abus que je viens de signaler, les avalanches arrivent avec toute leur force et c'est ainsi que nous avons à déplorer de trop fréquents malheurs.

Il semblerait donc utile, à ce point de vue, d'adopter le projet de vœu suivant :

« Le Congrès international de sylviculture,

« Considérant qu'il importe de protéger les villages, et généralement toutes les habitations contre les avalanches de neige dans les Pyrénées, émet le vœu :

« Que les maires, et préfets au besoin, prennent des arrêtés interdisant la destruction par le feu ou la coupe des genêts plantés au flanc de la montagne, directement au-dessus desdits villages et dans les axes de chute. »

Le second point que je désire vous soumettre présente un intérêt plus général.

Lorsqu'on arrive à une altitude de 1,200 mètres ou de 1,400 mètres, on ne trouve plus que des pins, et encore avons-nous beaucoup de sommets pyrénéens complètement dénudés.

Je n'ai pas à vous démontrer l'influence des forêts au point de vue météorologique, d'autres l'ont fait avec plus d'autorité que je ne saurais en avoir, mais il est certain que tout le monde est d'accord pour rechercher les moyens efficaces de reboiser les sommets des hautes régions.

Dans ces dernières années, on a dépensé des sommes considérables pour le reboisement des sommets pyrénéens; mais, que ce soit le fait des pluies, des oiseaux ou de la sécheresse, toujours est-il que les graines coulent, disparaissent et que les résultats obtenus sont déplorables.

Or on pourrait remédier à cet état de choses par un ensemencement préparatoire.

En un mot, il s'agirait de favoriser la culture du rhododendron jusqu'aux plus hautes altitudes possibles.

Lorsque l'on aurait implanté cette couche, cette chevelure de rhododendrons, recouvrant les hauts sommets, il suffirait un peu plus tard, cinq ou six ans après, d'établir des tracés horizontaux, où l'on sèmerait régulièrement le pin, avec chance que les graines restassent dans ces sillons et y germassent.

Je suis convaincu que cette méthode porterait ses fruits.

Si la 2ᵉ section juge à propos d'émettre un vœu relatif à cette question tout en insistant moins sur celui-ci que sur le premier, car le fait ne me paraît pas absolument démontré, je lui soumettrai le projet de vœu suivant :

« Le Congrès international de sylviculture,

« Considérant qu'il importe à tous les points de vue économiques de reboiser les Pyrénées dans les hautes altitudes, émet le vœu :

« Que l'on propage le rhododendron comme culture préparatoire aux semis de pins qui, déposés dans des sillons horizontaux, seraient ainsi protégés contre le ravinage inévitable des pluies en terrain dénudé. »

M. Cardot, secrétaire. Je remercie, au nom de M. le Président et de la 2ᵉ section, M. Vibert de son intéressante communication.

En ce qui concerne le premier vœu présenté par M. Vibert, je ferai observer à la 2ᵉ section qu'elle a déjà adopté un vœu plus général, traitant de la question des avalanches et dont le vœu actuel n'est qu'un cas particulier.

Il ne me semble donc pas d'absolue nécessité de le mettre en discussion; d'ailleurs, l'expression de ce projet de vœu figurera au procès-verbal comme complément à la pensée qui a présidé à l'adoption du vœu dont je viens de parler. (*Assentiment.*)

Quant au deuxième projet de vœu présenté par M. Vibert, il vise un cas trop particulier et un détail de restauration qui ne paraît pas pouvoir faire l'objet d'un vœu à présenter au Congrès international.

M. Puig y Valls fait observer qu'il intéresse la région pyrénéenne de l'Espagne.

La 2ᵉ section, consultée, décide qu'il n'y a pas lieu de présenter ce projet de vœu à la séance générale, mais qu'il convient néanmoins d'en faire mention dans le compte rendu.

M. Tessier. J'ai attendu que les travaux présentant un caractère d'intérêt international soient terminés pour prier la 2ᵉ section d'entendre une très courte communication qui n'intéresse évidemment que la France, mais qui ne suppose aucune sanction, ne soumet qu'une idée bonne à répandre dans notre pays et que je serais heureux de voir figurer dans le compte rendu de ces séances. (*Assentiment.*)

M. LE PRÉSIDENT. En conséquence je donne la parole à M. Tessier, sous la réserve indiquée par lui-même.

M. TESSIER. Le plus grand fleuve de notre France, celui dont le bassin est le plus étendu et le plus riche, la Loire, voit chaque année son lit s'ensabler et le régime de ses eaux se modifier dans le sens torrentiel.

Les montagnes granitiques du Plateau central, déboisées, s'effritent et s'émiettent en sable que les crues ligériennes entraînent et déposent dans la partie inférieure du fleuve dont le lit s'exhausse avec une inquiétante rapidité.

Les restes de villas romaines exhumées récemment sur ses bords sont à plusieurs mètres au-dessous du niveau actuel.

Dans les vieilles églises romanes, parure artistique de gracieux villages qui se mirent dans ses eaux, on descend déjà par plusieurs marches comme dans une cave.

Au xvii⁰ siècle le danger était déjà *né et actuel*, puisqu'on fut obligé, pour protéger les cultures de la vallée, de construire une levée.

Aujourd'hui, ce danger est de plus en plus grandissant et on parle de surélever cette digue.

Bientôt, si on n'y veille, la Loire sera pour la France de l'Ouest aussi menaçante que l'est le Pô pour la Haute-Italie.

Le remède à ce mal est là, à notre portée; il suffirait de fixer par le reboisement tous les terrains granitiques en voie d'érosion.

Plus de sable enlevé aux montagnes du bassin supérieur, plus d'exhaussement du lit dans le cours inférieur.

Les crues, faites d'eaux relativement claires, provoqueront au contraire dans le thalweg inférieur un affouillement bienfaisant.

Je voudrais voir se grouper toutes les initiatives, toutes les intelligences, tous les intérêts particuliers, toutes les collectivités : communes, comices agricoles, syndicats, depuis le Croisic jusqu'au sommet du Gerbier-des-Joncs, pour constituer une société puissante ayant pour but : *la restauration de la Loire.*

Je demande que les forestiers reboiseurs ici présents s'unissent en un *comité de propagande* destiné à jeter les bases de la constitution de cette société.

M. Cardot. Cette pensée a déjà été mise en œuvre: la question de l'amélioration de la Loire par le reboisement de son bassin supérieur fait l'objet de négociations actives auprès des conseils généraux intéressés, et dont M. Audiffred, député, est l'un des promoteurs.

M. Leddet. Le conseil général de la Loire-Inférieure a émis un vœu en ce sens; le souhait de M. Tessier, de voir les collectivités se grouper depuis la pointe du Croisic jusqu'au Gerbier-des-Joncs. n'est donc pas loin de se réaliser.

M. Tessier. Il reste alors à un comité de propagande le soin de grouper ces efforts convergents.

M. Servier appelle l'attention de la section sur l'utilité de présenter un vœu tendant à ce que la loi sur le dégrèvement des terrains reboisés en montagne et en plaine pendant 30 ans soit appliquée par l'Administration des contributions directes, qui souvent oppose aux justes réclamations des intéressés une fin de non-recevoir absolue.

M. Cardot fait observer que la proposition ne semble pas présenter un caractère assez général pour pouvoir être soumise à l'assemblée du Congrès international, mais que mention pourra être faite de ce vœu dans le procès-verbal. (*Assentiment.*)

M. le Président. Les travaux de la 2e section étant terminés, la séance est levée.

La séance est levée à 11 h. 50.

DEUXIÈME SECTION.

Annexe N° 1.

LA FORÊT ET LE DANGER DES INONDATIONS,

PAR BERNARD-ALEXANDRE BARGMANN.

ANALYSE D'UNE NOTE EN LANGUE ALLEMANDE
ENVOYÉE PAR L'AUTEUR.

Les inondations qui se produisent tous les ans en Allemagne avec plus de violence, causant des pertes de plus en plus grandes en hommes et en argent, donnent un intérêt puissant à cette question : «Quel est le rôle de la forêt au point de vue du danger des inondations?»

Lorsqu'on se trouve sur le sommet d'une montagne boisée, au commencement d'un orage ou au moment d'une dépression barométrique, — et surtout lorsqu'on a devant soi, dans la direction du sud-ouest, une vaste plaine, — on peut souvent constater que la montagne s'oppose au passage du courant d'air, et qu'elle l'oblige à monter vers les couches d'air supérieures. La masse d'air, refroidie dans son mouvement d'ascension, laisse échapper une partie de sa vapeur d'eau. Celle-ci se condense et apparaît sous forme de brouillard ou de nuage dans l'air jusqu'alors transparent.

Il est admis d'ailleurs, aujourd'hui, qu'il faut toujours un mouvement ascensionnel d'air renfermant de la vapeur d'eau pour qu'il y ait formation de pluie. La montée produit une dilatation qui a pour conséquence une baisse de la température des masses d'air ascendantes. Le refroidissement amène une augmentation progressive du degré d'humidité et lorsque, à une certaine hauteur, la masse arrive à saturation, la vapeur d'eau se condense en gouttelettes qui deviennent finalement si grosses et si lourdes qu'elles tombent en «pluie» sur le sol.

Les montagnes provoquent donc, en général, une augmentation de la fréquence des pluies, par ce fait qu'elles opposent une résistance à la marche des courants et les obligent à pénétrer dans des couches d'air plus élevées et plus froides. La condensation de la vapeur d'eau se produit alors, soit par le mélange de masses d'air présentant des températures inégales ou des degrés différents d'humidité, soit par la dilatation et, par suite, le refroidissement des masses ascendantes. C'est pour cette raison que les localités situées du côté du vent par rapport à la montagne, reçoivent des pluies fréquentes, tandis que celles placées «à l'ombre du vent» manquent souvent de pluie.

Mais les montagnes *boisées* ; seules, augmentent la fréquence des pluies.

L'influence considérable des forêts sur les pluies a été reconnue et constatée scientifiquement, notamment par Dove, Berghaus, Brun, Blanqui, Ebermayer, Graham, Marchand, Meldrum, Marle, Surell, Graeger, Milne, Home, Clavé et Boussingault.

Les forêts, comme les massifs montagneux, donnent naissance à de fréquentes dépressions atmosphériques. Comme eux, elles arrêtent les vents et provoquent le mélange de masses d'air portées à des degrés inégaux de température et d'humidité. Les masses d'air qui environnent les terrains non boisés et celles que contient la forêt se trouvent, en effet, dans des conditions différentes au point de vue de la température et de l'état hygrométrique, car le soleil ne parvient pas directement sur le sol de la forêt et l'évaporation, à la surface de la terre, y est moindre. En outre, tous les courants ne pénètrent pas dans la forêt, car chaque tige d'arbre constitue un obstacle qui modifie sa direction et diminue sa force : aussi le sol de la forêt se dessèche-t-il moins vite que celui des terrains non boisés. D'autre part, les masses d'air situées au-dessus de la forêt sont plus humides que celles avoisinantes, car le sol et les feuilles abandonnent peu à peu 3o à 5o p. 100 de l'eau de pluie dont ils sont restés imprégnés.

Des expériences très intéressantes ont été faites en Allemagne et en Autriche sur le climat des forêts. Elles ont eu lieu, en Allemagne, dans des stations météorologiques parallèles, c'est-à-dire établies à quelques centaines de mètres de la lisière de la forêt, les unes sous bois, les autres en plaine. En Autriche, on s'est servi de stations rayonnantes, c'est-à-dire installées à des distances variables autour d'une station principale placée au milieu d'une grande forêt.

Il résulte de ces expériences que l'humidité absolue de l'air est sensiblement la même hors forêt qu'en forêt. Quant à l'humidité relative (c'est-à-dire au degré de saturation de l'air), elle dépend évidemment de la température. On a trouvé des différences notables de température entre les masses d'air de la forêt et celles situées hors forêt. La température est notamment plus basse sous bois, pendant le jour, qu'à l'air libre.

Les forêts et les montagnes boisées peuvent donc provoquer une chute de pluie, non seulement parce qu'elles peuvent forcer les courants d'air à se déplacer vers des couches plus froides, mais encore parce qu'elles peuvent être par elles-mêmes une cause de refroidissement des courants. Les montagnes non boisées sont dépourvues, au contraire, de cette dernière faculté. Fortement échauffées par les vents de l'est et du sud-est, elles n'ont pas ce pouvoir de refroidissement et n'ont pas une influence prédominante sur la formation des pluies.

Mais comment cette augmentation de la fréquence des pluies éloigne-t-elle le danger des inondations ?

Pour s'en rendre compte, il faut se souvenir que la vapeur d'eau qui sert à la formation des pluies n'est produite qu'en faible partie sur place et qu'elle est amenée, surtout en Allemagne, par les courants équatoriaux de l'ouest et du sud-ouest. Cette vapeur se condense en pluie soit parce que les courants se refroidissent en montant vers le nord, soit parce qu'ils rencontrent des vents d'est et du nord-est, soit sous l'influence, précédemment indiquée, des forêts et des montagnes. Mais, comme en général le sol est trop chaud, en été, pour que les courants équatoriaux se refroidissent en se dirigeant vers le nord, on se trouve seulement en présence des deux derniers effets. Il en résulte que, dans les régions dépourvues de montagnes boisées ou de forêts, des quantités énormes de vapeur d'eau pourront s'accumuler et que la transformation de cette vapeur, au lieu de se faire en plusieurs fois comme dans les régions boisées, se fera d'un seul coup (lorsque les vents d'ouest et du sud-ouest rencontreront ceux de l'est et du nord) et déversera subitement des quantités considérables d'eau sur le sol.

La forêt agit donc comme un régulateur et elle constitue, à ce titre, une protection contre les inondations.

Mais son rôle ne se borne pas à celui-là; grâce à elle, en effet, une partie importante des eaux de pluie est employée à la création et à l'alimentation des sources.

On a cru longtemps que les sources étaient le produit d'une distillation; on a supposé ensuite que les eaux de sources montaient jusqu'à la surface du sol par capillarité: mais on sait aujourd'hui que la formation des sources obéit à des lois hydrostatiques. L'eau pénètre dans le sol par l'effet de sa pesanteur. Lorsqu'elle rencontre une couche rocheuse horizontale ou oblique, il se crée une source et cette création est grandement favorisée par la forêt, car la forêt ralentit l'évaporation et l'écoulement des eaux de pluie, augmentant ainsi d'autant les chances d'infiltration dans le sol.

On a pu constater souvent, d'ailleurs, que des défrichements ont eu pour conséquence une disparition des sources. M. Grebe, conseiller forestier à Eisenach, a cité beaucoup d'exemples de ce cas au Congrès forestier allemand tenu à Eisenach en 1876, et l'auteur lui-même a vu se tarir deux sources dans la vallée de Saint-Amarin (Alsace), après l'exploitation de coupes situées au-dessus d'elles.

Enfin la forêt intervient encore, au point de vue du régime des eaux, comme un régulateur de leur écoulement. Elle s'oppose en effet par son feuillage, par ses tiges, par sa couverture, à leur écoulement direct et brutal.

Le rôle de la forêt est donc triple. Au-dessus de terre elle agit comme distillateur et régulateur des pluies; sous terre comme créateur de sources; et à la surface comme éponge ou manteau de pluie.

Il ressort des chiffres cités par l'auteur, — chiffres basés sur les expériences de Dumas et sur les observations faites de 1890 à 1894 dans seize stations météorologiques de la Haute-Alsace, — que les masses d'eau qui envahissent les terres au moment des inondations sont moins considérables qu'on ne pourrait le croire, et il estime qu'on peut arriver à se défendre contre elles; mais, à son avis, les travaux qu'on effectue habituellement dans la partie inférieure du bassin des fleuves et des rivières (régularisation, augmentation de la profondeur du lit, élargissement, création de bassins, de canaux de décharge, etc.), sont certainement insuffisants. Il faut prendre le mal à sa racine. Il faut empêcher les eaux de descendre trop rapidement les pentes des montagnes. Pour cela on les retiendra par des fossés horizontaux et par des barrages; on créera des lacs artificiels; on s'opposera à un écoulement rapide des sources; on laissera les chemins escarpés sans fossés bordiers; on installera au contraire, sur la chaussée, des revers d'eau qui aboutiront, de chaque côté, à des fossés horizontaux. En forêt on se servira des laies, des chemins de schlitte, des chemins creux pour diminuer la rapidité d'écoulement des eaux. On laissera les sources à découvert et on les emploiera à la formation d'étangs dont les eaux pourront être utilisées dans la vallée.

Mais tous ces moyens sont secondaires. Le remède primordial contre les inondations, c'est la conservation des forêts.

Les dégâts causés par les inondations en Provence et en Dauphiné et, plus tard, dans les Alpes suisses par suite de la destruction irréfléchie de forêts démontrent que cette destruction est un crime. Elle a les conséquences les plus dangereuses, non seulement pour les habitants qui vivent dans son voisinage, mais même pour tous ceux d'un même bassin.

On n'a certes pas à redouter des déboisements aussi calamiteux en Allemagne; cependant on laisse aux propriétaires particuliers, en matière d'exploitation et de défrichement, une liberté beaucoup trop grande, surtout si l'on considère que 40 p. 100 des forêts appartiennent à des particuliers.

En Alsace-Lorraine les lois de 1860 et de 1864, dues à l'initiative de Napoléon III, rendent des services appréciables. Il conviendrait d'adopter des mesures analogues pour toute l'Allemagne. Il faudrait même les rendre internationales.

Rossmässler, professeur à l'Académie forestière de Tharand de 1830 à 1849 avait déjà reconnu cette nécessité. Il demandait la réunion d'un congrès international dont il conduirait les membres sur le sommet d'une montagne. De là, il leur montrerait la masse imposante des forêts allemandes, et, si ce spectacle ne suffisait à leur faire comprendre le rôle considérable et salutaire des forêts, il supplierait Jupiter Pluvius de déverser pendant un jour entier le contenu de son urne sur la terre. Ils verraient alors le sol de la forêt se gorger d'eau de pluie, tandis que les fleuves des vallées ne recevraient que son trop-plein. Ils se transporteraient alors dans le sud de la France, et là ils verraient, au contraire, les eaux se précipiter sur les pentes nues et ravinées des montagnes, et arriver en masses énormes dans le fond des vallées. On comprendrait alors l'importance internationale des forêts et comment les Hollandais, par exemple, peuvent souffrir d'abus d'exploitations ou de défrichements commis dans le duché de Bade et en Suisse.

L'auteur termine son intéressante notice en exprimant le vœu qu'une loi internationale vienne bientôt protéger les forêts et spécialement les forêts situées en montagne.

TROISIÈME SECTION.

SÉANCE DU MARDI 5 JUIN 1900
(MATIN).

PRÉSIDENCE DE M. PAUL CHARPENTIER.

La séance est ouverte à 10 heures et demie du matin.

M. LE PRÉSIDENT. Messieurs, la troisième section doit commencer, d'après son ordre du jour, par procéder à la constitution de son bureau; je crois devoir lui rappeler que la Commission d'organisation se composait de M. Paul Charpentier, président, Joulie, vice-président, et Thézard, secrétaire.

M. PAGÈS. Il me paraît alors que le meilleur parti à prendre est de maintenir en fonctions les membres de ce bureau qui sont au courant de toutes les questions que nous avons à examiner.

La proposition de M. Pagès est adoptée.

L'assemblée désigne ensuite M. le docteur Rudolf Weber, professeur à l'Université de Munich, pour représenter, comme vice-président, les membres étrangers.

M. LE PRÉSIDENT. Je remercie l'assemblée, au nom des membres du bureau, de l'honneur qu'elle nous fait et je puis l'assurer que nous nous efforcerons de nous en rendre dignes.

L'un des membres de la section, M. Pagès, craignant de ne pouvoir assister aux séances ultérieures, demande à présenter immédiatement quelques observations sur une question qui n'est pas à l'ordre du jour; il s'agit de l'emploi du méthylène comme dénaturant. Si personne ne s'y oppose, je donnerai la parole à M. Pagès. (*Marques d'assentiment.*)

M. Pagès. Je viens vous entretenir, Messieurs, de l'alcool. Peut-être, tout d'abord, trouverez-vous étrange que mes observations sur ce sujet se présentent à propos de la question des bois; mais je vous rappellerai immédiatement que l'alcool de bois ou alcool méthylique tient une très grande place dans le développement de notre richesse forestière.

Il existe actuellement en France environ quarante usines qui, par la distillation en vases clos, produisent le méthylène. Or vous savez que la régie française ayant à protéger contre la fraude les droits très élevés qui frappent l'alcool, s'est adressée à des savants qui, après de longues études, après des expériences prolongées, ont estimé que le méthylène était le produit qui, mélangé à l'alcool, empêchait le plus sûrement de reconstituer celui-ci à l'état pur, les deux produits ayant des points de distillation très voisins. C'est donc le méthylène qui garantit le mieux les intérêts du Trésor; de là l'importance qu'il a prise durant ces dernières années.

Mais, depuis environ deux ans, les sucriers et les betteraviers du Nord et du Pas-de-Calais ont entamé une campagne pour obtenir la diminution de la proportion de méthylène employé à la dénaturation de l'alcool destiné au chauffage, à l'éclairage, à la fabrication des couleurs et des vernis. Ils ont même été plus loin et ils ont demandé de supprimer le méthylène comme dénaturant et de le remplacer par de l'huile de suint, produit que l'on obtient par le lavage des laines, et auquel on a donné le nom un peu barbare d'éthyl-méthyl-cétone; il a été découvert par deux savants professeurs de Lille, Messieurs Buisine, et il a été lancé par un député, grand industriel de la région, M. Motte.

La Commission qui fonctionne au Ministère des finances et qui s'occupe de la question des dénaturants, a dû étudier ce nouveau produit que l'on voulait substituer au méthylène. Des expériences ont été faites, mais elles n'ont pas donné les résultats que certains en espéraient et la Commission a décidé de conserver le méthylène comme dénaturant officiel.

Les députés du Nord et du Pas-de-Calais avaient aussi saisi la Chambre des députés de la question; mais ils furent encore battus.

Il s'agit là, Messieurs, d'un intérêt de premier ordre au point de vue forestier; les usines qui fabriquent le méthylène sont répandues sur toute la surface de la France; elles emploient comme ouvriers, comme bûcherons, comme charretiers, plus de cent mille personnes; elles permettent d'employer des bois qui n'auraient pas d'autre utilisation possible et font vivre de très nombreuses familles.

Supprimez le méthylène et vous ruinerez un grand nombre de départements parmi lesquels on peut citer tout particulièrement l'Yonne, la Nièvre, le Saône-et-Loire, qui forment ce massif forestier connu sous le nom de Haut et Bas-Morvan.

Pour exploiter ce massif dépourvu de chemins de fer et de routes, on se sert des cours d'eau par le système des bûches perdues. Il y a bien longtemps que dure cette industrie, car on trouve des édits de 1315 qui reconnaissent une société de flottage spécialement constituée pour assurer le chauffage de Paris.

Dans le Morvan comme aussi dans le Jura et la Haute-Saône, ce sont les fabriques de méthylène qui font vivre l'industrie forestière.

C'est pourquoi, Messieurs, tenant compte à la fois des intérêts des forêts et des intérêts du Trésor, je viens vous proposer d'émettre un vœu en faveur du maintien du méthylène comme dénaturant, puisqu'il répond à la fois aux exigences de la science et de la pratique.

Pour le fabriquer, on se sert surtout des hêtres, des chênes, des charmes. Ces arbres, quand ils ont environ vingt-deux ans, forment de petits taillis très serrés, que l'on ne peut employer ni comme charpentes pour la construction des maisons, ni pour celle des navires, ni pour les traverses des chemins de fer, ni pour les poteaux de mines; on les utilise donc au moyen de la distillation.

J'ajouterai une autre considération. Vous savez comme moi, Messieurs, que les charbons de bois fabriqués dans les forêts disparaissent de plus en plus de la consommation ; les usines de méthylène emploient les bois qui ne servent plus à fabriquer du charbon, donnant ainsi une heureuse compensation aux propriétaires forestiers.

M. Daubrée a d'ailleurs entre les mains une carte de France où toutes les régions intéressées au maintien du méthylène comme dénaturant sont teintées en vert.

Vous y verrez les départements des Ardennes, du Nord, de la plus grande partie de la Normandie et de la Bretagne, de ceux des Pyrénées, de la Nièvre, de l'Yonne, de Saône-et-Loire, du Jura, du Doubs, des Bouches-du-Rhône, du Vaucluse, du Haut-Rhin, le Lyonnais, etc.

Il s'agit donc, Messieurs, je le répète, d'une industrie qui fait vivre plus de cent mille ouvriers et qui rend d'immenses services à l'humanité; elle a produit, en effet, la créosote, le gayacol, les couleurs d'aniline.

Il y a une corrélation évidente entre les deux côtés chimique et forestier de la question qui intéresse autant les pays étrangers que la France.

Je m'excuse, Messieurs, d'avoir retenu si longtemps votre attention;

mais le sujet est important et je suis certain que vous n'hésiterez pas à émettre un vœu en faveur du maintien du méthylène comme dénaturant officiel dans les différents pays d'Europe qui l'emploient actuellement.

Le vœu proposé par M. Pagès est mis aux voix et adopté.

M. le Président. M. Demorlaine a présenté une notice sur le quarrimètre; je lui donne la parole pour expliquer l'utilité et l'usage de cet instrument.

M. Demorlaine. Personne de vous n'ignore, Messieurs, que le pin est la richesse forestière des Landes; il y a remplacé toutes les autres cultures et la production de la résine dans cette région s'est si bien développée que nous avons pu concurrencer d'une façon sérieuse la production américaine sur les marchés étrangers.

Mais, d'un autre côté, les pins sont devenus, comme bois, l'objet d'une exportation considérable; les Anglais viennent en acheter de grandes quantités pour les employer comme poteaux dans les mines.

Le problème qui se pose est donc celui-ci : exploiter l'arbre au point de vue de la production de la résine de manière à lui conserver sa valeur comme bois.

Malheureusement il arrive que les résiniers, croyant obtenir des produits plus abondants, creusent à la résine des sillons trop larges ou trop profonds. Or la quarre, c'est le terme forestier, intelligemment comprise, doit être proportionnée au diamètre du pin exploité; aller, par suite, en diminuant, à mesure qu'elle s'avance le long de l'arbre qu'elle entaille.

Elle ne doit jamais être trop profonde; la résine, en effet, s'écoule surtout de canaux situés dans la partie vivante du bois, immédiatement au-dessous du *liber*. Si l'on entaille plus profondément le pin, c'est au détriment de la vigueur et du développement de l'arbre, de l'accroissement du bois, sans profit cependant pour la production de résine puisque l'ouvrier a dépassé la couche qui la produit en plus grande abondance.

Il conviendrait donc de régler l'exploitation de façon à obtenir une production régulière de la résine et du bois et, pour cela, il suffit de déterminer d'une façon normale et raisonnée l'entaille de la quarre ; il faut, pour cela, limiter à la fois la largeur et définir la longueur de la quarre pour toutes les hauteurs de pins auxquelles elle peut être pratiquée.

Dans les forêts domaniales des Landes, l'Administration forestière a déterminé ces limites par le cahier des clauses spéciales du 4 avril 1894 où je trouve les indications suivantes :

« Pour les pins gemmés à vie (au-dessus de 1 m. 10 de circonférence) la quarre aura, la première année, une longueur de 0 m. 65 ; chacune des trois années suivantes, 0 m. 75, et, la cinquième année, 80 centimètres, de façon que la hauteur totale de la quarre soit de 3 m. 70.

« La largeur de la quarre ne pourra excéder 9 centimètre dans la partie inférieure de l'arbre et 8 centimètres dans la partie supérieure, c'est-à-dire au-dessus de la hauteur de la quarre de la troisième année (2 m. 90 à partir du sol).

« La profondeur ne pourra excéder 1 centimètre, mesure prise sous corde tendue d'un bout à l'autre de l'entaille, à la naissance inférieure de la partie rouge de l'écorce. »

J'ajoute qu'à mon avis, la profondeur de la quarre, pour un arbre de 1 mètre à 1 m. 10 de circonférence, ne doit pas dépasser 1 centimètre au maximum ; sa largeur, proportionnée aux différentes hauteurs de la partie entaillée, doit osciller entre les dimensions suivantes :

La 1re année... 0,09
La 2e et la 3e année...................................... 0,08
La 3e et la 4e année...................................... 0,07
La 5e année 0,06

Sa hauteur ne devrait pas dépasser 3 mètres.

Il est urgent, pour augmenter la double production de la résine et du bois, de généraliser l'application de ces dimensions ; il s'agit d'un intérêt national lésé par des gaspillages trop fréquents.

Mais il convient de remarquer qu'il n'est pas très aisé d'arriver à tailler habilement du premier coup un pin, d'autant plus que l'on emploie aujourd'hui pour aller plus vite des instruments très tranchants, appelés rasclets, au lieu de l'ancien habchot et que le travail se fait actuellement en se tenant au pied de l'arbre, au lieu de monter le long de l'arbre ; cette manière de faire a le défaut, si l'on n'y prend pas bien garde, de creuser l'arbre d'une façon exagérée.

Il est donc indispensable que le propriétaire surveille ses ouvriers et surtout qu'il puisse les contrôler ; c'est dans le but de leur permettre ce contrôle que j'ai imaginé, au cours de mes tournées dans les Landes, un petit appareil permettant de déterminer à la fois et aussi nettement que possible les deux dimensions d'une quarre (largeur et profondeur).

Cet appareil, auquel j'ai donné le nom de quarrimètre, est exposé dans le Pavillon des Forêts.

Il se compose d'une règle graduée en millimètres, formée de deux lames d'acier laissant entre elles un certain intervalle et réunies à leurs extrémités par deux masselottes en cuivre. L'une d'elles porte à sa partie inférieure une pointe d'acier. Entre les lames de la règle graduée, peuvent circuler deux curseurs que deux vis permettent de rendre fixes sur la règle graduée. Le premier de ces curseurs porte, comme la masselotte, une pointe d'acier à sa partie inférieure; il est muni, en outre, sur son côté d'un repère qui se déplace en même temps que lui sur la partie graduée de la règle; le second curseur présente les mêmes dispositions; en outre, la première vis, creuse à sa partie inférieure, est traversée par une tige filetée qui peut être actionnée par un bouton.

Cette tige porte, gravés à sa partie inférieure, des traits hélicoïdaux dont le pas est exactement d'un millimètre. Perpendiculairement à ces traits en ont été gravés deux autres, d'inégale longueur, qui, venant se placer en regard d'un repère vertical placé sur le curseur, indiquent que la vis a tourné d'un nombre entier de millimètres ou de demi-millimètres, suivant la longueur du trait vertical qui vient se placer devant le repère.

Cet instrument permet de déterminer avec la plus grande facilité la largeur et la profondeur d'une quarre.

J'espère, Messieurs, avoir fait partager ma conviction par l'Assemblée et je la prie d'émettre un vœu tendant à ce que l'on fasse respecter par tous les moyens possibles, par les résiniers, les dimensions prescrites par l'Administration des Forêts, pour les quarres, dans le document dont je vous ai donné lecture il y a quelques instants.

Le vœu proposé par M. Demorlaine est mis aux voix et adopté.

SÉANCE DU MARDI 5 JUIN 1900.

(SOIR.)

—————

PRÉSIDENCE DE M. PAUL CHARPENTIER.

La séance est suspendue à 11 heures 10 ; elle est reprise à 2 heures et demie.

M. LE PRÉSIDENT. Nous avons reçu, Messieurs, de M. Reynard, inspecteur des Eaux et Forêts à Bastia, un mémoire sur le cubage mental des chênes. Je l'ai communiqué à plusieurs membres de la section, mais aucun d'eux n'a voulu prendre sur lui de venir ici développer des théories fort abstraites, fondées sur des principes qu'il serait tout au moins nécessaire d'expliquer et de démontrer au tableau.

Dans ces conditions, la section ne peut qu'exprimer le regret que M. Reynard n'ait pu venir lui-même exposer ses idées et indiquer ses arguments, et passe à l'ordre du jour.

M. E. JULLIEN donne lecture d'un rapport sur les travaux envoyés au Congrès par M. ADRIAN :

M. A. Adrian, à Blamont (Meurthe-et-Moselle), a présenté un volume ayant pour titre *Barème forestier* [1].

Il a publié ce travail dans le but de propager l'usage général du système métrique en ce qui concerne les bois.

En outre des explications relatives aux divers modes de cuber les bois en grumes et équarris, ce volume contient :

Les calculs faits du cubage des bois en grume de 0 m. 06 à 3 mètres de *circonférence*, de centimètre en centimètre, sur la longueur de 0 m. 25 en 0 m. 25 à 16 mètres, au volume réel et avec conversion au quart de la circonférence ou au cinquième, sixième, dixième déduit ;

———

[1] *Barème forestier*, A. ADRIAN, 5ᵉ édition. En vente chez l'auteur A. Adrian, à Blamont (Meurthe-et-Moselle) et chez les libraires.

Les calculs faits du cubage des bois en grume de o m. o5 à 1 mètre de *diamètre*, de centimètre en centimètre, sur la longueur de o m. 25 en o m. 25 à 16 mètres, au volume réel et avec conversion au quart du diamètre ou au cinquième, sixième, dixième déduit;

La conversion des cubes métriques en solives ou celles-ci en cubes métriques, ou au quart, cinquième, sixième, dixième;

L'évaluation des grumes en sciage et bois de chauffage;

Les calculs faits de bois équarris de o m. o5 à o m. 5o sur 1 mètre de côté de o m. 25 à 20 mètres de longueur;

Les tableaux de bois équarris qu'on peut retirer d'une pièce ronde, à vive arête, ou au quart de la circonférence, ou échantillonnée;

Les modes d'estimation des bois en général sur pied, d'après mesures à 1 m. 5o du sol;

Les calculs faits, spécialement pour les sapins sur pied;

Les calculs faits, spécialement pour les chênes ou autres sur pied;

L'évaluation au volume réel et en planches des sapins sur pied mesurés à 1 m. 5o du sol;

Le rendement en planches diverses et chons d'une tronce de 4 mètres, d'après mesures au petit bout;

Les calculs faits, de conversion du volume réel, au quart de la circonférence ou du diamètre, ou au cinquième, sixième, dixième déduit.

Il a aussi joint une brochure[1] comprenant les dessins de détail du débitage des bois de sapins pour ensuite établir le rendement par arbre entier et celui du mètre cube de bois brut.

M. LE PRÉSIDENT. J'ai reçu, Messieurs, la lettre suivante que je crois devoir vous communiquer :

« Monsieur le Président,

« Quoique je me fusse préparé pour participer aux travaux du Congrès, je me trouve empêché, au dernier moment, d'exécuter ce projet.

« Maintenant je viens vous prier d'avoir la bonté d'offrir à la Section III de notre congrès mon petit travail ci-inclus. Probablement la section aura envie de discuter ma proposition et de prendre une conclusion pour le Congrès.

« Soyez assuré, mon honorable président, que je suis fort désappointé

[1] *Débitage des sapins*, par A. ADRIAN, à Blamont (Meurthe-et-Moselle).

de ne pouvoir assister à notre congrès, parce que j'en attendais un choc
des opinions qui fait du bon à notre métier si beau.

« Agréez, etc.

« Van Schermbeck. »

M. le Secrétaire donne lecture du rapport de M. Van Schermbeck,
houtveiter des domaines de l'État, à Ginneken-Breda (Pays-Bas).

Ce rapport est ainsi conçu :

Honorable Président,
Messieurs,

Si j'ai la hardiesse de fixer pour quelques moments votre attention sur
un thème qui n'attire pas encore la plupart de nos collègues en fonctions,
savoir la recherche du sol, c'est à cause de ma conviction pendant les
douze dernières années de ma pratique forestière dans la plaine du nord-
ouest de l'Europe.

C'est elle qui me dit que le sol est le moyen productif de notre métier,
qui peut réagir sous l'influence de notre technique. L'inséparabilité du sol
et du peuplement dans le métier forestier, fait réagir énergiquement le
sol sur le traitement du peuplement, mais aussi un correctif du sol, appliqué au juste moment, est capable de faire fraîchir un peuplement en
malaise.

Après avoir consacré mes forces à la forêt de l'État à Java pendant
presque treize années, une maladie chronique me força de changer de
champ de travail et d'observation, mais, heureusement, non de métier.
Du moins, je suis encore fort reconnaissant d'avoir eu l'occasion d'étudier
la nature dans l'expression de sa volupté végétative, mais en même temps
de sa destruction végétale.

C'est à cet enseignement supérieur pour notre métier qu'on apprend à
se garder de toutes les manipulations trop artificielles en négligeant les
moyens naturels qui sont à notre disposition.

Depuis ce changement dans ma vie, je me suis mis à la tâche de
pousser une énergie revivante des Néerlandais sur le terrain sylvicole.

Dans ma patrie, tout devait reculer pour le défrichement agricole causé
par le développement du principe individuel, planté dans les idées des
Néerlandais par l'influence des Romains sur notre agriculture des terrains
riches. Voilà la cause du déboisement presque total de la Néerlande. La

même cause fit reconnaître que toute végétation voluptueuse dans la forêt
virginale ne donne pas toujours les garanties suffisantes pour une agriculture permanente.

Tant qu'il serait intéressant de parcourir l'histoire économique de ma
patrie dès Jules-César, les Francs et les Gaulois, suivis par les Saxons,
jusqu'à présent; il faut que je me borne au résultat final.

La Néerlande, autrefois aussi boisée que l'Allemagne, est à présent
presque dérobée de bois. Il n'y a pas plus de 3 à 4 p. 100 du sol en production ligneuse, plus de 4 p. 100 sont en état de tourbière, et environ
20 p. 100 sont des terrains vagues, dédaignés par l'agriculture. Pourtant
ces terrains incultes indiquent partout des traces de l'industrie humaine,
dépendante d'une certaine richesse en bois. Par conséquent, il fut un
temps que la forêt devait reculer pour la culture des plantes alimentaires.
Les terrains maintenant vagues se montraient incapables de produire incessamment des fruits agricoles. Ils furent abandonnés, en laissant plein
pouvoir à la brebis, qui prévenait chaque régénération supérieure aux
bruyères.

Pendant cette grande période, depuis le premier déboisement jusqu'à
présent, le sol fut soumis à bien des changements.

D'une part, le sable devint et resta mobile, en conséquence des grands
transports pour entretenir les relations de commerce avec les pays voisins,
formant des dunes étendues; d'autre part, les coulements d'eau réguliers
furent arrêtés, donnant l'origine à des marais plus ou moins larges, qui
se développaient en tourbière à cypéracées. Aussi il se formait des tourbières à sphaignes bien larges.

Ces changements totaux et successifs de la physionomie du pays ne se
bornèrent pas à l'extérieur. L'intérieur du sol se changea également. L'arrangement chimique des éléments composants fut souvent varié aussi bien
que les qualités physiques du sol.

Lorsque le sol forestier se marqua autrefois par une transition douce du
friable au dur, d'une couleur foncée à une couleur claire, la transformation
en bruyères fit paraître des couches à couleurs fort divergentes et aux qualités chimiques et physiques d'un caractère souvent contraire à celui du
temps que le sol fut couvert de forêts.

Dans les tourbières à cypéracées on trouve sur un sous-sol, riche en
limonite, une végétation flottante. Sous la tourbière à sphaignes on aperçoit un alios si dur et si profond qu'on ne le rencontre presque jamais
sous la végétation des bruyères, surtout après le drainage. Les dunes ter-

ritoriales (les sables mouvants) ne représentent qu'une masse mouvante en couleur jaune uni.

Je n'ai qu'à mentionner que les réactions entre le sol et l'atmosphère se changèrent par ces transformations, accompagnées de la disparition des animaux souterrains et des microbes qui participent si énergiquement à l'humification normale.

S'il est vrai que les transformations du sol si profondes sont presque toujours les conséquences d'un empiètement humain assez brusque dans l'ordre de la nature, il y a pourtant de pareils changements qui avancent si lentement qu'il faut l'œil d'un observateur-connaisseur pour s'en apercevoir. Pour lui il est possible de juger sur leur progrès en les dérivant des symptômes végétatifs.

A mesure que la science, coopérant avec la pratique rationnelle, réussira à éclaircir les différents phénomènes du procédé de transition entre les moyens physiques et chimiques du sol, on trouvera la manière de restaurer les grands changements nuisibles qui ont eu lieu depuis longtemps dans le sol des terrains qui, dans leur condition actuelle, sont incapables de se régénérer naturellement.

Si l'étude de la station forestière nous apprend à reconnaître les conditions convenant à un développement énergique du peuplement forestier, l'application conséquente de ces principes nous livrera une base solide pour les travaux que nous comprenons sous le terme de défrichement dans le sens le plus étendu.

La comparaison entre les montagnes boisées et déboisées nous a fait connaître que c'est grâce à la végétation forestière que nous maintenons des conditions favorables pour l'agriculture des terrains bas. Savoir : la résistance du terreau et des racines contre le déplacement du sol, faisant entretenir une couche pour une végétation sur les penchants.

La régularisation des eaux atmosphériques, qui fait couler les petits ruisseaux pendant l'été aussi bien que pendant l'hiver.

La protection des terrains bas contre un rehaussement par les décombres des montagnes.

Si nous voulons redresser les calamités causées par le déboisement, il ne nous reste rien que de construire petit à petit, artificiellement, des résistances qui puissent retenir les produits de la délitation des montagnes dérobées. Les petites terrasses plantées sont à élargir lentement, afin que, après un siècle et plus, les penchants soient recouverts d'un peuplement forestier qui, pour la suite, gardera de nouveau les intérêts des cultivateurs des terrains bas.

L'insolation du sol forestier le dérobe de sa susceptibilité pour la régénération naturelle. Le rétablissement d'un ombrage convenable aux circonstances nous rendra les conditions qui pousseront l'ensemencement naturel.

Des circonstances non favorables pour une végétation supérieure nous donnent l'alios dans le sol; par conséquent, la disparition de cette formation si nuisible aux plantes d'ordre supérieur ne peut être obtenue que par des moyens contraires à la cause qui a fait naître cette formation.

Aussitôt que le forestier s'aperçoit que la taupe vient de disparaître de son territoire, il faut qu'il en cherche les causes pour les supprimer. Si un pareil animal ne peut plus respirer dans le même médium où il respirait autrefois, la ventilation du sol est abolie, et le peuplement doit en apercevoir les conséquences défavorables. Rien de plus naturel que çà. Avec la taupe, les vers, ces travailleurs infatigables du terreau, se sont retirés aussi des terrains tellement fermés pour la circulation d'air. Mais partout où l'air est si exclu, les microbes de la destruction complète des déchets organiques cessent leurs fonctions. Au lieu qu'un humus doux couvre le sol, on y trouve bientôt l'humus acide, suivi par une sorte de tourbe.

La dernière est la vraie contradiction du peuplement forestier. Des formations pareilles, abandonnées à la nature, ne cessent que par ruiner le peuplement forestier, se développant elles-mêmes en tourbières à sphaignes.

Il faut me contenter de vous avoir rappelé quelques faits, suffisant pour démontrer la nécessité d'une recherche exacte et rationnelle d'après les réactions dans le sol de culture. Les résultats de cette étude nous procureront les moyens de maintenir les circonstances les plus convenables en faveur d'une végétation saine.

Ce fut Liebig qui s'occupa le premier des réactions dans le sol, mais il n'en étudiait que le côté chimique. Parce qu'il négligeait absolument la grande influence des fonctions physiques, qui dominent les réactions chimiques dans le sol, il est évident que ce grand maître se vit bien souvent placé devant des problèmes inexplicables pour lui.

La pratique savait déjà depuis longtemps qu'il y avait des sols dont la chimie constatait une richesse en minéraux abondante, qui se portent absolument stériles pour la végétation. A présent, nous savons qu'un manque d'énergie physique dans ces sols en est la cause.

C'était aussi la pratique qui avait déjà reconnu qu'un sol sablonneux, bien pauvre en sens chimique, peut porter une végétation supérieure et voluptueuse si la nature est en état d'y accumuler une grande quantité de déchets organiques en destruction complète. Dans ce cas, l'action harmonieuse des pouvoirs physiques complétait dans le sol ce qui lui manquait en richesse minérale.

De pareilles observations s'augmentaient constamment depuis le temps que la pratique commençait à utiliser les fruits de la recherche scientifique; mais, réciproquement, on transformait la chimie agricole, devenant la science physico-chimique qui s'occupe autant des fonctions physiques que des réactions chimiques dans le sol.

Il faut constater que la pratique n'a pas encore témoigné une activité remarquable pour rendre plus fructueuses les études et les expériments du laboratoire. Pourtant la jeune science physico-chimique, qui s'est associée à la bactériologie aussi, ne peut avoir de grand succès sans la collaboration des gens qui s'occupent de la pratique, c'est-à-dire des gens du métier d'une éducation et ambition assez scientifique qu'ils puissent et veuillent consommer les fruits de la science.

Je ne m'égarerai plus de mon thème et me bornerai au côté physique, qui présente au praticien le champ d'observation et d'énergie propre à son métier.

La recherche, d'après les qualités physiques du sol, *nous donne à présent des chiffres tirés des échantillons artificiels,* qu'on a reconstruits dans le laboratoire, *mais qui ne représentent nullefois le sol dans son état naturel.*

Par exemple :

Pour constater la perméabilité, le poids du volume, la capillarité d'un sol, on remplit un réservoir, un tube quelconque, soit de volume connu, soit inconnu, selon la question à traiter, d'une quantité de la matière qu'on a fait prendre sur le terrain. Les particularités du sol, qui dépendent de la structure et de l'arrangement des éléments composants, se sont perdues par cette opération. Par conséquent, les chiffres obtenus ne nous indiquent rien d'autre que les qualités physiques d'un sol du laboratoire, mais non du sol pour la culture.

Les couches successives, qu'on rencontre dans presque tous les sols forestiers, mais surtout dans les sols de la plaine, ont été examinées chacune pour soi, sans rapport aux couches voisines. La pratique nous indique pourtant qu'un changement soudain de la perméabilité d'une couche à l'autre fait toujours naître une résistance plus ou moins défavorable pour la végétation forestière. Nos essences forestières ne sont pas si limitées dans leur exigence au point de vue de la perméabilité, mais si cette qualité varie de haut en bas, il est nécessaire que le changement vienne peu à peu et non soudainement. Dans le premier cas, les racines peuvent s'accommoder lentement aux circonstances; dans l'autre cas, il faut qu'elles s'arrêtent à la lisière des deux couches.

Si un sol assez pénétrable est couvert d'une couche de poussière, ce qui résulte fréquemment des influences éoliennes, il est absolument incapable de résorber les eaux atmosphériques s'il fut chauffé et séché pendant une période chaude. Ce phénomène est à observer chaque fois après une pluie forte non précédée d'une pluie fine. Surtout les sols sablonneux s'inclinent à cette particularité.

Ces exemples peuvent être suffisants pour nous donner la conviction que les qualités physiques, pour la plupart, doivent être examinées sur le terrain même, sans dislocation de la matière en question.

Il faut consentir qu'il est bien difficile de construire des outils et des instruments pratiques pour ce but; pourtant, un peu de patience et on viendra au but. Depuis quelques années, j'ai fait des études pour construire un instrument assez pratique pour examiner la perméabilité du sol pour les racines. Le résultat final a été l'instrument dont vous voyez la photographie.

La sonde va libre dans l'hélice tubulaire. En baissant l'hélice, la sonde doit suivre par moyen du ressort qui entoure la sonde; aussitôt que la sonde rencontre une résistance, le ressort doit être pincé et un *index* nous indique, sur une échelle divisée, la résistance du moment. La sonde pointue ayant un diamètre au point de 4 millimètres, nous n'avons qu'à diviser le montant de l'*index* par 12,566 pour obtenir le chiffre en kilogrammes pour la résistance contre l'entrée d'une racine sur le millimètre carré de sa coupe transversale.

Pour les résistances les plus fortes, on a un ressort et une échelle de 0 à 15 kilogrammes; pour les résistances moins importantes, on a un ressort aussi long que le premier, avec une échelle de 0 à 5 kilogrammes.

Aussi on est en voie de faire un instrument pour prendre des échantillons de situation naturelle; mais le forgeron m'a dupé, ce qui cause que je ne puis produire une photographie de l'installation. Par moyen de cette installation, nous pouvons examiner la capillarité, la quantité des pores dans le sol, la perméabilité pour l'eau à la superficie et bien d'autres qualités du sol, dans les conditions comme on les rencontre au terrain, et non comme on les prépare dans le laboratoire.

Vous comprendrez, Messieurs, que je suis très désappointé de ne pouvoir démontrer une installation qui m'a fait bien de peines.

Certainement je n'ai pas encore trouvé la perfection; pourtant il me semble d'une haute importance que les collègues de la pratique s'occupent autant que possible des questions physiques du sol, afin que les laboratoires soient stimulés d'atteindre une plus grande exactitude qu'à présent.

Proposition au Congrès. — Encouragé par un commencement de succès, il me semble le juste moment de faire la proposition suivante à l'honorable assemblée :

« Le Congrès veuille s'exprimer s'il est à souhaiter de nommer une commission qui se chargera de la tâche de projeter un programme pour les recherches rationnelles des qualités du sol; pour la manière d'exploiter les chiffres obtenus en faveur de l'étude de la station et pour la construction des cartes agronomiques, qui seront faites, des terrains examinés. »

Ce terrain, presque original dans notre science, rendra une récolte assez riche, et les résultats pour notre métier vaudront bien la peine.

Par exemple :

Comment jugerons-nous l'effet d'un défrichement après quelques dizaines d'années, si nous n'avons point de moyens pour comparer les conditions du sol avant et après notre acte mélioratif?

De quelle manière pouvons-nous créer un système rationnel pour la régularisation de l'eau, sans avoir la disposition de cartes topographiques nous indiquant l'ondulation du terrain en combinaison avec la structure du sol qui domine la perméabilité pour l'eau?

Ce sont les études du sol sablonneux qui ont fait reconnaître le quartz si fin qu'on le nommait autrefois de l'argile. Pourtant, ses réactions sur l'eau souterraine sont absolument différentes de celles de l'argile.

Pour élargir notre savoir de traiter notre sol et nos peuplements, il n'y a rien de plus nécessaire que la recherche exacte des qualités physiques de notre sol.

Ce fut cette conviction qui m'a donné le courage de vouloir conférer, dans votre assemblée, sur ce thème important, tant qu'il me soit difficile de m'exprimer assez compréhensible dans la langue du Congrès.

Quoique je sois empêché par mes besognes de venir assister à votre réunion et que je regrette infiniment de ne pas pouvoir défendre moi-même ma proposition, j'espère que vous trouverez dans mes communications quelques principes dignes d'être discutés.

Si en cas le Congrès peut prendre une conclusion sur la question posée, je serai bien flatté et, en cas de besoin, je participerai volontiers aux travaux d'une commission qui voudrait se charger d'un devoir indiqué ci-dessus.

Veuillez agréer, mon honorable président et Messieurs, mes vœux les plus sincères et sympathiques pour le succès de votre travail, dont je ne puis faire qu'une étude des publications émanant du Congrès.

M. GUFFROY. Le Gouvernement a déjà fait quelques tentatives dans le sens indiqué par M. Van Schermbeek; elles ont fait dépenser beaucoup d'argent et n'ont pas donné de résultats appréciables.

M. DEMORLAINE. Cependant l'idée est ingénieuse, et il est bien évident qu'il serait utile de la mettre en pratique. Il s'agit de comparer les deux états du sol d'abord dénudé et ensuite planté.

M. JULLIEN. J'avoue que cette comparaison ne me paraît guère présenter d'utilité.

M. GUFFROY. L'analyse chimique du sol ne serait pas d'ailleurs le seul élément à prendre en considération.

M. GUICHET. C'est possible; mais j'estime que cette analyse pourrait rendre de très réels services, et M. Thézard pourra vous éclairer tout à l'heure à ce sujet.

M. LE PRÉSIDENT. Il ne s'agit pas, Messieurs, je dois le faire remarquer, de prendre une décision, mais simplement d'émettre un vœu.

M. GUFFROY. D'après le mémoire, il faudrait choisir les arbres à planter dans un terrain d'après les résultats de l'analyse du sol de ce terrain; je crois que cette idée est radicalement fausse; ce qu'il serait intéressant de rechercher, c'est l'influence qu'exercent les forêts sur la composition chimique du sol qui les porte.

M. Demorlaine. En tenant compte du désir exprimé dans le travail de M. Van Schermbeek et des observations qui viennent d'être présentées, je propose l'amendement suivant au vœu proposé :

« La section reconnaît l'utilité de l'analyse des sols forestiers comme terme de comparaison entre les sols dénudés et les sols boisés et comme méthode de propagande en faveur du reboisement des terrains reboisés à tort. »

L'amendement de M. Demorlaine est adopté.

M. Thézard donne lecture du rapport suivant :

M. Devarenne, ancien inspecteur des Forêts, membre de la Société forestière de Franche-Comté et Belfort, présente au Congrès de sylviculture une note sur un procédé de cubage sans tarif permettant d'apprécier approximativement les volumes des arbres tant sur pied qu'abattus. Ce procédé empirique est basé sur la relation entre le volume de l'arbre et sa circonférence mesurée à hauteur d'homme (voir annexe n° 1).

M. le Secrétaire donne lecture du rapport suivant de M. Maurice Buisson sur un mémoire de M. Martin (de Toul) relatif à l'utilisation de la sciure de bois pour le développement des clichés photographiques (voir annexe n° 2).

M. Paul Martin présente au Congrès de sylviculture un mémoire sur l'emploi de la sciure de bois pour le développement des photographies faites sur papier sensibilisé au bichromate de potasse.

Des procédés identiques ont déjà été publiés il y a plusieurs années, notamment le procédé Artigue, à Bordeaux, qui a donné entre les mains des amateurs qui l'ont employé, des résultats magnifiques. Nous pourrions, si nos souvenirs sont exacts, rappeler les épreuves exposées par MM. Maurice Buquet, Mouton, Drouet, etc., au Photo-Club et qui ont fait l'admiration du public.

M. Martin, dans son mémoire, signale un fait qui pourrait, jusqu'à un certain point, expliquer certains accidents signalés dès l'apparition du procédé Artigue. Toutes les poudres de bois ne peuvent pas être employées pour le développement des photocopies. Les poudres provenant d'arbres renfermant des résines, des essences, du tanin (pins, sapins, épicéas, chênes, etc.) doivent être rejetées; de telles poudres, lors du lessivage de l'épreuve, donnent des taches. La poudre qui, d'après M. Martin, donne le meilleur résultat provient du charme.

M. le Président. M. Marion, membre de la Société des agriculteurs de France, nous a adressé le vœu suivant :

« La question du gui préoccupe les sylviculteurs de tous les pays où ce parasite s'est implanté. En ce moment en Belgique, à l'Administration des Forêts, on fait une enquête sur les ravages causés par le gui.

« Ce parasite est incontestablement le plus terrible ennemi de certaines espèces d'arbres, telles que peupliers, pommiers, acacias, érables, tilleuls, etc.

« C'est un véritable cancer : on croit l'avoir détruit par l'enlèvement de toutes les pousses et même de l'écorce de l'arbre; mais il ressort de plus belle l'année suivante. Pour s'en débarrasser, il faut couper la branche qui le porte.

« On peut affirmer en toute sûreté que tout arbre dont le tronc est infesté de gui *périra par le gui,* car la sève montante est arrêtée au passage par ces parasites; et en peu de temps l'arbre prend la forme d'une massue; la partie du tronc qui se trouve au-dessous est bien plus grosse que celle qui se trouve au-dessus.

« Ce parasite est propagé par les grives draines qui sont très friandes des baies de gui, lesquelles baies sont gélatineuses et gluantes, et renferment des graines qui passent dans le corps de ces oiseaux sans perdre leurs facultés germinatives. Comme les grives sont des oiseaux nomades, voyageurs, migrateurs, on voit d'ici que la propagation s'opère tout naturellement et à de grandes distances.

« Tous les pays d'Europe sont intéressés à la non propagation du gui.

« Il est donc urgent que ce parasite soit détruit partout, par mesure administrative. On a pris en France, dans quelques départements, des arrêtés de destruction. Mais la mesure n'a point produit les effets espérés attendu que les grives apportent les graines des départements où on laisse croître le gui en toute liberté.

« De nombreux vœux pour la destruction du gui ont été émis, particulièrement par la Société des agriculteurs de France, par les Congrès de Laval, Angers, Laigle, et par le Congrès international d'agriculture de Lausanne.

« La destruction du gui n'est plus qu'un simple jeu depuis l'invention des crampons qui permettent de monter dans les arbres les plus élevés sans leur faire le moindre mal.

« En conséquence, M. Louis Marion propose au Congrès d'émettre le vœu que le gui soit détruit par toute l'Europe, par mesure administrative. »

M. Jullien. Si ce sont les grives qui propagent le gui, il faudrait tuer les grives; ce serait un moyen radical.

M. Guichet. Il n'est que trop employé.

M. Jullien. Le vœu qui nous est proposé va beaucoup trop loin; il constitue une véritable atteinte à la propriété.

M. Guichet. Cette critique n'est pas péremptoire, car elle pourrait s'adresser à d'autres lois existantes, entre autres à celle qui prescrit l'échenillage. Mais je me demande si l'on peut réellement prendre des mesures pratiques; je me demande également si le gui est aussi nuisible qu'on le prétend au point de vue particulier de la sylviculture.

M. Demorlaine. Je dois faire remarquer que, dans certains départements, il existe des arrêtés préfectoraux pris pour la destruction du gui.

M. Thézard. Et ces arrêtés sont pris en vertu d'une loi; je ne vois donc pas quelle serait l'utilité du vœu proposé.

M. Guichet. Ces arrêtés sont principalement contre le gui des pommiers et dans les départements où ces arbres sont en grand nombre; je me demande jusqu'à quel point le pommier peut rentrer dans la série de nos travaux.

M. Jullien. Quoi qu'il en soit, la question est bien petite et nous avons à exprimer des vœux d'une bien autre importance.

Le vœu n'est pas adopté.

M. Goffroy donne lecture du rapport suivant sur un mémoire relatif aux truffes et à la trufficulture présenté par M. George-Grimblot, conservateur des Forêts en retraite (Annexe n° 3) :

Les truffes laissées en terre sont perdues pour la production future, se décomposant complètement; leurs spores pour germer doivent être sorties de terre et exposées à l'action des agents atmosphériques. Ce dépôt à la surface se fait par les animaux tubérivores (mammifères, oiseaux et insectes).

Le dépôt sur les feuilles, qui a servi de point de départ aux recherches de M. de Gramont de Lesparre, n'est qu'insignifiant, étant donné les dimensions microscopiques des spores et l'existence de spores sexuées devant s'accoupler.

La place truffière en préparation affecte, comme pour les autres champignons la forme circulaire. Cela tient au mode de germination de la spore qui, aux dépens des matériaux de réserve qu'elle renferme, étend tout autour d'elle des filaments de mycélium. La zone centrale finit par être occupée par du mycélium mort, tandis qu'à la périphérie est le mycélium vivant.

L'extension de ces cercles prend fin lorsque le mycélium, d'épigé, devient hypogé pour gagner le système radiculaire supérieur des arbres ou arbustes. D'ailleurs, au début, la germination se fait à l'une des extrémités du grand axe par l'émission de cinq filaments s'écartant comme les doigts d'une main, cloisonnés et porteurs de boucles latérales correspondant aux cloisons : « on dirait une main de squelette. »

Si le sol est nu, les filaments mycéliens en se multipliant désagrègent les grains de terre superficiels, ils « brûlent » le terrain. S'il y a une végétation superficielle, le mycélium se fixe aux radicelles, vit à leurs dépens, les dessèche et amène la mort des plantes. Ce phénomène constitue ce qu'on a appelé *la préparation*.

Dans ses expériences faites pour montrer ce processus, M. Grimblot a dû attendre quatre années avant d'obtenir la germination des spores, ce qui est comparable à ce qui se passe dans la nature où, lorsqu'on procède à la plantation des chênes, la truffe apparaît au plus tôt dans la cinquième année, après avoir été annoncée l'année précédente par le phénomène de la préparation. Il est à remarquer que ces faits sont absolument en contradiction avec la germination dans l'année des téleutospores de M. de Gramont de Lesparre.

Afin de pouvoir fructifier il est nécessaire que le mycélium puisse gagner les racines des pieds devant lui fournir son alimentation, et pour cela les filaments mycéliens s'agglomèrent en cordons qui s'enfoncent verticalement dans le sol.

Aux points où le mycélium vient s'implanter, il se produit de nombreuses, courtes et fines radicelles agglomérées formant les « amas coralliformes ». Les racines des plants non producteurs et celles des plants producteurs qui sont exempts de mycélium ne présentent aucune de ces pelotes radicellaires. Pendant la saison morte, le mycélium à l'état de repos est confiné dans ces amas coralliformes.

Il convient de distinguer, dans les mycéliums qu'on peut trouver dans ces amas, ceux qui sont avec boucles (mycéliums truffiers) et ceux sans boucles, qui sont des mycorhizes ordinaires. Quant à la différence de diamètre, d'épaisseur des parois et de coloration (jaune clair ou brun), ce n'est qu'une question d'âge.

Les filaments mycéliens fasciés constituent une forme de transfert d'un point à un autre, par exemple lorsqu'une racine étant épuisée, le mycélium truffier vient en gagner une autre.

Si l'on compare dans sa partie supérieure le système radiculaire d'un chêne truffier à celle d'un chêne non truffier, on trouve dans le premier cas, sur une hauteur à partir du collet correspondant à la profondeur des fouilles du porc, le pivot et souvent même les premières racines, sur une largeur correspondant à ces fouilles, ne présentant que des racines atrophiées, sans radicelles ni chevelu, ou même entièrement nus. Dans l'arbre non producteur, au contraire, on trouve dès le collet de nombreuses racines bien développées et munies d'un chevelu abondant et vivace.

Lorsque le mycélium entre en végétation, d'une part, des filaments simples partent des flancs des cordons et vont se fixer aux extrémités des radicelles vivantes des amas coralliformes, et, d'autre part, les cordons s'allongent pour s'épanouir en forme de gerbe ou d'aigrette. Cet allongement et cette multiplication se font tant qu'a lieu l'afflux de sève.

Pour le *Tuber melanosporum* presque toujours le développement ne dépasse guère l'amas coralliforme où il était à l'état de repos, si bien que les tubercules sont généralement accolés, pour ainsi dire, aux racines. Pour le *Tuber uncinatum*, au contraire, les cordons en s'allongeant quittent les amas coralliformes, et les radicelles de ces derniers donnent naissance pour s'allonger à des touffes de fines et longues radicelles blanc jaunâtre, dépourvues d'écorce, qui servent à la nourriture et à l'élongation du mycélium.

Pour la fructification du mycélium il n'y a nullement, contrairement à ce qu'avait avancé M. de la Bellone, de filaments mâles et femelles se conjuguant. C'est simplement une conséquence du développement et de l'alimentation du mycélium truffier, qui est à la fois créateur et alimentateur de la truffe.

La coque filamenteuse qui se forme est, à l'origine, molle et facilement déchirable ainsi que son parenchyme interne, ce qui explique l'introduction dans la chair des truffes de petits corps étrangers, ensuite emprisonnés lorsque la coque se transforme en une enveloppe ou « péridium » solide et verruqueuse.

Lorsque cette transformation s'est opérée, le tubercule étant définitivement clos, le rôle alimentaire de l'arbre est terminé, et celui du sol commence. Les filaments extérieurs se dessèchent et généralement disparaissent et, en se brisant à la surface du péridium, y laissent comme une infinité de suçoirs microscopiques servant à aspirer l'eau du sol nécessaire à la végétation et les sucs nutritifs qu'elle peut contenir en dissolution. Peut-être servent-ils aussi pour l'excrétion des produits gazeux de la respiration des corps reproducteurs.

D'après M. de Gramont de Lesparre des téleutospores ou spores finales truffières germeraient dans l'année même de la dissémination sur les feuilles des spores mâles et femelles. Or, en principe, toute femelle fécondée met au jour, à moins d'avortement, le produit de sa fécondation; la spore femelle fécondée devrait donc émettre directement son mycélium. Par suite, l'existence des téleutospores ne se comprendrait guère (?). D'ailleurs, ce qui se passe sur le limbe des feuilles, à l'air libre, doit se passer de même à la surface du sol. Or, dans les expériences de M. Grimblot, la germination ne s'est manifestée que dans la quatrième année suivant la dissémination des spores, pour produire alors le phénomène de la préparation. Dès lors, il est à présumer que les spores femelles fécondées et restées accolées aux feuilles n'ont nullement germé, ou ne l'auraient fait que dans la troisième année qui aurait suivi la chute des feuilles mortes sur le sol.

La germination vue par M. de Gramont est formée de « filaments ténus, peu visibles » couvrant le limbe « d'un réseau transparent, fin, pointillé », ne correspondant nullement à celle du mycélium truffier qui est jaune clair, à parois lisses, cloisonné et bouclé. Ce mycélium se rapproche beaucoup, au contraire, de celui qu'on rencontre sur les feuilles mortes des chênes verts et blancs, et qui constituait pour M. Condamy le mycélium blanc femelle de la truffe, qui se serait enfoncé dans le sol pour se conjuguer au mycélium brun, mâle, fixé dans les amas coralliformes. Il est plus que probable que, dans ce cas, il s'agit tout simplement d'une germination d'un cryptogame inférieur, dont la prétendue téleutospore ferait partie.

Dans la préparation première ou d'apparition, qui se fait circulairement étant donné le mode de germination des spores, le développement du mycélium se faisant à la surface et étant centrifuge, ce sont les végétaux inférieurs, à enracinement tout à fait superficiel, qui périssent d'abord, en allant du centre à la circonférence.

Dans la préparation de retour, l'emplacement occupé comprend tout l'ancien cercle truffier, mais la destruction va cette fois de la périphérie au centre, et le mycélium se développant dans un plan parallèle au sol, à une certaine profondeur, ce sont les plantes plus ou moins enracinées qui périssent, alors que celles à enracinement superficiel peuvent persister. Cette préparation en retour, imputable à un mycélium ancien, montre que celui-ci ne se détruit pas facilement et tend à prouver que le mycélium truffier quitte les plantes mortes ne pouvant plus l'alimenter pour passer à celles voisines, qui sont vivantes.

L'absence de tout mycélium sur les plantes complètement mortes prouverait que ces filaments peuvent abandonner les fibrilles radicellaires desséchées par leur succion sans laisser trace de leur passage, de même que la mort de la végétation superficielle dans le premier cas, et son maintien en parfait état végétatif dans le second, donnent à penser que le mycélium truffier agit bien par voie de succion directe et non indirectement par voie d'épuisement du sol.

Alors que les bonnes truffes sont en général plus ou moins profondes, se fouillant dans la région occupée par les racines, les mauvaises truffes ou « nez de chien » se trouvent tout à fait à la surface du sol dans les débris végétaux qui le couvrent. Les premières sont parasites des arbres; les secondes sont saprophytes, se nourrissent de l'humus superficiel : aucun phénomène de préparation n'annonce d'ailleurs l'apparition de ces dernières.

Le parasitisme des bonnes truffes est encore démontré par ce fait qu'il y a pour elles deux récoltes bien distinctes; l'une estivale, l'autre automnale qui correspondent aux deux mouvements séveux de leur hôte, ce qui parfois avait fait croire à l'existence de deux espèces de truffes. Ce qui prouve d'ailleurs bien leur même nature, c'est que souvent, à la récolte d'été, on trouve côte à côte avec de belles truffes bien mûres, bien colorées et parfumées, d'autres de grosseur moindre, généralement sans couleur ni odeur, qui ne seront bonnes à récolter qu'en automne.

Contrairement à ce qui se passe pour les champignons saprophytes, la production des truffes, loin d'appauvrir le sol, l'enrichit, ce qui prouve à l'évidence que l'origine de leur nourriture n'est pas dans le sol, mais bien dans la sève même de l'arbre.

Si l'on appelle N la richesse du sol naturel; P la richesse du sol en préparation; T la richesse du sol en production, on a pour l'acide phosphorique, la potasse et là soude qui forment dans la truffe plus de 5o p. 100 du poids des cendres

$$P > T > N.$$

Il y aurait donc chez les arbres destinés à devenir producteurs de truffes, formation surabondante de sève, puis excrétion. La valeur de P s'explique par un enrichissement continu sans dépense ; celle de T, par un enrichissement contrebalancé par la dépense de la nourriture du mycélium truffier.

L'absence de tout mycélium mort sur quelques-uns des végétaux desséchés des places en préparation trouve son explication dans l'un des deux cas ci-dessus : attaque par des filaments isolés, ectotrophes, sur des racines à surface lisse, ou bien attaque des racines par des filaments complètement fasciés, formant des cordons cylindriques d'un certain diamètre, qui se détachent sans se déchirer.

Si le mycélium truffier qui détruit les végétaux herbacés ou semi-ligneux à la surface des places en préparation ne tue pas les chênes, cela tient, outre la résistance évidemment plus grande de leurs racines et radicelles, à ce que, à l'âge de 5 ans, lorsque dans la truffière artificielle les chênes deviennent producteurs, leur pivot et leurs racines latérales extrêmes ont déjà atteint une profondeur à laquelle le mycélium truffier cesse de se montrer (*a fortiori* si c'est à un âge plus avancé que les pieds sont attaqués).

Il n'en est pas moins vrai qu'en privant les plants truffiers d'une partie de leurs organes d'alimentation, le mycélium exerce en fait une influence fâcheuse sur leur végétation. Aussi, dans les repeuplements en chênes verts et blancs, par exemple, peut-on remarquer que les plants qui ne sont pas devenus producteur ont souvent au collet un diamètre presque triple et atteignent une hauteur presque double de ceux des plants entrés en production.

La théorie de symbiose de Frank n'est pas applicable en la circonstance : le mycélium truffier est un simple parasite.

Étant connu le mode de pénétration dans le sol des filaments mycéliens à la recherche des racines qui devront les nourrir, il convient de choisir, pour la création des truffières, des variétés à enracinement superficiel et traçant, si l'on veut que la truffière soit productrice. Un arbre à racine pivotante, se ramifiant profondément, ne pourra jamais devenir truffier.

PROCÉDÉ À EMPLOYER POUR OBTENIR LA GERMINATION DES SPORES DES TRUFFES.

Prendre de la terre végétale en forêt et en remplir un pot à fleurs.

Capturer des mulots et les nourrir avec des truffes mûres, saines, fraîchement extraites; recueillir leurs excréments. (La chose n'est pas facile; les mulots meurent souvent, sinon aussitôt pris, du moins avant qu'on puisse les alimenter; on peut, au besoin, les remplacer par des souris ordinaires).

Saturer en quelque sorte de spores truffières la surface de cette terre, soit en y répandant les excréments pulvérisés, soit en l'arrosant avec de l'eau dans laquelle ils auront été délayés.

Exposer ce milieu en plein air, à l'action directe des rayons solaires.

Le maintenir à l'état frais par de légers arrosages d'eau pure, substituant à celle-ci, dès que possibilité il y a, de l'eau de pluie d'orage.

Pendant la mauvaise saison, le milieu se remise en cave ou local quelconque à l'abri des gelées.

En mai-juin de la quatrième année suivant la dissémination artificielle des spores, celles-ci germent et émettent leur mycélium.

On en est averti par le phénomène connu sous le nom de *préparation* dans les pays producteurs. Si la terre est restée nue, par son effritement superficiel, le terrain se brûle, suivant la pittoresque expression des rabassiers vauclusiens; mais ce signe demande, pour ne pas induire l'observateur en erreur, la grande habitude de ces gens du métier.

Si la terre a été garnie à sa surface d'une végétation herbacée quelconque, par le dépérissement puis la mort complète de celle-ci (mais, à ce moment, il est trop tard pour trouver encore des spores en germination).

PROCÉDÉ DE TRUFFICULTURE PAR VOIE DE SEMIS DES SPORES.

Choisir un certain nombre de pieds ou cépées de divers âges en forêt, autant que possible isolés, essences chêne vert et chêne blanc (régions méridionales), essences chêne, hêtre, charme, coudrier (régions septentrionales).

Sur plusieurs points de l'emplacement occupé par le système radiculaire de ces pieds ou cépées, léger grattage du sol s'il est nu, arrachage d'une touffe d'herbe ou toute autre plante s'il est garni d'une végétation superficielle quelconque, nivelage du terrain ainsi remué, enfin répandage sur chacune de ces petites places d'une forte pincée de poudre excrémentielle (excréments de mulots ou souris nourris avec des truffes du pays). Dans les régions septentrionales, on peut employer des excréments de ces animaux nourris avec des truffes du Midi ou du Périgord; on tenterait ainsi, en même temps que la propagation de la truffe en général, l'acclimatation de la truffe noire.

Au bout de quatre années, les spores germeront; les filaments mycélieux émis, attaquant les végétaux superficiels, s'il y en a, les détruiront, puis gagneront le système radiculaire des pieds ou cépées. (Il est préférable de faire choix d'un sol gazonné parce qu'on sera plus sûrement averti de la réussite de la germination.)

L'année suivante, cinq ans après le semis des spores, la production apparaîtra, ce qu'indiquera le porc ou le chien.

Au cas où, dans le Midi, il s'agirait, non de peuplements existants à tenter de rendre truffiers, mais de peuplements à créer (de truffières artificielles à établir), il y aurait lieu, renonçant à opérer par voie de semis, de recourir à la plantation (chênes verts, chênes blancs et quelques coudriers-noisetiers), plants de 5 à 6 ans, bien garnis de racines et radicelles superficielles et traçantes.

La plantation faite, on effectuerait au pied de chaque plant un semis de spores comme il est dit ci-dessus. La truffe devant se montrer au plus tôt dans cinq ans, ces plants, âgés d'une dizaine d'années, se trouveraient, comme appareil foliacé et système radiculaire, dans les meilleures conditions pour une abondante production.

Afin de prouver la valeur de son procédé de trufficulture, M. Grimblot a fait effectuer en 1897 des semis de spores :

Dans la forêt domaniale du Corgebin (Haute-Marne) [*Tuber uncinatum*].

Dans la forêt communale de Bedoin (Vaucluse) [*Tuber melanosporum*].

Cette dernière espèce a, en outre, été semée à Rochefort-en-Yveline et en Vendée.

La « préparation » devra se manifester en 1901, et la production commencer en 1902.

M. Thézard donne lecture du rapport suivant qu'il fait sur un mémoire imprimé en allemand publié par M. Jentsch, membre de l'Académie royale de Munden, sur l'exploitation, en Allemagne, des arbres à écorcer et sur son avenir; ce travail a été adressé au Congrès par son auteur : « Il n'y a pas de branche forestière, dit M. Jentsch dans son intéressante publication, qui n'ait été tant discutée en public. Pendant que la totalité de l'économie forestière allemande a continuellement progressé, celle-ci a été absolument négligée malgré les plaintes réitérées de maintes régions que cette industrie intéresse au plus haut point. »

M. Jentsch fait ressortir les avantages que l'on pourrait retirer de cette exploitation en s'appuyant sur les principes de la chimie et de la physique.

Il compare les différentes essences qui pourraient donner les meilleurs résultats; puis les différentes exploitations forestières entre elles. Il donne des tableaux à l'appui de sa théorie et appelle particulièrement l'attention de l'État sur les forêts de l'Ouest allemand.

M. le Président. Nous avons reçu de M. Huberty, garde général des Eaux et Forêts à Eprave (Belgique), un mémoire sur *le nitrate de soude en sylviculture;* l'auteur ne se présentant pas pour le développer, nous ne pouvons que lui donner acte de sa communication.

La séance est levée à 4 heures.

SÉANCE DU MERCREDI 6 JUIN 1900
(MATIN).

La séance est ouverte à 10 heures 1/4.

M. Guichet remplit les fonctions de secrétaire en remplacement de M. Thézard, retenu à son poste de trésorier.

M. le Président donne lecture d'une lettre de M. Joulie, vice-président, qui s'excuse, sur son état de santé, de ne pouvoir assister aux séances de la Section.

M. Guffroy donne lecture de son mémoire sur l'*Influence de la fumure des pépinières au point de vue du développement et de la résistance des essences forestières.*

Si, au point de vue agricole, le XIXe siècle a pu être appelé le « siècle des engrais », il faut bien avouer qu'il est loin d'en être de même en sylviculture où l'on en est encore à la période de tâtonnement. Nous ne nous occuperons pas ici de la question de la « fertilisation des forêts », traitée précédemment par notre ami et collègue, M. A. Thézard, mais nous insisterons particulièrement sur la fumure des pépinières. On ne saurait, en ce cas, objecter aucune difficulté d'emploi ni aucune dépense onéreuse : nous sommes bien sur le terrain pratique. Rien de plus simple que la fumure du terrain destiné à être transformé en pépinière : c'est une opération semblable à celle que l'agriculteur effectue pour son champ.

Déjà, depuis près de deux ans, nous poursuivons simultanément des essais en pleine terre et en pots ou caisses, destinés à démontrer tous les avantages pouvant être tirés de cette pratique. Nous publierons plus tard tous ces résultats, lorsqu'ils seront bien coordonnés et bien complets. Dès maintenant nous nous contenterons de démontrer expérimentalement :

1° Que la fumure active le développement;

2° Qu'elle augmente la vitalité de l'essence;

3° Qu'elle accroît sa résistance aux divers agents nuisibles (intempéries, maladies, parasites, etc.).

Nous prendrons pour exemple des essais faits au laboratoire sur l'érable sycomore (*Acer platanoïdes*).

Les graines furent semées en deux lots : l'un dans une terre très pauvre, l'autre dans la même terre abondamment additionnée du mélange nutritif suivant :

Phosphate de chaux;

Azotate de potasse;

Phosphate d'ammoniaque;

Sulfate de magnésie.

Les eaux d'égoutage étaient d'ailleurs recueillies et servaient à l'arrosage.

Afin de bien démontrer que dès le début de la végétation l'action des engrais se manifeste déjà nettement, 25 pieds avec engrais ont été arrachés, et de même 25 pieds sans engrais, lorsqu'ils présentaient à la fois la paire de feuilles cotylédonaires, la première paire de feuilles et le bourgeon terminal devant produire la seconde paire. Des mesures rigoureuses ont été faites dans chaque cas, pour chaque partie de la plante. Voici les moyennes fournies ensuite par le calcul :

	AVEC ENGRAIS.	SANS ENGRAIS.
Longueur totale de la plante................	18,0	11,5
Longueur de la racine......................	6,0	3,5
Longueur de la tige sous les feuilles cotylédonaires.	7,5	5,5
Longueur du premier entre-nœud.............	1,5	1,0
Longueur du bourgeon terminal..............	0,4	0,2
Hauteur entre l'insertion des pétioles et le point le plus élevé du plan foliaire..........	3,0	1,5
Longueur des feuilles, de la pointe à la naissance du pétiole sur le limbe.....................	3,5	1,7

(Voir à ce sujet les figures 5 et 6 : r et r' = racines, avec et sans engrais; t et t' = tige sous les feuilles cotylédonaires; e et e' = premier entre-nœud; ϕ et ϕ' = hauteur entre l'insertion des pétioles et le point le plus élevé du plan foliaire.) (Fig. 7 et 8, F et F' diag. des feuilles.)

Les diverses parties des plantes ayant été examinées au microscope, on a obtenu :

I. — POUR LES FEUILLES.

Épaisseur relative du parenchyme foliaire :

Avec engrais... 5

Sans engrais.. 3

(Voir fig. 9 et 10, f et f'.)

34.

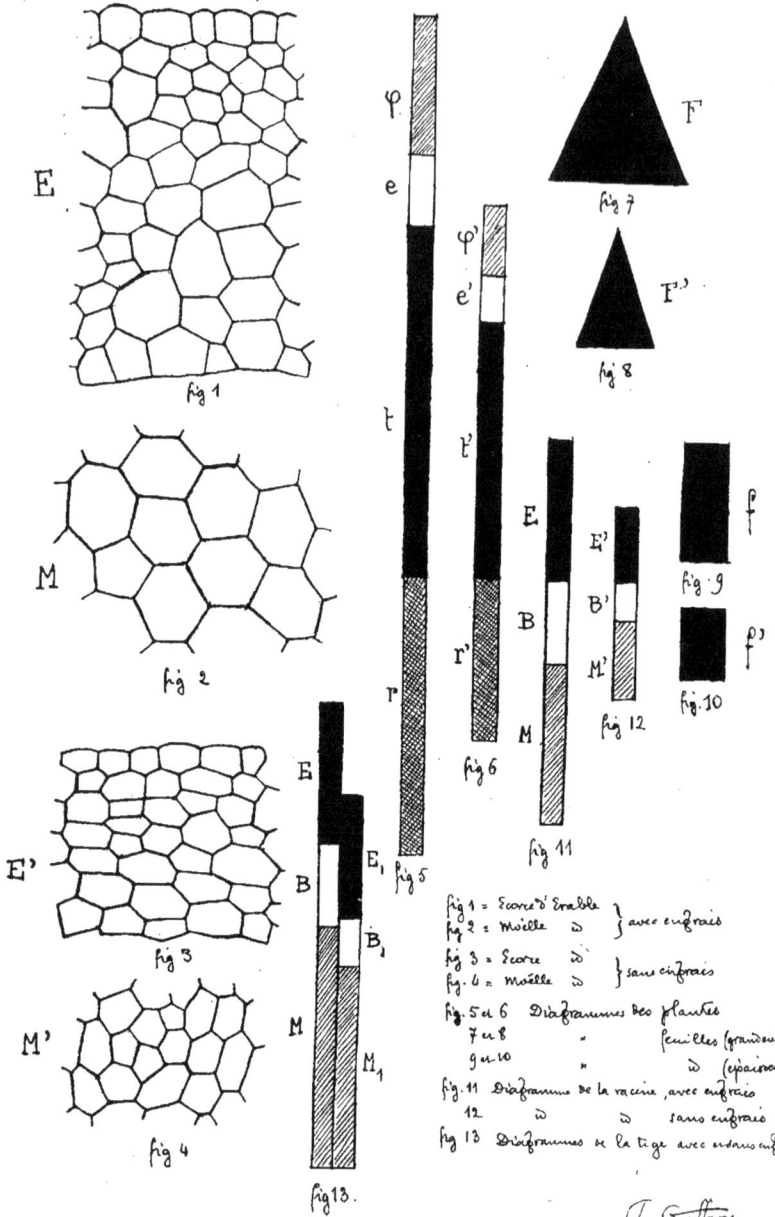

E

fig 1

M

fig 2

E'

fig 3

M'

fig 4

φ
e
t
r

fig 5

φ'
e'
t'
r'

fig 6

E
B
M

fig 11

E'
B'
M'

fig 12

F

fig 7

F'

fig 8

f

fig 9

f'

fig 10

E
B
M

E₁
B₁
M₁

fig 13.

fig 1 = Écorce d'Érable ⎱ avec engrais
fig 2 = Moëlle » ⎰
fig 3 = Écorce » ⎱ sans engrais
fig 4 = Moëlle » ⎰
fig 5 et 6 Diagrammes des plantes
7 et 8 » (feuilles (grandeur)
9 et 10 » » (épaisseur)
fig 11 Diagramme de la racine, avec engrais
12 » » sans engrais
fig 13 Diagrammes de la tige avec et sans engr.

Ch. Guffroy

Fig. 1 à 13.

II. — Pour la tige.

Épaisseur relative de ses diverses parties :

	AVEC ENGRAIS.	SANS ENGRAIS.
Parenchyme cortical......................	30	26
Cercle libéro-ligneux.....................	17	18
Parenchyme médullaire (rayon).............	52	43
Rayon de la tige........................	99	79

(Voir fig. 13 : E et E_1, écorce avec et sans engrais; B et B_1, cercle libéro-ligneux; M et M_1, moelle [rayon].)

III. — Pour la racine.

Épaisseur relative des diverses parties :

	AVEC ENGRAIS.	SANS ENGRAIS.
Parenchyme cortical......................	30	16
Cercle libéro-ligneux.....................	17	8
Parenchyme médullaire (rayon).............	34	17
Rayon de la racine......................	81	41

(Voir fig. 11 et 12 : E et E′, écorce avec et sans engrais; B et B′, cercle libéro-ligneux; M et M′, moelle [rayon].)

Observations : Les coupes ont été faites :

Pour les feuilles, au milieu du limbe;

Pour les tiges, à 1 centimètre au-dessus du collet;

Pour les racines, à 1 centimètre au-dessous du collet.

Nous avons représenté à gauche de la planche, dessinés à la même échelle, le parenchyme cortical, en toute son épaisseur, et un fragment de parenchyme médullaire, avec et sans engrais. (E et E′, écorce; M et M′, moelle; fig. 1 à 4).

On sera frappé pour l'écorce, de la différence apportée par la fumure : augmentation d'épaisseur, plus grand nombre de couches cellulaires, plus grandes dimensions des cellules (ces dernières ont déjà d'ailleurs leurs parois sensiblement plus épaisses). Pour ce qui est de la moelle, outre l'augmentation de diamètre, multiplication des cellules, qui sont bien plus grandes, et qui renferment des grains d'amidon plus nombreux et plus gros.

Les diverses parties de la plante nous ont de même fourni cette multi-plication du nombre des éléments cellulaires, et l'accroissement de leurs dimensions; dans les feuilles avec engrais, les grains de chlorophylle étaient plus nombreux et plus gros.

On peut donc conclure de ces diverses mesures et de ces différents exa-mens que grâce aux engrais :

1° La vitalité de la plante est augmentée, ce qui résulte du nombre plus grand d'éléments cellulaires, des dimensions plus grandes de ces der-niers, de l'accroissement en nombre et grosseur des grains de fécule et de chlorophylle;

2° L'accroissement de la plante est plus rapide, dès le début même de la végétation, ce qui ressort de nos mesures et diagrammes;

3° La résistance de la plante aux divers facteurs morbides (mauvaises conditions physiques, parasites animaux et végétaux) est augmentée. En effet cette résistance est individuellement la résistante de deux facteurs : la vitalité et la constitution physique de certains organes. Or, nous avons vu que la vitalité est accrue par la fumure, et il est évident, d'autre part, qu'une plante à écorce plus épaisse résistera mieux aux lésions occasion-nées par les insectes et offrira plus de difficulté à la pénétration des para-sites, de même que le plus grand volume de ses diverses parties et la plus grande quantité de ses réserves (amidons) et de sa chlorophylle, lui per-mettront de lutter plus avantageusement contre la sécheresse, l'inanition par pauvreté du substratum, les mauvaises conditions d'éclairement, etc.

Expérimentalement, nous avons pu vérifier, en infectant du microbe de la brunissure, des pieds fumés et des pieds non fumés, la plus grande ré-sistance des premiers, où la maladie, plus lente à se déclarer, était moins développée.

Nous pouvons enfin dès maintenant dire qu'il semble jusqu'à ce jour que nos essais en pleine terre viennent corroborer nos résultats de laboratoire, mais nous y reviendrons plus tard, dans un autre travail.

La fumure des pépinières se pose donc dès maintenant comme une né-cessité qui permettra d'obtenir :

1° Une meilleure réussite des semis, en taille et en vigueur;

2° Un pourcentage plus faible des pertes en pépinière;

3° Une meilleure reprise à la plantation;

4° Un développement meilleur et plus rapide par la suite des essences forestières, le début de la végétation influant toujours considérablement sur la vie tout entière du végétal.

Pratiquement on aura recours, pour cette fumure, aux engrais du commerce :

Engrais phosphatés (superphosphates, scories de déphosphoration);

Engrais azotés (nitrate de soude, sulfate d'ammoniaque);

Engrais potassiques (kaïnite, sulfate de potasse, chlorure de potassium).

Il serait à souhaiter que l'Administration des forêts, suivant l'exemple donné pour les plantes agricoles par l'Administration de l'agriculture, multipliât, par ses agents, la création de champs d'expériences qui permettraient d'établir les meilleures formules de fumure à adopter, suivant l'essence et le terrain.

Comme conclusion à ce rapport, la section émet le vœu que l'Administration forestière prenne l'initiative d'études expérimentales ayant pour but de déterminer, pour chaque essence et chaque terrain, la meilleure fumure à donner aux pépinières, en poursuivant, après la plantation en forêt, l'étude de l'influence postérieure de cette fumure en pépinière.

M. Thézard dit qu'il a présenté un travail au Congrès international de chimie tendant aux mêmes études.

M. Guffroy donne lecture du mémoire suivant, qui est dû à sa collaboration avec M. Léveillé, sur *Les Cartes botanico-forestières en France.*

On peut affirmer en principe qu'il n'existe pas en France de cartes botanico-forestières. C'est là une vérité mise en évidence par la discussion qui eut lieu à propos des cartes géo-botaniques au Congrès de botanique tenu à Paris en 1889.

S'il existait alors aux États-Unis des cartes dressées par les administrations, si à cette époque on put citer les travaux de Wilkom, ceux de M. Th. Koppen en Russie, ceux de M. Sargent dans l'Amérique du Nord, les publications de cartes représentant la distribution des espèces forestières du Canada parues à Montréal, enfin les recherches alors inédites de M. Regel, on dut avouer que nous ne possédions en France que des cartes forestières dressées d'après les indications souvent douteuses des gardes forestiers ou brigadiers généralement ignorants de la botanique et ne comprenant pas l'espèce à la façon des botanistes.

Nous n'avons pas ouï dire que cet état de choses ait changé depuis. Et pourtant il serait fort utile d'avoir, pour les espèces forestières moins variables et fixes dans leurs stations, des cartes géo-botaniques bien faites, de même que nous avons pour des espèces herbacées les cartes de De Candolle, Grisebach, Cottrel, Watron, Regel, Sargent, Drude, Hitchcock, Hisinger, Fedtschenko.

A notre avis, la meilleure carte botanique devrait être conçue de la même façon que l'a été la carte botanique inédite de la Sarthe de M. Ambr. Gentil. Ce savant botaniste a pris comme substratum la carte géologique du département, puis a indiqué l'aire géographique de l'espèce au moyen de lignes continues ou pointillées, ce qui est le meilleur système d'indication pour les espèces rares. La dispersion des espèces communes ou assez répandues peut, au contraire, être indiquée au moyen de teintes diverses et continues.

Nous croyons que la notation de l'aire de l'espèce sur une carte géologique aurait le double avantage de permettre de se rendre compte de l'influence du sol et de faciliter les recherches des localités d'une espèce. Bien que les arbres paraissent moins sensibles à l'action du terrain que ne le sont les espèces herbacées, la nature du sol n'en est pas moins un facteur important dont il est bon de tenir compte, car certaines essences forestières ne sont pas totalement indifférentes et peuvent être regardées, pour certaines régions du moins, comme suffisamment caractéristique des terrains.

Dans ce mémoire, sans publier de carte botanico-forestière, nous nous proposons simplement d'indiquer la liste des arbres constituant la flore forestière française, en donnant succinctement pour chacun les grandes lignes de sa dispersion géographique dans notre pays.

Nous poserons ainsi quelques jalons pour l'avenir et préparerons la confection de cartes botanico-forestières exactes et utiles.

La flore forestière française est répartie entre 10 familles, 25 genres et 69 espèces ou formes, dont 64 indigènes et 5 naturalisées.

Nous allons les parcourir rapidement l'une après l'autre.

ARBRES (AU SENS FORESTIER)
INDIGÈNES OU NATURALISÉS (ET NON HYBRIDES) EN FRANCE.

I. — OLÉACÉES.

OLEA EUROPÆA L. — Naturalisé dans le Midi et en Corse (centre de l'île excepté).

Par Midi il faut entendre seulement la zone littorale du Languedoc et de la Provence.

FRAXINUS ORNUS L. — Spontané dans les Alpes-Maritimes et en Corse.

FRAXINUS ARGENTEA Lois. — Corse (Vico).

FRAXINUS EXCELSIOR L. — Bois des plaines, des collines ou des montagnes peu élevées. S'élève moins en altitude que le hêtre.

FRAXINUS OXYPHYLLA M. B. — Région méridionale. Isère, Savoie, Haute-Savoie, Var, Drôme, Hérault.

FRAXINUS ROSTRATA Guss. — Région méridionale : Perpignan, Montpellier, Marseille, Toulon.

FRAXINUS BILBOA G. G. — Région méridionale : Hérault (Saint-Martin-des-Landes), Savoie (Conflans).

FRAXINUS PARVIFOLIA Lamk. — Environs de Montpellier, sur le littoral.

II. — ACÉRINÉES.

ACER PSEUDO-PLATANUS L. — Croît dans les bois montagneux, descend en plaine dans l'extrême nord de la France. Dépasse dans les montagnes la région du sapin, parvient dans les Alpes jusqu'à 1,500 mètres. Manque à l'état indigène dans la Bretagne, la Normandie, le Maine, la Flore parisienne et tout l'ouest de la France jusqu'aux Pyrénées.

ACER CAMPESTRE L. — Toute la France sauf la Corse.

ACER OPULIFOLIUM Vill. — Forêts montagneuses du Sud et du Sud-Est, jusqu'à une haute altitude. Jura, Alpes du Dauphiné et de la Provence, Cévennes, Pyrénées. Cette espèce dans le Jura croît sur la lisière des montagnes peu élevées, sans s'élever jusqu'à la zone des sapins.

ACER MONSPESSULANUM L. — Croît dans la France méridionale jusqu'à Gap, Lyon, Grenoble, Bourg et Annecy, à l'est ; Poitiers et Niort à l'ouest.

ACER PLATANOÏDES L. — Vosges, Lorraine, Bourgogne, Jura, Dauphiné, Savoie, Cévennes, Auvergne, Pyrénées.

III. — TILIACÉES.

TILIA PLATYPHYLLOS Scop. — Jura, Vosges, Lorraine. Ne paraît pas spontané dans le Midi. Ne dépasse pas 1,400 mètres dans les Pyrénées-Orientales.

TILIA ULMIFOLIA Scop. — Croît particulièrement sur les sols calcaires et dans les plaines, excepté dans la région méditerranéenne. S'élève peu en montagne, où il ne dépasse pas l'altitude du chêne. Rare à l'état indigène dans beaucoup de départements de l'Ouest. Manque dans la Manche.

IV. — ROSACÉES.

Pirus communis L. — Plaines et collines de toute la France à l'exception de la région des oliviers où il semble manquer.

Pirus salvifolia D. C. — Naturalisé çà et là sur le Plateau central.

Pirus malus L. — Plaines et collines de toute la France, la région méditerranéenne exceptée. Dépasse 1,000 mètres d'altitude dans le Jura.

Sorbus domestica L. — Toute la France. N'est cependant indigène ou naturalisé ni dans le Maine, ni dans la Normandie ni dans la Bretagne au nord de la Loire.

Sorbus aucuparia L. — Plus rare dans les plaines que sur les coteaux et les montagnes où il s'élève à une grande altitude. Répandu dans toute la France, mais parfois assez rare dans certaines régions.

Sorbus scandica Fr. — Vosges, Jura, Alpes (s'y élève jusqu'à 1,500 mètres), Auvergne, Pyrénées.

Sorbus aria L. — Manque dans l'Ouest, est rare dans le Nord, fait défaut parfois sur de grandes surfaces; commun sur les sols calcaires et s'élève à de fortes altitudes.

Sorbus latifolia Pers. (Non hybride sûrement.) — Environs de Paris, Fontainebleau; Yonne, Lorraine; hautes Vosges : Hohneck.

Sorbus torminalis Cr. — Commun ou assez commun dans le bas de plaines, de coteaux ou de montagnes peu élevées. Pénètre à peine dans la région des oliviers.

Prunus avium L. — Toute la France, hormis la région des oliviers où il ne semble pas exister à l'état spontané. Atteint en montagne la zone du hêtre sans la dépasser.

V. — LÉGUMINEUSES.

Cercis siliquastrum L. — Çà et là dans la région méridionale. Manque en Corse. Drôme, Montélimar, Tain; Hérault, Montpellier; Aude, Narbonne.

Robinia pseudo-acacia L. — Naturalisé dans toute la France où il tend dans certaines régions à étouffer la végétation spontanée. Fournit d'excellentes clôtures vives mais est peu recommandable comme bois.

VI. — TÉRÉBINTHACÉES.

Pistacia Terebinthus L. — Région méridionale : Dauphiné méridional. Remonte les vallées du Rhône et de l'Isère jusqu'à Chambéry; Provence, Languedoc, roches calcaires de la Montagne-Noire, causses de l'Aveyron, Roussillon.

VII. — ÉBÉNACÉES.

Styrax officinalis L. — Commun dans quelques parties du département du Var où il peuple à lui seul des collines entières, toute la vallée du Gapeau et celle de ses affluents.

VIII. — ULMACÉES.

Ulmus campestris Sm. — Vallées et plaines dans toute la France.

Ulmus montana Sm. — Répandu dans les plaines, coteaux et montagnes. Manque toutefois dans le Maine, l'Anjou, la Normandie, la flore parisienne où il est probablement méconnu.

Ulmus pedunculata Foug. — Argonne, Meurthe-et-Moselle, Aisne, Oise, Loiret, Yonne, Nièvre, Cher, Loir-et-Cher, Maine-et-Loire, Loire-Inférieure, Rhône, Puy-de-Dôme.

Celtis australis L. — Région méditerranéenne; ne dépasse pas 900 mètres.

IX. — AMENTACÉES.

Fagus silvatica. L. — Abondant dans toute la France, excepté dans l'Ouest au sud de la Loire où il est peu commun. Fait presque totalement défaut dans la région des oliviers, en dehors des montagnes; Corse. Domine dans toutes les forêts de la Bretagne au nord de la Loire.

Castanea sativa Scop. — Toute la France et la Corse, dans les sols granitiques ou siliceux des régions montagneuses peu élevées.

Quercus pedunculata Ehrh. — Commun dans le Nord, l'Est, l'Ouest, et le Sud-Ouest et le Centre, principalement dans les plaines.

QUERCUS SESSILIFLORA Salisb. — Répandu dans toute la France. S'élève jusqu'à 1,600 mètres dans les Pyrénées. Peu commun sur certains points.

QUERCUS PUBESCENS W. — Surtout dans le Centre et le Midi ; Nièvre, Cher, Loir-et-Cher, Loiret, Indre, Vienne, Deux-Sèvres, Maine-et-Loire, Sarthe, Mayenne, plaines du Languedoc, du Roussillon et de la Provence où il est plus répandu que les deux précédents ; Charente-Inférieure, Vendée, Loire-Inférieure, Seine-Inférieure, Eure, Rhône, Isère, Drôme.

QUERCUS APENNINA Lamk. — Région méridionale : Rhône, Ain, Drôme.

QUERCUS TOZA Bosc. — Bois sablonneux des landes de l'Ouest, depuis Le Mans et Angers jusqu'aux Pyrénées. Quelques pieds dans la Mayenne et dans les départements du Morbihan, des Côtes-du-Nord et de l'Ille-et-Villaine.

QUERCUS CERRIS L. — Doubs, Jura, Maine-et-Loire, Loire-Inférieure, Deux-Sèvres, Vendée.

QUERCUS SUBER L. — Littoral de la Méditerranée et entre l'Adour et la Gironde. Atteint 500 mètres dans les Pyrénées-Orientales.

QUERCUS ILEX L. — Région méridionale; pénètre assez avant dans les vallées des Alpes, de la Provence et des Pyrénées, remonte vers l'Ouest jusqu'à Quimper et Laval.

QUERCUS RUBRA L. — Naturalisé en France dans quelques vallées.

OSTRYA CARPINIFOLIA Scop. — Littoral de la région méditerranéenne, Alpes-Maritimes et Corse.

CARPINUS BETULUS L. — Très abondant dans le Nord et l'Est, plus rare et disséminé dans l'Ouest où il manque complètement sur le littoral jusque dans la Loire-Inférieure; fait défaut dans la plus grande partie de la Bretagne et du Cotentin.

SALIX ALBA L. — Toute la France. On trouve entre cette espèce et la suivante de nombreux intermédiaires. Ce sont peut-être des hybrides.

SALIX FRAGILIS L. — Répandu dans toute la France, mais rare dans certains départements, notamment en Bretagne.

SALIX DAPHNOÏDES Vill. — Les Alpes, où il atteint 1,800 mètres, et le long des cours d'eau qui en descendent jusque dans la plaine.

SALIX VIMINALIS L. — Toute la France, surtout dans le Nord. Manque en Corse.

SALIX CAPREA L. — Très commun dans le Nord, l'Est et le Centre; plus rare ou même rare dans l'Ouest, sauf en Normandie. Manque dans la région méditerranéenne mais atteint 1,800 mètres dans le bassin du Var.

Le salix *caprea* est souvent méconnu dans l'Ouest ainsi que le *S. aurita*. Avant la publication de la flore de la Mayenne, cette espèce était considérée comme manquant dans ce département où présentement nous la regardons comme seulement peu commune. Même au point de vue botanique il faut un *œil très exercé* pour distinguer les *Salix caprea* et *aurita* des multiples variations et formes du *Salix cinerea*. Nous réunissons en ce moment les matériaux nécessaires en vue d'une monographie des *Salix* de France.

POPULUS ALBA L. — Spontané dans quelques vallées, très fréquemment planté. Assez commun dans les sables maritimes au sud de la Loire.

POPULUS TREMULA L. — Commun partout sauf dans la région méditerranéenne, où il est à peine représenté en dehors des montagnes.

POPULUS NIGRA L. — Toute la France (Corse comprise).

ALNUS INCANA W. — Jura et Alpes, d'où il descend le long des cours d'eau qui y ont leurs sources. Dépasse dans les Alpes 1,800 mètres d'altitude. Se rencontre au bord des eaux dans une très notable partie de la France. Doit être souvent méconnu. Aussi n'est-il pas fait mention de cette espèce dans la flore de l'Ouest. Douteusement indigène à Saint-Léger dans la flore parisienne; on le retrouve à Domfront et aux portes du Mans.

ALNUS GLUTINOSA Gærtn. — Commun partout; s'élève à 1,700 mètres dans les Pyrénées-Orientales.

ALNUS CORDIFOLIA Ten. — Corse.

BETULA ALBA L. (*B. verrucosa* Ehrh). — Commun dans les régions basses et marécageuses du Nord, de l'Est et de l'Ouest et les régions élevées du Sud jusqu'en Corse. Atteint 2,000 mètres dans les Pyrénées. Particulièrement répandu, au moins dans le Maine, sur les sols siliceux granitiques ou schisteux.

BETULA PUBESCENS Ehrh. — Commun dans le Nord, le Nord-Est et l'Ouest de la France.

X. — CONIFÈRES.

PINUS CEMBRA L. — Hautes Alpes de la Savoie, du Dauphiné et de la Provence.

PINUS SILVESTRIS L. — Alpes de Savoie, Dauphiné, Provence jusqu'à Menton; Auvergne, Cévennes, Pyrénées. Douteusement indigène dans les Vosges. Manque dans les Ardennes et le Jura. Descend à 400 mètres dans l'Auvergne et s'élève jusqu'à 2,000 mètres dans les Pyrénées.

PINUS LARICIO Poir. — Corse, Cévennes et Pyrénées de 400 à 1,700 mètres.

PINUS PINASTER Sol. — Commun dans les landes et les dunes de l'Ouest; abondant en Provence, Languedoc, Corse. S'élève du littoral jusqu'à 1,000 mètres d'altitude. Ne se reproduit qu'assez difficilement de lui-même dans la Sarthe où il a été importé des Landes.

PINUS PINEA L. — Çà et là dans la région méditerranéenne. Corse. Ne dépasse pas 1,000 mètres.

PINUS HALEPENSIS Mill. — Plaines et collines de la région méditerranéenne où, à l'état spontané, il ne dépasse pas à l'Ouest les environs de Sommières (Gard). S'élève du littoral jusqu'à 800 mètres.

PINUS STROBUS Scop. — Parfaitement naturalisé.

ABIES VULGARIS Poir.— Toutes les régions montagneuses, de 400 mètres (Vosges) à 1,700 mètres (Corse).

ABIES EXCELSA D. C. — Régions montagneuses du Jura, des Alpes, des Pyrénées et des Vosges. De 600 mètres (Jura et Vosges) à 1,720 mètres (mont Ventoux).

LARIX EUROPÆA D. C. — Alpes de Savoie, du Dauphiné et de Provence, à la limite supérieure de la région des arbres verts. De 1,000 à 2,500 mètres. Indiqué par Grenier et Godron comme naturalisé dans les Vosges.

CONCLUSION.

Il serait à désirer que des cartes indiquant la délimitation exacte des essences rares ou peu communes fussent dressées au plus tôt. Elles auraient non seulement un intérêt scientifique qui leur vaudrait un bon accueil de la part des botanistes mais encore, au point de vue pratique, elles rendraient service tant aux particuliers qu'à l'Administration des forêts, en permettant l'extension des plantations de bon nombre d'arbres dont l'étude de la dispersion et des conditions de végétation permettraient de tenter l'acclimatation avec quelques chances de succès.

M. Guichet. Je ferai remarquer qu'il serait indispensable, dans une carte de ce genre, de distinguer l'aire naturelle d'une plante de l'aire où elle a pu être transportée par accident ou d'une façon préméditée; les résultats obtenus peuvent être tout à fait différents. Je prends pour exemple le mélèze; c'est un arbre de montagne que l'on a cru devoir importer dans les Ardennes; il s'y développe à merveille, mais donne des produits détestables.

M. Guffroy. Il y aurait évidemment une grande difficulté à distinguer ces deux aires naturelle et artificielle; mais on pourrait la résoudre au moyen d'un texte explicatif. La carte indiquerait les terrains où l'on peut planter telle ou telle espèce, et le texte explicatif, qui serait rédigé par des forestiers, signalerait les endroits où les produits obtenus ne sont pas satisfaisants.

M. Guichet. Je crois que le mieux serait d'indiquer la zone où l'espèce croît naturellement.

M. Guffroy. Ou bien encore celle où l'on peut la cultiver avantageusement.

M. Guichet. Je le veux bien, mais où sera le critérium?
Le pin Weymouth, transporté dans une zone artificielle, n'a pas d'abord donné de résultats satisfaisants; mais il est arrivé que les fabricants de pâte à papier ont eu l'idée d'utiliser cet arbre pour leur industrie et qu'ils se sont très bien trouvés de son emploi. Ils en achètent donc beaucoup, et ceux qui ont planté des pins Weymouth se félicitent du résultat obtenu. La question peut donc avoir une solution différente suivant l'époque à laquelle on l'étudie.

M. Guffroy. La carte que nous préconisons serait une œuvre durable; au contraire, le texte explicatif dont j'ai parlé n'aurait qu'une valeur temporaire et devrait être modifié quand il se produirait des circonstances nouvelles comme celles que vient d'indiquer M. Guichet.

M. Guichet. Peut-être pourrait-on distinguer, par des teintes différentes, les deux aires naturelle et artificielle.

M. Guffroy. Pour ma part, je crois que les teintes donneraient de meilleurs résultats que le système des points qui donne toujours des résultats assez embrouillés.

M. Weber. En Bavière, on a adopté le système des points pour délimiter l'ensemble des zones naturelle et artificielle, et on les distingue l'une de l'autre par des lignes de couleurs différentes.

M. Demorlaine. Je ne crois pas qu'il y ait grand intérêt à distinguer les deux zones; le côté pratique de la carte, et c'est le seul auquel l'on doive s'attacher, c'est de permettre à un propriétaire de savoir quelles essences il peut planter dans un terrain donné. Par conséquent, plus la carte sera simplifiée, mieux cela vaudra.

M. Guichet. Je crois qu'il y a intérêt à faire la distinction entre les deux aires, parce que les plantes importées donnent souvent de moins bons résultats et que même il arrive qu'elles ne se reproduisent pas. Au contraire, l'arbre qui est dans sa zone naturelle ne peut donner lieu qu'accidentellement à de tels mécomptes.

M. Demorlaine. Je dois ajouter que bien souvent il sera très difficile de tracer la ligne de démarcation entre l'aire naturelle et l'aire artificielle.

M. Guichet. Il convient encore de faire observer que, à quelques exceptions près, on peut planter dans presque tous les terrains les essences indigènes.

M. Thézard. La grosse question est que le terrain contienne les éléments essentiels en quantité suffisante pour assurer la vie de la plante.

La Section émet le vœu que l'administration forestière fasse dresser par ses agents des cartes botanico-forestières indiquant l'aire de dispersion des diverses essences, afin de faciliter aux propriétaires le reboisement de leurs terrains.

En outre, la Section se prononce en faveur du mode de représentation des aires par des teintes plates, avec l'indication par des points des stations où l'espèce n'est que naturalisée.

M. Guyot. M. Thiéry, professeur à l'École nationale des Eaux et Forêts, à Nancy, dont je suis le directeur, voulait vous faire une communication très courte au sujet des transports forestiers; il avait le désir d'appeler votre attention sur le système qui est maintenant pratiqué en Suisse pour le transport du gros bois, système qu'il a été étudier sur place. Dans les hautes montagnes, au lieu de procéder par voie de lançage des bois, ce qui les détériore toujours plus ou moins, on les fait descendre par des câbles aériens parallèles. Il convient d'ajouter que ce mode entraîne un prix de revient assez élevé.

Je regrette que M. Thiéry n'ait pu venir vous faire lui-même sa communication; peut-être pourra-t-il assister à votre séance de demain.

M. le Président. Nous l'espérons; c'est pourquoi nous réserverons la question jusque-là.

La séance est suspendue à 11 heures 10; elle est reprise à 4 heures.

SÉANCE DU MERCREDI 6 JUIN 1900
(SOIR).

PRÉSIDENCE DE M. PAUL CHARPENTIER.

M. LE SECRÉTAIRE donne lecture d'un mémoire de M. Flahault sur *les limites supérieures de la végétation forestière en France.*

L'abaissement de la limite supérieure de la végétation forestière dans nos Alpes avait fortement impressionné Demontzey. Des faits incontestés, les témoignages certains recueillis sur une foule de sommets secondaires et dans les hautes vallées au-dessus de la *limite actuelle* de la végétation ligneuse l'avaient convaincu que les pelouses continues, situées au-dessus des forêts actuelles, sont les témoins de l'existence de *forêts supérieures* disparues par le fait de l'homme, après avoir été la cause principale de la production de ces gazons. Le gazonnement des terrains de montagne complètement dénudés est impossible, on le sait, sans l'intervention protectrice d'une végétation ligneuse. Pour reconstituer les hauts pâturages, il faut refaire les forêts.

Il y a pourtant, dans la doctrine de Demontzey, un point sur lequel il est en désaccord avec les résultats des observations accumulées depuis vingt ans. Il croyait que la limite supérieure normale de la végétation forestière atteint la base des neiges permanentes et ne s'arrête qu'aux terrains où les neiges sont susceptibles de demeurer pendant plusieurs années de suite[1].

On croyait, il y a peu d'années encore, que la température seule intervient pour déterminer les limites en altitude des espèces végétales; on se préoccupait d'établir quelle somme de température annuelle exige telle ou telle espèce, et l'on attribuait leur disparition successive au déficit qu'elles subissent, à partir d'un niveau différent pour chacune d'elles, à l'égard de la somme annuelle de température nécessaire à leur développement. On sait aujourd'hui que la limite des végétaux en altitude est fixée par un en-

---

[1] DEMONTZEY. *Traité pratique du reboisement*, etc., 2ᵉ édit., 1882, p. 313. — *L'Extinction des torrents en France par le reboisement*, p. 63.

semble de conditions climatiques variées et par leurs multiples combinaisons. La diminution de la pression atmosphérique, entraînant l'abaissement de la température, la diminution de la vapeur d'eau et l'augmentation de l'intensité des radiations calorifiques, les vents qui activent la transpiration et l'évaporation, la nébulosité, l'humidité relative et l'humidité absolue de l'atmosphère, les précipitations atmosphériques sous forme de pluie ou de neige, leur distribution suivant les saisons, se combinent de la manière la plus diverse et exercent sur la végétation une influence considérable. On a pu analyser, dans un certain nombre de cas, la part qui revient à chacun des facteurs pris isolément; on connaît, d'une manière à peu près certaine, les résultats synthétiques de leur action commune sur les principales formes de la végétation des montagnes.

Dans les basses montagnes, le passage du climat de la plaine à celui des hauteurs est tout d'abord favorable à la végétation ligneuse. A mesure qu'on s'élève, la pression diminuant, la capacité de l'air en vapeur d'eau est moindre, les pluies sont moins fréquentes et moins abondantes, les vents plus forts activent la transpiration. Ces conditions sont défavorables à la végétation ligneuse; en s'exagérant, elles lui deviennent fatales et l'empêchent complètement; elles sont, au contraire, favorables à la végétation herbacée. A partir d'un certain niveau, qui varie suivant la situation géographique des montagnes, suivant les conditions climatiques qui agissent sur elles, suivant les détails topographiques même, la végétation ligneuse est donc impossible.

Les différences que présente la physionomie de la flore traduisent de la manière la plus exacte les différences climatiques; mais aucune espèce, prise isolément, ne fournit un sûr critérium pour la distinction des zones naturelles de végétation. La physionomie de la flore est déterminée par l'association d'un certain nombre d'espèces vivant ensemble, dans une dépendance nécessaire les unes à l'égard des autres; les besoins de chaque espèce prise isolément variant dans des limites plus étendues que ceux de l'association considérée dans son ensemble, l'association exprime mieux qu'une espèce quelconque (fût-elle tout à fait dominante par ses dimensions ou le nombre de ses individus) les rapports entre la végétation et l'ensemble des causes qui agissent sur elle. Ni le mélèze, ni le pin de montagne, ni le pin Cembro, ne permettent, *par eux-mêmes* et *à eux seuls*, de fixer la limite supérieure de la végétation arborescente; alors même qu'ils n'auraient pas été détruits par l'homme, ils n'occupent pas tous les points, toutes les stations de la zone qu'ils occupent. Ils sont éliminés ici par la

35.

nature du sol (tourbières, rochers), ici par l'exposition, ailleurs par la violence des vents ou par l'action réitérée des avalanches. La *limite supérieure de la végétation forestière est marquée par la limite des forêts* de pin de montagne, des forêts de mélèze, d'épicea ou de pin Cembro *et des associations dont ces arbres sont les termes principaux.* Que l'espèce principale manque, son cortège habituel persiste et marque à sa place la zone naturelle dont il s'agit. C'est la *zone subalpine;* elle est donc très nettement caractérisée dans nos hautes montagnes de France. Elle paraît moins facile à limiter dans les Alpes orientales, dans les grands massifs de l'Europe centrale et le Caucase.

Tout effort de reboisement est inutile au delà de cette limite fixée par la nature, déterminée par le climat et fixée par la végétation. Demontzey se faisait illusion sur ce point.

Mais la limite supérieure normale de la zone subalpine, autrement dit de la végétation forestière, a été abaissée de 300 mètres environ, depuis les temps historiques, dans nos montagnes de France. Cet abaissement n'est pas déterminé par le climat; imputable à l'homme seul, il a les plus graves conséquences pour l'économie des montagnes. Il faut retenir, en effet, que le maximum de condensation des pluies correspond à la zone subalpine, essentiellement forestière, que la zone dénudée reçoit, par suite, des précipitations abondantes, très fréquentes et très brusques. Ajoutons que les eaux s'écoulent sur des pentes très fortes en général, sur lesquelles elles font nécessairement naître des torrents, suivant le mécanisme ordinaire.

Si donc il est inutile de songer à boiser les montagnes au delà de la limite supérieure de la zone subalpine, il est urgent de reboiser la partie supérieure de cette zone, à peu près universellement dépouillée de sa végétation normale dans nos montagnes de France. Y reconstituer la forêt, c'est rétablir l'ordre dans la nature, ordre sans lequel toute économie agricole est troublée d'une manière profonde. La reconstitution des forêts y est difficile, très lente, exposée à toute sorte d'accidents qui en compromettent le succès. Alors même qu'on n'en peut espérer aucun produit rémunérateur et qu'on n'en peut attendre qu'un succès partiel au point de vue de la reconstitution du bois, il est du devoir de l'Administration forestière de poursuivre ses efforts dans cette direction. Ils sont justifiés par le grand intérêt qu'offre le boisement aux grandes altitudes :

1° Protection contre l'altération de la surface du sol par les avalanches, les eaux, les éboulements et les glissements;

2° Production de quantités de bois, si minimes qu'elles soient;

3° Formation du gazon qui, du pied même de l'arbre qui l'abrite, gagne peu à peu, fait tache d'huile, devient confluent et forme finalement un pré-bois.

M. le Secrétaire donne lecture d'un rapport de M. Mélard sur le mémoire (annexe n° 4) de M. Guffroy, relatif à la *répartition des forêts en France*; ce rapport est ainsi conçu :

Le travail de M. Ch. Guffroy a consisté simplement à effectuer 87 divisions pour déterminer le taux de boisement des 87 départements, en prenant pour base la statistique agricole de 1892.

Les résultats obtenus, n'étant complétés ou éclairés par aucun renseignement sur la consistance des forêts, n'ont qu'un médiocre intérêt et sont plutôt de nature à induire en erreur.

C'est ainsi que le Var et l'Ariège, départements très pauvres au point de vue du matériel ligneux et du rendement en bois, occupent l'un le deuxième, l'autre le cinquième rang dans la classification reposant sur le taux de boisement.

Un travail analogue a déjà été fait par M. Mathieu en 1876 (p. 3 et 6 de la Statistique forestière et carte n° V).

Il n'y aurait aucun inconvénient à imprimer le travail de M. Guffroy; cependant il semble difficile de le faire rentrer dans le programme du Congrès.

On voit bien, il est vrai, à la troisième Section, question n° 4 : Sols forestiers, cartes botanico-forestières, mais les cartes dressées à l'appui du travail ne sont autre chose que de la statistique graphique et n'ont aucun rapport avec les sols forestiers ou la botanique.

Ces cartes elles-mêmes ne pourraient être reproduites qu'après avoir été complètement modifiées. La répartition des teintes dans la carte polychrome et l'échelle des teintes dans la carte monochrome sont entièrement défectueuses.

M. Guffroy. La question que j'ai traitée dans mon mémoire a, au point de vue climatologique, une importance sur laquelle M. le Rapporteur ne s'est pas expliqué; la carte que je voudrais voir dresser permettrait des comparaisons qui serviraient à déterminer l'influence des forêts sur les orages à grêle. C'est sur ce point que je prends la liberté d'insister.

La Section émet le vœu qu'il soit dressé une carte orographique indiquant la densité forestière des diverses régions et la répartition des orages à grêle afin d'en déduire l'influence des forêts sur ce phénomène.

M. Thézard donne lecture du mémoire suivant sur *l'analyse des plantes et des sols.*

Au Congrès international de chimie appliquée de Bruxelles-Anvers en 1894, et en 1896 à celui de Paris, j'ai fait différentes communications sur les avantages que l'on pourrait retirer de l'application de la science agronomique à la sylviculture.

Comme suite à ma brochure sur *le reboisement et la fertilisation des forêts,* parue en 1896, sur l'invitation de plusieurs de ces messieurs des Forêts et notamment sur les encourageants conseils de M. H. Joulie, notre cher vice-président ; sur l'avis de M. Guichet, inspecteur des Forêts, qui m'avait manifesté le désir de poursuivre plus tard, en collaboration, cette intéressante étude, et qui m'a souvent fait ressortir le parti qu'il y aurait pratiquement à aborder les études sylvicoles au point de vue chimique, je me permets aujourd'hui d'essayer de traiter ce sujet en commençant par l'analyse des sols et des plantes.

TERRE VÉGÉTALE.

Toute terre qui donne une végétation spontanée et des herbes de mauvaise qualité se montre, par cela même, cultivable. Modifiez peu à peu sa composition et vous la rendrez apte à produire des plantes utiles aussi longtemps que vous saurez maintenir sa composition en harmonie avec leurs exigences.

Les éléments contenus dans une terre n'ont pas tous la même importance et pourtant, en l'absence absolue des uns ou des autres, la végétation devient également impossible.

On distingue dans un sol trois sortes d'éléments :

Les éléments mécaniques, qui servent de rapport aux végétaux sans participer à leur formation par leur substance ;

Les éléments assimilables actifs, qui sont les agents par excellence de la production végétale et dans lesquels réside essentiellement la fertilité ;

Et *les éléments assimilables en réserve* qui remplissent d'abord les fonctions d'éléments mécaniques, mais qui, à un moment donné, peuvent devenir assimilables et rentrer dans la catégorie des éléments actifs.

COMPOSITION D'UN SOL FERTILE.

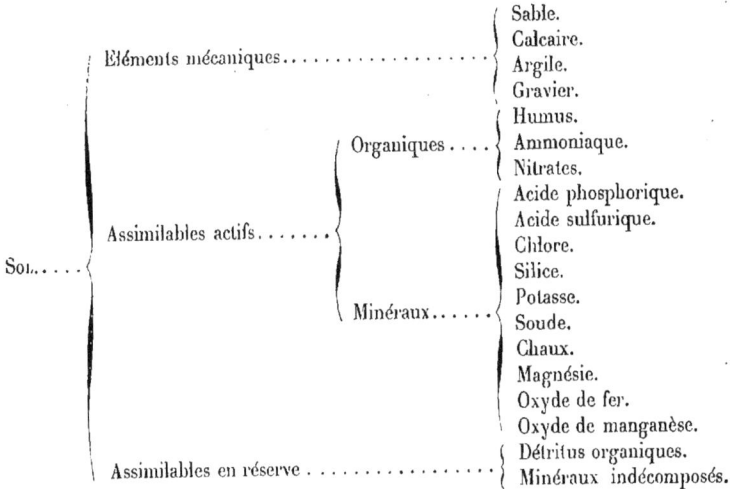

Sol..... {
- Éléments mécaniques.............. {
  - Sable.
  - Calcaire.
  - Argile.
  - Gravier.
- Assimilables actifs....... {
  - Organiques.... {
    - Humus.
    - Ammoniaque.
    - Nitrates.
  - Minéraux...... {
    - Acide phosphorique.
    - Acide sulfurique.
    - Chlore.
    - Silice.
    - Potasse.
    - Soude.
    - Chaux.
    - Magnésie.
    - Oxyde de fer.
    - Oxyde de manganèse.
- Assimilables en réserve .... {
  - Détritus organiques.
  - Minéraux indécomposés.

Pour simplifier notre travail, nous classerons nos éléments en deux catégories :

Éléments mécaniques;

Éléments actifs.

Cette étude du sol, qui paraît si simple en apparence, présente de telles difficultés dans la pratique, que les premiers chimistes qui ont voulu s'en occuper ont tous fait fausse route. Ignorant ce qui pouvait être utile à l'alimentation des plantes, ils ont commencé par doser les éléments mécaniques.

Inutile de dire que leurs recherches furent couronnées d'insuccès.

Enfin, lorsque le voile qui masquait la physiologie végétale fut enlevé, une nouvelle route s'ouvrit au chimiste et ses recherches portèrent sur les éléments actifs.

ANALYSE MÉCANIQUE DE LA TERRE.

Il est difficile de donner une appréciation au sujet de l'analyse physique ou mécanique de la terre.

Néanmoins nous pouvons admettre que les meilleures terres agricoles sont composées de sable mélangé à une proportion convenable d'argile (7 à 10 p. 100), avec environ 10 p. 100 de calcaire et 2 p. 100 de matières organiques.

Il y a toutefois beaucoup de terres fertiles dont la composition s'écarte plus ou moins largement de ces proportions.

Le défaut ou l'excès d'argile peut, en effet, se trouver compensé par un excès de calcaire ou de matières organiques. Celles-ci peuvent aussi, avec le concours de l'argile, remplacer le calcaire dans une certaine mesure. Mais le calcaire et l'argile ne peuvent contrebalancer que faiblement le manque de matières organiques, car les excès de ces deux composants exigent eux-mêmes des quantités plus élevées de ces matières. C'est donc, au point de vue de la constitution physique ou mécanique du sol, la proportion de matières organiques qui remplit le rôle le plus important, puisque ce sont elles qui régularisent l'influence des autres composants et les remplacent, au besoin, mais ne peuvent être remplacées par eux.

Nous allons exposer rapidement les propriétés de chacun de ces éléments physiques du sol.

HUMUS.

L'humus est la matière noire que contient, par exemple, la terre de bruyère; c'est un produit de la décomposition des détritus végétaux et il joue forcément un grand rôle en sylviculture.

Chimiquement, c'est une substance peu soluble dans l'eau, qui perd entièrement sa solubilité par l'action alternative de la gelée et de la chaleur; la potasse le dissout et les acides le précipitent de cette dissolution sous forme de dépôt spongieux et semi-pulvérulent.

Au contact de l'air l'humus absorbe l'oxygène et le change en acide carbonique; il en résulte qu'il détermine, dans le sein de la terre, toujours plus ou moins aérée, une production incessante d'acide carbonique aux dépens de son propre carbone.

Ce n'est pas une substance chimique simple comme beaucoup sont tentés de le croire. C'est une collection de corps divers dont les uns sont utiles et les autres indifférents ou même nuisibles. On a cru, pendant un moment, en examinant des terres noires de Russie, que leur extrême fertilité était due à la *couleur* noire de l'humus, mais on en est vivement revenu après les expériences qui ont été faites dans du sable lavé calciné et préparé en conséquence.

L'humus n'est donc autre que la substance qui, par sa décomposition, a donné la tourbe, laquelle, par la suite des temps, s'est transformée en charbon de terre.

Les propriétés de l'humus, considéré comme agent ou support de la végétation, sont multiples et quelques-unes très importantes. Nous placerons en première ligne la faculté qu'il possède d'absorber et de retenir une grande quantité d'eau :

100 parties d'humus peuvent absorber jusqu'à 190 parties d'eau. A ce seul point de vue la présence de l'humus dans le sol est une condition éminemment favorable au succès des cultures.

Dans un terrain privé d'humidité, la végétation est impossible, parce que les éléments minéraux constitutifs des plantes, le phosphate de chaux, la chaux, la magnésie, la silice, le fer, ne sont assimilables pour elles qu'à la condition d'être préalablement dissous dans l'eau.

Une propriété très précieuse de l'humus est qu'il absorbe l'ammoniaque et la fixe dans le sol sans nuire à son assimilation par les végétaux. Ces effets de fixation jouent un grand rôle dans les phénomènes de la végétation.

La faculté d'absorption de l'humus ne s'exerce que sur l'ammoniaque (Az_2H^3) et nullement sur les dissolutions de sels ammoniacaux.

L'humus possède une troisième propriété non moins remarquable et précieuse au point de vue sylvicole. Il absorbe l'oxygène de l'air et le transforme incessamment en acide carbonique au sein de la terre végétale. Cet acide carbonique, résultant de la combustion spontanée de l'humus, ne sert pas seulement à la nutrition des plantes, fonction dans laquelle l'acide carbonique de l'atmosphère pourrait le remplacer; il joue un rôle beaucoup plus important, celui de désagréger et de rendre plus facilement solubles les éléments minéraux du sol. Les feldspaths, par exemple, résistent moins à l'eau chargée d'acide carbonique qu'à l'eau pure, et la chaux, la silice, la potasse, produits précieux de leur décomposition, sont ainsi dissous plus facilement et en plus grande quantité.

Le phosphate de chaux, insoluble dans l'eau naturelle, se dissout également dans l'eau chargée d'acide carbonique, et il n'est pas jusqu'au phosphate d'alumine qui, l'acide carbonique aidant, n'abandonne, en présence de la potasse ou de la chaux, une partie de l'acide phosphorique qu'il contenait à l'état insoluble, sans profit pour la végétation.

L'humus, dans le même ordre d'action directe et immédiate, produit sur les phosphates de chaux et de fer un effet de dissolution très remarquable et qui favorise leur absorption par les végétaux. Les récoltes obtenues dans du sable mêlé d'humus contiennent plus de phosphates que celles venues dans le sable pur. Avec ou sans humus, dans des conditions de fumure identiques, le rendement est le même, mais la récolte contient, dans le premier cas, plus de phosphate de chaux que dans le second.

Enfin, l'humus, et c'est là sa fonction principale, favorise singulièrement l'action fertilisante du carbonate de chaux et ne manifeste lui-même d'effet utile qu'autant qu'il lui est associé.

INCONVÉNIENTS DE L'HUMUS.

Si, dans des proportions raisonnables, l'humus donne de bons résultats, il en est autrement lorsqu'il se trouve en trop grande proportion. Il est facile d'enrichir un sol en humus, il n'est pas toujours commode d'en combattre les excès.

Chez nous, le défaut d'humus ne se rencontre guère que dans les cultures arriérées; car dans celles-ci l'excès des matières organiques est bien plus fréquent que leur défaut et crée des difficultés autrement redoutables.

Les terres de vieilles prairies, d'anciens bois, de marais desséchés, les tourbières assainies se trouvent également dans cette fâcheuse situation.

Partout où la richesse en humus arrive à 10 p. 100 du poids de la terre sèche, proportion qui est indiquée par un dosage de 5 à 6 millièmes d'azote, la fertilisation devient le plus souvent très difficile, même par les engrais chimiques, attendu qu'ils sont absorbés et insolubilisés par l'humus qui ne les cède plus que très lentement aux plantes, au fur et à mesure de sa destruction.

On arrive à se débarrasser des excès d'humus par l'écobuage, l'essartarge, les chaulages, les marnages, par l'apport de sable et ensuite par la culture de plantes maraîchères ou d'avoine.

Les scories de déphosphoration ou les phosphates fossiles donnent de bons résultats dans ces terrains.

ARGILE.

L'argile est ce que l'on appelle en chimie *silicate d'alumine hydraté*; elle entre, pour une large part, dans la composition de presque tous les sols et provient de la désagrégation de silicates à plusieurs bases, parmi lesquels il faut surtout compter l'alumine.

Un échantillon d'argile m'a donné à l'analyse :

Silice p. 100 54,00
Alumine 26,00
Oxyde de fer 18,40
Pertes 1,60

L'argile, bien qu'insoluble, joue un rôle de premier ordre dans l'économie de la végétation; elle règle à la fois la diffusion de l'ammoniaque dans le sol et son assimilation par les végétaux.

Comme l'humus, l'argile possède la propriété d'absorber une grande quantité d'eau et de la fixer dans le sol s'opposant également et à son écoulement dans les couches inférieures et à son évaporation.

Cent parties d'argile absorbent 70 parties d'eau, et là où le sable, mouillé au même degré, perd, en quatre heures, 88 parties d'eau, la perte de l'argile n'est que de 46 parties.

L'argile partage avec l'humus la faculté de soustraire l'ammoniaque à ses dissolutions dans l'eau et d'autant plus que la dissolution est plus concentrée. Cette fixation n'est pas le résultat d'une combinaison et n'a rien de définitif. Il ne faut y voir qu'un effet purement physique. L'argile prend l'ammoniaque à l'eau, mais l'eau à son tour reprend l'ammoniaque à l'argile; ces deux effets se produisent avec la même facilité : la soustraction dans un sens ou dans l'autre dépend uniquement du rapport entre les quantités réagissantes d'eau et d'argile suivant que l'état du sol passe de la sécheresse à l'humidité.

Mieux partagée que l'humus, elle exerce sur les dissolutions salines la même action que sur l'ammoniaque. Elle fixe la potasse, la soude, la chaux, l'acide phosphorique qu'elle rend ensuite aux plantes.

Lorsqu'elle agit sur une dissolution formée de plusieurs sels, l'argile détermine ou favorise de doubles décompositions qui ne se seraient peut-être pas accomplies sans sa présence, car en séparant les corps de l'eau qui leur servait de véhicule, en les condensant, en les rapprochant, elle multiplie leurs points de contact et seconde leurs actions mutuelles.

SABLE.

On appelle sable des grains de différentes substances minérales et plus particulièrement de quartz, qui sont restés isolés, indépendants les uns des autres.

Le sable est l'élément principal, souvent unique, du sol mouvant des dunes et des déserts; c'est la matière principale des alluvions déposées par les rivières; c'est l'un des éléments nécessaires des terres arabes: aussi est-il employé à l'ameublissement de celles qui sont trop compactes.

Le sable diffère de l'argile par sa nature, comme par son gisement. Il n'en diffère pas moins par ses propriétés agricoles.

Au point de vue agricole, il y a deux espèces principales de sable : le sable à grains de quartz ou de silice; le sable à grains calcaires ou de carbonate de chaux.

Le sable a la propriété de laisser pénétrer l'air et l'eau dans le sol, et sa proportion par rapport à l'argile varie selon les pays. Dans les pays où il pleut beaucoup, le sable doit être en plus forte proportion que dans les autres, et pour l'emploi des engrais solubles il y a à tenir également compte de ce phénomène.

CALCAIRE.

Calcaire est le nom que l'on donne au carbonate de chaux (56 de chaux, 44 d'acide carbonique). Il porte différents noms selon sa forme ou ses usages.

Au point de vue sylvicole le calcaire a un double rôle. En dehors de ses propriétés physiques il sert à la nutrition des plantes et à la décomposition des matières organiques.

Un terrain est dit *calcaire* lorsqu'il renferme au moins 10 p. 100 de carbonate de chaux intérieurement mélangé à toute la couche arable dont le poids à l'hectare et sous une épaisseur de 20 centimètres ne peut être évalué à moins de 4,000,000 de kilogrammes.

ANALYSE CHIMIQUE DE LA TERRE.

L'analyse chimique des terres exige une série d'opérations chimiques des plus délicates, et il est impossible de songer à la faire exécuter ailleurs que dans un laboratoire bien organisé et par d'autres mains que celles d'un chimiste très expert en cette matière et en possession de bonnes méthodes.

Il arrive souvent que beaucoup de chimistes, qui croient pouvoir se charger de ce travail, n'arrivent qu'à des résultats très erronés, et cela au détriment du propriétaire qui y a recours. Malheureusement aussi ce dernier, voulant aller par trop à l'économie, court de lui-même au-devant de sa ruine.

Il oublie volontiers qu'une analyse chimique n'a de valeur que celle qu'on peut attribuer moralement au chimiste qui l'a faite et à son outillage qui doit être des plus complets; toutes choses qui représentent une valeur et de certains frais qu'il est nécessaire de couvrir.

Nous ne donnerons pas ici toutes les méthodes proposées ou suivies dans les laboratoires, nous ne signalerons que les deux principales qui diffèrent entre elles par le mode d'attaque de la matière.

La première, due à M. Paul de Gasparin et que je propose à la 3ᵉ section du Congrès international de Sylviculture de vouloir bien accepter a été décrite dans son merveilleux *Traité de la détermination des terres dans les laboratoires*. Elle consiste à attaquer la terre par *l'eau régale* (mélange d'acide azotique et chlorhydrique).

La seconde méthode suivie par les stations agronomiques a été décrite dans les bulletins et publications du Ministère de l'agriculture.

Elle consiste à attaquer la substance par l'acide nitrique seul.

J'ai toujours suivi la première méthode, et pendant le long stage que j'ai fait au laboratoire de M. H. Joulie, j'ai continué à employer avec lui cette même méthode avec les quelques modifications qu'il a apportées dans le dosage des éléments minéraux. On laisse de côté tout ce qui n'intéresse pas directement l'alimentation des plantes. Cette méthode est rapide autant qu'exacte et repose actuellement sur des résultats obtenus au moins d'après 4,000 analyses de diverses terres sur lesquelles on a obtenu par la suite d'excellentes cultures.

Les terres les plus fertiles ne contiennent pas plus de 3 à 4 p. 100 de leur poids en éléments essentiels. Le premier soin du chimiste est donc de séparer, par exemple à l'aide de l'eau régale, cette partie précieuse de la masse de matière inerte qui lui sert de réservoir.

Mais, direz-vous, la plante n'a pas d'eau régale à sa disposition pour attaquer le sol aussi énergiquement qu'elle et l'eau de pluie, bien que chargée d'acide carbonique et des sels qu'elle trouve dans le sol même, ne saura jamais en extraire autant de substance active que l'eau régale?

La somme des éléments utiles que l'attaque à l'eau régale permet de doser représente le maximum de richesse de la terre, la provision d'aliments qu'elle cédera lentement à la végétation pendant le cours des siècles, sans donner cependant la mesure de ce que le cultivateur est en droit d'en attendre immédiatement ou même pendant la durée de son entreprise.

Cette constatation n'en a pas moins une grande importance car s'il est impossible d'en tirer aucune conclusion pratique à l'égard des éléments trouvés en abondance, il n'en est pas de même pour ceux qui font défaut ou qui ne se montrent qu'en faible proportion. Pour ceux-là, du moins, on est assuré de la nécessité absolue d'en apporter par les engrais, si l'on veut utiliser les autres et obtenir des récoltes.

En substituant l'*eau distillée* à l'eau régale, dont l'action est trop énergique, d'après certains chimistes, on obtiendrait une dissolution des éléments immédiatement disponibles. Mais, cette fois, au lieu de dépasser le but, on serait loin de l'atteindre. Le résultat obtenu serait un minimum car l'eau qui imprègne le sol pendant toute la saison de végétation possède une action dissolvante plus puissante que celle de l'eau distillée, grâce à l'acide carbonique dont elle est chargée. Elle agit, d'ailleurs, dans des conditions fort différentes et beaucoup plus favorables. Certains matériaux du sol, complètement insolubles dans l'état où ils s'y trouvent, subissent, à la longue et sous les influences multiples des agents atmosphériques et des sels contenus dans le sol, une décomposition lente qui en dégage peu à peu des produits solubles dans l'eau et capables d'alimenter les plantes.

C'est ainsi que l'acide phosphorique, par exemple, uni à l'oxyde de fer et à l'alumine, est complètement insoluble dans l'eau et sert cependant à l'alimentation des plantes par l'effet des réactions que certaines matières organiques en décomposition exercent sur les phosphates de fer et d'alumine. L'acide phosphorique, séparé de ces bases, devient soluble dans l'eau du sol à l'état de phosphate de potasse, d'ammoniaque, de chaux ou de magnésie.

L'analyse des produits solubles dans l'eau ne peut donc nous indiquer qu'un minimum souvent très éloigné de la vérité qui se trouve entre les points extrêmes indiqués par les deux méthodes et à une distance qu'il n'est pas encore possible à la chimie de préciser.

L'attaque à l'acide nitrique seul donne des chiffres plus faibles que ceux obtenus par l'eau régale sans qu'il soit possible d'indiquer un rapport à peu près constant entre les résultats des deux systèmes. Ce rapport varie dans des limites assez étendues. Les résultats seraient en quelque sorte les intermédiaires entre l'eau régale et l'eau distillée; alors nous n'en voyons pas bien l'utilité.

On a également proposé d'attaquer les terres à l'aide des acides organiques, mais nous passerons ces méthodes sous silence.

La raison pour laquelle les stations agronomiques ont adopté l'attaque à l'acide nitrique bouillant pendant cinq heures est que l'ébullition ne modifie pas la composition du réactif; cette raison aurait une valeur sérieuse si l'acide nitrique donnait une attaque plus complète que celle par l'eau régale; mais, comme c'est le contraire qui se produit, il faut donc aller chercher ailleurs cette adoption.

INTERPRÉTATION DES RÉSULTATS À L'HECTARE.

Généralement voilà comment on dispose le bulletin d'une analyse de terre.

Nom du propriétaire.....................................
Commune et département...............................
Renseignements.......................................

Tamisage.

Terre fine 709,5
Pierres... 290,5

TOTAL 1,000,0

Analyse mécanique de la terre fine.

Sable... 805,18
Argile.. 152,56
Calcaire.. traces.
Matières organiques................................. 10,81
Pertes.. 31,45

TOTAL 1,000,00

ANALYSE CHIMIQUE.

ÉLÉMENTS UTILES.	DANS 1,000 KILOS.		A L'HECTARE dans 0ᵐ20 D ÉPAISSEUR.	APPRÉCIATIONS.
	TERRE FINE.	AVEC PIERRES.		
Acide phosphorique.........	0,45	0,32	1,280	Très pauvre.
Acide sulfurique............	0,51	0,36	1,440	Très pauvre.
Potasse....................	5,11	3,62	14,480	Riche.
Chaux.....................	2,06	1,46	5,840	Très pauvre.
Magnésie..................	2,79	1,98	7,920	Assez bien.
Oxyde de fer..............	50,96	36,15	144,600	Bien.
Azote.....................	0,63	0,45	1,800	Très pauvre.
Soude....................	0,60	0,42	1,680	Bien.

Une semblable analyse, faite consciencieusement, revient à 50 francs. L'analyse chimique est comptée 30 francs et suffit largement, et l'analyse mécanique 20 francs.

Voici comment on calcule l'analyse précédente :

La densité des terres, déterminée par le poids du litre, varie dans des limites assez étroites autour de 2.

On prendra donc la densité moyenne 2 pour base du calcul.

En multipliant par 20 la richesse centésimale, on aura la richesse d'un mètre cube de terre qui pèse 2,000 kilogrammes en moyenne et, en multipliant les nombres trouvés par la profondeur de la couche arable, multipliée elle-même par 10,000, on aura la richesse à l'hectare.

Exemple : l'analyse précédente donne dans une terre, pour le dosage de l'acide phosphorique, 0,045 p. 100 sur la terre fine; 0,045 × 20 = 0 kilogr. 900, richesse du mètre cube de terre.

La couche arable a 0 m. 20 d'épaisseur.

0 m. 20 × 10,000 = 2,000 mètres cubes, volume de la couche arable. 0 kilogr. 900 × 2,000 = 1,800 kilogrammes d'acide phosphorique à l'hectare.

Si la couche arable n'avait que 12 centimètres d'épaisseur moyenne, le même dosage conduirait à 0,045 × 20 = 900 × 0 m. 12 × 10,000 = 1,080 kilogrammes seulement.

Cette manière de calculer la richesse à l'hectare n'est pas rigoureusement exacte :

1° Parce que la couche arable n'a pas toujours une épaisseur toujours égale sur toute la surface du champ;

2° Parce que le poids du mètre cube de terre n'est que rarement égal à 2,000 kilogrammes exactement;

3° Enfin, parce que la couche de terre qui est au-dessous de la couche arable peut intervenir dans une certaine mesure pour l'alimentation des plantes, surtout si l'on a fait un sous-solage.

Mais, comme il ne s'agit d'obtenir par l'analyse que des indications approximatives, ainsi que nous l'avons déjà expliqué, ces causes d'inexactitude sont sans importance.

A ces calculs vient également s'ajouter un autre facteur, c'est la quantité de pierres contenues dans un champ, et pour cette raison on remarquera l'action des dissolvants énergiques employés dans le laboratoire comme celle des dissolvants plus faibles qui se trouvent dans la couche arable de nos champs (et l'on pourrait ajouter comme celles des racines elles-mêmes) est d'autant plus grande pour un certain poids de terre que cette terre est divisée en particules plus petites et que l'ensemble de ces particules offre ainsi à cette action une surface plus grande. De plus, c'est principalement dans la terre fine que réside le pouvoir absorbant du sol pour l'ammoniaque, la potasse, l'acide phosphorique, etc.... On aura donc des dosages plus ou moins élevés suivant que l'on fera porter l'analyse sur une matière plus ou moins fine; et nous considérons cette séparation de la partie fine et de la partie grossière du sol comme un des points fondamentaux de l'analyse chimique des terres; car, en dehors de ce point de vue chimique, comment pourrait-on comparer deux terres, l'une pleine de cailloux et l'autre composée de terre fine?

Ainsi, dans l'exemple précédent, nous remarquons à gauche du tableau le mot *tamisage* et nous voyons que pour 1,000 de la terre analysée nous avons 709,5 de terre fine et 290,5 de pierres.

Alors si nous ne tenions pas compte des pierres il arriverait ceci : c'est que nous aurions pour l'acide phosphorique 0,45 pour 1,000 au lieu de 0,32, ce qui nous ferait à l'hectare 1,800 kilogrammes au lieu de 1,280. L'appréciation devrait donc être modifiée.

Donc, lorsqu'il y a des pierres dans une terre, il faut en tenir compte et modifier par le calcul les résultats obtenus sur la terre fine après tamisage.

Exemple pris dans le tableau précédent :

Acide phosphorique p. 1,000 dans terre fine, 0,45

$$\frac{0,45 \times 709,5}{1,000} = 0,32.$$

Acide phosphorique p. 1,000 avec pierres égalera donc 0,32.

Ainsi de suite pour les autres éléments.

On calcule la richesse à l'hectare en se servant des résultats ainsi modifiés (d'après la quantité de pierres) en multipliant tous les chiffres par 4,000,000, poids de la couche de terre à l'hectare divisé par 1,000.

$$\text{Exemple :} \frac{0,32 \times 4,000,000}{1,000} = 1,280.$$

SIGNIFICATION DE L'ANALYSE.

Si nous admettons avec M. Joulie qu'une terre, pour qu'elle soit dans de bonnes conditions, doit renfermer à l'hectare :

Acide phosphorique............................. 4,000
— sulfurique................................ 4,000

Potasse..	10,000
Chaux..	200,000
Magnésie..	12,000
Oxyde de fer..	150,000
Azote	4,000

Et si l'on compare les chiffres de l'analyse précédente avec ceux-ci, on voit que la terre examinée est riche en potasse et en oxyde de fer et pauvre en tous les autres éléments.

ÉLÉMENTS MANQUANTS.

Les indications de l'analyse précédente sont donc parfaitement claires. Si l'on veut obtenir une récolte de blé abondante et de bonne qualité sur cette terre, il faudra l'enrichir des éléments minéraux qui lui manquent (*Pour mieux faire ressortir notre exemple nous prendrons le blé au lieu d'une plante forestière.*)

Mais faudra-t-il, du premier coup, lui donner des quantités suffisantes de ces éléments pour l'amener à la richesse de la bonne terre? Cette manière de procéder exigerait une dépense hors de proportion avec les avantages à en retirer et ne donnerait d'ailleurs pas de meilleurs résultats agricoles.

Si, par exemple, on donnait à l'hectare et sous forme assimilable les 2,720 kilogrammes, l'excédent qui ne serait pas utilisé par la récolte rentrerait dans des combinaisons insolubles, et cela reviendrait au même que si l'on avait employé du phosphate fossile.

Ce n'est pas de la sorte qu'il faut procéder.

Supposons qu'il s'agisse de mettre cette terre en blé.

Sachant la quantité d'éléments qu'emprunte au sol et à l'hectare une bonne récolte de blé, nous effectuerons les calculs suivants :

ACIDE PHOSPHORIQUE.

L'acide phosphorique contenu dans le sol y existe à l'état de phosphates plus ou moins solubles, mais qui se décomposent peu à peu et mettent chaque année une petite quantité d'acide phosphorique à la disposition des plantes.

C'est ainsi qu'une terre où l'analyse trouve 4,000 kilogrammes d'acide phosphorique à l'hectare peut facilement fournir les 55 kilogr. 15 néces-

saires à une bonne récolte de blé. Bien que cette dose d'acide phosphorique ne s'y trouve pas à l'état soluble à aucun moment de l'année, elle
passe à cet état successivement et pour ainsi dire à mesure du besoin.

En supposant que l'acide phosphorique assimilable fourni pendant la
saison de végétation par une terre quelconque soit proportionnelle à sa
richesse donnée par l'analyse, ce qui est vrai pour la plupart des terres,
nous arrivons à trouver que si la terre à 4,000 kilogrammes peut fournir
55 kilogrammes d'acide phosphorique assimilable, la terre que nous
avons analysée et qui donne à l'analyse 1,280 kilogrammes fournira dans
les mêmes conditions : $\frac{1,280 \times 55,15}{4,000} = 17^k 64$.

Or, cette quantité d'acide phosphorique ne peut donner, en supposant
que le poids de la récolte corresponde à 55 kilogr. 15 d'acide phospho-
rique, soit de 14,536 kilogrammes, $\frac{17^k 64 \times 14,536^k}{55,15} = 4,649$ kilogrammes
de blé (plante entière).

Si donc on veut amener cette terre à une production possible de
14,536 kilogrammes, il faut lui donner un supplément d'acide phosphorique qui doit être égal à la différence entre la quantité nécessaire et la
quantité disponible, soit :

$$55^k 15 - 17^k 64 = 37,51 \text{ kilogrammes.}$$

Mais la terre ne pourra fournir tous les ans, la même quantité d'acide
phosphorique : elle en donnera de moins en moins, à mesure qu'elle s'en
épuisera, si on en enlève les récoltes sans opérer d'autres restitutions que
les 37 kilogr. 51 nécessaires à la production des 14,536 kilogrammes de
blé et si d'autres causes ne s'opposent pas à l'obtention d'une récolte de
cette importance. Son épuisement sera représenté par une progression décroissante, et par conséquent la dose d'acide phosphorique à apporter
annuellement devrait s'accroître en progression inverse.

Il est possible, dans une certaine mesure, d'atténuer les dépenses de
restitution annuelle par une mise de fonds un peu plus élevée au début.

Ce qui ne peut être fait, par exemple, pour la potasse, les nitrates ou
autres sels solubles, ne présente pas d'inconvénients pour l'acide phosphorique, qui peut être donné sous forme de phosphate fossile ou scories,
dont la conservation dans la couche arable est assurée par une insolubilité presque complète. On pourrait donc à la rigueur enrichir d'un seul

36.

coup, la couche arable, de tout l'acide phosphorique nécessaire pour lui assurer une longue fertilité.

Si l'on admet pour le phosphate fossile la même assimilabilité que pour les phosphates contenus dans le sol, ce qui est certainement au-dessous de la vérité, pour amener d'un seul coup la terre en question à la richesse des bonnes terres, il faudrait lui donner à l'hectare 4,000 — 1,280 = 2,720 kilogrammes d'acide phosphorique, soit 18,133 kilogrammes de phosphate fossile à 15 p. 100 d'acide phosphorique.

Un semblable phosphate valant environ 5 francs les 100 kilogrammes, la somme à ajouter, de ce chef, aux frais de fumure serait de 906 fr. 65. C'est là une dépense évidemment exagérée, qui effraiera tout le monde; mais, au lieu de la faire en totalité, on pourrait très bien ne la faire qu'en partie.

Pour les cultures ordinaires, cela n'a pas une très grosse importance; mais, s'il s'agissait de création de prairies, l'occasion serait unique pour enrichir la terre au moyen du phosphate fossile. Plus tard, lorsque la surface serait garnie d'herbe, ce phosphate ne pourrait plus avoir qu'une action très faible, et il faudrait avoir recours à des engrais plus assimilables, mais aussi plus chers.

Nous pensons donc qu'il serait, dans le cas présent, d'une bonne économie d'enterrer dans la couche superficielle, au moyen du rayonneur, 2,000 kilogrammes environ de phosphate fossile, ce qui augmenterait de 100 francs les dépenses, mais atténuerait sensiblement les frais d'entretien annuel.

Cette manière de procéder n'est cependant pas obligatoire pour une terre semblable à celle dont nous venons de donner l'analyse et destinée aux céréales. Suivant le capital dont on peut disposer, on choisira entre les deux systèmes.

Mais pour une même terre destinée à la prairie et ne contenant, par exemple, que de 0 à 1,500 kilogrammes d'acide phosphorique à l'hectare, ce qui est le cas, il serait indispensable de former une première provision, à l'aide du phosphate fossile, dont la dose devrait être portée alors à 3,000 et même 4,000 kilogrammes à l'hectare, s'il était possible.

Il serait ensuite tenu compte de l'augmentation de richesse donnée ainsi à la terre pour calculer la quantité d'acide phosphorique immédiatement assimilable à apporter par les engrais.

Pour cela, il n'y aurait qu'à refaire le calcul que nous avons indiqué plus haut, en ajoutant à la richesse de la terre la quantité d'acide phosphorique apportée par le phosphate fossile.

Supposons, par exemple, que l'on ait donné à la terre en question 2,000 kilogrammes de phosphate fossile à 15 p. 100. On aura ainsi ajouté à sa richesse naturelle 300 kilogrammes d'acide phosphorique, ce qui l'aura portée à 1,280 + 300 = 1,580.

Nous dirons encore : Si 4,000 kilogrammes de richesse fournissent annuellement 55 kilogr. 15 aux récoltes,

$$1,580 \text{ fourniront } \frac{1,580 \times 55,15}{4,000} = 21^{k}78$$

et la quantité à donner sous forme d'engrais immédiatement assimilable sera 55,15 − 21,78 = 33 kilogr. 37 au lieu de 37 kilogr. 51 qu'il aurait fallu donner si on n'avait pas mis de phosphate. Il résultera donc du phosphatage une économie annuelle de 4 kilogr. 14 d'acide phosphorique assimilable, valant 0 fr. 40 le kilogramme rendu à la ferme, soit 1 fr. 66. Or, l'intérêt des 100 francs de phosphate employé est de 4 francs par an. Il n'y aurait donc aucun avantage à faire cette opération si le phosphate fossile n'était pas plus assimilable que les phosphates naturels du sol, ainsi que nous l'avons provisoirement admis. Mais cette hypothèse est-elle fondée?

Il est difficile de répondre à la question d'une manière générale. La réponse dépend évidemment des matières que le phosphate rencontrera dans le sol. S'il peut s'y dissoudre facilement, il sera beaucoup plus actif que l'acide phosphorique préexistant, et alors ce n'est plus une économie de 1 fr. 66 mais bien de 4 et peut-être même de 10 francs que le phosphatage permettra de réaliser annuellement. Peut-être même pourra-t-on continuer, dans ce cas, à alimenter la terre par le phosphate fossile. Mais, dans l'état actuel de la science, nous ne possédons aucun moyen précis de décider par avance ce qui se passera à cet égard. C'est donc en définitive un risque à courir, dont les calculs qui précèdent mesurent l'importance.

Si le sol est défavorable à l'action du phosphate fossile, l'emploi de 2,000 kilogrammes, au début, sur une terre semblable à celle que nous avons prise pour exemple, déterminera une perte annuelle d'intérêt de 2 fr. 34 par hectare. Si, au contraire, le sol se trouve dans des conditions favorables, cette même opération pourra se régler par un bénéfice annuel plus ou moins élevé.

Les calculs qui précèdent nous ont conduit à savoir que la terre examinée doit recevoir, sous forme d'engrais, 37 kilogr. 51 d'acide phosphorique assimilable, si l'on n'emploie pas de phosphate fossile, ou une dose moindre, 33 kilogr. 37 au plus, si l'on enterre 2,000 kilogrammes de phosphate fossile à l'hectare avant de semer. Il nous reste à préciser les quantités d'acide sulfurique, de chaux, de magnésie, d'azote.

On établit par des calculs analogues tous les autres éléments à apporter par les engrais. (Voir *Les Prairies*, par H. JOULIE.)

POTASSE.

La terre présente est riche en potasse, 14,480 kilogrammes, au lieu de 10,000. Ainsi que nous l'avons remarqué, la potasse contenue dans le sol y existe à l'état de silicates insolubles dans l'eau, mais qui se décomposent peu à peu et mettent chaque année une petite quantité de potasse à la disposition des plantes.

Une terre qui contient 10,000 kilogrammes de potasse à l'hectare fournit aisément les 80 kilogr. 29 qui sont nécessaires à une bonne récolte de blé.

Il suffira donc simplement d'entretenir cette terre en potasse.

Si cette terre est pauvre en cet élément, contrairement à ce que nous venons de dire pour l'acide phophorique, on ne pourrait pas lui donner d'un seul coup ce qui lui manque, pour la raison que cette manière de procéder exigerait une dépense hors de proportion avec les avantages à en retirer, et ne donnerait d'ailleurs que de très mauvais résultats agricoles.

Si, par exemple, il manquait à cette terre 2,000 kilogrammes de potasse à l'hectare et que nous les ajoutions sous forme de sel, la dose de potasse assimilable serait très exagérée et troublerait l'équilibre utile à la végétation.

Tous les sels de potasse étant d'ailleurs très solubles dans l'eau, cet excès de potasse serait rapidement entraîné dans le sous-sol et aurait été la dépensé en pure perte.

ACIDE SULFURIQUE.

Cette terre est très pauvre en acide sulfurique, 1,440 kilogrammes au lieu de 4,000 à l'hectare.

Il n'y a pas lieu de s'occuper outre mesure de cet élément car les superphosphates en apportent une grande quantité, environ 20 à 25 p. 100

en SO^3. Quand on donne 4oo kilogrammes de superphosphate de 14 à 15 p. 1oo de PhO^5 à l'hectare, l'apport en acide sulfurique est de 1oo kilogrammes et seulement de 6o kilogrammes en acide phosphorique. Le plâtre en apporte également, ainsi que le sulfate d'ammoniaque, et une bonne récolte de blé n'en enlève que 48 kilogr. 61 à l'hectare.

Si on employait continuellement le superphosphate sur cette terre à la dose de 4oo kilogrammes par an elle pourrait donc s'enrichir assez rapidement en cet élément, et en quarante-neuf ans environ elle aurait largement les 2,56o kilogrammes qui lui manquent.

Un excès d'acide sulfurique n'est pas nuisible. Nous avons trouvé des terres qui en contenaient 8,36o kilogrammes à l'hectare et qui donnaient d'excellentes récoltes. Alors, avec de semblables richesses en cet élément, des chaulages superficiels légers et fréquents produisent de très bons effets.

CHAUX.

Pour la chaux, le même système de calcul conduirait à établir l'utilité de 35 kilogr. 66 à l'hectare de chaux assimilable; mais, ici, il est nécessaire de faire intervenir des considérations d'un autre ordre.

Son rôle multiple. — La chaux remplit, dans le sol, des fonctions multiples :

1° Elle sert d'aliment aux végétaux, au même titre que la potasse et l'acide phosphorique, et nous savons qu'une récolte de blé de 14,536 kilogrammes en absorbe 41 kilogr. 75.

C'est là son rôle physiologique ;

2° Mais elle remplit aussi des fonctions chimiques de la plus haute importance.

a. Elle sature les acides qui se produisent dans le sol par la décomposition lente des matières végétales et lui conserve, par conséquent, une réaction neutre ou légèrement alcaline.

b. Elle maintient ainsi les conditions favorables à la vie et au développement du ferment nitrificateur et permet à la nitrification de transformer en azote assimilable l'azote inerte contenu dans les débris organiques.

c. Elle réagit sur les silicates, facilite leur décomposition et contribue à mettre en liberté la potasse que la terre doit fournir à la végétation.

d. Elle réagit sur l'argile, lui enlève sa plasticité et rend le sol plus perméable à l'air et à l'eau.

La richesse de 200,000 kilogrammes à l'hectare que nous avons indiquée, comme richesse normale des bonnes terres, répond à toutes ces nécessités.

Mais si on ne veut considérer la chaux qu'au point de vue de son rôle physiologique, c'est-à-dire de l'alimentation des plantes, l'expérience apprend qu'à cet égard les terres qui contiennent 1 p. 100 de chaux ou 40,000 kilogrammes à l'hectare ne laissent rien à désirer.

Les superphosphates et les phosphates apportent bien un peu de chaux (de 20 à 50 p. 100), mais pour une semblable terre il faudra avoir recours au marnage à la dose de 40,000 à 50,000 kilogrammes tous les dix ans.

MAGNÉSIE.

Pour la magnésie le système de calcul précédemment employé conduirait à la nécessité d'un apport de 6 kilogr. 94. Mais le chiffre de 12,000 kilogrammes que nous avons donné comme représentant la richesse normale des bonnes terres n'est encore que provisoire. Il n'a pas été fait sur les engrais magnésiens des expériences assez nombreuses et assez suivies pour que nous puissions savoir exactement à partir de quelle richesse la terre suffit au besoin des récoltes.

Nous avons admis le chiffre de 12,000 kilogrammes parce que c'est à peu près la moyenne de la richesse des bonnes terres; mais nous ne saurions affirmer dès maintenant qu'une terre qui ne contiendrait que la moitié ou même le quart de cette richesse ne serait pas capable de fournir, par elle-même, aux expériences d'une ou plusieurs bonnes récoltes.

On pourra donc, sans grand danger, réduire la dose de magnésie indiquée par le système de calcul qui précède ou même la supprimer complètement.

Il serait, au contraire, indispensable d'en introduire dans l'engrais, si l'analyse du sol donnait une richesse inférieure à 3,000 kilogrammes à l'hectare.

MANGANÈSE, CHLORE, ETC.

Nous trouverons encore d'autres corps dans l'analyse des sols et qui jouent, bien qu'en très petite proportion, un certain rôle dans l'alimentation des plantes, mais jusqu'à présent on ne les a pas encore suffisamment étudiés pour se prononcer avec connaissance de cause.

AZOTE.

Il nous reste à examiner la question de l'azote. Notre calcul nous indique que 99 kilogr. 92 nous seraient nécessaires à l'hectare.

Mais, pour tirer tout le parti de cette terre, il serait bon d'y cultiver une légumineuse que l'on enterrerait en vert, ou de lui ajouter une bonne fumure au fumier, de façon à avoir de l'azote en réserve pour les cultures futures; après cela il n'y aurait besoin que d'avoir recours à une dose annuelle d'entretien, selon l'aspect de la végétation.

Comme nous allons le voir tout à l'heure, si les récoltes enlèvent une certaine quantité d'azote à la terre, elles lui en restituent aussi une notable quantité et en sylviculture ces chiffres sont encore beaucoup plus élevés.

RÉSIDUS ORGANIQUES LAISSÉS PAR LES RÉCOLTES.

M. de Gasparin a observé qu'un hectare de luzerne laisse au sol, au moment du défrichement, un poids de matières s'élevant à 37 kilogrammes et renfermant 296 kilogrammes d'azote, ce qui équivaut à plus de 50,000 kilogrammes de fumier de ferme.

Les résidus organiques abandonnés au sol par les plantes proviennent de trois sources différentes :

1° Des racines et radicelles disséminées dans l'épaisseur de la couche arable; telles sont celles :

	POIDS SEC PAR HECTARE.
	kilogr.
Blé..	1,500
Avoine.......................................	1,637
Trèfle.......................................	2,264
Maïs fourrage................................	2,500
Légumineuse (moyenne).........................	3,000
Vieilles prairies............................	47,000

2° Des chaumes, fanes et feuilles abandonnées au moment des récoltes :

	POIDS À L'ÉTAT NORMAL par hectare.	POIDS de L'AZOTE.
	kilogr.	kilogr.
Carottes	10,000	51
Navets...................................	15,000	45
Betteraves fourragères...................	20,000	60
Betteraves à sucre.......................	12,000	36
Maïs fourrage............................	5,000	//

3° Des débris tombés sur le sol, durant la période de végétation des plantes. Ainsi, une tige de blé est pourvue au printemps de feuilles abondantes; peu à peu, les feuilles jaunissent et tombent sur le sol; à mesure que l'épi se développe et approche de la maturité, la quantité de feuilles desséchées qui restent adhérentes à la tige est insignifiante.

Tous ces débris organiques qui retournent et profitent au sol sont en quantité beaucoup plus importante qu'on ne le soupçonne généralement. Ainsi nous avons pour :

	POIDS SEC PAR HECTARE.
	kilogr.
Blé.	1,500
Avoine	1,600
Colza	1,000
Pavot	1,700

En additionnant toutes ces quantités diverses de matières organiques, on arrive à comprendre combien il est facile d'enrichir le sol en humus, par l'emploi des engrais chimiques. En effet, la quantité totale des racines, des chaumes et des débris végétaux est proportionnelle aux rendements culturaux obtenus.

Les terres mises en herbages ne font que s'enrichir en azote, mais il peut arriver dans ce cas (c'est celui de toutes les vieilles prairies) que la terre, malgré sa richesse en cet élément, ne peut fournir à la végétation la petite quantité d'azote combiné qui lui est indispensable dans sa jeunesse, et qu'au lieu de partir vigoureusement au printemps, les plantes végètent péniblement et présentent une teinte jaune qui atteste leur état plus ou moins anémique.

Cet accident est dû au défaut de nitrification. Les matières organiques ne sont pas absorbables par les racines et si, pendant l'hiver, il ne s'est pas formé, à leurs dépens, une quantité suffisante de nitrates, la végétation, à son réveil, manque d'azote assimilable.

Or, nous avons vu que l'absence de la chaux est un obstacle à la nitrification. Il peut donc arriver que l'accident dont nous parlons se produise dans la terre examinée, puisqu'elle est pauvre en chaux.

Il existe donc deux moyens d'y parer :

Le premier, de faire un chaulage;

Le second, de donner une certaine dose d'azote assimilable sous forme d'engrais.

POIDS DE LA MATIÈRE ORGANIQUE.

On obtient le poids de la matière organique (humus) d'une terre en multipliant le chiffre à l'hectare obtenu pour l'azote par 17.

Dans la terre en question, nous avons trouvé 1,800 kilogrammes; ce chiffre correspond donc à 1,800 × 17 = 30,600 kilogrammes.

Pour compléter ce travail, il faudrait faire ressortir encore les dangers d'un excès de chaque élément fertilisant par rapport aux autres et d'indiquer, selon la nature du sol ou de la plante à cultiver, sous quelle forme doit être donné chaque sel employé comme engrais, mais ceci nous entraînerait trop loin et sort complètement du cadre que je m'étais tracé pour ce présent travail.

L'exemple que nous avons pris comme base de notre démonstration s'applique aussi bien à la grande culture qu'à la sylviculture, mais pour cette dernière, comme en arboriculture, on tient compte du sous-sol et au besoin on borne les calculs au cube de terre occupé par les racines de l'arbre.

ANALYSE DES PLANTES.

Les chiffres obtenus dans l'analyse des cendres sont souvent rapportés au pourcentage de cendres. C'est pourquoi beaucoup d'analyses que nous trouvons dans les ouvrages ne peuvent pas servir pour le calcul des exigences de chaque végétal.

Il faut aussi ajouter qu'au fur et à mesure que les procédés analytiques se sont perfectionnés, de nombreux opérateurs ont réanalysé les mêmes plantes et sont arrivés à des résultats très différents des premiers, si bien que c'était encore une véritable cacophonie, lorsqu'un chimiste, le professeur Wolff, eut l'idée de mettre un peu d'ordre dans ce chaos en dressant des tables de la composition des plantes cultivées. Ces tables, publiées en France en 1869, sont devenues le *vade mecum* de tous les agronomes et de tous les chimistes qui se sont occupés de cette question, si bien que dans les meilleurs et les plus récents ouvrages, tels que le *Traité des engrais,* par MM. Muntz et M. Ch. Girard, ce sont encore les tables de Wolff qui font les frais de tous les calculs des exigences des récoltes et de l'épuisement du sol.

Nous trouvons à ce sujet la note suivante dans l'intéressant travail de M. H. Joulie sur *la composition et les exigences des céréales :* « Or, comment ont été établies ces tables? M. Grandeau nous l'a expliqué dans un article publié en 1869 dans le *Journal de l'Agriculture pratique* (p. 924 et suivantes). Pour chaque élément, M. Wolff a pris la moyenne des nombres donnés par les diverses analyses que possédait alors la science, sans se préoccuper des méthodes suivies, ni des écarts considérables existant entre les mêmes éléments. Le but de M. Wolff, en dressant ces tables, était de fournir aux agriculteurs un guide pratique pour le calcul approximatif de l'épuisement du sol par les récoltes et des restitutions à opérer par les engrais, pour maintenir sa fertilité. »

Ces calculs n'exigeant, le plus souvent, pas une très grande précision, les tables de Wolff ont certainement rendu les services qu'en attendait leur auteur et peuvent encore être utilisées, pour ce même usage, faute de mieux.

Mais, au point de vue scientifique, elles sont entachées d'un vice radical : elles supposent à l'espèce végétale une fixité de composition qu'elle ne possède pas.

Il serait donc à souhaiter que l'on eût recours à des procédés plus modernes et plus scientifiques.

La méthode d'analyse de plantes que je propose est celle publiée par M. Joulie dans le *Moniteur de Quesneville*.

Sans citer ici tous les détails de la méthode, voici comment on dispose les bulletins d'analyse et comment on les calcule.

Bien qu'ayant à notre disposition un bon nombre d'analyses de plantes forestières, nous prendrons encore comme exemple une plante de grande culture.

Plante analysée : Blé d'Australie.
Famille : Graminée.
Provenance : Culture de M. Nicolas, Arcy.
Âge physiologique : Maturité du grain.
Date de la récolte : Août 1881.
Nombre d'individus : 447 chaumes sur 1 mètre carré.
Longueur des tiges : 1 m. 20.

	FRAIS.	SEC À 40°.	COMPLÈTEMENT SEC.
Poids......................	1,807^{gr}	1,558^{gr}	1,453^{gr}62
Poids de l'individu moyen........................			3^{gr}231

Subdivision de l'échantillon séché à 40 degrés :

Grain..	40^{gr}
Paille, balles et rachies............................	801
Racines...	348
TOTAL......................	1,558

	COMPOSITION DES 1,000 KILOS.			RAPPORTS.	COMPOSITION centésimale DES CENDRES.
	FRAIS.	SEC À 40°.	COMPLÈTEMENT sec.		
	k.	k.			
Humidité.................	195 75	67 00	"	"	"
Azote....................	8 64	10 02	10 74	2 83	"
Cendres.................	80 58	93 50	100 26	26 40	"
Acide phosphorique.........	3 05	3 54	3 79	1 00	3 78
— sulfurique...........	2 90	3 14	3 36	0 88	1 52
Chaux	2 31	2 68	2 88	0 76	2 87
Magnésie	1 13	1 31	1 41	0 37	1 40
Potasse..................	4 45	5 16	5 53	1 46	5 51
Soude....................	0 56	0 65	0 69	0 18	0 69
Oxyde de fer.............	2 03	2 35	2 52	0 66	2 51
Silice...................	61 20	71 00	76 26	20 10	79 03
Chlore...................					
Manganèse					5 69
Acide carbonique..........	....	....	....	....	
Pertes					
TOTAL............	....	....	....	....	100 00
Coefficients..............	804		1,0718	0,2633	0,997

On procédera de même pour chaque organe de la plante :

MÉTHODE DE CALCUL.

L'échantillon arrivé au laboratoire est pesé, et son poids est inscrit sur le présent tableau POIDS FRAIS; les tiges sont comptées; les grains ou les fruits, les racines, etc. sont séparés. Le tout est haché ou découpé isolément et selon les besoins, puis mis à une étuve à la température constante de 40 degrés pendant le temps nécessaire à la dessiccation; après quoi, il est repesé et la différence entre le poids frais d'arrivée et celui ainsi obtenu donne le SEC À 40°.

On a remarqué que les plantes, et en général toutes les substances organiques soumises à cette température, étaient plus aisément pulvérisables et qu'elles ne perdaient plus ni ne reprenaient plus sensiblement d'humidité; on a observé, en outre, que les substances organiques desséchées partiellement se conservaient très bien lorsqu'elles ne contenaient pas plus de 5 à 8 p. 100 d'humidité.

Après pulvérisation, la matière est calcinée dans une capsule en platine afin de séparer la matière organique de la matière minérale (cendres) et l'on procède finalement à l'analyse des cendres.

L'analyse organique se fait directement sur le produit. Puisque l'on a opéré sur la matière sèche à 40 degrés, les résultats obtenus et rapportés à 1,000 de celle-ci seront inscrits dans la 2ᵉ COLONNE (*sec à 40°*) et serviront de base aux calculs de la 3ᵉ COLONNE (*complètement sec*).

Nous remarquerons d'abord que, malgré cette dessiccation à 40 degrés, il reste encore 67 kilogrammes d'humidité p. 100. Pour la doser, nous avons simplement porté un poids connu de notre échantillon à 100 degrés, température à laquelle les matières organiques perdent toute leur humidité.

Pour calculer notre colonne COMPLÈTEMENT SEC, il suffira de faire disparaître cette humidité (67 p. 100) et d'augmenter proportionnellement tous les chiffres de la colonne SEC à 40°, en tenant le raisonnement suivant :

Si 1,000 kilogrammes de matière séchée à 40 degrés contiennent 67 kilogrammes d'humidité, ils représenteront $1,000 - 67 = 933$ kilogrammes de matière sèche. C'est donc, en réalité, dans 933 kilogrammes de matière sèche que sont contenues les quantités d'éléments inscrites dans la deuxième colonne. Or, si 933 kilogrammes de matière sèche contiennent une quantité *a* d'un élément quelconque, 1,000 kilogrammes de cette même matière sèche contiendront :

$$\frac{a \times 1,000}{933}$$

ou *a* multiplié par la fraction $\frac{1000}{933}$ qui est égale à 1,0718.

Il suffit donc de multiplier par ce coefficient tous les nombres de la deuxième colonne pour obtenir ceux de la troisième. *Il est très important de vérifier soigneusement les chiffres de cette colonne, car ce sont eux qui serviront désormais à établir ceux des autres colonnes.*

Comme nous venons de le voir, l'humidité joue un grand rôle dans les résultats obtenus par l'analyse chimique et on ne saurait trop insister sur ce point.

Selon que l'on aurait soumis isolément deux parties d'une même substance à la même analyse, on obtiendrait des résultats absolument différents, suivant que l'une d'elles serait plus humide que l'autre et si pour les comparer on n'avait pas soin de les ramener par les calculs à l'état *complètement sec*, comme nous venons de le faire, on risquerait fort d'en tirer une conclusion toute différente de celle attendue.

La QUATRIÈME COLONNE, intitulée *Rapports*, contient la composition de l'échantillon analysé, rapportée à l'*acide phosphorique*, pris pour unité. On attribue à Liébig d'être le premier qui a pensé à exprimer la composition des plantes en fonction de l'acide phosphorique qu'elles contiennent. Cette méthode est certainement très logique, car l'acide phosphorique, élément essentiel de la vie, est en même temps le moins variable et celui qui ne peut être remplacé par aucun autre.

Pour calculer ces rapports, on n'a qu'à diviser 1 par le poids de l'acide phosphorique complètement sec (soit 3,79) et à multiplier tous les chiffres de la colonne *complètement sec* par le quotient.

Nous avons donc :

$$\frac{1}{3,79} = 0,2633 \times a, b, c, \text{etc.}$$

Il ne faut pas confondre les chiffres ainsi obtenus avec ce que Georges Ville appelait *la dominante*. Car ceux-ci sont mathématiques, tandis que les chiffres cités par ce savant agronome pour désigner l'élément le plus fort dans la composition d'une plante, étaient fondés sur l'observation et par conséquent étaient faux.

La CINQUIÈME COLONNE de notre tableau contient la composition centésimale des cendres.

Pour la calculer, nous divisons 100 par le poids des cendres indiqué dans la troisième colonne et nous multiplions les chiffres de la colonne *complètement sec* par le quotient.

Nous avons donc :

$$\frac{100}{100,26} = 0,997 \times a, b, c, \text{etc.}$$

On se demandera pourquoi nous n'avons pas commencé nos calculs par la première colonne. En voici la raison :

Pour calculer cette première colonne (*frais*), c'est-à-dire pour donner la composition de l'échantillon en tenant compte de sa quantité d'eau, tel qu'il arrive au laboratoire, il faut d'abord ramener son poids à l'état complètement sec.

Dans les renseignements en tête de notre tableau nous avons à POIDS : *frais*, 1,807 grammes; c'est le poids que pesait l'échantillon tel qu'on l'a prélevé dans le champ. Ensuite, nous avons : *sec à 40°*, 1,558 grammes; c'est le poids que l'on a trouvé après l'avoir desséché à l'étuve à la température de 4o degrés. Enfin, nous avons, pour le *complètement sec*, 1,453 gr. 62. Ce dernier chiffre est obtenu par le calcul, et voici comment :

Nous avons opéré l'analyse sur la matière séchée à 4o degrés et, comme nous l'avons déjà fait observer, dans ces conditions elle contenait encore 67 kilogrammes p. 1,000 d'humidité, que nous avons inscrit dans la deuxième colonne de notre tableau.

Nous disons donc :

Si 1,000 kilogrammes de matière sèche à 4o degrés contiennent 67 kilogrammes d'eau, 1 contiendra 1,000 fois moins et 1,558 contiendront 1,558 fois plus.

Donc :

$$\frac{67 \times 1,558}{1,000} = 104.386,$$

pour 1,558 de matière sèche à 4o degrés, il nous reste encore 104.38 d'humidité. En retranchant ces 104.38 de 1,558 nous aurons donc le poids de notre échantillon *complètement sec*.

$$1,558 - 104.38 = 1,43 \, \text{gr}. \, 62.$$

Ce chiffre 1,453 gr. 62 nous permettra de calculer la première colonne en tenant le raisonnement suivant :

Si 1,807 grammes, poids de l'échantillon à l'arrivée, ont donné 1,453 gr. 62 de matière sèche, 1 donnera 1,807 fois moins et 1,000 donneront 1,000 fois plus.

Donc :

$$\frac{1,453.62 \times 1,000}{1,807} = \frac{804.4 \times a, b, c.}{1,000}$$

Dans 1,000, nous avons donc 804 de matière sèche et 195.7 d'humidité. Tous les chiffres de cette colonne s'obtiendront en multipliant $\frac{804}{1000}$ par ceux de la colonne *complètement sec*.

Avec les données consignées dans cette analyse, il devient facile de calculer l'importance de la composition de la récolte à l'hectare. L'échantillon ayant été pris sur 1 mètre carré, il suffit de multiplier par 10,000 tous les renseignements fournis pour les rapporter à l'hectare.

Nous inscrivons habituellement les résultats de ces calculs au verso de la feuille qui porte les données précédentes.

Voici donc, dans ce cas particulier qui nous sert d'exemple, comment ce verso se trouve libellé :

RÉCOLTE À L'HECTARE.

Nombre d'individus : 4,470,000 tiges et épis.

		FRAIS.	SEC À 40°.	SEC.
		kilog.	kilog.	kilog.
Poids.	Grains..................	13,670	4,090	3,816
	Pailles et balles...........		8,010	7,473
	Racines..................	4,400	3,480	3,247
	TOTAL..........	18,070	15,580	14,536

COMPOSITION DE LA RÉCOLTE ENTIÈRE : RACINES COMPRISES.

Azote....................................	156^{kg}11	
Cendres..................................	1,456	72
Acide phosphorique........................	55	15
Acide sulfurique..........................	48	61
Chaux....................................	41	75
Magnésie.................................	20	41
Potasse..................................	80	29
Soude....................................	9	12
Oxyde de fer.............................	36	31
Silice...................................	1,106	18
Poids moyen d'une tige sèche { racines comprises......	3^{gr}231	
{ sans racines..........	2	504
Racines sèches par tige moyenne.................	0	727
Grain sec par tige moyenne......................	0	820
Grain pour cent de la récolte sèche (sans racine).......	32	74
Poids des 1,000 grains secs.....................	30	99

Ainsi nous avons multiplié le nombre de tiges 447 de l'en-tête de notre premier tableau par 10,000.

Puis les *poids frais,* 1,807, et *complétement sec,* 1,443, respectivement par 10,000, ce qui les a portés pour l'hectare à 18,070 kilogrammes et à 14,536 kilogrammes.

Alors il ne nous est plus resté, pour obtenir les chiffres des éléments énumérés dans ce tableau, qu'à nous reporter au premier et à multiplier 14,536 kilogrammes, poids sec de la récolte entière à l'hectare, par ceux de la troisième colonne du *complétement sec* en suivant ce raisonnement.

Si 1,000 kilogrammes renferment 10.74 (d'azote par exemple), 1 renfermera 1,000 fois moins et 14,536 renfermeront 14,536 fois plus,

$$\frac{10.74 \times 14,536}{1,000} = 156.11$$

et ainsi de suite.

Pour terminer nos explications, nous ajouterons que l'analyse de blé qui précède a été faite sur un mélange proportionnel du grain, de la paille et des racines: mais il arrive quelquefois que l'on est obligé d'analyser isolément chacun de ses organes à part et ensuite de ramener tous les résultats obtenus à la plante entière.

Pour établir cette moyenne (ou reconstituer la plante entière), on prend sur chaque feuille l'analyse complète à l'hectare (composition de la récolte) que l'on inscrit sur une nouvelle feuille (côté de la composition à l'hectare) par colonne et dans le même ordre en regard de chaque élément. On additionne alors les éléments de même nature et on inscrit la somme correspondante sur la même ligne. *On a donc ainsi une quatrième colonne.*

Puis on prend tous les POIDS SECS À L'HECTARE, on les additionne et l'on divise 10,000 par leur total.

En prenant les chiffres du tableau précédent nous aurions donc :

$$\frac{10,000}{14,536} = 0.687.$$

Eh bien, si nous avions la composition des grains, de la paille et des racines et que nous ayons effectué tous les calculs que nous venons d'énoncer, nous multiplierions tous les chiffres de la quatrième colonne composés de la somme des trois analyses dont les chiffres sont disposés en regard des éléments de même nature, et nous obtiendrions de nouveaux chiffres que nous inscririons à leur place dans la troisième colonne (*complètement sec*) d'une feuille semblable à celle de notre premier tableau et ces nouveaux nombres nous permettraient de calculer les rapports et les autres colonnes exactement comme nous le ferions pour une nouvelle plante.

Une analyse de plante, au point de vue de sa composition et de ses exigences, se paye ordinairement 40 francs, et au point de vue alimentaire également 40 francs.

Pour terminer, nous indiquerons comment on dispose et que l'on calcule l'analyse au point de vue nutritif et alimentaire.

ANALYSE DE BLÉ.

	NORMAL.	SEC.
Humidité. ⦁	13.46	//
Matières.. { azotées alimentaires..............	14.06	16.25
azotées non alimentaires...........	2.37	2.74
grasses......	4.77	5.51
sucrées.......................	0.64	0.74
amylacées	42.71	49.35
extractives.....................	8.54	9.86
Cellulose	7.10	8.21
Acide phosphorique.....................	2.88	3.33
Autres sels...........................	3.47	4.01
	100.00	100.00

Relation nutritive :

$$\frac{16.25}{73.67} = \frac{1}{4.53}$$

Valeur alimentaire :

$$\frac{21.76}{68.16} = \frac{1}{3.132}$$

Pour une semblable analyse, les calculs sont les mêmes que les précédents. La seule différence, c'est que l'analyse porte sur les matières organiques, au lieu d'être opérée sur les cendres et que les chiffres obtenus sont rapportés aux 100 kilogrammes.

La *relation nutritive* s'obtient en additionnant les matières grasses, sucrées, amylacées, extractives, la cellulose, et la somme de ces produits sert de dénominateur à une fraction qui a comme numérateur la matière azotée alimentaire. On divise le dénominateur par le numérateur et le quotient sert de dénominateur à une nouvelle fraction qui a 1 pour numérateur, comme nous l'avons remarqué dans l'exemple précédent.

La *valeur nutritive* s'obtient en additionnant la matière grasse et la matière azotée alimentaire qui servent de numérateur à une fraction qui a pour dénominateur la somme des matières sucrées, amylacées, extractives et cellulose. On divise, comme précédemment, le dénominateur par le numérateur et le quotient sert de dénominateur également à une nouvelle fraction qui a 1 pour numérateur.

Ces calculs permettent donc de comparer entre eux des produits destinés aux mêmes usages et de leur attribuer la valeur qu'ils méritent, soit au point de vue alimentaire ou à celui d'argent.

C'est ainsi que l'on a découvert que certaines feuilles, des brindilles, etc., avaient une valeur beaucoup plus grande que certains foins.

Il est malheureusement regrettable qu'à l'heure actuelle on se borne encore à acheter les fourrages, les avoines, les blés, etc. aux 100 kilogrammes, sans même tenir compte simplement de leur teneur en azote ou en acide phosphorique, les deux principales bases de toute alimentation.

Maintenant que notre direction forestière possède un service concernant les pâturages, la sylviculture ne peut pas se désintéresser de cette question qui permettra d'attribuer à certaines plantes une valeur encore méconnue.

M. Guffroy. Dans l'analyse du sol et des plantes, il ne faut pas oublier combien est important le rôle de l'acide carbonique, bien qu'il n'exerce que des réactions très faibles; mais il agit en raison de son abondance.

M. Guichet. L'étude à laquelle M. Thézard nous convie aurait le résultat fort intéressant de nous fixer sur le point de savoir si, dans les grands massifs forestiers, le sol s'appauvrit ou s'enrichit et, si la première hypothèse est la vraie, de nous faire connaître les engrais à employer dans les forêts.

M. Thézard. Il faut commencer par régulariser les méthodes d'analyse du sol; on arrivera ensuite à l'interprétation des résultats obtenus sur laquelle on n'est pas d'accord actuellement. C'est ainsi que certaines personnes croient que la potasse et la soude peuvent se remplacer indifféremment l'une par l'autre, eh bien; cela est vrai pour certains végétaux, mais non pour tous. En dehors du rôle de véhicule que ces bases jouent envers l'acide phosphorique et l'acide sulfurique, la potasse sert également à la formation de certains fruits ou de certains organes où on la trouve en plus grande abondance.

M. Guichet. La question est, à coup sûr, très intéressante.

M. Guffroy. Je voudrais surtout qu'en partant de la méthode indiquée par M. Thézard, on dirigeât les recherches sur l'appauvrissement ou l'enrichissement du sol par des plantations nouvelles.

M. Thézard. Le sol forestier s'enrichira forcément parce que les racines des arbres vont chercher dans les couches profondes des éléments minéraux qui lui seront rendus ensuite par la décomposition des feuilles à sa surface; c'est ce qui constitue le terreau.

Mais il ne faut pas oublier que le terreau est plus azoté que minéral et n'est bon que pour les plantes qui ont besoin de beaucoup d'azote. Si vous laissez une plante dans le terreau, elle ne donne pas une végétation ligneuse, elle ne produit pas de fruit; c'est le cas de la vigne qui, dans le terreau, reste improductive et pousse en herbe.

La plante jeune a besoin d'un peu plus d'azote; quand elle devient plus vieille, il lui faut des éléments minéraux et surtout de l'acide phosphorique, mais elle ne donne qu'une production herbacée qui la rend accessible à toutes les maladies; nous en avons vu des exemples sur la vigne.

Il est très difficile d'utiliser les engrais dans les forêts; il faut les enfouir profondément; si on les laisse à la surface, ils sont bien longtemps avant de produire des résultats sensibles et ils servent le plus souvent aux mauvaises herbes qui, en se développant outre mesure, étouffent les nouvelles pousses; si on se sert d'engrais en forêts, il faut donc les enterrer profondément.

Les engrais servent surtout pour les terrains incultes et ils doivent être choisis d'après une analyse exacte du sol; c'est ainsi que l'on peut arriver à mettre ces terrains en valeur.

M. Weber. L'analyse doit-elle porter seulement sur les éléments minéraux, ou comprend-elle aussi les matières azotées?

M. Thézard. D'une façon générale, elle porte sur les uns et sur les autres; quand l'analyse se sera généralisée et aura produit tous ses résultats, on évitera certaines erreurs. Par exemple, en Belgique, on défend d'enlever les feuilles mortes; pourquoi? on ferait mieux de faire payer pour leur enlèvement une somme que l'on emploierait à acheter les engrais nécessaires. Il pourrait en être de même pour l'herbe qui croît dans les bois.

M. Guichet. Cependant vous trouvez dans ces feuilles mortes l'acide carbonique qui vous est indispensable.

M. Thézard. Quand il y a trop de feuilles mortes, le terrain devient très acide et la végétation s'arrête ou se manifeste sous la forme herbacée.

C'est ce qui se produit quand un terrain est trop chargé d'humus. Les vieilles forêts sont dans ce cas.

M. Guffroy. Il faudrait que l'on pût aussi déterminer la dose d'engrais nécessaire et savoir en combien de fois il faut l'épandre.

M. Thézard. J'ai fait des études dans l'Eure sur une forêt de chênes; j'ai constaté que les engrais avaient amené l'augmentation de la production du gland et de la partie ligneuse des arbres, voilà déjà un résultat.

Pour bien se rendre compte de l'effet des engrais sur la végétation, il importe surtout d'analyser les feuilles, les fruits, les jeunes pousses, et c'est d'après les résultats obtenus que l'on verra si l'arbre a assimilé une plus grande partie de matière minérale.

Pour faire ces études, il est surtout indispensable que l'on se mette d'accord sur la méthode d'analyse des plantes, afin de pouvoir comparer les divers résultats obtenus.

Le plus souvent, les résultats des analyses que l'on trouve dans les publications sont rapportés au pourcentage de cendres et non à la matière sèche.

Ce qu'il y a de mieux à faire est de sécher la plante à une certaine température, 60 degrés par exemple, de la pulvériser, de prendre un poids donné de la poudre ainsi obtenue et de l'incinérer. C'est le produit ainsi obtenu que l'on analyse et dont on peut rapporter tous les chiffres à 1,000 kilogrammes de matière sèche ou à 1 d'acide phosphorique pour se rendre compte dans quelle proportion les éléments sont groupés.

Je parlais tout à l'heure des ennuis résultant du défaut d'analyse quand on ne tient pas compte de l'analyse du terrain ou de la plante, quand on les calcule mal, en voici encore un exemple : Georges Ville, après une certaine série d'expériences faites à Vincennes, avait déclaré que la potasse était un excellent engrais pour certaines plantes. Et il l'avait tout de suite nommée la dominante de ces plantes, uniquement parce qu'en ajoutant de la potasse à son terrain, qui était largement pourvu des autres éléments, elle lui avait donné les meilleurs résultats dans son champ d'expériences de Vincennes, mais pourquoi? Parce que le terrain sur lequel il opérait manquait de potasse. Il aurait pu ajouter de la potasse à un autre terrain qui en aurait été largement pourvu et il n'aurait pas obtenu la même chose.

M. Guffroy. Ce qui m'intéresse, c'est le côté pratique de la question.

M. Thézard nous dit que la forêt, par ses racines, mobilise les couches inférieures du sol; eh bien, je voudrais savoir quelle est la balance qui s'établit au bout d'un certain nombre d'années, si le terrain se sera finalement appauvri ou enrichi et dans quelles proportions?

M. Demorlaine. Les parties inférieures du sol sont rapidement épuisées et le terrain, après s'être enrichi, s'appauvrit, cela est évident et je ne crois pas qu'il soit besoin d'une analyse pour constater ce résultat.

La Section émet le vœu :

1° « De l'unification internationale des méthodes d'analyse des sols et des plantes;

2° « De l'emploi de l'eau régale pour moyen d'attaque pour l'analyse des sols;

3° « De la réduction au tant pour mille des matières sèches dans l'analyse des plantes. »

La séance est levée à 5 heures 35.

SÉANCE DU JEUDI 7 JUIN 1900
(MATIN).

PRÉSIDENCE DE M. PAUL CHARPENTIER.

La séance est ouverte à 10 heures.

M. LE PRÉSIDENT. M. Thiéry n'est pas présent pour développer la communication qu'il devait nous faire au sujet de l'amélioration des transports forestiers et dont le programme était le suivant :

Modes actuellement employés pour le transport des bois. Nécessité de supprimer le lançage et le traînage. — Avantages de substituer au lançage le transport par câbles aériens. — Cas dans lesquels des câbles peuvent être avantageusement installés. — Remplacement, dans les massifs montagneux, des routes empierrées par des voies ferrées étroites, auxquelles aboutissent des chemins de schlitte et des voies Decauville [1].

M. DEMORLAINE. L'absence de M. Thiéry est regrettable, car le sujet qu'il devait traiter est des plus intéressants. C'est ainsi que, dans les Landes, les matériaux manquant pour l'empierrement des routes et pour leur entretien, on se sert de grès agglomérés qui contiennent du sable, des matières agglomérées ; c'est ce qu'on appelle *allios ;* cette matière est plus ou moins dure suivant la profondeur du gisement ; on ne la trouve que du

---

[1] M. Thiéry a fait paraître, seul ou en collaboration, sur les «transports par câbles aériens», deux ouvrages, savoir : 1° *Les transports par câbles aériens*, par E. THIÉRY, professeur à l'École nationale forestière, et CH. DEMONET, ingénieur des arts et manufactures. Extrait du *Bulletin de la Société industrielle de l'Est*, année 1896. Nancy, imprimerie A. Nicolle, rue de la Pépinière, 25; 1896, in-8°, 112 pages. 2° *Les transports par câbles aériens*, par M. THIÉRY, professeur à l'École nationale forestière de Nancy. — *Société d'encouragement pour l'industrie nationale*, extrait du *Bulletin* d'août 1897. — Paris, typographie Chamerot et Renouard, 19, rue des Saints-Pères, 1897. in-8°, 31 pages.

La note suivante de M. Thiéry «sur le transport des grands bois par les câbles aériens», en date du 20 juin 1900, fournit, en ce qui concerne les frais d'exploitation, d'utiles renseignements :

«Dans un livre que nous avons publié en collaboration avec M. Demonet, ingénieur civil, et dans une conférence que nous avons faite à la *Société d'encouragement pour l'industrie nationale*,

côté des Pyrénées; les frais de transport sont fort élevés et les routes, tout en coûtant fort cher, sont dans un état déplorable, ce qui présente les plus graves inconvénients dans un département forestier qui exporte beaucoup de bois.

Pour remédier à cette situation, je proposerais de substituer au roulage sur route le transport par petits chemins de fer à voie étroite, construits

nous avons donné la description et les calculs d'établissement d'un certain nombre de câbles, et nous avons fait un article spécial pour le transport des bois.

«Quant aux frais d'exploitation, ils comprennent:

«1° Le salaire du personnel;

«2° Les matières consommées pour la mise en marche du moteur;

«3° L'entretien des câbles et du matériel roulant;

«4° L'intérêt des capitaux engagés et l'amortissement des frais de première installation.

«Les frais par tonne kilométrique diminuent rapidement avec la longueur de la ligne et l'importance du tonnage.

«Voici les chiffres donnés par la maison Bleichert pour les câbles industriels, non compris le salaire des ouvriers:

TRAFIC JOURNALIER.	LONGUEUR DE LA VOIE.		
	500 MÈTRES.	1,000 MÈTRES.	1.500 MÈTRES.
50 tonnes......................	0ᶠ66	0ᶠ47	0ᶠ33
100 tonnes......................	0,45	0,37	0,26
200 tonnes......................	0.24	0,17	0,15

«Ces chiffres peuvent être considérés comme des maxima, s'il s'agit du transport des bois, les frais d'installation devant être moindres que ceux d'un câble industriel. Ajoutons qu'en montagne, on pourra également faire l'économie d'un moteur.

«Prenons un exemple: On transporte journellement avec cinq ouvriers (2 au chargement, 1 au frein, 2 au déchargement) 50 tonnes de bois de mélèze sur un câble de 500 mètres de longueur. Le poids spécifique du mélèze étant de 0.600, à combien revient le prix de transport d'un mètre cube?

«Le prix de la tonne kilométrique étant de 0 fr. 66, le transport d'une
tonne sur 500 mètres, soit d'une demi-tonne kilométrique, coûte..... 0ᶠ 33
«A ce chiffre, il faut ajouter, pour le salaire des ouvriers (5 ouvriers à
3 francs, soit 15 francs pour le transport de 50 tonnes)............ 0 30
TOTAL............ 0ᶠ 63

et pour un mètre cube de bois: 0 fr. 63 × 0.600 = 0 fr. 38.

«Il est à remarquer que ces chiffres sont supérieurs à ceux de 0 fr. 30 ou 0 fr. 35 correspondant au transport sur essieux d'une tonne kilométrique.

«Mais il ne faut pas oublier que les câbles ne sont généralement établis que dans le but de raccourcir considérablement les distances, ou surtout lorsqu'il est impossible de construire des routes ou des des chemins de fer.»

sur l'accotement des routes; il en résulterait une grande amélioration. Je propose donc le vœu suivant :

« La section émet le vœu que le service forestier prenne les mesures nécessaires pour développer par tous les moyens possibles l'amélioration des transports forestiers dans les Landes de Gascogne, en prenant l'initiative de la création de transporteurs sur voie ferrée parallèlement aux routes empierrées dont l'entretien se fait de jour en jour plus coûteux et plus difficile. »

Le vœu est adopté.

M. LE PRÉSIDENT. Je n'ai rien reçu au sujet de la communication de M. Krösel sur l'emploi des lessives des fabriques de cellulose ou sulfite. qui figure à l'ordre du jour. Je ne puis donc inviter la Section à la discuter.

J'ai reçu de M. Houdant la lettre suivante :

« Monsieur, une circonstance imprévue me force à partir précipitamment pour l'Autriche, sans me laisser le temps d'assister au Congrès de sylviculture.

« Je déplore infiniment ce contretemps, non pas que je désirasse absolument lire moi-même mon travail, mais parce que cet accident de la dernière heure peut vous causer de l'embarras. Vous m'avez dit aussi que les membres du Congrès demanderaient probablement quelques renseignements complémentaires, et, de ce chef, mon absence peut être regrettée.

« Je pense que la maison Darblay père et fils, sous le patronage de laquelle j'ai agi en cette circonstance, saura facilement me remplacer pour les éclaircissements à donner, si vous le jugez convenable.

« Recevez, etc. »

Vous connaissez, Messieurs, la compétence, en la matière qui nous occupe, de M. Houdant, ancien directeur des usines de fabrication de pâtes à papier de M. Darblay; lecture va être donnée de son travail.

M. LE SECRÉTAIRE donne lecture du mémoire de M. Houdant; il est ainsi conçu :

Développement pris au XIXᵉ siècle par l'industrie du papier. Premières machines adoptées. Cellulose. Pâte de bois râpé de G. Keller. Pâte à la soude de Houghton.

Pâte au bisulfite, Tilghman, Ekmon, A. Mitscherlich. Pâte au sulfate de Dahl. Pâte demi-chimique. Des machines les plus en usage dans les divers procédés. Pâte mécanique, préparation des bois, défibrage et raffinage, expédition des pâtes humides. Pâte au sulfate, régénération de la soude, différents appareils d'épuration de la pâte, expédition de la pâte sèche. Pâte au bisulfite, préparation de la lessive, cuisson du bois. Quelques données économiques.

PÂTE À PAPIER.

Historique. — L'essor remarquable pris par l'industrie pendant le xixᵉ siècle ne pouvait manquer de s'étendre à la fabrication du papier. L'idée des premières machines destinées à accélérer son travail fut due à Robert d'Essonnes, en 1799; plus tard, en 1805, l'Anglais Joseph Bramah inventa la machine à cylindre de forme. Fourdrinier perfectionna, en 1818, la machine Robert, et Chapelle de Paris construisit, en 1830, une machine à toile sans fin, dont l'ensemble diffère peu de nos machines actuelles.

L'insuffisance du chiffon, comme matière première de cette fabrication, devait bientôt se faire sentir; mais la science était prête à fournir son concours, et la Providence tenait en réserve, dans les régions peu accessibles des Alpes de l'Europe centrale et des Alpes scandinaves, un succédané capable de répondre aux besoins nouveaux: le bois de sapin épicéa.

Vauklin est le premier savant qui se soit occupé de la cellulose; puis vinrent les travaux de Gay-Lussac en 1829, et surtout ceux de Payen en 1840. Cette substance, à peu près à l'état de pureté dans le liber du lin et du chanvre, forme la charpente de tous les végétaux. Pour l'en extraire, avec ses fibres longues et flexibles, si propres à former le feutrage du papier, il suffit de dissoudre par les agents chimiques, soit acides, soit basiques, les matières étrangères incrustées avec le temps dans les cellules végétales, ou bien interposées entre elles.

L'application de ces agents au bois présente quelques difficultés; aussi les premiers essais suivis de résultat portèrent-ils sur un défibrage violent de cette matière par une usure sur des meules en grès. Ils furent exécutés par le Saxon Gottfried Keller, de Gross-Heinichen. La pâte ainsi obtenue, qui devait jouer plus tard un si grand rôle dans la fabrication des papiers à bas prix, ne pouvait seule résoudre le problème: ses fibres courtes et sèches étaient incapables de remplacer les filaments longs et liants des chiffons de chanvre ou de coton. Aussi, parallèlement à la fabrication de cette pâte dite mécanique, deux autres industries auxiliaires furent créées, ayant pour principe la dissolution des matières incrustantes, la première au moyen de la soude, l'autre par l'acide sulfureux.

La soude fut essayée d'abord sur des végétaux d'un traitement facile : A.-Ch. Mellier, de Paris, s'adressa à la paille, si abondante dans le rayon de cette ville, et Th. Rouledge, de Londres, à l'alfa.

D'autre part, l'Anglais Hougton avait, dès l'année 1857, réussi à préparer la cellulose par la cuisson du bois de tremble, à 180 degrés et sous une pression de 11 kilogrammes. Cette invention commença à recevoir son application en Amérique vers 1860.

La pâte à la soude est jaune, et doit être traitée au chlore pour entrer dans les papiers blancs. Son prix de revient est assez élevé, et, en somme, elle a servi, en quelque manière, de transition, en attendant l'établissement du procédé de fabrication par l'acide sulfureux.

Les acides faibles n'attaquent pas la cellulose comme le fait la soude, le feutrage résultant est plus solide et le rendement meilleur; mais les difficultés pratiques étaient plus grandes, car il fallait des récipients capables de supporter de fortes pressions, et le fer, dont on ne saurait se passer, subit une corrosion rapide. Les premiers brevets concédés ne furent suivis d'abord d'aucune création industrielle sérieuse. Nous rappellerons ceux de l'Américain Tilghman en 1863, de l'Allemand A. Mitscherlich en 1874, celui des Français Vautravers et Lheureux, la même année, et celui de Lioud, en 1877.

Le Suédois C.-D. Ekman paraît avoir réussi le premier à surmonter tous les obstacles; l'usine fondée par lui à Bergvik livre ses produits depuis le 3 octobre 1874.

Alexandre Mitscherlich est considéré pourtant comme le créateur de cette industrie auxiliaire, tant pour les dispositions vraiment pratiques inaugurées dans son usine de Münden, que pour le zèle apporté par lui à la diffusion de sa méthode.

Son second brevet est du 23 janvier 1878. Le procédé décrit était, en principe le suivant :

L'acide sulfureux obtenu par la combustion directe du soufre était aspiré dans une tour en bois d'une vingtaine de mètres, remplie de carbonate de chaux. Une pluie d'eau tombant dans cette tour formait une dissolution sulfureuse; puis, par l'attaque du calcaire, une lessive contenant de la chaux et de l'acide sulfureux. Le rapport entre ces deux dernières substances est représenté par la formule $CaH^2(SO^3)^2$, d'où le nom de pâte au bisulfite donné au produit obtenu. La lessive cependant ne contient que le sulfite de chaux dissous à la faveur d'un excès d'acide sulfureux. Le bois, coupé en morceaux de 2 centimètres environ d'épaisseur, était jeté dans un lessiveur horizontal et traité à l'aide de cette dissolution. Pour défendre le récipient de la corrosion, on le revêtait de plomb, puis de ciment. Le bois, devait subir d'abord l'action de la vapeur d'eau afin de chasser l'air interposé entre les fibres, puis la lessive introduite était portée à 108 degrés par un courant de vapeur circulant à travers un serpentin en plomb. La cuisson, opérée en 24 heures sous une pression de 3 kilogrammes, était suivie de l'échappement de l'acide sulfureux dans les tours d'absorption. Après soutirage et lavage, la pâte était déchargée à la pelle. L'acide était donc en partie récupéré; il eût été d'ailleurs impossible de le perdre dans l'air, à cause de son odeur intolérable.

Les autres méthodes introduites plus tard ne pouvaient différer de celle-ci que par quelques détails d'appareils; nous citerons seulement ceux de Ritter Kellner, en Autriche; de Franke et Flodquist, en Suède; de Gross, en Angleterre, et de Pictet, en Suisse.

Le procédé Ritter Kellner, adopté par l'usine de Waldhof, est caractérisé par sa cuisson directe, la position verticale de ses lessiveurs, la contenance plus forte d'acide libre dans la lessive et la pression de 5 kilogr. 1/2 dans le lessiveur. La pâte est plus pure, mais le rendement moindre.

On a cru longtemps à l'utilité d'augmenter la proportion d'acide sulfureux; certaines usines ont livré à cet effet de l'acide liquide, et le procédé Pictet, qui n'emploie qu'une dissolution concentrée d'acide sulfureux, est l'expression la plus radicale de cette manière de voir.

Il est abandonné aujourd'hui; la présence d'une base est indispensable pour retenir l'acide sulfurique formé et éviter une coloration brune. La chaux produit ici un sulfate insoluble, que l'on évite en partie en s'adressant à un mélange de chaux et de magnésie. On y arrive en remplissant les tours de dolomie au lieu de calcaire ordinaire.

L'acide sulfureux, avons-nous dit, ménage les fibres du bois; aussi le rendement peut-il s'élever, par stère, à 160 kilogrammes de pâte marchande, pâte contenant 10 p. 100 d'eau. Par contre, il laisse au bois sa couleur d'origine, et l'emploi d'épicéas dont la croissance a été rapide est préféré à cause de leur nuance plus claire.

L'industrie de la pâte au bisulfite eût tué la précédente, si Dahl, de Dantzig, n'avait réussi à remplacer la dépense de soude caustique par une dépense chimiquement équivalente de sulfate de soude.

Dans le procédé initial, la soude doit être récupérée par l'évaporation, puis par la dessiccation complète de la lessive soutirée. Cette dernière opération se fait dans des fours à longue flamme, portés à 1,000 degrés. Le salin retiré des fours contient environ, pour 100 parties, 6 de soude caustique, 60 de carbonate de soude, 3 de sulfure de sodium et 16 de sulfate de soude. Après sa dissolution dans l'eau, le salin est caustifié par la chaux vive, et le liquide, décanté, peut servir aux cuissons suivantes.

Dahl, au lieu d'ajouter, avant la caustification, le carbonate de soude nécessaire pour compenser la perte, donne à chaque fois une quantité équivalente de sulfate dans le four à régénérer. Seulement, comme ce sel, tout en donnant son nom au nouveau procédé, n'a aucune action sur les matières incrustantes, il faut le transformer, autant que possible, en sulfure de sodium. A cet effet, la température du four est portée à 2,000 degrés et l'admission de l'air dans le foyer réduite au juste nécessaire. La composition du salin est alors, pour 100 parties, de 5 de soude, 45 de carbonate de soude, 30 de sulfure de sodium et 2 de sulfate de soude. Il est à remarquer que la caustification donne chaque fois une petite quantité de chaux. Il en résulte une décomposition du sulfate dans le four, et une régénération continuelle de la soude caustique dépensée. On ajoute environ 20 p. 100 de sulfate à chaque opération.

Malgré cette heureuse innovation, le procédé au sulfate demeure encore plus coûteux que celui au bisulfite, et la pâte obtenue est jaune; mais il permet d'utiliser une qualité de bois rejetée nécessairement par les usines au bisulfite. Un fabricant suédois, après de longs essais, a pu utiliser les déchets de scierie. Le prix insignifiant de la matière première lui fait espérer un beau bénéfice.

Dans le même ordre d'idée, et pour être complet, il convient de mentionner un dernier procédé trouvé par accident à Zwikau, en 1870 : il s'agit de la pâte demi-chimique d'Oswald Meyh. Le bois est cuit par la vapeur en vase clos. Pour l'épicéa, en 10 heures, par une température de 152 degrés, on réussit à réduire en poussière les matières incrustantes, et à rendre alors fort aisé un défibrage à la meule. La pâte est brune, mais longue et liante, et l'on peut utiliser tous les bois, même ceux ayant subi un commencement de décomposition.

PROCÉDÉS DE FABRICATION ET MACHINES UTILISÉES.

Cette première partie de notre exposition fait ressortir une division de l'industrie de la pâte de bois en trois groupes. Nous entrerons plus avant dans la question en décrivant les machines adoptées le plus souvent par les industriels.

1° *Pâte mécanique.*

Les bois sont préparés avec le plus grand soin; ils doivent être blancs et sans nœuds; les espèces les plus convenables sont le tremble et l'épicéa. On peut utiliser encore le peuplier et le sapin blanc. Les opérations à effectuer sont le sciage, l'écorçage et l'extraction des nœuds.

La scie à balancier, qui permet de scier environ 125 stères par 24 heures, est presque exclusivement adoptée pour débiter les bois. L'écorçage se fait à la main, si le bois est cher; autrement on fait usage d'écorceuses à plateau. Le bois est appuyé à la main contre un plateau vertical de 700 millimètres environ, armé de deux couteaux.

M. Bache-Wiig, de Böhnsdalen, en Norvège, a utilisé, pour le même objet, le frottement et le choc des rondins les uns sur les autres, en les enfermant dans un cylindre en tôle tournant à 18 tours par minute.

L'extraction des nœuds est la partie la plus délicate et la plus importante. On y arrive, soit à l'aide de machines à percer, dont l'outil est vertical, soit à l'aide de fraiseuses. Avec celles-ci, il convient d'abord de fendre le bois pour mettre les nœuds à nu.

La fraiseuse est composée de 3 lames de scies circulaires de faibles diamètres, presque accolées sur un même axe et tournant à 1,200 tours. Les bois sont présentés suivant la direction du nœud. Le déchet est grand, mais la possibilité que l'on a d'enlever également la moelle du bois a son importance.

La fabrication proprement dite comprend le défibrage, le classage et le raffinage.

L'usure quelque peu violente du bois contre une meule semble d'abord peu logique; il faut dépenser une force énorme, 6 à 10 chevaux en 24 heures pour produire 100 kilogrammes de pâte marchande; cependant, si l'on considère que les filaments de la pâte mécanique ont la longueur des cellules du bois employé, on pourra regarder comme avantageux de retenir celles-ci devant l'outil en profitant de la cohésion du bois.

Les grès les meilleurs sont ceux de Grillenbourg et de Pirna, en Saxe; leur ciment siliceux résiste à l'eau, et il est facile de donner à la surface le mordant voulu en y pratiquant des trous au marteau. Ceux-ci sont d'autant plus grands que le bois à défibrer est plus dur.

Les meules sont horizontales ou verticales, et de 1 m. 50 à 2 mètres de diamètre. Les bois de 500 millimètres de longueur sont contenus dans des caisses de 2 m. 80 de largeur et pressés contre la meule à l'aide de pistons. Un courant d'eau empêche l'encrassement de la pierre, et le travail s'opère par une pression de 250 grammes à 1 kilogramme par centimètre carré de bois. On a remplacé, aujourd'hui, les pignons à cônes de friction commandant les anciennes crémaillères des pistons par la pression hydraulique. Une même conduite d'eau dessert les défibreurs, et la pression est réglée par un compensateur, qui la maintient constante, tout en laissant varier la provision d'eau en réserve. Un défibreur horizontal de 1 m. 90, faisant 150 tours et possédant 10 caissons de 60 centimètres de hauteur et une pression de 500 grammes, prend 200 chevaux.

La pâte, diluée dans l'eau, se rend aux classeurs. Ce sont des appareils à battements et à table légèrement inclinée vers la sortie. Un mouvement rapide de va-et-vient est imprimé par un excentrique de tête faisant 400 tours; des bielles supportent l'autre extrémité. Une partie de la pâte traverse avec l'eau des trous de 9 dixièmes de millimètre pratiqués dans la table, l'autre s'essore et tombe en queue pour être conduite au raffineur par un transporteur. Du raffineur la pâte retourne au canal de distribution des classeurs et ne peut sortir de ce cercle d'opérations qu'en traversant un des classeurs.

Si le défibreur donne un produit grossier, il convient de former les classeurs de plusieurs tables superposées présentant des ouvertures de plus en plus fines à partir de la table supérieure, afin d'alléger le travail.

Les raffineurs employés sont le plus souvent des meules horizontales, taillées comme les meules à farine, et rapprochées à affleurement.

Les Américains ont modifié le travail du défibrage en profitant de la chaleur développée par le frottement. Leurs meules, d'un diamètre un peu moindre, sont verticales et plongent, par le bas, dans un bac dont l'eau se renouvelle lentement. Trois caisses seulement occupent la partie supérieure. Elles ont une largeur de 365 millimètres afin de permettre aux parcelles détachées de subir un premier raffinage sur la meule même. La pression la plus élevée atteint 2 kilogrammes par centimètre carré. L'économie de force paraît faible, mais la pâte est plus grasse. Malheureusement, la caisse supérieure, non équilibrée, exerce sur les tourillons de la meule une pression énorme.

Pour l'expédition, la pâte est mise en cartonnage par un presse-pâte à cylindre de forme. Il se compose d'un cylindre recouvert d'une toile métallique n° 80. L'eau tenant la pâte en suspension traverse la toile pour ressortir par le cylindre, laissant sur celui-ci une couche de pâte. Un feutre appuyé par une presse la relève en feuille pour la conduire entre deux autres presses. Elle s'enroule sur celle du dessus, et l'ouvrier l'en détache à la main quand il juge l'épaisseur suffisante. Il obtient ainsi une feuille qu'il plie en quatre. Ces feuilles empilées sont soumises à la presse hydraulique et mises en ballots pour l'expédition. La pâte contient 50 p. 100 d'eau.

2° *Pâte au sulfate.*

La préparation du bois, dans ce procédé comme dans le suivant, est identique; elle diffère de celle donnée précédemment par une opération complémentaire, le coupage.

L'action de la lessive ne peut être efficace si le bois présente une grande épaisseur dans le sens des fibres, aussi certaines usines ont-elles scié leur bois en rondelles avec des scies à ruban. La perte en sciure a fait abandonner ces machines pour les coupeuses à plateau.

Un lourd plateau de 2 mètres environ de diamètre porte 2 couteaux de 300 millimètres de longueur, émergeant légèrement. Les bois jetés dans une caisse inclinée viennent glisser jusque sur le plateau, et chaque couteau détache au passage une épaisseur de bois. Si l'affutage des couteaux est bon et leur inclinaison convenable, on obtient des rondelles presque entières se prêtant à un excellent triage à la main. En diminuant la vitesse du plateau et augmentant encore son poids, les rondelles, subissant plus longtemps l'action de l'outil, se brisent à moitié, suivant des lignes parallèles équidistantes.

On en a profité pour obtenir un triage automatique des nœuds. En broyant les rondelles, les morceaux contenant un nœud conservent une taille plus considérable, et peuvent être éliminés par un trieur mécanique. Parfois, on retire encore à la main les quelques nœuds que l'on peut apercevoir, si la pâte doit être très soignée.

Pour supprimer la main-d'œuvre, les copeaux, après triage, sont relevés par un propulseur à air dans des trémies de chargement placées au-dessus des lessiveurs.

La fabrication proprement dite emploie, pour la cuisson, des lessiveurs cylindriques tournants, chauffés à la vapeur directe. Des cloisons intérieures déterminent un brassage de la masse. Après soutirage de la lessive, la pâte subit deux lavages, le premier avec l'eau du deuxième lavage de l'opération précédente. La lessive soutirée et l'eau du premier lavage sont concentrées dans une chambre qui vient à la suite d'un four, puis amenées sur la sole de celui-ci pour être desséchées. Un brassage fréquent permet à toutes les parties de subir l'action de la flamme.

Le résidu, nommé salin, est dissous dans des bassins, puis caustifié à l'aide de chaux vive remplissant un cylindre perforé qui tourne au milieu du liquide. Après décantation, on procède à un double lavage, le premier se faisant avec l'eau du deuxième lavage de l'opération précédente. Le liquide recueilli sert, après clarification, pour les cuissons suivantes.

Pour supprimer le brassage, qui est fort pénible, on a établi en Angleterre des fours cylindriques horizontaux tournants. La masse, cependant beaucoup plus compacte, doit être mélangée, à la fin de l'opération, d'un peu de chaux vive, dont le foisonnement amène la division du salin.

La pâte, après lavage, doit passer par de nouveaux appareils ayant pour objet de l'épurer : ceux-ci se divisent en broyeurs, caisses de dépôt, raffineurs et épurateurs à fentes.

L'un des broyeurs les plus employés est le broyeur Füllner. La pâte presque sèche y est battue par des agitateurs armés de bras en fer.

Les sabliers sont de longs canaux en bois dont le fond est garni de lattes transversales peu élevées, et que la pâte très diluée parcourt sous une faible épaisseur. Les grains de sulfate de chaux, les petits nœuds et les incuits se déposent entre les lattes.

Les raffineurs ont d'abord été des piles. Dans ces appareils, un lourd cylindre en bois, armé de lames métalliques plus ou moins tranchantes, tourne en affleurant une platine armée également de lames, celles-ci inclinées par rapport à l'axe du cylindre. Il en résulte un cisaillement de la matière. Ici toutefois, ne voulant pas couper les fibres, on doit agir avec des couteaux émoussés et une pâte très épaisse.

Les piles sont le plus souvent remplacées par des meules verticales ou par des meules horizontales. Nous signalerons encore le broyeur Engelmayer, dont le principe est différent. La pâte, convenablement essorée, est répandue entre deux cylindres bien dressés, approchés à affleurement et animés d'un mouvement différentiel à la circonférence.

Les épurateurs à fentes sont parfois plats et ressemblent alors, sauf la forme des ouvertures, aux classeurs de la pâte mécanique ; parfois cylindriques. L'épurateur Reinecke et Jaspe, fort usité, se compose d'un cylindre tournant dont la surface présente des fentes de 5 dixièmes de millimètres. Pour éviter l'engorgement, la pâte, qui doit traverser le cylindre de l'extérieur vers l'intérieur, est tenue en mouvement par une table cylindrique à secousses enveloppant la partie inférieure du cylindre et recevant l'action de deux excentriques marchant à 800 tours.

Les usines n'emploient pas de la même manière ces appareils d'épuration ; parfois, on ajoute des épurateurs à fentes plus larges pour retenir les impuretés et empêcher leur morcellement par le raffineur ; d'autres fois, on place des sabliers après les raffineurs. Ces caisses de dépôts, d'un faible entretien, ne sauraient être trop multipliées.

Quand l'expédition a lieu en pâte marchande, le presse-pâte utilisé ressemble, à part quelques simplifications, à une machine à papier à toile sans fin. La pâte, servie par une caisse de distribution, s'étend sur une toile métallique qui l'essore et la fait passer entre deux presses garnies de manchons en laine. Le cartonnage est repris ensuite deux fois par des feutres afin de subir l'action d'autres presses, puis s'enroule sur une série de 10 à 20 cylindres chauffés à la vapeur. La machine se termine par une coupeuse ou par une enrouleuse, suivant le mode d'expédition.

La pâte, qui doit être livrée blanchie, est macérée avec une dissolution de chlorure de chaux, ou soumise à un courant d'eau apportant les produits chlorés et oxygénés résultant de la décomposition par la pile du chlorure de sodium. Elle est livrée ensuite au presse-pâte sécheur.

3° *Pâte au bisulfite.*

Après les développements que nous venons de donner, il nous suffira, pour le procédé au bisulfite, de parler de la fabrication proprement dite.

Le procédé Franke et Flodquist est souvent imposé pour préparer la lessive, parce qu'il donne peu d'émanations sulfureuses. Le soufre est brûlé en vase clos, sous l'action d'un courant d'air produit par une pompe foulante. L'absorption, après passage dans divers refroidisseurs en plomb, a lieu dans trois cuves superposées remplies d'un lait de chaux. Le liquide descend à intervalles réguliers d'une cuve dans l'autre, et il est conduit de la cuve inférieure dans un réservoir plombé. C'est par refoulement que cette lessive est amenée dans les lessiveurs. Elle peut contenir jusqu'à 30 grammes d'acide sulfureux libre par litre.

La cuisson est faite dans des lessiveurs verticaux de forme cylindrique terminés par 2 parties coniques. Leur contenance est d'environ 100 mètres cubes. Leur revêtement intérieur en plomb est défendu par une double épaisseur de briques résistant aux acides. Ils sont chauffés soit à la vapeur directe, soit avec l'aide de serpentins en cuivre. L'opération dure de 15 à 20 heures avec une pression de 5 à 6 kilogrammes, et quand elle est terminée, l'acide sulfureux est dirigé dans un refroidisseur spécial, puis dans les cuves d'absorption. Dès que la pression est descendue à 1 kilogramme, on utilise ce qui en reste pour décharger rapidement l'appareil et amener la pâte dans les bassins de lavage. Un transporteur la conduit ensuite à l'atelier d'épuration où nous retrouvons les appareils déjà décrits dans le traitement de la pâte au sulfate.

L'industrie de la pâte de bois présente au point de vue économique un si grand intérêt que nous ne saurions nous dispenser, en terminant, de faire une courte excursion dans la partie de cette science qui la concerne.

L'usage de ce succédané s'est généralisé très rapidement, provoquant, à partir de 1880, une baisse générale du papier. En nous arrêtant en 1899, avant le mouvement de hausse qui se continue en 1900, nous voyons le papier de journal tomber de 90 francs en 1870, à 30 francs; le chiffon blanc, de 50 francs en 1878, à 39 francs; la pâte mécanique d'épicéa, de 18 fr. 50 en 1884, à 10 francs; la pâte au sulfate blanchie, de 45 francs en 1886, à 32 francs; enfin, la pâte au bisulfite écrue, de 40 francs en 1886, à 25 francs.

La consommation a doublé pour le papier d'impression pour livres, et décuplé pour le papier de journal. En 1892, la fabrication en produits entièrement manufacturés atteignait 2,500,000 tonnes pour l'Europe, et 3,700,000 pour le monde entier. L'accroissement annuel depuis cette époque a été de 1 soixantième environ.

Si l'on admet que les 7 huitièmes de la pâte employée sont tirés du bois, le poids correspondant à celle-ci est, pour l'Europe, de 2,000,000 de tonnes. Or 1 stère de bois donne 150 kilogrammes de pâte chimique, et 300 kilogrammes de pâte mécanique, et le rapport entre le poids de la première et celui de la seconde, dans la consommation, est de moitié; il en résulte une dépense de 8,500,000 stères. La France, qui entre ici pour 1 cinquième, utiliserait donc 1,700,000 stères, quand sa production est de 276,000 stères en bois d'épicéa propre à la fabrication qui nous occupe. On peut admettre, en effet, qu'un hectare de forêt donne au plus 4 stères de bois par an, dont un quart seulement peut être transformé en pâte de bois; en sorte que le nombre des stères est le même que le nombre des hectares de forêts d'épicéa.

Cette dépense considérable a élevé le prix du bois de sapin et développé la richesse forestière. La hausse a été de moitié pour les rondins de 15 à 27 centimètres. Autrefois, ces bois ont servi souvent à faire du charbon de bois; on retirait ainsi environ 2 fr. 60 d'un stère de bois qui vaut aujourd'hui 9 francs. On voit comment la Société de l'Alpine-Montan a été conduite à supprimer en partie sa fabrication de fer au bois. La culture des forêts s'est améliorée, notamment par la création de routes nouvelles, et cet état prospère ne peut que se développer encore. On peut regretter cependant certaines coupes hâtives dans les pays où la législation laisse aux propriétaires toute liberté d'abattre les bois; et surtout l'usage fréquent d'arracher les branches pour la litière des bestiaux. Cette dernière circonstance arrête la croissance des sapins, si bien que le Zillerthal, par exemple, avec ses 45,000 hectares de forêts, ne produit que 6 à 7,000 mètres cubes de bois d'œuvre.

Les ressources sont loin d'être épuisées, mais on s'adresse, d'année en année, à des contrées nouvelles : déjà la Norvège donne moins et les usines vont chercher leur bois en Finlande et jusqu'à Arkangel. La Russie se hâte de construire des établissements industriels, et les États-Unis ne laisseront bientôt plus à l'Europe l'espérance de profiter des immenses ressources du Canada.

La hausse de 1900, favorisée il est vrai par des circonstances exceptionnelles, pourrait bien se maintenir en partie, car la consommation plus grande forcera l'industrie à reculer les coupes forestières de chaque pays vers des endroits de plus en plus distants des lieux d'expédition.

M. DEMORLAINE. Ces détails sont très intéressants; ils démontrent que la fabrication de la pâte à papier est une cause de destruction pour les forêts.

M. THÉZARD. Il en serait de même de la fabrication de l'alcool, mais il ne faut pas nous en plaindre puisque les industries sylvicoles sont une richesse pour un pays.

M. DEMORLAINE. Il serait donc urgent de se préoccuper de la question du développement des forêts, de manière à compenser les différentes causes de destruction qui les menacent.

La section décide que le mémoire de M. Houdant sera imprimé *in extenso*.

M. le Président. Messieurs, la section a épuisé son ordre du jour et personne ne demande plus la parole pour une communication nouvelle; je déclare donc nos travaux terminés. Les vœux que la Section a émis seront présentés à l'assemblée générale qui doit avoir lieu dans l'après-midi.

La séance est levée à 11 heures et demie.

TROISIÈME SECTION.

Annexe N° 1.

CUBAGE SANS TARIF

DES ARBRES SUR PIED OU ABATTUS.

CONSIDÉRATIONS GÉNÉRALES.

On assimile, le plus souvent, le volume du fût d'un arbre à celui d'un cylindre de même hauteur ayant pour base la circonférence moyenne de cet arbre. Les deux facteurs de ce volume sont donc la longueur de sa tige et sa circonférence moyenne. Pour les arbres sur pied, on ne peut facilement mesurer que la circonférence à hauteur d'homme; mais la conformation spéciale de la tige et la pratique des exploitations fournissent au forestier expérimenté les indications suffisantes pour fixer la décroissance que comporte la circonférence de base, et pour régler, en conséquence, la mesure de la circonférence moyenne. Cette décroissance, eu égard à l'essence et à la situation de l'arbre (en massif ou à l'état isolé), varie de 0.10 à 0.35 environ de la circonférence prise à hauteur d'homme; en général, elle est de 0.15 pour les arbres feuillus des taillis sous futaie, et de 0.30 pour les résineux.

Des tarifs spéciaux, établis pour les différentes décroissances, servent à effectuer les cubages; à leur défaut, on emploie les procédés géométriques. Mais il peut arriver que le tarif nécessaire manque à l'opérateur pris à l'improviste; d'autre part, si le cubage comprend des arbres de différentes catégories de circonférence, l'emploi des formules mathématiques peut nécessiter de nombreux calculs qui demandent beaucoup d'attention et de temps. Le cubage des arbres peut donc, dans certaines circonstances, présenter des embarras et des difficultés qu'il serait désirable de prévenir. Ce but serait atteint si on découvrait une *relation très simple* entre le *volume* d'un arbre et sa *circonférence* mesurée à hauteur d'homme, et permettant de remplacer, dans la plupart des cas, les tarifs et les calculs géométrique par un procédé plus simple qui faciliterait et abrégerait l'opération du cubage. L'auteur de la présente note croit avoir trouvé cette relation, comme le montrent les observations exposées ci-dessous :

1° *Arbres feuillus dans les taillis de futaie.* — Si en effet, on cube les arbres de 1 m. 20 à 2 m. 50 de tour pris à 1 m. 30 au-dessus du sol, et si l'on admet que leur circonférence moyenne puisse être réglée aux 0.88 de la circonférence de base, ce qui correspond à une décroissance de 0.12 (comme cela se présente généralement pour les arbres des taillis sous futaie dont la décroissance varie de 0.10 à 0.15 environ), on constate que leur volume, évalué au cinquième déduit en décimètres cubes et par mètre courant, est égal à *dix fois la somme plus un des chiffres pris avec leur valeur absolue*, et exprimant, en *mètres et décimètres*, *la longueur de la circonférence mesurée à hauteur d'homme*. On remarque, en outre, que si cette circonférence comprend des centimètres, il suffit, pour en tenir compte dans le cubage, d'en *ajouter le nombre* à la *somme* obtenue par le procédé ci-dessus.

En représentant par *m, d, c*, le nombre de mètres, de décimètres et de centimètres de la circonférence mesurée, le volume au cinquième déduit, en décimètres cubes et par mètre courant, sera :

$$V = 10(m + d + 1) + c.$$

Cette règle générale ne comporte qu'une bien légère modification; c'est dans le cas où l'arbre considéré est compris dans la catégorie de 2 mètres à 2 m. 50 de tour et pour lequel on procède comme pour l'arbre de 1 m. 20 à 1 m. 95, mais dont le volume ainsi obtenu doit être majoré de 100 décimètres cubes; soit :

$$V = 10(m + d + 1) + c + 100.$$

Dans ce procédé de cubage, on considère comme arbre-type celui qui vient d'être analysé et dont la circonférence moyenne est égale aux 0.88 de la circonférence prise à hauteur d'homme, c'est-à-dire l'arbre dont la décroissance est de 0.12.

Pour les arbres plus petits ou plus gros que l'arbre-type, mais de même décroissance, et dont la circonférence est un sous-multiple ou un multiple, dans le rapport de 1 à 2, de la circonférence de l'arbre-type, le volume s'obtiendra, pour les plus petits (de 0 m. 60 à 1 m. 90) en divisant par 4, et pour les plus gros (de 2 m. 60 à 5 mètres) en multipliant par 4 le volume de l'arbre-type correspondant.

Cette manière de calculer ces volumes est d'ailleurs conforme au théorème géométrique qui démontre que les volumes de deux cylindres de même hauteur sont entre eux comme les carrés des circonférences de base.

2° *Arbres de toute catégorie et pour un taux quelconque de décroissance.* — Le procédé exposé d'autre part se rapporte, comme on l'a fait observer déjà, au cubage des arbres dont la circonférence moyenne est réglée aux 0.88 de la circonférence prise à hauteur d'homme; il s'applique spécialement aux arbres de taillis sous futaie pour lesquels cette proportion est généralement admise; mais il convient, en outre, pour *cuber tous les* arbres quelles qu'en soient l'essence et la conformation, pourvu que la décroissance de leur tige soit connue. Il est d'ailleurs indispensable, quel que soit le mode de cubage adopté, tarif ou formules mathématiques, de connaître préalablement la décroissance des tiges qu'on se propose de cuber; la détermination de cet élément de calcul n'est donc pas une complication inhérente au *procédé expéditif*. Connaissant donc le taux de décroissance d'un arbre, on le comparera à celui de l'arbre-type, on doublera la différence entre les deux décroissances, et le résultat de cette petite opération donnera le *facteur de conversion* indiquant le *tant pour cent* dont il faudra diminuer ou majorer le volume de l'arbre-type correspondant, suivant que le taux de décroissance de l'arbre considéré sera plus grand ou plus petit que 0.12.

Si on appelle d la différence des deux décroissances, V le volume de l'arbre-type et Vx le volume cherché, on aura :

$$\mathrm{V}x = \mathrm{V} \pm \mathrm{V}\,\frac{2\,d}{100}$$

En effet,

$$\frac{\mathrm{V}x}{\mathrm{V}} = \frac{c^2}{\mathrm{C}^2} = \frac{(\mathrm{C} \pm d)^2}{\mathrm{C}^2} = \frac{\mathrm{C}^2 + d^2 \pm 2\,d\,\mathrm{C}}{\mathrm{C}^2}$$

et, dans le cas particulier

$$\frac{c^2}{\mathrm{C}^2} = \frac{88^2 + d^2 \pm 2\,d\,88}{88^2} = 1 + \frac{d^2}{88^2} \pm \frac{2\,d}{88},$$

mais $\dfrac{d^2}{88^2}$ est une fraction toujours extrêmement petite, donc, dans la circonstance, négligeable, et à $\dfrac{2\,d}{88}$ on peut substituer $\dfrac{2\,d}{100}$ sans commettre une erreur très appréciable; donc :

$$\mathrm{V}x = \mathrm{V} \pm \mathrm{V}\,\frac{2\,d}{100}.$$

L'intervention de formules algébriques paraîtra peut-être inopportune dans la circonstance; cependant elle a semblé nécessaire pour justifier la manière spéciale dont le facteur de conversion a été établi.

3° *Arbres abattus.* — Si l'arbre est abattu, la circonférence moyenne peut être mesurée directement; elle n'est donc pas susceptible de réduction; dans ce cas, la différence des taux de décroissance est de 0.12 — 0.00 = 0.12, et le double de cette différence est de 0.24. Il suffira donc de calculer le volume par le procédé expéditif et de le majorer de 0.24 ou d'un quart environ, pour avoir le volume de l'arbre considéré.

Grâce à cet artifice de calcul ayant pour objet la détermination du facteur de conversion, le procédé expéditif de cubage peut être employé pour évaluer le *volume de tous les arbres* sans qu'il soit nécessaire de se livrer, pour cela, à des calculs longs et compliqués.

Le tableau suivant, qui permet de comparer entre eux les volumes donnés par les procédés mathématiques et par le procédé expéditif, met en évidence la simplicité de la méthode de cubage proposée et l'exactitude suffisante, en pareille matière, des résultats qu'elle fournit.

CUBAGE DES ARBRES, AU 1/5 DÉDUIT, EN DÉCIMÈTRES CUBES
ET PAR MÈTRE COURANT.

CIRCONFÉRENCE SOUS-MULTIPLE de celle de l'arbre-type. ARBRE DE 0 M. 60 à 1 M. 10.			ARBRE-TYPE. DE 1 M. 20 à 1 M. 50 DE TOUR à HAUTEUR D'HOMME.			CIRCONFÉRENCE MULTIPLE de celle de l'arbre-type. ARBRE DE 2 M. 60 à 5 MÈTRES de tour.		
Circonférence moyenne : 0 m. 88. Décroissance : 0 m. 12.			Circonférence moyenne : 0 m. 88. Décroissance : 0 m. 12.			Circonférence moyenne : 0 m. 88. Décroissance : 0 m. 12.		
Volume exact.	Circonférence à 1 m. 30.	Volume approché.	Volume exact.	Circonférence à 1 m. 30.	Volume approché.	Volume approché.	Circonférence à 1 m. 30.	Volume exact.
décim. c.	mètres	décim. c.	décim. c.	mètres	décim. c.	décim. c.	mètres	décim. c.
			$V = 10\,(m + d + 1) + c$					
11	0 60	10	44	1 20	40	//	//	//
			48	1 25	45	//	//	//
			52	1 30	50	200	2 60	209
			56	1 35	55	220	2 70	224
15	0 70	15	60	1 40	60	240	2 80	242
			65	1 45	65	260	2 90	260
			70	1 50	70	280	3 00	279
			74	1 55	75	300	3 10	298
20	0 80	20	79	1 60	80	320	3 20	318
			84	1 65	85	340	3 30	336
			90	1 70	90	360	3 40	358
			95	1 75	95	380	3 50	379
25	0 90	25	100	1 80	100	400	3 60	401
			105	1 85	105	420	3 70	423
			111	1 90	110	440	3 80	446
			117	1 95	115	460	3 90	470
			$V = 10\,(m + d + 1) + c + 100$					
31	1 00	32	124	2 00	130	520	4 00	496
			130	2 05	135	540	4 10	521
			137	2 10	140	560	4 20	548
			143	2 15	145	580	4 30	572
37	1 10	37	150	2 20	150	600	4 40	599
			156	2 25	155	620	4 50	627
			163	2 30	160	640	4 60	653
			171	2 35	165	660	4 70	685
			178	2 40	170	680	4 80	712
			184	2 45	175	700	4 90	736
			193	2 50	180	720	5 00	772
139		139	2,979		2,945	11,440		11,564

DEVARENNE.

Annexe N° 2.

UTILISATION DE LA SCIURE DE BOIS

POUR

LE DÉVELOPPEMENT DES CLICHÉS PHOTOGRAPHIQUES.

COMMUNICATION DE M. PAUL MARTIN,

MEMBRE DE LA SOCIÉTÉ FORESTIÈRE DES AMIS DES ARBRES ET DE LA SOCIÉTÉ FORESTIÈRE
DE FRANCHE-COMTÉ ET BELFORT.

La sciure de bois est d'une grande utilité dans l'industrie et se prête à un grand nombre d'usages divers.

Ses emplois sont très nombreux; on s'en sert journellement soit comme substance absorbante, soit comme allume-feux où la résine sert d'agglutinant, soit pour la conservation des œufs et des fruits (pommes et poires), soit encore pour ameublir les terres argileuses et fortes, et retenir l'humidité, en donnant une douce fraîcheur, dans les terres trop légères et sablonneuses. Dans l'industrie, les sciures de bois servent à la fabrication de l'acide oxalique ainsi que d'un bois spécial obtenu par compression et agglomération. Mélangée au sulfate de fer, la sciure de bois constitue le mélange de Laming qu'on utilise pour l'épuration du gaz d'éclairage; enfin, aux États-Unis plusieurs grandes scieries distillent les sciures pour l'éclairage et ses sous-produits ammoniacaux.

Chacune de ces indications succinctes mériterait une note très développée; mais notre but, ici, est d'indiquer une nouvelle application de la sciure de bois, relative au développement des clichés photographiques.

Ce procédé, assez original, ne nécessitant l'intervention d'aucune action chimique, donne de bons résultats, comme on peut s'en rendre compte par les épreuves ci-jointes.

Nous avons pensé intéresser Messieurs les membres du Congrès international de sylviculture en leur communiquant la courte étude suivante sur cette utilisation des sciures de bois appliquée à la photographie. Ce modeste travail ne saurait être mis en parallèle avec les grands travaux scientifiques qui seront traités dans cette haute assemblée; mais, quoique simple, il nous a paru bon de le présenter. Si l'on pense que nous sommes resté au-dessous de notre tâche, nous comptons sur l'indulgence de nos lecteurs en faveur de notre grand désir d'être utile.

Les procédés usités pour le tirage des clichés photographiques ne présentent pas tous une garantie suffisante de conservation. On a remarqué que beaucoup d'épreuves déjà anciennes, qu'on possède sur papier aux sels d'argent, ont une tendance à s'altérer : quelques-unes même disparaissent complètement au bout d'un temps relativement court. Cela tient souvent au peu de soin avec lequel sont faits le lavage et le fixage ; mais, cependant, on ne saurait garantir d'une façon absolue une inaltérabilité complète à une épreuve tirée sur un papier à base d'argent avec fixage à l'hyposulfite de soude, quels que soient les soins apportés aux diverses manipulations qu'il comporte.

La question, des plus intéressantes pour l'avenir de la photographie, est étudiée tous les jours de plus près, et les organes spéciaux sont remplis de travaux intéressants à ce sujet ; mais la conclusion générale est que, si avec du soin on peut garantir une assez longue vie à l'épreuve, on ne saurait assurer qu'elle sera d'une conservation indéfinie, et cela a son intérêt au point de vue des photographies documentaires que nous laissons aux siècles futurs.

Jusqu'à présent, on a eu recours à d'autres procédés tels que le tirage au charbon. Nous ne voulons rappeler que très sommairement le principe de ce procédé, pour indiquer quelles sont, à notre avis, les causes de son insuccès auprès des amateurs ; mais hâtons-nous de dire que plusieurs d'entre eux l'emploient avec succès et que les photographes de profession, qui se sont fait une spécialité dans ce genre, arrivent à coup sûr à des résultats merveilleux.

Ici, pour la reproduction de l'image, on emploie une poudre inerte et les réactions chimiques n'interviennent pas pour la fixer sur le papier. Ce procédé n'est cependant pas aussi répandu qu'il devrait l'être parmi les amateurs, parce qu'il exige des opérations un peu délicates, et qu'on ne réussit pas toujours. On sait ou l'on ne sait pas qu'il repose sur la propriété qu'a la gélatine bichromatée de prendre un degré d'insolubilité proportionnel à l'intensité de la lumière reçue. Le papier recouvert d'une couche de gélatine bichromatée est teinté à l'encre de Chine ou au noir de fumée. Sa conservation dans cet état est indéfinie.

Au moment de l'usage, on sensibilise en trempant le papier dans une solution ainsi composée : 10 grammes de bichromate de potasse et 500 grammes d'eau distillée ; on fait sécher ce papier, puis on tire au châssis-presse en mettant un cliché en contact avec la couche sensible. Mais aucune modification apparente ne se produit ; il faut apprécier le temps de pose par comparaison avec un autre genre de tirage ou au moyen d'un photomètre. On y arrive assez facilement.

Pour révéler l'image, il faut la tremper dans l'eau tiède, et toutes les parties non insolées se dissolvent, les autres restent. Mais l'insolation s'étant faite peu à peu, par pénétration à travers la couche de gélatine, la surface en contact direct avec le cliché est entièrement devenue insoluble (sauf dans les noirs très opaques) ; les demi-teintes se montrent donc au développement de l'autre côté de la pellicule que forme l'émulsion, c'est-à-dire du côté qui est en contact avec le papier qui lui sert de support : d'où la nécessité de décoller cette pellicule pour la placer sous un autre support avant de procéder au développement, d'où l'inconvénient aussi d'avoir, par suite de cette opération, une épreuve retournée où la droite devient la gauche et la nécessité de faire, après développement, un deuxième transfert sur le support définitif pour remettre les choses en bonne place.

Nous avons pensé que si l'on pouvait simplifier la méthode en supprimant les reports, et si l'on pouvait obtenir une épreuve directement, comme avec les papiers aux sels d'argent, il y aurait un grand avantage.

C'est à ce sujet que nous avons confectionné un papier spécial qui nous a donné de bons résultats. Le principe est le même que celui dont nous venons de parler; la poudre colorée est incorporée à une substance qui jouit, comme la gélatine, de la propriété de devenir insoluble proportionnellement à l'insolation qu'elle reçoit.

Lorsqu'on veut employer ce papier, voici comment il faut procéder : on le sensibilise en l'imprégnant d'une solution ainsi composée : 10 grammes de bichromate de potasse et 500 grammes d'eau distillée. On l'immerge complètement dans une cuvette, on laisse sécher à l'obscurité et on procède ensuite au tirage au châssis-presse. Pas plus que dans le procédé au charbon on ne voit venir l'image. Aussi doit-on opérer, pour la détermination du temps de pose, par comparaison avec un tirage sur papier aux sels d'argent ou au moyen d'un photomètre. On arrête le cliché au bout de 3 ou 4 degrés de photomètre, et, au développement, on verra s'il y a excès ou défaut de pose. On modifiera en conséquence le tirage et on notera sur ce cliché le nombre de degrés nécessaire pour avoir un bon résultat. Une fois cette expérience faite, on aura des données certaines pour l'avenir.

On procède au développement au sortir du châssis-presse, car si l'on attendait plusieurs jours, le papier une fois sensibilisé ne se conserverait pas.

On prépare, dans une terrine, une bouillie formée de 3 ou 4 litres de sciure de bois et d'eau chaude; on remue avec un bâton et, au moyen d'une petite réserve d'eau bouillante, on amène le mélange à une température de 30 degrés centigrades, ce dont on s'assure avec un thermomètre que l'on plonge dans cette bouillie.

Ceci étant fait, on trempe l'épreuve dans l'eau froide pour la ramollir, puis on la fixe au moyen de pinces sur une feuille de verre. On prend alors de la bouillie dans une petite cruche en terre. Tenant la feuille de verre d'une main, on verse de l'autre la bouillie à la partie supérieure de l'épreuve, de manière qu'elle se répande partout et retombe dans la terrine; on continue ainsi et on voit l'image apparaître comme par enchantement.

Si l'image ne vient pas assez vite, on augmente la température de la bouillie de quelques degrés; si, au contraire, elle vient trop vite, on se sert d'une bouillie plus froide de 20 degrés environ, qu'on a préparée à l'avance dans une autre terrine.

L'épreuve, une fois venue à point, est simplement lavée à l'eau froide pour enlever toute trace de bichromate de potasse; elle est ensuite prête à être collée sur carton.

La sciure qui nous a donné les meilleurs résultats est celle de charme parce qu'elle ne contient aucun principe susceptible de tacher le papier. Les sciures de sapin, d'épicéa, de pin ou de chêne renferment les unes de la résine, les autres du tanin, substances capables de détériorer les épreuves.

Les photographies obtenues par le procédé à la sciure de bois sont assez jolies et, par leur teinte brune, elles ressemblent à celles qui sont faites au charbon : si toutefois elles ne sont pas aussi artistiques que par ce dernier procédé, elles n'en sont pas moins aussi inaltérables, car on comprend que dans cette opération aucune action chimique n'intervient; il n'y a qu'une action purement mécanique lente et uniforme qui dégage peu à peu, proportionnellement à l'insolation, la matière colorante emprisonnée dans cette substance colloïde.

Annexe N° 3.

TRUFFES ET TRUFFICULTURE

PAR

M. A. GEORGE-GRIMBLOT,

CONSERVATEUR DES FORÊTS EN RETRAITE.

PRÉFACE.

Cette étude, mais limitée alors à la seule question du mycelium truffier, devait constituer une communication à l'Académie des Sciences, qui lui aurait été adressée en cours 1899. La partie scientifique, observations et préparations microscopiques, eût été surtout l'œuvre de M. Ray, préparateur de botanique au laboratoire de l'École Normale supérieure et secrétaire de la Société mycologique de France.

Nommé à la rentrée des classes maître de conférences à l'Université de Lyon, M. Ray dut quitter Paris avant d'avoir pu terminer le savant travail dont il avait bien voulu se charger. Il m'a fallu alors poursuivre seul cette fois, l'exécution des deux dernières des multiples recherches dont j'avais fixé le programme.

La présente brochure comporte l'ensemble de toutes ces recherches, l'examen de plusieurs autres questions liées à celle du mycelium des truffes, le résumé de mes expériences de 1892-1896, sur la germination des spores du *Tuber Uncinatum* (truffe de la Haute-Marne) et quelques explications relatives à la communication qu'à la suite de ces expériences j'ai faite à l'Académie des Sciences.

Elle se divise en trois parties, à savoir :

1ʳᵉ partie. — Truffes (spores, mycelium, tubercules), en particulier *Tuber Uncinatum* et *Melanosporum*;

2ᵉ partie. — Questions diverses : Préparation première et préparation de retour. — Parasitisme, faux des mauvaises truffes et réel des bonnes. — Excrétions radiculaires. — Usure des racines par le mycelium truffier. — Forme nécessaire du système radiculaire des arbustes et arbres producteurs.

3ᵉ partie. — Trufficulture directe par voie de semis des spores.

PREMIÈRE PARTIE.

—

TRUFFES.

Avant-propos. — Les tubercules truffiers, champignons hypogés, sont indéhiscents. Or de nombreuses observations ont démontré que les truffes, mises ou laissées en terre étaient perdues pour la production future, se décomposant complètement : leur chair d'abord avec ses innombrables spores, leur péridium ensuite, et que par conséquent, leurs spores, pour germer, devaient être sorties de terre, extraites de leurs thèques, et exposées à l'action des agents atmosphériques.

Le dépôt des spores truffières à la surface du sol s'effectue principalement par les déjections des animaux tubérivores, mammifères, oiseaux et insectes, en particulier les insectes broyeurs et parmi les mammifères, la tribu des rongeurs, dont le mode de manducaion, en déchirant une grande partie des thèques, met les spores en liberté.

Il peut y avoir aussi un transport purement mécanique des spores par les insectes tubérivores, à l'état de larve ou à l'état parfait, ces insectes abandonnant sur les feuilles des arbres, où ils vont se poser à leur sortie de terre, les spores qui, durant leur vie souterraine, se seraient par leurs papilles attachées à leur corps, pattes ou ailes.

Mais ce genre de dépôt, qui a été sans doute le point de départ des recherches de M. de Gramont de Lesparre, ne saurait être qu'insignifiant, étant donné, et les dimensions microscopiques des spores et l'existence des spores sexuées devant s'accoupler, existence que précisément M. de Gramont de Lesparre a mise en évidence (communications à l'Académie des Sciences 1897-1898).

On verra plus loin, page 61, une conséquence logique et très importante de sa belle découverte.

GERMINATION DES SPORES TRUFFIÈRES ET PREMIERS DÉVELOPPEMENTS DE LEUR MYCELIUM.

La truffe est un champignon, comme l'agaric champêtre et comme le mousseron; les mousseronnières constituent des cercles bien définis, et les place truffières en préparation affectent aussi la forme circulaire (je dis en préparation et non en production, car celles-ci sont loin d'être toujours circulaires, ne présentant cette forme que quand la truffière entoure complètement l'arbre ou cépée producteur; alors les racines rayonnant en tous sens et végétant sensiblement de même, la ligne passant par leurs extrémités est une sorte de circonférence dont l'arbre ou cépée occupe le centre).

Il était à penser d'après cela que le mode, et de germination de la spore truffière et de développement primordial de son mycelium, ne devait pas différer, sensiblement du moins, de celui constaté pour certains agarics.

Avis de M. Ray. — «D'abord il est certain que les premiers stades du développement s'accomplissent aux seuls dépens des matériaux de réserve renfermés dans la spore et des aliments contenus dans le sol. Le mycelium s'étend en toute direction autour de son origine et occupe un espace circulaire de plus en plus grand.

« La figure ci-dessous représente une spore S ayant produit ainsi du mycelium, lequel ne sort guère du plan horizontal passant par la spore.

« La production du mycelium s'effectue circulairement et il est hors de doute que les parties les plus anciennes se détruisent au fur et à mesure que d'autres se développent.

« La zone centrale I est occupée par le mycelium mort et la zone annulaire II par celui vivant, d'autant plus jeune que l'on se rapproche de l'extérieur. Ces deux zones augmentent peu à peu d'étendue. »

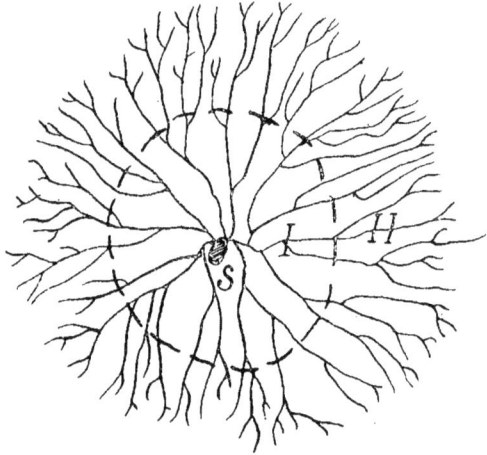

Cette progression est évidemment limitée et prend fin tout naturellement quand le mycelium truffier d'épigé devient hypogé pour gagner le système radiculaire supérieur des arbustes ou arbres.

N'ayant pu conserver, lors de mes expériences de germination des spores du *Tuber Uncinatum*, la préparation qui montrait encore une spore, venant de germer, fixée à l'extrémité d'une fibrille radicellaire d'un plant de sarrazin, je ne dois employer que le conditionnel.

La spore trufflière, de forme ellipsoïdale, germant, émettrait, par l'une des extrémités de son grand axe, cinq filaments s'écartant l'un de l'autre comme les doigts de la main largement ouverte; ils décriraient ainsi, dès le début, une sorte de cercle ou mieux d'éventail, avec le surplus de la spore comme noyau central, ce qui différerait un peu de ce qu'indique la figure ci-dessus, pour sans doute se développer ensuite conformément à ladite figure.

Ces filaments sont cloisonnés et porteurs de nodosités ou boucles latérales correspondant aux cloisons. Aussi, l'aspect de la spore trufflière venant de germer serait-il dépeint, on ne peut mieux, par cette expression de M. Itasse, chimiste agricole, demeurant à Paris, 67, rue de Provence, qui procéda en ma présence à la préparation en question : « On dirait une main de squelette jaune. »

Quoi qu'il en soit du mode d'émission par les spores truffières de leur mycelium, toujours est-il que lorsque cette émission s'est opérée à la surface du sol, voici ce qui se passe :

PHÉNOMÈNE CONNU SOUS LE NOM DE PRÉPARATION.

Ou bien le sol est nu, ou bien il est garni d'une végétation superficielle herbacée ou semi-ligneuse quelconque. Dans le premier cas les filaments myceliens, se développant et se multipliant, désagrègent successivement les grains de terre superficiels; le terrain se met en poussière, il se brûle, suivant la pittoresque expression des Rabassiers Vauclusiens.

Dans le second cas, le mycelium se fixe aux fibrilles radicellaires des plantes superficielles; l'énergique puissance de succion dont ses filaments sont doués, ne tarde pas à dessécher ces délicats organes et amène promptement la mort de ces plantes. Peut-être dans certains cas agirait-il simplement par voie d'épuisement du sol, « c'est du moins, comme on le verra plus loin, ce que pense M. Ray. »

Des extractions nombreuses de végétaux herbacés pratiquées dans la Haute-Marne. sur des places en préparation de retour (dans les bois taillés de cette région, je n'a pas trouvé d'emplacements étant sûrement en préparation première), et aux confins de places en production, m'ont prouvé qu'il en était ainsi.

Ce sont les envois de ces herbages divers, envahis par le mycelium du *Tuber Uncinatum*, faits à M. de la Bellone, qui lui ont permis de dire, à la page 163 de son livre *La Truffe et les Truffières*, couronné par l'Institut dans sa séance du 30 décembre 1889, que l'explication la plus simple et la plus vraie du phénomène de la préparation revenait tout entière à M. Grimblot.

Dans mes expériences de germination des spores du *Tuber Uncinatum*, j'ai pu réaliser ce curieux phénomène sous sa double forme, désagrégation du sol puis destruction de la végétation superficielle, plants de sarraziu. De là la communication que j'ai adressée en décembre 1896 à l'Académie des Sciences, mais simplement réduite à ceci : Procédé à employer pour la germination des spores truffières et procédé de Trufficulture.

Dans ces expériences, j'ai dû attendre quatre années avant d'obtenir la germination des spores et sa conséquence, la préparation. Ce long délai concorde avec ce qui se passe dans la nature. En effet, lorsqu'on crée une truffière artificielle par voie de semis de glands ou de plantation de chênes, la truffe apparaît au plus tôt dans la cinquième année qui suit la mise en terre des glands ou plants (CHATIN, *La Truffe*, 1869, p. 116), mais sa venue est présagée l'année d'avant. c'est-à-dire la quatrième, par le phénomène de la préparation.

Ce fait, naturel et de laboratoire, d'une gestation de plus de trois ans, était à signaler, parce qu'il est en contradiction avec celui de la germination dans l'année des *téleutospores* ou spores finales de M. de Gramont de Lesparre.

Je reviendrai du reste sur cette question des téleutospores et de leur germination.

Que se passait-il avec le mycelium du *Tuber Melanosporum*, truffe noire de Vaucluse et les plantes semi-ligneuses qui généralement constituent, au mont Ventoux par exemple, la végétation superficielle?

En juillet 1898, j'ai fait venir du Ventoux de Bedoin, provenant d'une place en préparation, des plants de thym, lavande et sarriette.

Examen de ces plants par M. Ray. — «Parmi les plantes recueillies sur une place en préparation, il y en a de complètement flétries et desséchées, d'autres sur le point de l'être et l'on ne trouve de pieds bien portants qu'autour de l'espace occupé par les pieds malades.

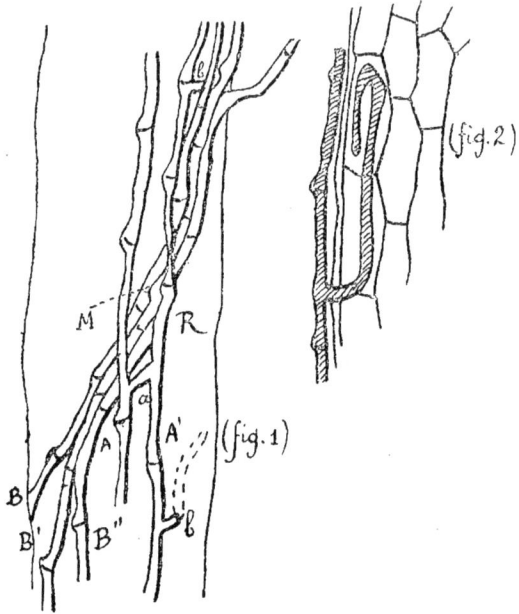

«Quand on examine au microscope les racines des végétaux qui ont souffert de la présence du champignon, on trouve : sur les uns, pas de mycelium ni vivant ni mort; ce sont des végétaux qui ont simplement subi l'action indirecte du champignon, celui-ci les a tués en les privant de nourriture;

«Sur d'autres, des débris de mycelium mort, et les débris ne sont pas seulement superficiels mais aussi, par endroits, dans les cellules périphériques de la plante;

«Cette endotrophie du champignon ne se manifeste pas sur tous les végétaux observés; pour un certain nombre il y aurait simplement ectotrophie;

«Enfin, sur les derniers un assez abondant mycelium vivant, tantôt encore endotrophe, tantôt ectotrophe.

«Les figures 1 et 2 ci-dessus schématisent ce qui s'observe indifféremment sur les thyms, lavandes et sarriettes.

Figure 1. — «Mycelium superficiel M sur une racine R, pénétrant en *f* dans l'écorce

A et A′ filaments isolés anastomosés en *a*. B B′ B″ filaments accolés longitudinalement (mycelium fascié) dont l'un B anastomosé en *b* à A′.

Figure 2. — «Cellules corticales dont deux renfermant le mycelium. Quand il est extérieur le mycelium présente bien l'aspect du mycelium truffier, irrégularité de calibre, couleur caractéristique en un certain âge. Quand il est intérieur, il tend au contraire à ressembler à n'importe quel mycelium endophyte, à quoi il faut s'attendre par expérience. Mais le mycelium interne se rattache manifestement au mycelium externe. Conclusion : par rapport aux plants qui poussent sur une place en préparation, le mycelium truffier peut constituer une *michorize*, tantôt ectotrophe, tantôt endotrophe, au sens de Frank. Mais dans certains cas, il agit indirectement sur les plantes en épuisant le sol où elles prennent leur aliment.»

En résumé, les végétaux semi-ligneux Vauclusiens sont envahis par le mycelium du *Tuber Melanosporum*, comme l'étaient les plantes herbacées Haut-Marnaises par celui du *Tuber Uncinatum*. C'est donc bien, dans les deux cas, le mycelium truffier qui, par sa succion délétère, produit la destruction de la végétation superficielle, le phénomène connu dans les pays producteurs sous le nom de Préparation.

PHASES DIVERSES DU MYCELIUM TRUFFIER.

C'est en 1885 seulement que, par une communication au Congrès des Sociétés savantes de Grenoble, M. de la Bellone a rendu publique sa découverte du véritable mycelium du *Tuber Melanosporum*; mais il m'en faisait part dès 1881, me demandant de faire de mon côté des recherches sur celui du *Tuber Uncinatum*.

De là, la correspondance à laquelle M. de la Bellone fait allusion dans la préface de son livre de 1888, accompagnée d'envois de plantes malades de place en préparation, de cordons de mycelium inertes extraits en la saison morte, de petites racines et radicelles porteurs de mycelium en plein développement, enfin de tubercules, non mûrs et mûrs, garnis encore ou non de leur coiffe mycelienne.

Il y avait lieu de vérifier sur le *Tuber Melanosporum* de Vaucluse les nombreuses observations que j'avais pu faire sur le *Tuber Uncinatum* de la Haute-Marne, d'autant plus que depuis mon départ d'Avignon, je ne m'étais que fort incidemment occupé de la Truffe noire et qu'à cette époque, d'ailleurs, 1880, l'existence de son véritable mycelium était inconnue.

Dans les places en préparation de retour fouillées dans la Haute-Marne, le mycelium truffier se rencontrait à l'état de filaments simples, séparés les uns des autres (on a vu plus haut, p. 610, fig. 1, que dans celles en préparation première de Vaucluse les filaments myceliens sont parfois accolés longitudinalement, mais en nombre restreint).

Or ce n'est pas sous cette forme d'isolement ou de fasciation incomplète qu'il prend possession du système radiculaire des arbustes ou arbres.

La faible alimentation que le mycelium a pu trouver dans le sol et dans les fibrilles radicellaires des végétaux inférieurs superficiels l'a maintenu en vie, a subvenu à ses premiers développement et multiplication, mais elle est impuissante à le faire fructifier. Il lui faut gagner les racines des pieds ou cépées devant lui fournir l'alimentation *sui generis* qui lui convient, et pour ce faire, le mycelium doit transformer son mou-

39.

vement superficiel et horizontal en un mouvement en terre et quasi vertical. Pour acquérir la force de pénétration qui ferait défaut aux filaments isolés, ceux-ci jusque-là plus ou moins épars, se rapprochent, s'accolent longitudinalement en quantité considérable, de façon à constituer des cordons ou faisceaux cylindriques résistants. La puissance d'émission des spores, du développement de leurs filaments dans le sens horizontal a évidemment une limite.

Celle-ci une fois atteinte, le mycelium arrêté à la périphérie de l'emplacement en préparation et ayant derrière lui, ou épuisé le sol ou détruit la végétation superficielle, serait menacé de mort. Dans ma pensée, c'est à ce moment, critique pour le mycelium, que se produisent les accolements longitudinaux de ses innombrables filaments, séparés jusque là les uns des autres, sauf les cas d'anastomose ou d'agrégation partielle comme par exemple ceux B B' B" de la figure 1 de la page 610.

En résumé, la forme en cordons ou faisceaux du mycelium truffier serait celle de sa translation verticale dans le sol, de la surface de celui-ci au système radiculaire des arbustes ou arbres.

PÉRIODE DE REPOS.

Un premier plant de chêne blanc truffier a été extrait au mont Ventoux de Bedoin (Vaucluse) au début de mai, après la clôture de la récolte 1897-1898 et avant la sève, c'est-à-dire quoique un peu tardivement peut-être comme on le verra plus loin, en temps d'arrêt encore de la végétation souterraine cryptogamique comme radiculaire.

Ce plant possédait un système radiculaire bien développé, pivot et racines latérales, sauf sur une hauteur de 10 à 15 centimètres à partir du collet où il n'offrait que quelques racines courtes et dépourvues de radicelles et chevelu (usure due à la production antérieure). Le mycelium ne se rencontrait pas sur toutes les racines indistinctement, loin de là; celles sur lesquelles j'ai constaté sa présence étaient de faibles dimensions, 1 à 2 millimètres de diamètre et 2 à 3 décimètres de longueur; de plus, ce n'est pas à proprement parler sur les racines le supportant qu'il gîte, mais dans des amas globubuleux des fines radicelles, courtes, diversement enchevêtrées, placés sur ces racines; c'est ce que le docteur Frank de Berlin désigne sous le nom d'amas coralliformes, et, que M. Condamy, pharmacien à Angoulême, dans sa brochure de 1876 désignait sous celui de *bédégars*.

Sur le point des racines où il vient s'implanter chaque cordon mycelien y détermine par sa piqûre la production de ces nombreuses, courtes et fines radicelles, contournées, son futur logis, de même que le *cynips*, venant déposer ses œufs sous l'épiderme des rameaux de l'églantier, détermine, par la piqûre de sa tarière, la formation de ces amas ronds de filaments herbacés qu'on appelle en botanique des bédégars.

Aussi, les racines des plants non producteurs, comme celles de ceux producteurs, exemptes de tout mycelium, ne présentent-elles aucune de ces sortes de pelottes radicellaires. C'est, en ce qui concerne les premiers, ce que je constatais dès 1879 en comparant le système radiculaire d'un plant de chêne blanc non truffier et de cinq autres plants truffiers, venus côte à côte dans une bande de semis au Ventoux de Bedoin, et, en ce qui concerne les seconds, sur les racines du premier chêne ci-dessus de 1898 inférieures à celles porteurs du mycelium.

Le mycelium, à l'état de cordon, enlace de ses replis les radicelles des amas coralliformes; en humectant largement les amas et par suite le mycelium y fixé, puis en écartant successivement les radicelles à la pointe d'une aiguille, on peut le dérouler et l'obtenir presque intact.

Ces cordons, d'aspect rhyzomorphe, sont visibles à l'œil nu pour le *Tuber Uncinatum* et microscopiques pour le *Tuber Melanosporum*.

En résumé, pendant la saison morte, le mycelium à l'état de repos est confiné dans les amas coralliformes.

En deçà d'eux et jusqu'à leur point d'insertion sur le pivot, comme au delà d'eux et jusqu'à leurs extrémités, les racines du premier chêne porteurs des amas coralliformes, ne présentaient pas le moindre filament mycelien.

Cette dernière constation n'a pu être faite par M. Ray qui, de ce premier chêne n'a eu entre les mains qu'une préparation sommaire d'un amas coralliforme avec le cordon mycelien détaché des radicelles et plusieurs amas coralliformes pour lui permettre de procéder lui-même à l'extraction du mycelium y inséré.

PÉRIODE D'ACTIVITÉ.

En cours juillet 1898, après le mouvement séveux, c'est-à-dire alors que le mycelium truffier, supposé parasite et alimenté par la sève élaborée affluant aux racines, avait dû prendre tout le développement dont il était susceptible pour la dite année, deux plants de chêne blanc truffiers ont été extraits (deux, parce que le premier reçu était dépérissant, ses racines couvertes de moisissure, que cet état avait dû, sinon l'empêcher, du moins entraver le développement du mycelium, et qu'il était dès lors à remplacer par un autre en pleine vigueur).

Aux préparation sommaire et amas coralliformes du premier chêne, aux deux plants de chêne ci-dessus, remis à M. Ray à Paris, il faut ajouter des préparations et amas coralliformes provenant d'un troisième chêne extrait vers le milieu d'août et d'une racine de chêne extraite en octobre, qui lui ont été envoyés à Lyon.

Après examen de toutes ces pièces, plants et radicelles constituant les amas coralliformes, M. Ray formule son avis en les termes suivants :

«Le mycelium truffier se conduit comme un michorize et cela encore tantôt ectotrophe, tantôt endotrophe. Il déforme par sa présence les racines des chênes (*amas coralliformes*): sur le premier comme sur le dernier chêne, ce mycelium est très souvent fascié, sans qu'on puisse assigner à la fasciation un lieu spécial ou une époque spéciale.

«Ce sont toujours des filaments isolés et non des cordons qui pénètrent dans le chêne, ainsi que je l'ai indiqué pour les plantes d'une place en préparation. Seulement, au lieu de tuer la plante ici, ils semblent ne lui causer qu'une simple transformation de son système radiculaire plutôt qu'un dommage apparent. Peut-être même y a-t-il symbiose du chêne et du champignon, c'est-à-dire vie en commun avec bénéfice mutuel.

«Les figures ci-après représentent le mycelium existant sur les racines de ces chênes.

Explication de la figure 1.

(*a*) Divers filaments myceliens ordinaires. les uns présentant des boucles, les autres en étant dépourvus. Ils sont jaune clair.

(*b*) Filaments bien plus gros, à membrane plus épaisse et munis les uns des boucles caractéristiques, les autres étant sans boucles. Ils sont brun foncé.

Figure 1.- Filaments simples.

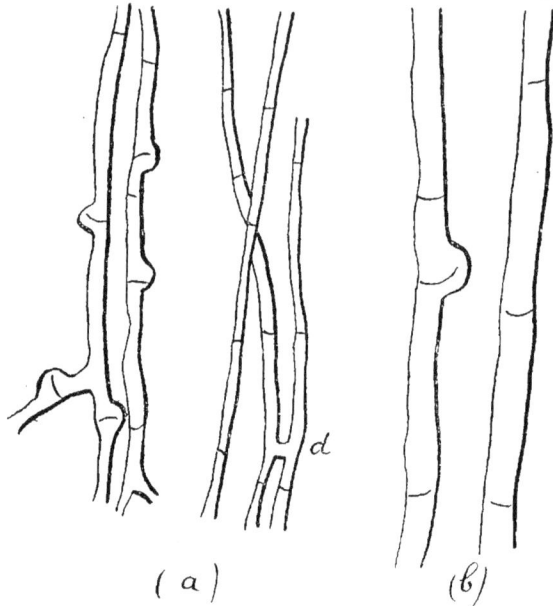

Explication de la figure 2.

(*c*) Cordons myceliens de la première catégorie, filaments bouclés et filaments non bouclés.

(*d*) Cordon mycelien de la deuxième catégorie, filaments sans boucles avec anastomose en A de 2 de ses filaments.

L'avis ci-dessus demande quelques explications ;

1° Il y a tout d'abord là deux végétations cryptogamiques distinctes :

Celle avec filaments à boucles. – Mycelium Truffier, et celle avec filaments sans boucles. – Michorize ordinaire;

2° La différence de diamètre, d'épaisseur des parois, de coloration des filaments dans chacune de ces végétations, n'est qu'une question d'âge. Tandis que dans mon expérience de 1892-1896, les filaments émis par les spores du *Tuber Uncinatum* étaient à diamètre restreint, à membrane mince et de teinte jaune clair, ceux rencontrés sur les herbages malades de quatre places en préparation de retour de la forêt du Corgebin (Haute-Marne) en août 1882, provenant du mycelium ancien fixé aux racines des quatre cépées, étaient, eux à gros diamètre, à membrane épaisse et de teinte brune;

3° Les investigations de M. Ray ont porté en fait sur des plants ou amas coralliformes, alors que le mycelium commençait déjà à végéter ou était en plein développement et étalait sur le système radiculaire ses filaments, tant simples que diversement accolés, et de là sa remarque.

Figure 2. – Filaments fasciés.

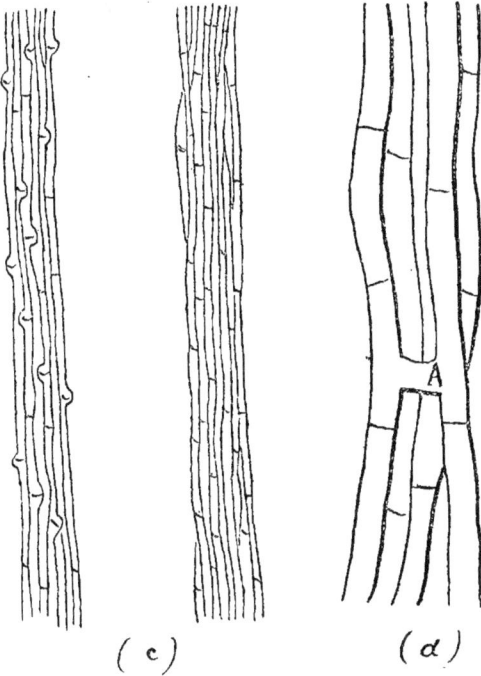

(c)   (d)

«Pas de lien spécial à assigner à la fasciation des filaments mycéliens.

«Quant à celle-ci, ainsi que je l'ai déjà dit plus haut, c'est une forme de transfert d'un point à un autre, présentant une force de pénétration que n'auraient pas à un degré suffisant des filaments isolés. C'est elle qui a permis au mycelium des places en préparation d'atteindre en terre le système radiculaire des arbustes ou arbres, et qui lui permettra, lorsqu'il quitte les racines desséchées par sa succion délétère et ne pouvant plus l'alimenter, d'aller se fixer sur des racines vivantes et plus profondément insérées.

4° Pour se rendre compte du dommage réel, et non d'une simple transformation causé aux racines des arbres producteurs par le mycelium, au cas particulier celui du *Tuber Melanosporum*, il faut, ce que n'avait pu faire M. Ray, avoir comparé dans sa partie supérieure le système radiculaire de plants de chêne truffiers et non truffiers. Alors que dans les plants producteurs, sur une hauteur à partir du collet correspondante à la profondeur des fouilles du porc, les pivots et souvent même des premières racines principales sur une largeur correspondante à celle de ces fouilles, ne présentent que des racines atrophiées sans radicelles ni chevelu, ou même sont entièrement nus, les plants non producteurs offrent, eux, dès le collet, de nombreuses racines bien développées et munies de radicelles et chevelu abondants et vivaces.

Cette constatation, je l'ai pu faire en 1879, avec l'extraction des six plants de chêne blanc, truffiers et non truffiers, relatée ci-dessus, au troisième paragraphe 4 de la page 611.

Ces explications données je reprends la question formant l'intitulé du présent chapitre : *Période d'activité du mycelium.*

Le premier chêne blanc truffier avait été extrait dans les premiers jours de mai seulement, parce que l'on avait voulu attendre la fin de la récolte 1897-1898, se clôturant au 30 avril.

Pour obtenir le mycelium du *Tuber Melanosporum* à l'état de repos, d'inertie, comme j'avais obtenu dans la Haute-Marne celui du *Tuber Uncinatum*, cette époque d'extraction, sous le ciel de Vaucluse, était un peu tardive; la plupart des cordons présentait un début de végétation.

Cette entrée en végétation se manifestait sous deux formes, latéralement et par les extrémités des cordons.

Végétation latérale. — Des filaments simples partent des flancs des cordons et vont se fixer aux extrémités des radicelles, vivantes encore. qui constituent par leur enchevêtrement les amas coralliformes.

Végétation extrême. — Les cordons s'allongent pour s'épanouir en forme de gerbes ou aigrettes composées et de filaments uniques et de filaments multiples diversement accolés.

Les racines des arbres ne croissent, on le sait, que par leurs extrémités; il y a donc là des tissus à l'état naissant, que viendra gonfler la sève descendante.

Les filaments attachés aux extrémités des radicelles commencent leur succion, et tant que dure l'afflux au système radiculaire de la sève élaborée, ils se gorgent de ses sucs, s'allongeant et se multipliant.

Pour le *Tuber mélanosporum*, cordons, filaments simples se détachant de leurs flancs, épanouissements gerbeux de leurs extrémités en filaments tant isolés que diversement fasciés, tout est microcospique; il en résulte que presque toujours le développement du mycelium ne dépasse guère l'amas coralliforme où il gîtait à l'état de repos en la saison morte. D'autre part, la quantité dés filaments uniques comme multiples qui s'attachent aux radicelles dans ce cas, est telle, qu'elle les épuise et s'oppose à leur allongement.

Il n'en est pas de même pour le *Tuber uncinatum*. Ses cordons mycéliens quittent rapidement en s'allongeant les amas coralliformes; les radicelles de ceux-ci n'ont alors à subir que la succion des filaments simples qui se sont échappés des flancs des cordons, laquelle ne suffit pas pour arrêter leur allongement : alors les amas coralliformes donnent naissance à des touffes de fines et longues radicelles de couleur blanc jaunâtre, dépourvues d'écorce, de consistance presque molle, que les filaments précités, trouvant dans les tissus nouveaux des éléments d'alimentation, suivent en leur accroissement progressif.

Si l'amas coralliforme desséché ne peut plus alimenter le mycelium du *Tuber melanosporum* comme du *Tuber uncinatum*, le cordon mycélien le quitte et étale sur les radicelles voisines vivantes ses filaments isolés et accolés. Dans le cas où la racine elle-même est desséchée, le ou les cordons mycéliens l'abandonnent et vont s'implanter sur d'autres inférieures et vivantes.

La conséquence de ce qui précède, en ce qui touche le *Tuber melanosporum*, est que les tubercules sont généralement accolés pour ainsi dire aux racines. Ce n'est que dans des conditions exceptionnelles qu'il se développe en terre pour fructifier à une certaine distance des racines. Le fait suivant, que M. de la Bellone cite à sa page 28, en est un très curieux exemple ; il mérite d'être rapporté en détail, parce qu'il n'est guère compréhensible qu'avec l'existence d'un mycelium à la fois créateur et alimentateur.

M. Caire, de Croagnes (Vaucluse), possédait une truffière artificielle essence chêne vert, et il avait pour son irrigation durant les fortes chaleurs de l'été, établi une conduite d'eau. Celle-ci perdant, avait besoin d'être réparée. En février 1882, M. Caire la dénude pour chercher la fuite, et il trouve à 0 m. 30 de profondeur une truffe qui par un de ses côtés était presque libre dans la conduite trouée.

A environ 0 m. 15 au-dessus de la truffe passait une assez forte racine de chêne et de cette racine partait comme une toile d'araignée brunâtre qui enveloppait la truffe la coiffant en quelque sorte.

Le mycelium en cordon gîtait sans doute en un amas coralliforme de cette racine entré en végétation, il a développé ses innombrables filaments. Attirés par l'humidité, ils se sont dirigés tous de haut en bas vers la conduite, constituant dans leurs accolement et enchevêtrement une sorte de tissu aranéeux, visible à l'œil nu. Après 0 m. 15 de ce développement vertical en terre il eût fallu, pour aller plus loin, que ces filaments mycéliens s'engageassent dans le vide supérieur de la conduite ; ils se sont alors arrêtés là, ont tissé la coque du tubercule, l'ont organisé, alimenté, et celui-ci grossissant a pénétré par sa face postérieure dans la conduite.

Pour le *Tuber uncinatum* les cordons débordent promptement les amas coralliformes pour se développer, ou directement en terre, ou bien en suivant, soit les touffes radicellaires émanées des amas coralliformes, soit les racines porteurs desdits amas, pour fructifier.

Il en résulte que ses tubercules gisent, soit à quelque distance des racines, soit accolés à celles-ci, soit placés à leurs extrémités mêmes.

De nombreuses fouilles pratiquées dans la Haute-Marne m'ont fourni des exemples de ces trois sortes de gisement et de développement du mycelium, d'autant mieux constatables que ce mycelium est en partie visible à l'œil nu et que les tubercules, même mûrs, conservent assez souvent leur coiffe mycélienne.

PÉRIODE DE FRUCTIFICATION.

S'occupant en particulier du *Tuber panniferum*, M. de la Bellone s'exprimait ainsi à la page 36 de son livre de 1888 : «Le mycelium trouvé tout autour du tubercule ne doit être qu'un mycelium secondaire. Il est probable que sur le mycelium primitif né directement de la spore, une conjugation, une fécondation particulières se produisent dont bien des cryptogames fournissent l'exemple. De ce point naîtrait le tubercule qui pousserait alors tout autour de lui ces filaments de nutrition qui sont le mycelium secondaire dont le *Tuber panniferum* est si abondamment pourvu.»

Existait-il sur les filaments du mycelium du *Tuber melanosporum* de ces points de conjugation, de fécondation? En d'autres termes, la forme fasciculée, en rapprochant les innombrables filaments jusque-là plus ou moins épars de ce mycelium, était-elle en même temps que celle de son transfert de la surface du sol aux racines des arbres celle de conjugation, d'accouplement de filaments mâles et femelles? «M. Ray a bien voulu, à ma demande, procéder à l'examen d'un cordon mycélien, et le résultat de son investigation est le suivant : Il n'y a pas de rapport bien défini entre les divers filaments d'un cordon, il n'y a que des rapports accidentels, des anastomoses, comme on dit.

«Déjà entre deux filaments libres se manifestent souvent de ces liaisons (voir en *a*, fig. 1, p. 610, et en *d*, fig. 1, p. 614). Il n'y a aucune raison pour voir là un phénomène de fécondation, pas plus qu'on ne qualifie de fécondation le rapprochement si fréquent de branches ou de troncs voisins dans les arbres de nos forêts.

«Des anastomoses analogues s'observent entre filaments contigus d'un cordon (voir en *A*, fig. 2 *d*, p. 615); mais, je le répète, ce ne sont là que des rencontres accidentelles. La désagrégation d'un cordon se fait naturellement ou artificiellement.

«Dans le premier cas, les filaments séparés les uns des autres ne présentent rien de particulier. Dans le second cas, ils ont des déchirures à l'endroit des anastomoses. Les anastomoses sont très fréquentes chez les champignons et ne suggèrent en aucune façon l'idée d'une fécondation, ce mot signifiant, à moins qu'on ne le détourne de son sens, union fertile et nécessaire.

«Les boucles sont des anastomoses d'un genre particulier : elles correspondent toujours à une cloison; ce sont des anastomoses entre deux articles successifs d'un même filament.»

Cette identité des filaments constituant les cordons, l'absence de toute conjugation spéciale démontre qu'il n'existe pas de filaments mâles et femelles s'accouplant et que le mycelium, émanant des spores femelles fécondées par les spores mâles (et qui s'est constitué en cordons pour aller prendre possession du système radiculaire des arbres), possède, par cela seul, la propriété de créer, en se développant annuellement et sous l'alimentation séreuse qu'il reçoit, les tubercules truffiers.

Cette question capitale ainsi élucidée, je passe à celle énoncée ci-dessus : l'période de fructification du mycelium.

Un troisième plant de chêne blanc truffier a été extrait, et cette fois en caisse et motte entière de 0 m. 40 en tous sens, vers la mi-août 1898. L'extraction avait été fixée à cette époque, l'opinion générale dans Vaucluse étant que la formation de la truffe noire s'opérait en juillet-août; le bien fondé de cette opinion m'était prouvé du reste par l'expérience suivante :

Un 13 août, M. Carle, de Villes (Vaucluse), le principal fermier de la fouille au Mont-Ventoux de Bedoin, extrayait à ma demande et en motte entière un jeune plant de chêne blanc qu'il avait fructueusement fouillé en janvier, et dans la motte de ce chêne se trouvaient trois truffettes à peine grosses, l'une comme un pois et les deux autres comme des lentilles et à surface presque lisse encore, tubercules qui par suite devaient être de formation tout à fait récente.

Je dirai d'abord que dans la motte de près de 0 m.c. 070 de ce troisième chêne, dont la terre a été désagrégée en quelque sorte grain à grain, je n'ai pas trouvé le moindre embryon truffier formé. D'ores et déjà, il était à présumer que la sécheresse excessive et persistante des mois de juin, juillet et août 1898 avait entravé le développement du mycélium et à tout le moins reculé le moment de la fructification. (C'était la même cause qui avait fait manquer l'expérience de 1879 dont j'ai déjà parlé aux pages 611 et 616 ci-dessus. Entrés en production à la campagne 1878-1879 les cinq plants de chêne blanc extraits de mai à septembre restèrent stériles à la campagne suivante. En août la terre englobante était réduite par la sécheresse à l'état de cendre; pour peu qu'ils fussent peu profondément enracinés les plants s'arrachaient presque sans effort.)

Avant de décrire l'état des racines et de leur mycélium, je crois utile de faire connaître ce que, à la suite de mes recherches et constatations de plus de huit années sur le *Tuber uncinatum* de la Haute-Marne, je pensais du rôle du mycélium des truffes.

Si on extrait des tubercules à mycélium permanent, par exemple des *Tuber panniferum*, *Genœa*, etc., ou des tubercules avant maturité, garnis encore de leur coiffe mycélienne, *Tuber uncinatum*, et qu'on en monte des préparations, comme l'a fait M. de la Bellone, ou mieux encore si l'on s'adresse à des espèces de truffes à anfractuosités, dans l'intérieur desquelles on trouve presque toujours le mycélium accolé au péridium, en filaments uniques et multiples, comme par exemple le *Tuber lapideum* (expériences de M. le docteur Mattirolo, directeur du jardin royal botanique de Turin 1887), on peut suivre le développement intérieur de ces filaments, faisant suite à la coque qu'ils ont tissée. Mais alors les filaments jaunes ou bruns pour les uniques, brun-noirâtre pour les multiples, sont incolores, blancs, ayant abandonné dans ce tissage de la coque leur matière colorante qui se concentre dans celle-ci.

Or il n'y a qu'un mouvement centripète du dehors au dedans et non un mouvement centrifuge du dedans au dehors, qui, alors que parenchyme interne, péridium et mycélium externe ne font qu'un, puisse rendre compte de cet abandon de la coloration des filaments mycéliens, tout en ne permettant·pas dès lors de considérer le mycélium extérieur, coloré, lui, comme un mycélium de simple nutrition, émanant des tubercules.

Donc, un seul mycélium, à la fois créateur et alimentateur.

Voici, du reste, trois autres faits qui, mieux encore que la truffe Caire, relatée plus haut, conduisent à la même conclusion :

Le premier est rapporté par M. de la Bellone à sa page 29; c'est l'envoi qui lui a été fait en septembre 1886, sur le désir de M. le docteur Quélet, par M. Paul Brunaud, de Saintes, membre de la Société mycologique, d'un *Tuber æstivum*, récolté hors terre, dans une cave au milieu d'un entrelacement de radicelles, tubercule qui s'était développé jusqu'à atteindre le volume d'une noix.

Je tiens le second de M. Kiefer, alors sous-inspecteur des forêts à Uzès (Gard), m'écrivant à Avignon qu'il venait de recueillir lui-même un *Tuber melanosporum*, gisant dans une anfractuosité d'une pierre plate quasi émergeante, anfractuosité entièrement dépourvue de terre, et m'offrant de m'expédier pierre et tubercule.

Le troisième est relatif à la truffe de la Haute-Marne *Tuber uncinatum*; il s'agit d'une truffe trouvée pour ainsi dire hors terre par un trufflier de Richebourg, qui me la fit remettre par le garde forestier local. Ce tubercule, de la grosseur d'une noix, était encastré dans une coquille d'escargot à peine à moitié remplie de terre sur laquelle il reposait, terre dans laquelle s'épanouissait le délicat chevelu, plein de filaments mycéliens, d'une fine radicelle qui avait pénétré dans cette terre par un petit trou latéral de la coquille.

Plus ou moins mous à l'origine cette coque filamenteuse et son parenchyme interne sont facilement déchirables à la rencontre en terre de corpuscules divers par le tubercule grossissant, et ces déchirures se recousent ensuite, si on peut s'exprimer de la sorte, De là, l'emprisonnement dans la chair des truffes de petits corps étrangers dont le denier du prêteur romain Licinius est un exemple tant de fois rapporté. N'étant pas indéfiniment extensible, la coque se fendille et se transforme en une enveloppe ou péridium, solide et verruqueuse.

C'est une transformation de même genre que subit la pellicule épidermique des galles souterraines; elle se couvre de verrues, au point de faire ressembler, à s'y méprendre, ces galles à des tubercules trufliers. De là cette collection de galles dont M. de la Bellone parle à sa page 157 et que son propriétaire, M. Bressy, de Pernes (Vaucluse), regardait, pour cette raison, comme étant des truffes.

Lorsque cette transformation s'est opérée, lorsque le tubercule est définitivement clos par son péridium verruqueux, le rôle alimentateur de l'arbre, par le canal des filaments mycéliens ses créateurs, est terminé et celui du sol commence.

Ayant en quelque sorte déversé au profit des tubercules les sucs séveux dont ils se sont gorgés, les filaments extérieurs se dessèchent, s'effritent et généralement disparaissent en terre entre ces tubercules et les racines; c'est ce qui arrive, par exemple, quatre-vingt-dix-neuf fois sur cent pour le *Tuber melanosporum*, dont le mycelium, en filaments isolés comme fasciés, est microscopique.

Mais en se brisant à la surface même du péridium, ils y laissent comme une infinité de suçoirs microscopiques, dont le rôle principal est d'aspirer l'eau du sol nécessaire à toute végétation, et par conséquent à la vie des tubercules, et avec elle les sucs divers qu'elle tient en dissolution, soit directement en raison de la composition chimique naturelle du sol, soit indirectement en raison des excrétions radiculaires. Peut-être aussi, comme le dit M. de la Bellone, constituent-ils en même temps des canaux d'expulsion par les veines blanches, continuation de ces suçoirs, des produits gazeux de la respiration des corps reproducteurs, formant, eux, les veines noires.

En réalité, l'extraction d'août 1898 comportait deux plants :

Le plus gros, d'environ 3 centimètres au collet, était très bizarrement enraciné: après s'être enfoncé verticalement sur 12 à 15 centimètres, son pivot se contournait brusquement pour se développer ensuite presque parallèlement à la surface du sol, et il devait se développer bien au delà de la motte, car, tranché par le fer de la bêche à sa sortie de celle-ci, il avait encore un diamètre de plus de 2 centimètres.

Le petit, de grosseur moitié moindre, enfonçait son pivot comme le gros; puis ce pivot se divisait en deux branches d'environ chacune 20 centimètres de long; des racines usées existaient sur 8 à 10 centimètres de hauteur, puis à partir de cette profondeur, tant du pivot que de ses deux branches, ledit plant présentait de nombreuses racines latérales, de faible longueur, mais bien vivaces, garnis de radicelles et chevelu abondants, les uns avec amas coralliformes, les autres en étant absolument dépourvus.

La partie verticale et une portion de celle quasi-horizontale du pivot du premier plan étaient usées par la production antérieure, puis seulement apparaissaient de rares racines latérales vivantes. La première, d'un diamètre de 1 millim. 5 avait à peine 0 m. 20 de longueur; elle était munie de radicelles nombreuses, variant de 1/2 à 3 centimètres de long, les unes simples et les autres ramifiées, et presque toutes portant, tantôt sur leurs flancs, tantôt sur leurs extrémités, des amas coralliformes.

Sur sa première moitié, racine principale, radicelles et amas coralliformes, étaient bien vivants, ce qu'indiquait la teinte jaune brun de leurs écorces; sur la seconde moitié au contraire, la racine, ses ramifications, les amas coralliformes étaient morts ou peu s'en fallait, ce que dénotait la couleur noire de l'écorce. Cette moitié desséchée commençait du reste à se détacher de celle vivante.

Cette partie morte ne présentait pas la moindre trace de mycélium; celui-ci s'était détruit ou plutôt il l'avait abandonnée pour aller s'implanter ailleurs; peut-être était-ce lui que l'on trouvait abondant sur la partie vivante. Entre toutes les radicelles de ces amas coralliformes, on constatait sous le microscope la présence d'un nombre infini de filaments. Le long de celles qui en constituaient la paroi ils présentaient dans la terre accolée et dont un lavage à l'eau acidulée avait débarrassé cette paroi, une sorte de tissu à mailles, les unes larges encore, les autres déjà serrées. C'était là le début du tissage de la coque des futurs tubercules, mais arrêté par le défaut complet d'humidité. Aussi tous ces filaments, au lieu d'être comme ceux vivants, jaunes ou bruns, transparents, élastiques, étaient-ils noirâtres, opaques et friables; ils se brisaient sous la moindre pression.

Les amas coralliformes des autres racines latérales du gros plant et tous ceux du petit plant donnent lieu à des constatations sensiblement identiques à celles ci-dessus.

La motte de ces deux chênes n'ayant pas renfermé la moindre truffette, j'ai demandé en cours octobre que l'on me trouve, si possible était, une truffe superficielle, en employant le procédé connu sous le nom de recherche à la marque. (Quand des tubercules viennent superficiellement dans un sol meuble, ils soulèvent en grossissant la terre au-dessus d'eux, laquelle se fendille; en écartant à la main cette terre désagrégée, on met à nu la face supérieure des tubercules.)

Une belle truffe, de la grosseur d'un œuf de poule, a été ainsi découverte; puis elle a, comme je le demandais, été extraite en motte de 0 m. 15 environ en tous sens, détachée à l'aide d'une bêche à fer bien acéré, de manière, si racines il y avait, à les trancher à leur entrée et sortie de la motte sans rien déranger à son intérieur.

Une racine cylindrique dans toute sa longueur, tranchée par la bêche à ses deux extrémités, traversait à peu près diagonalement le bloc terreux en s'élevant du fond presque contre la face gauche de la motte, puis s'infléchissant pour gagner, en s'élevant obliquement, la partie supérieure de la face droite.

Usée presque complètement par la production antérieure, cette racine ne présentait dans l'intérieur de la motte que deux embranchements; le premier se développant plutôt dans sa partie gauche et le second dans sa partie droite. Le premier, de 1 millimètre de diamètre et 10 centimètres environ de long, ne dépassait pas le tubercule; usé sur un peu plus du tiers de sa longueur comme la racine principale, il présentait ensuite des radicelles nombreuses mais très courtes, simples ou ramifiées. Deux de ces radicelles portaient des amas coralliformes, et l'embranchement lui-même se terminait par un amas de l'espèce.

Le deuxième embranchement, de dimensions à peu près égales à celles du premier, était dans toute sa longueur garni de radicelles et chevelu vivaces, mais en la forme ordinaire, c'est-à-dire dépourvus de tout amas coralliforme, sans le moindre filament mycélien.

Les trois amas coralliformes du premier embranchement se trouvaient sur une longueur de 4 centimètres. Leur volume réel était presque triplé par la terre englobante et si fortement adhérente qu'il a fallu, pour l'enlever, joindre au lavage à l'eau aiguisée d'acide chlorhydrique une désagrégation à la pointe d'une grosse aiguille. La face postérieure de la truffe reposait exactement sur cette partie finale de 4 centimètres de cet embranchement; là, le péridium présentait aussi des parcelles terreuses fortement adhérentes à ses verrues.

L'examen des radicelles des trois amas coralliformes, de la terre qui les entourait, de celle accolée au péridium a démontré qu'elles étaient pleines de filaments, en même temps que de minces lamelles du péridium détachées sous la terre accolée décelaient à la surface de celui-ci la présence d'une multitude de fragments de mycélium, les suçoirs microscopiques dont il a été question ci-dessus.

Le tout formait donc un réseau ininterrompu entre les amas coralliformes, points de départ, et le tubercule, point d'arrivée. Les trois amas avaient dû participer à la formation du tubercule qui les recouvrait; c'est ce qui expliquait peut-être la forme mamelonnée de sa face inférieure, alors que les autres, sauf celle de droite échancrée par une pierre, étaient arrondies.

En comparant sous le microscope ce mycélium à celui de l'extraction d'août, deux faits frappaient vivement, à savoir : le doublement au moins du diamètre des filaments et plus que le triplement du développement extra-radicellaire. Mais comme en octobre, le rôle créateur et nourricier du mycélium était, et depuis longtemps, joué, les filaments extérieurs étaient comme ceux d'août, noirâtres, opaques et friables.

Quant à la truffe, sa chair était encore complètement blanche et n'avait aucune odeur.

En somme, c'était là, avec une truffe arrivée à tout son développement, mais non mûre, et des filaments mycéliens externes desséchés, morts, la preuve matérielle du rôle créateur et alimentateur du mycélium, que, sans la sécheresse extrême de l'été de 1898, l'extraction d'août aurait sans doute donnée, avec des embryons truffiers venant de naître et un mycélium vivant encore.

Ainsi que je l'ai dit à la page 609 ci-dessus, je reviens sur la question des téleutospores ou spores finales truffières de M. de Gramont de Lesparre, et de la germination de ces téleutospores dans l'année même de la dissémination sur les feuilles des spores mâles et femelles.

En principe, toute femelle fécondée met au jour, à moins d'avortement, le produit de sa fécondation; la spore femelle fécondée par celle mâle devait émettre directement son mycelium. L'existence des téleutospores ou spores finales admise par M. de Gramont, dès lors, ne se comprend guère.

Les évolutions de fécondation des spores femelles par celles mâles se sont opérées sur le limbe des feuilles où les spores avaient été déposées, c'est-à-dire à l'air libre; ce qui s'est passé là doit se passer de même à la surface du sol. Dans mon expérience de 1892-1896, les spores mâles du *Tuber Uncinatum* ont dû féconder les spores femelles; celles-ci ont émis leur mycelium, produisant sous double forme le phénomène de la Préparation. Mais cette germination ne s'est manifestée que dans la quatrième année, suivant la dissémination des spores. Dès lors, à mon avis, les spores femelles du *Tuber Melanosporum* fécondées et restées accolées aux feuilles n'ont nullement germé, et ne l'auraient fait que dans la troisième année qui aurait suivi la chûte des feuilles mortes sur le sol.

M. de Gramont dit, il est vrai, avoir vu germer les téleutospores, et c'est en les termes suivants qu'il décrit leur germination : «Elles émettent des filaments ténus, peu visibles; le limbe est couvert d'un réseau transparent, fin, pointillé.»

Un tel mycelium diffère complètement du mycelium trufflier, à filaments toujours microscopiques, jaune clair dans leur jeunesse, à parois lisses, cloisonnés et bouclés. Il se rapprocherait, au contraire, beaucoup de celui que l'on rencontre en filaments blanchâtres sur les feuilles mortes en particulier des chênes verts et blancs, lequel constituait pour M. Condamy, le mycelium blanc femelle de la truffe, s'enfonçant en terre pour se conjuguer avec le mycelium brun mâle fixé, lui, aux racines des chênes, dans ces amas de radicelles qu'il appelait des bédégars.

Les filaments que M. de Gramont a pu observer cheminant dans le parenchyme foliace, seraient très probablement alors le développement des spores de ce cryptogame d'ordre inférieur, ayant pénétré par les stomates dans l'intérieur des feuilles, leur milieu de germination, et les téleutospores, ces petits corps noirs et durs, placés aux extrémités de ces filaments, une arme leur permettant de percer l'épiderme, pour s'étaler, se développer à l'air libre sur le limbe des feuilles et, sans doute, plus tard y fructifier.

En cours décembre 1898, j'ai pu me procurer par les truffliers locaux, alors en pleine fouille, des *Tuber uncinatum*, ayant encore radicelles et terre adhérentes à leur peridium, ou portant encore leur coiffe mycelienne.

A ce même moment, puis plus tard vers la mi-janvier, j'ai fait venir de la Haute-Marne de nombreuses petites racines et radicelles de places en production porteurs de leurs amas coralliformes.

Le tout a été expédié à M. Ray pour examen.

Cet examen lui a fait reconnaître, en ce qui concerne le mycelium existant sur ces racines d'essences diverses Michorize et mycelium trufflier, exactement ce qu'il avait constaté sur celles des chênes blancs de Vaucluse.

Michorize et mycelium trufflier du *Tuber Uncinatum* se conduisent de même que ceux du *Tuber Melanosporum*.

DEUXIÈME PARTIE.

QUESTIONS DIVERSES LIÉES À CELLE DU MYCELIUM TRUFFIER.

1° Préparation première ou d'apparition,
et préparation de retour.

Appelé à vivre sur les racines des arbres, le mycelium truffier doit chercher à les ga- gner au plus tôt. Son séjour à la surface du sol est donc essentiellement provisoire; la durée de ce séjour dépend du temps qu'il met à développer ses filaments en nombre suffisant pour constituer ses cordons ou faisceaux de pénétration verticale en terre.

De forme circulaire, en raison du mode de développement du mycelium primordial, les places en préparation première occupent en général un espace assez limité.

La destruction de la végétation superficielle va du centre, point de germination de la spore, à la circonférence.

Comme le développement de son mycelium se fait en un plan horizontal passant par la spore, dont il ne s'écarte pas sensiblement du moins, plan presque épigé, ce sont les végétaux inférieurs à enracinement tout à fait superficiel, mousses, lichens, gazon, etc., qui périssent d'abord, étant attaqués les premiers par les filaments myceliens et n'offrant qu'une faible résistance à leur succion délétère, et seulement après les plantes herbacées ou semi-ligneuses à enracinement plus prononcé, à radicelles beaucoup plus fortes aussi et par suite plus résistantes.

Dans la Préparation de retour, l'emplacement occupé comprend tout l'ancien cercle truffier.

La destruction de la végétation superficielle va, là, de la circonférence au centre.

Le mycelium qui, partant des extrémités de l'ancien système radiculaire, gagne celui nouveau à l'aide de la végétation reparue sur la Truffière éteinte, se développe en un plan parallèle à la surface du sol et à une certaine distance de celle-ci. Alors que les plantes plus ou moins enracinées périssent, celles à enracinement superficiel peuvent persister.

En août 1882, j'ai pu constater cette préparation de retour sur quatre cépées, chêne et hêtre, au lieu dit Fontaine Sainte-Libère de la forêt domaniale du Corgebin (Haute-Marne), cépées âgées à ce moment de 12 ans.

Des bandes des herbages, morts et dépérissants, extraites sur le même rayon, ont fait constater l'absence de tout mycelium sur les radicelles de ceux éloignés des souches des quatre cépées, et sa présence en abondance sur celles de ceux les plus rapprochés de leurs souches.

Ce mycelium était en filaments isolés, non anastomosés, à gros diamètre, à paroi épaisse, à couleur brun foncé, par conséquent mycelium tout formé.

Au cas particulier, ce sont des mousses qui persistaient à la surface du sol, tapissant tout le cercle truffier ancien et dont la belle couleur verte, indice d'une végétation vi- goureuse, faisait ressortir d'autant plus la teinte jaunâtre des herbages desséchés.

Il est à présumer que si mon extraction avait quelque peu tardé, je n'aurais plus trouvé nulle part trace du mycelium, celui-ci ayant constitué ses cordons et gagné le nouveau système radiculaire des cépées.

Leur production paraissait être tellement imminente qu'un trufflier avait déjà tenté, au pied de l'une d'elles, une fouille à la pioche, demeurée infructueuse; les quatre cépées entraient en production l'année suivante.

La préparation de retour, imputable à un mycelium ancien, prouve que celui-ci ne se détruit pas si facilement que ça, et qu'il a, comme on dit vulgairement la vie dure.

La marche en avant du mycelium, celui-ci ne se détruisant pas, tendrait à prouver que le mycelium trufflier quitte les plantes mortes ne pouvant plus l'alimenter pour passer à celles voisines vivantes.

L'absence de tout mycelium sur les herbages complètement morts prouverait que les filaments, isolés et à coup sûr ectotrophes au cas particulier, peuvent abandonner les fibrilles radicellaires des plantes herbacées desséchées par leur succion sans laisser sur leur épiderme trace de leur passage.

Enfin, la mort des mousses dans la préparation première avec un mycelium épigé qui les atteint forcément, et leur maintien en parfait état végétatif dans la préparation de retour avec un mycelium plus ou moins hypogé, qui par suite ne les touche pas, donnent à penser que le mycelium trufflier agit par voie de succion directe et non indirectement par voie d'épuisement du sol.

2° Parasitisme faux des mauvaises truffes et réel des bonnes.

Il y a lieu de faire une distinction entre le parasitisme réel s'exerçant sur les végétaux vivants et le parasitisme faux s'exerçant sur divers organes morts et se décomposant desdits végétaux.

Le mycelium des bonnes truffes est doué du premier et celui-ci, tout d'abord des mauvaises ou fausses truffes, ne posséderait que le second. En ce qui concerne ces dernières, cette opinion se base sur les observations suivantes :

Les truffes fausses, sauvages, ou nez-de-chien, jaune, blanc, rouge et noir, comme on les appelle dans Vaucluse, se fouillent partout en forêt, aussi bien dans les massifs complets que dans les peuplements clairiérés, aussi bien dans les sols gazonnés que dans les terrains nus, aussi bien quand elles se trouvent aux mêmes lieux que les bonnes, dans la zone centrale éteinte des grandes trufflières où la végétation superficielle a reparu, que dans celle annulaire d'extinction récente où la végétation n'est pas encore revenue et que dans celle circonférencielle de production où cette végétation fait défaut.

Si elles sont plus nombreuses l'hiver, on en rencontre aussi en été, mais leur production n'a aucun rapport avec celle des bonnes truffes de ces deux saisons, la blanche et la noire. C'est ainsi qu'en 1881, M. de la Bellonne m'écrivait que les nez-de-chien étaient très abondants dans Vaucluse, alors que la truffe noire était au contraire très rare; précisément, cette même année, la récolte de la truffe de la Haute-Marne (*Tuber Uncinatum*) fut, elle aussi, plus que médiocre.

En outre, à sa page 188, M. de la Bellonne fait remarquer que les *Tuber Rufum* et les autres variétés de nez-de-chien sont quelquefois très abondantes, mais quelquefois si rares aussi, suivant des conditions peu connues, qu'on a peine à s'en procurer quelques échantillons quand on veut les étudier. Une telle pénurie ne se présente jamais dans la production des truffes.

Si, en ce qui concerne ces mauvais tubercules, on considère ceux qui, en particulier, se rencontrent fréquemment dans les truffières artificielles de Vaucluse, à savoir des *Balsamia*, *Gencea*, *Rhizopogon luteolus*, *Melanogaster*, *Variegatus* et *Hymenogaster citrinus*, puis les diverses variétés du *Tuber Rufum*, l'on constate ce qui suit :

Les premiers se trouvent surtout dans l'intervalle des lignes des chênes, souvent en dehors de l'emplacement de leurs racines; ils gisent, de plus, presque à la surface du sol, à peine recouverts parfois par les feuilles mortes.

Quant aux *Rufum*, ils se fouillent dans la région occupée par les racines des chênes, et généralement, ils gisent à une certaine profondeur relative.

Le mycelium des premiers puiserait surtout son alimentation dans l'humus superficiel résultant de la décomposition des feuilles, ramilles et autres débris végétaux jonchant le sol et celui des seconds dans l'humus résultant de la composition de racines radicelles et chevelu, voire l'un et l'autre dans ces divers organes morts et se décomposant.

Ni l'un ni l'autre ne serait doué d'une puissance de succion leur permettant de puiser leur nourriture dans les sucs séveux des racines vivantes, des plantes herbacées comme semi-ligneuses, des arbustes et arbres.

Aussi, alors que la production des bonnes truffes, *Œstivum*, *Melanosporum*, *Uncinatum*, est toujours précédée, puis accompagnée par la destruction de la végétation superficielle, conséquence de la succession délétère de leurs filaments myceliens, aucun phénomène de l'espèce n'annonce l'apparition des mauvaises truffes, ou, celles-ci venues, ne décèle leur gisement, lorsqu'elles se fouillent en dehors des emplacements producteurs des bonnes truffes.

Dans la Haute-Marne, j'ai reconnu que cette absence de tout signe extérieur présageant leur venue ou signalant leur présence, n'était pas spécial à ses mauvaises ou fausses truffes

(Sa truffe rousse : *Tuber Rufum*;

Sa truffe jaune : *Tuber Excavatum*),

mais encore à de vraies truffes

(Sa truffe violette : *Tuber Brumale*;

Ses truffes puantes : *Tuber Moschatum* et *Tuber Bituminatum*),

espèces qui y sont, il est vrai, fort rares, mais dont j'ai pu recueillir cependant quelques échantillons pour les adresser à M. de la Bellone, envois qu'il a bien voulu mentionner à ses pages 127, 135, 142 et 146.

Aussitôt ces curieuses constatations faites, j'ai, par questionnaires écrits, fait consulter de nombreux rabassiers des arrondissements d'Apt et Carpentras: leurs réponses ont été unanimes; ce que j'ai dit ci-dessus de ces espèces de truffes peu communes dans la Haute-Marne s'applique à celles de Vaucluse où elles sont, en particulier les *Tuber Brumale* et *Tuber Moschatum*, relativement abondantes.

Le parasitisme du mycelium des bonnes truffes est, lui, réel; c'est bien dans la sève élaborée affluant aux racines des arbres qu'il puise l'alimentation nécessaire à ses développement et fructification annuels.

Or, il y a deux mouvements séveux; le premier, printanier, et le second estival, celui connu sous le nom d'aoûtement. A chacun de ces mouvements de sève doit correspondre un développement, une fructification du mycelium, et, entre les deux maturations, il doit exister un laps de temps notable durant lequel toute fouille est suspendue.

Primo. — *Tuber Uncinatum*.

Aucun doute à cet égard n'est possible en ce qui touche le *Tuber Uncinatum*, truffe de la Haute-Marne.

Il y a, en effet, dans cette région, deux récoltes bien distinctes : l'une estivale (juillet-août), l'autre automno-hivernale (novembre-décembre). C'est précisément le fait de cette double récolte qui, pendant si longtemps, a fait croire à l'existence, dans la Haute-Marne, des deux espèces de truffes suivantes : la truffe blanche (*Tuber Œstivum*), récolte d'été, et sa truffe noire (*Tuber Rufum*), récolte d'hiver (CHATIN, *La Truffe*, 1869, pages 44 et 144, suivant MM. Passy et Tulanes), alors que l'*Œstivum* n'a jamais existé dans la Haute-Marne et que son *Tuber Rufum* n'est qu'un vulgaire nez-de-chien, en tout semblable à celui de Vaucluse.

Ce n'est, en effet, qu'en 1883 que M. Chatin a reconnu que la truffe de Bourgogne-Champagne constituait une espèce particulière à laquelle il donna, en raison des papilles crochues de ses spores, le nom aujourd'hui scientifiquement adopté d'*Uncinatum*, truffe que, depuis la campagne 1881-1882, M. de la Bellone et moi connaissions sous le vocable de «truffe de Chaumont».

En novembre 1881, le sieur Chalmandier, trufflier à Richebourg, aidé de son chien, avait en ma présence fouillé fructueusement un arbre essence hêtre de la forêt du Corgebin; interrogé sur l'existence de la double récolte de la truffe haut-marnaise, ce vieux praticien me donna les renseignements suivants : «La truffe récoltée l'hiver doit être la même que celle fouillée l'été, car elles se trouvent absolument aux mêmes places; souvent, à la récolte d'été, on trouve côte à côte avec de belles truffes bien mûres, bien colorées et parfumées, d'autres de grosseur moindre généralement, sans couleur ni odeur.»

Voulant m'assurer de la véracité du dire de Chalmandier, je le chargeai, en cours août 1882, de me trouver, si possible était, des tubercules mûrs au pied du même hêtre. Son chien en marqua deux, et, pour que je puisse les retrouver sûrement, leur emplacement fut désigné par des amas de pierrailles. Quand, à la fin du mois, je pus me rendre sur les lieux, je n'en rencontrai plus qu'une, l'autre ayant été mangée par un mulot. La première gisait à trois mètres au moins du hêtre, et à environ 15 centimètres de profondeur, grosse comme un œuf de poule, elle avait sa chair bien colorée et était très parfumée. Cette belle truffe portait encore sa coiffe mycelienne, mais dans sa motte d'environ 0 m. 20 en tous sens, il n'y avait aucune racine ou radicelle. La seconde gisait à peine à un mètre du hêtre, et à peu près à la même profondeur que la première; les débris du repas du mulot, trouvés dans la galerie creusée par l'animal sous l'amas de pierrailles pour arriver jusqu'à la truffe, prouvaient que cette deuxième truffe était, elle aussi, parfaitement mûre.

Or, en enlevant à la main la feuille morte et grattant légèrement avec la lame d'un couteau le sol entre l'emplacement de la truffe mangée par le mulot et le pied du hêtre, je mis à nu, à tout au plus un décimètre de cet emplacement et sur un double décimètre carré environ, cinq autres truffes. Leur grosseur variait de celle d'une noix à celle

40.

d'une balle seulement; leur chair était blanche comme neige et sans aucun arome; c'est pourquoi elles avaient échappé à l'odorat du chien. Elles étaient placées aux extrémités des ramifications d'une petite racine; le mycelium était très visible à l'œil nu, et sur ces radicelles et sur le péridium même des tubercules.

C'étaient des truffes en plein développement, mais qui n'auraient été récoltables qu'à l'automne.

Dans le Midi, rabassiers et propriétaires de truffières naturelles comme artificielles s'accordaient à reconnaître qu'en général les truffes les plus superficielles mûrissent les premières, et qu'en général aussi elles acquièrent les plus fortes dimensions.

Le fait ci-dessus est en contradiction absolue avec cette opinion des gens du métier; par contre, il s'explique naturellement avec l'existence de deux formations et, par suite, de deux époques distinctes de maturation.

Au surplus, le 12 janvier 1899 je recevais de la Haute-Marne un assez grand nombre de petites racines et radicelles, munies d'amas coralliformes, extraites de places productrices fouillées en novembre et décembre 1898; au milieu de nombreux filaments desséchés, noirâtres, opaques, cassants, reste du mycelium extérieur des tubercules de la dernière récolte. J'ai, sur des amas coralliformes de quelques-unes de ces racines, constaté la présence de filaments bien vivants; leur petit diamètre, la faible épaisseur de leur paroi, leur teinte jaune clair décelaient une origine récente. Sans doute, ce sont ces filaments qui, plus tard, se développant et se multipliant, auraient participé à la fructification estivale.

Secundo. — Tuber Œstivum.

Ce qui est dit ci-dessus du *Tuber Uncinatum*, qui ressemble tant, extérieurement du moins à l'*œstivum*, ressemblance qui explique pourquoi, durant tant d'années, la truffe récoltée dans la Haute-Marne a été considérée comme étant un *Tuber Œstivum* s'applique à cette espèce de truffe.

Tous ceux qui s'en sont occupés, depuis M. Chatin (1869) jusqu'à M. de la Bellone (1888), pour ne citer que ces deux auteurs, disent que l'*Œstivum* commencerait à se former en automne, et c'est le fait de la possibilité d'une formation automnale de tubercules truffiers qu'il importe tout d'abord de retenir.

L'*Œstivum* se récolte dans le midi en mai-juin, d'où son nom provençal de *Maïenco* et *Jouannenco*. De maturité plus tardive en remontant vers le nord, elle est appelée truffe de la Saint-Jean dans le Poitou, *Messingeonne* dans le Dauphiné, truffe d'été à gros grain et à petit grain autour de Paris et en Bourgogne.

Récoltée aux époques ci-dessus de l'année, la chair de cette truffe est d'un gris jaunâtre et son odeur est faible.

Mais le *Tuber Œstivum* se trouve aussi en automne-hiver mêlée aux truffes noire et musquée dans le Midi; à la truffe mésentérique, dans le Nord (Chatin, *La Truffe*, page 46). «Il n'est pas rare, dit aussi M. de la Bellone (*La truffe et les truffières*, page 189), de la rencontrer mélangée aux truffes noires que l'on apporte aux marchés en octobre-novembre.»

Récoltée à cette seconde époque de l'année, l'*Œstivum* a alors sa chair bistrée et son odeur est beaucoup plus forte.

Au moment où paraissaient les livres des deux savants auteurs précités, le lien intime qui unissait l'arbre à la truffe, l'intervention de la sève élaborée dans les développement et fructification de son mycelium étaient choses inconnues. Pour eux ces truffes blanches recueillies en automne-hiver, à coloration plus foncée, à odeur plus prononcée, étaient simplement des tubercules arrivés à l'époque d'extrême maturité.

Or, en ce qui concerne du moins la truffe vauclusienne, voici un fait qui ne permet pas, à mon avis, d'admettre cela :

Comme pour le *Tuber Melanosporum*, c'est le parfum des tubercules, signe de leur maturité, qui décèle à l'odorat du porc et du chien le *Tuber OEstivum*. Or, une fois juillet venu, le porc, conduit sur les truffières notoirement connues comme richement productrices de l'*OEstivum* (ainsi que le *Melanosporum*, l'*OEstivum* a ses truffières propres), n'indique plus le moindre tubercule mûr. Les rabassiers cessent alors la fouille, qui ne reprend qu'après près de trois mois d'interruption, au moment où les premières truffes noires arrivent à maturité.

La récolte automno-hivernale de l'*OEstivum* correspondrait à sa formation estivale, et la récolte estivale à sa formation automnale.

Tertio. — Tuber Melanosporum.

La truffe noire, si connue sous le nom de truffe du Périgord, est une truffe d'hiver, et il ne saurait y avoir, comme pour l'*Uncinatum* et l'*OEstivum*, d'interruption dans sa fouille.

Généralement la grosse production est celle de janvier, à laquelle succède un rendement moindre de février à avril.

Mais dans son livre de 1869 (*Études sur les truffes comestibles*), M. Henri Bonnet, vice-président du Comice agricole et membre de la Chambre consultative d'agriculture de l'arrondissement d'Apt, propriétaire de riches truffières en son domaine boisé de la Roche-d'Espeil, commune de Buoux (Vaucluse), s'exprimait ainsi, page 23 : «Quand les pluies ayant fait défaut en automne tombent au mois de novembre et que la température des mois suivants se maintient à une élévation suffisante, la récolte, faible dans les premiers mois de l'hiver, est généralement assez bonne de février à avril, d'où l'on peut déduire encore cette conséquence : qu'il faut environ trois à quatre mois à la truffe noire pour arriver à maturité.»

D'autre part, la récolte de 1881-1882, ainsi que j'ai eu occasion de le constater page 33, a été mauvaise au midi comme au nord, en Vaucluse comme dans la Haute-Marne. Or, M. de Bosredon, dans son *Manuel du trufficulteur*, s'occupant de la production truffière dans le pays qu'il habite, observe ce qui suit : «L'été avait été très sec; pas la moindre pluie en août et septembre 1881, lorsque le 20 de ce dernier mois survinrent d'abondantes pluies d'orage qui s'étendirent sur tout le Sarladais et régions avoisinantes. La présence des truffes, qui jusque-là faisait défaut, fut aussitôt signalée (probablement, dès lors, en employant le procédé de recherche à la marque). Avec cela, l'hiver fut très doux. Quoique tardives, les truffes ont parfaitement mûri, et la récolte de début 1882 a été, dans ces régions, assez bonne.»

Du rapprochement de cette observation locale de M. de Bosredon et de la remarque générale ci-dessus de M. Henri Bonnet ressort, selon moi, pour le *Tuber Melanosporum*, également une double formation, bien qu'il n'y ait pas, comme pour l'*Uncinatum* et l'*OEstivum*, de cessation dans la fouille; formation estivale, récolte de novembre à janvier, et formation automnale, récolte de février à avril.

3ᵇ EXCRÉTIONS RADICULAIRES.

J'ai dit plus haut, page 616, que les filaments mycéliens, en se brisant à la surface du peridium y laissent une infinité de suçoirs microscopiques, aspirant l'eau du sol et avec elle les sels qu'elle tient en dissolution, provenant soit du terrain lui-même, soit de l'excrétion des racines.

D'autre part, le mycélium truffier puisant son alimentation dans la sève élaborée, et l'élaboration de celle-ci s'effectuant dans les feuilles sous l'action de la lumière et de la chaleur solaires, il faut, pour une bonne production truffière, une abondante formation des sucs séveux ; il faut par suite que l'appareil foliacé puisse recevoir, de tous côtés à un certain degré d'intensité et de durée, l'influence de ces agents atmosphériques ; c'est parce qu'il n'en est pas ainsi sans doute dans les peuplements complets, que les places truffières font défaut ou y sont très rares.

La question dès lors se pose ainsi :

Existe-t-il réellement chez les arbustes ou arbres destinés à devenir producteurs puis l'étant devenus, naturellement, formation surabondante de sève, puis excrétion de celle-ci ? c'est-à-dire excrétion enrichissant notablement le sol, préparant ainsi un milieu favorable à la germination des spores et à l'alimentation de leur mycélium, leur couche, si je peux m'exprimer de la sorte, pour plus tard fournir aux truffes formées et closes, leurs éléments de nutrition.

Des excrétions de l'espèce n'étaient guère que soupçonnées. C'est ainsi que M. Chatin dit, à sa page 36 : «Peut-être les excrétions des racines expliqueraient-elles mieux que les produits de leur propre décomposition les qualités particulières attribuées par beaucoup de rabassiers aux truffes suivant l'espèce de l'arbre près de qui celles-ci se sont développées,» et plus loin, page 37 : «Cette époque de l'entre deux sèves étant justement celle qui succède au premier mouvement de la végétation et précède la sève d'août, on comprendrait bien qu'elle correspondît à la période de plus grande excrétion qui suit le principal travail de nutrition.»

Admettant qu'il y ait lieu de répondre par l'affirmative à la question ci-dessus, quelle devra être la conséquence d'une telle réponse ?

Appelons N le terrain naturel ou neutre, P et T ce même terrain en préparation puis production ; N a sa composition chimique propre, parce qu'il n'y a là ni acquisition, ni dépense ; P sera beaucoup plus riche que N, parce qu'il y aurait là acquisition et pas de dépense, et T sera aussi plus riche que N, mais moins que P, parce qu'il y aurait là, après acquisition, dépense en cours.

L'acide phosphorique et la potasse et soude comptent parmi les agents végétatifs les plus énergiques. D'un autre côté, les analyses de M. Chatin ont démontré qu'ils constituent à eux seuls plus de 50 p. 100 du poids des cendres des truffes.

C'est donc surtout de ces deux substances qu'il y a lieu de tenir compte dans la comparaison de richesse chimique des terrains N, P et T.

Dans ma brochure (*Études sur la Truffe*, Imprimerie nationale, Exposition de 1878), figurent, pages 24 et 26, des analyses chimiques faites en août 1877, à la station agronomique d'Avignon, d'échantillons de terre, en ses divers états, eu égard à la truffe (terrains, naturel, en préparation, en production, en extinction récente et ancienne) dans les trois forêts de Villes, Bedoin et Flassan (Vaucluse).

Extrayant de ces analyses les teneurs correspondantes aux états N, P et T, on obtient le tableau suivant :

DÉSIGNATION.	FORÊTS						
	DE VILLES.			DE BEDOIN.		DE FLASSAN.	
	P.	T.	N.	T.	N.	T.	N.
PHO⁵........	0,266	0,193	0,115	0,064	0.048	0,05ç	0,052
KoNaO.......	0,296	0,301	0,229	0,636	0,604	0, 72	0,371

soit bien les relations de richesse résultant de l'intervention de l'excrétion radiculaire, ci-dessus prévues.

À Villes. il y a pourtant une exception, insignifiante du reste en ce qui concerne la potasse et soude, T dépasserait P de 0,005, mais la distance PT est un peu forte, 35 mètres, cela tient à ce que là, j'avais cherché à trouver tous les états sur le même emplacement. Si à T, terre productrice, on substitue E, terrain en extinction, la distance séparant P de E n'étant que de 1 mètre, l'exception disparaît.

En effet E donne :

$$PHO^5 = 0,102 \text{ et } KONaO = 0,235.$$

Il n'y a aucune exception pour Bedoin et Flassan, où les distances séparant les échantillons N et T ne sont que de 1 m. 50 et 1 m. 30. Dans une communication à l'Académie des Sciences, du 22 mai 1876, relatée à la page 31 de mon *Étude* précitée de 1878, M. L. Cailletet, expliquant l'existence des cercles verts, cercles des fées ou sorcières, constituant au printemps la zone circonférencielle des mousseronnières, dit : «Que le mycélium, en se décomposant l'hiver, abandonne à la terre les matières azotées et surtout les sels de potasse et de soude et l'acide phosphorique qu'il avait puisés dans le sol à une assez grande profondeur. Lorsque revient le printemps, le gramen, ainsi que les plantes à portée de ces engrais naturels, les absorbe et prend une vigueur et une coloration bien différentes de celles des végétaux voisins,» et plus loin : «J'ai établi par l'analyse que le mycélium enlève au sol la presque totalité des alcalis et de l'acide phosphorique qu'il renferme.»

Or, tandis que N terrain naturel ne contient pas le moindre filament mycélien, et que le mycélium existe au contraire dans P et T (préparation et production) se développant dans le premier, tout développé dans le second, la teneur relativement forte en acide phosphorique et potasse et soude de ces deux derniers, me paraît exclure toute succion du mycélium trufflier, en particulier celui du *Tuber Melanosporum*, s'exerçant sur le sol et susceptible de l'épuiser. Aussi, rien de pareil au phénomène des cercles verts ne se constate à la circonférence des truffières.

Dans les places truffières, terrain désigné ci-dessus par la lettre T, la végétation superficielle fait, on le sait, généralement défaut; T étant plus riche que N, terrain naturel où cette végétation existe, ce n'est donc pas à un manque d'alimentation, conséquence de l'épuisement du sol par le mycélium, que le fait peut être attribué.

Là, la végétation est détruite au fur et à mesure qu'elle tend à reparaître. Dès que les radicelles des plantes revenues à la surface d'une truffière arrivent en contact avec les racines de l'arbuste ou arbre producteur, porteurs du mycélium, les filaments mycéliens s'y attachent, les dessèchent et amènent rapidement la mort de ces plantes.

En extrayant, dans des places en production de la Haute-Marne, des herbages divers, verts encore, mais présentant quelques signes de malaise, j'ai maintes fois constaté ce qui suit : A l'œil nu comme à la loupe, rien n'est perceptible, mais, en examinant au microscope à un fort grossissement, les fines extrémités de leurs fibrilles radicellaires, on y rencontre accolés des fragments de filaments; c'est le début de l'attaque d'un mycélium hypogé sur les extrémités mêmes des touffes radicellaires.

Aussi, s'il s'agit de plantes inférieures à enracinement éminemment superficiel, elles peuvent, leurs fibrilles radicellaires n'étant pas touchées par le mycélium sous-jacent, et celui-ci ne leur coupant pas les vivres en épuisant le sol par sa succion, persister.

C'est ce qui explique ces passages 21 et 22 du livre 1869 déjà cité, de M. Henri Bonnet : «Bien souvent, les rabassiaïrés préjugent de la présence des truffes par l'aspect maladif de la végétation des plantes voisines, ou par l'absence complète de ces dernières sur le terrain qui les couvre. Néanmoins, ce dernier signe n'est pas constant ... Plusieurs des truffières de la Roche d'Espeil (propriété de M. Henri Bonnet) se couvrent chaque année, à l'époque de la récolte, d'un tapis de lychens. »

Du préambule qui accompagnait les avis de M. Ray, avis détaillés ci-dessus en leur lieu et place, j'extrais ce qui suit :

En présence des faits d'observations indiscutables, d'où résulte qu'il y a un rapport manifeste entre le mycélium truffier et les plantes qui vivent au voisinage, on doit immédiatement établir un rapprochement déjà connu :

1° *Cas du champignon de couche et de divers agarics.* — En se développant dans le sol des prairies, divers agarics produisent ce qu'on appelle les ronds de sorcière, places circulaires de plus en plus larges, pouvant atteindre jusqu'à 15 mèt es de diamètre, limités en dehors par une zone de 15 à 20 centimètres d'un vert plus intense, où le gazon est plus vigoureux, et en dedans par une zone jaunâtre où le gazon est mort. Dans certaines années, le cercle vert externe contient un grand nombre d'appareils sporifères. Ces cercles traduisent au dehors la croissance périphérique du thalle dans le sol à partir de la spore primitive. La région centrale meurt progressivement; à la périphérie, pendant qu'une certaine zone vient d'être épuisée par le thalle dans sa position actuelle, la zone qui la touche au dehors ayant reçu l'engrais produit par la décomposition rapide des fructifications, est devenue plus fertile; de là le contraste signalé plus haut (Van Thieghem).

2° *Cas des endophytes radicaux.* — Les endophytes radicaux, c'est-à-dire les champignons vivant en rapport avec les racines des végétaux supérieurs, ont été observés particulièrement en Allemagne par de nombreux savants, depuis Pfeffer (1877) jusqu'à Janse (*Annales du jardin botanique de Buitenzorg*, 1896), en passant par Franck (*Preingsteins Jahresbericht*, 1889), qui, lui, distingue :

Des michorizes ectotrophes dans des conifères et eupulifères dont les jeunes racines sont enveloppées d'une graine de nombreux filaments mycéliens qui se fraient un chemin entre les cellules épidermiques, — et des michorizes endotrophes, dans des orchidées, éricacées, etc., où les racines sont recouvertes d'un nombre restreint de filaments superficiels qui se développent abondamment dans les cellules.

Ces extraits permettront à chacun de constater combien les avis de M. Ray sont logiques et conformes aux données actuelles de la science.

J'ai tenu à bien établir ce fait alors que mon opinion personnelle, qu'on trouvera ci-après, diffère, sur plusieurs points, de celle de M. Ray.

Mon opinion se base sur les diverses observations qui terminent les deux chapitres ci-dessus, intitulés : 1° Préparation première et préparation de retour, et 3° Excrétions radiculaires.

Son exposé, groupant les observations en question, nécessite un certain nombre de redites.

Les filaments du mycélium truffier se composent de compartiments ou articles tubulaires superposés et solidement rivés l'un à l'autre (*Schnallen-Verbindungen* de Müller. *Unioni a fibbia* de Mattirolo).

Leur membrane compacte oppose une grande résistance à toute déchirure ou rupture. Enfin, ces filaments sont doués d'une remarquable élasticité.

Quoique microscopiques, ils sont donc bien autrement résistants que ceux, visibles à l'œil nu, du mycélium ou blanc des agarics, auxquels l'avis de M. Ray les assimile, filaments que leur consistance molle, spongieuse, doit rendre facilement destructibles.

Les filaments du mycélium truffier ne disparaîtraient pas en partie comme ces derniers lors de leur développement superficiel, c'est-à-dire que le cercle qu'ils décrivent ne présenterait pas une partie centrale circulaire occupée par le mycélium mort, et une partie circonférencielle annulaire occupée par celui vivant.

Le phénomène de la préparation de retour est la preuve de cette vitalité, pour ne pas dire indestructibilité, du mycélium truffier ; là, en effet, c'est le mycélium fixé aux extrémités de l'ancien système radiculaire qui va gagner celui nouvellement formé, c'est-à-dire qu'il revit après, au cas particulier que j'ai rapporté, une période d'inertie de douze années.

Les cinq filaments primordiaux émis par la spore et ceux résultant de leur multiplication successive persisteraient et inctacts, qu'ils demeurent isolés en s'anastomosant ou non, ou qu'ils se fascient diversement. Tout ce mycélium qui, en somme, est appelé, à un moment donné, à abandonner les végétaux superficiels détruits par sa succion, progresserait, quittant les plantes mortes ne pouvant plus la nourrir et passant à celles voisines vivantes.

C'est certainement ainsi qu'a dû cheminer, dans les quatre places en préparation de retour de la forêt du Corgebin, le mycélium du *Tuber Uncinatum*, alors qu'il ne se trouve plus de filaments mycéliens sur les herbages complètement morts, les plus éloignés des cépées et qu'on en rencontre au contraire et nombreux sur ceux les plus rapprochés, récemment flétris ou seulement dépérissants.

Le mycélium truffier détruisant la végétation superficielle dans les places en préparation première (*Tuber Melanosporum*), comme dans celles en préparation de retour (*Tuber Uncinatum*) et s'opposant à sa reprise de possession de celles en production, ne doit agir dans les trois cas que par voie de succion directe.

Les mousses, lychens et autres végétaux inférieurs à enracinement éminemment superficiel, des places en préparation première, alors que là existe un mycélium quasi-épigé les attaquant toujours, meurent tous.

Les mousses (cas particuliers des quatre places en préparation de retour haut-marnaises), alors que le mycélium, plus ou moins hypogé, n'atteint pas leurs courtes fibrilles radicellaires, persistent et en outre, en un état végétatif des plus vigoureux.

Dans les places en production, où le mycélium est complètement hypogé, les végétaux à enracinement quelque peu prononcé sont détruits au fur et à mesure qu'ils tendent à reparaître, le mycélium, ainsi que des extractions de graminées diverses dans les truffières de la Haute-Marne, en ont donné la preuve matérielle, les attaquant par les extrémités mêmes de leurs plus profondes radicelles, tandis que celles tout à fait superficiellement enracinées, échappant aux atteintes du mycélium sous-jacent, peuvent persister. (Exemple: les lichens des truffières de la Roche d'Espeil, de M. Henri Bonnet.)

S'il en était autrement, c'est-à-dire, si c'était en les privant d'alimentation par suite de l'épuisement du sol par son énergique succion que le mycélium avait causé la mort des mousses dans le premier cas, comme celui du mousseron cause celle du gazon à l'intérieur de la mousseronnière, il aurait produit le même état destructif dans les deux autres cas (mousses des places en préparation de retour, et lichens des places productrices).

D'autre part, grande relativement est la teneur en acide phosphorique et potasse et soude de la terre productrice T; si donc, comme le dit M. L. Cailletet, l'analyse démontre que le mycélium des agarics enlève au sol la presque totalité des substances phosphorée et alcaline qu'il renferme, il n'en est pas de même du mycélium truffier.

De plus, cette terre T avec mycélium, prise à l'intérieur du cercle truffier, est plus riche que celle N sans aucun mycélium, prise à l'extérieur de celle-ci.

Enfin, supposons tracée sur le terrain la circonférence du cercle truffier, c'est-à-dire la ligne qui, passant par les extrémités des racines de l'arbre ou cépée producteur, limite le gisement et de ces racines et du mycélium qu'elles portent. Que constate-t-on? En deçà de cette ligne la végétation superficielle fait défaut; au-delà, la végétation superficielle existe, mais sans que les plantes contiguës à la circonférence présentent plus de vigueur que celles tout à fait extérieures. Le mycélium fixé aux extrémités des racines ne se détruit donc pas, ne produit pas par sa décomposition un engrais naturel restituant au sol, avec les matières azotées, l'acide phosphorique et la potasse et soude qu'il y aurait puisés.

Le premier cas, riche composition en ces substances de la terre productrice, exclurait une succion du mycélium truffier susceptible d'épuiser le sol.

Les deux autres, enrichissement notable du sol producteur T par rapport à celui non producteur N, et absence à la circonférence des truffières de tout phénomène comparable à celui des cercles verts des moussonnières par exemple, excluent toute succion sur le sol de la part du mycélium truffier, puisant son alimentation dans les fibrilles radicellaires des végétaux superficiels (places en préparation) et dans les racines des arbustes ou arbres (places en production).

Ceci étant, comment expliquer la présence du mycélium mort sur certains végétaux flétris des places se préparant et de leur absence sur d'autres?

Les filaments du mycélium truffier sont isolés ou fasciés. Ceux isolés sont endotropes ou ectotrophes. En cas d'endotrophie, le mycélium superficiel, lié à celui interne, ne peut se détacher des racines envahies par lui, et il meurt avec elles.

En cas d'ectotrophie, l'anastomose de deux filaments, ou, s'il n'y a pas anastomose, la résistance à l'arrachement que certains crampons de fixation des filaments peuvent offrir, par suite d'une insertion plus profonde dans les gerçures de l'écorce des racines, en retiendrait au moins une partie, laquelle périrait avec celles-ci flétries.

Il peut se faire par contre que l'écorce, lisse comme l'épiderme des herbages haut-marnais, n'offre qu'une assiette peu stable aux filaments, qui alors quittent les racines sans laisser de traces de leur passage; c'est ce qui s'est passé avec le mycélium du *Tuber Uncinatum* dans les quatre places en préparation de retour.

Les filaments fasciés sont toujours, eux, ectotrophes.

En cas de fasciation incomplète, c'est-à-dire s'il s'agit simplement de quelques filaments longitudinalement accolés et ce, presque en un même plan horizontal, comme un détachement simultané n'est guère possible, ces faisceaux partiels doivent généralement persister et, par suite, mourir avec les racines, leurs supports.

S'il s'agit au contraire d'une fasciation complète, c'est-à-dire de cordons cylindriques d'un certain diamètre, composés d'une infinité de filaments, il faudrait, pour qu'ils laissent des vestiges de leur passage, qu'il se produisît, ce qui n'est pas admissible, des déchirures des filaments constituant leur paroi d'application aux racines.

L'absence de tout mycélium mort sur quelques-uns des végétaux desséchés des places en préparation, trouverait donc son explication dans l'un des deux cas ci-dessus examinés, attaque par des filaments isolés de racines à surface lisse, ou bien attaque des racines par des filaments déjà réellement fasciés.

4° USURE DES RACINES PAR LE MYCÉLIUM TRUFFIER.

M. Condamy, pharmacien à Angoulême, signalait, dans sa brochure de 1876, avec dessins à l'appui, l'usure des racines du chêne par le mycélium du *Tuber Melanosporum*. Cette usure, ainsi que je l'ai dit page 287, consiste en ceci (ce que l'aspect des plants truffiers extraits en 1898 a pleinement confirmé) : sur une profondeur et une largeur correspondant à celles des fouilles du porc, pivots et premières racines latérales principales, ne présentent que des radicelles atrophiées, desséchées, ou des portions plus ou moins longues de racines mortes, sans radicelles ni chevelu, ou bien enfin, si la cause destructive remonte déjà à quelques années, ils sont complètement nus, c'est-à-dire sans la moindre ramification latérale.

Quand une radicelle, qu'elle soit isolée ou qu'elle fasse partie d'un amas coralliforme, a eu à subir la succion délétère du mycélium truffier, on reconnaît, par l'ablation de ses petites pousses latérales, que celles-ci sont dans un état de dessication plus ou moins prononcée, le mal allant de l'extrémité au point d'insertion.

Cette dessication de la ou des radicelles finit par gagner la racine, la ou les portant. Radicelle et amas coralliformes desséchés se détachent de leur racine; celle-ci desséchée à son tour, peut alors laisser des fragments plus ou moins longs insérés sur les pivots ou racines principales.

Puis, l'humidité et la chaleur terrestres aidant à la dessication, succède la décomposition, la pourriture noire, et tout alors disparaît.

C'est ce qui se passe généralement avec des racines de faible diamètre; il en est autrement sur celles de grosseur moyenne et surtout sur celles principales. Menacées de mort par la destruction de leurs organes latéraux d'alimentation, ces racines réagissent. Toute la force végétative se porte à leurs extrémités et y donne naissance à de longues pousses, d'un tissu ligneux blanc jaunâtre, presque mou, dépourvu d'écorce. Plus tard, ces pousses nouvelles achèvent d'organiser leurs tissus internes, se recouvrent de leur enveloppe corticale, émettent leurs ramifications, radicelles et chevelu, et reconstituent ainsi les supports nourriciers du mycélium, en deçà détruits.

C'est là l'explication de la marche en avant de la production suivant l'allongement des racines, allongement si remarquable en particulier chez le chêne blanc. Un des plus curieux exemples de cet allongement figure à la page 11 et à la note 2, page 98, de ma brochure de 1878; il s'agit de 3 chênes blancs d'environ 80 ans, propriété du garde-forestier de Blauvac, qui, à la campagne 1876-1877, présentaient, l'un de 1 m. 90 de tour, 3 places truffières distantes de 6 mètres (minima) à 25 mètres (maxima); le second, de 1 m. 50, 5 avec 4 et 20 mètres, le troisième, de 1 m. 50 également, 3 avec 7 et 15 mètres, et dont les emplacements producteurs pour la campagne suivante 1877-1878, s'étaient encore éloignés des troncs d'une longueur variant de 2 à 4 mètres.

Ces longues pousses, sorte de barbe jaune suivant l'expression des rabassiers, étaient regardées par eux comme étant des germes de truffe, les assimilant sans doute à ceux de la pomme de terre. En 1881, M. de la Bellone, procédant dans une truffière de chêne vert, propriété de l'un d'eux, à la recherche de ces prétendus germes, constate que c'étaient simplement des pousses radiculaires nouvelles émergeant d'amas de radicelles noirâtres, se décomposant, et pleines encore de mycélium. Dès que M. de la Bellone m'a fait part des résultats de ses recherches, je me suis fait envoyer du mont Ventoux (Vaucluse), à Chaumont, de ces pousses de chênes verts et blancs truffiers, et sur toutes, à leur base, je trouvais accolés des filaments mycéliens. Le mycélium allait donc bien prendre possession de ces nouveau supports-nourriciers.

C'est surtout le mycélium du *Tuber Melanosporum* qui use les racines, ce qui tient à ses dimensions microscopiques. Ne quittant pas pour ainsi les amas coralliformes, dans la généralité des cas, les innombrables filaments résultant du développement annuel de ses cordons, exercent sur les radicelles desdits amas une succion telle, qu'ils ne tardent pas à dessécher complètement ces amas et les racines qui les portent, si elles ne sont pas en état de réagir contre cette action morbide. Avec un mycélium non microscopique comme par exemple celui du *Tuber Uncinatum*, en partie du moins, les cordons débordent rapidement les amas coralliformes, ceux-ci, non épuisés par une succion de filaments, persistent, durant presque autant que les racines les portant. Là alors, le mal est insignifiant et non apparent.

Si le mycélium truffier qui détruit les végétaux herbacés ou semi-ligneux à la surface des places en préparation, ne tue pas les chênes, par exemple, l'essence truffière par excellence, cela tient, outre la résistance plus grande à sa succion dont leurs racines et radicelles sont évidemment douées, à bien des causes.

C'est, au plus tôt, à l'âge de 5 ans, que les chênes, dans les truffières artificielles, deviennent producteurs, et quand leurs plants entrent dans leur cinquième année, leurs pivots et leurs racines latérales extrêmes ont déjà atteint une profondeur à laquelle le mycélium truffier cesse de se montrer.

A fortiori, si c'est à un âge plus avancé que leurs pieds ou cépées sont attaqués par le mycélium.

Les plants truffiers essence chêne blanc, extraits en 1898, ont fait voir que le mycélium n'existe pas sur toutes leurs racines, loin de là, il use les unes avant de passer à d'autres.

Les racines principales, en particulier, réagissent comme il est dit ci-dessus contre son action destructive.

Enfin, très souvent, les truffières ne sont que d'un côté des pieds ou cépées; plus de moitié, dans ce cas, des racines sont indemnes.

Mais, privant prématurément les plants truffiers d'une partie de leurs organes latéraux d'alimentation, le mycélium exerce en fait une influence fâcheuse sur leur végétation. Aussi, dans les vastes repeuplements en chêne vert et blanc effectués depuis 1860, surtout au mont Ventoux, les plants qui ne sont pas devenus producteurs, ont-ils souvent au collet un diamètre presque triple et atteignent-ils une hauteur presque double de ceux des plants entrés en production, dont un grand nombre sont et restent rabougris.

Le nombre des végétaux sur les racines desquels on trouve des michorizes est aujourd'hui considérable. La présence sur des plants de tant d'espèces ou essences différentes des michorizes, tend à prouver que leurs filaments joueraient le rôle attribué jadis aux spongioles, et justifie la théorie de symbiose de Franck.

Est-elle applicable au mycélium truffier?

Étant données, d'une part l'action destructive du mycélium du *Tuber Melanosporum* sur le système radiculaire des arbustes et arbres producteurs, et, d'autre part, la présence des amas coralliformes, prélude de cette destruction, sur les racines porteurs des filaments de ce mycélium, tandis qu'il n'en existe pas sur celles exemptes de ces filaments, comme sur celles des pieds ou cépées non producteurs, j'estimerais qu'il y a lieu de répondre à cette question par la négative. Le mycélium truffier serait donc, à mon avis, un simple parasite.

5° FORME DU SYSTÈME RADICULAIRE DES ARBUSTES ET ARBRES PRODUCTEURS.

Le mycélium truffier né de la spore germant à fleur de terre se développe d'abord à la surface du sol, puis il la quitte pour pénétrer en terre et gagner le système radiculaire supérieur des pieds ou cépées devant alors devenir producteurs.

A la page 611 ci-dessus, j'ai dit sous qu'elle forme le mycélium en prenait possession, sous quelle forme, par conséquent, s'effectuait ce transfert quasi-vertical en terre, à savoir celle en cordons ou faisceaux, amas cylindriques d'une infinité de filaments longitudinalement accolés.

Pour que cette jonction s'effectue, le trajet dans le sol de ces cordons devait être le plus court possible, d'où nécessité de racines latérales se développant à une faible profondeur.

M. Regimbeau, alors inspecteur des forêts à Nîmes, dans son livre *le Chêne vert ou yeuse dans le Gard*, constate l'existence, non de variétés proprement dites, mais de formes, au nombre de trois, qu'il appelle *Chêne yeuse dur*, *Chêne yeuse tendre* et *Chêne yeuse commun*, la dernière se rapprochant plus ou moins tantôt de l'une, tantôt de l'autre des deux premières avec de nombreuses nuances. De la minutieuse description qu'il donne des deux premières formes, j'extrais, pour le point de vue qui m'occupe, ce qui suit :

Chêne yeuse dur : enracinement superficiel et traçant épais et diffus. — *Chêne yeuse tendre* : enracinement relativement clair et profond.

Puis, s'occupant de la production truffière, M. Regimbeau dit : « Le chêne yeuse dur est truffier, parce qu'il trace ; le chêne yeuse tendre ne peut que le devenir si le sol l'y engage ou l'y oblige. » Aussi, dans sa brochure de 1878 (*Culture de la truffe*, 2ᵉ rapport à la Société d'agriculture du Gard), M. Regimbeau, traitant la question de création des truffières artificielles dans la région et préconisant l'emploi du chêne vert, l'essence qui presque à elle seule constitue les forêts du Gard, dit expressément que c'est au chêne yeuse dur qu'il faut demander ses glands ou ses plants.

Donc, bien qu'à cette époque la raison n'en fût pas exactement connue, l'utilité des racines traçantes pour la production truffière était chose admise.

Le fait qui suit en démontrera la nécessité.

M. Rousseau, de Carpentras (Vaucluse), crée en 1870, à proximité de sa grande truffière artificielle du Puits du Plan de 7 hectares, une seconde truffière de 1 hectare seulement. Alors que celle du Puits du Plan avait été établie par voie de semis de glands, il opère pour la seconde par voie de plantation de chênes, verts et blancs, plants de 5 à 6 ans élevés par lui en pépinière et provenant de glands récoltés sur des pieds ou cépés producteurs de la première, mais sans avoir eu la précaution de procéder en pépinière à l'ablation des pivots, et sans aucune taille des racines des plants lors de leur mise en place. Il espérait, par ce procédé, avancer le moment de la production et par le large espacement donné aux lignes des plants et aux plants dans chaque ligne pour permettre une culture intermédiaire de la vigne, obtenir en même temps un rendement meilleur.

Or, la truffe n'a apparu qu'à la campagne 1876-1877, c'est-à-dire pas plus tôt que dans celle du Puits du Plan et, d'autre part, dans les premières années qui suivent son apparition, la production de cette truffière n'est que de quelques kilogrammes, alors qu'arrivés au même âge, les chênes de celle voisine du Puits du plan donnaient près de 80 kilogrammes à l'hectare. M. Rousseau attribuait cet insuccès relatif à la trop grande épaisseur de la terre végétale de sa seconde truffière, et c'est l'explication qu'il en donnait, en ma présence, à une commission d'agents forestiers du Gard qui, sous la conduite de M. Thiriat, conservateur des forêts de Nîmes, visitait en 1879 les truffières de l'arrondissement de Carpentras. Après cette visite, M. Rousseau me prévenait qu'il allait faire arracher les plants chêne vert et chêne blanc restés improductifs. Cet arrachage confirma indirectement l'opinion de M. Rousseau. Ces plants avaient profondément pivoté et ne présentaient des racines latérales mi-pivotantes, mi-traçantes qu'à une assez grande distance de la surface du sol, tandis que sur ceux devenus producteurs, on constatait la présence de racines superficielles traçantes. Le mycélium avait pu se fixer sur celles-ci, mais n'avait pu atteindre celles-là.

Les deux expériences suivantes prouvent à la fois l'utilité des racines traçantes et la nocuité de celles pivotantes.

Pemière expérience. — En piochant le sol au pied de l'un des chênes blancs du garde-forestier de Blauvac, je constatais encore à la racine maîtresse, à 3 mètres du tronc, un diamètre de 15 centimètres. Arrivée à cette longueur horizontale de 3 mètres, la racine rencontrait un banc de roche presque émergeant ; elle se recourbait brusquement à angle droit, pour s'enfoncer le long de la paroi supérieure du banc rocheux. Jusqu'à qu'elle profondeur? Je l'ignore, ayant arrêté ·là ma fouille de 1876. Toujours est-il que cette racine, ayant trouvé une faille dans la roche, ou une couche de terre entre deux lits rocheux, a dû se contourner de nouveau, s'y engager et reprendre son accroissement de l'autre côté du banc de roche dans le sens horizontal ; en raison de la pente même très prononcée du terrain, elle n'a pas tardé à regagner, pour ainsi dire, la surface du sol et la production a alors apparu ou reparu, car il est fort possible, bien que le garde n'ait pu me renseigner sûrement à ce sujet, que le chêne en question ait été jadis producteur sur l'espace de 3 mètres compris entre son tronc et le banc de roche à l'encontre duquel la racine maîtresse, jusque-là traçante, a dû s'enfoncer. Depuis, la racine traçante continue à s'allonger et la production suit son allongement.

Deuxième expérience, relatée déjà aux pages 55 et 56 de ma brochure de 1878.

Une perche essence chêne blanc de la forêt de Villes (Vaucluse) [celle au pied de laquelle ont été pris des échantillons de terre pour l'analyse chimique] présentait d'un côté l'extinction et de l'autre la préparation.

Après avoir placé des piquets au centre des diverses places fouillées par les porcs, places visibles encore, l'extinction étant relativement récente, j'ai fait piocher le sol au pied de la perche du côté de l'ancienne production et rencontré une racine maîtresse traçante et presque superficielle, laquelle a été dénudée successivement en s'écartant du tronc. Chaque fois que l'on se trouvait en face d'un emplacement piqueté, soit à droite, soit à gauche de cette racine, on constatait l'existence de racines secondaires partant de cette maîtresse et traçantes comme elle, lesquelles étaient à leur tour mises à nu. Ces ramifications latérales de la racine principale étaient dépourvues de radicelles et chevelu entre leur point d'insertion et l'emplacement producteur auquel elles aboutissaient (usure de la production antérieure), et dans lequel ceux-ci reparaissaient. Les emplacements les plus éloignés du tronc se trouvaient à une distance d'environ 5 mètres ; à quelques centimètres plus loin, la racine maîtresse, jusque-là superficielle, se recourbait en bec de corbin : elle s'enfonçait profondément dans une faille du sol devenu rocheux, et la production a pris fin. (Cette expérience était pour moi d'autant plus intéressante que, interprétant la précédente du chêne blanc de Blauvac, j'avais. préalablement à tout piochage du sol, prévenu l'agent et les préposés forestiers qui m'assistaient, des résultats que la fouille devait mettre au jour.)

Donc, dans le premier des deux cas ci-dessus relatés, apparition (ou peut-être réapparition) de la production quand la racine maîtresse de pivotante est devenue traçante, et dans le second, suppression de la production quand de traçante, la racine maîtresse est devenue pivotante.

Impossible de trouver, pour la perche du chêne blanc de Villes, une autre cause de cette suppression de sa production, d'autant plus que, âgée de 30 à 35 ans au plus, elle était en parfait état de végétation et, qu'en outre, elle présentait de l'autre côté de son pied la préparation.

Enfin, les extractions de six plants de chêne blanc de 1879, que j'ai déjà eu l'occasion de rappeler, ont fait voir que, pour les cinq plants producteurs, le système radiculaire latéral était traçant, tandis que chez celui non producteur toutes les ramifications de son long pivot, du collet à l'extrémité de celui-ci, racines, radicelles et chevelu, étaient nettement pivotantes, se développant quasi parallèlement au dit pivot.

Devant les curieuses constatations, résultant de ces diverses fouilles ou extractions, j'ai bien cherché un moyen de véritable démonstration de ce qui se passait là, mais vainement.

Peut-être ce qui suit l'expliquerait-t-il d'une façon acceptable.

Les choses étant supposées réduites à leur plus simple expression, la tête foliacée de l'arbre peut se considérer comme un réservoir plein surmontant sa tige, celle-ci comme une conduite aérienne d'écoulement du réservoir supérieur, le pivot comme une conduite souterraine faisant suite à celle aérienne, enfin les racines comme des prises latérales à différentes hauteurs de la conduite souterraine; puis ces divers canaux peuvent à leur tour se considérer comme remplis d'une substance spongieuse, absorbant successivement le liquide affluant jusqu'à saturation, après laquelle l'afflux continuant il y aurait expulsion du trop plein.

La sève élaborée par l'appareil foliacé parvient par la tige au pivot; les racines l'y puisent dans leur ordre d'insertion de haut en bas et suivant les besoins de leur nutrition. Si, ces besoins satisfaits, il y a un excès de sève produit, et c'est ici qu'intervient la situation particulière de l'arbre au point de vue de l'action solaire, rendant le travail chimique d'élaboration, dont les feuilles sont le siège, plus productif, ce sont les racines les plus superficielles qui, les premières, le recevront puis l'excréteront.

Mais cet excès de sucs séveux exceptionnel ne saurait être que limité; l'absorption et sa conséquence l'excrétion vont en diminuant au fur et à mesure que les racines sont plus profondément insérées, et finissent par s'arrêter faute d'aliment.

Avec des racines traçantes plus ou moins horizontales, le mouvement de circulation des sucs séveux en excès, de leurs points d'insertion à leurs extrémités est relativement lent et permettrait de subvenir largement à l'absorbante succion du mycelium fixé sur ces racines.

Avec des racines pivotantes (même alors que seules les racines maîtresses le deviennent il y aurait un appel tout puissant des sucs séveux à leurs extrémités), le mouvement de circulation serait trop rapide, le mycelium, insuffisamment alimenté ne se développerait qu'imparfaitement et n'arriverait pas à fructifier, à créer les tubercules.

Nota. J'ai cru devoir revenir, en y insistant, sur cette forme du système radiculaire des pieds producteurs naturellement, afin que, si l'on met en pratique mes procédés de trufficulture directe, dont l'exposé constituera la troisième et dernière partie du présent travail, on s'assure, avant d'opérer les semis de spores à leurs pieds, que les sujets choisis, arbres ou cépées, possèdent un système de racines traçantes à une faible distance de la surface du sol.

TROISIÈME PARTIE.

TRUFFICULTURE DIRECTE PAR VOIE DE SEMIS DES SPORES.

Arriver à faire germer les spores truffières n'était pas seulement la démonstration vigoureuse, le criterium scientifique de l'existence du mycelium des truffes, c'était aussi la possibilité de les semer utilement, par suite créer la trufficulture directe.

Dès 1886 j'avais, dans la Haute-Marne, cherché à obtenir la germination des spores de sa truffe, *Tuber Uncinatum* et comme conséquence le phénomène de la préparation.

Pour le semis des spores, j'employai des râpures de truffe fraîche (essai de cabinet, hiver 1886) et de la poudre de truffe sèche (essai à l'air libre, printemps de 1887), et comme végétation superficielle du blé (hiver 1886) et du gazon (printemps de 1887).

Le résultat a été nul. (Il devait en être ainsi du reste, rien que par cette seule raison que la durée de chacun de ces essais n'a pas dépassé six mois.)

La terre employée provenait de la forêt du Corgebin.

Son analyse, faite par M. Joffre chimiste de la maison Gallet (guanos et indigos) de Paris, démontra qu'elle était assez riche en potasse, pauvre en acide phosphorique et plus que pauvre en chaux; elle n'en renfermait que des traces. L'ayant enrichie en ces deux dernières substances par des arrosages de super-phosphate de chaux soluble, je répétai les essais ci-dessus. Même résultat négatif et pour les mêmes motifs.

(C'est la même cause évidemment qui a rendu infructueuses les si nombreuses et si savantes expériences de M. de la Bellone, quant à la germination des spores du *Tuber Melanosporum*, relatées à ses pages 33 à 35.)

Ne songeant pas, à cette époque, au long délai que les truffières artificiellement créées demandent avant d'entrer en production, je dus, en présence des insuccès complets ci-dessus mentionnés, porter mes investigations d'un autre côté.

On obtient partout, au Midi comme au Nord, et en abondance, l'agaric champêtre ou champignon de couche, en créant simplement des couches de crottin de cheval, sans emploi aucun de son mycelium ou blanc. (Voir à ce sujet l'intéressante brochure de M. Kiefer, alors sous-inspecteur des Forêts à Uzès [Gard] : *la Truffe et l'Agaric champêtre* 1879.) Point même n'était besoin de joindre à la couche le sel ammoniacal et le son de froment dont M. Kiefer préconisait l'emploi, car chaque année M. Didion, alors inspecteur des Forêts à Vassy (Haute-Marne), récoltait ce champignon et abondamment, dans des couches composées uniquement de crottin de cheval.

Les spores du champignon ne pouvant se trouver en suspension dans l'air ambiant de tous ces locaux (caves, celliers, granges ou écuries), choisis comme lieux d'établissement des couches, dans la Haute-Marne comme dans le Gard, et disposées par lui à la surface desdites couches, il fallait donc qu'elles existassent, et en nombre considérable, mêlées aux grains d'avoine, l'aliment ordinaire des chevaux. Mais lesdites spores sont libres, nues; passant par les voies digestives de ces animaux supérieurs, elles y subissaient l'action physico-chimique de la chaleur et des sucs stomacaux.

Il était possible, dès lors, qu'il en fut de même pour les spores des truffes.

En ce cas, il fallait se procurer des spores mises en liberté et digérées.

En dehors des larves d'insectes et des insectes broyeurs tubérivores à l'état parfait, il n'y avait guère que les rongeurs dont le mode de manducation remplissait la première de ces conditions.

De là, mon choix des mulots, que je savais d'ailleurs par expérience être très friands des truffes. Je demandai donc à des préposés forestiers de la Haute-Marne et de Vaucluse, de capturer en forêt des mulots, de les nourrir exclusivement avec des tubercules bien mûrs et sains, et de m'expédier leurs excréments. Je ne me doutais pas alors des difficultés qu'on allait rencontrer, la plupart de ces animaux mourant avant qu'on ait pu les alimenter.

Cette impossibilité de recueillir ces excréments et en quantité suffisante pour l'expérience à faire se présenta partout pour la campagne 1890-1891 ; s'étant encore présentée pour la campagne 1891-1892 dans Vaucluse, elle faillit en faire de même pour la Haute-Marne. Ce n'est, en effet, qu'en fin décembre 1891 que le garde-forestier de Richebourg réussit à prendre un mulot de forte taille, lequel, dans sa captivité de quarante-huit heures, dévora quatre truffes chacune de la grosseur d'une belle noix.

En janvier 1892, je saturai en quelque sorte des sporas du *Tuber Uncinatum*, à sa surface, la terre d'un pot à fleurs de grosseur moyenne, en l'arrosant avec de l'eau dans laquelle étaient délayés les excréments du mulot. Ces déjections contenaient des spores libres en quantité, mélangées à des spores encore enfermées dans leurs thèques et à la matière excrémentielle. Comme végétation superficielle, je choisis le sarrazin, uniquement parce qu'une circonstance particulière avait mis à ma disposition une abondante provision de sa graine.

Les graines, semées successivement en 1892, 1893 et 1894 lèvent bien, les plants conservés se développent, fleurissent puis meurent sans avoir présenté le moindre malaise prématuré ; les examens au microscope de leurs touffes radicellaires n'y décèlent aucun filament mycelin.

C'est alors que, me reportant au délai minimum de 5 à 6 ans que demande la truffe avant de faire son apparition, je me livrai au petit calcul suivant, l'apparition des tubercules étant précédée l'année d'avant par la préparation :

$$1892 + 5 = 1897 \text{ et } 1897 - 1 = 1896.$$
$$1892 + 6 = 1897 \text{ et } 1898 - 1 = 1897.$$

D'où inutilité de tenter un nouveau semis de sarrazin en 1896 ; de plus, je pensais le faire plus tôt en 1897 qu'en 1896. Mais en fin mai 1896, examinant attentivement la surface de mon milieu de culture, je constatai une désagrégation sensible de sa terre superficielle, signe que les spores avaient dû enfin germer.

Le 30 mai je repiquai, et relativement assez profondément, quelques graines de sarrazin ; toutes levèrent, mais je ne conservai que cinq plants les mieux venus. En fin juin, leur état végétatif était des plus vigoureux, ce qu'attestaient, outre leur hauteur, la belle couleur rouge des tiges et celle vert foncé de leurs très larges feuilles.

Dans les premiers jours de juillet, le malaise se manifeste sur l'un d'eux, s'étend rapidement aux quatre autres, et le 10 ces cinq beaux plants se flétrissent complètement.

C'était le phénomène de la préparation se manifestant sous sa seconde forme. L'examen au microscope décela, en effet, la présence sur leurs radicelles des filaments jaunes, bouclés, du mycelium truffier et, de plus, ainsi que je l'ai dit au début de la présente étude, d'une spore en germination fixée à l'extrémité d'une fibrille radicellaire du second plant extrait en ma présence au laboratoire de M. Hasse.

Cette germination tardive était due, soit à ce que cette spore avait été entraînée en terre lors de l'arrosage, soit plutôt à ce qu'elle aurait été enterrée par une graine de sarrazin lors du semis de mai, opéré par voie de repiquement à une certaine profondeur relative en raison de la présence des filaments du mycelium à la surface du milieu de culture décelée par sa désagrégation.

A la suite de cette expérience, enfin réussie, j'adressai, le 12 décembre 1896 à l'Académie des sciences, un court mémoire pour lui faire connaître et la solution de l'importante question scientifique de la germination des spores des truffes, et comme conséquence de cette germination, la possibilité d'une culture de celles-ci par semis de leurs spores.

On trouvera ci-après le texte de ma communication.

Observations. — Les expériences de M. de Gramont de Lesparre ont démontré que, même dans des tubercules secs les spores mâles avaient conservé la faculté de germer, d'émettre leurs organes de fécondation; la preuve n'est pas faite quant à la faculté germinatrice des spores femelles, à l'émission par elles de leur mycélium, car, ainsi que je l'ai expliqué plus haut, pages 622 et 623, les spores femelles de l'expérience de M. de Gramont, fécondées par celles mâles et restées fixées sur le limbe des feuilles n'ont pas dû germer; mais il n'y a aucune raison qui puisse faire supposer qu'il n'en soit pas d'elles ce qu'il en est des spores mâles. Dès lors, point ne serait indispensable d'employer des spores digérées, si difficiles à se procurer, surtout en grande quantité; on pourrait donc les remplacer par de la râpure de truffes fraîches ou de la poudre de truffes sèches, pourvu que l'une ou l'autre renferme des spores mises en liberté, en quantité considérable, quantité que nécessite le double fait des dimensions microscopiques des spores et de la fécondation des spores femelles à opérer par celles mâles.

Il y avait un intérêt capital à se fixer dans le plus court délai possible, sur le plus ou moins de valeur de mon procédé de trufficulture directe.

Dès l'automne 1896, je demandai le concours de deux agents forestiers : MM. les inspecteurs adjoints Jacquot à Chaumont et Teyssier à Carpentras.

Ils ont bien voulu répondre à mon appel, et je leur en fais ici, quoi qu'il en arrive, tous mes remerciements.

En 1897, des semis de spores, obtenus par mon procédé de germination, ont été effectués par leurs soins, en se conformant aux indications de celui de trufficulture; dans la forêt domaniale du Corgebin (Haute-Marne), spores du *Tuber Uncinatum;* et dans celle communale de Bedoin (Vaucluse), spores du *Tuber Mélanosporum.*

D'autre part, des semis de l'espèce, et toujours avec des spores du *Tuber Mélanosporum,* mais semis dont je n'eus connaissance qu'après leur entière exécution, ont été opérés par un ami, qui se trouvait au courant de mes recherches, aux environs de Paris, à Rochefort en Yveline (ce qui constituait en même temps une tentative d'acclimatation de la truffe noire), puis en Vendée.

Les semis de spores ayant été effectuées en 1897, il faut avoir la patience d'attendre encore, s'ils sont appelés à réussir, 1901 pour voir se manifester la préparation, et 1902 pour voir apparaître la production.

41.

Annexe N° 4.

RÉPARTITION DES FORÊTS EN FRANCE

PAR M. CH. GUFFROY,

INGÉNIEUR AGRONOME (I. N. A.), LICENCIÉ ÈS SCIENCES NATURELLES,
SECRÉTAIRE DE LA SOCIÉTÉ DES SYLVICULTEURS DE FRANCE ET DES COLONIES.

L'importance pour un pays de la bonne répartition de ses forêts n'est plus à établir à ses différents points de vue (climatologie, régime des eaux, hygiène, industrie, etc.). Cependant, jusqu'à ce jour, on s'est à peu près borné, pour notre pays, à des généralités, à des statistiques officielles indiquant par département la superficie totale des bois. Ce qui importe, c'est :

1° D'établir pour chaque département sa *densité forestière ;*

$$\Delta = \frac{\text{Surface des bois}}{\text{Surface du département}}.$$

2° De grouper suivant cette caractéristique nos départements en *classes* bien limitées ;
3° De représenter sur des *cartes* les *régions* ainsi déterminées.

Cette représensation cartographique aura, croyons-nous, un grand intérêt pour l'étude de questions importantes, telles que celles de la température, des orages, des inondations, etc., en même temps qu'elle mettra bien en évidence sous nos yeux les points faibles où la forêt, loin d'être détruite, doit être reconstituée.

Le tableau suivant a pour base la statistique décennale du Ministère de l'agriculture, de l'année 1892, étant donné qu'il sera suffisant d'étudier tous les dix ans la variation pouvant se produire dans la répartition des forêts. Afin d'éviter les nombreuses décimales de la « densité forestière », nous l'avons remplacée par le *pourcentage des bois* (nombre d'hectares de bois pour 100 hectares), soit par un chiffre cent fois plus fort.

DÉPARTEMENTS.	SUPERFICIE du DÉPARTEMENT.	SUPERFICIE DES BOIS.	P. 100 DES BOIS.
	hectares.	hectares.	
Ain............................	579,897	120,184	20.7
Aisne..........................	735,200	104,519	14.2
Allier.........................	730,837	81,642	11.0
Alpes (Basses-)................	695,418	129,703	18.6
Alpes (Hautes-)................	558,961	140,486	25.1
Alpes-Maritimes................	391,662	91,049	23.2
Ardèche........................	552,665	102,415	18.5

DÉPARTEMENTS.	SUPERFICIE du DÉPARTEMENT.	SUPERFICIE DES BOIS.	P. 100 DES BOIS.
	hectares.	hectares.	
Ardennes.........................	523,289	141,354	27.0
Ariège..........................	489,387	169,339	34.8
Aube............................	600,139	125,749	20.9
Aude............................	631,324	61,377	9.7
Aveyron.........................	874,333	85,111	9.7
Bouches-du-Rhône	510,487	72,980	14.2
Calvados........................	552,072	38,366	6.9
Cantal..........................	574,147	83,964	14.6
Charente........................	594,238	88,212	14.8
Charente-Inférieure..............	682,569	79,538	11.6
Cher	719,934	135,639	18.8
Corrèze	586,609	119,572	20.3
Corse...........................	874,710	183,171	20.9
Côte-d'Or	876,116	255,081	29.1
Côtes-du-Nord...................	688,562	33,467	4.8
Creuse..........................	556,830	37,174	6.6
Dordogne........................	918.256	200,755	21.8
Doubs...........................	522,755	135,116	25.8
Drôme...........................	652,155	185,175	28.3
Eure............................	595,765	112,958	18.9
Eure-et-Loir....................	587,430	61,436	10.4
Finistère.......................	672,167	34,185	5.8
Gard............................	583,556	125,217	21.4
Garonne (Haute-)	628,988	89,833	14.2
Gers	628,031	53,060	8.4
Gironde	974,032	357,632	36.7
Hérault.........................	619,799	85,247	13.7
Ille-et-Vilaine.................	672,583	46,511	6.9
Indre...........................	679,530	88,026	12.9
Indre-et-Loire..................	611,370	109,274	17.8
Isère	828,934	181,770	21.9
Jura............................	499,401	157,615	31.5
Landes..........................	932,131	522,768	56.0
Loir-et-Cher	635,092	136,791	21.5
Loire...........................	475,962	64,710	13.6
Loire (Haute-)..................	496,225	90,626	18.2
Loire-Inférieure................	687,456	41,541	6.0
Loiret	677,119	130,781	19.3
Lot.............................	521,174	117,565	22.5
Lot-et-Garonne..................	535,396	76,124	14.2

DÉPARTEMENTS.	SUPERFICIE du DÉPARTEMENT.	SUPERFICIE DES BOIS.	P. 100 DES BOIS.
	hectares.	hectares.	
Lozère.............................	516,975	55,995	10.8
Maine-et-Loire.....................	712,093	57,520	8.0
Manche............................	592,838	20,874	3.5
Marne..............................	818,044	158,497	19.3
Marne (Haute)....................	621,968	189,683	30.4
Mayenne..........................	517,063	27,551	5.3
Meurthe-et-Moselle.................	523,234	133,574	25.5
Meuse.............................	622,787	183,197	29.4
Morbihan..........................	679,781	46,326	6.8
Nièvre..............................	681,656	199,868	29.3
Nord..............................	568,087	43,357	7.6
Oise...............................	585,506	102,255	17.4
Orne..............................	609,729	81,385	13.3
Pas-de-Calais......................	660,563	36,713	5.5
Puy-de-Dôme......................	795,051	94,399	11.8
Pyrénées (Basses-).................	762,266	161,317	21.1
Pyrénées (Hautes-).................	452,945	84,627	18.6
Pyrénées-Orientales	412,211	68,387	16.5
Rhin (Haut-)......................	61,014	20,234	33.1
Rhône.............................	279,039	31,638	11.3
Saône (Haute-)....................	533,992	166,958	31.3
Saône-et-Loire.....................	855,174	151,407	17.7
Sarthe............................	620,668	91,971	14.8
Savoie............................	575,950	122,664	21.3
Savoie (Haute)....................	431,472	110,463	25.6
Seine..............................	47,875	2,158	4.5
Seine-Inférieure...................	603,550	92,062	15.2
Seine-et-Marne....................	573,635	106,562	18.5
Seine-et-Oise......................	560,364	106,099	18.9
Sèvres (Deux-)....................	599,988	43,691	7.2
Somme	616,120	40,447	6.5
Tarn..............................	574,216	77,125	13.4
Tarn-et-Garonne...................	372,016	47,624	12.8
Var...............................	602,753	260,780	43.20
Vaucluse..........................	354,771	76,901	21.6
Vendée............................	670,350	31,373	4.7
Vienne	697,037	84,419	12.1
Vienne (Haute-)...................	551,658	45,490	8.2
Vosges............................	585,265	209,586	35.8
Yonne.............................	742,804	171,589	23.1

Si l'on se contentait de considérer la surface des bois et non leur densité, on verrait que 41 départements possèdent plus de 100,000 hectares de forêts :

1	Landes	522.768 hect.	22	Loir-et-Cher	136.791 hect.
2	Gironde	357.632	23	Cher	135.639
3	Var	260.780	24	Doubs	135.116
4	Côte-d'Or	255.081	25	Meurthe-et-Moselle	133.574
5	Vosges	209.586	26	Loiret	130.781
6	Dordogne	200.755	27	Alpes (Basses-)	129.703
7	Nièvre	199.868	28	Aube	125.749
8	Marne (Haute-)	189.683	29	Gard	125.217
9	Drôme	185.175	30	Savoie	122.664
10	Meuse	183.197	31	Ain	120.184
11	Corse	183.171	32	Corrèze	119.572
12	Isère	181.770	33	Lot	117.565
13	Yonne	171.589	34	Eure	112.958
14	Ariège	169.339	35	Savoie (Haute-)	110.463
15	Saône (Haute-)	166.958	36	Indre-et-Loire	109.274
16	Pyrénées (Hautes-)	161.317	37	Seine-et-Marne	109.562
17	Marne	158.497	38	Seine-et-Oise	106.099
18	Jura	157.615	39	Aisne	104.519
19	Saône-et-Loire	151.407	40	Ardèche	102.415
20	Ardennes	141.354	41	Oise	102.255
21	Alpes (Hautes-)	140.486			

Il est beaucoup plus intéressant et plus rationnel d'établir le classement d'après le pourcentage des bois, chaque classe se trouvant comprise entre deux limites différant de 5 p. 100.

De cette façon dix classes peuvent être faites :

1re classe. — Moins de 5 p. 100 de bois.

Manche	3.5	Vendée	4.7
Seine	4.5	Côtes-du-Nord	4.8

2e classe. — De 5 à 10 p. 100 de bois.

Mayenne	5.3	Ille-et-Vilaine	6.9
Pas-de-Calais	5.5	Sèvres (Deux-)	7.2
Finistère	5.8	Nord	7.6
Loire-Inférieure	6.0	Maine-et-Loire	8.0
Somme	6.5	Vienne (Haute-)	8.2
Creuse	6.6	Gers	8.4
Morbihan	6.8	Aude	9.7
Calvados	6.9	Aveyron	9.7

3e classe. — De 10 à 15 p. 100 de bois.

Eure-et-Loir	10.4	Charente-Inférieure	11.6
Lozère	10.8	Puy-de-Dôme	11.8
Allier	11.0	Vienne	12.1
Rhône	11.3	Tarn-et-Garonne	12.8

Indre	12.9	Bouches-du-Rhône	14.2
Orne	13.3	Garonne (Haute-)	14.2
Tarn	13.4	Lot-et-Garonne	14.2
Loire	13.6	Cantal	14.6
Hérault	13.7	Charente	14.8
Aisne	14.2	Sarthe	14.8

4ᵉ classe. — De 15 à 20 p. 100 de bois.

Seine-Inférieure	15.2	Alpes (Basses-)	18.6
Pyrénées-Orientales	16.5	Pyrénées (Hautes-)	18.6
Oise	17.4	Cher	18.8
Saône-et-Loire	17.7	Eure	18.9
Indre-et-Loire	17.8	Seine-et-Oise	18.9
Loire (Haute-)	18.2	Loiret	19.3
Ardèche	18.5	Marne	19.3
Seine-et-Marne	18.5		

5ᵉ classe. — De 20 à 25 p. 100 de bois.

Corrèze	20.3	Loir-et-Cher	21.5
Ain	20.7	Vaucluse	21.6
Aube	20.9	Dordogne	21.8
Corse	20.9	Isère	21.9
Pyrénées (Basses-)	21.1	Lot	22.5
Savoie	21.3	Yonne	23.1
Gard	21.4	Alpes-Maritimes	23.2

6ᵉ classe. — De 25 à 30 p. 100 de bois.

Alpes (Hautes-)	25.1	Drôme	28.3
Meurthe-et-Moselle	25.5	Côte-d'Or	29.1
Savoie (Haute-)	25.6	Nièvre	29.3
Doubs	25.8	Meuse	29.4
Ardennes	27.0		

7ᵉ classe. — De 30 à 35 p. 100 de bois.

Marne (Haute-)	30.4	Rhin (Haut-)	33.1
Saône (Haute-)	31.3	Ariège	34.8
Jura	31.5		

8ᵉ classe. — De 35 à 40 p. 100 de bois.

Vosges	35.8	Gironde	36.7

9ᵉ classe. — De 40 à 45 p. 100 de bois.

Var	43.2

10ᵉ classe. — De 55 à 60 p. 100 de bois.

Landes	56.0

C'est-à-dire que l'on a :

4 départements avec moins de	....	5 p. 100 de bois.
16 départements avec	....	5 à 10
20 —	....	10 à 15
15 —	....	15 à 20
14 —	....	20 à 25
9 —	....	25 à 30
5 —	....	30 à 35
2 —	....	35 à 40
1 —	....	40 à 45
0 —	....	45 à 50
0 —	....	50 à 55
1 —	....	55 à 60

Si l'on représente par un graphique l'importance relative de ces diverses classes, on obtient :

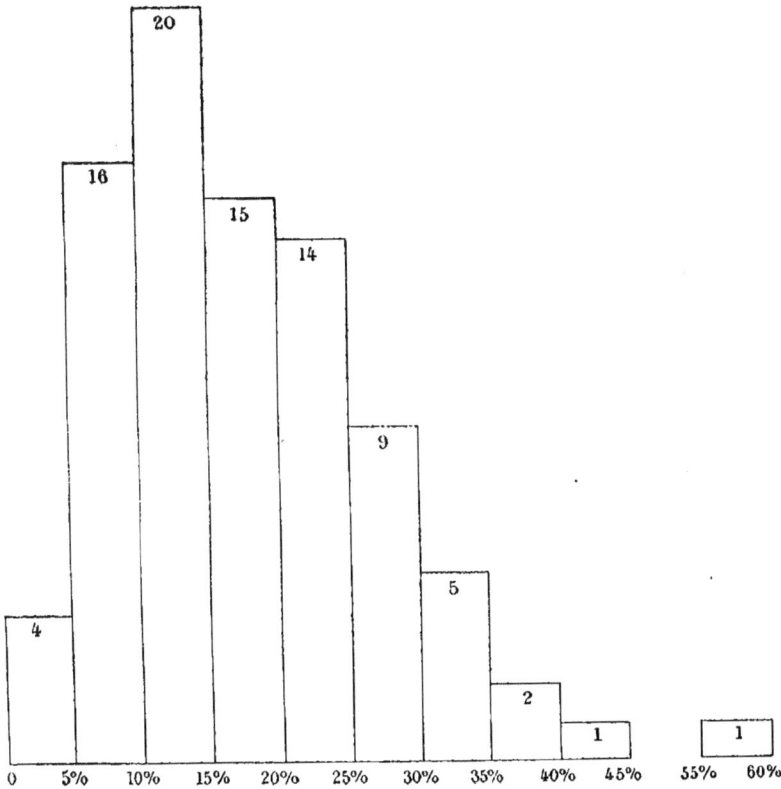

La *représentation cartographique* des régions de même densité forestière peut être faite suivant deux procédés : le *procédé polychrome* qui donne des délimitations bien nettes, le *procédé monochrome* qui fait mieux voir l'augmentation de densité. Que l'on choisisse l'un ou l'autre, il conviendrait en tous cas que l'on conservât dans toutes les cartes à faire les mêmes teintes et les mêmes symboles. Nous proposons les suivants :

PROCÉDÉ POLYCHROME.

1re classe, de o à 5 p. o/o	....	Carmin foncé.
2e — de 5 à 10	....	Carmin pâle.
3e — de 10 à 15	....	Bleu verdâtre pâle.
4e — de 15 à 20	....	Bleu verdâtre foncé.
5e — de 20 à 25	....	Vert émeraude clair.
6e — de 25 à 30	....	Vert émeraude foncé.
7e — de 30 à 35	....	Vert olive clair.
8e — de 35 à 40	....	Vert olive foncé.
9e — de 40 à 45	....	Bleu de Prusse clair.
10e — de 55 à 60	....	Bleu de Prusse foncé.

PROCÉDÉ MONOCHROME.

1re classe	....	vert pâle.
2e —	....	vert clair.
3e —	....	vert foncé.
4e —	....	vert foncé avec petits ronds.
5e —	....	vert foncé avec rayure horizontale moyenne.
6e —	....	vert foncé avec rayure verticale moyenne.
7e —	....	vert foncé avec quadrillage moyen.
8e —	....	vert foncé avec rayure horizontale fine.
9e —	....	vert foncé avec rayure verticale fine.
10e —	....	vert foncé avec quadrillage fin.

Il peut être utile de montrer d'une façon nette les régions insuffisamment boisées et les régions qui le sont abondamment.

Pour répondre à ce but, on teinterait en rose sur une carte spéciale les départements ayant moins *moins de 10 p. 100 de bois* et en vert ceux possédant *plus de 20 p. 100 de bois.*

Les *régions insuffisamment boisées* forment trois groupes :

Le groupe du Nord, avec 3 départements (un quatrième isolé [la Seine] peut y être rattaché);

Le groupe de l'Ouest, bien homogène, malgré ses 11 départements;

Le groupe du Centre sud, à départements isolés (5).

Les *régions abondamment boisées* forment deux groupes :

Le groupe de l'Est, avec 23 départements (un vingt-quatrième, isolé [le Loir-et-Cher] peut y être rattaché);

Le groupe du Sud-Ouest, avec 7 départements dont un isolé (Ariège):

La Corse, complètement isolée, rentre dans ces régions.

L'utilité de semblables recherches et de semblables cartes étant, croyons-nous, maintenant admises, nous terminerons ce travail en attirant l'attention sur l'intérêt que présenterait la confection de 3 *cartes d'Europe :*

1re *carte.* — Délimitation dans chaque pays des régions correspondant aux diverses classes.

2e *carte.* — Tracé dans chaque pays des régions ayant moins de 10 p. 100 de bois et des régions en ayant plus de 20 p. 100.

3e *carte.* — Carte des densités forestières moyennes de chaque pays.

SÉANCE GÉNÉRALE DU JEUDI 7 JUIN 1900.

PRÉSIDENCE DE M. LUCIEN DAUBRÉE.

La séance est ouverte à deux heures.

M. Charlemagne, *secrétaire général*, donne lecture du procès-verbal de la précédente séance générale; le procès-verbal est adopté.

M. le Président communique à l'Assemblée les lettres d'excuses de MM. Méline et Viger.

M. le Président. Je vais mettre aux voix successivement les vœux et conclusions adoptés par les différentes sections; mais je dois tout d'abord déclarer que, dans ce Congrès international, peuvent seuls être mis aux voix les vœux ayant un caractère international.

Je donne la parole aux Présidents des sections pour communiquer à l'Assemblée les résolutions adoptées par leurs sections respectives.

M. Fetet, *président de la première section*, donne lecture des vœux et conclusions adoptés par sa section :

1re Question : *Traitement des forêts de sapin; transformation en sapinières des taillis à faible rendement situés en régions montagneuses.*

Conclusions de M. Mer :

« Les sapins en sous-étage qui présenteront une vigueur suffisante seront conservés; les autres, de même que ceux qui en assez grand nombre seront brisés ou mutilés, devront être remplacés par des plantations d'épicéas. »

Ces conclusions sont adoptées.

CONCLUSIONS DE M. HUFFEL :

« La question de la meilleure méthode de traitement à appliquer aux sapinières est encore obscure; ni le jardinage, tel que l'ont défini Lorentz et Parade, ni la futaie pleine n'ont entièrement répondu aux espérances. La méthode de M. Mélard, actuellement suivie dans les forêts soumises au régime forestier, présente le grand avantage de permettre de conserver les richesses existantes sans rien préjuger sur l'état idéal vers lequel il conviendra de s'acheminer. »

M. LE PRÉSIDENT. Pour conserver au vœu son caractère international, il conviendrait de supprimer les mots : « dans les forêts actuellement soumises au régime forestier », qui visent les forêts françaises d'une façon trop directe.

Les conclusions de M. Huffel sont adoptées avec la suppression proposée par M. le Président.

Les conclusions de MM. Runacher, Bouvet, Jobez sont ensuite mises aux voix. M. le Président propose de les modifier de la façon suivante :

« L'Assemblée émet le vœu : que de nouvelles stations de recherches forestières soient créées, qu'elles entrent en relations les unes avec les autres, qu'elles publient les comptes rendus de leurs travaux. »

M. JOBEZ. Cette question a été soulevée à l'occasion du traitement des forêts de sapin; il serait peut-être utile d'indiquer que les communications devront surtout porter sur ce point.

M. le Président. Plus le vœu sera général, plus il sera agréable aux sylviculteurs.

M. Bouvet. Une mention spéciale pour le sapin serait bonne, parce que le traitement du sapin est l'objet de grandes controverses.

L'addition proposée par M. Bouvet est repoussée et les conclusions, formulées par M. le Président, sont adoptées.

2ᵉ Question : *Conséquences physiologiques et culturales des éclaircies.*
Les conclusions de M. Boppe et les conclusions de M. *Mer*, adoptées par la section (premier et deuxième paragraphes), sont adoptées.

3ᵉ Question : *Utilité de la culture du sol dans les coupes à régénérer.*
Les conclusions de M. Charlemagne sont adoptées.

4ᵉ Question : *Traitement des taillis-sous-futaie, en vue d'augmenter les produits du bois d'œuvre.*
Les conclusions de M. Huffel sont adoptées.

5ᵉ Question : *Déficit ou excédent de la production forestière dans les diverses régions du globe.*

M. le Président. La première section a adopté sur cette question les conclusions suivantes de M. Fetet :

« L'Assemblée émet le vœu qu'une entente internationale intervienne pour protéger les forêts contre la destruction et assurer ainsi l'approvisionnement de l'industrie en bois d'œuvre. »

Je propose l'addition suivante : « et pour publier des statistiques résumées faisant connaître la richesse forestière et la consommation de bois de chaque pays. »

Les conclusions de M. Fetet et l'addition proposée par M. le Président sont adoptées.

Sur la question n° 6, M. Guyot retire le vœu, adopté sur sa demande par la section, comme n'ayant pas un caractère international.

7ᵉ QUESTION : *Examen général, au point de vue du peuplement forestier, des essences exotiques.*

Les conclusions de M. Pardé sont adoptées.

M. LE PRÉSIDENT. La première section a encore adopté un vœu de M. Sarcé, qu'il ne me paraît pas possible de mettre aux voix, parce qu'il n'a pas un caractère international.

M. LE COMTE VISART. Il est souvent impossible en France de se procurer des produits venant des pépinières de l'étranger, à cause de l'élévation des tarifs.

Je demande que le vœu de M. Sarcé soit modifié de la façon suivante :

« Qu'en ce qui concerne les expéditions de plants et arbustes forestiers, les tarifs des chemins de fer et les délais d'expédition soient réduits, que les jours de transbordement soient supprimés, de façon à rendre possibles les échanges internationaux. »

Ces conclusions sont adoptées.

M. CARDOT, *secrétaire de la deuxième section*, donne lecture des vœux et conclusions adoptés par la section.

1ʳᵉ QUESTION ET 2ᵉ QUESTION jointes : *Météorologie forestière. — Influence des forêts sur les eaux souterraines dans les régions de plaines.*

Projet de vœu adopté comme suite aux rapports de MM. Jolyet, Henry et Servier.

« Le Congrès international de sylviculture émet le vœu qu'il serait désirable que l'action des forêts sur les sources et sur les chutes de grêles fût étudiée dans des stations forestières, non seulement en France mais encore à l'étranger, de façon que la question puisse être reprise dans le prochain Congrès international et que, par suite, ces stations forestières météorologiques, trop peu nombreuses, surtout en France, soient multipliées. »

M. LE PRÉSIDENT fait observer qu'il serait préférable de supprimer les mots : en France et à l'étranger. (*Assentiment.*)

Le projet de vœu ainsi modifié est adopté.

3ᵉ QUESTION : *Restauration des montagnes et correction des torrents.*

1° Projet de vœu adopté comme suite à la communication de M. Kuss :

« Le Congrès de sylviculture émet le vœu qu'il soit fait un rapport, au prochain Congrès, sur la recherche du meilleur procédé pratique capable de maintenir dans le fond des ravins le produit de la désagrégation des schistes liasiques, connus sous le nom de *terres noires*, et en général de toutes les roches se délitant rapidement en fine poussière. »

Ce projet de vœu est adopté.

2° Conclusions présentées par M. Kuss sur la même question :

« Le Congrès international de sylviculture émet le vœu : qu'il serait désirable de donner le plus d'extension possible à l'emploi des gros blocs dans les barrages, notamment en insérant dans les devis une clause interdisant aux entrepreneurs de débiter les blocs de moins de 5 mètres cubes et même d'un volume supérieur, si les circonstances locales le permettent. »

M. LE PRÉSIDENT fait observer que ces conclusions ne présentent pas un caractère assez général; il en propose le retrait. (*Assentiment.*)

Ces conclusions sont retirées.

3° Conclusions présentées par M. Kuss sur la même question :
« Qu'il soit étudié si, dans les barrages en maçonneries mixtes, il ne serait pas préférable que la maçonnerie en pierres sèches fût placée à l'aval du barrage et non plus en amont. »

M. Kuss dit que ce sont de simples conclusions et non pas un projet de vœu; il en demande le retrait, en tant que projet de vœu. (*Approbation.*)

Les conclusions sont retirées.

4° Projet de vœu adopté comme suite au rapport de M. Lucien Fabre sur « les landes et futaies plantées des plateaux des Hautes-Pyrénées » (3° question).

« Le Congrès international de sylviculture émet le vœu qu'il serait désirable d'étendre les travaux de reboisement dans les terrains ou landes, alors même qu'il n'y aurait pas « danger né et actuel », où la régularisation des cours d'eau est devenue nécessaire au point de vue général ».

M. LE PRÉSIDENT. Le Congrès international ne peut adopter un vœu dans ces termes.

Les mots « danger né et actuel » sont les termes mêmes de la législation française de 1882. Cela donnerait au vœu un caractère essentiellement local.

M. Lucien FABRE. Je ne m'oppose pas à la suppression de ces mots, d'autant moins que les landes constituent assurément un danger actuel puisqu'il est de tous les instants.

Le projet de vœu ainsi modifié (suppression des mots : alors même qu'il n'y aurait pas danger né et actuel) est adopté.

4° QUESTION : *Travaux de protection contre les avalanches et mesures défensives contre les dégâts causés aux propriétés inférieures par les eaux provenant directement des glaciers.*

Projets de vœux adoptés comme suite au rapport de M. Mougin.

1° «Soumettre au contrôle de l'État les bois particuliers en montagne, les prés-bois, les pâturages boisés, en vue de prévenir la formation des avalanches. »

M. CARDOT. M. Paul Vibert a fait, dans la deuxième section, une communication très intéressante relativement aux avalanches dans les Pyrénées. La deuxième section n'a pas cru devoir présenter le projet de vœu de M. Vibert, qui n'est qu'un cas particulier du projet de vœu de M. Mougin, mais en a décidé l'insertion, comme conclusions, dans les procès-verbaux de la Section.

Le premier projet de vœu de M. Mougin est adopté.

2° «Organiser dans chaque pays un service d'observation des glaciers, dans le but de prévenir le retour de catastrophes et de renseigner les services intéressés sur les mouvements et la formation des glaciers. »

Ce deuxième projet est adopté.

3° QUESTION : *Améliorations pastorales; fruitières; réglementation des pâturages.*

Projet de vœu adopté comme suite au rapport de M. Cardot.

«Le Congrès international de sylviculture émet le vœu que, dans chacune des nations représentées, une législation pastorale soit étudiée, ou, si elle existe déjà, que, par une application aussi étendue qu'il sera possible, on en obtienne l'effet maximum;

«Puis que l'on étudie les moyens de la compléter ou de la perfectionner;

«Que, d'autre part, toutes mesures administratives et financières soient prises pour assurer la reconstitution, la mise en valeur et la fructueuse exploitation de toutes les terres publiques appartenant à des collectivités : États, provinces, tribus, réunion de communes, communes, sections de communes, établissements publics;

42.

. «Que, enfin, en raison de l'importance de ces deux questions, il soit fait un rapport, dans le prochain Congrès international, des dispositions législatives adoptées et des mesures prises par les différents États. »

Ce projet de vœu est adopté.

6ᵉ Question. *Défenses contre les érosions de l'Océan; voies de vidange dans les forêts des dunes.*

Projet de vœu adopté comme suite au rapport de M. Violette :

« 1ʳᵉ *Partie.* Un nivellement de haute précision sera effectué le plus tôt possible, sur la rive gasconne, puis renouvelé à intervalles réguliers, pour déterminer l'importance de l'affaissement ou du soulèvement de cette partie de la côte. Le niveau moyen de l'Océan, fourni par des maréographes, constituera plan de comparaison.

« 2ᵉ *Partie.* Le profil de sections littorales transversales, toutes rattachées au nivellement en long, sera levé à différentes reprises, à échéances régulièrement espacées, aux fins de rechercher la résultante de l'action propre des eaux sur les rivages sablonneux. »

M. Violette. Ce projet de vœu qui semble présenter un caractère particulier dans la forme est réellement général dans le fond; il renferme en effet, les conclusions d'une étude très générale. Je demande donc de modifier la première partie ainsi :

« 1ʳᵉ *Partie.* En vue de déterminer les bases d'une méthode rationnelle d'entretien des dunes littorales menacées par les eaux, des nivellements de haute précision seront effectués le plus tôt possible, puis renouvelés à intervalles réguliers, pour reconnaître l'importance de l'affaissement ou du soulèvement des côtes. Le niveau moyen de l'Océan fourni par des maréographes, constituera plan de comparaison. » (*Assentiment.*)

Le vœu ainsi modifié est adopté.

8ᵉ Question. *Défense contre les incendies.*

Projet de vœu adopté comme suite au rapport de M. Delas-sasseigne :

« Le Congrès international de sylviculture émet le vœu que les pouvoirs publics des différents Etats prennent, sans plus tarder, en ce qui les concerne, les mesures nécessaires pour mettre fin, dans la mesure du possible, aux incendies qui détruisent les richesses forestières. »

Le projet de vœu est adopté.

M. Cardot. En dehors des questions inscrites au programme, plusieurs vœux ont été adoptés par la deuxième section; ce sont les suivants :

1° Projet de vœu présenté par M. Crahay, délégué de la Belgique :

« Le Congrès international de sylviculture émet le vœu :

« 1° Que les agents forestiers se mettent en relation constante avec le public, de façon à l'éclairer, à lui faire comprendre l'utilité et l'importance des forêts et du reboisement des terres incultes;

« 2° De faire donner, par ces mêmes agents, des conférences ou causeries familières, destinées à atteindre le même but, et des consultations de nature à éclairer les particuliers et les administrateurs de biens collectifs sur la manière la plus rationnelle de traiter les forêts ou de boiser les terres improductives, ou de faire des plantations isolées ou par bordures dans les territoires agricoles. »

M. le Président. Je suis d'autant moins opposé à la présentation de ce vœu que j'ai pu me rendre compte par moi-même de la façon remarquable dont la théorie préconisée ainsi par M. Crahay était mise en pratique en Belgique. (*Approbation.*)

Le projet de vœu est adopté.

2° Projet de vœu présenté par M. Deloncle sur la proposition de M. Puig y Valls, délégué de l'Espagne.

« Le Congrès international de sylviculture émet le vœu :

« Qu'il soit créé dans chaque État, le deuxième dimanche d'octobre, une Fête de l'Arbre, analogue à celle qui existe aux États-Unis, et qui sera consacrée par les élèves des écoles à planter des arbres. »

Plusieurs membres du Congrès. Il est difficile d'imposer la même date à tous les États.

M. Samios. Je demande que le Congrès ne spécialise pas ainsi la question.

Le but vers lequel nous tendons tous, c'est l'étude du meilleur mode d'éducation de la jeunesse.

Il se peut, par exemple, que, en Grèce, la Fête de l'Arbre ne produise aucun résultat, alors qu'un autre genre d'enseignement pratique serait propre à développer chez les enfants l'amour de la nature. (*Vive approbation.*)

M. le Président. Le Congrès aura à statuer dans un instant sur un autre vœu relatif à l'enseignement sylvicole.

M. Samios. J'insiste néanmoins sur ce fait qu'il n'est pas désirable de voir la Fête de l'Arbre imposée aux États chez lesquels ce moyen ne serait pas le plus pratique.

Je demande que le vœu soit ainsi modifié :

« Que les États cherchent, par tous les moyens possibles, à populariser et vulgariser la science forestière. » (*Approbation.*)

M. Puig y Valls. Je tiens à conserver la proposition primitive. J'ai eu l'honneur de fonder, à Barcelone, une « Société des Amis des arbres » au sein de laquelle la Fête de l'arbre est mise en pratique.

Nous avons obtenu de grands résultats ; la « Société des Amis des arbres » s'est déjà répandue jusque dans les montagnes et les provinces basques.

C'est ainsi que nous avons eu deux Fêtes de l'arbre à Barcelone et une à Puycerda. Il se produit donc un grand courant d'opinion en faveur de cette méthode, et je suis persuadé que si l'enfant commence ainsi à comprendre l'utilité des repeuplements, nous arriverons à des résultats excellents, sans qu'il soit utile de faire intervenir des lois et des règlements.

Je demande donc le maintien de la Fête de l'arbre et j'ajoute que je désire voir supprimer la date fixe du deuxième dimanche d'octobre. (*Applaudissements.*)

M. LE PRÉSIDENT. La cause vient d'être si bien plaidée qu'elle est assurément gagnée auprès de tous les membres du Congrès. (*Approbation.*)

M. SAMIOS. Je demande au Congrès de vouloir bien, dans ce cas, ajouter ma proposition à la formule primitive du vœu.

Bien que le deuxième vœu de M. Deloncle, dont a parlé M. le Président, me donne satisfaction sur un point, je tiens à bien préciser ma pensée, c'est-à-dire que, selon moi, on ne peut définir d'une manière absolue un mode d'enseignement sylvicole pour la jeunesse. Ce mode d'enseignement peut et doit forcément différer dans chaque pays selon le caractère ou les mœurs.

En Grèce, les forestiers sont un peu considérés comme les médecins au moyen-âge; ils passent pour des sorciers. (*Rires.*)

Nous sommes donc obligés d'aller progressivement dans la vulgarisation de la science forestière, et c'est en cela que je ne puis approuver la Fête de l'arbre. (*Applaudissements.*)

M. LE PRÉSIDENT. Dans ces conditions, le vœu pourrait être ainsi formulé :

« Qu'il soit créé, dans chaque État, une Fête de l'arbre analogue à celle qui existe aux États-Unis, et qui sera consacrée par les élèves des écoles à planter des arbres ; ou que les États cherchent, par tous les moyens possibles, à populariser et vulgariser la science forestière. » (*Assentiment.*)

M. Samios. Des statistiques forestières pourraient utilement être faites dans chaque État et communiquées aux autres États, leur permettant ainsi de se rendre compte des progrès accomplis en Europe.

M. le Président. C'est une question à régler par une entente internationale ; en ce sens, il y a un autre vœu de M. Deloncle qui vous donne implicitement satisfaction.

Le projet de vœu, modifié dans les termes ci-dessus, est adopté.

3° Projet de vœu, présenté par M. Deloncle, relativement à l'enseignement sylvicole :

« Le Congrès international de sylviculture émet le vœu :

« Qu'un enseignement sylvicole soit introduit dans les écoles normales et primaires de tous les pays ; que, par une campagne de conférences et d'affiches publiques, les États, provinces et communes combattent sans répit les préjugés populaires contre la restauration des terrains en montagne et la correction des torrents ; que des primes nationales et même internationales soient attribuées annuellement aux particuliers qui auront le plus activement collaboré à l'œuvre de la restauration des terrains en montagne. »

Le projet de vœu est adopté.

4° Projet de vœu présenté par M. Deloncle :

« Que les États étudient la formation d'une entente internationale pour la protection des forêts existantes, la restauration des terrains en montagne et la défense contre les glaciers, les avalanches, les torrents et les incendies ; qu'un bureau international soit créé pour centraliser les enquêtes à ouvrir sur la question sylvicole et les législations forestières des divers États, réunir tous documents utiles, et préparer une législation internationale qui permette aux nations d'unir leur action et, au besoin même, leurs ressources en vue de leurs intérêts communs. »

Le projet de vœu est adopté.

5° Projet de vœu présenté par M. Deloncle :

« Le Congrès international de sylviculture émet le vœu :

« Qu'un Congrès international de sylviculture ait lieu chaque année dans l'une des capitales de l'Europe et que le prochain Congrès ait lieu à Berne. »

M. le Président. Cette question viendra à la fin de l'ordre du jour; j'aurai moi-même une proposition à soumettre au Congrès.

M. Charpentier donne lecture des vœux et conclusions adoptés par la 3e section.

Question n° 4 : *Sols forestiers, cartes botanico-forestières.*
1° Vœu de M. van Schermbeck. (Adopté).
2° Vœu de M. Guffroy [fumure des pépinières]. (Adopté).
3° Vœu de MM. Léveillé et Guffroy (cartes botanico-forestières).

Un membre. C'est un vœu platonique; presque toutes les Administrations forestières possèdent ces cartes.

M. le Président. Il y a beaucoup de nations où ces cartes n'existent pas.

Le vœu est adopté.

4° Vœu de M. Guffroy.
« Qu'il soit dressé une carte orographique indiquant la densité

forestière des diverses régions et la répartition des orages à grêle afin d'en déduire l'influence des forêts sur ce phénomène. »

M. Benardeau. Ce vœu fait double emploi avec un autre vœu de MM. Jolyet et Henry, émis par la 2ᵉ section, et déjà adopté par l'assemblée générale.

M. le Président. On pourrait fondre ces deux vœux; je propose le texte suivant :

« Qu'il serait désirable que l'action des forêts sur les sources et sur les chutes de grêle fût étudiée dans des stations forestières, et qu'il fût dressé des cartes orographiques indiquant la densité forestière, de façon que la question puisse être reprise dans le prochain Congrès international, et que, par suite, le nombre de ces stations forestières météorologiques, trop rares, surtout en France, soit multiplié. »

Ce vœu est adopté.

5° Vœu de M. Thézard. (Adopté).

Question n° 5 :

Vœu de M. Demorlaine : *Amélioration des transports forestiers.*

Ce vœu est adopté, moins les mots : *dans la région des Landes.*

Vœu de M. Pagès :

L'assemblée émet le vœu « que le méthylène soit maintenu comme dénaturant officiel ».

M. le Président. Ce vœu ne me paraît pas devoir être mis aux voix, parce qu'il n'a pas un caractère international.

M. Pagès. Un tel vœu me semble pouvoir être émis par le Congrès.

Les taillis perdent de jour en jour de leur valeur parce que les moyens d'utilisation de leurs produits diminuent : ils fournissent l'alcool de bois, qui est employé dans tous les pays. En maintenant le méthylène comme dénaturant officiel de l'alcool éthylique, les Gouvernements favoriseraient l'utilisation des produits des taillis et, par conséquent, leur conservation.

Il a été aussi question, dans la 3ᵉ section, d'un instrument précieux pour la conservation des pins maritimes qui produisent l'essence de térébenthine. Je propose à l'assemblée d'émettre un vœu pour l'adoption de cet instrument qui a été inventé par un garde général de France. Ce vœu a un caractère international.

M. Demorlaine. Je demande aussi qu'on fixe dans tous les pays les dimensions des pins maritimes à gemmer et à exploiter et qu'on impose aux particuliers l'obligation de respecter ces dimensions.

M. Violette. Il est impossible de soumettre les particuliers à une telle obligation ; on ne peut qu'essayer de les persuader qu'ils gèrent mal leurs forêts de pins maritimes, et qu'ils auraient intérêt à observer la règle proposée.

Les vœux de MM. Pagès et Demorlaine ne sont pas adoptés.

M. le Président. Nous avons terminé l'examen des vœux adoptés dans chaque section; il nous reste à examiner la question de la permanence du Congrès de sylviculture.

Deux solutions se présentent :

L'une nous laisse notre complète indépendance en reformant des Congrès de sylviculture successifs, dans les mêmes conditions que cette année.

L'autre consiste à nous fondre avec le Congrès d'agriculture où nous formerions une section à part.

Cette méthode, qui assurément nous fait perdre notre indépendance, présente cependant de sérieux avantages, tant au point de vue pécuniaire qu'au point de vue des facilités matérielles.

J'ai été heureux de constater l'empressement avec lequel les forestiers et les sylviculteurs avaient répondu à cet appel, mais nous ne pouvons nous dissimuler que l'attrait de l'Exposition est bien pour quelque chose dans cet empressement. Nous avons donc à redouter bien des absences dans les prochains Congrès de sylviculture indépendants; d'autant plus que les Compagnies de chemins de fer, pressenties en vue d'accorder la faculté du parcours à demi-tarif aux membres du Congrès, ont été effrayées du nombre des Congrès actuels et n'ont voulu consentir cette faveur qu'à l'égard des Congrès déjà anciens.

Un membre de l'Assemblée. Les Compagnies étrangères sont plus généreuses; elles accordent le permis entier.

M. le Président. Dans ces conditions, la fusion avec le Congrès d'agriculture, existant depuis plusieurs années, nous offre un réel avantage.

J'ajoute qu'il sera matériellement plus facile au Congrès d'agriculture qu'à nous-mêmes d'organiser la permanence.

Je n'ai d'ailleurs pas besoin de faire ici l'éloge de l'homme éminent qui préside le Congrès d'agriculture, et je puis vous assurer qu'il nous accueillera avec grand plaisir.

Vous savez également que déjà M. Méline a réussi plusieurs fois à instituer dans les Congrès d'agriculture une section de sylviculture, notamment à Buda-Pest.

Je vais donc vous soumettre tout d'abord la question de la permanence.

La permanence du Congrès de sylviculture est adoptée à l'unanimité.

M. le Président. Quant à la question d'annualité ou de périodicité du Congrès, elle sera naturellement résolue par le vote qui proclamera la fusion ou l'indépendance.

Le Congrès d'agriculture se réunit tous les deux ans, successivement dans chaque pays; si vous adoptez la fusion, vous adopterez en même temps la périodicité du Congrès d'agriculture dans lequel nous formerions une section.

Je tiens, à ce sujet, à vous rappeler à nouveau que déjà, à plusieurs reprises, le Congrès d'agriculture a formé une section de sylviculture.

M. Lefébure. Ne serait-il pas préférable de voter en premier lieu sur la périodicité : tous les ans, tous les deux ans, ou même plus? Cette dernière conception aurait l'avantage d'assurer la solution d'un plus grand nombre de questions, les recherches en matières forestières étant fort longues.

M. le Président. Le vote de la fusion entraîne naturellement la périodicité de deux ans. L'indépendance ou la fusion constitue donc une question préjudicielle.

M. Guyot. La section de sylviculture aurait-elle, en quelque sorte, un bureau permanent, spécial?

M. le Président. Il existe, pour le Congrès d'agriculture, un bureau central permanent qui deviendrait notre bureau central.

M. Mitivié. De la sorte, nous serions noyés dans l'agriculture.

M. Mougin. Les propositions soumises en assemblée générale, seraient-elles soumises à l'assemblée générale des agriculteurs dont les intérêts sont souvent opposés aux nôtres?

M. Puig y Valls. Je suis partisan de l'indépendance; sans cela nous passerons inaperçus. Cela serait contraire au but que nous poursuivons, qui est de nous faire connaître du public, surtout au point de vue des nations où l'on est encore dans une période de transformation : telle l'Espagne.

M. LE PRÉSIDENT. Je vous ferai observer, Messieurs, en réponse à la demande qui vient d'être formulée, que tous les vœux émis par la section de sylviculture, chaque fois que le Congrès d'agriculture a pu en former une, ont été admis sans discussion par l'assemblée générale des agriculteurs.

Cette question ne fait aucun doute.

J'ajoute, et j'insiste sur ce point, que la fusion nous assure forcément l'existence, tandis que, avec l'indépendance, certainement plus séduisante, nous risquons de ne pas aboutir

Enfin je puis vous assurer que M. Méline sera le premier à faire respecter votre indépendance en matière sylvicole.

Après une épreuve douteuse, il est procédé au vote au scrutin sur la question de l'*indépendance* ou de la *fusion.*

Le principe de la *fusion* est adopté à la majorité.

M. LE PRÉSIDENT. Le principe de la fusion étant adopté, je demande au Congrès de me donner le mandat nécessaire pour m'entendre avec M. le Président du Congrès d'agriculture, vous assurant encore que votre indépendance sera respectée dans les limites du possible. (*Marques d'assentiment.*) (*Applaudissements.*)

Il me reste, Messieurs, à vous remercier de l'assiduité avec laquelle vous avez bien voulu prendre part à nos travaux et à souhaiter de nous retrouver aussi nombreux dans le prochain Congrès. Je remercie tout spécialement nos collègues étrangers du précieux concours qu'ils nous ont prêté et dont nous garderons le plus cordial souvenir. (*Applaudissements.*)

Je rappelle que le prochain Congrès aura lieu en 1902 ; le pays où il se tiendra sera fixé par le Congrès international d'agriculture [1]. Nos collègues seront informés directement et en temps utile de la date de notre prochaine réunion.

J'ajoute que le Congrès d'agriculture ouvre ses séances le 7 juillet prochain et que, si quelques-uns d'entre vous désiraient y prendre part, ils seraient les bienvenus auprès des membres du Comité d'organisation. (*Applaudissements.*)

La séance est levée à 4 heures et demie.

L'après-midi du vendredi 8 a été consacrée à la visite des expositions forestières des différents peuples.

BANQUET DU MERCREDI 6 JUIN.

Le mercredi 6 juin, les congressistes se sont réunis dans un déjeuner qui a eu lieu, à l'Exposition, au *Cabaret de la Belle-Meunière*, l'un des principaux restaurants du Trocadéro. Ce banquet a été présidé par M. Daubrée, président du Congrès. On comptait parmi les convives : MM. Gomot, Faye, Develle, anciens ministres de l'agriculture; Girerd, ancien sous-secrétaire d'État; Dimitz, directeur général des Forêts d'Autriche; Kiss de Nemesker, sous-secrétaire d'État au Ministère de l'agriculture de Hongrie; Dubois, directeur général des Eaux et Forêts de Belgique; Muller, directeur des Forêts et grand veneur de la Cour de Danemark; Coaz, inspecteur fédéral en chef des Forêts de Suisse; Samios, directeur général des Forêts de Grèce; Kern, directeur de l'Institut forestier de Saint-Pétersbourg; Friederich, directeur de la Station de recherches forestières de Mariabrunn; Wulf, chef du département des Forêts à Copenhague; de Alten, conseiller forestier à Wiesbaden; le baron de Raesfeldt, conseiller supérieur des Forêts de Bavière; le docteur

---

[1] Le Congrès international d'agriculture a décidé que le prochain Congrès se tiendra en Italie (voir annexes page 699).

Weber, professeur à l'Université de Munich ; Rafael Puig y Valls, ingénieur en chef des Forêts à Barcelone; de Mazarredo, ingénieur des Forêts à Madrid; Tavy, conseiller en chef des Forêts à Budapest; de Pottere, garde général des Forêts à Budapest; Shirasawa, inspecteur des Forêts à Tokio; Niederlein, ancien inspecteur national des Forêts du Mexique ; Dahl, inspecteur des Forêts de Norvège ; Walmo, officier des Forêts de Suède ; Schlich, professeur à l'École de Coopers-Hill (Angleterre) ; Fisher, professeur adjoint à l'École de Coopers-Hill ; Fankhauser, adjoint à l'inspecteur fédéral en chef des Forêts de Suisse ; Wang, conseiller des Forêts en Autriche ; Petraschek, directeur des Forêts de Bosnie-Herzégovine; de Sébille, vice-président de la Société forestière de Belgique; baron de Brandis, officier forestier de Brünsvick ; Cadell, Gamble, Hearle, Stafford-Howard, Mᶜ Moir, Statter-Karr, baron de Hérissem, Binamé, Crahay, Hoyois, Petraschek fils, Landolt, van Dissel, van Zuylen, Zeerleder de Fisher, Borel, Tanassesco, Faas, Yol, etc.

Étaient également présents : MM. Fétet, administrateur des Eaux et Forêts; Deloncle, ancien député; Charpentier, essayeur des monnaies de France, présidents des sections du Congrès international de sylviculture; Bert et Mongenot, administrateurs des Eaux et Forêts; Boppe, ancien directeur de l'École nationale forestière; Bouquet de la Grye, de Gayffier, Broilliard, George-Grimblot, Dreyfus, Charlemagne, Lamey, Rivet, anciens Conservateurs des Forêts ; Guyot, directeur de l'École nationale des Eaux et Forêts; Fliche, professeur à l'École nationale des Eaux et Forêts; Barthélemy, Bénardeau, Billecard, Carrière, Crouvizier, de Gail, Galland, Gillet, Larzillière, Loze, Mersey, Molleveaux, Perrin, Phal, Récopé, Zurlinden, conservateurs des Eaux et Forêts; le docteur Mitivié, président de la section de sylviculture de la Société des agriculteurs de France; Lefébure, vice-président de la section de sylviculture de la Société des agriculteurs de France; Cacheux, président de la Société française d'hygiène ; le baron de Guerne, secrétaire général

de la Société d'acclimatation; Antoni, Arnould, Becquerel, Boulanger, Bruand, de la Bunodière, Cannon, Cardot, Cottignies, De-
breuil, Delassasseigne, Delaygue, Demorlaine, Drevon, Duchauf-
four, Duchemin, Duval, Emery, Fabre (G.), Fabre (L.), Fatou,
Gandar, Gazin, Gibert, Guffroy, Guichet, Henriquet, Henry, Hüffel,
Jacmart, Jacquot, Jeannerat, Jobez, Jullien, Kuss, Lafosse, Lallier,
Launay, Leddet (L.), Leddet (P.), Le Dret, Lefebvre, Level, Lop-
pinet, Maire (E.), Majorelle, Marion, Mélard, Mer (E.), Michalon,
Mougin, Muller (C.), Orfila, Pardé, Pécheral, Pequin, Perdrizet,
Picard, Rothéa, Rudolph, Runacher, Schaeffer, Schlumberger,
Silz, Théron, Thézard, Thil, Trutat, de Vilmorin, Violette, etc.

Parmi les membres de la presse qui assistaient au banquet, on
comptait : MM. Sagnier, publiciste, secrétaire général du Congrès
d'agriculture; de Varigny (*le Temps*), Brusse (*Petit Journal*), Fla-
mant (*Petit Parisien*), Basset (*le Matin*), Barbier (*Agence Havas*),
Duchêne (*Agence nationale*), de Loverdo, Fabius de Champeville,
publicistes, etc...

Au dessert, M. Daubrée, président du Congrès, a prononcé les
paroles suivantes :

« Honneur à nos hôtes étrangers qui ont bien voulu nous apporter les trésors de leur science et de leur expérience. Merci à leurs
gouvernements qui en ont délégué un si grand nombre pour assister à nos séances. Je remercie aussi mes fidèles collaborateurs qui
ont préparé avec tant de zèle les travaux de notre Congrès. J'adresse
aussi mes remerciements à la presse qui s'est montrée toujours si
bienveillante à notre égard.

« Au nom de la France, je lève mon verre en l'honneur de nos
hôtes étrangers. »

Plusieurs toasts ont ensuite été portés notamment par MM. Faye,
Samios, Muller, Kiss de Nemesker, Dimitz, de Alten, Fisher, Puig
y Valls, Pétraschek, Boppe, Guyot, Walmo, etc.

EXCURSION DANS LA FORÊT DOMANIALE DE FONTAINEBLEAU
LE SAMEDI 9 JUIN 1900.

Le samedi 9 juin, le Congrès s'est agréablement clôturé par
une excursion dans la forêt de Fontainebleau, important massif
qui, au point de vue de la superficie, occupe le second rang
parmi les forêts domaniales françaises, puisqu'il comprend près de
17,000 hectares et que seule la forêt d'Orléans (34,000 hectares)
l'emporte en étendue. Ajoutons que la forêt de Fontainebleau est
très intéressante à raison de la variété de ses peuplements qui comprennent 9 séries de futaie feuillue, 3 séries de futaie résineuse,
5 séries de futaie jardinée, 3 séries de taillis sous futaie et 1 série
artistique. Partis de Paris par le train de 9 h. 10, les congressistes,
au nombre de 82, ont trouvé à la gare de Fontainebleau de
grandes voitures de courses, où tous ont pu prendre place. Chacun
d'eux a reçu un plan de la forêt, avec une très intéressante notice
due à l'inspecteur local, M. Reuss [1], et un itinéraire habilement
tracé leur a permis de parcourir, pendant la matinée, des cantons
très intéressants tant au point de vue forestier qu'au point de vue
pittoresque. A 1 heure a eu lieu, au restaurant des Gorges de Franchard, sous une tente dressée à cet effet, un charmant déjeuner
égayé par de fort belles sonneries de trompes, exécutées par l'équi-
page de l'adjudicataire de la chasse à courre, M. Lebaudy.

Le déjeuner était présidé par M. Daubrée, ayant à sa droite
M. le comte Visart, président de la Société centrale forestière de
Belgique, et à sa gauche M. Kern, directeur de l'Institut forestier
de Saint-Pétersbourg. Y assistaient également MM. Viellard, de
Sainte-Fare, Coaz, baron de Raesfeldt, Bert, Mongenot, Puig y
Valls, de Alten, comte Limbourg, de Sébille, Picard, Niederlin,
Récopé, de Vilmorin, baron de Guerne, Charlemagne, Samios,
Cadell, Weber, Guyot, de Mazarredo, Lamey, Dreyfus, Fisher,

---

[1] Voir cette notice aux annexes : *Notice sommaire sur la forêt de Fontainebleau, rédigée à
l'occasion du Congrès international de sylviculture*, annexe A.

Carrière, Crahay, Petraschek père, Sprengel, Fankauser, Galland, Jobez, Reuss, Zurlinden, Bénardeau, baron de Brandis, Walmo, Zeerdeler de Fisher, de Pottere, Perrin, Rudolph, Thézard, Mersey, Shirasawa, Yachnoff, Martschenko, Statter-carr, Loppinet, Lefebvre, Bruand, Cannon, Moir, Tanassesco, Yol, Van Zuylen, Hofmann, Granier, Leddet (L.-J.-M.), Maire, baron de Hérissem, Badoux, Hénissart, Van Dissel, Gazin, Delaygue, Hoyois, Duplaquet, Marion, Binamé, Pommeret, Berger, Henriquet, Guilbaud, Demorlaine, Rothéa, Pétraschek fils, Violette, Cardot, Leddet (P.-M.), Lafosse, Couttolenc.

A la fin du repas, plusieurs toasts ont été portés.

M. DAUBRÉE a pris le premier la parole ; il a rappelé que la forêt de Fontainebleau était non seulement une forêt des plus intéressantes au point de vue sylvicole, mais encore qu'elle avait créé toute une école de paysagistes et que son histoire était intimement liée à celle du château de Fontainebleau et à celle de la France. Il ne lui manquait que d'être choisie comme siège du premier Congrès international de sylviculture, et cette gloire vient de lui être donnée. Il a adressé ensuite à M. le conservateur Récopé, dans l'arrondissement duquel se trouve la forêt, ainsi qu'aux agents locaux sous ses ordres, MM. Reuss et Pommeret, toutes ses félicitations pour avoir organisé la tournée de façon aussi agréable et fructueuse.

M. RÉCOPÉ a remercié M. Daubrée de ses bonnes paroles et les congressistes de leur présence ; il a porté un toast en leur honneur.

M. KERN a rappelé que les premières graines de pin sylvestre employées à la régénération de la forêt de Fontainebleau avaient été achetées à Riga ; les produits de ces graines se sont acclimatés dans la forêt et y peuplent aujourd'hui de vastes superficies. C'est l'emblème des bonnes relations qui existent entre les forestiers français et les forestiers russes et vont sans cesse en augmentant.

43.

M. Guyot a constaté qu'à Fontainebleau, comme partout ailleurs, les forestiers recevaient l'accueil le plus cordial.

M. Fisher, professeur de sylviculture à l'École forestière anglaise de Coopers-Hill, ancien élève de l'École forestière française de Nancy comme un grand nombre de ses confrères anglais, a mentionné les liens de camaraderie qui unissent les forestiers des deux nations et cité les noms des anciens professeurs communs dont le souvenir est gravé dans leurs cœurs; il a rappelé que, chaque année depuis dix ans, une des promotions de l'École de Coopers-Hill venait, sous sa direction, étudier les magnifiques futaies feuillues de la Normandie, et qu'il avait toujours trouvé, chez les forestiers des conservations d'Alençon et de Rouen le concours le plus utile et le plus aimable.

M. Petraschek fils a vanté les charmes de la forêt de Fontainebleau et engagé ses auditeurs à venir visiter celles de la Bosnie et de l'Herzégovine.

M. de Alten a parlé de l'admirable réception faite aux forestiers par la « belle France ».

MM. Coaz et Puig y Valls ont pris ensuite la parole au nom de leurs pays.

Enfin, M. Reuss a bu à la santé du Président du Congrès et proposé de perpétuer le souvenir de cette fête mémorable en donnant le nom de « Carrefour du Congrès » à l'un des carrefours de la forêt; cette proposition a été accueillie avec acclamations par l'assistance.

Après le déjeuner les congressistes, remontant en voiture, ont traversé de beaux peuplements de la série artistique. Ils ont mis pied à terre auprès des restes du Briarée, le plus gros des chênes de la forêt, dont ils ont pu admirer l'énorme tronc. Ils sont ensuite revenus vers la ville et, constatant qu'ils pouvaient disposer de quelques instants, ils les ont très agréablement employés à visiter le château de Fontainebleau ; puis, reprenant le train, ils sont rentrés à Paris à 7 heures.

NOTE

RELATIVE À LA FUSION DU CONGRÈS INTERNATIONAL DE SYLVICULTURE AVEC LE CONGRÈS INTERNATIONAL D'AGRICULTURE.

Dans sa séance générale de clôture du 7 juin dernier, le Congrès international de sylviculture a émis le vœu que, pour se perpétuer, il conviendrait de demander sa fusion avec le Congrès international d'agriculture, dont il deviendrait ainsi une section, la *Section de sylviculture ;* il a ensuite autorisé M. DAUBRÉE, son président, à s'entendre à cet effet avec M. le Président du Congrès international d'agriculture.

Sur l'intervention de M. Daubrée, le Congrès d'agriculture, dans sa séance du 7 juillet 1900, a donné son adhésion à la fusion proposée.

Il a décidé ensuite que le siège du prochain Congrès international d'agriculture serait fixé en Italie, le choix de la ville où il se tiendra étant réservé.

Toutes les personnes qui s'intéressent à la sylviculture recevront une convocation en temps utile [1].

---

[1] Voir Annexe B.

ANNEXE A.

NOTICE SOMMAIRE

SUR

LA FORÊT DE FONTAINEBLEAU

RÉDIGÉE À L'OCCASION

DU CONGRÈS INTERNATIONAL DE SYLVICULTURE [1].

> Vaste et sombre forêt, de qui le haut feuillage
> Va chercher le soleil qu'il aime, et qu'il détruit...
>
> COLLETET, 1656.

Nom, origine, situation. — La forêt de Fontainebleau, connue autrefois sous le nom de forêt de *Bière,* est un reste de l'immense massif qui s'étendait encore, au temps de la monarchie franque, entre les vallées de la Seine et de la Loire, et dont les forêts actuelles d'Orléans et de Montargis sont deux autres importants vestiges.

Le nom de Fontainebleau a été donné à la forêt de Bière à partir de l'époque où ce massif a pu être considéré comme une simple dépendance du célèbre château qu'avant la Révolution la Cour venait habiter, chaque automne, en déplacement de chasse.

Après 1789, le domaine dont il s'agit a fait partie de la dotation de la liste civile des différents souverains qui ont régné sur notre pays.

Depuis 1870, il est devenu une forêt d'État sans affectation spéciale.

Il est situé dans le département de Seine-et-Marne (arrondissements de Fontainebleau et de Melun), presque en entier sur le territoire communal de Fontainebleau.

---

[1] Il existe une monographie détaillée de la forêt de Fontainebleau due à un de ses anciens chefs de cantonnement. (*Histoire de la forêt de Fontainebleau*, par Paul Domet, sous-inspecteur des forêts. Paris, Hachette et Cie, 1873.)

Au point de vue de l'organisation du service forestier, il ressortit à la 1ʳᵉ Conservation (Paris) et constitue une chefferie dont Fontainebleau est le siège et qui comprend deux cantonnements.

Contenance. — La surface de la forêt de Bière n'a guère varié depuis plusieurs siècles et est demeurée sensiblement voisine de 17,000 hectares, soit deux fois et demie l'étendue de l'enceinte fortifiée de Paris. Elle se chiffre exactement aujourd'hui par 16,880 hectares; mais dans ce nombre sont compris 360 hectares de terrain provisoirement soustraits au régime forestier et affectés, pour la plupart, aux services de la guerre (polygone d'artillerie de 150 hectares, champs de tir et de manœuvres, etc.). La surface livrée à la production sylvicole dépasse donc de fort peu 16,500 hectares.

Constitution géologique et orographique. — La forêt occupe l'extrémité Nord-Est du vaste plateau du Gâtinais, que la Seine contourne en amont de Melun, après avoir reçu les eaux du Loing et de l'Yonne.

Le sous-sol est généralement formé par les *sables et grès de Fontainebleau,* précisément appelés ainsi du nom de la localité où ils sont le plus développés, et dont les assises, déposées par la mer oligocène, ont souvent de 30 à 40 mètres de puissance. Ils présentent à la partie supérieure un banc assez régulier de grès à ciment tantôt siliceux, tantôt calcaire, au-dessous duquel s'étend une couche de sable quartzeux, micacé.

Les grès et les sables étaient, à l'origine, recouverts sur toute leur étendue par des bancs calcaires, dits *calcaires supérieurs,* ou *calcaires lacustres de la Beauce,* et affectant des aspects variés (marnes sableuses, calcaires, veines ou rognons de pierre meulière). Mais, à l'époque quaternaire, le ruissellement des eaux a produit des phénomènes d'érosion qui ont eu pour conséquence d'arracher les lits du calcaire supérieur, dont il ne reste plus que des lambeaux, et de mettre à nu les vastes bancs de grès. Ceux-ci même, sur certains points, enlevés à leur tour jusqu'aux sables, se sont éboulés et brisés, et ont recouvert les flancs des ravins creusés par les eaux. On constate, d'ailleurs, une orientation très remarquable des massifs de grès et de sable non corrodés; leurs axes longitudinaux sont tous dirigés de l'ouest à l'est, avec une très légère déviation vers le sud.

Les collines résultant des phénomènes dont il s'agit portent, dans le pays, le nom générique de *monts* lorsque leurs sommets sont demeurés mamelonnés et recouverts du tégument calcaire (Monts de Fays, Mont-Chauvet, Mont-Ussy, Mont-Morillon, Mont-Merle, Haut-Mont, etc.).

Quand, au contraire, les grès apparaissent à vif, rongés par les eaux ou les agents atmosphériques, forment des crêtes étroites, à contours prononcés, on appelle *rocher* l'arête qu'ils constituent au sommet de chaque colline (Rocher-Canon, Rocher-Saint-Germain, Rocher-Cassepot, Rocher de Milly, Rocher de la Salamandre, Rocher-Bouligny, Rocher-Fourceau, Long-Rocher, etc.).

Si, enfin, les bancs de grès sont demeurés *plats* et horizontaux, dans la position où ils ont été agglutinés, ils constituent des *platières* (Platières d'Apremont, de la Touche-aux-Mulets, des Béorlots, etc.).

Les parties basses existant entre les monts, les rochers ou les platières, sont également dénommées d'une façon spéciale, suivant leur largeur, leur étendue ou leur aspect.

Dans les cas habituels, on a affaire à des *vallées* (Longues-Vallées, Vallée de la Solle, Vallée-aux-Cerfs, Vallée-Jauberton, Grande-Vallée, etc.).

Mais les dépressions deviennent des *gorges*, lorsqu'elles se resserrent, se contournent, se compliquent d'anfractuosités dues, sans doute, à l'agitation et au tourbillonnement de la masse liquide qui affouillait les grès et les sables (gorges d'Apremont, de Franchard).

Telle est la constitution géologique du sol de la forêt sur les deux tiers de l'étendue de celle-ci, principalement au sud et à l'ouest. Mais, quand on s'avance vers le nord et l'est, en se rapprochant de la Seine, on voit affleurer, sous les sables, les *calcaires inférieurs* ou *calcaires lacustres de la Brie,* qui présentent, comme les calcaires supérieurs, des aspects divers (travertin, meulière, marnes) et qui forment les plaines basses de la forêt (Plaine de Samois, Plaine des Écouettes, Plaine de Saint-Louis, Plaine Rayonnée, Plaine du Rozoir, etc.).

La forêt repose donc, soit dit en passant, sur une formation marine comprise entre deux dépôts lacustres.

Plus bas encore, sur le bord de la Seine et dans la partie inférieure de la vallée où ont été bâtis le château puis le bourg de Fontainebleau, apparaissent, suivant une bande étroite, les *marnes vertes.*

Il faut ajouter, pour n'être pas trop incomplet, que sur une grande partie de la forêt, aussi bien sur les plateaux et les collines que sur les plaines basses, on rencontre une couche meuble de diluvium composée de débris arrachés aux divers terrains sous-jacents, et tantôt argileuse, tantôt sableuse.

Altitude. — On devine, d'après cela, que l'altitude de la forêt est très variable, tout en présentant, en général, des cotes moins élevées sur le périmètre oriental et septentrional qu'à l'intérieur du massif et dans la région Sud-Ouest. Les altitudes extrêmes sont : 44 mètres auprès de la Seine, vers Fontaine-le-Port, et 144 mètres dans le voisinage de la Croix-d'Augas, sur les hauteurs qui dominent la gare de Fontainebleau; elles offrent donc 100 mètres d'écart en nombre rond.

La différence de niveau constatée entre les *monts* ou les *rochers*, d'une part, et, d'autre part, les *vallées*, les *gorges* ou les *plaines* immédiatement sous-jacentes dépasse rarement 40 mètres, mais elle suffit pour donner aux promeneurs l'illusion d'un pays de petites montagnes.

Hydrographie. — Les terrains siliceux et calcaires que nous avons énumérés sont presque tous très filtrants, et le plus perméable d'entre eux a en même temps une extrême puissance : aussi n'y a-t-il pas de cours d'eau dans les dépressions du sol et les sources n'existent qu'en petit nombre sur le pourtour oriental du domaine boisé, aux points où se montrent les calcaires inférieurs. La plus remarquable est la *Fontaine-Belle-Eau*, auprès de laquelle Louis VI, le Gros (1108-1137), séduit, dit-on, par la beauté et la fraîcheur exceptionnelle du site, construisit un rendez-vous de chasse qui fut l'origine du palais actuel. Quelques autres sources sont échelonnées sur le flanc de la vallée de la Seine (sources de la Madeleine, Fontaine-Saint-Aubin) ou se déversent dans l'affluent de cette dernière, le ru de Changis, après avoir formé les pièces d'eau du parc ou alimenté la ville et le château.

A l'intérieur de la forêt, on ne trouve de l'eau que dans des *mares*. Certaines de ces mares, situées dans les plaines basses du nord et de l'est, sont dues à la présence sur les calcaires de la Brie d'une couche d'argile qui s'oppose à l'infiltration des pluies (Mare aux Evées, Mare à Beauge, Mare d'Épisy, Mares de By). La mare aux Evées et la mare à Beauge, sa voisine, occupaient encore au commencement du siècle le centre d'un vaste canton marécageux qui, sans grand profit peut-être pour la végétation ligneuse, fut « assaini » sous le règne de Louis-Philippe à l'aide de tout un système de fossés et de rigoles : la mode était alors à cette sorte de travaux.

D'autres mares occupent le haut de *plâtières* que l'absence de fissures verticales a rendues étanches (Mare de Franchard, Mares aux Pigeons, Mare aux Corbeaux, Mare aux Fées, etc.). Elles sont plus pittoresques que les premières, la main de l'homme n'ayant pas régularisé leurs contours, mais leurs dimensions ne dépassent pas, en général, celles de simples flaques et elles se dessèchent presque complètement en été. Cela n'empêche pas des habitants du pays de se faire délivrer chaque année, à prix d'argent, l'autorisation d'y pêcher à la ligne.

Sol végétal. — Le sol végétal qui sert d'assiette aux peuplements forestiers est, d'après ce qui précède, de qualité généralement médiocre. Même quand la base minéralogique consiste en un mélange de l'élément calcaire et de l'élément siliceux, elle se compose, le plus souvent, de particules trop grossières pour avoir le degré d'hygroscopicité désirable.

C'est seulement sur quelques plateaux recouverts du *limon des terrasses* que la fertilité est vraiment satisfaisante et que les arbres sont vigoureux et élancés (la Boissière, la Plaine de Bois-le-Roi, le Bas-Bréau, la Tillaie, le Gros Fouteau, les Ventes Bourbon, les Ventes à la Reine, les Ventes Emblard, les Forts de Marlotte).

La couverture vivante du sol se prévoit également. La bruyère (*Calluna vulgaris*, Salisb.), la fougère (*Pteris aquilina*, L.), la Canche (*Aira*, L.) garnissent de grandes étendues. Les genêts (*Sarothamnus vulgaris*, Wimmer) sont plus rares. Parmi les arbustes caractéristiques de la région, il faut citer le genévrier (*Juniperus communis*, Lin.), dont les tiges atteignent jusqu'à 5 mètres de hauteur et 0 m. 30 de diamètre, et servent à la fabrication des menus objets de bimbeloterie.

Essences, climat. — Le climat ne nous intéressant que dans la mesure où il se traduit par la composition des peuplements et leur état de végétation, nous énumérerons de suite les *essences mères* de la forêt.

Le chêne rouvre (*Quercus sessiliflora*, Smith.) est de beaucoup la plus importante à tous les points de vue. Rien qu'en ce qui concerne le nombre des sujets, on peut admettre que la proportion des chênes de 0 m. 10 de diamètre et au-dessus, à 1 m. 30 du sol, atteint 50 p. 100 du nombre total des tiges de cette grosseur.

La prédominance du chêne sur les autres essences est un peu moins forte en ce qui touche le volume du matériel ligneux, mais le taux de 50 p. 100 est certainement dépassé si l'on considère la valeur de ce matériel et la valeur des produits réalisés en temps ordinaire. Le chêne rouvre est, à Fontainebleau, en plein dans son aire et dans une de ses stations *optima*; il fructifie parfois avec abondance et donne de bon bois de sciage, à accroissements faibles, à grain régulier, dont s'approvisionnent la menuiserie et l'ébénisterie parisiennes d'une part, la batellerie de la Seine de l'autre. Ainsi que le prouvent de nombreux spécimens de l'espèce, il peut vivre jusqu'au delà de 500 ans et acquérir plus de 2 mètres de grosseur diamétrale.

Le chêne pédonculé (*Quercus pedunculata*, Ehrh.) se rencontre aussi dans la forêt, subordonné au rouvre, mais sa présence tient, sans doute, à l'emploi, pour les repeuplements artificiels, de glands tirés d'autres forêts.

Après le chêne rouvre vient, *comme essence spontanée*, le hêtre (*Fagus sylvatica*, Lin.), mais il n'entre guère, jusqu'à présent, que pour 15/100 environ dans la composition des peuplements. Il paraît ne pas trouver dans le Gâtinais des conditions très favorables à sa croissance : c'est ce que dénote, d'ailleurs, l'aspect des *feuillards* et des *fouteaux*, même lorsque l'épithète de *gros* leur est attribuée; ils n'ont pas les fûts droits et cylindriques, l'écorce lisse et argentée, la frondaison luxuriante qu'on leur connaît dans d'autres régions de la France, par exemple à Villers-Cotterets, à Saint-Gobain, à Mormal. La qualité de leur bois se ressent, au surplus, de cette sorte de chétivité : les hêtres de Fontainebleau ne sont jamais propres à l'œuvre et, fait bien caractéristique, on leur préfère toujours le chêne pour le chauffage. Néanmoins ils sont précieux, ici comme partout, en raison de leur couvert épais et de leur accroissement rapide, et l'objectif des forestiers locaux a été, depuis longtemps, de les propager le plus possible, notamment sous les massifs de chêne pur [1].

Les autres essences spontanées qui contribuent d'une façon appréciable (pour environ 5 p. 100) à la formation des peuplements sont le charme (*Carpinus betulus*, Lin.) et le bouleau (*Betula alba*, Lin.). Cette dernière espèce surtout est utile sur les rochers, où elle s'installe heureusement d'elle-même après les incendies.

Les peupliers ou grisards (*Populus alba*, Lin.), les ormes (*Ulmus effusa* Wild.), les érables (*Acer campestre*, Lin.), les frênes (*Fraxinus excelsior*, Lin.), les alisiers (notamment *Sorbus latifolia*, Pers, spécialement signalé par les botanistes dans la forêt de Fontainebleau) ne se rencontrent qu'à l'état très disséminé.

Le châtaignier (*Castanea vulgaris*. Lam.), qui avait été introduit jadis en plusieurs endroits, occasionna à un certain moment des mécomptes et tomba en discrédit; mais on tend à revenir à lui maintenant, au moins à titre transitoire, car il est apte à regarnir rapidement les parties rocheuses où les incendies ont détruit les résineux et il n'est pas inflammable comme ceux-ci.

Nous avons enfin à parler d'une essence de Fontainebleau qui se place immédiatement après le chêne et que nous mentionnons en dernier lieu parce qu'elle a été introduite artificiellement : nous voulons dire le pin sylvestre (*Pinus sylvestris*, Lin.). Sa naturalisation date du règne de Louis XVI : elle est due au botaniste Lemonnier, premier médecin ordinaire du roi, qui fit venir de Riga des graines et des plants du nouveau conifère [2]. La futaie qu'il créa, en 1786, sur la pente nord du Petit-Mont-Chauvet, existe encore partiellement aujourd'hui. La plupart des pineraies actuelles ont été semées ou plantées sous le Gouvernement de juillet (1830-1848), par les soins d'un inspecteur des forêts de la Couronne, M. Achille Marrier de Bois d'Hyver, dont le nom, ainsi que celui de M. le baron de Lar-

[1] En se reportant à l'Atlas de la Statistique forestière de 1878 (Paris, Imprimerie nationale), on constate que, déjà très subordonné dans le département de Seine-et-Marne, le hêtre disparaît même complètement de certaines parties des départements de Seine-et-Oise et du Loiret. Le phénomène tient, sans doute, aux grandes chaleurs estivales d'un climat continental très accusé : l'altitude relativement faible du Gâtinais n'arrive pas à corriger cet effet, comme cela a lieu, par exemple, plus au sud de Paris.

[2] Le Jardin des Pins (actuellement Jardin anglais), qui ombrageait déjà le château au temps de François Ier, paraît n'avoir renfermé, en fait de pins, que des pins maritimes.

minat, son prédécesseur et beau-frère, est demeuré populaire dans le pays. Grâce au zèle et à la persévérance de cet agent distingué, comme aussi, il faut le dire, aux ressources mises à sa disposition par la Liste civile, les cinq ou six milliers d'hectares qui occupaient jadis un bon tiers de la forêt ont cédé la place à des peuplements de rapport qui valent jusqu'à 12 francs et 13 francs le mètre cube sur pied. Sans doute des bataillons de pins d'une certaine monotonie ont envahi, au désespoir des artistes, les *déserts* au milieu desquels Saint-Louis se complaisait déjà et où les rois chasseurs, Capétiens, Valois, Bourbons, accomplissaient de préférence leurs exploits cynégétiques, mais il serait difficile de nier que l'œuvre colossale dont il s'agit, et qui a été complétée pendant la seconde moitié de ce siècle, constitue un réel progrès.

Le pin sylvestre est maintenant naturalisé à Fontainebleau, à tel point qu'il s'installe de lui-même partout où l'état superficiel du sol et le degré de lumière qui y arrive conviennent au tempérament du jeune plant. On n'aura donc pas de peine à régénérer les pineraies exploitables, et cela par le jeu même des coupes, sans recourir à des procédés coûteux. Si on a craint le contraire, c'est qu'on avait observé des massifs trop serrés et où la litière d'aiguilles n'était pas encore arrivée au stade voulu de sa décomposition.

Par malheur, les peuplements de résineux sont très inflammables et offrent des proies faciles aux incendies, dont ils sont devenus les foyers depuis que le développement de la circulation en chemin de fer d'une part, la mode du *tourisme,* du *cyclisme,* de l'*automobilisme* d'autre part, ont transformé en une sorte de succursale du bois de Boulogne la solitude où erraient jadis quelques initiés. Le danger du feu s'est surtout accru par l'emploi que font les fumeurs de « tisons » et d'allumettes-bougies.— Ainsi, tandis qu'avant 1890 les principaux sinistres signalés dans les enceintes garnies de conifères dépassent rarement 10 hectares (12 et 15 hectares en 1842; 12 hectares en 1858; 13 hectares en 1870), ils ont ravagé dans ces dernières années des étendues beaucoup plus considérables (en 1892, 190 hectares; en 1893, 200 hectares; en 1897, 350 hectares; en 1899, 150 hectares).

Dans ces conditions, le service forestier ne saurait se borner à combattre les incendies, ni même à empêcher l'introduction du feu en forêt: il doit songer également à restreindre le plus possible la quote-part de l'élément résineux dans la constitution des boisements. Le moyen qu'on applique le plus volontiers, car il paraît répondre à tous égards aux exigences d'une sylviculture rationnelle, consiste à favoriser, lors des éclaircies et des coupes de régénération, la croissance des sujets feuillus venus après coup dans les pineraies, ou trouvés à l'état préexistant. On peut espérer réussir de la sorte, sinon à remplacer progressivement les conifères par les feuillus, du moins à obtenir un mélange satisfaisant des végétaux des deux groupes.

Peuplements. — Les peuplements seraient susceptibles d'être étudiés à une foule de points de vue, mais le cadre de cette notice ne nous permet pas de les aborder tous. Nous nous contenterons donc de donner un aperçu de leur composition et de leur origine.

a. *Composition.* — Nous entendons par là la question de savoir si les essences mentionnées à l'article précédent sont à l'état pur ou mélangé.

En attendant la réalisation du vœu formulé tout à l'heure pour les pineraies, nous constaterons que ces dernières occupent parfois des tènements de plusieurs centaines d'hectares, où l'on ne découvre, par exemple, des hêtres qu'en fort petit nombre. Et cependant, il y a une vingtaine d'années, quand on disposait des crédits nécessaires pour cette sorte d'amélioration, on a introduit le hêtre artificiellement sous beaucoup de perchis résineux; mais les jeunes plants *boudent* très longtemps et paraissent souffrir de la dent du gros gibier.

Le chêne est loin de couvrir, à l'état pur et sans solution de continuité, d'aussi vastes espaces que le pin. Il y a toutefois des chênaies d'une étendue notable dont quelques-unes voisines de leur exploitabilité (Plaine de Bois-le-Roi, Plaine des Ecouettes, Bas-Bréau, Chêne-Feuillu, Plaine Rayonnée, Plaine du Rozoir). Sous plusieurs d'entre elles on a également fait des plantations de hêtre, et la tentative a mieux réussi, en général, que sous les pins; le succès a été particulièrement remarquable au Bas-Bréau.

Le mélange intime des chênes avec des hêtres et des charmes de même âge existe, bien entendu, à Fontainebleau, puisque les trois essences s'y rencontrent simultanément, mais le problème de leur éducation en commun est moins difficile à résoudre que là où les auxiliaires classiques du chêne ont plus de vigueur et où les glandées sont plus rares.

b. *Origine.* — La partie centrale de la forêt, ce qu'on peut appeler son noyau, a toujours été traitée en futaie à long terme; mais, depuis une époque fort ancienne — le xıve siècle, paraît-il — son pourtour a été exploité en taillis. La conversion a eu lieu tout d'abord pour favoriser l'approvisionnement de Paris en bois de chauffage, puis, à ce motif d'ordre économique se sont joints, dans la suite, particulièrement au cours de ce siècle, les exigences des véneries impériales et royales qui demandaient des «tirés» et des remises pour le petit gibier poil et plume. Enfin, jusqu'à 1870, l'abondance des grands animaux (cerfs et daims), d'une part, des lapins, de l'autre, a nui à la végétation et à la croissance de nombreux peuplements, a nécessité des recépages, des travaux culturaux, souvent accompagnés d'entreillagements. Les effets de cette faune surabondante se manifestent, du reste, encore aujourd'hui par l'existence d'arbres bas et branchus, qui ont survécu aux abroutissements, et que les pins ont fini par enserrer là où des résineux ont été employés pour regarnir les vides.

On voit donc, en définitive, que la forêt présente une grande diversité au point de vue de l'origine des sujets, comme de la forme des arbres, de la configuration des tiges et des houppiers, de la densité des boisements, etc., et le *facies* des peuplements se ressent de tout cela.

Fléaux divers. — Les incendies et les dégâts du gibier ne sont point, d'ailleurs, les seuls fléaux qui contrecarrent les efforts du sylviculteur et de l'aménagiste.

D'autres événements calamiteux doivent encore être mentionnés, même dans une notice aussi sommaire que celle-ci.

En ce qui concerne les troubles atmosphériques, on rencontre fréquemment, lors des martelages, des fûts de chêne sillonnés par la foudre et, chose rare, un gros hêtre a été fracassé par elle en 1898. De même, des cyclones venant du sud-ouest opèrent de temps à autre des ravages dans les massifs; il y en a eu de très graves en 1671, 1827, 1893. Tout récemment, dans la nuit du 13 au 14 février 1900, une tempête formidable, s'acharnant surtout sur les pins, qui lui offraient plus de prise à cause de leurs feuilles persistantes et de leur enracinement superficiel, en a renversé environ 12,000, représentant 4,000 mètres cubes de marchandises. Un certain nombre d'entre eux qu'on n'a encore pu exploiter, gisent sur le sol en attendant l'accomplissement des formalités réglementaires.

Les gelées printanières règnent, pour ainsi dire, à l'état endémique dans certains bas-fonds et sur les bords de la Seine : elles sont d'autant plus nuisibles, qu'elles se produisent parfois jusqu'à la fin de mai et au commencement de juin (19 juin en 1893).

Mais les deux phénomènes d'ordre météorologique qui, de mémoire d'homme, ont le plus malmené l'antique forêt de Bière sont le verglas du 23 janvier 1879 et le froid de l'hiver 1879-1880.

A la première de ces dates, les branches et les cimes de milliers de sujets, particulièrement d'essence pin, se brisèrent sous le poids de l'eau congelée qui y adhérait : il n'y a donc rien d'étonnant à ce que les températures vraiment sibériennes qui survinrent un an plus tard aient achevé des êtres végétaux déjà fortement éprouvés. Aussi le désastre prit-il le caractère d'une véritable catastrophe.

Tout d'abord, un conifère qui avait été introduit avec succès dès le XVIe siècle dans les « déserts » voisins du château et qui, après avoir péri dans l'hiver de 1788-1789, avait été l'objet de nouvelles tentatives, le pin maritime (*Pinus pinaster,* Solande), fut frappé à tel point, que l'on dut exploiter tous les massifs de cette essence : c'est à peine si quelques rares sujets adultes subsistent encore çà et là sur les rochers, en compagnie de jeunes brins provenant de la graine de 1879; et voilà pourquoi nous mentionnons maintenant seulement un arbre qui a joué un rôle assez important dans la mise en valeur des vides de la forêt.

Les châtaigniers furent également anéantis : on les recepa et les souches de beaucoup d'entre eux n'émirent plus de rejets.

Le froid fut aussi très cruel aux chênes pédonculés qu'on avait eu le tort d'adjoindre aux rouvres autochtones lors des travaux de repeuplement.

Les chênaies de rouvre elles-mêmes, qui représentent en quelque sorte l'ossature de la forêt, furent sérieusement atteintes, et le forestier, en les parcourant, reconnaît encore aujourd'hui à la gelivure de telle tige ou au couronnement de telle cime les effets sinistres de deux fléaux accumulés.

Les pins sylvestres, en gens du Nord, ont résisté aux froids du second hiver, mais nous avons vu que le verglas du premier ne les avait pas épargnés.

Quant aux hêtres, s'ils ont également traversé sans trop de mal la période des grands froids, ils sont devenus dans la suite très sensibles aux coups de soleil.

Bref, aucune espèce ligneuse, sauf le bouleau peut-être, n'est sortie absolument indemne de la double épreuve que nous venons de remémorer.

Aussi la secousse reçue par l'organisme végétal occasionna-t-elle un sérieux trouble économique. L'application de l'aménagement en vigueur fut tout à fait suspendue, et l'on exploita de 1880 à 1882 plus de 300,000 mètres cubes de bois gelés ou brisés par le verglas et dont la réalisation forcée appauvrit sensiblement le capital ligneux du domaine. Une sorte de monument funéraire placé au milieu d'un carrefour (croix de Franchard) perpétue, même parmi les promeneurs les moins initiés aux choses forestières, le souvenir de cette triste époque.

En admettant que les marchandises ainsi jetées brusquement et prématurément sur le marché n'aient perdu que moitié de leur valeur normale, les ventes exceptionnelles dont il s'agit font déjà ressortir pour l'État une perte d'environ 2 millions de francs. Mais le dommage causé ne se réduit pas à ce chiffre, car, depuis 1880 et maintenant encore, les produits des coupes annuelles comprennent une quantité notable de bois avariés dont les tares peuvent être attribuées aux mêmes phénomènes, et dont la moins-value s'élève bien, en moyenne, à 50,000 francs par exercice. La perte primitive serait donc actuellement doublée, et la comptabilité qui s'y rapporte n'est pas close.

Il y a lieu dès lors de se féliciter qu'à côté d'agents météoriques si funestes, d'autres ennemis de la propriété boisée se soient montrés plus bénins qu'on n'était en droit de s'y attendre. Il y avait à craindre, en effet, qu'une étendue de 5 à 6,000 hectares peuplée de pin sylvestre pur ne formât un milieu très favorable aux invasions d'insectes. Mais, jusqu'à présent du moins (*Dii, avertite omen!*), ce danger a été écarté. Des bostriches et des hylésines sont bien installés en permanence dans les pineraies, mais ils ne semblent y avoir jamais causé grand mal. Les vers blancs et les hannetons occasionnent périodiquement des dégâts aussi considérables dans les chênaies.

Par contre, les forestiers qui auraient des connaissances suffisantes en mycologie seraient à même, à Fontainebleau, de les mettre à profit pour étudier et combattre la *maladie du rond* dont sont atteints divers massifs de pin sylvestre.

On pouvait enfin, autrefois, ranger dans la catégorie des fléaux divers de la forêt les exploitations de grès opérées en vue de la confection des pavés : c'est, du reste, la qualification qu'emploie M. Domet, dans son histoire, publiée en 1873. En effet, à cette époque-là encore, des ouvriers carriers, au nombre de plusieurs centaines, occupaient, pour ainsi dire en maîtres, les sites les plus pittoresques, débitant les roches déjà découvertes, exhumant les autres, arrachant ou mutilant les arbres, ravinant les chemins, tout cela parce que les matériaux qu'ils extrayaient étaient indispensables à l'entretien des rues de Paris et des grandes routes conduisant à la capitale. La population dont il s'agit, particulièrement gênante aux époques troublées (elle faillit faire un mauvais parti au personnel forestier en 1830), s'est réduite peu à peu, au fur et à mesure que le macadam a remplacé le pavage en pierres et que le pavage en bois s'est développé à son tour. Le cyclisme, en exigeant le *convertissement* des dernières chaussées pavées qui subsistaient en rase campagne, a porté le dernier coup à l'industrie des tailleurs de grès et, aujourd'hui, il y a tout au plus une douzaine d'entre eux qui occupent les vastes ateliers où se côtoyaient leurs devanciers.

Aménagements anciens. — Nous avons vu que les parties centrales de la forêt sont toujours demeurées traitées en futaie, que les cantons périphériques ont, en général, été exploités en taillis, et que les exigences de la chasse ont souvent, jusqu'en 1870, primé les considérations sylvicoles.

Les abus commis en forêt par les riverains, les usagers, les officiers même des maîtrises, étaient devenus tellement criards dans la seconde moitié du xviie siècle, que Colbert, le vigilant ministre de Louis XIV, résolut d'y remédier. Il le fit avec d'autant plus de zèle que, se rendant chaque automne à Fontainebleau avec la cour, il pouvait voir par lui-même ce qui s'y passait. Il occupa d'ailleurs, pendant une année ou deux, tout au moins à titre honorifique, la charge de « grand forestier en la forêt de Bière », et ce n'est pas un mince honneur pour les inspecteurs actuels de voir figurer sur la liste de leurs prédécesseurs le nom de cet illustre homme d'État. La Réformation de la forêt, en 1664, fut le résultat de sa sollicitude.

Mais l'édit de Réformation ne comportait pas un règlement d'exploitation proprement dit, et ce fut seulement en 1716 qu'intervint un acte de ce genre. Nous ne pouvons que le mentionner ici, comme nous nous bornerons à signaler le règlement de 1750, qui fut appliqué dans ses grandes lignes jusqu'au commencement du second empire.

Nous dirons seulement qu'au cours du règne de Louis-Philippe, l'Administration de la liste civile inaugura à Fontainebleau la méthode de réensemencement naturel et des éclaircies, dont l'école de Nancy, alors à ses débuts, s'était faite la propagatrice, et que les praticiens en fonctions n'acceptaient qu'avec une certaine méfiance. Ce sont les coupes assises suivant ce système qui, mal comprises par les uns, mal exécutées, peut-être, par certains autres, devinrent si fameuses sous le nom de *coupes sombres*, et fournirent des thèmes à tant d'attaques contre le monarque, accusé de réaliser les futaies dont il n'avait que l'usufruit.

Le premier aménagement établi sur les bases du mode de traitement perfectionné dont il s'agit date du second empire (1861). Rédigé avec beaucoup de soins par une commission des plus studieuses, il partageait la forêt en trois sections, savoir :

13,724 hectares traités en futaie éclaircie à la révolution transitoire de 120 ans (5 périodes de 24 ans);

1,618 hectares exploités en taillis sous futaie à la révolution de 30 ans;

1,631 hectares à exploiter sur propositions spéciales.

La 1re section forma dix séries; la 2e quatre; la 3e comprenait les tirés, les promenades et les dépendances affectées au service des chasses.

Cet aménagement fut assez régulièrement suivi jusqu'en 1880; mais les dégâts occasionnés par le verglas et les froids de 1879-1880 rendirent inapplicables un grand nombre de ses dispositions; les coupes de bois vif furent suspendues et l'on chercha avant tout à se débarrasser de l'énorme masse de bois morts ou brisés qui encombrait la forêt, comme aussi à refaire les peuplements au moyen de plantations. Ce fut l'objet d'un règlement provisoire sanctionné par un décret de 1887.

Les quatre séries de taillis et les dix séries de futaie devaient être soumises, pendant une période transitoire de douze ans (1885, 1896), à des coupes de régénération, d'amélioration et d'extraction, toutes réglées

44

par surface, et à des travaux de repeuplement dont il appartenait au Directeur des Forêts de fixer l'ordre et l'importance.

Grâce à l'humidité de quelques années consécutives, l'ensemble des massifs se reconstitua plus rapidement qu'on ne l'avait supposé et on reconnut, dès 1891, que l'on pouvait revenir à un règlement d'exploitation normal. De là, l'aménagement actuellement en vigueur.

Aménagement actuel. — Il a été homologué par un décret du 20 octobre 1892 et il a, entre autres mérites, celui de la simplicité et de la netteté.

Il divise la forêt en cinq sections :

1re Section. — *Futaie feuillue*.................................... 7,239ʰ 10ᵃ

  9 séries (nᵒˢ 1 à 9), traitées par le mode du réensemencement naturel et des éclaircies à la révolution de 120 ans (4 périodes de 30 ans).

2ᵉ Section. — *Futaie résineuse*........................... 3,292 39

  3 séries (nᵒˢ 10 à 12), traitées par le mode du réensemencement naturel et des éclaircies à la révolution de 72 ans (8 périodes de 9 ans).

3ᵉ Section. — *Futaie jardinée*............................ 2,975 06

  5 séries (nᵒˢ 13 à 17), avec rotation de 7 ans pour les jardinages.

4ᵉ Section. — *Taillis sous futaie*......................... 1,757 45

  3 séries (nᵒˢ 18 à 20), où le sous-bois est recepé tous les 30 ans.

5ᵉ Section. — *Parties artistiques*......................... 1,616 39

  4 série (nᵒ 21), sans coupes réglées.

Total....................... 16,880 39

L'existence de la première section n'a pas besoin de justification. Nous ajouterons seulement que, pour la 1re décennie de la première période (1893-1902), les coupes de régénération de toutes les séries, sauf la 1re et la 3ᵉ, sont affranchies de la taxation par volume : on a reculé avec raison devant le danger qu'il y avait à exiger un rendement annuel invariable de massifs, où les considérations culturales doivent primer toutes les autres. Nous pensons même que la mesure sera avantageusement maintenue dans la suite.

La section de futaie résineuse comprend les pineraies jugées aptes par leur constitution à être soumises, d'abord à des éclaircies, puis à des coupes de régénération intensives. La courte révolution de 72 ans s'explique par le fait que les pins de la région sont exclusivement débités en bois de feu et que c'est vers 80 ans que se réalise le maximum d'accroissement annuel des massifs de cette essence.

La section de futaie jardinée comprend certaines parties rocheuses, plus ou moins bien garnies de pins et de bouleaux, où le jardinage s'impose au point de vue sylvicole. On y a classé, en outre, des futaies *régulières*, que l'on traiterait facilement par le mode des éclaircies, mais qui, sans avoir un caractère artistique officiel, sont cependant trop appréciées du public pour qu'on puisse songer à leur faire traverser jamais une période de rajeunissement général.

On s'étonnera, peut-être, de voir maintenir des taillis dans une forêt où le sol est le plus souvent léger, sec, pierreux, et réclame un couvert épais et constant. Mais il faut se rappeler que les taillis en question sont assez pauvres en réserves, et qu'en pareil cas d'excellents esprits recommandent une ou plusieurs révolutions de taillis avec balivages serrés comme la meilleure préparation à la futaie pleine. D'ailleurs, la coexistence des deux régimes dans un même domaine, sur des terrains analogues, donne lieu à des rapprochements intéressants et instructifs.

Enfin la section artistique se compose de tous les cantons remarquables par la beauté des arbres qu'on y rencontre ou par l'aspect pittoresque des sites en eux-mêmes (rochers, gorges, mares, etc.). Elle n'a une existence officielle que depuis 1861, mais, de temps immémorial, les exploitations y ont été légères et espacées.

C'est là que se trouvent les principaux colosses végétaux de la forêt, ces chênes archiséculaires si connus des promeneurs, que l'on nomme le Clovis, le Pharamond, le Jupiter, etc., et dont tant de générations humaines aujourd'hui disparues ont déjà admiré le port et la majesté. Ils ne sont pas éternels non plus, hélas! ces vétérans, et l'un de leurs doyens, le Briarée, s'allonge maintenant sur le sol, tandis que le plus gigantesque de tous, le Bouquet du Roi[1], ne subsiste qu'à l'état de souvenir.

Les cantons dont il s'agit se groupent en cinq tènements où l'on distingue surtout les lieux dits Bas-Bréau, Gorges d'Apremont, Gros-Fouteau, Tillaie, Gorges de Franchard, Ventes à la Reine, Gorge-aux-Loups. Selon le vœu des peintres, des amis de la belle nature et de toutes les personnes qui s'intéressent à un titre quelconque à la forêt, la hache du bûcheron est bannie à tel point de ces *bois sacrés* que l'on ne touche aux arbres que lorsqu'ils sont tombés naturellement par terre; quelquefois même, sur la prière d'un artiste, on les laisse gisants à l'état de chablis. Maint forestier sourira, peut-être, de ce sentimentalisme : pourtant, le plus en-

---

[1] On appelle *bouquet*, à Fontainebleau, un arbre dont la cime très développée a la forme d'un immense bouquet de fleurs.

durci d'entre nous ne vibre-t-il point avec le poète lorsque celui-ci s'écrie,
par exemple :

> Ce vieux chesne a des marques sainctes;
> Sans doute qui le couperoit
> Le sang chaud en découleroit
> Et l'arbre pousseroit des plaintes?

Tristan l'Hermite, 1633.

Routes. — La forêt de Fontainebleau est desservie par un réseau de
routes des mieux conçus et des plus complets qui permet de la parcourir
facilement en tous sens et qui contribue beaucoup à l'agrément des visiteurs.

Sans parler d'une centaine de kilomètres de voies publiques (routes nationales, départementales, chemins vicinaux), nous dirons que la partie
purement forestière du système a un développement d'environ 1,500 kilomètres. Là-dessus, près de 80 kilomètres sont empierrés ou pavés. La
plus importante des voies forestières est la *Route Ronde,* qui décrit autour
du château une courbe à peu près équidistante (5 kilomètres) de ce dernier
et de la limite extérieure de la forêt. Sa création remonte à Henri IV; elle
a 26 kilomètres de long sur 9 mètres de large et rend beaucoup de services aux personnes désireuses de suivre les chasses à courre en voiture;
c'est, du reste, précisément à cette fin qu'elle a été ouverte.

D'autres routes importantes ont été tracées dans la suite, notamment
sous Louis XIV, et en ce qui concerne le xixᵉ siècle, sous Louis-Philippe
et Napoléon III.

Les grands artères qui rayonnent de Fontainebleau, sont des routes nationales parfaitement entretenues, grâce auxquelles on peut gagner en
peu de temps, à l'aide des moyens rapides dont on dispose de nos jours,
les extrémités les plus éloignées de l'immense massif.

Nous négligerions une particularité locale très intéressante si nous omet-
tions de mentionner un ensemble de charmants sentiers de piétons, œuvre
des « sylvains », Denecourt et Colinet, qui atteignent aujourd'hui un développement de 250 kilomètres.

Chasse. — Dans les conditions où le droit de chasse s'exerce depuis
1870 (amodiation au plus offrant, par voie d'adjudication publique et par
baux de 5 années), la quantité de gibier a naturellement diminué beaucoup, pour le plus grand avantage de la production ligneuse. Toutefois,
l'espèce la plus dangereuse, le lapin, est loin d'avoir été détruite et on est
tenu de veiller à ce qu'elle ne recommence pas à pulluler dans certains
cantons. Le grand gibier subsiste aussi en proportion notable, car on
compte que la forêt renferme de 3 à 400 cerfs, biches et faons. Les cerfs
sont chassés à courre, et, en vertu d'une tradition fortement ancrée dans
les mœurs de la population, leur poursuite constitue une sorte de divertis-

sement public. On signale encore quelques daims, vestiges des troupeaux qu'entretenait la vénerie impériale. Les sangliers sont rares, mais assez nombreux cependant pour permettre à un vautrait de venir de temps à autre en déplacement dans la région.

Rendement en matière et en argent. — Nous donnons-ci-après la moyenne *annuelle* des recettes et dépenses relatives à la forêt, pendant la période décennale 1889-1898 :

Poduit des coupes.. { en matière.... 35,666 mètres cubes		
{ en argent.....................	422,501^{f}14	
Produits accessoires en argent (chasse, délivrances diverses)..	82,362 50	
Revenu brut........................	504,863 64	
Valeur des travaux effectués..............	56,156^{f}33	
Frais de surveillance....................	30,747 20	
Impôts............................	17,030 81	
Dépenses totales...............	103,934 34	103,934 34
Différence. — Revenu net...............		400,929 30

De ces chiffres, rapprochés de la surface totale du massif, soit 16,880 hectares, découlent d'autres résultats, dont voici quelques-uns des plus dignes d'être retenus :

Rendement des coupes à l'hectare { en matière.............	2^{mc} 13	
{ en argent..............	25^f 03	
Revenu brut de la forêt à l'hectare......................	29 91	
Revenu net à l'hectare...............................	23 75	

Mais on se rappelle que la section artistique (1,616 hectares) ne contribue presque en rien au rendement des coupes, et qu'il y a plus de 300 hectares non productifs de bois affectés à des services publics, notamment au Ministère de la guerre. Pour se faire une idée exacte de l'importance des exploitations, il faut donc diviser le rendement total, non pas par 16,880, mais tout au plus par 15,000 en nombre rond, d'où les moyennes rectifiées suivantes :

Rendement des coupes à l'hectare. { en matière...........	2^{mc} 377	
{ en argent.............	28^f 17	

Cette statistique terminale confirme un fait qui ressortait déjà de tout l'ensemble de la notice, à savoir que le domaine de Fontainebleau, l'un des plus vastes et des plus justement célèbres de la vieille France, n'est pas un des plus productifs au point de vue sylvicole. Mais elle met aussi en lumière que les exploitations y sont actuellement très modérées et que les frais d'entretien et de surveillance y sont descendus aussi bas qu'on peut le souhaiter.

Annexe B.

―

CONGRÈS INTERNATIONAL D'AGRICULTURE.

―

SÉANCE DU 7 JUILLET 1900.

―

PRÉSIDENCE DE M. GOMOT.

―

RENOUVELLEMENT DES POUVOIRS DE LA COMMISSION INTERNATIONALE D'AGRICULTURE.

M. Henri Sagnier, *secrétaire général.* Messieurs, nous espérions que M. le Président, qui a été retenu à la Chambre des députés, arriverait à temps pour nous permettre d'accomplir sous sa présidence le dernier acte du Congrès. Nous ne devons pas vous faire patienter plus longtemps et je vous demande la permission, conformément au règlement des Congrès périodiques d'agriculture, de procéder aux opérations qui terminent toujours nos congrès.

La première consiste à renouveler les pouvoirs de la Commission internationale d'agriculture.

Les présidents d'honneur sont actuellement :

MM. Méline (Jules), président du Congrès à Paris en 1889, à la Haye en 1891, à Lausanne en 1898, et notre président actuel;

Bauduin (D.), président du Comité exécutif du Congrès de la Haye en 1891;

de Bruyn, ancien Ministre de l'agriculture de Belgique, président d'honneur du Congrès de Bruxelles en 1895;

Cartuyvels von der Linden, président du Comité exécutif et du Congrès de Bruxelles en 1895;

de Daranyi (Ignace), Ministre de l'agriculture du royaume de Hongrie, président du Congrès de Budapest en 1896;

Viquerat, chef du Département de l'agriculture et du commerce du canton de Vaud (Suisse), président du Congrès de Lausanne en 1898.

Ce sont les présidents des congrès antérieurs; ils sont maintenus d'office.

Les membres d'honneur du Congrès sont :

1891. La Société hollandaise d'agriculture;
1896. La Société nationale d'agriculture de Hongrie.

On a voulu ainsi exprimer la reconnaissance des précédents congrès pour le concours que l'une et l'autre sociétés ont généreusement prêté aux Congrès de la Haye en 1891 et de Budapest en 1896.

Aux termes du règlement, la Commission internationale est nommée par le Congrès qui la renouvelle par moitié à chaque session. Le Bureau vous propose de renouveler les pouvoirs des membres sortants, et d'ajouter quelques membres nouveaux, que j'indiquerai, pour chaque nationalité.

France.

Les membres sortants sont : MM. Méline, Jules Bénard, le marquis de Vogüé et Henri Sagnier. Si vous les maintenez en fonctions, la Section française se composera comme il suit :

MM. Méline (Jules), député, ancien président du Conseil, ancien Ministre de l'agriculture, président du Congrès à Paris en 1889, à la Haye en 1891, à Lausanne en 1898 et à Paris en 1900;

Gomot, sénateur, ancien Ministre de l'agriculture;

Ribot, député, ancien président du Conseil des ministres;

Passy (Louis), député, membre de l'Institut, secrétaire perpétuel de la Société nationale d'agriculture;

Tisserand, directeur honoraire de l'Agriculture, membre de la Société nationale d'agriculture;

Bénard (Jules), membre de la Société nationale d'agriculture;

Fougeirol, sénateur;

le marquis de Vogüé, membre de l'Institut et de la Société nationale d'agriculture, président de la Société des agriculteurs de France;

Sagnier (Henri), membre de la Société nationale d'agriculture, directeur du *Journal de l'Agriculture*;

Tardit, maître des requêtes au Conseil d'État, secrétaire des Congrès de 1889, de 1891, de 1895 et de 1900.

Nous vous proposons, au nom du bureau du Congrès, de leur adjoindre trois nouveaux membres :

MM. Daubrée, conseiller d'État, directeur des Eaux et Forêts, qui représenterait spécialement la sylviculture, pour un motif sur lequel je reviendrai;

MM. Vassilière, directeur de l'Agriculture;

Paisant (Alfred), président du tribunal civil de Versailles, qui a organisé le Congrès de la vente des blés. Les résolutions de ce Congrès ont été renvoyées, pour exécution, à la Commission internationale. Il est donc tout naturel que M. Paisant participe à l'exécution des résolutions qui ont été votées ici sur son initiative. (*Applaudissements.*)

. . . .

M. le Président. Si personne ne demande la parole, je mets aux voix les propositions faites par le Bureau et relatives à la composition de la Commission internationale d'agriculture.

Les propositions du bureau sont adoptées à l'unanimité.

COMMUNICATION D'UNE LETTRE DE M. LE PRÉSIDENT DU CONGRÈS DE SYLVICULTURE.

M. Henri Sagnier, *secrétaire général.* Messieurs, à la suite du récent Congrès international de sylviculture, qui s'est tenu à Paris, le président de la Commission internationale d'agriculture a reçu la lettre suivante de M. Daubrée, conseiller d'État, directeur des Eaux et Forêts, président de ce congrès :

« J'ai l'honneur de vous faire connaître que, dans sa séance générale de clôture du 7 juin dernier, le Congrès international de sylviculture, qui comprenait 343 membres, a, sur ma proposition, émis le vœu que, pour se perpétuer, il y aurait lieu de demander sa fusion avec le Congrès international d'agriculture, pour former dans ce congrès une section spéciale de sylviculture.

« Je vous serais reconnaissant d'en informer le Congrès international d'agriculture et je serais heureux si vous vouliez bien appuyer ce vœu de votre haute autorité.

« Je vous prie également, Monsieur le Président, de me faire savoir la suite donnée à ce vœu, afin d'en aviser les membres du Congrès de sylviculture. »

Nous nous trouvons donc en présence de l'offre faite par les forestiers de s'adjoindre à nous pour travailler ensemble dans les futurs congrès et pour former une section permanente.

C'est pour répondre d'avance à ce vœu que nous vous avons proposé tout à l'heure l'adjonction aux membres de la Commission internationale d'agriculture de M. Daubrée, président du Congrès de Sylviculture.

M. le Président. Je mets aux voix l'adoption de la proposition formulée par M. le Président du Congrès de sylviculture, dont M. le Secrétaire général du Congrès vient de donner communication.

(Cette proposition est adoptée.)

PRÉSIDENCE DE M. JULES MÉLINE.

SUR LE SIÈGE DU PROCHAIN CONGRÈS.

M. Henri Sagnier, *secrétaire général.* Messieurs, il est d'usage, conformément à notre règlement, de décider à la fin de chaque congrès dans quel pays se tiendra le congrès suivant. Nous avons déjà tenu six congrès : à Paris, en 1889; à la Haye, en 1891; à Bruxelles, en 1895; à Budapest, en 1896; à Lausanne, en 1898; et nous voici à Paris en 1900, terminant le sixième congrès. Il s'agit de savoir où aura lieu le septième congrès.

En présence d'offres très gracieuses qui nous ont été faites, nous vous demandons en ce moment, au nom du Bureau, de décider que le septième Congrès international se tiendra dans deux ans, c'est-à-dire au cours de l'année 1902, en Italie.

Je crois que nous pouvons compter, de la façon la plus complète, tant sur le Gouvernement italien que sur les sociétés d'agriculture de ce pays.

M. LE PRÉSIDENT. La parole est à M. de Riepenhausen-Crangen.

M. DE RIEPENHAUSEN-CRANGEN. Je crois que nous pouvons tous accepter le projet qui nous est présenté par le Bureau.

Si j'ai demandé la parole, c'est simplement pour dire que la Commission internationale désignera en Italie la ville qui lui conviendra, que nous avons toute confiance en elle, que nous sommes persuadés qu'elle organisera le prochain congrès en Italie aussi bien que le congrès grandiose de Paris.

Et puisque j'ai la parole, je voudrais prier l'assemblée de remercier M. le Président et tous les membres de la Commission d'organisation de tous les efforts qu'ils ont faits pour organiser si agréablement et si régulièrement ce congrès. (*Applaudissements.*)

M. LE PRÉSIDENT. La parole est à M. Pavoncelli.

M. PAVONCELLI. Messieurs, en ma qualité de représentant de l'Italie, je vous remercie de tout mon cœur d'avoir bien voulu proposer que le pro-

chain Congrès international d'agriculture aurait lieu dans mon pays. Je
vous propose et je vous prie d'accepter la ville de Rome comme siège du
Congrès. Je ne vois aucune autre ville que Rome qui puisse donner satisfaction aux sentiments du Comité d'organisation et à ceux du peuple italien. (*Très bien! Très bien!*)

Aussitôt que j'ai été prévenu de la décision du bureau, je me suis empressé d'en informer mon Gouvernement, et je vous demande la permission de vous lire la réponse télégraphique que M. le Ministre de l'agriculture m'a envoyée de Rome :

«Je suis heureux d'apprendre le projet du Comité international d'agriculture de réunir le prochain Congrès à Rome. J'en suis pleinement reconnaissant. Je ne puis que promettre le plus cordial et le plus amical appui
et assurer les membres du Congrès que notre capitale saura se montrer
digne des traditions de l'Italie entière et faire honneur aux hôtes désirés
et attendus. » (*Vifs applaudissements.*)

Il ne nous restera, Messieurs, pour vous remercier de votre amabilité,
qu'à vous rendre aussi agréable que possible votre séjour à Rome.

Et permettez-moi, pendant que j'ai la parole, de me faire l'interprète
des sentiments des membres étrangers du Congrès pour adresser mes remerciements à notre illustre président et au Comité d'organisation qui a
su régler nos travaux de telle sorte que le Congrès international d'agriculture de Paris aura un grand retentissement dans toute l'Europe. (*Nouveaux
applaudissements.*)

M. Bouesco. Je crois qu'on devrait laisser plein pouvoir à la Commission internationale pour choisir l'endroit où aura lieu le prochain congrès;
car, d'ici deux ans, d'autres pays pourraient demander à recevoir le congrès.

M. Henri Sagnier. Nous connaissons et apprécions les sentiments qui
animent notre excellent collègue, M. Bouesco, qui a été avec nous à Paris
dès le premier jour, en 1889, et qui a toujours suivi avec un grand intérêt les travaux des congrès successifs qui ont eu lieu depuis. Mais il me
permettra de lui faire remarquer qu'en vertu du règlement adopté au
Congrès de la Haye, en 1891, le devoir de la Commission est de soumettre à chaque congrès une proposition ferme pour le pays où doit se
tenir le congrès suivant. En ce moment, nous nous conformons strictement
au règlement que tout le monde a accepté. Vous imposeriez à la Commission internationale une assez lourde responsabilité si vous lui demandiez
de choisir elle-même la ville où aura lieu le septième congrès. Ce serait un
mauvais cadeau à lui faire, alors que nous sommes saisis par de nom-

breuses sociétés d'agriculture, par le Gouvernement italien lui-même, de l'offre ferme de nous recevoir dans deux ans.

Je demande donc au Congrès d'accepter la proposition du bureau et de voter des remerciements au Gouvernement italien et aux sociétés d'agriculture d'Italie, qui nous ont déjà promis leur concours le plus complet. (*Applaudissements.*)

M. LE PRÉSIDENT. Je rappelle, en effet, avec l'honorable M. Sagnier, qu'aux termes du règlement, c'est le Congrès lui-même qui doit déterminer le pays où siégera le prochain congrès. Il n'y a eu qu'une seule exception à cette règle, parce que nous étions alors saisis d'un certain nombre de propositions et que nous ne savions pas bien si elles seraient agréées par ceux-là mêmes qui les formulaient.

Cette fois, la proposition de nous réunir en Italie est faite d'une façon ferme et acceptée par le Gouvernement italien. De ce côté, nous avons une certitude dont nous sommes très reconnaissants au Gouvernement italien, et je prie M. Pavoncelli de lui faire parvenir l'expression de notre reconnaissance pour l'empressement qu'il a mis à répondre à l'offre du Bureau du Congrès.

Mais je demanderai, selon l'usage, de réserver le choix de la ville; non pas que je fasse la moindre objection au choix de Rome, bien au contraire; mais, au dernier moment, il peut se présenter telle circonstance imprévue qui pourrait obliger le Congrès à se réunir ailleurs.

Sous cette simple réserve, je mets aux voix la proposition tendant à fixer en Italie le siège du prochain Congrès.

(Cette proposition est adoptée à l'unanimité.)

Phototypie Berthaud

1.

LE CONGRÈS INTERNATIONAL DE SYLVICULTURE DANS LA FORÊT DE FONTAINEBLEAU

FORÊT DE FONTAINEBLEAU : UNE FUTAIE DE CHÊNE

Phototypie Berthaud, Paris.

FORÊT DE FONTAINEBLEAU : LE CHÊNE DIT « LE SUPERBE »

TABLE DES MATIÈRES.

———

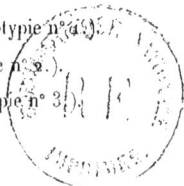